Windows Server 2008 使用大全

汤代禄　韩建俊　肖　磊　编著

電子工業出版社

Publishing House of Electronics Industry

北京 • BEIJING

内 容 简 介

Windows Server 2008 是微软公司于 2008 年初最新推出的新一代面向服务器端的操作系统，它在安全技术、网络应用、虚拟化技术以及用户操作体验等方面都比以前版本的 Windows 操作系统有着显著的提高。本书从不同层次的应用角度，对 Windows Server 2008 进行了全面的讲解，内容包括基础应用、系统安全、Web 应用、高级应用服务 4 个部分。在讲解过程中与早期版本的 Windows 操作系统进行对比，使原有的 Windows 用户读者可以在原有知识技能的基础上快速掌握 Windows Server 2008 中最新的、最令人激动的内容。同时，本书的讲解由浅入深、通俗易懂，并配有大量直观的示例图片和详尽的操作步骤，也使初学的读者能够轻松地掌握 Windows Server 2008 的基本操作，并逐步体验 Windows Server 2008 所带来的新的用户体验。

本书适用于各类微软 Windows 平台的操作用户、办公用户和 IT 专业用户等类型的读者，也可以作为各类院校计算机操作系统类课程的参考教材及各类计算机相关考试的参考教材。

图书在版编目（CIP）数据

Windows Server 2008 使用大全 / 汤代禄，韩建俊，肖磊编著.—北京：电子工业出版社，2009.2

ISBN 978-7-121-08009-8

I. W… Ⅱ.①汤…②韩…③肖… Ⅲ.服务器－操作系统（软件），Windows Server 2008 Ⅳ.TP316.86

中国版本图书馆 CIP 数据核字（2008）第 203170 号

责任编辑：易　昆

文字编辑：徐　磊

印　　刷：北京天竺颖华印刷厂

装　　订：三河市鑫金马印装有限公司

出版发行：电子工业出版社

北京市海淀区万寿路 173 信箱　邮编：100036

北京市海淀区翠微东里甲 2 号　邮编：100036

开　　本：787×1092　1/16　印张：23.875　字数：610 千字

印　　次：2009 年 2 月第 1 次印刷

定　　价：44.00 元

凡所购买电子工业出版社图书有缺损问题，请向购买书店调换。若书店售缺，请与本社发行部联系，联系及邮购电话：（010）88254888。

质量投诉请发邮件至 zlts@phei.com.cn，盗版侵权举报请发邮件至 dbqq@phei.com.cn。

服务热线：（010）88258888。

前　言

1981 年 8 月，比尔·盖茨与其好友保罗·艾伦共同创办的微软公司发布了其操作系统 Microsoft DOS 1.0，这可算是微软发布的最早的操作系统产品。从 1985 年，微软开始发布第一款 Windows 操作系统，即 Microsoft Windows 1.0 开始，到 2008 年，Windows 操作系统已经走过了二十多年的发展历程，已经逐步发展成为业界主流的操作系统之一，也成为使用用户最多的操作系统之一。

自从微软公司发布了 Windows Server 2003 操作系统以来，经过五年的期待，Windows Server 2008 终于在 2008 年初揭开了她神秘的面纱，与广大用户见面了。而就在 2007 年初，作为 Windows Server 2008 的兄弟产品，面向桌面用户的 Windows Vista 已经先行面世，引发了新一轮的系统升级大潮。Windows Server 2008 也将服务器端的 Windows 操作系统推向了一个崭新时代。在 Windows Server 2008 中，最大的变化主要体现在增强的安全技术、改进的网络应用、新增的虚拟化技术，以及优化的用户操作体验。

本书从应用的角度，对 Windows Server 2008 进行了全面的讲解，内容主要包括基础应用篇、系统安全篇、Web 应用篇和高级应用服务篇 4 个部分。其中“基础应用”篇由第 1～7 章组成，主要介绍 Windows Server 2008 的一些基本操作和基本管理的内容，包括 Windows Server 2008 的简介、安装方式、文件与文件夹、基本设置、账户管理、系统管理维护，以及新增的 Windows PowerShell。“系统安全”篇由第 8～13 章组成，主要介绍 Windows Server 2008 中提供的安全技术，包括基本安全防护、高级安全 Windows 防火墙、安全配置向导、安全策略、身份验证和访问控制，以及 Windows 的备份和恢复。“Web 应用”篇由第 14～16 章组成，主要介绍 Windows Server 2008 在 Web 应用方面的改善和更新，包括 IE 7、IIS 7.0 及 UDDI 服务。“高级应用服务”篇由第 17～25 章组成，主要介绍 Windows Server 2008 所提供的各类高级应用服务，是用于架设基本服务的重要功能，包括虚拟化服务、活动目录服务、应用程序服务器、DHCP 服务、DNS 服务、传真服务、文件服务、终端服务及部署服务。读者可以根据自己的实际应用需求，查阅本书的相关章节。

本书在讲解过程中注意与早期版本的 Windows 进行对比，使原有的 Windows 用户读者可以在原有知识技能的基础上快速掌握 Windows Server 2008 中最新的、最令人激动的内容。在本书的讲解过程中，还注重讲清楚技术点的发展过程，使读者可以了解这些技术的来龙去脉和发展缘由，从而更好地把握这些最新的技术。同时，本书的讲解由浅入深、通俗易懂，并配有大量直观的示例图片和详尽的操作步骤，使初学者能够轻松地掌握 Windows Server 2008 的基本操作，并逐步体验 Windows Server 2008 所带来的新的用户体验。

在本书的创作过程中，由于篇幅所限，以及作者水平的局限，深感写好 Windows Server 2008 使用大全这样一本书并非易事。因此，本书在全面与精简之间进行了取舍，尽可能将 Windows Server 2008 的概貌呈现给读者，同时在每个部分中又选取易于操作、易于理解的内容详细介绍，便于读者对照实践和理解。因此对于本书各章节所涉及内容无法详尽全面描述，仅力求将所介绍的问题讲清楚，把作者的使用经验跟读者分享。各章节中还有很多未能触及的相关概念和技术，只能请读者在了解了本书各章节基本内容的基础上查阅其他相关资料了。

本书编写过程中得到了北京美迪亚电子信息有限公司的各位老师，以及大众报业集团的大力支持。同时，在本书的创作过程中也参考、借鉴了许多已有的研究成果和众多网友的观点，在此一并表示感谢。另外参加本书编写工作的还有边振兴、王国华、米军、董兵兵、于宁、汤蕾、陈圣琳、袁然、向小平、刘彬、李志勇、蒋栋、菊传森等。由于时间仓促，书中纰漏在所难免，真诚希望广大读者提出宝贵意见，在此表示衷心感谢。

目　录

第1篇　基础应用

第1章　Windows Server 2008 简介……2

1.1　Windows Server 2008 概述……2

1.2　Windows Server 2008 的改进……4

1.3　Windows Server 2008 版本介绍……6

1.3.1　Windows Server 2008 的版本……6

1.3.2　各版本的功能对比……7

1.3.3　各版本更新对比……8

1.4　Windows Server 2008 官方在线资源……8

1.5　本章小结……9

第2章　Windows Server 2008 的安装……10

2.1　安装前的准备工作……10

2.2　全新的完全安装……10

2.3　升级到 Windows Server 2008……17

2.3.1　可升级的方式……17

2.3.2　升级步骤……18

2.4　多操作系统的安装……21

2.5　服务器核心（Server Core）安装……21

2.6　无人值守的安装……23

2.7　本章小结……24

第3章　Windows Server 2008 的文件与文件夹……25

3.1　文件和文件夹的命名规则……25

3.2　"计算机"和"资源管理器"……26

3.3　文件和文件夹的创建……27

3.4　文件和文件夹的选择……28

3.5　文件和文件夹的复制、移动……30

3.6　文件和文件夹的重命名……31

3.7　文件和文件夹的压缩、解压缩……32

3.7.1　压缩文件和文件夹……32

3.7.2　解压文件和文件夹……33

3.8　文件和文件夹的搜索……34

3.8.1　安装搜索服务……34

3.8.2　设置搜索服务索引……35

3.8.3　搜索服务的使用……37

3.9　文件和文件夹的删除……39

3.10　本章小结……41

第4章　Windows Server 2008 的基本设置……42

4.1　界面外观设置……42

4.1.1　桌面显示图标设置……42

4.1.2　Windows 颜色和外观设置……43

4.1.3　Windows 桌面背景设置……43

4.1.4　调整字体大小……44

4.1.5　设置任务栏和"开始"菜单属性……45

4.2　系统设置……45

4.2.1　更改计算机名称、域和工作组……46

4.2.2　系统设备设置……47

4.2.3　系统远程设置……47

4.2.4　高级系统设置……47

4.3　日期时间设置……48

4.4　输入法设置……50

4.5　网络设置……51

4.5.1　设置 IP 地址……51

4.5.2　开启共享功能……52

4.5.3　网络故障的诊断和修复……52

4.5.4　设置到其他网络的连接……53

4.6　自动播放设置……53

4.7　默认程序设置……54

4.8　文件夹设置……55

4.9　iSCSI 发起程序设置……56

4.10　电源设置……57

4.11　语音识别设置……58

4.12　轻松访问设置……59

4.13　本章小结……60

第 5 章　Windows Server 2008 的账户管理……61
5.1　创建新账户……62
5.2　修改账户信息……63
5.3　创建密码恢复盘……64
5.4　管理网络密码……65
5.5　管理文件加密证书……66
5.6　设置高级用户配置文件属性……69
5.7　设置用户环境变量……70
5.8　本章小结……70
第 6 章　Windows Server 2008 的管理维护……71
6.1　计算机管理……71
6.2　服务器管理器……72
6.3　共享和存储管理……73
6.4　服务管理器……76
6.5　任务计划程序……77
6.6　ODBC 数据源管理器……78
6.7　Windows 系统资源管理器……79
6.8　可靠性和性能监视器……80
6.9　内存诊断工具……83
6.10　问题报告和解决方案……84
6.11　事件查看器……84
6.12　系统配置……86
6.13　磁盘清理……87
6.14　磁盘碎片整理程序……87
6.15　本章小结……88
第 7 章　Windows PowerShell……89
7.1　什么是 Windows PowerShell……89
7.2　步入 Windows PowerShell 殿堂……89
7.2.1　在 Windows Server 2008 中的安装……89
7.2.2　在其他系统上的安装……90
7.2.3　使用运行……91
7.3　获取 Windows PowerShell 帮助……92
7.4　使用 Windows PowerShell 命令……94
7.4.1　Windows PowerShell Cmdlet 简介……94
7.4.2　可用的 Cmd.exe 和 UNIX 命令……94
7.4.3　格式控制命令……95
7.4.4　重定向数据类命令……96
7.4.5　导航定位命令……99
7.5　编写 Windows PowerShell 脚本……100
7.6　Windows PowerShell 实例……101
7.6.1　获取系统启动信息……101
7.6.2　获取网络客户端信息……102
7.6.3　获取磁盘分区信息……103
7.6.4　获取当前的打印任务信息……104
7.6.5　获取物理内存信息……106
7.7　本章小结……107

第 2 篇　系 统 安 全

第 8 章　Windows Server 2008 的安全与防护……110
8.1　Windows 安全……110
8.1.1　打开“安全”……110
8.1.2　Windows 防火墙……110
8.1.3　自动更新……110
8.1.4　恶意软件保护……111
8.1.5　Internet 选项……111
8.2　Windows 防火墙防御“外来侵犯”……111
8.3　Windows Update 及时修补漏洞……114
8.4　Windwos Defender 防御“恶意软件”……115
8.4.1　Windows Defender 的简介……115
8.4.2　Windows Defender 的应用……115
8.4.3　Windows Defender 的高级功能……118
8.5　Internet Explorer 7.0 防御互联网……119

8.6 本章小结……121
第 9 章 高级安全 Windows 防火墙……122
9.1 防火墙的分类……122
9.1.1 边界防火墙……122
9.1.2 基于主机的防火墙……122
9.1.3 包过滤防火墙……122
9.1.4 状态/动态检测防火墙……122
9.1.5 代理程序防火墙……123
9.1.6 个人防火墙……123
9.2 高级安全 Windows 防火墙概况……123
9.2.1 高级安全 Windows 防火墙简介……123
9.2.2 高级安全 Windows 防火墙的基本工作原理……122
9.2.3 高级安全 Windows 防火墙的新增功能……124
9.2.4 规则检验顺序……125
9.3 高级安全 Windows 防火墙的管理方式……126
9.3.1 使用控制台管理……126
9.3.2 使用组策略控制台管理……128
9.3.3 使用 Netsh 命令配置管理……129
9.4 高级安全 Windows 防火墙的配置文件……130
9.4.1 配置文件的查看……130
9.4.2 配置文件的修改……131
9.5 高级安全 Windows 防火墙出入站规则……131
9.5.1 出入站规则的含义……131
9.5.2 监视出入站规则……132
9.5.3 创建出入站规则……132
9.6 高级安全 Windows 防火墙连接安全规则……135
9.6.1 连接安全规则……135
9.6.2 监视连接安全规则和安全关联……136
9.6.3 创建连接安全规则……136
9.7 本章小结……139
第 10 章 安全配置向导……140
10.1 安全配置向导简介……
10.1.1 安全配置向导的基本功能……140
10.1.2 安全配置数据库……140
10.2 创建新的安全策略……140
10.3 编辑现有安全策略……150
10.4 应用现有安全策略……150
10.5 回滚上一次应用的安全策略……150
10.6 本章小结……150
第 11 章 安全策略……152
11.1 本地安全策略……152
11.1.1 本地安全策略管理控制台……152
11.1.2 账户策略……152
11.1.3 本地策略……154
11.1.4 高级安全 Windows 防火墙……158
11.1.5 网络列表管理器策略……158
11.1.6 公钥策略……159
11.1.7 软件限制策略……160
11.1.8 IPSec 策略……160
11.2 本地组策略……161
11.3 组策略……162
11.3.1 组策略管理控制台……162
11.3.2 域组策略……163
11.3.3 站点组策略……163
11.3.4 组策略结果……164
11.3.5 组策略建模……164
11.4 网络策略服务器……165
11.4.1 网络策略服务器的安装和使用……166
11.4.2 RADIUS 服务器……167
11.4.3 RADIUS 代理……168
11.4.4 网络访问保护……170
11.4.5 记账……171
11.5 本章小结……173
第 12 章 身份验证和访问控制……174
12.1 智能卡……174
12.2 授权和访问控制……174
12.3 加密文件系统……174
12.4 可信平台模块管理……175
12.5 BitLocker 驱动器加密……176
12.5.1 BitLocker 驱动器加密方式……176

12.5.2 BtiLocker 驱动器加密的安装……177
12.5.3 BtiLocker 驱动器加密的使用步骤……178
12.6 本章小结……179
第 13 章 Windows Server Backup 备份与恢复……180
13.1 Windows Server Backup 的新增功能……180
13.2 Windows Server Backup 的安装……181
13.3 备份服务器……182
13.3.1 使用备份向导备份服务器……182
13.3.2 使用命令行备份服务器……185
13.3.3 优化备份性能……185
13.4 恢复服务器……185
13.5 创建自动备份计划……186
13.6 本章小结……187

第 3 篇 Web 应用

第 14 章 Internet Explorer 7……190
14.1 Internet Explorer 7 的新特性……190
14.2 Internet Explorer 7 的安全防护……191
14.2.1 Internet Explorer 7 中安全选项卡的设置……191
14.2.2 Internet Explorer 7 动态安全防护功能及使用……193
14.3 Internet Explorer 7 的基本设置……197
14.3.1 Internet Explorer 7 的主页设置……197
14.3.2 Internet Explorer 7 的外观设置……199
14.3.3 Internet Explorer 7 的浏览设置……202
14.3.4 Internet Explorer 7 的内容设置……203
14.4 Internet Explorer 7 的基本操作……205
14.4.1 全新的界面……206
14.4.2 网页导航……207
14.4.3 选项卡……208
14.4.4 网页收藏……209
14.4.5 历史记录……210
14.5 Internet Explorer 7 的 Web 搜索……212
14.5.1 Web 搜索……212
14.5.2 使用多个搜索提供程序……213
14.5.3 使用地址栏搜索页面……214
14.5.4 搜索的技巧……214
14.6 本章小结……215
第 15 章 Internet Information Services 7. 0……216
15.1 IIS 7.0 的简介……216
15.2 IIS 7.0 的安装……217
15.2.1 使用安装向导安装 IIS 7.0……217
15.2.2 在 Windows Server 2008 Server Core 中安装 IIS 7.0……222
15.2.3 默认安装……222
15.2.4 完全安装……222
15.3 IIS 7.0 的基本配置……223
15.3.1 IIS 7.0 管理器……223
15.3.2 创建一个网站……224
15.3.3 创建一个 FTP 站点……230
15.4 本章小结……234
第 16 章 UDDI 服务……235
16.1 UDDI 服务概述……235
16.2 UDDI 服务的安装……235
16.3 配置管理 UDDI 服务……239
16.3.1 打开 UDDI 服务管理控制台……239
16.3.2 配置 UDDI 服务……239
16.3.3 管理 UDDI 服务……241
16.4 本章小结……243

第 4 篇　高级应用服务

第 17 章　虚拟化服务 246

17.1　虚拟化概述 246

17.2　认识 Hyper-V 246

17.2.1　Hyper-V 概述 246

17.2.2　Hyper-V 的主要功能 247

17.3　安装管理 Hyper-V 247

17.3.1　安装前提 247

17.3.2　安装步骤 248

17.3.3　管理 Hyper-V 248

17.4　在 Hyper-V 中创建虚拟机 248

17.5　在虚拟机上安装操作系统 249

17.6　本章小结 250

第 18 章　活动目录服务 251

18.1　活动目录证书服务 251

18.1.1　活动目录证书服务概述 251

18.1.2　活动目录证书服务新增功能 251

18.1.3　安装活动目录证书服务 251

18.1.4　管理活动目录证书服务 252

18.2　活动目录域服务 254

18.2.1　活动目录域服务新增功能 254

18.2.2　安装活动目录域服务 255

18.2.3　只读域控制器的分步安装 255

18.2.4　管理活动目录域服务 256

18.3　活动目录轻型目录服务 257

18.3.1　活动目录轻型目录服务新增功能 257

18.3.2　安装活动目录轻型目录服务 258

18.3.3　创建活动目录轻型目录服务的实例 258

18.3.4　活动目录轻型目录服务的管理工具 258

18.4　活动目录联合身份验证服务 261

18.4.1　活动目录联合身份验证服务新增功能 261

18.4.2　活动目录联合身份验证服务的相关术语 262

18.4.3　安装活动目录联合身份验证服务 264

18.4.4　管理活动目录联合身份验证服务 266

18.5　活动目录权限管理服务 267

18.5.1　活动目录权限管理服务概述 267

18.5.2　安装活动目录权限管理服务 267

18.5.3　管理活动目录权限管理服务 268

18.6　本章小结 269

第 19 章　应用程序服务器 270

19.1　应用程序服务器概述 270

19.2　安装应用程序服务器 270

19.3　管理应用程序服务器 273

19.4　配置应用程序服务器 275

19.4.1　配置 COM+网络访问 275

19.4.2　配置 TCP 端口共享 275

19.4.3　配置 Windows 进程激活服务 276

19.4.4　配置分布式事务 276

19.5　本章小结 276

第 20 章　DHCP 服务 278

20.1　DHCP 概述 278

20.2　DHCP 的安装 279

20.3　DHCP 的管理设置 283

20.3.1　管理 DHCP 的方式 283

20.3.2　DHCP 的管理配置任务 284

20.4　本章小结 289

第 21 章　DNS 服务 290

21.1　DNS 服务的新功能 290

21.2　DNS 服务的安装 291

21.3　多宿主服务器 292

21.4　DNS 服务器用做转发器 292

21.4.1　转发器 292

21.4.2　条件转发器 294

21.5　DNS 的区域 295

21.5.1　区域类型 295

21.5.2　暂停或恢复区域 296

21.5.3 添加正向查找区域……297
21.5.4 添加反向查找区域……298
21.5.5 添加存根区域……299
21.5.6 GlobalNames 区域……300
21.6 配置区域属性……301
21.6.1 区域委派……301
21.6.2 创建区域委派……301
21.7 DNS 与域控制器集成……302
21.8 管理资源记录……303
21.8.1 资源记录类型……303
21.8.2 将资源记录添加到区域……303
21.9 DNS 的安全措施……304
21.9.1 保护服务器缓存不受名称污染……305
21.9.2 在 DNS 服务器上禁用递归……306
21.9.3 限制 DNS 服务器只侦听选定的地址……307
21.9.4 修改域控制器上的 DNS 服务的安全性……307
21.10 本章小结……308
第 22 章 传真服务……309
22.1 传真服务概述……309
22.2 安装传真服务……309
22.2.1 安装传真服务角色……309
22.2.2 安装 Windows 传真和扫描……312
22.3 设置管理传真服务……312
22.4 使用 Windows 传真和扫描……318
22.5 本章小结……319
第 23 章 文件服务……320
23.1 安装使用文件服务……320
23.2 共享和存储管理……325
23.3 分布式文件系统（DFS）管理……326
23.4 文件服务器资源管理器（FSRM）……327
23.5 网络文件系统（NFS）服务……328
23.6 Windows 搜索服务……329
23.7 Windows Server 2003 文件服务……331
23.8 本章小结……331
第 24 章 终端服务……332
24.1 终端服务简介……332
24.1.1 什么是终端服务……332
24.1.2 早期版本 Windows 中的终端服务……332
24.2 终端服务的组成……333
24.3 安装配置终端服务……333
24.3.1 安装终端服务……333
24.3.2 配置终端服务器……342
24.3.3 管理远程会话……343
24.3.4 配置终端服务网关……343
24.3.5 配置终端服务 RemoteApp……344
24.4 客户端使用终端服务……345
24.4.1 远程桌面连接……345
24.4.2 Web 访问……346
24.5 终端服务会话代理的使用……347
24.6 本章小结……348
第 25 章 Windows 部署服务及部署……349
25.1 什么是 Windows 部署服务……349
25.1.1 Windows 部署服务概述……349
25.1.2 Windows 部署服务的新技术……349
25.2 Windows 部署服务的结构……350
25.2.1 Windows 部署服务的组成……350
25.2.2 Windows 部署方式……352
25.3 使用 Windows 部署服务……353
25.3.1 Windows 部署服务安装准备……353
25.3.2 安装 Windows 部署……353
25.3.3 Windows 部署服务管理器……355
25.4 使用 Windows AIK 部署 Windows Server 2008……355
25.4.1 前期准备……355
25.4.2 Windows AIK 的安装……356
25.4.3 部署步骤……357
25.5 在 Virtual Server 2005 中部署 Windows Server 2008……361
25.6 在 VMWare 5.5 中部署 Windows Server 2008……366
25.7 本章小结……370

第1篇 基 础 应 用

由第1~7章组成，主要介绍Windows Server 2008的一些常识性的知识和基本的应用内容。读者可以从本篇开始Windows Server 2008的入门，包括Windows Server 2008简介、安装、文件与文件夹、基本设置、账户管理、系统管理维护和Windows PowerShell等。通过对这些内容的学习，读者可以完成Windows Server 2008的各类基本操作和基本设置，从而为后面的学习打下基础。

第1章 Windows Server 2008简介

自从微软公司发布面向服务器的 Windows Server 2003 操作系统以来，经过五年的磨砺，内部开发代号为“Longhorn Server”的新一代服务器操作系统 Windows Server 2008 终于在众多期待中于 2008 年初与世人正式见面。而就在 2007 年初，作为 Windows Server 2008 的兄弟产品 Windows Vista 已经先行面世，从而引发了新一轮的系统升级大潮。Windows Server 2008 到底是什么样子？与 Windows Vista 是什么关系？与以前的服务器 Windows 操作系统相比，有哪些变化？接下来，就让我们从本书中慢慢体会 Windows Server 2008 带来的令人激动的新体验吧！

1.1 Windows Server 2008 概述

Windows Server 2008 是美国软件巨头微软公司（Microsoft，http://www.microsoft.com）于 2008 年初向全球发布的新一代面向服务器端的操作系统软件。接下来，让我们再来简要回顾一下微软公司 Windows 家族的发展历史。

首先让我们把时间追溯到 1981 年 8 月。这个时间，是比尔·盖茨与其好友保罗·艾伦共同创办的微软公司发布其操作系统 Microsoft DOS 1.0 的时间。此系统由 4000 行汇编代码组成，但只是字符界面，需要输入各种 DOS 指令操作。而当时乔布斯开办的苹果公司发布的 Macintosh 操作系统已经具备了友好的图形化操作界面。鉴于此，他们开始开发自己的图形化界面系统——界面管理器（Interface Manager），这就是目前 Windows 操作系统的鼻祖。

当然，界面管理器还不能称得上是一个操作系统。1983 年，微软公司才开始正式设计图形界面系统。1985 年 11 月 20 日，微软公司正式发布了 Microsoft Windows 1.0。该系统耗费了 50 多位开发人员 1 年的时间，其中包括了至今仍在广泛使用的记事本、计算器和日历等经典的应用程序。

1987 年 12 月 9 日，微软发布了 Windows 2.0。在其后不到一年的时间里，微软公司又针对英特尔的 286 和 386 中央处理器（CPU）分别发布了 Windows 2.1（286 版）和 Windows 2.1（386 版）。

1989 年，微软发布了 Windows 2.11。

1990 年 5 月 22 日，微软正式发布 Windows 3.0。

1992 年 3 月 18 日，微软发布了 Windows 3.1。

1992 年底及 1993 年底，微软发布了面向网络应用的 Windows for Workgroups 3.1 和 Windows for Workgroups 3.11。

1993 年，微软发布了基于纯 32 位内核的 Windows NT 3.1。

1994 年，Windows NT 3.5 发布，其开发代号为“Daytona”。这一次，微软把 Windows NT 操作系统分成了服务器版本和工作站版本。

1994 年，微软发布 Windows 3.2。这也是国内众多用户第一次接触的 Windows 操作系统，而且该系统是微软针对中国开发的产品，因此这个版本只有中文版。

1995 年 5 月，微软发布了 Windows NT 3.51。

1995 年 8 月 24 日，微软正式发布了具有划时代意义的 Windows 95，并于同年年底发布了 Windows 95 Service Release 1。

1996 年，微软发布了 Windows 95 OEM Service Release 2，即 Windows 95 OSR2，也就是我们习惯称呼的 Windows 97。从该版本中开始集成网络浏览器 Internet Explorer，也因此引发了与网络浏览器 Netscape 的开发商网景公司的争端，从而引发了反对微软垄断的运动。同年，微软还发布了 Windows NT 4.0，一款更趋于成熟的网络操作系统。

1998 年 6 月 25 日，微软发布了 Windows 98，其标准版本号是 4.10.1998，开发代号则为“Memphis”（孟菲斯）。

1998 年 10 月，Windows NT 5 被更名为 Windows 2000。

1999 年 6 月 10 日，微软发布了 Windows 98 SE （Second Edition，第二版），对原有版本进行了更新和修正。

2000 年 2 月 17 日，微软发布了 Windows 2000，并针对不同的用户，提供了 4 种不同的版本，即 Professional 版（专业版）、Server 版（服务器版）、Advanced Server 版（高级服务器版）和 Datacenter Server 版（数据中心服务器版）。

2000 年 9 月 14 日，微软发布了 Windows 98 SE 之后的第三个版本，Windows Millennium Edition （千禧版），简称 Windows ME，其标准版本号是 4.9。

2001 年 8 月 24 日，微软正式发布了 Windows XP，其标准版本号为 Windows NT 5.1。该系统命名中的 XP 是英文单词 experience（体验）的缩写，也就是指该系统将带给用户更好的体验感受。而且该系统先后推出了专业版（Professional）、家庭版（Home Edition）、媒体中心版（Media Center Edition）、平板电脑版（Tablet PC Edition）、嵌入版（Embedded）、64 位版（x64 Edition）、入门版（Starter Edition），以及精简版（Fundamentals for Legacy PCs）。

2003 年 3 月 28 日，微软发布了其面向高端用户的 NT 系统 Windows Server 2003，并针对不同的用户，推出了 4 种版本，即 Web 版、标准版、企业版和数据中心版。该系统早期的开发代号为“Whistler Server”，后来曾改为“Windows .NET Server”。

2005 年底，微软发布了 Windows Server 2003 R2，对 Windows Server 2003 进行了更新，同时包含了部分新功能。

2007 年 1 月 30 日，微软正式发布了期待已久的新一代面向终端用户的 Windows Vista 操作系统，吹响了新一轮系统更新的号角，也为其兄弟产品 Windows Server 2008 的面世做了充分的准备。

2008 年年初 Windows Server 2008 与 SQL Server 2008、Visual Studio 2008 共同正式发布。此次发布活动微软在全球举行了 200 多场庆典发布会，而首场发布会则是在 2008 年 2 月 27 日在美国加利福尼亚州的洛杉矶举行的。在中国，微软分别于 2008 年 3 月 13 日（在北京）、3 月 18 日（在上海）和 3 月 25 日（在广州）举行了“微软 2008 新一代企业及应用平台与开发技术发布大会”。由此可见，此次微软公司的发布庆典规模创历史之最。

从微软公司 Windows 操作系统的简要发展史可以看出，截至 2008 年，在经过将近三十年的发展后，Windows 操作系统的开发和商业化都已逐步走上一个相对清晰的发展道路。目前，微软以 NT 技术为核心，发展面向普通消费用户（或称面向终端用户）的操作系统，以及面向高级专业用户（或称面向服务器）的操作系统。比如，Windows XP、Windows Vista

就是面向普通消费用户的操作系统，而 Windows Server 2003、Windows Server 2008 则是面向高级专业用户的操作系统。在上述两类系统中，微软又根据对用户的进一步细分分别发布了若干版本。从这些年的发展也可以看出，微软的发展道路也不是一帆风顺的，其发布的产品中也有不少的失误，但微软公司发展至今，仍坚持推陈出新，不断更新自己的软件产品，这一点的确令人敬佩。

1.2 Windows Server 2008 的改进

与早期版本的 Windows Server 相比，Windows Server 2008 为虚拟化工作负载、支持应用程序和保护网络方面提供了一个高效的平台，为开发和可靠地运行 Web 应用程序和服务提供了一个安全、易于管理的平台，并对基本操作系统做出了重大改进。这些改进主要包括以下几个方面。

1. 稳固增强的业务基础

初始配置任务（Initail Configruation Tasks）将系统的大多数系统配置转移到系统安装完毕后进行，这样减少了系统管理员的交互式操作，使系统管理员只需简单地选择几个必选项之后就可以完成系统的安装过程，从而简化了安装过程。

服务器管理器（Server Manger）是微软管理控制台（Microsoft Managerment Console，MMC）的升级，它可以通过一个集成式的交互式界面来完成大多数服务的配置、监控等管理任务。

Windows PowerShell 则是 Windows Server 2008 的一套新的管理工具，它包括新的命令行外壳程序和脚本语言，而且 Windows PowerShell 还可以运行在支持.NET Framework 的其他早期版本的 Windows 操作系统中。

Windows 性能监控器（Windows Reliability and Performance Monitor）为用户提供了功能更强的对话工具，可以为用户以可视化的形式提供当前系统环境的运行状况，以便帮助用户快速定位问题，并解决问题。

Windows Server 2008 为越来越多的远程服务器的集中控制优化了服务器管理和数据复制功能。

组件化的服务器核心安装方式可以实现最小化的安装，从而提高了系统安装的简易性和稳定性，并可以降低系统的维护工作，实现在单一服务器上安装、配置单一应用系统。

Windows 部署服务（Windows Deployment Services，WDS）提供了更加简化、安全的基于网络的 Windows 操作系统安装部署方式。

容灾群集向导使用户可以方便地创建高可用性的系统，并且 IPv6 已经完全集成在 Windows Server 2008 的群集技术中，群集的节点可以不在相同的 IP 子网或兼容的 VLAN 当中，这样增强了群集节点的灵活性。

网路负载均衡（Network Load Balancing，NLB），现在可以支持 IPv6，并且包含多个专用 IP，从而支持在相同的 NLB 群集上的多个应用程序。

Windows 服务器备份（Windows Server Backup），使用了更快速的备份技术，简化了数据和操作系统的还原。

2．新增的虚拟化技术

Windows Server 2008 Hyper-V，是下一代基于虚拟控制程序（hypervisor）的虚拟化技术，它可以方便用户整合服务期并且更加有效地使用硬件资源。该功能是 Windows Server 2008 新增的一项功能。使用 Windows Server 2008 Hyper-V，可以允许用户在一台物理服务器上模拟不同的虚拟机，并在这些虚拟机上虚拟不同的服务器角色，无需再使用第三方软件。新的可选部署使得用户可以根据自己的应用环境选择最适宜的虚拟方式。支持最新的硬件相关的虚拟技术可以满足更多的最新需求。新的存储功能，如磁盘的直接访问、动态增加存储空间、允许更灵活的数据访问。运行虚拟机的主机与虚拟机之间可以配置群集，并且在虚拟机运行时也可以进行备份。新的管理工具和性能监控器使得虚拟化的环境更加容易管理和监控。

终端服务（Terminal Services）也有所改进，进一步提高了虚拟化技术的表现形式。更简单的授权使得这些技术可以更加方便地使用。终端服务 RemoteApp 和终端服务 Web Access 使得应用程序可以远程访问并且可以通过简单的单击来运行，就像运行在用户的本地计算机上一样。终端服务网关可以使用户远程访问 Windows 应用程序而不必再使用 VPN。终端服务授权管理器增加了跟踪客户端访问授权的功能，从而简化了用户的使用。

3．改进的 Web 应用

Windows Server 2008 提供的最为直观的改进就是将 Web 服务器更新为了 Internet Information Services 7.0（IIS 7.0）。IIS 7.0 是 IIS 6.0 的升级版本，提供了增强的 Web 管理、Web 分析、Web 开发和 Web 应用程序工具。在 Windows Server 2008 中，还整合了 Web 发布平台，包括 IIS 7.0，ASP.NET、Windows Communication Foundation 和 Windows SharePoint 服务。

模块化的设计和可选的安装方式可以使用户只安装所需要的功能，从而提高了系统的安全性，也简化了管理维护工作。IIS 管理器是一个新的基于任务的管理器接口。它增加了一个新的命令行式的管理工具 appcmd.exe。站点配置可以在不同的站点之间进行复制，从而简化了站点的配置。Web 服务器集成了系统健壮性的分析工具，从而可以以可视的方式来跟踪 Web 服务器上的请求。提供了访问配置文件的 API，从而可以在程序中为 Web 服务器、Web 站点和 Web 应用编辑 XML 配置文件。增强的隔离应用程序池，确保了各个站点及各个应用之间的相对独立，从而实现了更高的安全性和稳定性。更快的 CGI 接口可以支持 PHP 应用、Perl 脚本和 Rubby 应用程序。

4．提高的系统安全性

与早期版本的 Windows 操作系统相比，Windows Server 2008 的安全性有更大的提高，主要表现在以下几个方面。

安全配置向导（Security Configuration Wizard，SCW）可以帮助管理员将各种角色的服务器配置得更加安全。

集成可扩展的组策略（Integrated Expanded Group Policy）可以使区域数量在不断扩展的情况下继续用策略实现安全管理。

网络访问保护（Network Access Protection）可以使用户的网络和系统与不符合安全策略的计算机进行隔离。

用户账户控制（User Account Control）提供了新的认证体系结构从而避免了众多恶意软

件的攻击。

下一代加密技术（Cryptography Next Generation，CNG），是微软的新的核心加密 API。它可以提供更灵活的加密方式，同时支持标准的加密算法和用户自定义的加密算法，还可以更方便地创建、存储和检索加密密钥。

只读域控制器（Read Only Domain Controller，RODC），是一种新型的域控制器。它通过对用户主活动目录数据库进行只读方式的复制，实现了更安全的远程用户认证。

活动目录联合服务（Active Directory Federation Services，ADFS），允许拥有不同身份的伙伴之间建立信任关系，并访问运行在不同网络上的目录，同时实现了对各个网络安全的单一登录（single sign ones，SSOs）。

活动目录认证服务（Active Directory Certificate Services，ADCS）对 Windows Server 2008 的公钥基础结构（Public Key Infrastructure，PKI）进行了提高，包括监控认证证书（CAs）运行状态的 PKIView 和一个新的更加安全的用于认证 Web 登录的 COM 控制器。

活动目录权限管理服务（Active Directory Rights Management Services，ADRMS）与具有权限管理服务的应用程序一起，可以帮助企业将重要的数据信息仅给授权的用户使用，从而提高企业的数据安全。

BitLocker 驱动器加密（BitLocker Drive Encryption），可以对计算机中的数据进行加密，避免了计算机丢失时的数据泄密，同时为不再使用的服务器提供了更加安全的数据删除功能。

1.3 Windows Server 2008 版本介绍

1.3.1 Windows Server 2008 的版本

Windows Server 2008 仍然继承了 Windows Server 操作系统早期版本的风格，也设置了多种版本，来满足各种不同的应用环境的需求。这些版本主要包括标准版、企业版、数据中心版、Web 版、基于安腾系统的版本、不带 Hyper-V 的标准版、不带 Hyper-V 的企业版、不带 Hyper-V 的数据中心版和 HPC Server 版。下面简要介绍各版本的特点。

Windows Server 2008 标准版，其产品 Logo 如图 1-1 所示。该版本提供了 Windows Server 2008 的大部分功能，内置了增强的 Web 技术和虚拟化技术。该系统可提高系统的可靠性和灵活性。功能更强的实用工具可帮助用户更好地控制、配置和管理服务器。增强的安全功能使得操作系统更加稳固，可进一步保护用户的数据和网络。

Windows Server 2008 企业版，其产品 Logo 如图 1-2 所示。该版本提供了企业级的平台用以部署关键业务应用。该版本通过提供群集功能和在线增加处理器的功能，提高了系统的有效性；通过提供统一身份管理功能提高了安全性；通过虚拟授权权限的统一应用降低了系统成本。该版本的 Windows Server 2008 提供了一个高度动态、可扩展的基础系统。

图 1-1 Windows Server 2008 标准版

图 1-2 Windows Server 2008 企业版

Windows Server 2008 数据中心版，其 Logo 如图 1-3 所示。该版本提供了企业级的平台用以部署关键业务，并实现大规模的虚拟化。该版本通过提供群集和动态硬件分区技术提高有效性；通过无限制虚拟授权权限的统一应用来降低整个体系的成本。该版本可以从两路处理器扩展到 64 路处理器。该版本为创建企业级的虚拟化和可扩展的解决方案提供了基础平台。

Windows Web Server 2008 版，其 Logo 如图 1-4 所示。该版本的设计专门用于提供单一的 Web 服务器。集成了重新构建的 IIS 7.0、ASP.NET 及 Microsoft .NET Framework 的 Windows Web Server 2008 可以使用户快速地部署 Web 页面、Web 站点、Web 应用及 Web 服务。

图 1-3　Windows Server 2008 数据中心版

图 1-4　Windows Web Server 2008 版

基于安腾系统的 Windows Server 2008，其 Logo 如图 1-5 所示。基于安腾系统的 Windows Server 2008 被专门优化，以支持大规模数据库、在线业务及用户应用，并提供更高的有效性和最多 64 个处理器的扩展性。

不带 Hyper-V 的 Windows Server 2008 标准版、企业版和数据中心版如图 1-6～图 1-8 所示。

图 1-5　基于安腾系统的 Windows Server 2008

Windows Server 2008
Standard without Hyer-V

图 1-6　不带 Hyper-V 的 Windows Server 2008 标准版

图 1-7　不带 Hyper-V 的 Windows Server 2008 企业版

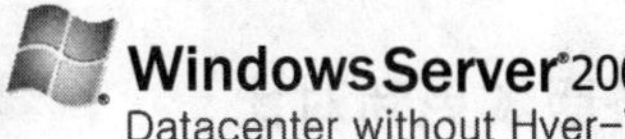

图 1-8　不带 Hyper-V 的 Windows Server 2008 数据中心版

Windows HPC Server 2008，其 Logo 如图 1-9 所示。该版本是专门用于企业级的高性能计算环境的操作系统平台。该系统采用 64 位技术，可以支持上千个处理器内核。该版本系统提供的管理控制台可以方便地监控和管理系统。任务计划的交互性和灵活性可以使基于 Windows 的高性能计算（HPC）平台和基于 Linux 的高性能计算平台进行集成，同时支持成批的面向服务（SOA）的负载。

图 1-9　Windows HPC Server 2008

1.3.2　各版本的功能对比

Windows Server 2008 各主要版本的服务器功能对比，如表 1-1 所示。

表 1-1　Windows Server 2008 各版本的服务器功能对比

服务器角色	标准版	企业版	数据中心版	Web 版	安腾系统版
Web 服务	完全支持	完全支持	完全支持	完全支持	完全支持
应用服务器	完全支持	完全支持	完全支持	不支持	完全支持
打印服务	完全支持	完全支持	完全支持	不支持	不支持
Hyper-V	完全支持	完全支持	完全支持	不支持	不支持
活动目录域服务	完全支持	完全支持	完全支持	不支持	不支持
活动目录轻量目录服务	完全支持	完全支持	完全支持	不支持	不支持
活动目录权限管理服务	完全支持	完全支持	完全支持	不支持	不支持

（续表）

服务器角色	标准版	企业版	数据中心版	Web 版	安腾系统版
DHCP 服务器	完全支持	完全支持	完全支持	不支持	不支持
DNS 服务器	完全支持	完全支持	完全支持	不支持	不支持
传真服务器	完全支持	完全支持	完全支持	不支持	不支持
UDDI 服务	完全支持	完全支持	完全支持	不支持	不支持
Windows 部署服务	完全支持	完全支持	完全支持	不支持	不支持
服务器认证服务	部分支持	完全支持	完全支持	不支持	不支持
文件服务	部分支持	完全支持	完全支持	不支持	不支持
网络策略和访问服务	部分支持	完全支持	完全支持	不支持	不支持
终端服务	部分支持	完全支持	完全支持	不支持	不支持
活动目录联合服务	不支持	完全支持	完全支持	不支持	不支持

从上表的服务器功能对照表中可以看出企业版和数据中心版支持的功能最多，其次是标准版，再其次就是 Web 版和安腾系统版。由此可见，Web 版和安腾系统版着重在特定服务器的应用上。

1.3.3 各版本更新对比

Windows Server 2008 各版本中的新增或更新的功能对比如表 1-2 所示。

表 1-2 新增或更新功能对比

新增或更新功能	标准版	企业版	数据中心版	Web 版	安腾系统版
IIS 7.0	有	有	有	有	有
Hyper-V	有	有	有	无	无
网络访问保护	有	有	有	无	无
活动目录权限管理服务	有	有	有	无	无
终端服务	有	有	有	有	有
服务器管理器	有	有	有	无	无
Windows 部署服务	有	有	有	无	无
服务器核心	有	有	有	有	无

从上表可以看出，标准版、企业版和数据中心版都提供了大多数的更新和新增功能，而 Web 版和安腾系统版则主要增强了 Web 服务和服务器管理器。另外，Web 版还新增了服务器核心。

1.4 Windows Server 2008 官方在线资源

对于 Windows Server 2008，获取其帮助最方便的方式就是系统自带的帮助系统了。但系统中自带的帮助系统主要是 Windows Server 2008 最基础的说明，如果需要最新的和更深入的帮助、指导信息，还应该继续查阅 Windows Server 2008 的在线资源。其官方的在线资源主要包括以下几个站点。

1. Windows Server 2008 在线主页

Windows Server 2008 官方主页，界面如图 1-10 所示，其 URL 地址为 http://www.microsoft.com/windowsserver2008/en/us/default.aspx。

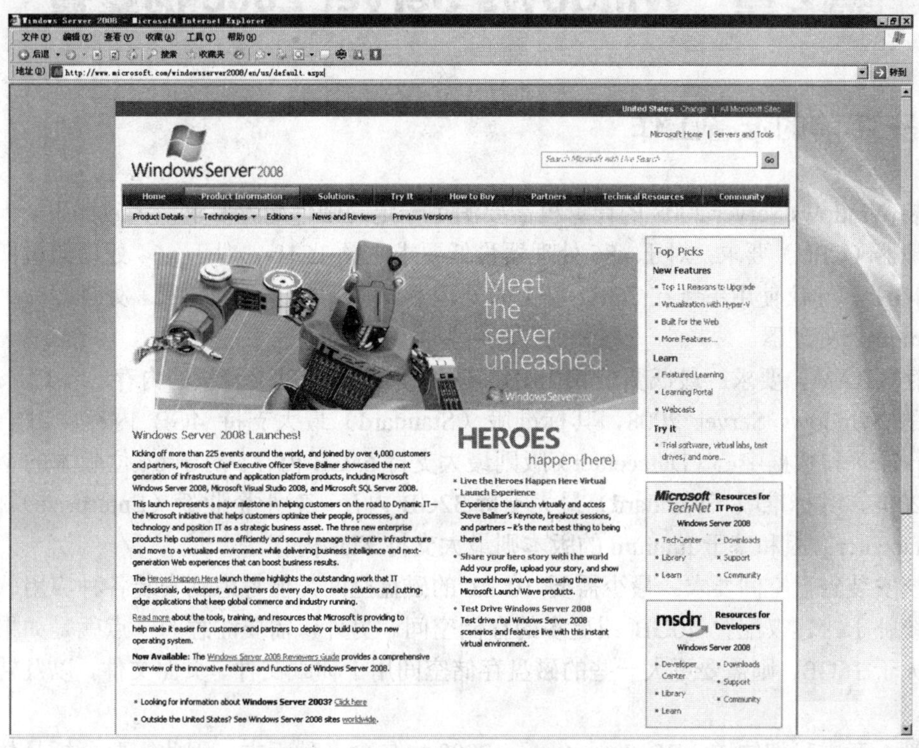

图 1-10　Windows Server 2008 官方主页

2. Windows Server 2008 中文主页

Windows Server 2008 中文主页，对于中文用户来说是一个向导式的站点，其中有些最新的页面内容还是链接到英文主页中的。其地址为 http://www.microsoft.com/china/windowsserver2008/default.mspx。

3. Windows Server 2008 中文技术中心

Windows Server 2008 中文技术中心主页，主要提供关于 Windows Server 2008 的技术方面内容的页面。其地址为 http://technet.microsoft.com/zh-cn/windowsserver/2008/default.aspx。

1.5 本章小结

本章简要回顾了微软公司发布的操作系统的历史，并介绍了 Windows Server 2008 的基本情况。接下来概括介绍了 Windows Server 2008 的主要改进之处，并对各个版本进行了对比。最后介绍了 Windows Server 2008 的官方在线资源，便于读者获取 Windows Server 2008 的最新信息。通过对本章的阅读，可以大体了解到 Windows Server 2008 的产品框架，便于读者根据自己的实际需求和应用环境选择适合自己的版本。

第2章 Windows Server 2008 的安装

2.1 安装前的准备工作

安装 Windows Server 2008 的计算机需要满足一定的硬件配置要求，大致如下。

处理器（CPU）要求：对于 x86 处理器最低要求主频 1GHz，对于 x64 处理器最低要求主频为 1.4GHz。建议使用主频在 2GHz 以上的处理器。对于 Itanium（安腾）处理器，则要求是 Intel Itanium 2 处理器。

内存（RAM）要求：最低要求 512MB，建议使用 2GB 以上容量的内存。不过，对于 32 位版本的 Windows Server 2008，其标准版（Standard）最大支持 4GB 内存，对于企业版（Enterprise）和数据中心（Datacenter）版则最大支持 64GB 内存。对于 64 位版本的 Windows Server 2008，其标准版（Standard）最大支持 32GB 内存，对于企业版（Enterprise）、数据中心（Datacenter）版和基于 Itanium 的版本则最大支持 2TB 内存。

系统安装磁盘空间要求：最少需要 10GB 的磁盘空间，但考虑到安装各种应用软件及可能的系统补丁，建议配置 40GB 或更多的存储空间。另外，需要注意的一点就是如果计算机的内存大于 16GB，则需要更大一些的磁盘存储空间用于休眠文件、页面文件，以及转储文件的存储。

从第 1 章中我们知道，Windows Server 2008 也包含多种版本。因此需要分析具体需求，并结合 Windows Server 2008 各个版本的差异选择确定使用哪个版本，然后再根据原有系统的使用情况确定所使用的安装方式，即是使用完全安装，还是使用升级安装。

如果是在原有系统上升级，应该首先将原系统上重要的数据进行异地备份，并确保在升级失败时迅速恢复。同时还需要检查原有系统上应用系统的兼容问题。

对于没有实际使用过 Windows Server 2008 的用户，建议首先在一台测试使用的计算机上安装 Windows Server 2008，以便了解该系统的特点和功能。

由于 Windows Server 2008 的安装程序有 2GB 左右的大小，因此安装光盘一般都是 DVD 光盘，因此还需要准备好 DVD 光驱。

对于安装有多块物理磁盘的服务器，如果需要在安装过程中安装各类驱动器的驱动程序，如 RAID 阵列卡的驱动程序，还应该事先将这些驱动程序准备好。当然，有些服务器随机带有安装引导光盘，也可以准备好。需要说明的一点是，有些早期服务器随机附带的引导光盘和随机附带的设备驱动器的驱动程序，可能不支持 Windows Server 2008，需要到特定设备的官方网站下载支持 Windows Server 2008 的最新版本。

以上准备工作做完之后，就可以开始下面的安装进程了。是不是有些迫不及待？根据下面的步骤向导，很快就可以体验到 Windows Server 2008 带来的激动人心的时刻了。

2.2 全新的完全安装

在本节中，我们首先来介绍如何完全安装 Windows Server 2008。完全安装是 Windows

Server 2008 全部功能的完整安装，包含所有的用户界面，可以支持所有的服务器角色。下面是具体步骤。

步骤 1：在计算机启动的过程中将 Windows Server 2008 的安装光盘放入 DVD 光驱中，用该安装盘启动计算机。

步骤 2：系统启动后，弹出如图 2-1 所示的“安装 Windows”提示窗口。在该窗口上选择“要安装的语言”为“中文（简体）”、“时间和货币格式”为“中文（简体，中国）”、“键盘和输入方法”为“中文（简体）-美式键盘”，之后单击该窗口右下角的“下一步”按钮。

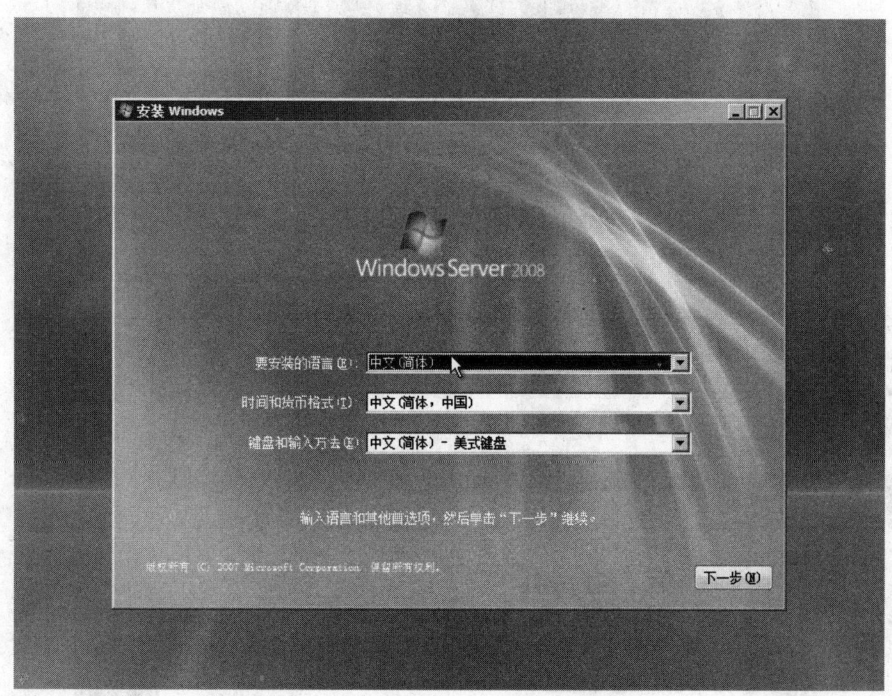

图 2-1 “安装 Windows”提示窗口

步骤 3：进入如图 2-2 所示的“安装 Windows”的提示窗口。在该窗口左下角提供了“安装 Windows 通知”和“修复计算机”的两个选项。“安装 Windows 通知”选项提供了部分 Windows Server 2008 安装的说明。“修复计算机”选项提供了后期修复系统的功能。了解了这些之后，单击该窗口中间的“现在安装”按钮。

步骤 4：进入如图 2-3 所示的“安装 Windows”的提示窗口，提示用户“键入产品密钥进行激活”。同时在计算机屏幕左下角显示当前的安装进度为“1 收集信息”阶段。在“产品密钥（划线将自动添加）”一栏中，输入 Windows Server 2008 的序列号，之后单击窗口右下角的“下一步”按钮。

步骤 5：进入如图 2-4 所示的“安装 Windows”的提示窗口，提示用户“选择要安装的操作系统”。与早期版本 Windows 的安装相比，Windows Server 2008 为用户提供了一种新的安装方式，即服务器核心安装方式。这种方式仅安装用户需要的主要应用，一方面可简化用户系统，另一方面可提高用户系统安全性。这种服务器核心安装的方式将在下一节介绍。这里选择“Windows Server 2008 Enterprise（完全安装）”方式，然后单击提示窗口右下角的“下一步”按钮。

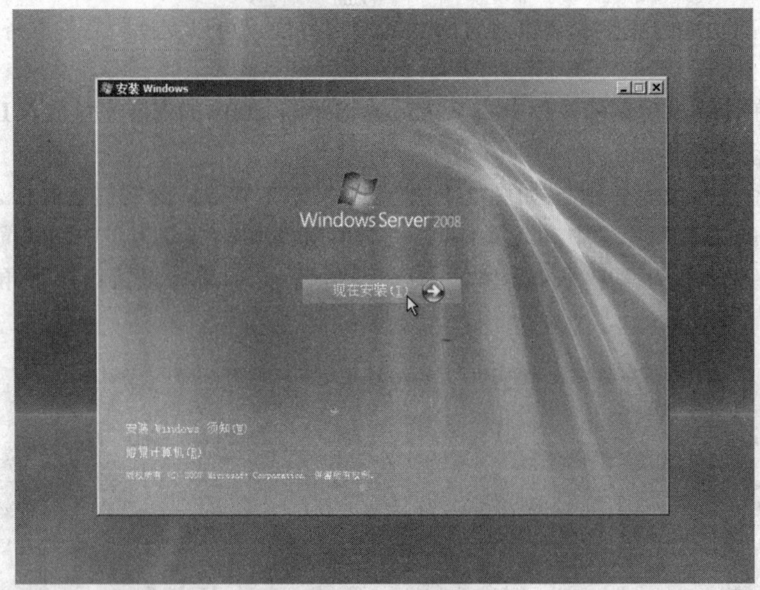

图 2-2 “安装 Windows”提示窗口

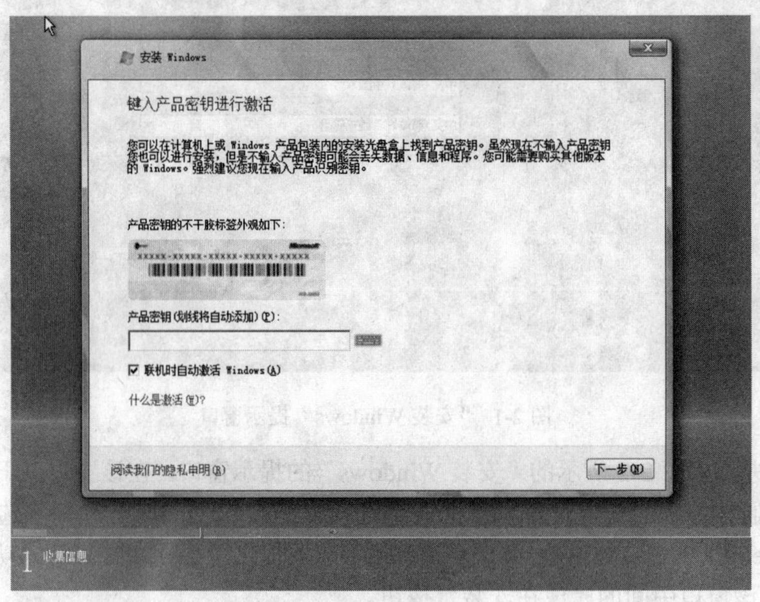

图 2-3 “键入产品密钥进行激活”提示窗口

步骤 6：进入如图 2-5 所示的“安装 Windows”的提示窗口，提示用户“请阅读许可条款”。选择该提示窗口左下角的“我接受许可条款”后，单击该提示窗口右下角的“下一步”按钮。

步骤 7：进入如图 2-6 所示的“安装 Windows”的提示窗口，询问用户“您想进行何种类型的安装”。在该提示窗口上显示了两种安装类型：“升级”和“自定义（高级）”。“升级”方式主要指在早期版本 Windows 平台上进行升级，这样可以保留原有平台中的文件、主要设置和程序。如果进行全新安全，则选择“自定义（高级）”的安装方式，并且此时只能选择该种方式，“升级”的安装方式为不可选择。

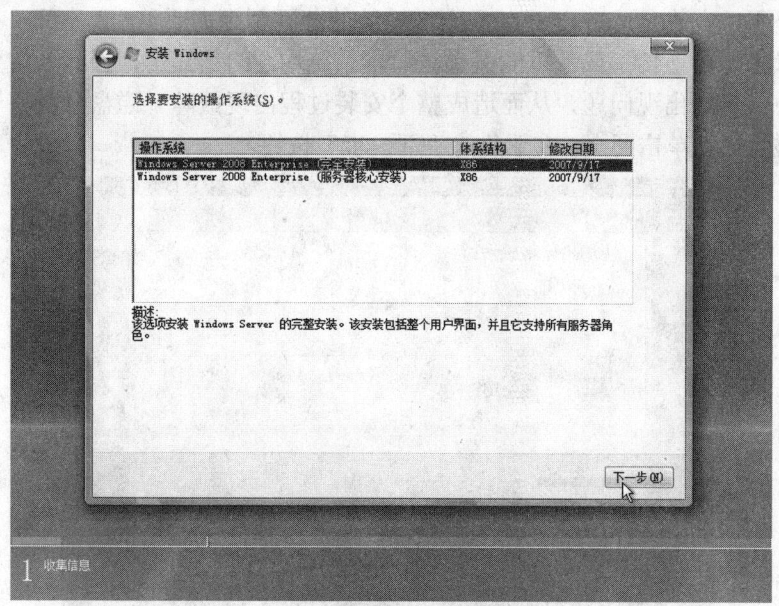

图 2-4 “选择要安装的操作系统”提示窗口

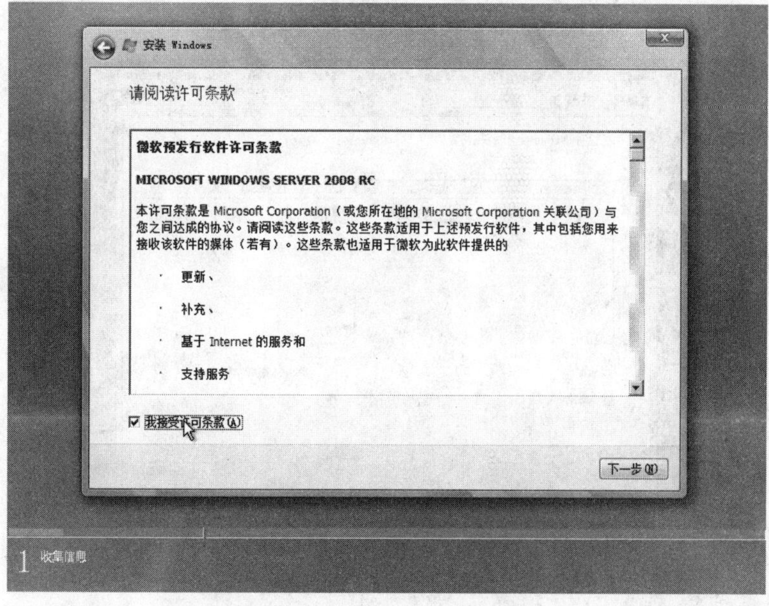

图 2-5 “阅读许可条款”提示窗口

步骤 8：进入如图 2-7 所示的“安装 Windows”的提示窗口，询问用户“您想将 Windows 安装在何处”。这里是指定系统安装路径和对安装的磁盘进行设置的地方。如果服务器中的磁盘做了 RAID 设置，需要安装驱动程序，则选择该窗口左下角的“加载驱动程序”链接，并根据向导完成驱动程序的安装。如果磁盘还没有创建分区，则选择该窗口右下角的“驱动器选项（高级）”，此时窗口下方会出现磁盘分区管理的功能选项，如图 2-8 所示。在图 2-8 所示的窗口右下角的“大小”一栏中，输入创建主分区的容量大小，然后单击其后的“应用”按钮。由于 Windows Server 2008 的完全安装大约需要 8GB 左右的空间，再考虑日后安装应用程序和系统补丁，安装 Windows Server 2008 系统的分区至少需要 10GB 空间。在磁盘操作过程中，如果操作不可逆转，或者可能引起故障，系统均会给出提示，因此一定要注重这些提示信息，以免该步骤出现问题，从而造成整个安装过程出现故障。磁盘分区完毕，并选择好安装系统的磁盘后，单击图 2-8 右下角的“下一步”按钮。

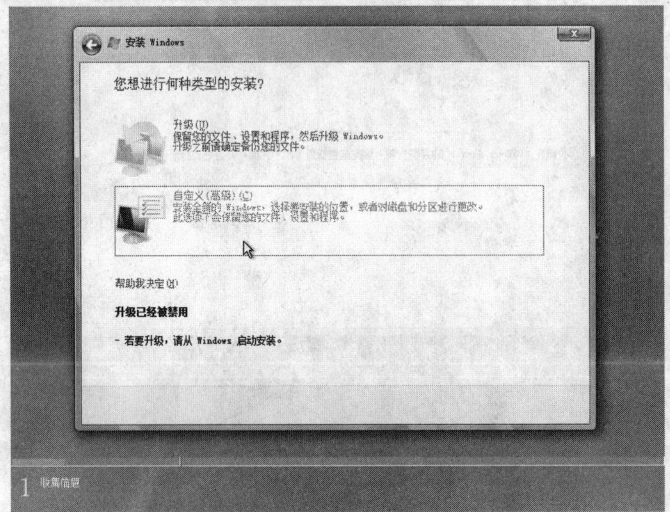

图 2-6 安装类型选择提示窗口

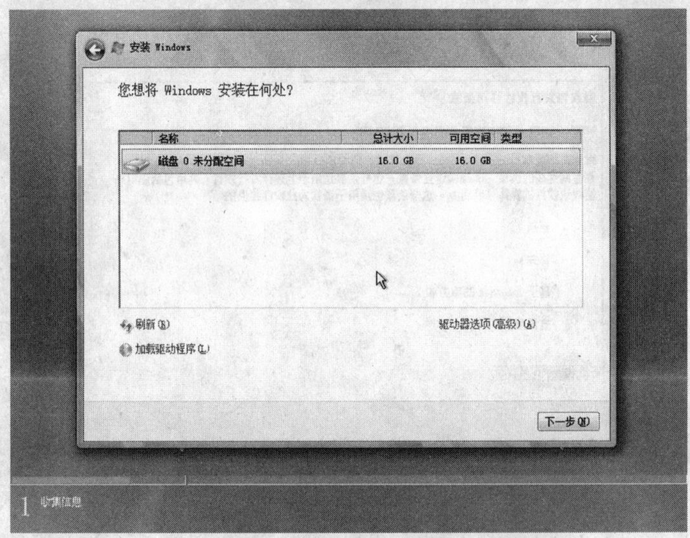

图 2-7 安装位置提示窗口

步骤 9：进入如图 2-9 所示的“安装 Windows”的提示窗口。系统开始进行安装，并向用户提示安装的进度。同时在计算机屏幕下方提示用户整个系统安装过程进入“2 安装 Windows”阶段。这一阶段是 Windows Server 2008 安装时间最长的一段时间，不过这段时间基本不需要用户干预，只需坐在一旁静静等待即可。根据计算机配置的不同，安装时间也不同。以两路 Intel Xeon 2.8GHz CPU，2GB 的内存配置为例，安装过程大约 15 分钟左右。

步骤 10：系统自动重新启动之后，进入如图 2-10 所示的用户初次登录界面。单击“确定”按钮，进入如图 2-11 所示的更改管理员密码的界面。输入两遍新的管理员密码之后，单击图 2-11 上的白色箭头按钮，即可进入如图 2-12 所示的界面，单击该界面的“确定”按钮，就可以登录 Windows Server 2008 系统了，如图 2-13 所示。

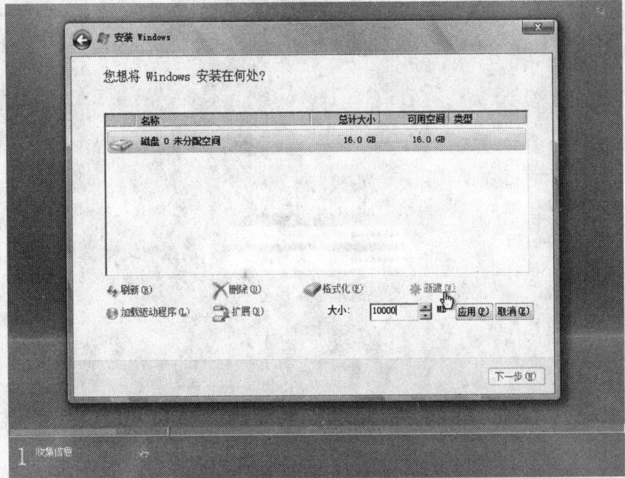

图 2-8　磁盘管理窗口

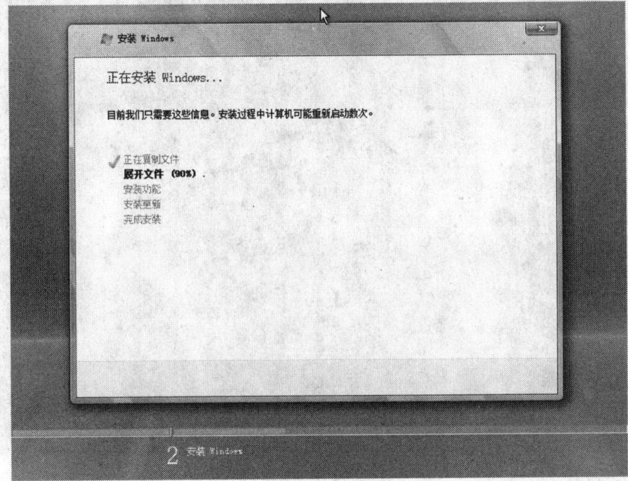

图 2-9　安装过程提示窗口

图 2-10　首次登录修改密码提示界面

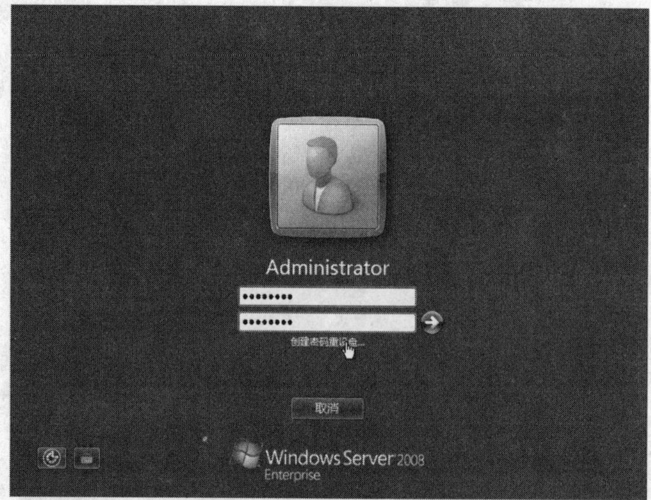

图 2-11　修改管理员密码界面

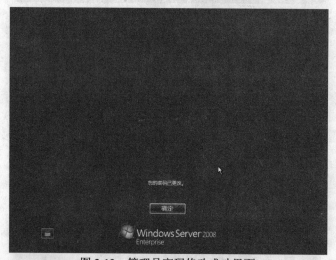

图 2-12　管理员密码修改成功界面

图 2-13　准备登录系统界面

步骤 11：在图 2-11 所示的修改管理员密码界面中，系统提供了“创建密码重设盘”的功能。这一功能就是把重设的管理员密码保存在软盘上。单击图 2-11 上的“创建密码重设盘”链接，进入如图 2-14 所示的“忘记密码向导”窗口。根据此向导，可将重新设置的管理员密码保存到软盘上，如图 2-15 所示。

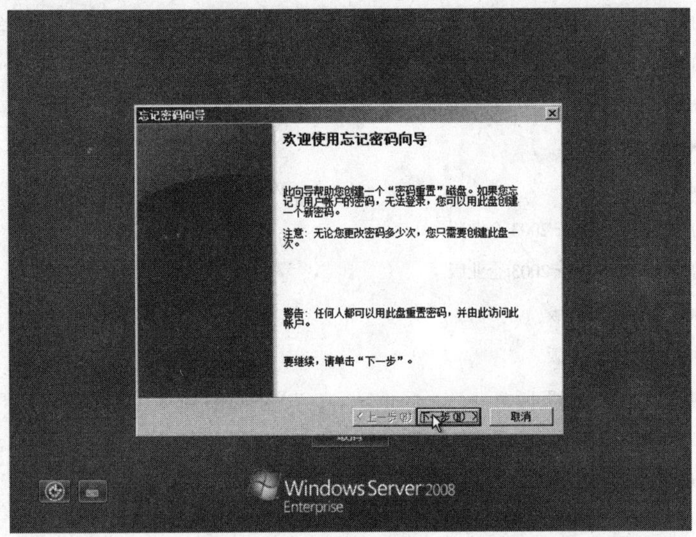

图 2-14　“忘记密码向导”窗口

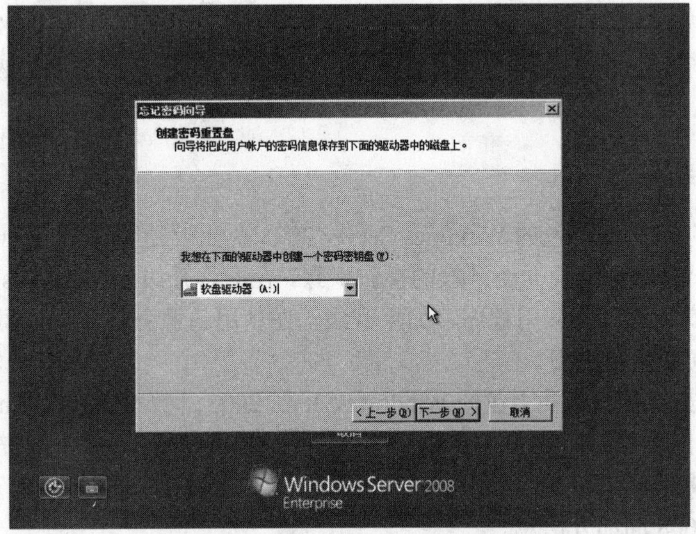

图 2-15 “创建密码重置盘”窗口

2.3　升级到 Windows Server 2008

2.3.1　可升级的方式

这里的升级主要指的是某些版本的 Windows Server 2003 和 Windows Server 2008 的预览版本升级到 Windows Server 2008。具体的版本可升级方式如表 2-1 所示。表 2-1 中的版本升级对照对 32 位版本和 64 位版本的操作系统均适用，但两类平台之间不能互相升级。比如，

32 位版本的操作系统不能按照下述表格对应的版本升级到 64 位版本的操作系统。

表 2-1 Windows Server 2008 升级版本对照表

原 Windows Server 版本	可以升级到的 Windows Server 2008 版本
Windows Server 2003 R2 标准版	Windows Server 2008 标准版的完全安装
装有 SP1 补丁包的 Windows Server 2003 标准版	Windows Server 2008 企业版的完全安装
装有 SP2 补丁包的 Windows Server 2003 标准版	
Windows Server 2008 标准版 RC0	
Windows Server 2008 标准版 RC1	
Windows Server 2003 R2 企业版	Windows Server 2008 企业版的完全安装
装有 SP1 补丁包的 Windows Server 2003 企业版	
装有 SP2 补丁包的 Windows Server 2003 企业版	
Windows Server 2008 企业版 RC0 版	
Windows Server 2008 企业版 RC1 版	
Windows Server 2003 R2 Datacenter Edition	Windows Server 2008 Datacenter 的完全安装
装有 SP1 补丁包的 Windows Server 2003 数据中心版	
装有 SP2 的 Windows Server 2003 数据中心版	
Windows Server 2008 数据中心版 RC0 版	
Windows Server 2008 数据中心版 RC1 版	

需要注意的是 Windows Server 2003 不能升级到 Windows Server 2008 的服务器核心安装版。另外，升级后 Windows Server 2008 将不能再卸载，只是在升级过程失败时，才可返回到原有的操作系统。

2.3.2 升级步骤

这里以安装有 SP2 补丁包的 Windows Server 2003 企业版升级到 Windows Server 2008 企业版完全安装方式为例，简要介绍升级的操作步骤。在即将升级的 Windows Server 2003 企业版操作系统中，安装有几个应用程序。如果升级正在使用的服务器，应注意将重要数据进行异地备份并确保可以正常恢复。

步骤 1：打开安装有 SP2 补丁包的 Windows Server 2003 计算机，并将 Windows Server 2008 的安装光盘放入计算机的 DVD 光驱中，系统将自动弹出“安装 Windows”的提示窗口，如图 2-16 所示。在该提示窗口左下角有“安装 Windows 须知”链接，可以单击该链接来了解安装 Windows Server 2008 的部分信息。

步骤 2：单击图 2-16 中间的“现在安装”按钮，系统进行搜索，然后进入如图 2-17 所示的“安装 Windows”提示窗口，提示用户“获取安装的重要更新”。由于在 Windows Server 2008 平台下，原有的设备驱动程序及应用程序可能出现不兼容问题，另外原有版本 Windows 操作系统可能存在系统漏洞且没有安装补丁，因此还是建议选择最上面的默认选项，即“联机以获取最新安装更新（推荐）”。

步骤 3：系统自动在线搜索可能的更新，如图 2-18 所示。在自动搜索过程中，需要保持系统与 Internet 的连接。

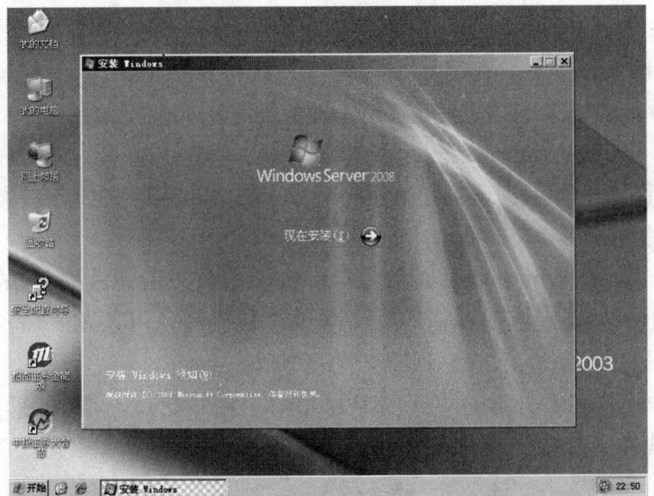

图 2-16　“安装 Windows”提示窗口

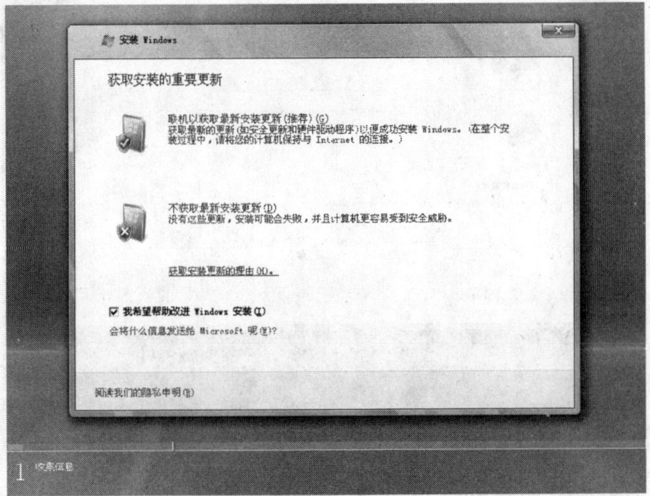

图 2-17 “获取安装的重要更新”提示窗口

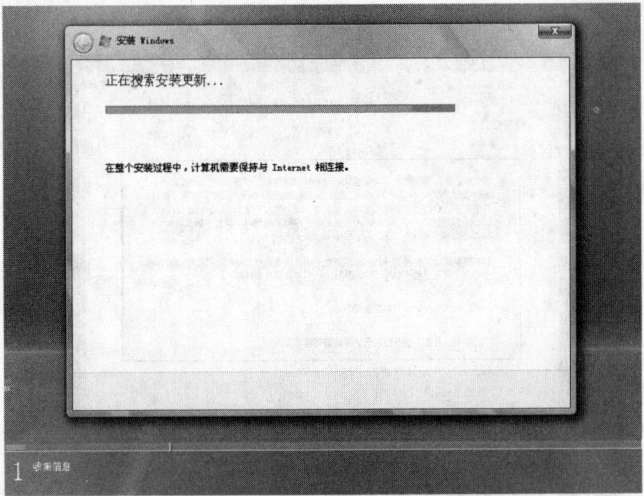

图 2-18　搜索安装更新提示窗口

步骤 4：进入“安装 Windows”提示窗口，提示用户“键入产品密钥进行激活”，与 2.2 节步骤 4 相同，如图 2-3 所示。在“产品密钥（划线将自动添加）”一栏输入 Windows Server 2008 的产品序列号，之后单击该提示窗口右下角的“下一步”按钮。

步骤 5：进入“安装 Windows”提示窗口，提示用户“选择要安装的操作系统”，与 2.2 节步骤 5 相同，如图 2-4 所示。选择“Windows Server 2008（完全安装）”后单击该提示窗口右下角的“下一步”按钮。

步骤 6：进入“安装 Windows”提示窗口，提示用户“请阅读许可条款”，与 2.2 节步骤 6 相同，如图 2-5 所示。选择该提示窗口左下角的“我接受许可条款”后，单击该提示窗口右下角的“下一步”按钮。

步骤 7：进入如图 2-19 所示的“安装 Windows”提示窗口，询问用户“您想进行何种类型的安装”。这里选择“升级”选项。

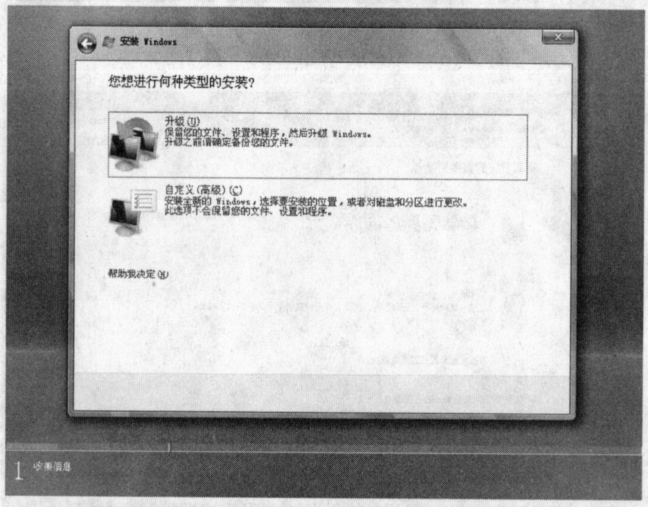

图 2-19 安装类型选择提示窗口

步骤 8：进入如图 2-20 所示的“安装 Windows”提示窗口，向用户提供“兼容性报告”，提示用户可能存在的问题，以及是否可以继续升级的建议。单击提示窗口右下角的“下一步”按钮。

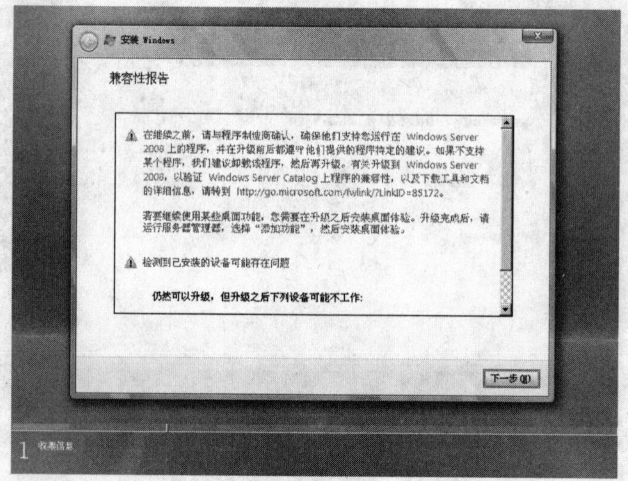

图 2-20 “兼容性报告”窗口

步骤 9：进入如图 2-21 所示的“安装 Windows”提示窗口，提示系统升级进度，并提示用户升级过程可能需要几个小时的时间。这时用户只需在一旁静静等待。其间服务器会自动重新启动几次，用户均不需干预。注意升级之前，检查 Windows Server 2003 操作系统安装分区的剩余空间大小不要小于 6GB，否则升级会失败。最后系统升级完毕，自动重新启动后即可进入 Windows Server 2008。

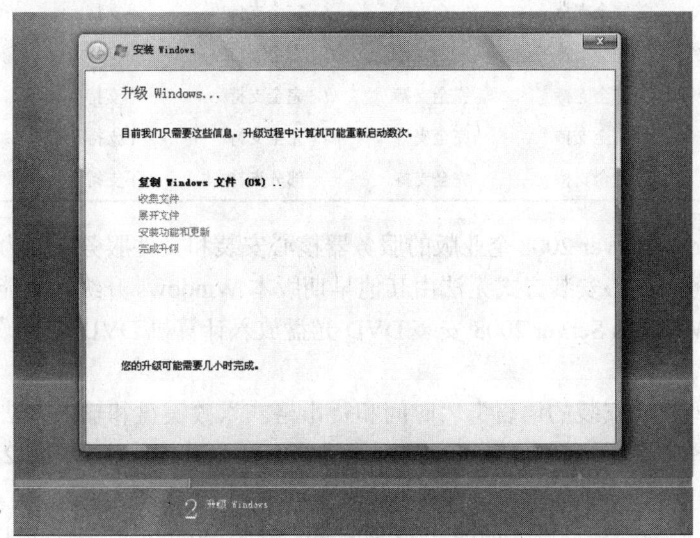

图 2-21　升级进度提示窗口

由于升级过程需要对原有系统的配置、数据等进行处理，因此升级方式的过程明显比全新的完全安装方式耗时多。

2.4　多操作系统的安装

多操作系统的安装与 2.2 节和 2.3 节介绍的安装方法类似。开始的安装方法与 2.3 节升级到 Windows Server 2008 类似，均是在 Windows 平台中启动 Windows Server 2008 的安装程序。其安装过程与 2.2 节的完全安装过程类似，即在 Windows 平台中启动安装程序后，选择完全安装模式进行系统的安装。

在安装过程中，建议将 Windows Server 2008 安装在与先前操作系统不同的分区上。这样，仍可以访问先前版本的 Windows 操作系统。具体安装步骤可参考 2.2 节和 2.3 节，在此不再赘述。

2.5　服务器核心（Server Core）安装

服务器核心（Server Core）安装是 Windows Server 2008 的最小服务器安装，可以运行所支持的服务器角色。Windows Server 2008 的服务器核心安装所支持的服务器角色如表 2-2 所示。ASP.NET 在各版本的核心安装中均不支持。

这种安装方式只安装服务器角色运行所需要的文件。比如，这种安装方式不安装传统的 Windows 界面，并且需要以命令行的方式在本地配置和管理服务器。这种安装方式可以降低服务和管理要求，并且可以降低服务器受攻击的可能性，从而提高服务器的稳定性和安全性。

表 2-2　Windows Server 2008 服务器核心安装支持角色表

服务器角色	企业版	数据中心版	标准版	Web 版	Itanium 平台版
Web 服务（IIS）	部分支持	部分支持	部分支持	部分支持	不支持
打印服务	完全支持	完全支持	完全支持	不支持	不支持
Hyper-V	完全支持	完全支持	完全支持	不支持	不支持
活动目录域服务	完全支持	完全支持	完全支持	不支持	不支持
活动目录轻量目录服务	完全支持	完全支持	完全支持	不支持	不支持
DHCP 服务器	完全支持	完全支持	完全支持	不支持	不支持
DNS 服务器	完全支持	完全支持	完全支持	不支持	不支持
文件服务	完全支持	完全支持	部分支持	不支持	不支持

下面以 Windows Server 2008 企业版的服务器核心安装和文件服务安装为例说明这种安装方式的步骤。服务器核心安装方式无法由其他早期版本 Windows 升级，只能进行全新安装。

步骤 1：将 Windows Server 2008 安装 DVD 光盘放入计算机 DVD 光驱，并用该安装光盘启动计算机。

步骤 2：选择“要安装的语言”、“时间和货币格式”、“键盘和输入方法”等信息。进入“下一步”后选择“现在安装”。键入产品密钥进行激活。其操作步骤与 2.2 节的步骤 2 至步骤 4 相同。

步骤 3：键入产品密钥后进入如图 2-22 所示的“安装 Windows”提示窗口，提示用户“选择要安装的操作系统”。在这里，需要选择“Windows Server 2008 Enterprise（服务器核心安装)”，之后单击该提示窗口右下角的“下一步”按钮。

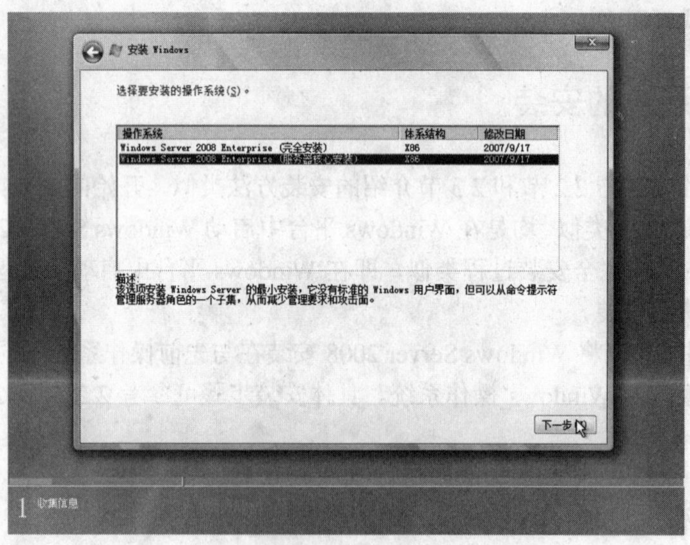

图 2-22　“选择要安装的操作系统”提示窗口

步骤 4：选择接受许可条款后进入下一步。选择安装所使用的磁盘分区，之后进入安装过程。与 2.2 节步骤 6 至步骤 8 相同。其间系统需要自动重新启动几次，用户只需等待，无需干预。

步骤 5：系统安装完毕后，需要按【Ctrl +Alt+Del】组合键进行登录。登录后系统提示选择用户，如图 2-23 所示。

步骤 6：在图 2-23 所示的界面上单击“其他用户”，之后进入用户名和用户密码输入界面。输入“administrator”后单击密码栏后面的白色箭头按钮，系统提示第一次登录需更改密码，之后进入更改用户密码界面，如图 2-24 所示。

图 2-23　提示选择用户界面

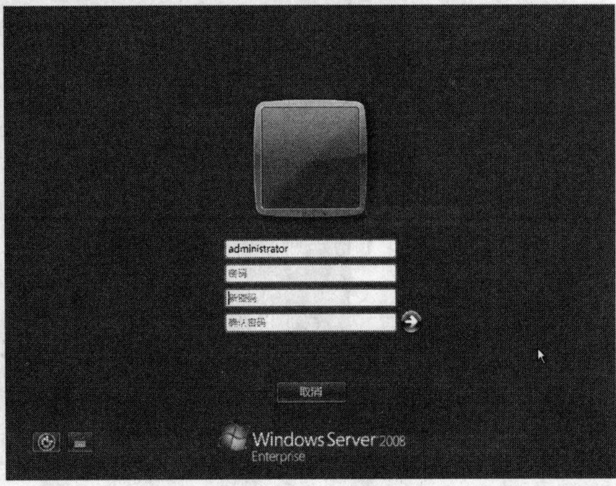

图 2-24　修改用户密码界面

步骤 7：单击“确定”按钮，即可进入服务器核心的界面，如图 2-25 所示，类似早期版本 Windows 的控制台方式。这种安装方式所安装的内容最少，安装后大约占 1GB 左右的磁盘空间，因此安装过程较全新的完全安装耗时更少。

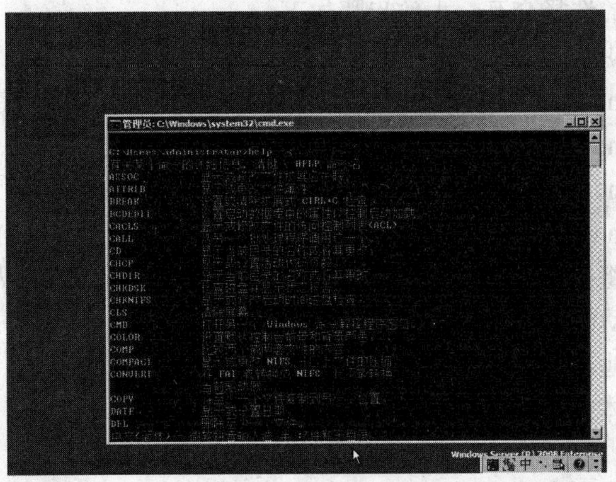

图 2-25　服务器核心界面

2.6　无人值守的安装

使用 Windows 自动安装工具包（Windows Automated Installation Kit，Windows AIK）可以实现 Windows Server 2008 无人值守的安装。可以从如下地址下载“Automated Installation Kit （AIK）for Windows Vista SP1 and Windows Server 2008 - 简体中文”：

http://www.microsoft.com/downloads/details.aspx?familyid=94BB6E34-D890-4932-81A5-5B50C657DE08&displaylang=zh-cn

下载后，该工具包是一个大小约 1.2GB 左右的镜像文件。在上述地址下载的文件名为 6001.18000.080118-1840-kb3aik_cn.iso，将该文件刻录到 DVD 光盘中，或者使用虚拟光驱程序（如 DEAMON）读取该镜像文件，即可得到 AIK 的安装程序，如图 2-26 所示。

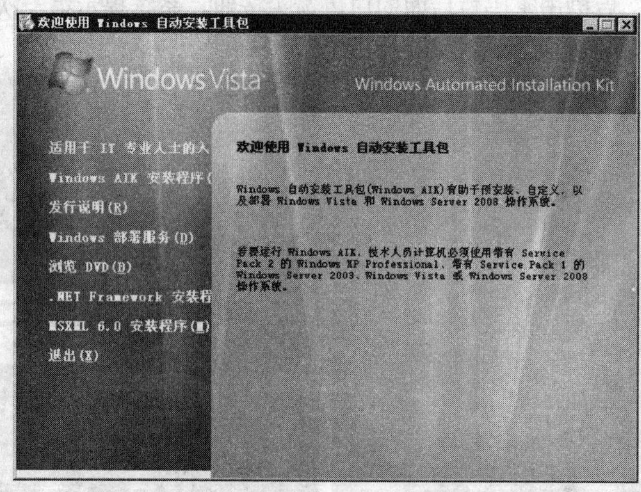

图 2-26　Windows 自动安装工具包引导界面

使用 AIK 进行无人值守的安装，主要是一种基于映像方式的安装。也就是将 Windows Server 2008 的安装程序再制作成一个新的光盘镜像文件，然后刻录到光盘上。而安装过程中需要用户交互的信息则保存在一个称为应答文件的配置文件中，通过修改这个配置文件，来完成系统安装过程中的选择交互。大致步骤如下。

步骤 1：构建实验室环境。

步骤 2：使用 Windows 系统映像管理器（Windows SIM）创建答案文件。

步骤 3：使用 Windows 产品 DVD 和答案文件构建主安装。

步骤 4：使用 Windows 预安装环境（Windows PE）和 ImageX 技术创建主安装的映像。

步骤 5：使用 Windows PE 和 ImageX 技术将映像从网络共享安装部署到目标计算机上。

经过以上步骤，将拥有一个工作实验室环境，其中包括一台技术人员计算机、一个有效应答文件、一张可启动的 Windows PE 光盘，以及一个自定义 Windows 映像。可以返回并修改应答文件以包括其他自定义设置。

相关的工具和具体操作步骤，将在本书第 25 章中详细介绍。

2.7 本章小结

本章详细介绍了 Windows Server 2008 的常见安装方法，包括安装前的准备工作，以及全新的完全安装、升级安装、多操作系统安装和服务器核心安装等安装步骤。读者可以参照本章的内容自己进行安装。本章的 2.6 节简要介绍了无人值守的安装方法，这种方法主要用于大规模的企业安装部署，因此详细内容将在本书第 25 章中介绍。

第3章　Windows Server 2008 的文件与文件夹

文件是存储在计算机磁盘上的一组相关信息的集合。例如，在计算机磁盘中存储的一篇文本文档、一个电子表格、一幅数字图片、一首歌曲及一个程序都属于文件。文件之间是相互独立的。为便于分类管理日益增多的文件，可以在磁盘上建立一些“文件夹”，以便分类管理这些文件。文件夹不仅可以容纳文件，而且可以容纳其他文件夹。文件夹中包含的文件夹通常称为“子文件夹”。

3.1　文件和文件夹的命名规则

为了区分不同的文件，必须给每个文件命名。Windows Server 2008 支持早期 Windows 及 DOS 操作系统的文件命名规则，同时又做了改进，具体规则主要有以下几点。

（1）在文件或文件夹的名字中，最多可使用 260 个字符。

（2）文件名一般由主名和扩展名两部分组成，中间加一个圆点“.”隔开。

（3）组成文件名或文件夹的字符可以是英文字母、数字、下划线、空格和汉字等，但不可以使用下列任何一种字符：\/?:* “ ><|。

（4）Windows Server 2008 保留用户给文件命名时采用的英文字母的大小写格式，但是不能利用大小写来区分文件名。例如，READme.txt 和 README.TXT 在使用时表示同一个文件。

文件和文件夹的命名规则在实际应用中还需要注意以下几点。

（1）Windows Server 2008 限定文件名最多包含 260 个字符。但实际的文件名必须少于这一数值，因为表示存储该文件的完整路径（如 C:\DVD-Server2K8\reference\TCPIP_Fund.pdf）的字符个数都包含在此字符数值中。

（2）文件中必须有主名，而扩展名是可选的。扩展名一般由 1～3 个字符组成，有助于 Windows 理解文件中的信息类型，以及应使用何种程序打开这种文件。比如，文件名 readme.txt，扩展名为 txt，表明该文件是一个文本文件，可由与该扩展名关联的应用程序（如记事本或写字板）打开。

（3）Windows Server 2008 也可以使用多间隔的扩展名。例如，nit.bmp.doc 就是一个合法的文件名，其文件类型由最后一个扩展名决定。

（4）在早期版本的 Windows 中，为了防止系统识别混淆，当用户使用诸如 CON 和 LPT1 等 IO 设备接口的关键词命名文件时，会出现失败的情况，但在 Windows Server 2008 中已经被确认这些关键词是可用的。

（5）每个文件夹也要一个名字，文件夹的命名规则和文件类似，由于文件夹只是文件的“容器”所以一般不需要扩展名。

（6）在同一个文件夹中不允许有名字相同的文件或文件夹。

当用户查找或排列文件时，可以使用通配符“?”和“*”表示多个文件名。其中“?”表示文件名中的一个任意字符，“*”表示文件名中的全部字符。

3.2 “计算机”和“资源管理器”

用户对文件和文件夹的浏览和管理可以通过“计算机”和“资源管理器”来完成，如文件和文件夹的浏览、新建、复制、剪切、删除和重命名等操作。在 Windows Server 2008 中“计算机”和“资源管理器”还增加了对文件和文件夹的搜索功能，同时可以根据选定对象的不同自动在工具栏中添加该对象的相关操作按钮，方便用户的使用。

在 Windows Server 2008 中，所有存储设备（包括硬盘、软盘、光盘和 USB 存储设备）中的文件和文件夹都可以通过“计算机”和“资源管理器”进行访问。Windows Server 2008 使用“计算机”窗口代替了早期 Windows 版本中的“我的电脑”。

“计算机”和“资源管理器”窗口的组成和布局是相同的，如图 3-1 所示，从上到下主要包括标题栏、地址栏、搜索栏、菜单栏和工具栏，以及由导航窗口、文件夹显示窗口和文件列表显示窗口组成的工作区。

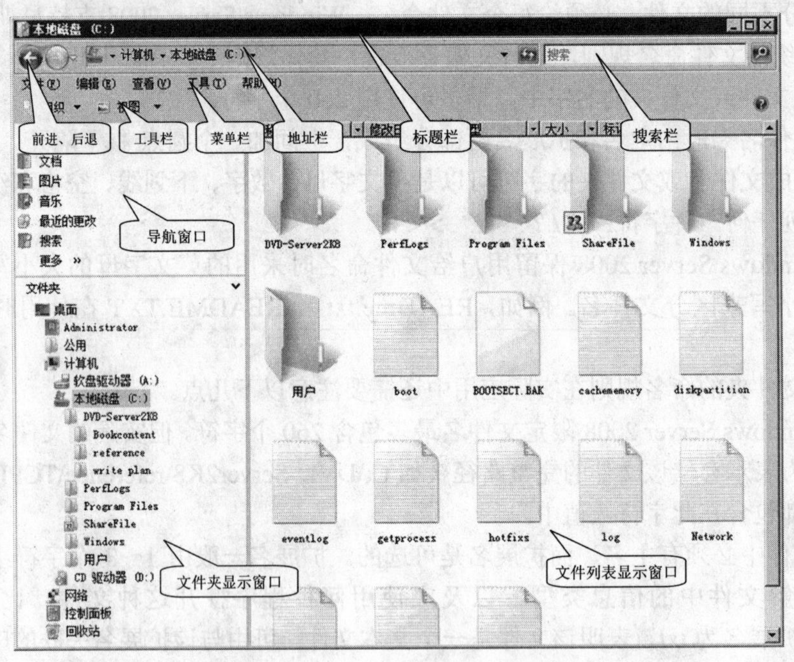

图 3-1 “计算机”和“资源管理器”的窗口

标题栏：在窗口最顶端。比较简洁，只有 3 个常用的按钮，即最大化、最小化和关闭按钮。

地址栏：位于“标题栏”下方，显示当前文件夹所在的位置。

搜索栏：位于“地址栏”右边。与 Windows Vista 相同，Windows Server 2008 在“计算机”窗口的“地址栏”右边增加了“搜索栏”，在“搜索”框中输入关键词即可查找当前文件夹及其子文件夹中存储的内容。

菜单栏：在“地址栏”下方。可以通过使用“菜单栏”中的菜单执行各项任务。

工具栏：在“菜单栏”下方。Windows Server 2008把“计算机”程序中最常用的功能命令以按钮的形式放在工具栏中，可以通过单击工具栏中的按钮来执行常见任务。工具栏中的按钮组成是动态的，在选中不同类型的文件时仅显示对与当前选中文件相关的命令按钮。

工作区是用户浏览文件和文件夹的区域，由导航窗口、文件夹显示窗口和文件列表显示窗口组成。可以将鼠标移动到工作区中相邻窗口的边界处，当鼠标指针变为双箭头形状时，拖动鼠标可以改变窗口的尺寸。

导航窗口：可以在导航窗口中单击文件夹和保存过的搜索，以更改当前文件夹中显示的内容。使用导航窗口可以访问“文档”、“图片”、“音乐”、“最近的更改”和“搜索”等系统常用文件夹。通过单击“导航窗口底部”的“文件夹”，可以显示“文件夹显示窗口”，来访问其他文件夹。

文件夹显示窗口：在该窗口中，若驱动器或文件夹前面有“+”号，表明该驱动器或文件夹有下一级子文件夹，单击该“+”号，可展开其所包含的子文件夹。当展开驱动器或文件夹后，“+”号会变成“-”号，表明该驱动器或文件夹已展开，单击“-”号，可折叠已展开的内容。

文件列表显示窗口：此窗口可显示当前文件夹内容，即该文件夹中的文件和子文件夹。如果用户通过“搜索”栏中输入内容来查找文件，则仅显示与搜索相匹配的文件或子文件夹。

3.3 文件和文件夹的创建

创建新文件的最常见方式是使用程序。比如，在系统自带的“记事本”中，可以创建一个文本文件，其基本步骤如下。

步骤1：单击“开始”→“所有程序”→“附件”→“记事本”菜单命令。

步骤2：在打开的记事本窗口中输入文字“Windows Server 2008使用大全”，然后单击“记事本”的“文件”→“保存”菜单命令。

步骤3：在弹出的“另存为”对话框的“文件名”栏中输入一个文件名，如“新建文本文件”，在“文件夹”栏中选择保存的位置为“C:\”，之后单击“保存”按钮，即可在“C:\”下创建一个名为“新建文本文件.txt”的文件。

另外，还可以通过在特定存储位置的空白处单击鼠标右键，在弹出的如图3-2所示的菜单中选择“新建”菜单，来创建系统中可以支持的类型的文件，或者在“计算机”或“资源管理器”窗口的“菜单栏”中，单击“文件”→“新建”菜单命令，创建系统中可以支持的类型的文件。

Windows系统可以在任何一个磁盘驱动器和文件夹中建立新的文件夹。创建新文件对组织和管理磁盘数据信息是非常有效的。创建新文件夹的方法如下。

方法1：使用菜单栏。

在“计算机”或“资源管理器”窗口中，单击“文件”→“新建”→“文件夹”菜单命令，即可在当前位置创建一个新的文件夹，其默认文件夹名为“新建文件夹”，且文件夹名字处在高亮编辑状态，如图3-3和图3-4所示。

方法2：使用工具栏。

在“计算机”或“资源管理器”窗口中，单击工具栏中的“组织”按钮，在弹出的菜单中选择“新建文件夹”菜单命令，如图 3-5 所示，即可在当前位置创建一个新的文件夹，其默认文件夹名为“新建文件夹”，且文件夹名字处在高亮编辑状态，如图 3-4 所示。

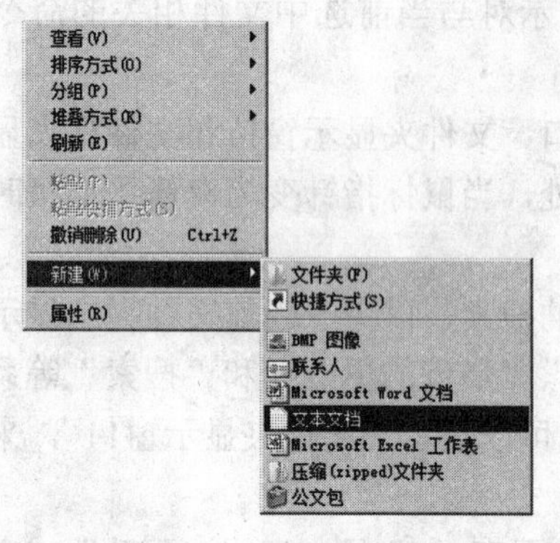

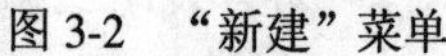
图 3-2 “新建”菜单

图 3-3 “菜单栏”创建文件夹

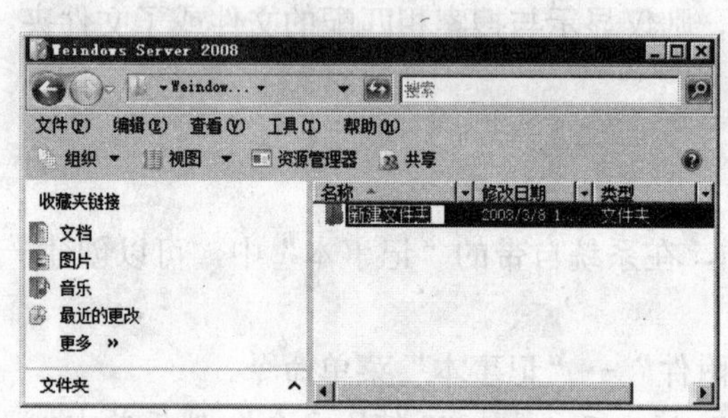

图 3-4 新建文件夹默认状态

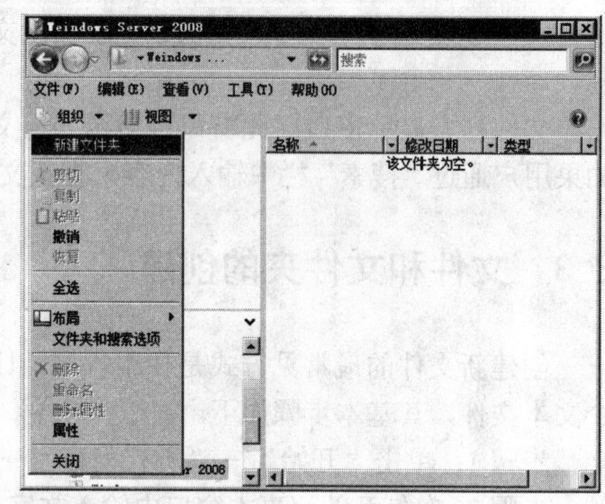

图 3-5 “工具栏”创建文件夹

方法 3：使用快捷菜单。

步骤 1：在一个特定的保存位置的空白处，单击鼠标右键，打开如图 3-2 所示的菜单。

步骤 2：在图 3-2 所示的菜单中，选择“新建”→“文件夹”菜单命令即可创建一个新的文件夹。

3.4 文件和文件夹的选择

用户在处理一个文件或文件夹之前，必须首先选中该文件或文件夹。选定文件或文件夹分为以下几种情况。

情况 1：选定一个文件或文件夹。

用鼠标直接单击该文件或文件夹的图标，即可选定。如果是单击一个文件夹，则他的子文件夹和文件都将被选定。

情况 2：选中多个文件或文件夹。

选择连续的多个文件或文件夹。

步骤 1：单击第一个文件或文件夹。

步骤 2：按住【Shift】键，再单击最后一个要选择的文件。这样在第一个文件和最后一个文件之间的所有文件就会都被选中，如图 3-6 所示。

一次选择多个文件或文件夹，还可以按住鼠标左键拖动鼠标产生一个透明的虚线框，释放鼠标后将选定虚线框中所有文件或文件夹，如图 3-7 所示。

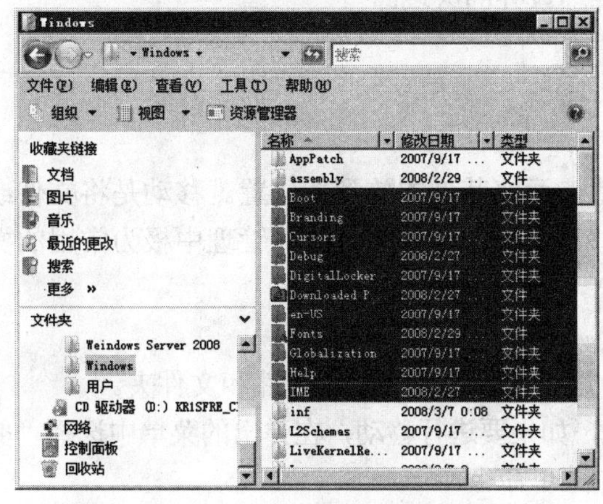

图 3-6　选中连续的多个文件

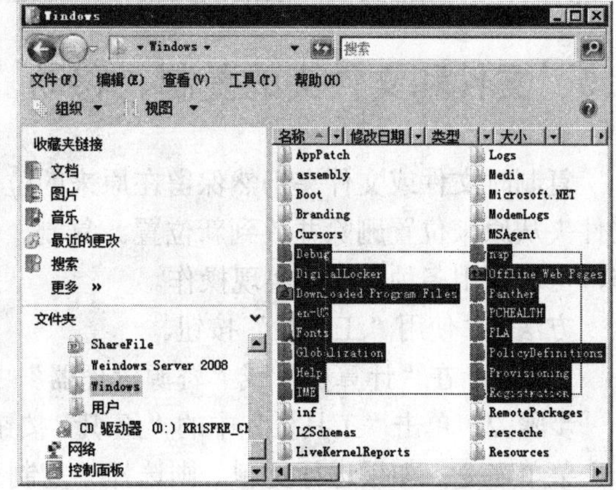

图 3-7　鼠标拖动多选

选中不连续的多个文件和文件夹。

步骤 1：单击第一个文件。

步骤 2：按住【Ctrl】键，然后逐个单击要选中的文件，如图 3-8 所示。

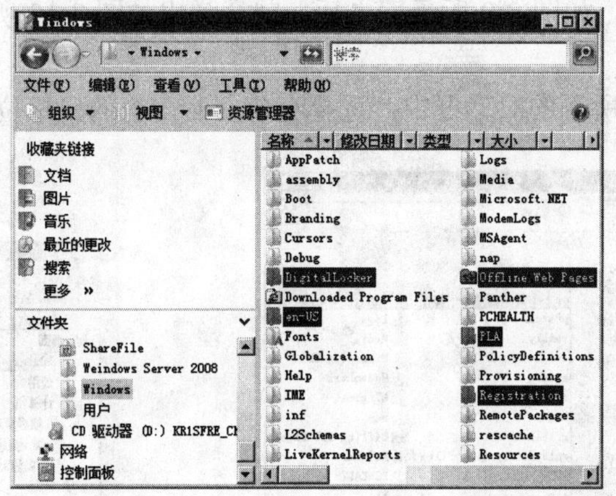

图 3-8　选中不连续的多个文件和文件夹

情况 3：选定所有文件和文件夹。

方法 1：在"工具栏"中，单击"组织"按钮，在弹出的菜单中选择"全选"菜单命令，即可选中当前文件夹中所有的文件和文件夹。

方法 2：在"菜单栏"中，单击"编辑"→"全选"菜单命令，也可选定所有文件和文件夹。

方法 3：单击需要选定所有文件的窗口，在键盘上按下【Ctrl】键的同时，再按下【A】键，也可以执行全选操作。

情况 4：反向选定文件和文件夹。

在“菜单栏”中，单击“编辑”→“反向选择”菜单命令，则会取消原来的选择，并选中原来未被选取的文件和文件夹。

情况 5：撤销选定的文件和文件夹。

在已选定了多项文件或文件夹时，如果想取消选择，则按住【Ctrl】键，单击要取消的文件或文件夹。如果要全部取消，则直接单击选择项以外的区域即可。

3.5 文件和文件夹的复制、移动

复制时文件或文件夹仍然保留在原来的位置，而将其副本放到新位置。移动是将文件或文件夹从原来位置删除并放到新位置。复制、移动文件和文件夹是文件管理中极为常用的操作，可以使用多种方法来实现操作。

方法 1：使用“工具栏”按钮。

步骤 1：在“计算机”或“资源管理器”中选定要复制或移动的文件和文件夹。

步骤 2：单击“工具栏”中的“组织”按钮，如果要进行移动，在弹出的菜单中选择“剪切”菜单命令；如果进行复制，则选择“复制”菜单命令。

步骤 3：打开目标文件夹。

步骤 4：单击“工具栏”中的“组织”按钮，在弹出的菜单中选择“粘贴”菜单命令。

方法 2：使用“菜单栏”菜单。

步骤 1：在“计算机”或“资源管理器”中选定要复制或移动的文件和文件夹。

步骤 2：在“菜单栏”中单击“编辑”菜单，在弹出的菜单中选择“复制到文件夹”或“移动到文件夹”菜单命令，如图 3-9 所示。之后，就会弹出如图 3-10 所示的“复制项目”对话框。

步骤 3：在图 3-10 所示的对话框中，选择存放复制内容的目标位置。

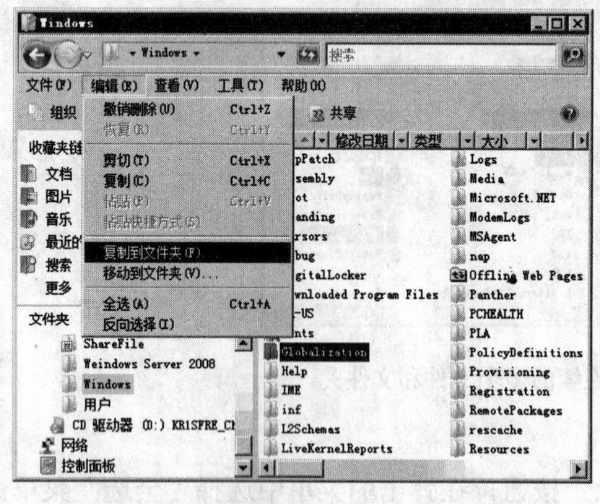

图 3-9 用“菜单栏”复制或移动文件

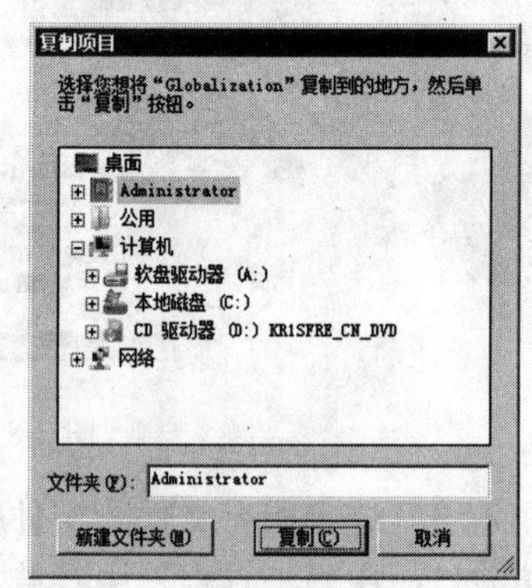

图 3-10 “复制项目”对话框

步骤 4：单击“复制”按钮。

当复制的文件占磁盘空间比较大时，计算机需要一段较长的时间完成复制任务，这时系统会显示一个进度消息框，如图 3-11 所示，复制完成后该消息框会自动消失。

在“菜单栏”的“编辑”菜单中，还可以使用“复制”、“剪切”菜单命令按照方法一的方式对文件或文件夹进行复制、移动。

图 3-11　复制进度消息框

方法 3：使用快捷菜单。

步骤 1：在“计算机”或“资源管理器”中选定要复制或移动的文件和文件夹。

步骤 2：用鼠标右键单击要移动或复制的文件或文件夹，弹出快捷菜单。

步骤 3：如果要进行复制，单击“复制”菜单命令，如果要进行移动，单击“剪切”菜单命令。

步骤 4：打开目标文件夹，用鼠标右键单击窗口的空白处，再次弹出快捷菜单，选择“粘贴”菜单命令。

方法 4：使用拖放技术。

拖放技术是把文件或文件夹进行复制、移动的一种简单方法，只需将文件或文件夹拖到目标位置即可，系统会根据下面一些准则来判断是复制还是移动。

当从一个磁盘驱动器拖动到另外一个磁盘驱动器时，系统认为是将文件复制到新的驱动器中。

如果是在同一个驱动器上的不同文件夹之间拖放文件，系统会将文件移动到新的文件夹。

当拖放文件时，按下了【Ctrl】键，那么系统将文件复制到新位置。

当拖放文件时，按下了【Shift】键，那么系统将文件剪切到新位置。

如果用鼠标的右键拖动一个文件，那么当放下文件时，系统会弹出一个快捷菜单，用户可以选择是要移动还是要创建一个快捷方式。

3.6　文件和文件夹的重命名

对于已经存在的文件或文件夹，还可以对其名称进行更改。

情况 1：更改一个文件或文件名。

步骤 1：选定要重命名的文件或文件夹。

步骤 2：选用下列操作之一。

- 单击该文件或文件夹的名称部分。
- 单击“文件”菜单选择“重命名”菜单命令。
- 单击工具栏中的“组织”按钮，在下拉菜单中选择“重命名”菜单命令。
- 用鼠标右键单击要改名的文件或文件夹，在快捷菜单中单击“重命名”菜单命令。

步骤 3：这时文件或文件夹的名称处于高亮状态并出现一个方框。在方框中输入新的名称，单击方框外空白部分或按【Enter】键后，更名完成。如果系统提示用户输入管理员密码或进行确认，则需输入密码或提供确认。

情况 2：一次重命名多个文件的方法。

Windows Server 2008 也可以一次重命名多个文件。如果要对相同类型的文件命名相同的名称，则每个文件都将具有相同的名称，后面跟有不同的序号，如“重命名文件（2）”和“重命名文件（3）”等。这一功能可用来对相关的项进行分组。

一次选中要重命名的所有文件，然后按照与重命名单个文件相同的步骤进行操作。每个文件都将使用相同的新名称保存，不同的序号将自动添加到每个文件名的末尾，如图 3-12 所示。

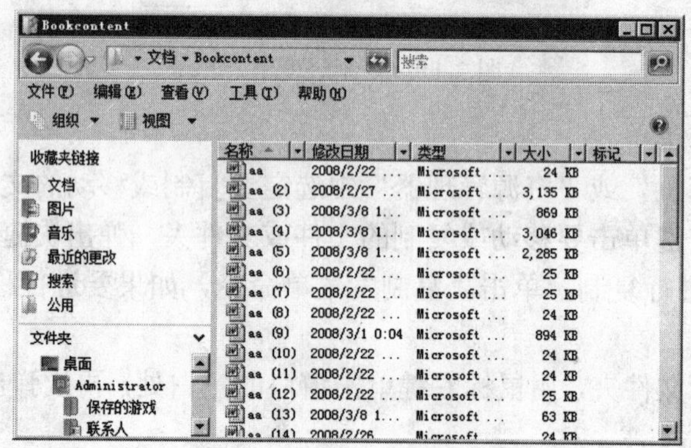

图 3-12 一次重命名多个文件

Windows Server 2008 还提供了对重命名操作恢复的功能。如果希望撤销刚刚进行的重命名操作，则可单击“菜单栏”中的“编辑”→“撤销重命名”菜单命令，即可将文件名恢复到原始状态。该功能对重名命单个文件和多个文件同样有效，如图 3-13 所示。

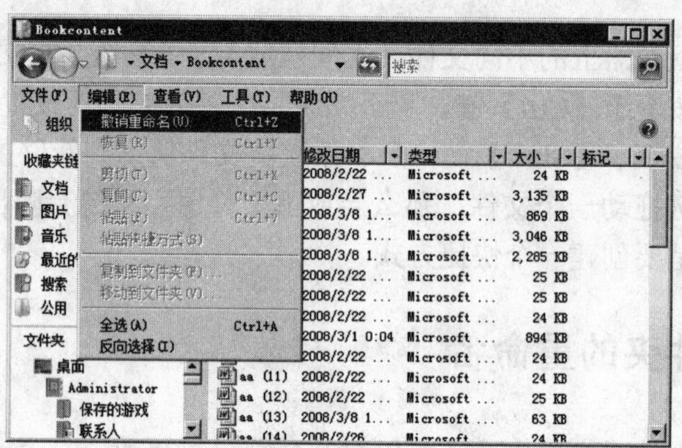

图 3-13 撤销重命名

3.7 文件和文件夹的压缩、解压缩

压缩文件可以减小文件的大小，从而使文件占用更少的存储空间，并更易于使用和网上传输。Windows Server 2008 系统自带了文件的 ZIP 压缩和解压缩的功能，无需安装第三方压缩程序。若安装了第三方压缩程序，Windows Server 2008 内置的文件压缩功能就不能被用户调用，只有卸载后，才可使用 Windows Server 2008 内置的压缩功能。

3.7.1 压缩文件和文件夹

在 Windows Server 2008 中创建.ZIP 压缩文件的过程非常简单和直接，具体的操作步骤如下。

步骤 1：选择要压缩的文件或文件夹。

步骤 2：单击鼠标右键，在弹出的菜单中选择“发送到”→“压缩（zipped）文件夹”菜单命令，如图 3-14 所示。稍后，一个主文件名与原文件名或文件夹名相同，扩展名为“.zip”的压缩文件就创建了，在 Windows Server 2008 中称之为“压缩文件夹”。

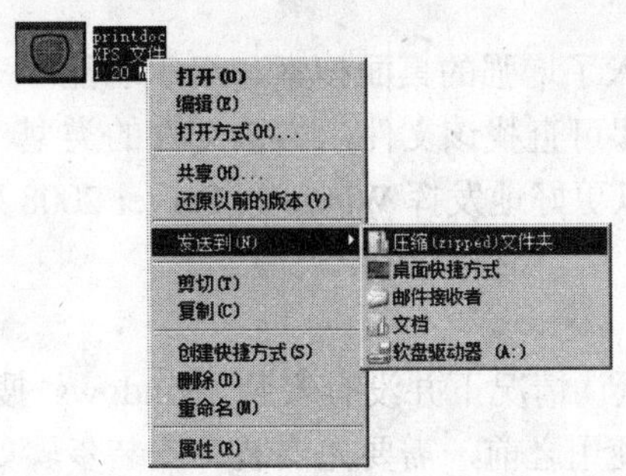

图 3-14　选择“压缩（zipped）文件夹”菜单命令

如果需要将新的文件或文件夹添加到现有的“压缩文件夹”中，则将要添加的文件或文件夹拖放到“压缩文件夹”中即可。如果用户希望去掉压缩文件夹中的某些文件，可以直接双击打开该“压缩文件夹”后直接删除要去掉的文件即可。

3.7.2　解压文件和文件夹

我们同样也可以使用 Windows Server 2008 内置的压缩功能完成压缩文件的解压工作。解压缩，在 Windows Server 2008 中称为“提取”。具体操作方法如下。

步骤 1：选择要从中提取文件或文件夹的压缩文件夹。

步骤 2：用鼠标右键单击压缩文件夹，从弹出的菜单中选择“全部提取”菜单命令，如图 3-15 所示。

步骤 3：弹出如图 3-16 所示的“提取压缩文件夹”向导对话框。选择文件解压后存放的位置，然后单击“提取”按钮。

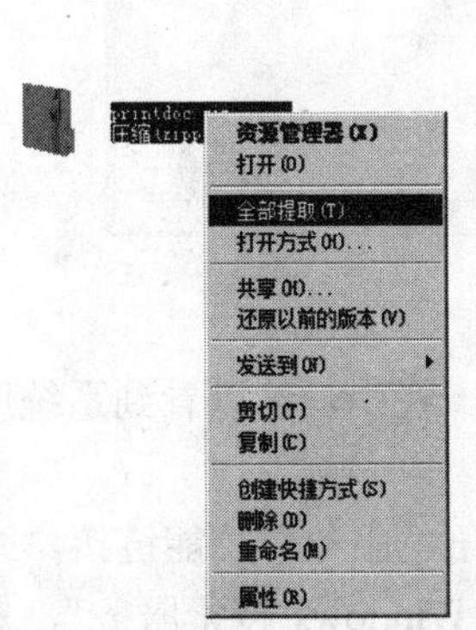

图 3-15　从压缩文件夹中提取文件

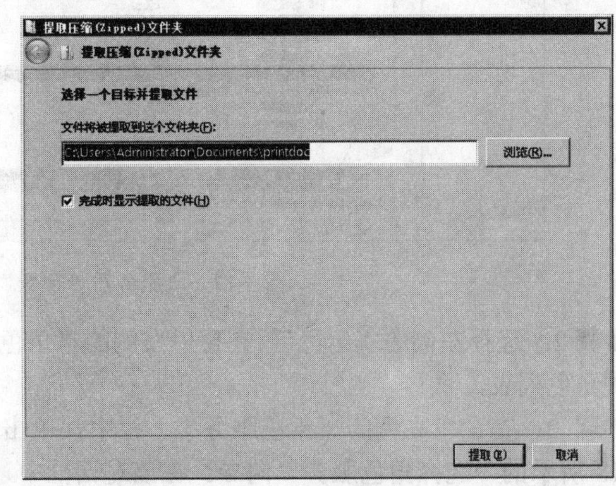

图 3-16　“提取压缩文件夹”向导

步骤 4：系统进行文件解压并出现相关消息框，解压完成后关闭该消息框。

解压完成后，系统会根据用户设置自动生成一个保存解压文件的文件夹。若要提取压缩文件夹内的单个文件或文件夹，可双击压缩文件夹将其打开，然后将要提取的文件或文件夹从压缩文件夹拖动到新位置即可。

3.8　文件和文件夹的搜索

Windows Server 2008 引入了增强的桌面搜索和组织功能——Windows 搜索服务。只要记住一个文件的任何相关特征即可查找该文件，如该文件的类型、创作日期，或者是该文件包含的内容。利用搜索服务可以更好地发挥 Windows Server 2008 新增的文件组织特性。

3.8.1　安装搜索服务

Windows Server 2008 默认情况下并没有安装 Windows 搜索服务。该服务是 Windows Server 2008 的一种角色，在使用之前，需要先安装。安装步骤如下。

步骤 1：单击“开始”→“管理工具”→“服务器管理器”菜单命令，弹出如图 3-17 所示的“服务器管理器”窗口。

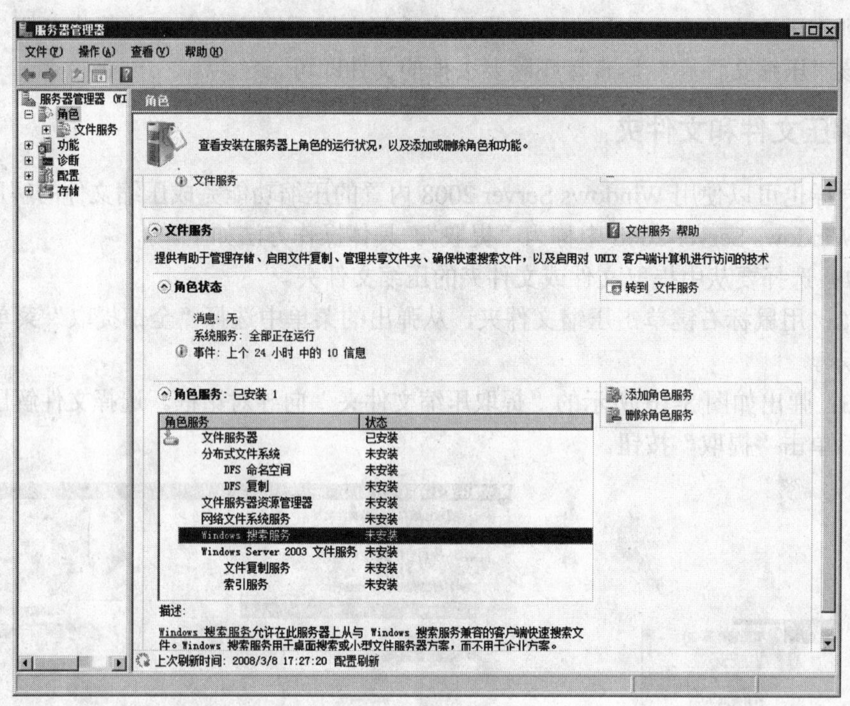

图 3-17　“服务器管理器”窗口

步骤 2：选择左侧的“角色”，在窗口右侧的“角色服务”一栏中，可以看到系统所支持的各种角色列表。

步骤 3：在窗口右侧的“角色服务”一栏中，单击“添加角色服务”功能链接，弹出如图 3-18 所示的“选择角色服务”向导。在该对话框中，选择“Windows 搜索服务”，然后单击该对话框右下角的“下一步”按钮。

步骤 4：进入如图 3-19 所示的“为 Windows 搜索服务选择要创建索引的卷”向导。在“卷”栏中选择相应的卷，之后单击“下一步”按钮。在最后的安装步骤向导当中，单击“安装”按钮，即可完成安装。

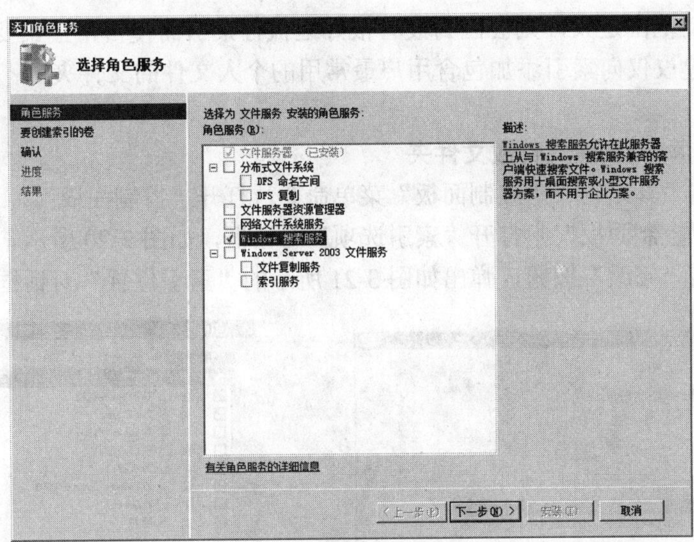

图 3-18 “选择角色服务”向导

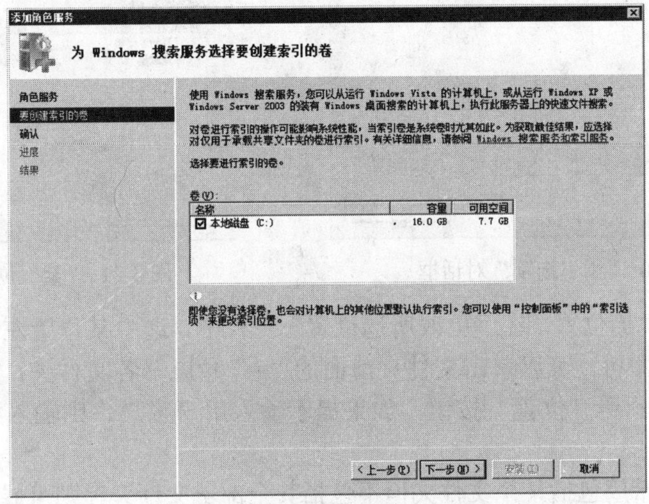

图 3-19 “为 Windows 搜索服务选择要创建索引的卷”向导

3.8.2 设置搜索服务索引

Windows Server 2008 中的索引有助于跟踪计算机上的各种文件。索引存储了有关文件的信息，包括文件名、修改日期、作者、标记和分级等属性。索引可以使系统搜索文件的速度更快。在默认情况下，Windows Server 2008 仅扫描索引，这样比不使用索引进行搜索要节省大量的时间。同时，系统可以同时在被索引的多个文件夹中进行搜索，从而得到更多的搜索结果。当然，系统也允许用户使用其他未被索引的位置进行搜索。

索引的范围。Windows Server 2008 在默认情况下，对计算机中最常见的文件进行索引。这些位置主要包括个人文件夹（如文档、图片和音乐文件夹）中的所有文件，以及电子邮件和脱机文件。当然用户也可以把自己最常用的文件进行索引，以便提高工作效率。

对于极少需要搜索的文件，如各种程序文件夹（Program file）和系统文件夹（Windows）等，Windows Server 2008 未对它们进行索引是因为用户的文件很少存放在这些文件夹中，并且这些文件夹中的文件比较多。

如果使索引的范围过大，则会因为没有很好地执行索引而使日常搜索变得非常缓慢。为获得最佳结果，建议仅向索引添加包含用户最常用的个人文件的文件夹。

1．向索引中添加/删除文件或文件夹

步骤 1：单击“开始”→“控制面板”菜单命令，打开“控制面板”。

步骤 2：在“控制面板”中打开“索引选项”对话框，如图 3-20 所示。

步骤 3：单击“修改”按钮，弹出如图 3-21 所示的“索引位置”对话框。

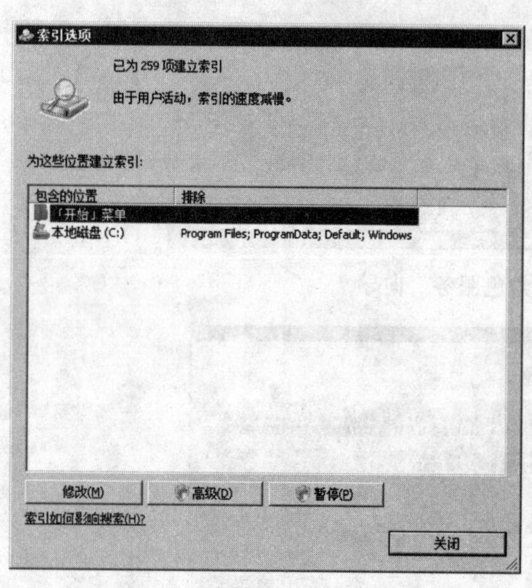

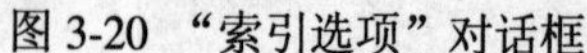
图 3-20 “索引选项”对话框

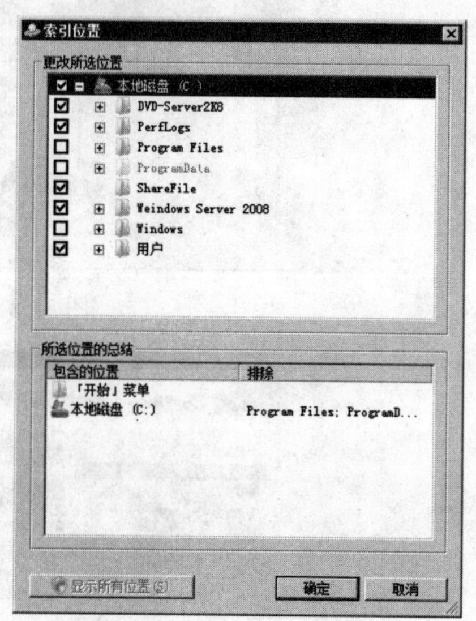

图 3-21 “索引位置”对话框

步骤 4：若要添加位置，在“更改所选位置”一栏中，选中某位置左边的复选框，然后单击“确定”按钮即可。可以单击文件夹前面的“+”号展开各文件夹，以便选择。也可以单击左下角的“显示所有位置”按钮，如果提示输入用户账户，则输入相应的账户信息即可。

步骤 5：如果希望包括某个文件夹但不包括其全部子文件夹，则可展开该文件夹，然后清除不希望索引的文件夹旁边的复选框。所清除的文件夹将出现在“所选位置的总结”列表的“排除”列中。

步骤 6：若要删除某个位置，可在“更改所选位置”列表中清除其复选框，然后单击“确定”按钮。

2．重建索引

如果索引在查找文件时出现问题，如知道该文件位于已索引的位置但却搜索不到，则可能需要重建索引。重建索引的具体步骤如下。

步骤 1：打开如图 3-20 所示的“索引选项”对话框。

步骤 2：单击对话框下面的“高级”按钮，弹出如图 3-22 所示的“高级选项”对话框。在该对话框的“索引设置”选项卡中，单击“重建”按钮即可重建索引。

完成重建索引工作可能需要花很长时间，所以应尽量避免执行该步骤，除非已经为重建索引提供了足够的时间（若干小时）。

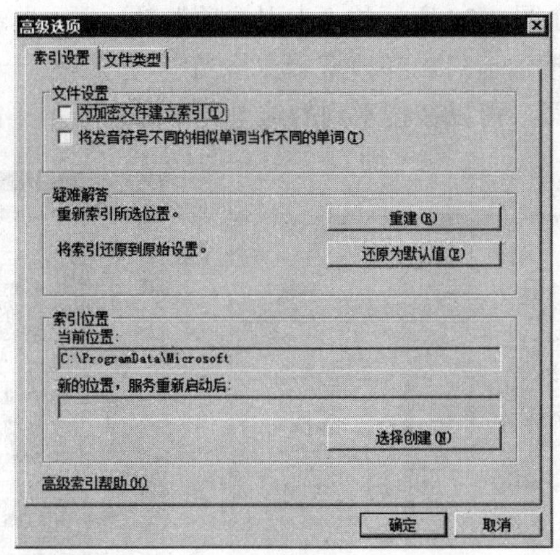

图 3-22 “高级选项”对话框

3.8.3 搜索服务的使用

如果不知道要查找的文件存储在当前文件夹的哪一个子文件夹中，使用浏览的方式查找所需的文件可能意味着要浏览每一个子文件夹。为了节约时间和精力，用户可以直接使用 Windows Server 2008 所带的 Windows 搜索服务。

1. 搜索框的使用

与 Windows Vista 类似，在 Windows Server 2008 的“资源管理器”窗口中集成了“搜索框”，如图 3-23 所示。

图 3-23 窗口中的“搜索框”

搜索框可根据用户输入的文本关键字，在当前文件夹及其所有子文件夹中查找与关键字相匹配的文件名、文件自身中的文本、文件或文件夹属性中的详细信息，以及其他文件属性。然后将搜索结果显示在文件列表窗口中。

在“搜索”框中输入关键字或关键字的一部分，系统将对文件夹中的内容进行筛选，以反映所输入的每个连续字符。搜索出所需要的文件后，即可以停止输入。无需按【Enter】键，因为搜索是即时自动进行的。

搜索框还有一些其他的更人性化的功能。下面用一个实例来说明。

将搜索位置设定为“C:\”，然后在如图 3-24 所示的搜索框中输入字符串“00”。此时，在窗口右下部分，即时地显示出了搜索结果。

在窗口的工具栏中，提供了“保存搜索”和“搜索工具”的功能选项。单击“保存搜索”按钮，即可把当前的搜索结果保存在一个 XML 配置文件当中，便于以后调用。单击“搜索工具”按钮，可弹出一个下拉菜单，如图 3-24 所示。在该菜单当中，包括“搜索选项”、“修改索引位置”和“搜索窗格”3 个菜单命令。单击“搜索选项”菜单命令，就会弹出如图 3-25 所示的“文件夹选项”对话框的“搜索”设置选项页。在该“搜索”设置选项页中，可以设置“搜索内容”、“搜索方式”和“在搜索没有索引的位置时”等搜索选项。单击“修改索引位置”菜单命令，可弹出如图 3-20 所示的“索引选项”对话框。单击“搜索窗格”菜单命令，可在地址栏下方出现一行搜索窗格。在该搜索窗格当中，包含了一个“筛选器”和一个“高级搜索”按钮。使用筛选器，可以在搜索到的结果当中分别显示不同类型的内容信息。

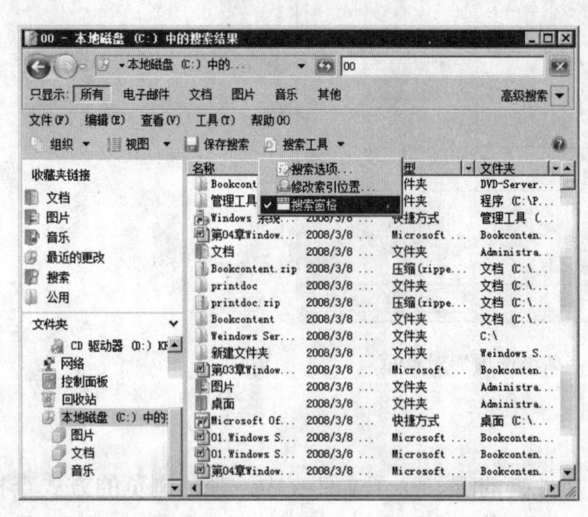

图 3-24 搜索框使用实例

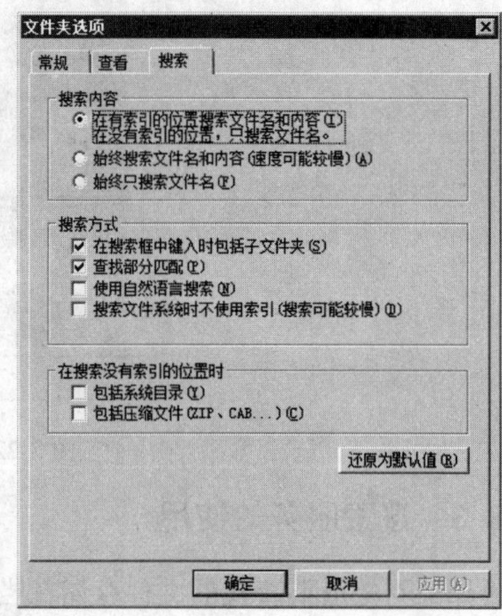

图 3-25 “文件夹选项”对话框

2. 搜索框中的高级搜索

Windows 通常在当前文件夹中所有文件的文件名、文件内容和文件属性中查找，以搜索在“搜索”框中输入的内容。这种搜索方法通常可以帮助用户快速找到文件。如果需要更多的搜索功能，则可以使用“高级搜索”。高级搜索可以将搜索关键字更有针对性地告诉系统来完成搜索任务。

单击“搜索窗格”中的“高级搜索”按钮，即可看到如图 3-26 所示的高级搜索窗口。在该窗口中，可以通过选择不同的搜索选项，实现更精准的搜索。

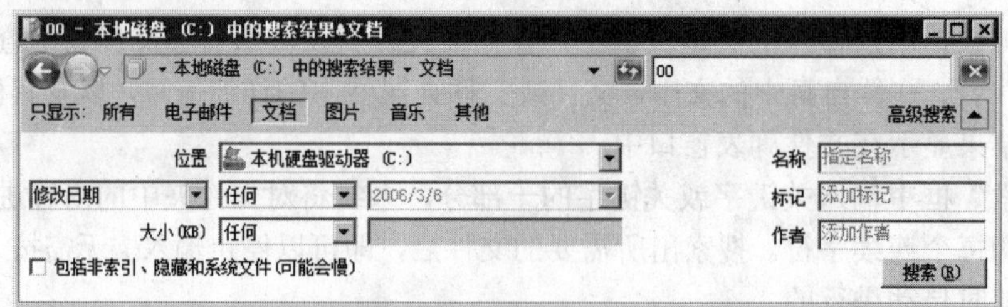

图 3-26 高级搜索窗口

3. 在“开始”菜单中查找程序或文件

可以使用“开始”菜单上的“开始搜索”菜单命令来查找程序、位于索引位置中任意位置的文件（包括用户的个人文件夹、电子邮件和脱机文件），以及浏览器历史记录中存储的网站。具体操作步骤如下。

步骤 1：单击“开始”菜单，在弹出的开始菜单的最下边是搜索框，内有提示“开始搜索”，如图 3-27 所示。

步骤 2：在“搜索”框中输入关键字。输入后，与所输入文本相匹配的项将出现在“开始”菜单上。搜索是基于文件名、文件中的文本、标记及其他文件属性的。这里的搜索也无需按【Enter】键，它也是即时自动进行的。在搜索结果窗口中也可以打开“高级搜索”。

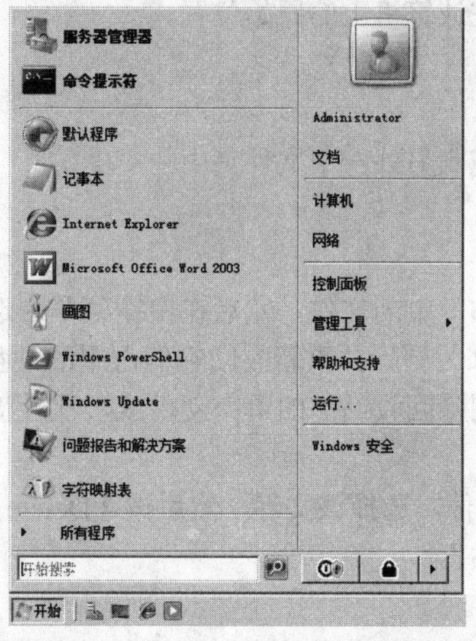

图 3-27　开始菜单的最下边是搜索框

3.9　文件和文件夹的删除

当用户不再需要某些文件或文件夹时，可以从计算机中将其删除以节约空间，并保持计算机不被无用文件所干扰。如果删除的是文件夹，则该文件夹内所有文件和子文件夹也一同被删除。所以，在删除之前应当确定是否还包含有用信息。删除文件的具体步骤如下。

选定要删除的文件或文件夹，然后执行下面的任何一种操作，都可将其删除。

- 单击“菜单栏”中的“文件”→“删除”菜单命令。
- 单击“工具栏”中的“组织”按钮，在弹出的菜单中选择“删除”菜单命令。
- 用鼠标右键单击被选择的文件或文件夹，在弹出的快捷菜单中选择“删除”菜单命令。
- 按键盘上的【Delete】键。
- 将文件或文件夹图标直接拖放到回收站图标上。

这几种操作计算机系统都认为是要删除文件和文件夹，这时计算机系统会弹出一个对话框询问是否确实要把文件放入回收站，单击“是”按钮就完成了删除操作。

删除计算机硬盘中的文件或文件夹时，会被临时存储在“回收站”中。“回收站”可视为安全文件夹，它可还原意外删除的文件或文件夹。有时，应清空“回收站”以完成对文件和文件夹的彻底删除。

还原回收站中的文件有以下几种方法。

1. 方法 1

步骤 1：在桌面上，双击“回收站”图标，打开“回收站”对话框，如图 3-28 所示。

步骤 2：选中要还原的文件。

步骤 3：单击“工具栏”上的“还原此项目”按钮，或者选择“菜单栏”中的“文件”→“还原”菜单命令。

步骤 4：如果需要还原所有当前被删除的文件，则不用选择任何当前被删除的文件，直接在“工具栏”中选择“还原所有项目”。

这时，文件将还原到它在计算机上的原始位置。

2．方法 2

将文件从“回收站”中拖到另外一个文件夹中。

3．方法 3

用鼠标右键单击“回收站”中的文件，然后在快捷菜单中选择“还原”菜单命令。

若要将文件从计算机上永久删除并重新收回它们占用的硬盘空间，则需要从回收站中永久删除文件。用户可以选择删除回收站中的单个文件或一次性清空回收站。

步骤 1：打开回收站。

步骤 2：若要删除一个文件，选择该文件，然后按【Delete】键。若要删除所有文件，则在工具栏中单击“清空回收站”。

步骤 3：单击“是”按钮。

如果要在不打开回收站的情况下将其清空，可用鼠标右键单击回收站，然后单击“清空回收站”。如果要在不将文件发送到回收站的情况下，永久删除计算机上的文件，则可选择该文件，然后按【Shift + Delete】组合键。以上操作对文件夹也同样适用。

回收站有一定的磁盘空间限度，当回收站中的文件超过该限度时，即使没有清空回收站，回收站也会从保存时间最长的文件开始删除文件。可以更改回收站的设置以适应用户的操作方式。回收站的设置方法如下。

步骤 1：在桌面上用鼠标右键单击回收站，在弹出的菜单中选择“属性”菜单命令，之后弹出 “回收站属性”对话框，如图 3-29 所示。

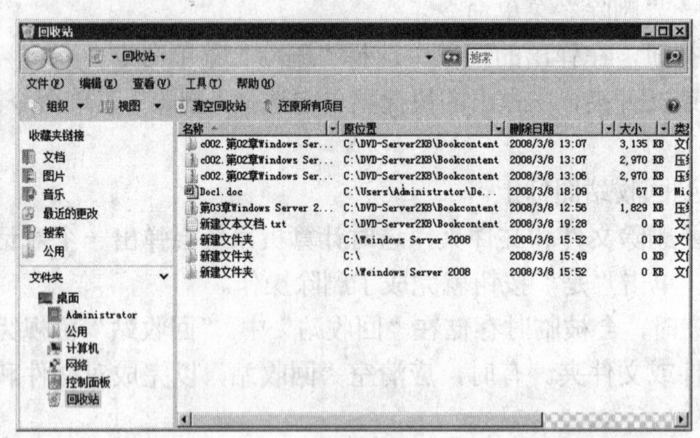

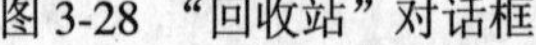
图 3-28 “回收站”对话框

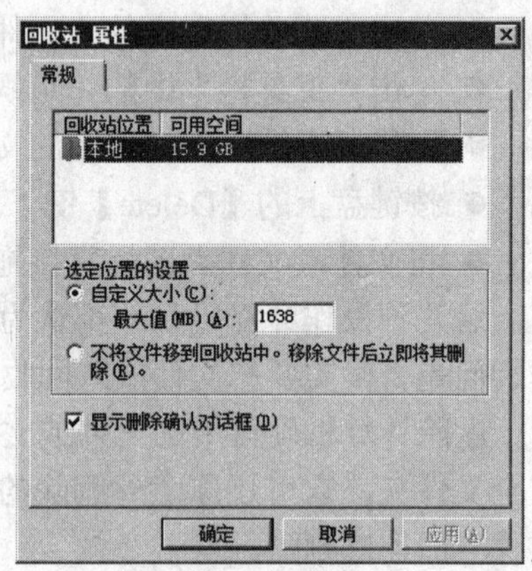

图 3-29 “回收站属性“对话框

步骤 2：若要设置“回收站”的最大空间，则在“最大值”一栏中输入数值，这样便设置了“回收站”的最大空间。若要关闭删除确认对话框，则清除“显示删除确认对话框”复选框。若要在对文件执行删除操作后将其从计算机中立即删除，则单击“不将文件移动到回收站中”，若这样做，文件将在执行删除操作后被永久删除。

3.10　本章小结

本章介绍了在 Windows Server 2008 中的文件和文件夹的相关知识，主要包括文件和文件夹的命名规则，以及文件和文件夹的浏览工具，即“计算机”和“资源管理器”。同时还介绍了文件和文件夹的相关操作，主要包括文件和文件夹的创建、选择、复制移动、重命名、压缩、搜索和删除等。通过对本章的学习，可以了解到文件和文件夹的基本操作，同时可以体验到 Windows Server 2008 所带来的新的功能。这些新功能可以大大改善用户的操作体验。比如，给多个文件重命名、压缩解压缩文件和系统内置的搜索服务。

第 4 章　Windows Server 2008 的基本设置

经过本书前面几章的介绍，相信读者已经对 Windows Server 2008 有了一个大概的了解，并且已经可以自己完成系统的安装。系统安装之后，就可以继续进行 Windows Server 2008 的体验之旅了。在本章中，将着重介绍如何设置 Windows Server 2008 的主要基本设置，以满足用户的使用习惯。

4.1　界面外观设置

4.1.1　桌面显示图标设置

Windows Server 2008 刚刚安装完成并运行后，首先映入眼帘的就是 Windows 的桌面。与 Windows Server 2003 类似，在桌面上仅有一个“回收站”。由于有早期版本 Windows 的使用习惯，经常需要使用桌面上的“计算机”、“网络”和“用户的文件”。如果想将这些快捷方式找出来，可以按照如下步骤进行设置。

步骤 1：将鼠标指向桌面，单击鼠标右键，在弹出的菜单中选择“个性化”菜单命令，弹出如图 4-1 所示的“个性化”对话框。

步骤 2：单击“更改桌面图标”链接，弹出如图 4-2 所示的“桌面图标设置”对话框。

步骤 3：在“桌面”选项页的“桌面图标”选项框中，选择希望在桌面上显示的图标，如选择“计算机”、“用户的文件”、“网络”或“控制面板”，之后单击右下角的“确定”按钮。

这里的设置步骤与 Windows Server 2003 和 Windows Vista 的设置方法相同。只是与 Windows Server 2003 相比，在 Windows Vista 和 Windows Server 2008 中增加了“控制面板”图标的选项，这样可以更方便地从桌面上直接进入控制面板修改系统的配置信息。

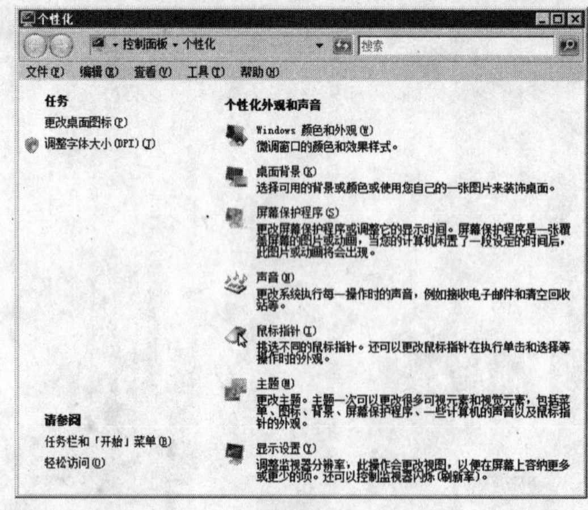

图 4-1　“个性化”对话框

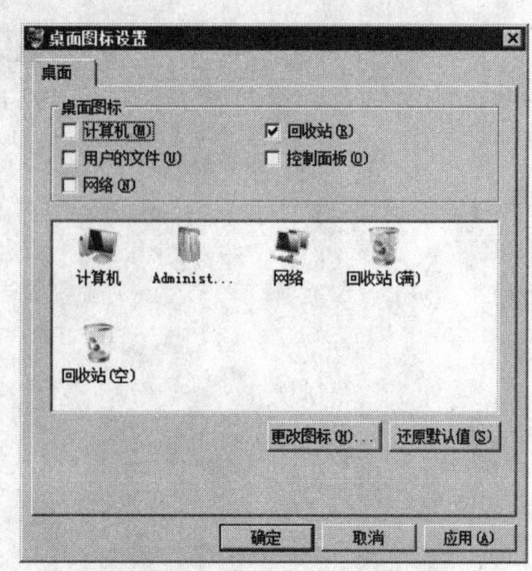

图 4-2　“桌面图标设置”对话框

4.1.2　Windows 颜色和外观设置

与早期版本 Windows 操作系统类似，在 Windows Server 2008 中也保留了 Windows 颜色和外观的设置，但有所不同的是在 Windows Server 2008 中，这里的设置进行了简化。具体更改步骤如下。

步骤 1：按照 4.1.1 节的步骤 1 打开如图 4-1 所示的“个性化”对话框。

步骤 2：单击右上角的“Windows 颜色和外观”链接，弹出如图 4-3 所示的“外观设置”对话框。

步骤 3：在“颜色方案”选择一栏中，可以选择系统提供的几套颜色配色方案。选中其中一种配色方案后，单击该对话框右下角的“应用”按钮或“确定”按钮，当前系统的界面外观就更换成所选的配色方案了。在 Windows Server 2008 中，这里仅保留了“颜色方案”一栏设置，而去掉了 Windows Server 2003 中的“窗口和按钮”及“字体大小”的设置选项。

步骤 4：单击“外观设置”对话框右下角的“效果”按钮，即可弹出“效果”设置对话框。这里的设置选项与 Windows Server 2003 相比，仅保留了 3 种设置选项，即“使用下列方式使屏幕字体的边缘平滑”、“在菜单下显示阴影”和“拖动时显示窗口内容”。

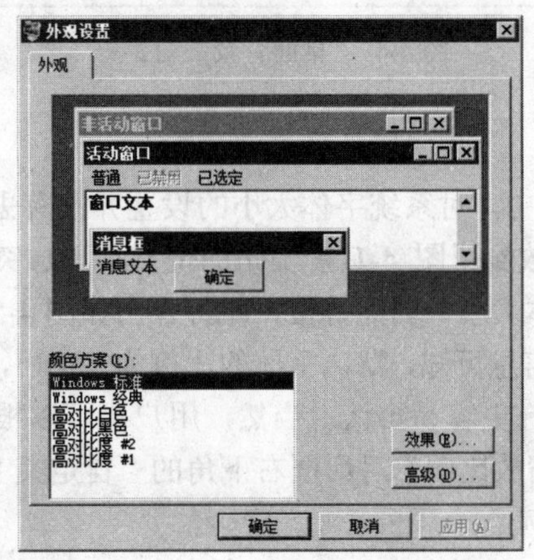

图 4-3　“外观设置”对话框

步骤 5：单击“外观设置”对话框右下角的“高级”按钮，即可弹出“高级外观”对话框。在这里可以更加详细地设置 Windows Server 2008 界面中各个项目的外观颜色和字体大小等信息，与 Windows Server 2003 的功能基本相同。

4.1.3　Windows 桌面背景设置

如果希望更改 Windows Server 2008 的桌面背景，使之更具个性化，可以通过如下步骤更改。

步骤 1：按照 4.1.1 节的步骤 1 打开如图 4-1 所示的“个性化”对话框。

步骤 2：单击右上部分的“桌面背景”链接，弹出如图 4-4 所示的“桌面背景”对话框。

步骤 3：在“位置”下拉列表中，可以选择桌面背景图片所在的“种类”。其实这里的“种类”可以理解为对应着计算机中的一个具体存储位置。

步骤 4：选择好图片位置后，即可在其下的窗口中列出系统中当前所具有的备选颜色。根据自己的喜好，用鼠标选择一个颜色，之后单击该窗口右下角的“确定”按钮即可。

步骤 5：除了使用系统提供的桌面背景，还可以使用用户自己的图片作为桌面背景。这时，需要单击图 4-4 所示的“桌面背景”对话框“位置”栏后面的“浏览”按钮。之后弹出选择文件的“浏览”对话框，从中选择用户自己的图片后单击“打开”按钮。

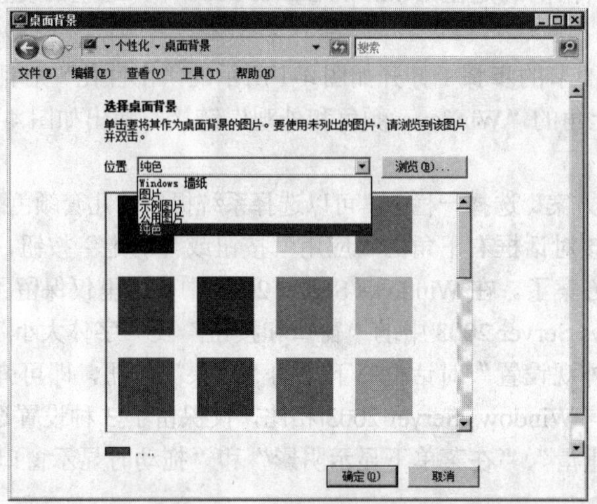

图 4-4 “桌面背景”对话框

4.1.4 调整字体大小

在 Windows Server 2008 中，对系统字体大小的设置并没有去掉，而是变换了功能链接的具体位置。其设置链接直接放到了图 4-1 左上角的位置，更加突出明显，方便用户设置。单击图 4-1 左上角的“调整字体大小”功能链接，即可弹出如图 4-5 所示的“DPI 缩放比例”对话框。从该对话框上的提示信息可知，默认字体的比例为 96DPI，而更大的比例则为 120DPI，这会使系统的字体更大一些，更容易辨认。当然，用户也可以根据自己的喜好，来调整字体的分辨率，只需单击“DPI 缩放比例”对话框右下角的“自定义 DPI”按钮，即可设置符合用户自己要求的字体的缩放比例。

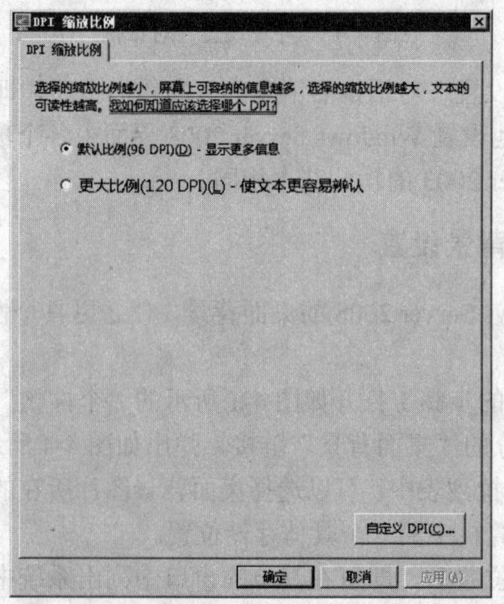

图 4-5　DPI 缩放比例对话框

4.1.5　设置任务栏和“开始”菜单属性

在图 4-1 所示的“个性化”对话框中，还集成了任务栏和“开始”菜单属性的设置功能链接。单击“个性化”对话框左下角的“任务栏 和‘开始’菜单”链接后，弹出如图 4-6 所示的“任务栏和‘开始’菜单属性”对话框。在该对话框中，又可以分别设置“任务栏”、“‘开始’菜单”、“通知区域”和“工具栏”。通过各个选项卡，即可对相应位置进行设置。比如，希望自动隐藏任务栏，从而可以扩大桌面显示区域，可以在“任务栏”选项卡中选中“自动隐藏任务栏”选项，然后单击该对话框右下角的“应用”按钮或“确定”按钮即可。

在 Windows Server 2008 的开始菜单中默认没有“最近使用的项目”的菜单。如果需要，可以在图 4-6 的“‘开始’菜单”选项卡中的“隐私”选项组中选择“存储并显示最近打开的文件列表”选项。

如果希望在桌面右下角的通知区域显示“时钟”、“音量”调节、“网络”连接状态的提示时，可以在“通知区域”选项卡中进行设置。当然，也可以在这里关闭上述通知区域内的提示。

在“工具栏”选项卡中，可以设置增加或删除添加到任务栏的快捷方式。

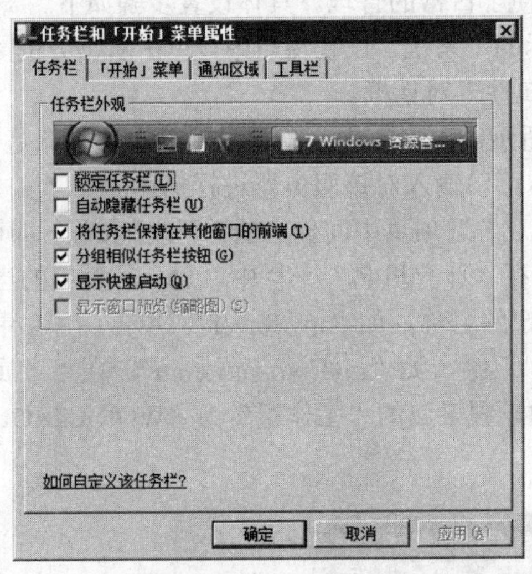

图 4-6　“任务栏和‘开始’菜单属性”对话框

4.2　系统设置

系统设置主要包括对计算机名称、域和工作组的设置，设备管理，远程设置和高级系统设置。打开“系统”设置窗口的方法如下。

方法 1：在桌面上双击“控制面板”，在打开的“控制面板”窗口中双击“系统”图标，即可打开如图 4-7 所示的“系统”设置窗口。

方法 2：选择“开始”→“控制面板”菜单命令，在打开的“控制面板”窗口中双击“系统”图标，即可打开如图 4-7 所示的“系统”设置窗口。

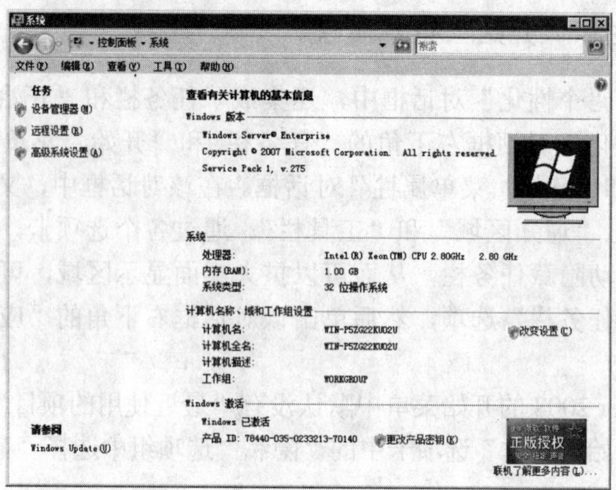

图 4-7 “系统”设置窗口

4.2.1 更改计算机名称、域和工作组

在工作环境中，一般需要对各种服务器根据其上运行的业务内容来命名，设定特定的域或指定特定的工作组，以便于日常的管理。具体设置步骤如下。

步骤 1：在图 4-7 所示的“系统”设置窗口中，单击右下方的“改变设置”功能链接，弹出如图 4-8 所示的“系统属性”对话框。

步骤 2：在如图 4-8 所示的对话框中，默认显示的选项页就是“计算机名”。在该选项页中，“计算机描述”一栏中可以输入对该服务器进行描述的文字文本。

步骤 3：单击“计算机名”选项页中间偏右的“更改”按钮，即可弹出如图 4-9 所示的“计算机名/域更改”对话框。在“计算机名”一栏中，显示计算机的当前名称，可以将这些文本删除掉，输入用户自己设定的名称，如“myServer”。单击图 4-9 中的“其他”按钮，即可弹出更改计算机全名的 DNS 后缀，如“myCompany.com”。在“隶属于”栏中，可以设置隶属的“域”或“工作组”，如设置隶属的“工作组”为“WORKGROUP”。最后单击“确定”按钮即可。

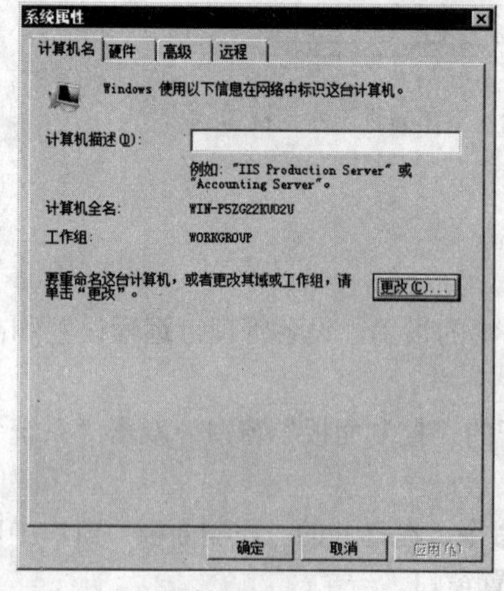

图 4-8 “系统属性”对话框

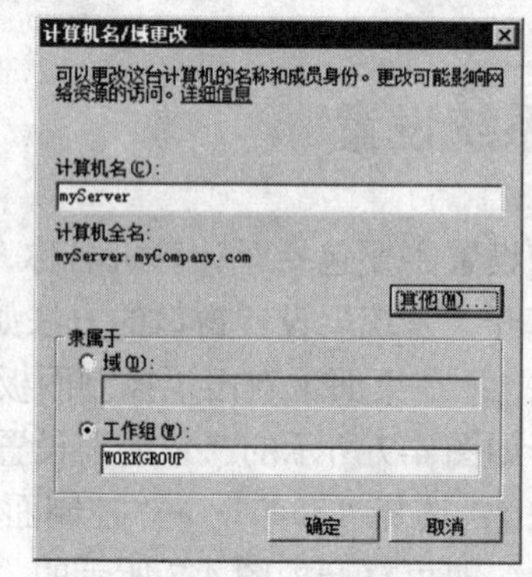

图 4-9 “计算机名/域更改”对话框

4.2.2　系统设备设置

与早期版本的 Windows 操作系统类似，在 Windows Server 2008 中仍保留了“设备管理器”用以管理计算机中的各类设备，包括驱动程序、设备参数设置等功能。单击图 4-7 中左上角的“设备管理器”，即可打开如图 4-10 所示的“设备管理器”窗口。

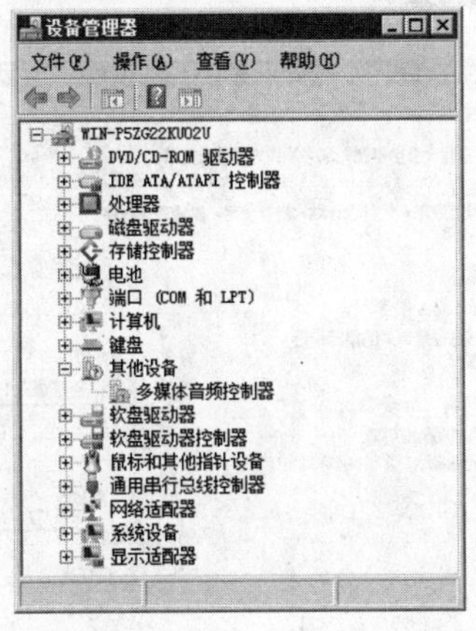

图 4-10　“设备管理器”窗口

4.2.3　系统远程设置

在 Windows Server 2008 中，继续继承了 Windows Server 2003 中远程连接的易用性，但又比 Windows Server 2003 的“远程桌面”设置增加了更多的选项设置。单击“系统”设置窗口中左上角的“远程设置”，即可弹出如图 4-11 所示的“系统属性”窗口的“远程”选项卡。

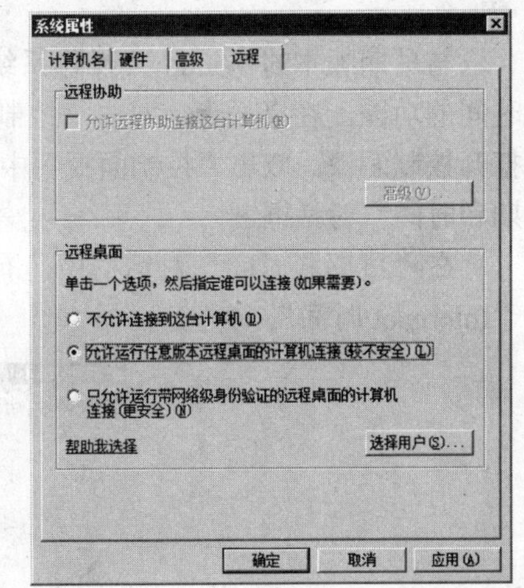

图 4-11　“系统属性”对话框

在“远程”选项卡中，提供了两类远程设置，即“远程协助”和“远程桌面”设置。“远程协助”可设置是否允许远程协助连接这台计算机。在“远程桌面”属性组中，选项设置改为了 3 个，即“不允许连接到这台计算机”、“允许运行任意版本远程桌面的计算机连接（较不安全）”和“只允许运行带网络级身份验证的远程桌面的计算机连接”。而 Windows Server 2003 在同样的位置只有一个是否开启远程桌面的设置。从这里的简单对比就可以看出，在 Windows Server 2008 中，远程桌面连接加入了更安全的网络级身份验证。当然，为了与早期版本 Windows 远程桌面的兼容，它还提供了允许任意版本远程桌面连接的设置。

另外，在图 4-11 所示的“系统属性”对话框的“远程”选项卡的右下角，单击“选择用户”按钮，即可在弹出的“远程桌面用户”对话框中添加或删除可以使用远程桌面的系统账户。

4.2.4　高级系统设置

在高级系统设置中，可以实现视觉效果、处理器计划、内存使用及虚拟内存等的性能设置，实现登录桌面时用户配置文件的设置，实现系统启动及系统失败时的处理设置，还可以实现环境变量的设置。这些设置与 Windows Server 2003 都类似，因此原来的用户可以很方便地掌握这些设置。

在“系统”设置窗口的左上角，单击“高级系统设置”功能链接，即可打开如图 4-12 所示的“系统属性”的“高级”选项页。

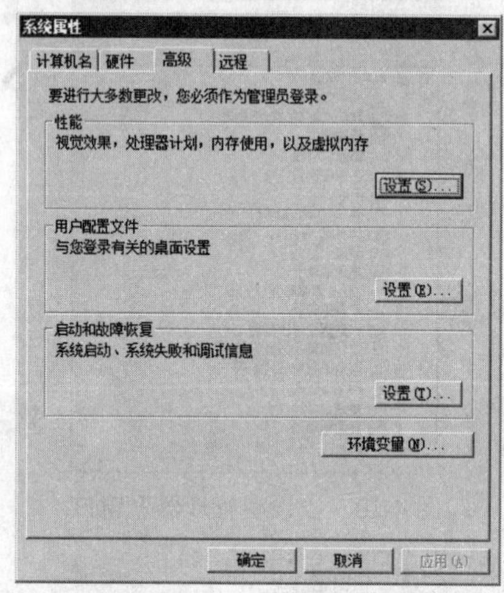

图 4-12 “系统属性”对话框

4.3 日期时间设置

与早期版本的 Windows 操作系统相同，Windows Server 2008 中也提供了调整系统日期和时间的功能。在桌面上，双击“控制面板”图标或选择“开始”→“控制面板”菜单命令，打开控制面板。双击“控制面板”中的“日期和时间”图标，即可打开如图 4-13 所示的“日期和时间”对话框。

在“日期和时间”对话框中，有 3 个功能选项页，即“日期和时间”、“附加时钟”和“Internnet 时间”。

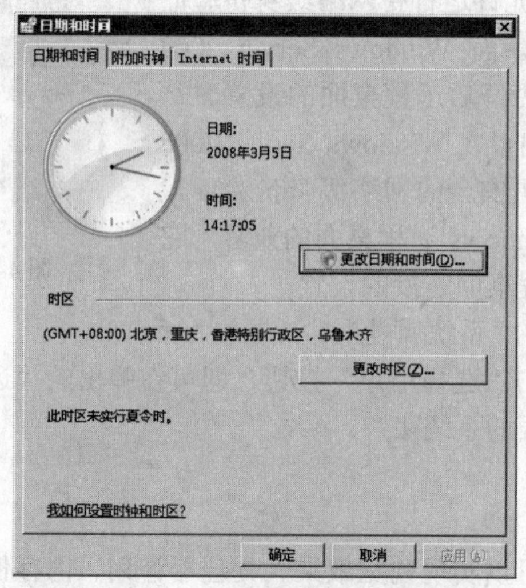

图 4-13 “日期和时间”对话框

在“日期和时间”选项页中，单击“更改日期和时间”按钮，即可弹出“日期和时间设置”对话框，如图 4-14 所示。从中可以选择需要设置的年月日数据和时分秒数据，选择完毕后单击“确定”按钮即可。

图 4-14　“日期和时间设置”对话框

在“日期和时间”选项页中，单击“更改时区”按钮，即可弹出如图 4-15 所示的“时区设置”对话框。在“时区”下拉列表框中，提供了全球大多数时区以供选择。在中国大陆，一般使用东八时区的时区设置，即“(GMT +08：00) 北京，重庆，香港特别行政区，乌鲁木齐”选项。

在“日期和时间”对话框中的“附加时钟”选项页中，提供了在时钟显示页中再显示其他两个时钟的功能，如图 4-16 所示。该项功能是 Windows Server 2008 新增的功能。比如，我们选中“显示此时钟”选项，同时在“选择时区”一栏中选择“(GMT) 格林威治标准时间：都柏林，爱丁堡，里斯本，伦敦”的时区，即格林威治标准时间 (Greenwich Mean Time，GMT)，然后在“输入显示名称”一栏中输入“格林威治标准时间”，之后单击对话框右下角的“应用”按钮。最后双击桌面右下角的信息通知区的时间，即可显示如图 4-17 所示的附加时钟显示窗口，其中多了个“格林威治标准时间”的时钟显示。当然，也可以在图 4-17 所示窗口的下方，单击“更改日期和时间设置”功能链接，再次进入“日期和时间”设置对话框。

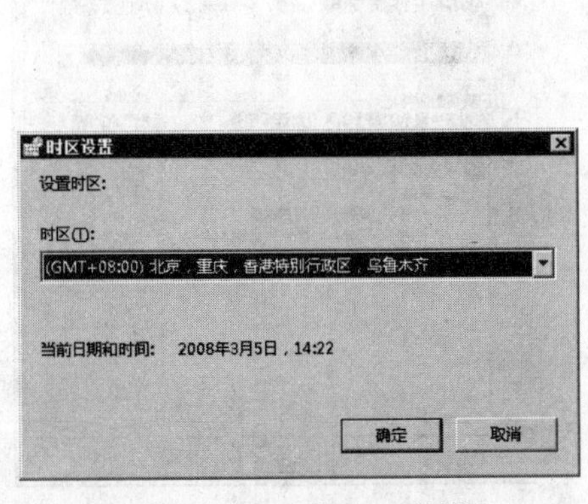

图 4-15　“时区设置”对话框

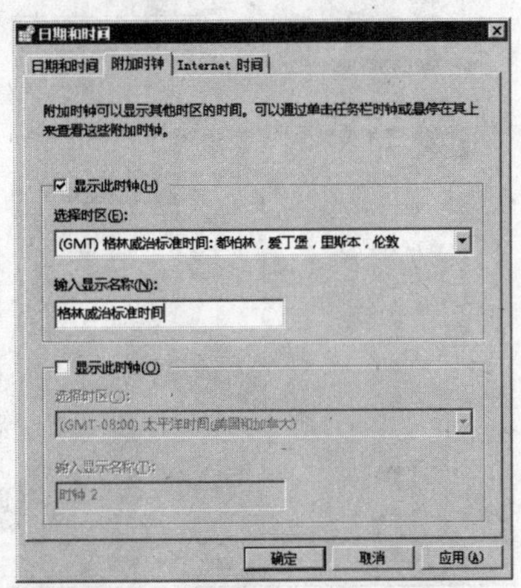

图 4-16　“附加时钟”选项页

在“日期和时间”对话框中的“Internet 时间”选项页中，单击“更改设置”按钮，即可弹出“Internet 时间设置”对话框。在该对话框中可以设置是否启动与 Internet 上的时间服务器进行同步，以矫正服务器上的时间，同时还提供了几个 Internet 时间服务器的 URL 地址供不同的用户选择。如果设置启用后，系统将自动定期与所选择的 Internet 时间服务器进行时间同步，确保服务器的时间控制在一个较合理的范围内。

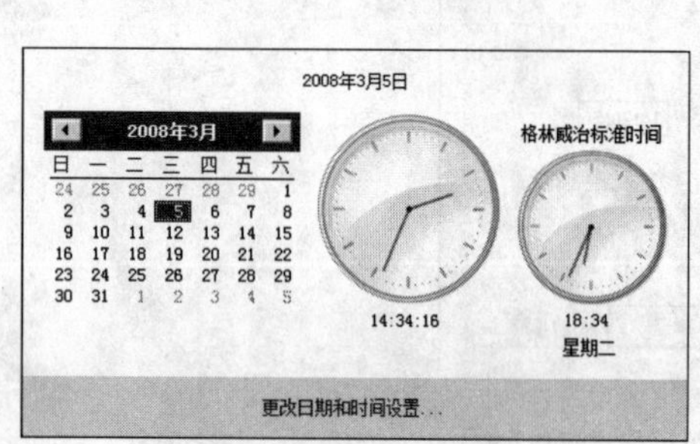

图 4-17　附加时钟显示

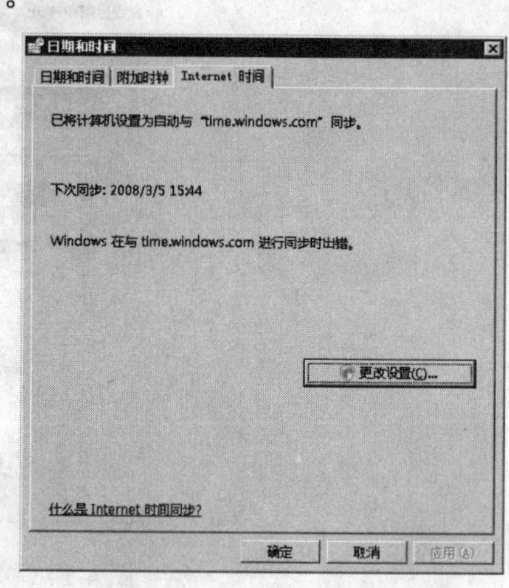

图 4-18　“Internet 时间”选项页

4.4　输入法设置

系统中输入法的增减和设置，与 Windows Server 2003 的设置位置类似，选择“控制面板”→“区域和语言选项”命令，打开“区域和语言选项”对话框的“键盘和语言”选项卡，如图 4-19 所示。图 4-19 中的选项卡名称和按钮名称与 Windows Server 2003 类似，但又有所不同。单击图 4-19 中的“更改键盘”按钮，即可弹出如图 4-20 所示的“文本服务和输入语言”对话框。

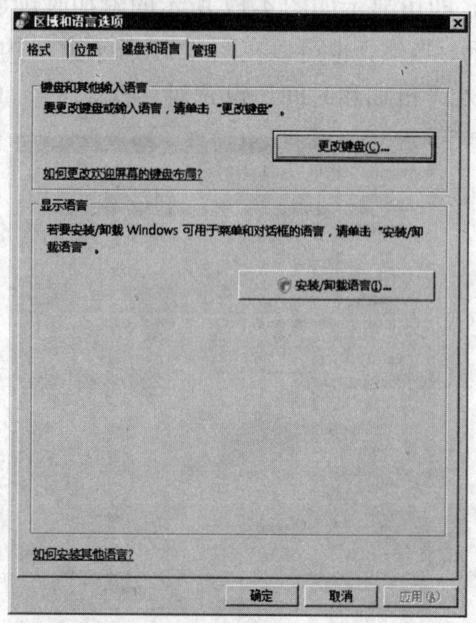

图 4-19　“键盘和语言”选项卡

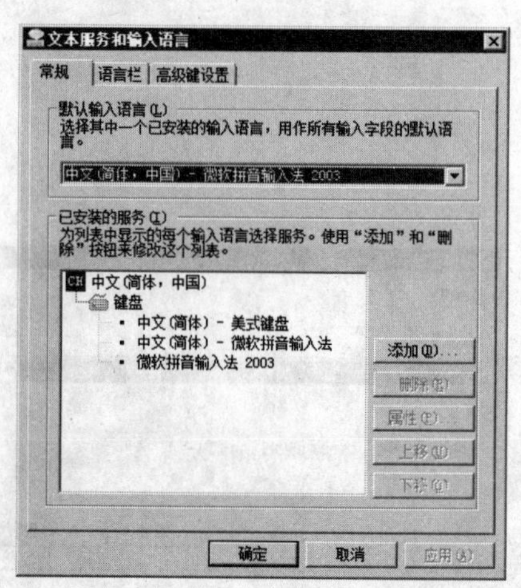

图 4-20　“文本服务和输入语言”对话框

在图 4-20 所示的对话框中，可以在“默认输入语言”中设置系统默认的语言，如设置“中文（简体，中国）-微软拼音输入法 2003”为默认输入语言。

在“已安装的服务”栏中，单击“添加”按钮，即可弹出“添加输入语言”对话框，如图 4-21 所示。在图 4-21 中，可以看到，当打开一种语言文字后，可以看到有“键盘”和“语音”两项，即增加了语音识别的功能。输入法则在“键盘”选项中，选择一个输入法后，再单击“确定”按钮，即可新增一个输入法。选中一个已安装的输入法后，单击其右边的“属性”按钮，即可设置该选定输入法的属性。

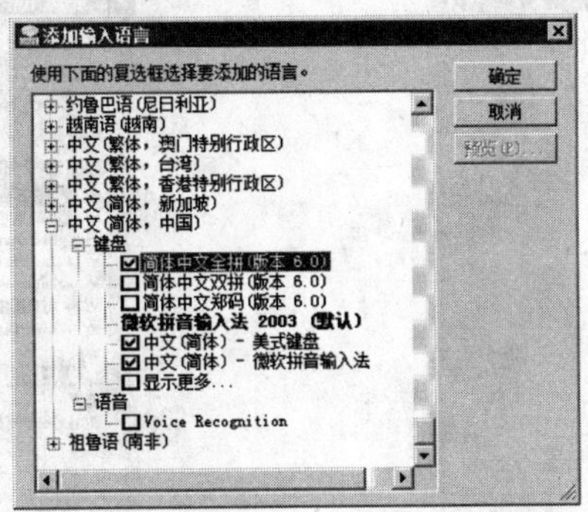

图 4-21 “添加输入语言”对话框

4.5 网络设置

Windows Server 2008 的网络设置，与 Windows Server 2003 及早期版本的 Windows 相比，有较大的改动，与 Windows Vista 的网络设置类似。Windows Server 2008 中的网络设置是在“控制面板”的“网络和共享中心”中实现，如图 4-22 所示。

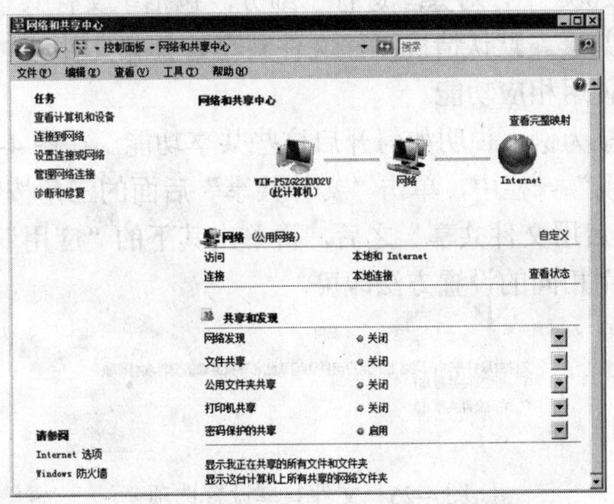

图 4-22 “网络和共享中心”对话框

4.5.1 设置 IP 地址

在网络中，一般服务器需要首先配置 IP 地址。其配置步骤如下。

步骤 1：在如图 4-22 所示的“网络和共享中心”的左上角，单击“管理网络连接”功能链接，打开“网络连接”窗口。

步骤 2：在“网络连接”窗口中，双击要设置 IP 地址的网卡，如“本地连接”，之后弹出如图 4-23 所示的“本地连接状态”对话框。

步骤 3：单击“属性”按钮，即可弹出如图 4-24 所示的“本地连接属性”对话框。在“此连接使用下列项目”一栏中，可以看到系统安装的服务和协议。如果需要设置 IPv4 的 IP 地址，则双击“Internnet 协议版本 4（TCP/IPv4）”，在弹出的相关属性对话框中输入相应的 IP 地址。如果需要设置 IPv6 的 IP 地址，则双击“Internnet 协议版本 6（TCP/IPv6）”，在弹出的相关属性对话框中输入相应的 IP 地址。

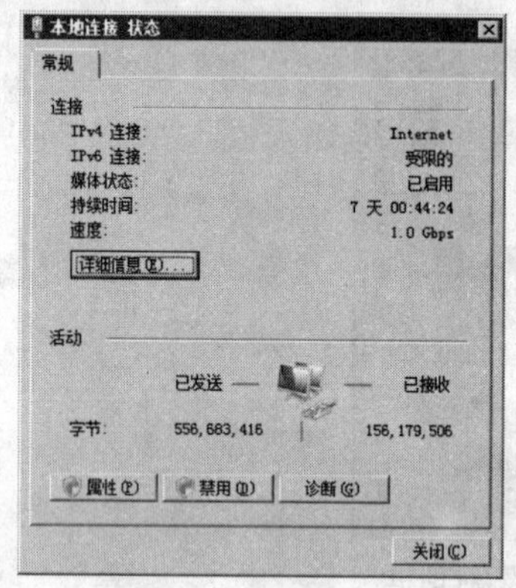

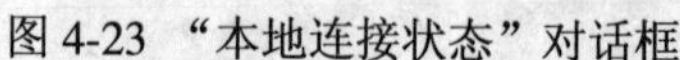
图 4-23 “本地连接状态”对话框

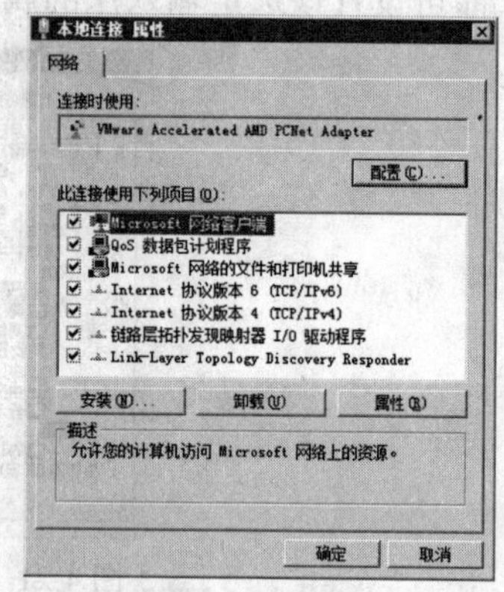

图 4-24 “本地连接属性”对话框

如果网络连接有问题，则可以单击图 4-23 所示的对话框中的“诊断”按钮，系统会自动进行诊断并提供相关信息供用户参考。

4.5.2 开启共享功能

在 Windows Server 2008 中，对共享进行了细分，包括了文件共享、公共文件夹共享、打印机共享及密码保护的共享。默认情况下，文件共享、公共文件夹共享和打印机共享是关闭的，需要首先开启才可使用相应功能。

下面以开启文件共享为例，说明如何开启这些共享功能。在图 4-22 所示的“网络和共享中心”中的“共享和发现”一栏中，单击“文件共享”后面的三角按钮，即可展开设置选项，如图 4-25 所示。单击“启用文件共享”之后，再单击其下的“应用”按钮，即可开启文件共享。其他的共享，也使用相同的设置方法即可。

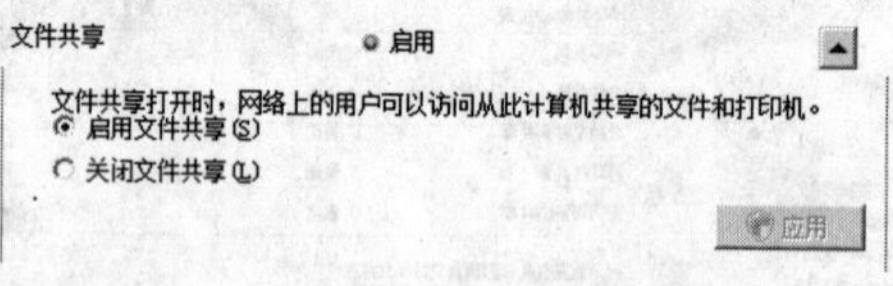

图 4-25　文件共享设置选项

4.5.3 网络故障的诊断和修复

如果遇到网络故障，可以使用网络和共享中心帮助诊断并修复网络故障。单击如图 4-23 所示的“网络和共享中心”左上角的“诊断和修复”功能链接，系统就会自动诊断当前网络故障所在，并尝试自动修复所遇到的问题。如果无法修复，则提供诊断结论供用户参考。比如，曾流行一时的 ARP 类网络病毒在发作时，如果影响到网络，造成中断，有些情况就可以使用该功能链接来自动修复。

4.5.4 设置到其他网络的连接

拨号网络连接和 VPN 网络连接等，也可以在“网络和共享中心”的“设置连接或网络”中进行设置。单击“网络和共享中心”的“设置连接或网络”的链接后，系统会弹出如图 4-26 所示的对话框。在该对话框中列出了可供选择的网络设置向导。用户可根据不同的网络类型，选择不同的网络设置向导，并根据向导进行设置。

图 4-26 “设置连接或网络”对话框

4.6 自动播放设置

在 Windows Server 2008 中，增加了自动播放设置，即设定不同类型的光盘放入光驱后，自动执行相关程序，来播放光盘的内容。这项设置更加人性化，更便于用户使用。打开自动播放设置的方法如下。

打开“控制面板”，在“控制面板”中双击“自动播放”图标，打开如图 4-27 所示的“自动播放”设置窗口。在如图 4-27 所示的“自动播放”窗口中，提示了“选择插入每种媒体或设备时的后续操作”，默认情况下，选择“为所有媒体和设备使用自动播放”选项。当然，也可以根据“光盘+媒体”的种类来选择处理的程序。比如，音频 CD，我们可以选择 Windows Media Player 来播放音频 CD 光盘。

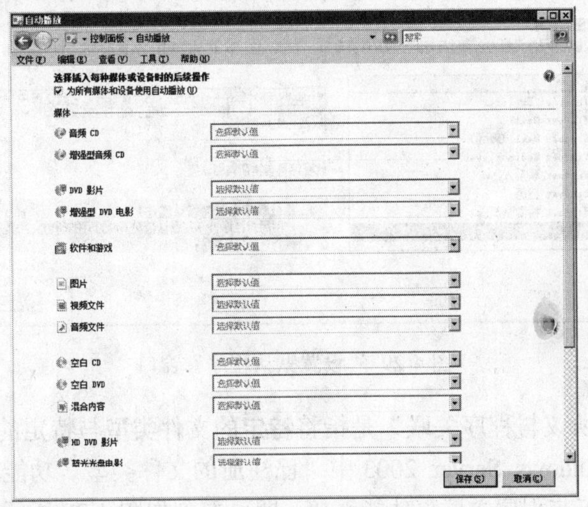

图 4-27 “自动播放”窗口

4.7 默认程序设置

在Windows Server 2008中,整合并更新了早期版本Windows操作系统中的文件类型关联,以及“自动播放”设置等,设置了“默认程序”设置功能。在“控制面板”中,双击“默认程序”,即可打开如图4-28所示的“默认程序”窗口。

在如图4-28所示的“默认程序”窗口中,提供了3种默认程序设置的选项,即“设置默认程序”、“将文件类型或协议与程序关联”和“更改‘自动播放’设置”。

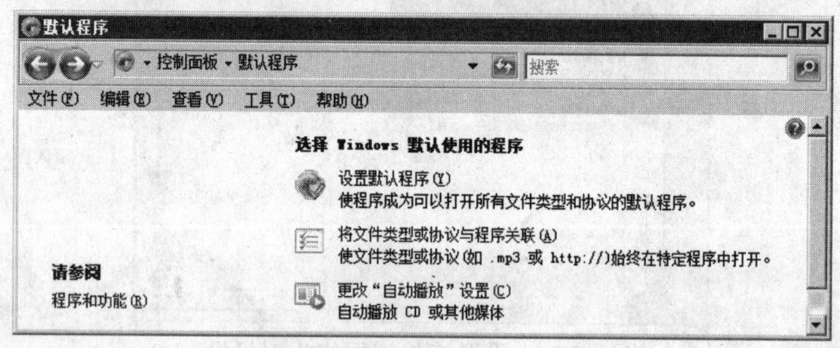

图4-28 “默认程序”窗口

“设置默认程序”是指将某个程序设置为它可以打开的所有文件类型和协议的默认程序。比如,扩展名为.wav的波形声音文件,既可以使用Windows Server 2008自带的“录音机”打开,也可以使用系统自带的Windows Media Player播放,还可以使用在操作系统中安装的第三方播放软件播放,如WinAMP等。在“设置默认程序”设置中,就是为.wav文件设置一个默认的打开程序,如将.wav的默认打开程序设置为Windows Media Player后,只要双击.wav的文件,系统将会自动打开Windows Media Player来播放该文件。在图4-28所示的“默认程序”窗口中单击“设置默认程序”功能连接后,即可进入如图4-29所示的“设置默认程序”窗口,在这里可将已有程序的打开文件类型或协议设置为默认程序。

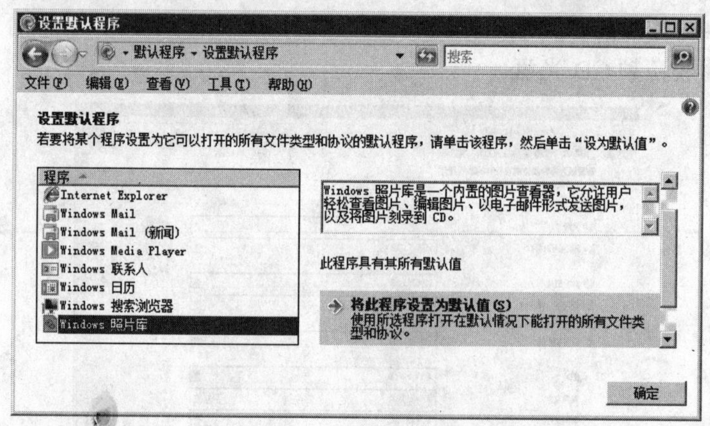

图4-29 “设置默认程序”窗口

“将文件类型或协议与程序关联”是指将特定的文件类型与特定的应用程序进行一对一的关联。该功能与Windows Server 2003中“已注册的文件类型”功能相似。单击图4-28中的“将文件类型或协议与程序关联”功能链接,即可看到如图4-30所示的“设置关联”窗口。

在该图中可以看出，系统中已关联好的文件扩展名、相应描述和关联的应用程序列表。选中其中一个文件类型，然后单击“更改程序”按钮，即可打开如图 4-31 所示的“打开方式”对话框。在该对话框中可以选择相应的应用程序。

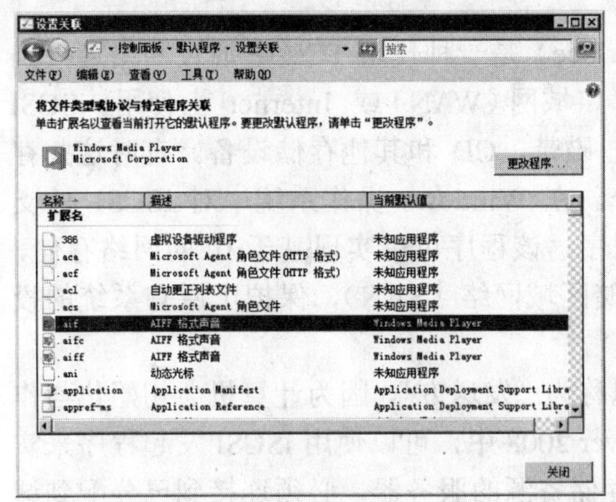

图 4-30　“设置关联”窗口

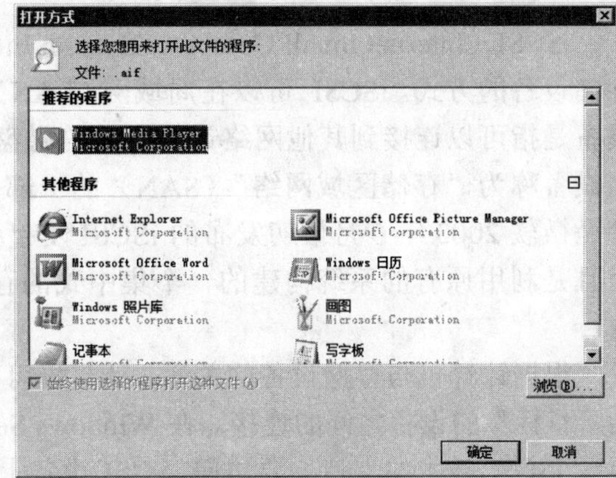

图 4-31　“打开方式”对话框

“更改‘自动播放’设置”，与 4.6 节介绍的内容相同，在此不再赘述。

4.8　文件夹设置

文件夹设置就是设置如何操作文件夹，以及设置一些文件夹的相关属性。在“控制面板”中双击“文件夹选项”，即可打开图 4-32 所示的“文件夹选项”对话框。在该对话框中可以看到有 3 个选项页，即“常规”、“查看”和“搜索”。

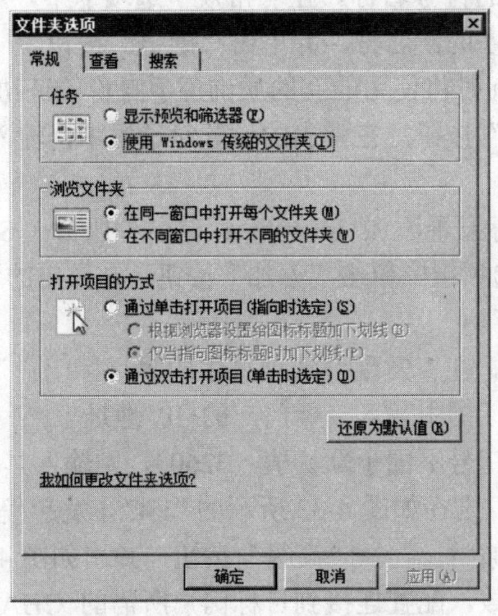

图 4-32　“文件夹选项”对话框

在“常规”选项页中可以设置 Windows 文件夹的显示方式、浏览方式和打开方式。在“查看”选项页中可以设置文件夹视图的样式和文件夹的高级设置，如隐藏受保护的操作系统文件、隐藏或者显示隐藏文件类型的扩展名。在“搜索”选项页中可以设置搜索内容的范围、搜索方式和搜索的位置等信息。这些功能与早期版本的 Windows 操作系统相似。

4.9 iSCSI 发起程序设置

iSCSI（Internet Small Computer System Interface）是一种使用 TCP/IP 通过网络连接到存储设备的方式。iSCSI 可以在局域网（LAN）、广域网（WAN）或 Internet 上使用。iSCSI 设备是指可以连接到其他网络计算机上的磁盘、磁带、CD 和其他存储设备。有时这些存储设备称为“存储区域网络”（SAN）的一部分。在 Windows 操作系统中对 iSCSI 的支持是微软 2003 年 6 月最初发布的 iSCSI 发起程序。该程序可以实现基于 IP 的网络存储，而且是利用原有的系统构建的一个集中式的存储区域网络（SAN），保护了原有系统的投资。

根据计算机与存储设备的关系，计算机可以称为“发送方”，因为计算机会初始化与作为“目标”的设备之间的连接。在 Windows Server 2008 中，可以使用 iSCSI 发起程序来实现对 iSCSI 技术的支持。要访问 iSCSI 设备上存储资源的服务器，必须连接到已分配到这些存储资源的 iSCSI 目标。为连接到目标，SAN 中的 Windows Server 2008 服务器会使用 iSCSI 发起程序。iSCSI 发起程序是使服务器能够与目标进行通信的逻辑实体。iSCSI 发起程序首先登录到目标，然后请求启动会话。目标必须向会话授权且必须建立会话，服务器才能访问存储资源。

在“控制面板”中双击“iSCSI 发起程序”图标，即可打开如图 4-33 所示的“iSCSI 发起程序属性”对话框。

iSCSI 发起程序的配置步骤如下。

步骤 1：在“服务器”中，单击要配置的 iSCSI 发起程序。

步骤 2：更改发起程序的符号名称。在“常规”选项卡中，单击“更改”按钮，在弹出的设置对话框中输入发起程序的新名称，并单击“确定”按钮。

步骤 3：设置连接到目标时将使用的新的质询握手身份验证协议（CHAP）机密。在“常规”选项卡中，单击“机密”按钮，在弹出的设置对话框中，输入新的 CHAP 机密，并单击“确定”按钮。

步骤 4：如果需要为目标发现添加 Internet 存储名称服务（iSNS）服务器，则在“发现”选项页的“iSNS 服务器”选项组中单击“添加”按钮，在弹出的设置对话框中输入 iSNS 服务器的地址或 DNS 名称即可。

步骤 5：添加目标门户。在“发现”选项页中的“目标门户”选项组中，单击“添加门户”按钮。在弹出的设置对话框中输入目标门户的 IP 地址。

如果目标门户使用的端口号不同于默认值（3260），则输入具体使用的端口号。

如果需要选择连接设置，则在如图 4-33 所示的“iSCSI 发起程序属性”对话框中选择“发现”选项页，之后单击“添加门户”→“高级”按钮，弹出如图 4-34 所示的“高级设置”对话框。配置要使用的连接参数，配置连接到目标门户所需的 CHAP 参数，然后单击“确定”按钮。

如果需要选择 IPsec 设置，可单击如图 4-34 所示的对话框的“IPSec”选项页，配置连接到目标门户所需的 IPsec 参数，并单击“确定”按钮。

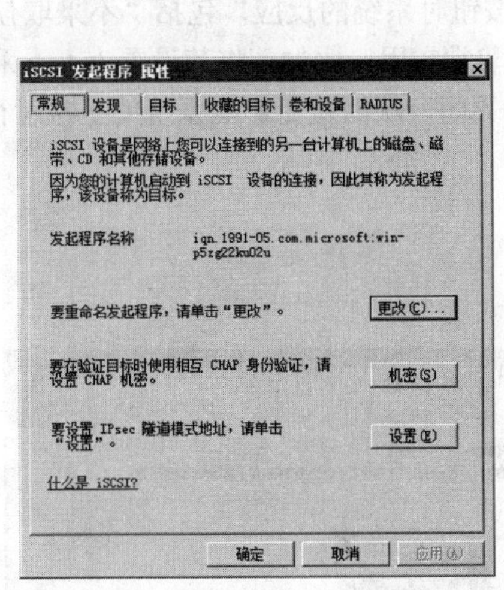

图 4-33 “iSCSI 发起程序属性”对话框

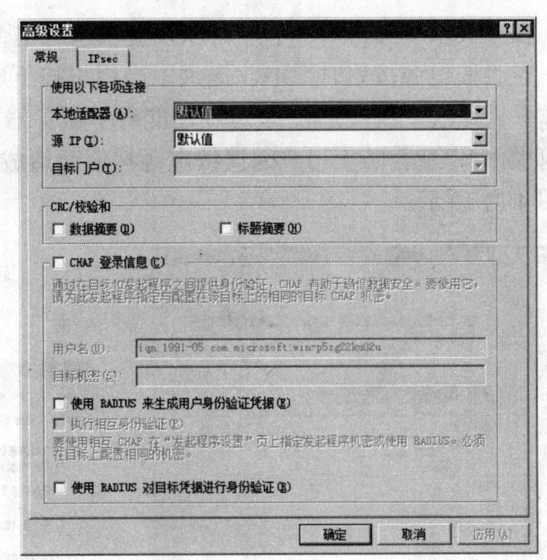

图 4-34 “高级设置”对话框

4.10 电源设置

在 Windows Server 2008 中，提供了更完善的电源选项设置功能。它不仅保留了传统的电源选项设置，还增加了更多的人性化电源功能设置。在“控制面板”中双击“电源选项”图标，即可打开如图 4-35 所示的“电源选项”窗口。在该窗口中，默认的是选择“电源计划”，另外还提供了其他的功能选项，包括“唤醒时需要密码”、“选择该电源按钮的功能”、“创建电源规则”、“选择关闭显示器的时间”和“更改计算机的睡眠时间”。

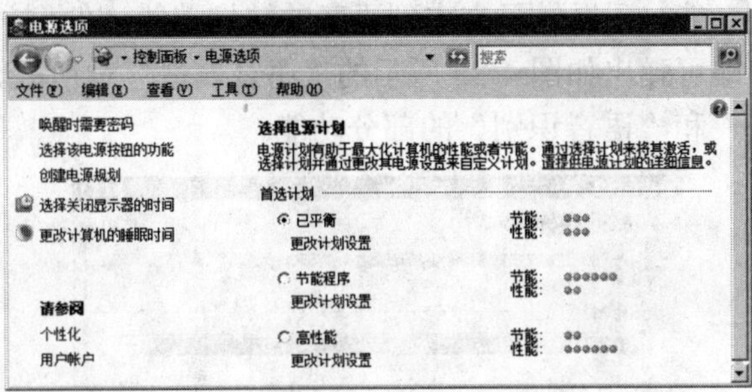

图 4-35 “电源选项”窗口

第一种计划是兼顾节能和性能两种因素，设置了比较均衡的电源计划，即“已平衡”。第二种计划着重强调节能而降低了性能，即“节能程序”。第三中计划着重强调性能而降低节能，即“高性能”。可以根据实际的使用情况，选择这 3 种电源计划当中的一种。比如，系统在使用电池作为外接电源时，会降低能耗延长系统运行时间，最好选择第二种电源计划，即“节能程序”。当然，上述 3 种电源计划还可以具体修改，即单击其下的“更改计划设置”功能链接，来更改其中的具体设置。

在“更改计划设置”中，电源设置提供了“更改高级电源设置”的功能。单击“更改计划设置”→“更改高级电源设置”的功能链接，系统弹出如图 4-36 所示的“电源选项”对话框。在该对话框中可以更加具体地设置计算机中各项电源选项的值。

在“要求唤醒密码”中，可以设置唤醒时是否需要用户输入密码。

在“按电源按钮时”中，提供了当用户按下电源按钮时系统的反应，包括“不采取任何操作”、“睡眠”和“关机”。这项功能对于服务器系统非常实用。比如，将其设置为“不采取任何操作”，就会防止用户因误按电源按钮而造成系统关闭，从而避免影响系统的正常运行，如图 4-37 所示。

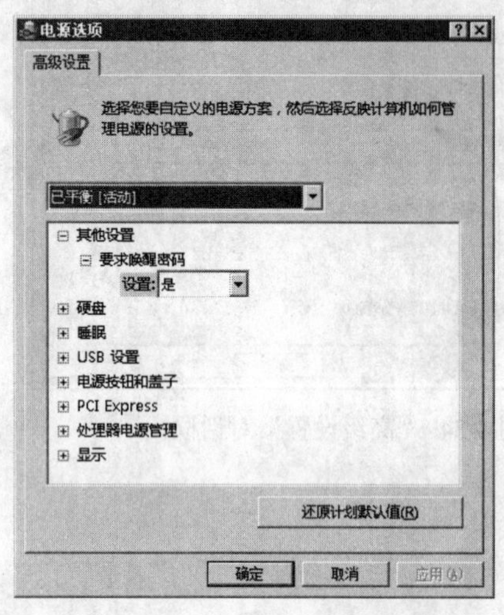

图 4-36 “电源选项”对话框

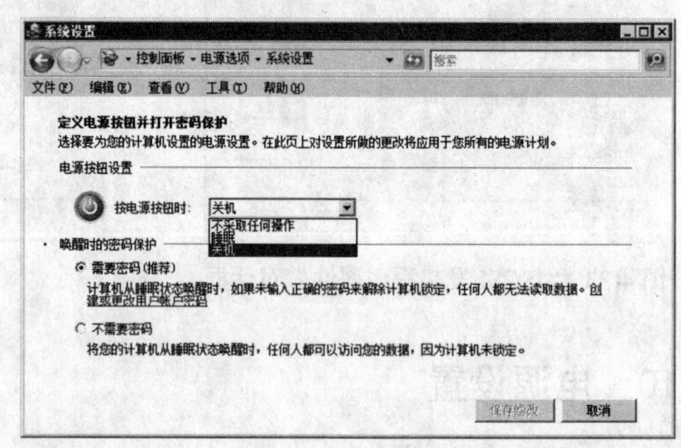

图 4-37 电源系统的设置

4.11 语音识别设置

Windows Server 2008 进一步增强了在语音识别领域的功能，不仅为在系统中包含的所有语言均提供了语音识别功能，还提供了文本到语音的转换功能。在“控制面板”中，双击“文本到语音转换”图标，即可弹出如图 4-38 所示的“语音属性”对话框。在该对话框中，可以设置“文本到语音转换”和“语音识别”的部分功能。

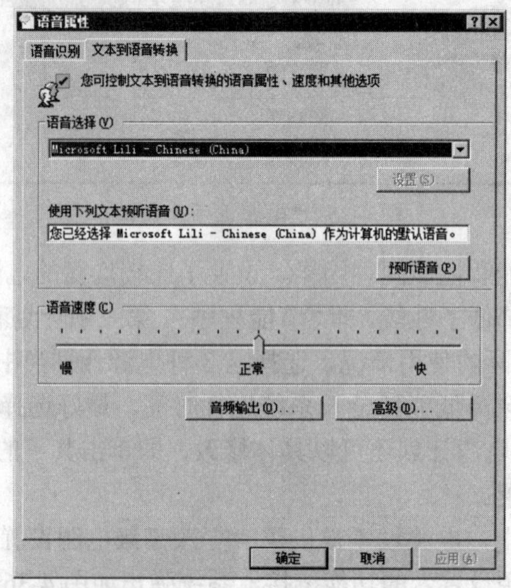

图 4-38 “语音属性”对话框

在“文本到语音转换”中，可以选择系统所使用的语音，不同的语音可以实现不同文字的朗读。比如，当前系统中选择了“Microsoft　Lili – Chinese　(China)”这种语音方式，当遇到中文时，就按照中文的方式朗读，如果遇到英文就按照英文单词的方式朗读。在“语音速度”一栏，可以设置朗读的语速。另外，还可以设置音频输出设备。

在“语音识别”选项页中，可以设置语音识别的相关属性，并配置朗读语音的训练文件。

4.12　轻松访问设置

为帮助用户特别是那些残障人士更容易使用计算机，与 Windows Vista 类似，Windows Server 2008 也提供了“轻松访问中心”，来提高计算机的易用性。下面简要介绍如何通过设置“轻松访问”来帮助残障人士更好地使用计算机。

打开“控制面板”，以“控制面板主页”模式显示，单击其中的“轻松访问”功能链接，即可打开如图 4-39 所示的“轻松访问”设置页面。

“使用 Windows 建议的设置”是一个功能比较全面的轻松访问设置向导。使用该向导，可以根据自己的实际情况，回答向导中人性化的问题来完成设置过程。系统将向用户提出 5 个方面问题，主要包括视力方面、敏捷度方面、听力方面、语音方面和合理安排方面的问题。系统则根据用户的回答，提供解决用户问题的推荐设置，如图 4-40 所示，供用户选择。用户选择完成之后，就可以通过“轻松访问中心”使用这些轻松访问功能了。

在“使用 Windows 建议的设置”下面的各设置选项是该设置向导某一部分的设置。“优化视频显示”设置使计算机更容易显示，这些设置主要包括高对比度、朗读听力文本和描述、放大屏幕上显示的内容和使屏幕上显示的内容更容易查看。“使用视觉提示代替声音”设置主要包括使用视觉提示而不使用声音提示。“更改鼠标的工作方式”设置主要包括鼠标指针、使用键盘控制鼠标和使窗口切换更容易。“更改键盘的工作方式”设置主要包括使用键盘控制鼠标、使输入更容易和使键盘快捷方式使用更容易。

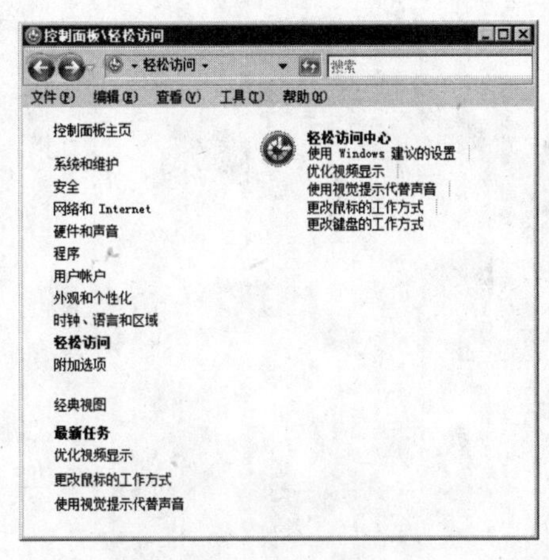

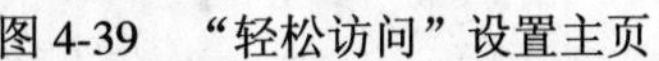
图 4-39　“轻松访问”设置主页

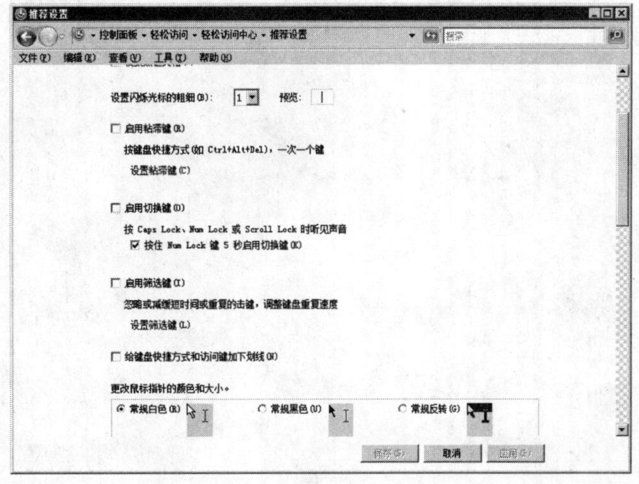

图 4-40　推荐设置

完成以上各设置，就可以使用轻松访问了。在如图 4-39 所示的“轻松方案”窗口中，单击“轻松访问中心”即可进入“轻松访问中心”使用这些轻松访问的功能。

4.13 本章小结

在本章中，我们着重介绍了 Windows Server 2008 的一些基本设置，包括外观设置、系统设置、日期时间设置、输入法设置、网络设置、自动播放设置、默认程序设置、文件夹的设置、iSCSI 发起程序设置、电源设置、语音识别设置和轻松访问设置等。这些设置大多数是 Windows Server 2008 使用过程当中最经常用到的，还有一些是 Windows Server 2008 新增加的设置功能。通过对这些基本设置的学习，我们可以比较方便、灵活地使用 Windows Server 2008，从而快速地掌握 Windows Server 2008 所具有的更高级的功能，更深入地感受 Windows Server 2008 所带来的令人激动的新体验。

第5章　Windows Server 2008 的账户管理

账户是 Windows Server 2008 操作系统中用以管理权限的基本方法，而且早在 Windows NT 4.0 中就已经开始使用账户作为用户权限管理的基本方法。随着 Windows 系统版本的不断更新，账户管理这种管理用户权限的基本方法也一直被保留并逐渐发展，已至少有 10 多年的历史了。

简单地讲，账户是指用户以什么身份使用计算机，实际上就是通知 Windows 系统可以访问哪些文件和文件夹，可以对计算机的基本设置进行哪些更改。若干人可以共享一台计算机，但每个用户都有不同的账户，都能够根据自己的需要安装程序和设置文件。每一个人都可以使用用户名和密码访问自己的用户账户，不同的账户类型为用户提供不同的计算机控制级别。与 Windows Vista 系统类似，在 Windows Server 2008 系统中也是主要提供了以下 3 种不同的账户类型。

1．标准账户

标准用户账户允许用户使用计算机的大多数功能，是计算机日常使用的账户，但是，如果要进行的更改会影响计算机的其他用户或安全时，则需要管理员的许可。

2．管理员账户

管理员账户就是允许更改其他用户设置的具有高级权限的账户。管理员可以更改安全设置，安装软件和硬件，访问计算机上的所有文件，管理员还可以对其他用户账户进行更改。管理员账户对计算机拥有最高的控制权限。

3．来宾账户

来宾账户是供在计算机或域中没有永久账户的用户使用的，主要让需要临时访问计算机的用户使用。该账户允许用户使用计算机，但没有访问个人文件的权限，使用来宾账户的用户无法安装软件或硬件、更改计算机设置，或者创建用户密码。必须在 Windows Server 2008 的账户管理中打开来宾账户后才可以使用此类账户。

使用如下方法，即可打开用户账户的管理窗口。

步骤 1：单击“开始”→“控制面板”菜单，打开“控制面板”。

步骤 2：以“控制面板主页”方式浏览控制面板，在“控制面板”中，单击“用户账户”链接即可打开如图 5-1 所示的“用户账户”窗口。

在如图 5-1 所示的“用户账户”窗口中，可以看到用户账户管理的各个主要功能链接。下面我们将逐一介绍。

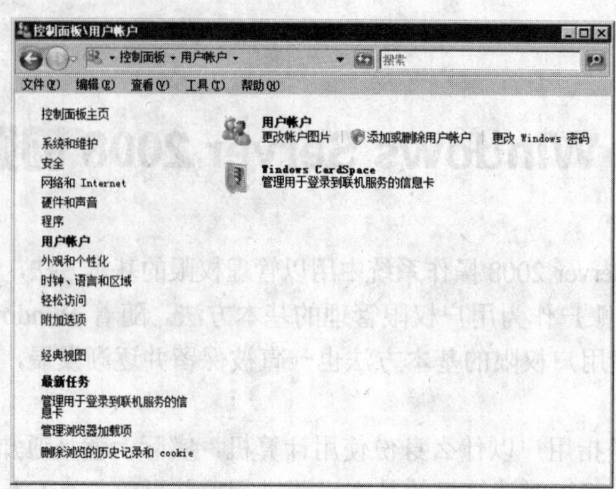

图 5-1 “用户账户”窗口

5.1 创建新账户

安装设置完 Windows Server 2008 后，默认的用户账户类型为管理员（Administrator），通常还需要为大多数计算机用户创建标准账户，或者为个别用户创建其他管理员账户。

创建新账户的步骤具体如下。

步骤 1：在如图 5-1 所示的“用户账户”窗口中，单击“添加或删除用户账户”功能链接，弹出如图 5-2 所示的“管理账户”窗口。

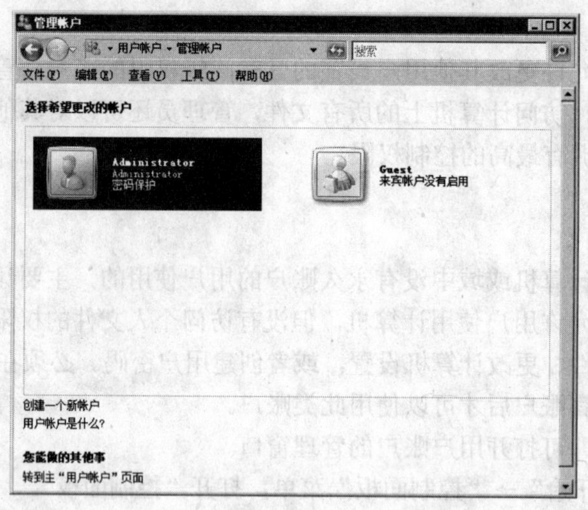

图 5-2 “管理账户”窗口

步骤 2：在打开的“管理账户”窗口左下角单击“创建一个新账户”功能链接，打开如图 5-3 所示的“创建新账户”窗口。

步骤 3：在如图 5-3 所示的“创建新账户”窗口的“新账户名”一栏中，输入新建账户的名称，如“myAccount”，之后选择账户类型。一般情况下选择“标准用户”，这样可以执行大多数操作，又可以避免因误操作而影响系统正常运行。当然，如果就是作为服务器，需要进行高级设置，平时很少操作，这时一般选择“管理员”类型。在这里，我们选择“标准用户”类型，之后单击“创建账户”按钮。

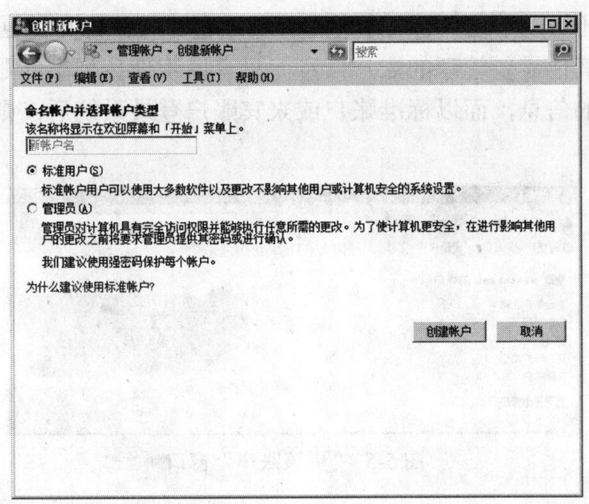

图 5-3 “创建新账户”窗口

步骤 4：弹出如图 5-4 所示的“管理账户”窗口，显示当前系统中的账户列表，其中显示出了新创建的账户“myAccount”。

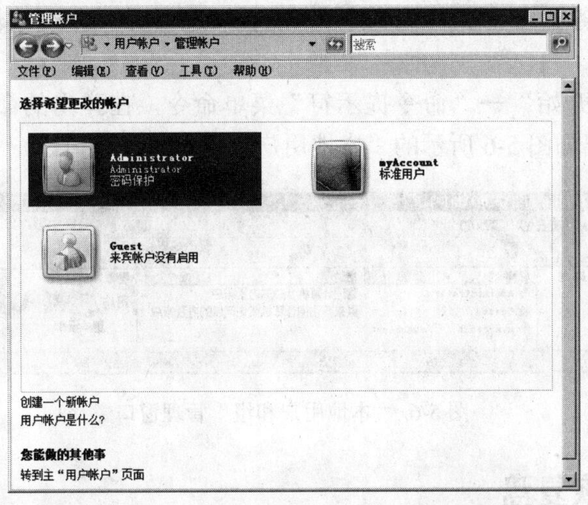

图 5-4 显示了新创建账户的“管理账户”窗口

如果系统提示用户输入管理员密码或进行确认，请输入密码或提供确认。

5.2 修改账户信息

用户可以根据自己的需要对账户信息进行设置，如设置账户名称、账户类型、账户密码、账户个性化的图片和删除账户等。具体步骤如下。

步骤 1：以管理员用户登录，打开如图 5-4 所示的“管理账户”窗口。

步骤 2：单击选择希望更改的用户账户名称，如 myAccount。

步骤 3：打开如图 5-5 所示的“更改账户”窗口，然后根据需要进行相关的用户信息修改。可在该窗口左侧单击“更改账户名称”、“创建密码”、“更改图片”、“更改账户类型”和“删除账户”功能链接，实现对账户的相应修改。

在该窗口左下角还可以单击“管理其他账户”功能链接，即可返回如图 5-4 所示的“管理账户”窗口，选择其他需要管理的账户信息。只有以管理员类型的账户登录后，才可以修改其他任何用户账户的信息，而以标准账户或来宾账户登录系统后，则不能修改其他的账户信息。

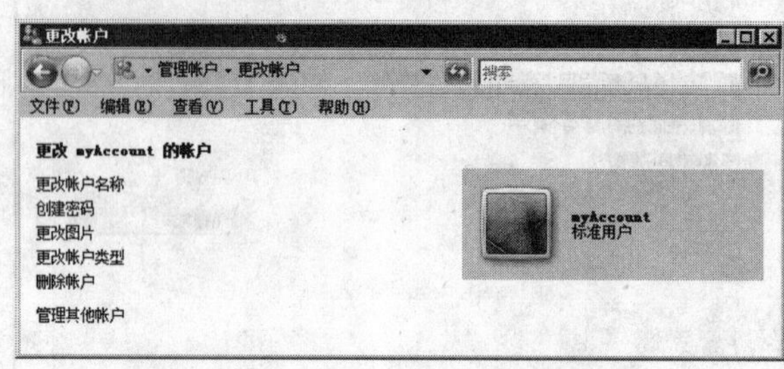

图 5-5 “更该账户”窗口

另外，还可以在“本地用户和组”管理工具中创建和修改用户账户。打开“本地用户和组”的方法如下。

方法 1：在“计算机管理”中，展开“系统工具”选项后，选择“本地用户和组”即可对用户账户进行管理。

方法 2：在“服务器管理器”中，展开“配置”选项后，选择“本地用户和组”即可对用户账户进行管理。

方法 3：单击“开始”→“命令提示符”菜单命令，在弹出的命令提示符窗口中输入“lusrmgr”，即可弹出如图 5-6 所示的“本地用户和组”管理窗口。

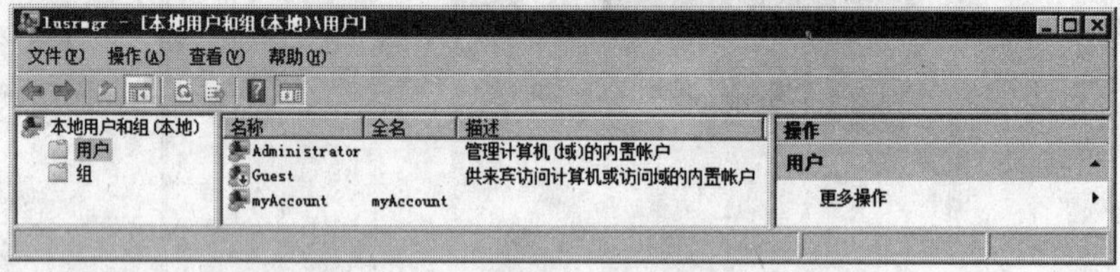

图 5-6 “本地用户和组”管理窗口

5.3 创建密码恢复盘

为了避免用户因遗忘账户密码而无法登录系统，在 Windows Server 2008 中提供了创建密码重设盘的功能。也就是创建了该磁盘后，如果忘记系统账户密码，可以通过该磁盘创建一个新的密码。这种密码重置磁盘只需要创建一次，就可以多次更改系统账户密码。

具体操作步骤如下。

步骤 1：在如图 5-1 所示的“用户账户”窗口中，单击“用户账户”功能链接，打开如图 5-7 所示的“用户账户”窗口的“更改用户账户”页面。

步骤 2：单击图 5-7 中左侧的“创建密码重设盘”功能链接，即可弹出如图 5-8 所示的“忘记密码向导”对话框。

步骤 3：在软驱中放入一张空白的磁盘，然后单击“下一步”按钮，进入“当前用户账户密码”对话框。

步骤 4：在“当前用户账户密码”对话框的“当前用户账户密码”栏中输入当前用户账

户的密码，之后单击“下一步”按钮。

步骤 5：向导引导用户完成接下来的操作，之后即可创建一张密码重置磁盘。

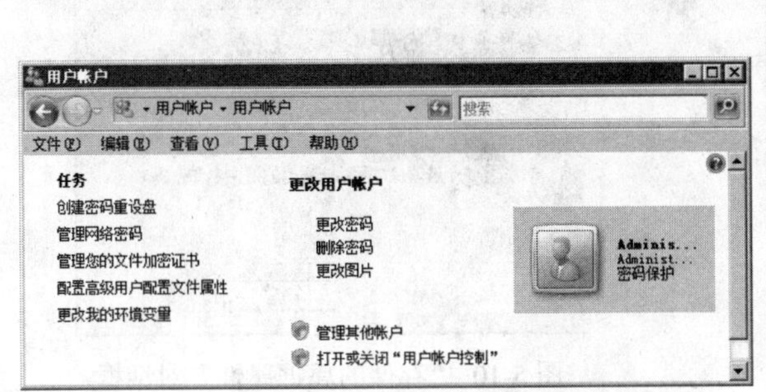

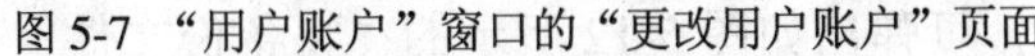

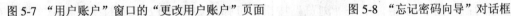

图 5-7 “用户账户”窗口的“更改用户账户”页面

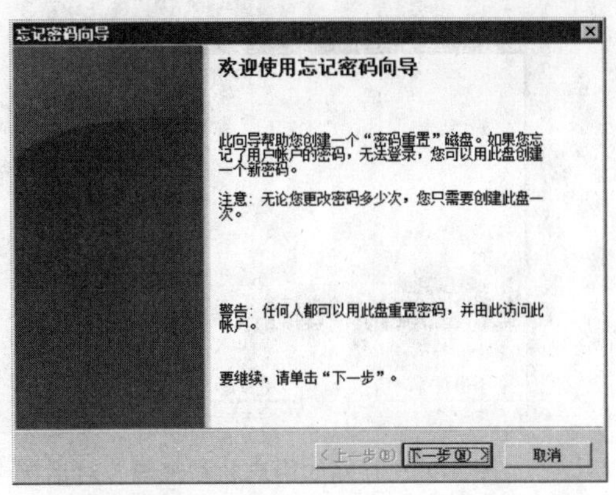

图 5-8 “忘记密码向导”对话框

5.4 管理网络密码

在 Windows Server 2008 系统中，提供了网络密码的管理功能，可以存储服务器、网站和程序的登录凭据。当重新访问其中任何一个地方时，Windows 将会尝试让用户自动登录。管理网络密码的具体操作步骤如下。

步骤 1：打开如图 5-7 所示的“用户账户”窗口。

步骤 2：单击如图 5-7 所示的“用户账户”窗口左侧的“管理网络密码”功能链接，即可弹出如图 5-9 所示的“存储的用户名和密码”对话框。

步骤 3：单击图 5-9 所示的“存储的用户名和密码”对话框的“添加”按钮，弹出如图 5-10 所示的“存储的凭据属性”对话框。

步骤 4：在如图 5-10 所示的“存储的凭据属性”对话框的各栏中输入相应的账户信息，然后单击“确定”按钮，即可创建一个网络访问密码凭据。比如，在“登录到”中输入“10.21.10.220”。在“用户名”一栏中输入“administrator”，该用户是“10.21.10.220”主机上的管理员用户。在“密码”栏中输入上述用户相应的密码。在“凭据类型”中，选择“Windows 登录凭据”，最后单击“确定”按钮。这样在 Windows Server 2008 再登录远程主机“10.21.10.220”时，将不再需要输入账户信息就可以直接访问该系统。比如，在“开始”菜单的“运行”对话框中输入“\\10.21.10.220”后，即可直接访问该服务器的共享目录，而不再需要输入系统账户了。

步骤 5：如果某个登录凭据的相关信息需要修改，则可选中某条登录凭据，然后单击“编辑”按钮，即可弹出该账户的属性窗口，与图 5-10 类似，只是可以修改的内容为“用户名”栏和“密码”栏的信息，其他内容均为灰色显示。修改完信息后单击“确定”按钮即可。

步骤 6：如果某条登录凭据不需要了，则可以在如图 5-9 所示的对话框中选中该凭据，然后单击“删除”按钮。

步骤 7：在如图 5-9 所示的“存储的用户名和密码”对话框中，还可以对用户的登录凭据进行备份和还原。单击“备份”按钮，即可弹出如图 5-11 所示的“存储的用户名和密码”对话框。

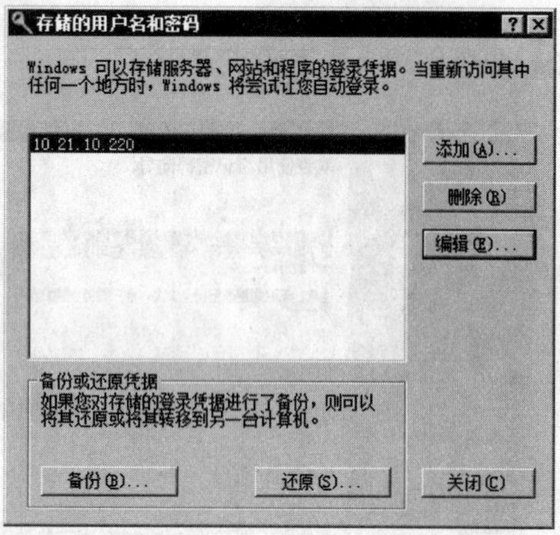

图 5-9 “存储的用户名和密码”对话框

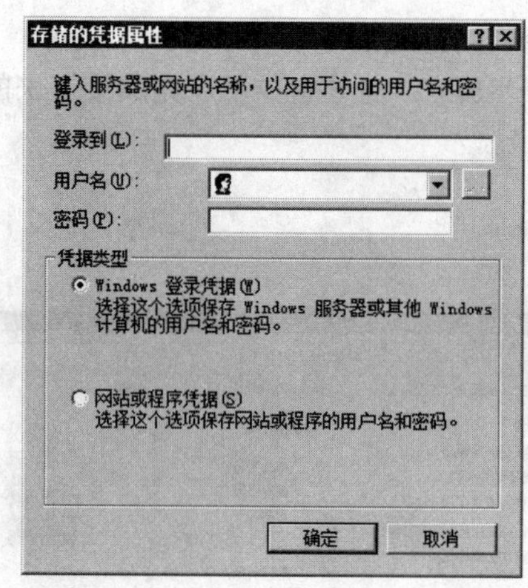

图 5-10 “存储的凭据属性”对话框

步骤 8：在图 5-11 中，单击“浏览”按钮，可弹出如图 5-12 所示的“将备份文件保存为”对话框，然后在“文件名”一栏中输入“10.21.10.220Accourt.crd”，之后单击“保存”按钮。

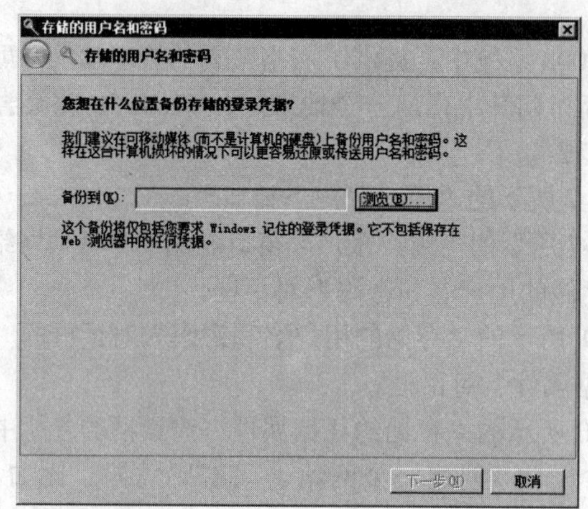

图 5-11 “存储的用户名和密码”对话框

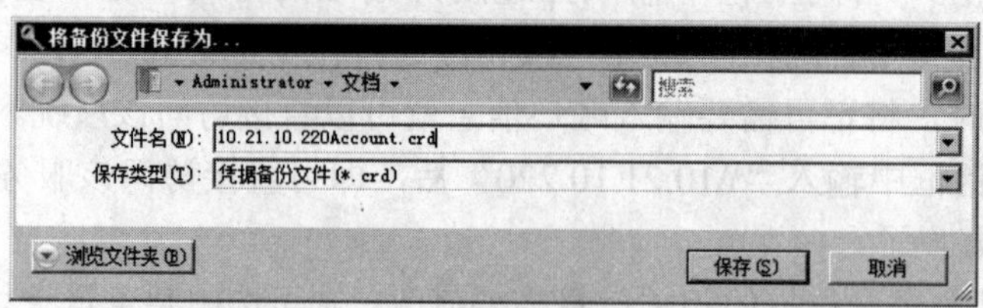

图 5-12 “将备份文件保存为”对话框

步骤 9：系统提示用户按【Alt+Ctrl+Delete】组合键进行安全保存。

步骤 10：按上述组合键之后，系统提示用户“使用密码保护备份文件”，如图 5-13 所示。并提示用户输入密码。最后单击“下一步”按钮，即可完成系统登录凭据的备份。系统还提示用户登录凭据的备份最好放在移动的存储介质上，而且要安全地保存这些移动存储介质。当然，也可以备份在本地服务器的存储介质上，但是一旦系统密码忘记，备份在本地服务器存储介质上的凭据备份也就无能为力了。

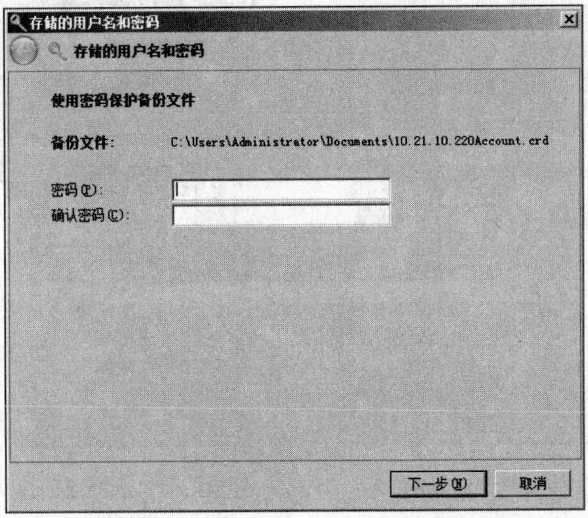

图 5-13　使用密码保护备份用户名和密码

另外，还提供了登录凭据的“还原”功能。单击“还原”按钮，即可根据向导还原登录凭据，其过程与登录凭据的备份过程类似，在此不再赘述。

5.5　管理文件加密证书

加密文件系统（EFS）是 Windows Server 2008 的一项功能，它允许将文件夹和文件以加密的形式存储在硬盘上，以保护信息的安全。在首次加密计算机上的文件夹或文件时，Windows 将会颁发一个证书，该证书关联一个加密密钥，EFS 使用该密钥来加密和解密数据。在加密文件夹或文件后，Windows 会在后台处理所有的加密和解密工作。用户则可以按照通常的方式使用文件。在关闭文件时，该文件将被加密；在重新打开该文件时，将会被解密。因此如果要进一步提高加密文件的安全性，则需要把加密证书和与其相关的解密密钥保存在计算机或其他移动存储设备上。管理文件加密证书的具体步骤如下。

步骤 1：打开如图 5-7 所示的“用户账户”窗口。

步骤 2：在图 5-7 所示的“用户账户”窗口中单击“管理您的文件加密证书”功能链接，弹出如图 5-14 所示的“文件加密系统”向导“管理文件加密证书”对话框。通过该向导可以完成“选择或创建文件加密证书和密钥”、“对证书和密钥进行备份，避免无法访问加密文件”、“设置加密文件系统，以使用智能卡”和“更新以前加密的文件，以使用其他证书和密钥”操作。

步骤 3：单击如图 5-14 所示的向导对话框的“下一步”按钮，进入如图 5-15 所示的“选择或创建文件加密证书”对话框。第一次使用时，系统提示当前没有文件加密证书，并提示创建一个文件加密证书。之后单击“下一步”按钮，进入如图 5-16 所示的对话框。

步骤 4：在如图 5-16 所示的选择创建证书类型的对话框中，选择“计算机上存储的自签名证书”类型，然后单击“下一步”按钮，如果有智能卡，则在读卡器中插入智能卡，并选择“智能卡上存储的自签名证书”类型。这里选上面的证书类型，之后单击“下一步”按钮。

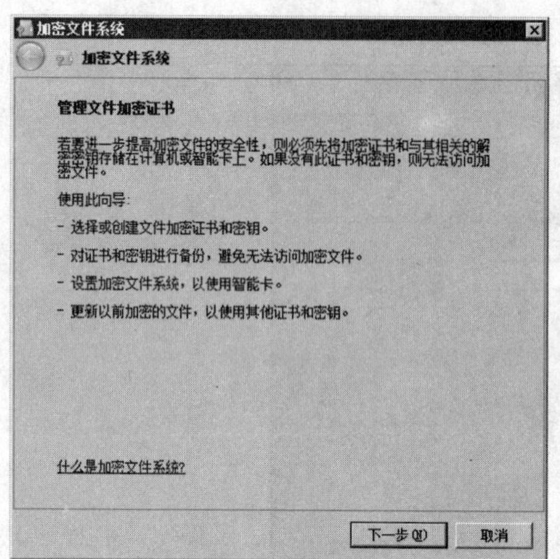

图 5-14 “加密文件系统”向导的“管理文件加密证书”对话框

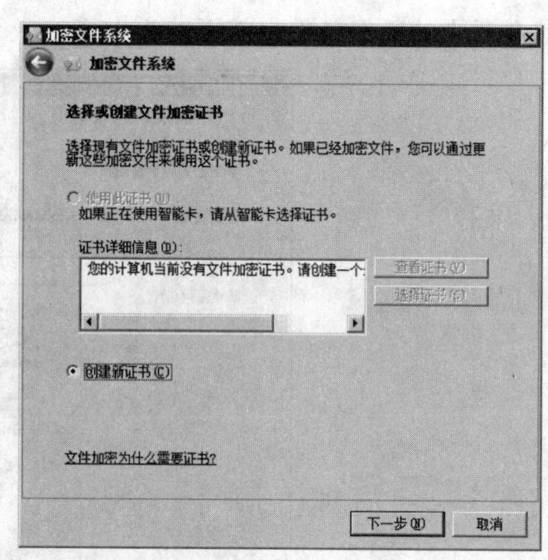

图 5-15 “选择或创建文件加密证书”对话框

步骤 5：弹出如图 5-17 所示的“备份证书和密钥”对话框。在该对话框中，首先单击“备份位置”一栏后面的“浏览”按钮，在弹出的如图 5-18 所示的证书和密钥位置保存对话框中输入备份证书和密钥的文件名，这里输入“mycert”，其文件类型为个人信息交互（*.pfx）类型，之后在“密码”栏和“确认密码”栏中输入保存文件的密码，单击“下一步”按钮。

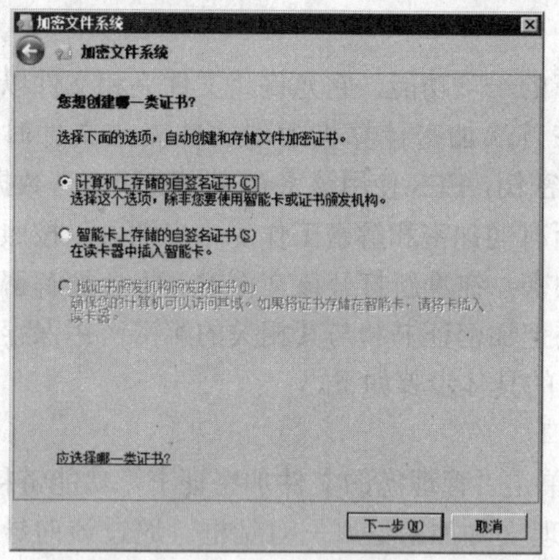

图 5-16 选择创建证书类型的对话框

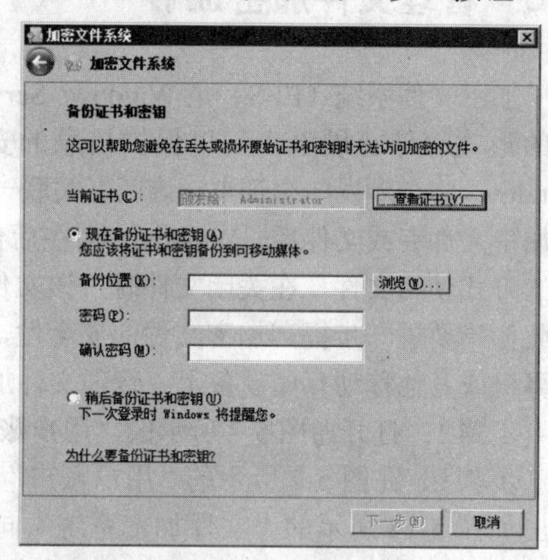

图 5-17 “备份证书和密钥”对话框

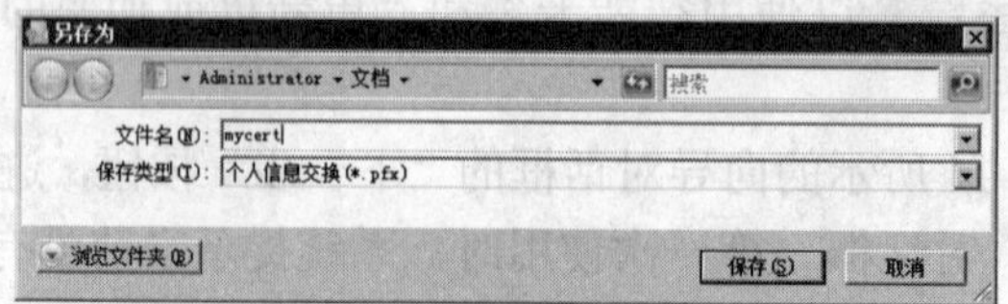

图 5-18 证书和密钥位置保存对话框

步骤 6：进入如图 5-19 所示的“更新以前加密的文件”对话框。根据向导提示选择包含与新证书和密钥关联的加密文件的文件夹，或者选择“稍候我将更新加密文件”选项，之后单击“下一步”按钮。

步骤 7：弹出如图 5-20 所示的“加密文件系统”的结果提示对话框，提示用户证书和密钥创建和备份情况。最后单击“关闭”按钮。

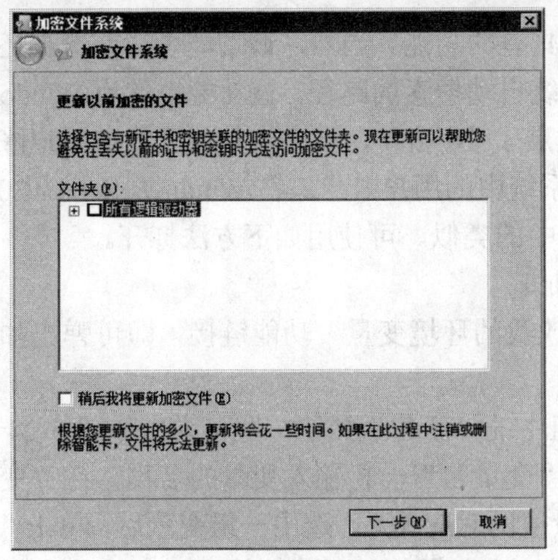

图 5-19　“更新以前加密的文件”对话框

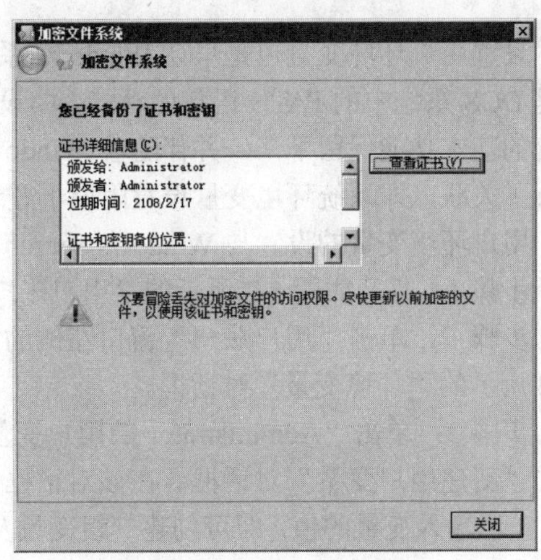

图 5-20　“加密文件系统”的结果提示对话框

5.6　设置高级用户配置文件属性

用户配置文件可存储桌面设置和其他与用户账户有关的信息。可在每台计算机上创建不同的配置文件，或选定一个在每台计算机上都相同的漫游配置文件。该功能在 Windows Server 2003 中就已经包含了。设置方法如下。

步骤 1：打开如图 5-7 所示的“用户账户”窗口。

步骤 2：单击“用户账户”窗口左侧的“配置高级用户配置文件属性”功能链接，即可打开如图 5-21 所示的“用户配置文件”对话框。

步骤 3：在“用户配置文件”对话框中列出了当前计算机中存储的配置文件。

步骤 4：选择其中一个配置文件后，单击“更改类型”按钮，即可弹出如图 5-22 所示的“更改配置文件类型”对话框。如果该用户配置文件可以更改类型，则在如图 5-22 所示的对话框中选择用户配置文件的类型。

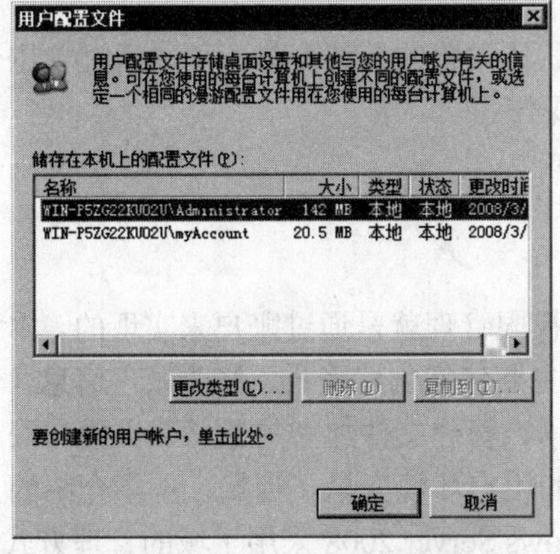

图 5-21　“用户配置文件”对话框

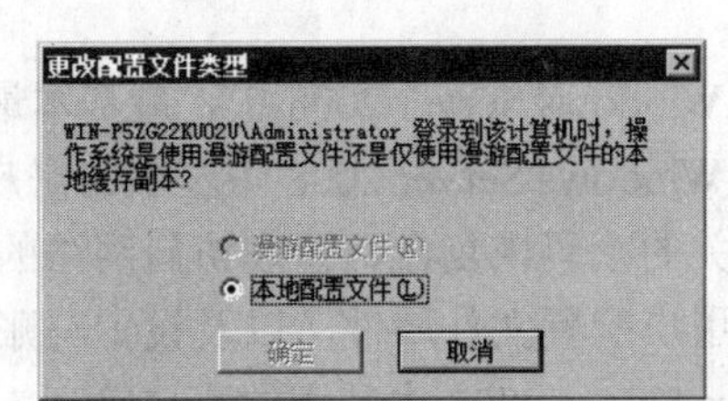

图 5-22　“更改配置文件类型”对话框

5.7　设置用户环境变量

设置用户环境变量也是早期 Windows 系统中具有的功能。当然，该功能再往前追溯还可以是 DOS 系统中的 PATH 语句的功能，即设置系统自动搜索的路径。该功能也作为 Windows 系统的基本功能保留下来，并伴随着 Windows 发展了 10 多年，现在该功能已经与用户账户进行了关联，即系统环境变量设置附属于登录到系统中的用户账户。在 Windows Server 2008 中，用户环境变量的设置与 Windows Server 2003 中的类似。可使用如下方法打开。

步骤 1：打开如图 5-7 所示的“用户账户”窗口。

步骤 2：单击“用户账户”窗口左侧的“更改我的环境变量”功能链接，即可弹出如图 5-23 所示的“环境变量”对话框。

步骤 3：单击“Administrator 的用户变量”组中的“新建”按钮，即可弹出如图 5-24 所示的“新建用户变量”对话框。在该对话框中的“变量名”一栏输入变量的名称，在“变量值”一栏输入变量的值，即可创建一组变量及变量值的对应关系。选中一组变量后，单击“编辑”按钮，即可弹出“编辑用户变量”对话框，其内容与图 5-24 类似，只是在“变量名”和“变量值”栏中默认显示了选中的变量。修改上述内容后单击“确定”按钮，即可完成设置。如果需要删除某一账户的变量，则在选中该变量后，单击“删除”按钮即可。

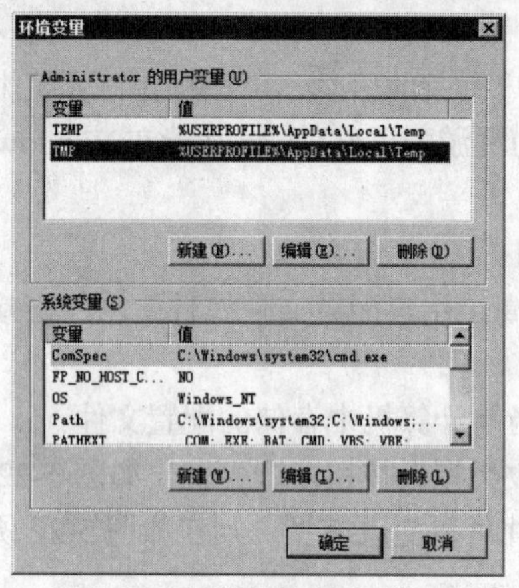

图 5-23　“环境变量”对话框

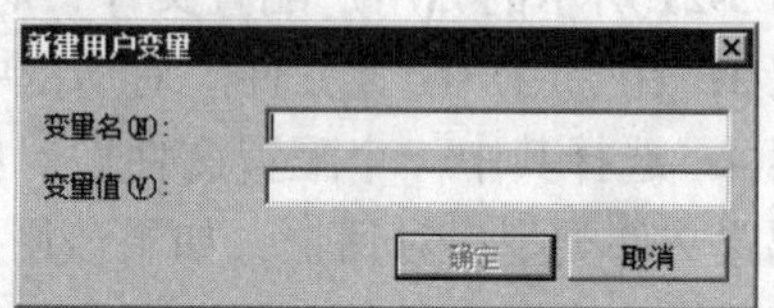

图 5-24　“新建用户变量”对话框

步骤 4：在“系统变量”组中，列出了系统默认设置的系统变量。可以通过单击该组中的“新建”、“编辑”和“删除”按钮来完成相关操作。

5.8　本章小结

在 Windows Server 2008 中，最基本最普通的权限管理就是通过账户来实现的。本章主要介绍了 Windows Server 2008 中基本的账户管理，主要包括创建账户、修改账户信息、创建与账户相关的密码恢复盘、管理访问网络的账户密码、管理文件加密的证书、设置与账户相关的高级用户配置文件属性，以及设置与账户相关的用户环境变量。当然，本章介绍的只是在 Windows Server 2008 中基本的账户管理。当 Windows Server 2008 采用了域的管理方式时，则需要使用活动目录，这时的用户账户则需要在活动目录中进行管理。关于活动目录的内容将在本书后面章节中介绍。

第 6 章　Windows Server 2008 的管理维护

通过本书前面几章的学习已经了解了 Windows Server 2008 的基本使用方法。在本章我们将继续介绍如何管理维护 Windows Server 2008。本章将通过介绍 Windows Server 2008 系统中自带的管理和维护工具，来介绍如何可视化地管理和维护系统。这些工具有很多在 Windows 的早期版本中就已经存在，还有部分工具是新增工具。而这些在早期版本中就存在的工具，在新的系统中也有了很多的更新。

6.1　计算机管理

在早期版本的 Windows 服务器操作系统中，“计算机管理”就已经存在了。该工具以 MMC（Microsoft Management Console，微软管理控制台）的方式集成了大多数重要的计算机管理工具，主要包括“系统工具”、“存储”和“服务和应用程序”。而在“系统工具”中包括“任务计划程序”、“事件查看器”、“共享文件夹”、“本地用户和组”、“可靠性和性能”和“设备管理器”等管理工具。“存储”中包括“磁盘管理”工具。“服务和应用程序”中包括“路由和远程访问”、“服务”和“WMI 控制”等工具。通过这些工具，可以完成大多数系统的基本管理工作。本节主要介绍如何使用“计算机管理”，其中所包含的各管理工具将在后面的章节具体介绍。

按照如下方法，可以打开“计算机管理”工具窗口。

方法 1：单击“开始”→“管理工具”→“计算机管理”菜单命令，即可打开如图 6-1 所示的“计算机管理”窗口。

方法 2：在“控制面板”中，双击“管理工具”图标，在打开的窗口中双击“计算机管理”图标，也可以打开如图 6-1 所示的“计算机管理”窗口。

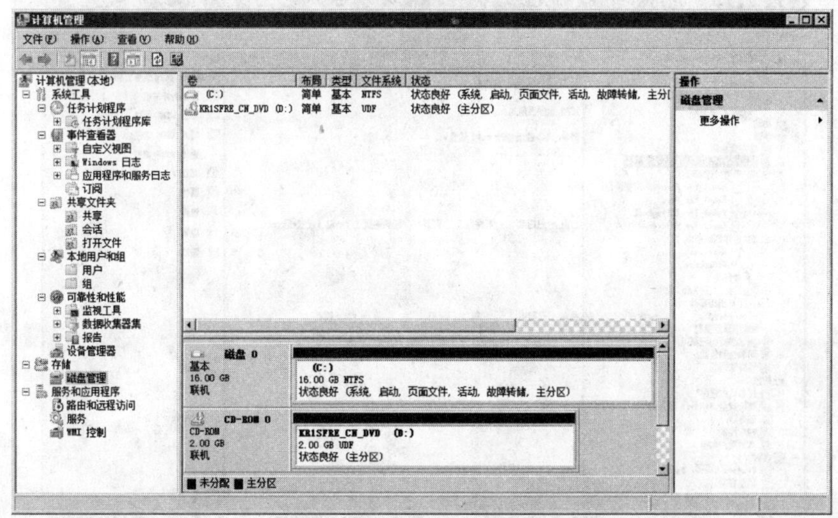

图 6-1 “计算机管理”窗口

“计算机管理”在 Windows Server 2003 及 Windows XP 等版本的 Windows 操作系统中也存在，其功能类似，是系统中各管理工具的一个集合。在 Windows Server 2008 中，使用了 MMC 3.0 作为管理工具的集成基础。“计算机管理”主要是与早期版本 Windows 系统的兼容，便于早期版本用户的使用。

包括“计算机管理”及本章所介绍的各管理工具在内，其使用方法基本就是 MMC 控制台的使用方法。在窗口左侧，列出了控制台中所具有的重要功能列表，在窗口右侧则显示左侧某一功能项的具体内容。比如，要在“计算机管理”中查看计算机中的磁盘信息，则在左侧窗口中，单击“存储”左侧的“+”号，在展开的选项中选择“磁盘管理”选项。在右侧窗口，则显示计算机磁盘中的信息，如图 6-1 所示。从该图中可以看出，在右侧窗口中，有两列信息栏，在最右侧有一列“操作”栏，在该栏中有“更多操作”的功能链接，列出了对磁盘的各项操作，这一点是与 Windows Server 2003 所不同的。在 Windows Server 2008 中的 MMC 管理控制台与 Windows Server 2003 虽然使用了相同版本，但其功能还是有所不同。在 Windows Server 2008 中，MMC 管理控制台增加了一个“操作”列，用来显示各管理工具的操作。

6.2 服务器管理器

Windows Server 2008 更多情况下是作为企业级的服务器运行的，因此对服务器的管理与消费级的客户端的 Windows 操作系统有所不同。Windows Server 2008 提供了“服务器管理器”，用以集成专门管理服务器的管理工具。

使用如下方法可以打开“服务器管理器”窗口。

方法 1：选中桌面上的“计算机”，单击鼠标右键，在弹出的菜单中选择“管理”菜单命令，即可弹出如图 6-2 所示的“服务器管理器”窗口。

方法 2：打开“控制面板”，双击“管理工具”图标，在打开的“管理工具”窗口中双击“服务器管理器”图标，即可弹出如图 6-2 所示的“服务器管理器”窗口。

方法 3：单击“开始”→“管理工具”→“服务器管理器”菜单命令，即可弹出如图 6-2 所示的“服务器管理器”窗口。

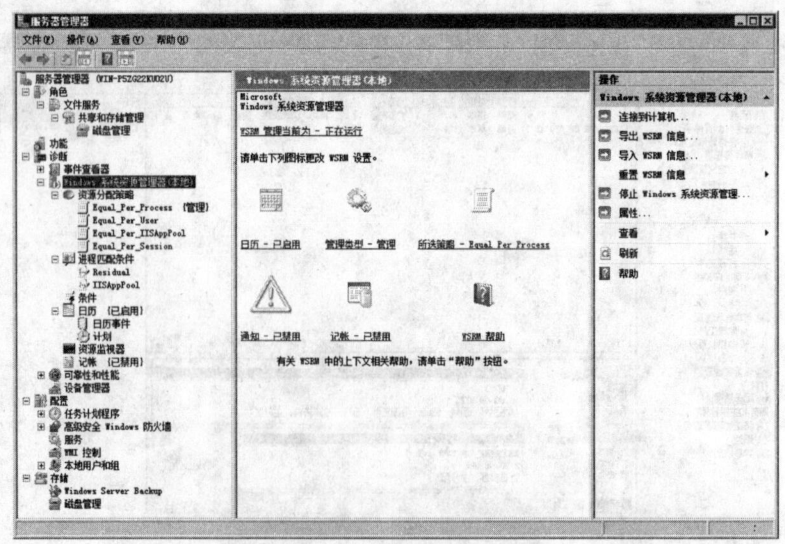

图 6-2 “服务器管理器”窗口

单击“服务器管理器”的 MMC 控制台左上角最顶端的“服务器管理器（WIN-P5ZG22KUO2U）”，则会在右侧窗口显示服务器状态的概况，可执行的主要管理任务，以及可添加或删除的服务器角色和功能。主要包括“服务器摘要”、“角色摘要”、“功能概要”和“资源和支持”4 项内容。在“服务器摘要”中包括了“计算机信息”、“安全信息”。在“计算机信息”中提供了“更改系统属性”、“查看网络连接”和“配置远程桌面”的功能链接。在“安全信息”中提供了“转到 Windows Firewall”、“配置更新”、“检查新角色”、“运行安全配置向导”和“配置 IE ESC”的功能链接。在“角色摘要”中，列出了服务器当中已经安装的角色，并在其后面列出了“转到脚色”、“添加角色”和“删除角色”的功能连接。在“功能概要”中，列出了服务器当中已经安装的功能，并提示了系统总共可以安装的功能数量和已经安装的数量，同时在其后提供了“添加功能”和“删除功能”的功能链接。单击“添加功能”链接，即可在弹出的“添加功能向导”窗口中，看到系统中可以安装的功能列表并选择安装。系统中有很多实用的功能默认情况下是不安装的，需要在此进行额外的安装。在“资源和支持”中，列出了系统中所提供的帮助资源情况，并在后面提供了“配置 CEIP”、“打开 Windows 错误报告”、“Windows Server TechCenter”、“Windows Server 社区中心”和“向 Microsoft 发送反馈”的功能链接。通过这些概要信息和其后的功能连接，可以对系统的具体配置一目了然，同时也可以方便地进行直接管理。

接下来，可以通过选择服务器管理器左侧窗口中的功能选项，来完成具体的管理工作。

在“角色”功能选项中包含了系统中当前安装的角色服务，如图 6-2 所示的窗口中安装了“文件服务”。单击“文件服务”前面的“+”，即刻展开该服务所包含的子功能。单击每一项子功能，即可在右侧窗口中显示该项功能的详细信息。

在“功能”功能选项中，可以查看安装在此服务器上的功能的状态，以及添加或删除功能。

在“诊断”功能选项中，包括系统默认安装的“事件查看器”、“可靠性和性能”、“设备管理器”，以及后期安装的“windows 系统资源管理器（本地）”功能选项。

在“配置功能”选项中，包括了“任务计划程序”、“高级安全 Windows 防火墙”、“服务”、“WMI 控制”和“本地用户和组”的功能选项。

在“存储”功能选项中，包括了“Windows Server Backup”和“磁盘管理”等功能选项。

通过上面的介绍可以了解到其中的某些工具已经集成在计算机管理中了，在这里为了便于服务器的管理，又重新对这些工具进行了集成。由此可见，MMC 管理器可以随意地集成各种管理工具。在 MMC 管理器中，MMC 并不执行管理任务，而只是管理工具，集成各种管理器。各种管理工具在管理器中称为管理单元，管理单元可以比较自由地组合成一个统一的管理界面。

6.3 共享和存储管理

在 Windows Server 2008 中，为文件共享和系统存储提供了一个统一的管理界面，即“共享和存储管理”。通过如下方法可以打开“共享和存储管理”。

方法 1：单击“开始”→“管理工具”→“共享和存储管理”菜单命令，即可打开如图 6-3 所示的“共享和存储管理”窗口。

方法 2：打开“服务器管理器”，单击左侧窗口的“角色”→“共享和存储管理”功能项，也可打开“共享和存储管理”窗口。

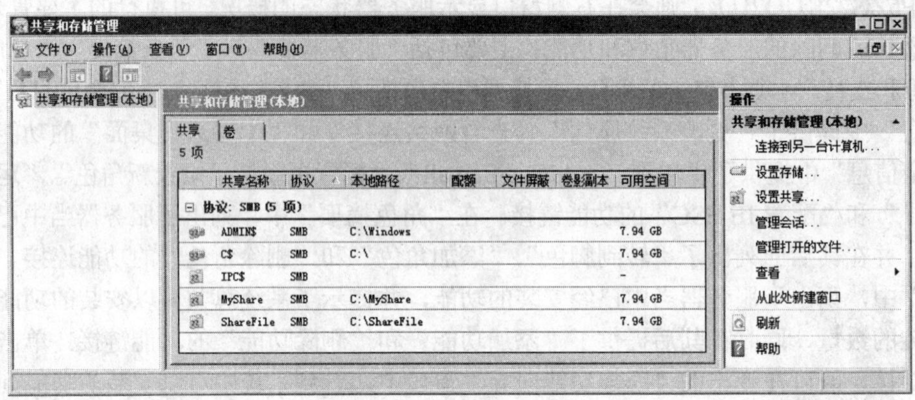

图 6-3 “共享和存储管理”窗口

在“共享和存储管理”窗口的中间一列的“共享”选项页中，列出了系统当前所有的共享文件夹，包括系统$共享文件夹和用户自定义共享文件夹。每个共享均列出了“共享名称”、“协议”、“本地路径”和“可用空间”等共享文件夹的属性信息。选中其中的一个共享文件夹，单击鼠标右键，即可弹出功能菜单命令，主要包括“停止共享”、“属性”和“帮助”。选择“停止共享”菜单命令，即可停止当前的共享。选择“帮助”菜单命令，即可弹出“共享和存储管理”的帮助菜单。选择“属性”菜单命令，即可弹出如图 6-4 所示的属性对话框。

在该属性对话框中，包含“共享”和“权限”两个选项页。在“共享”选项页中，显示了该共享文件夹的共享路径和在计算机中的物理路径。在“高级设置”属性组中，单击“高级”按钮，即可弹出如图 6-5 所示的“高级”设置对话框，在此对话框中可设置共享文件夹的“用户限制”、“基于访问权限的枚举”和“脱机设置”等。

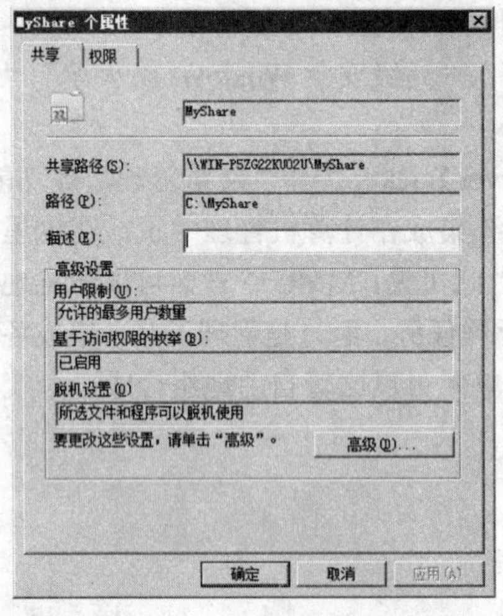

图 6-4 共享文件夹的属性对话框

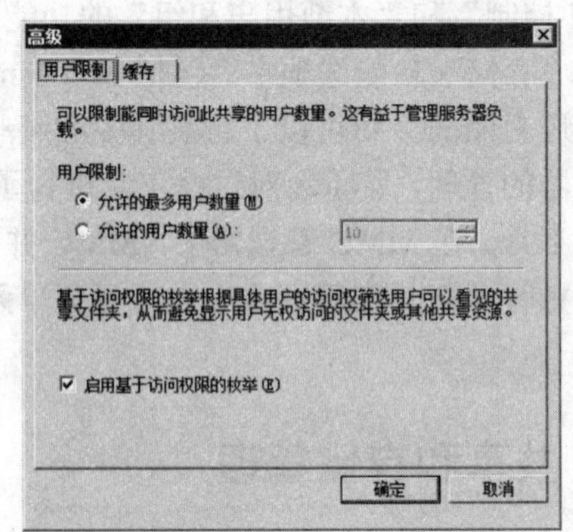

图 6-5 “高级”设置对话框

在图 6-4 所示的对话框的“权限”选项页中，可以设置“共享权限”和“NTFS 权限”。单击“权限”选项页中的“共享权限”按钮，可弹出如图 6-6 所示的共享权限设置对话框。单击“权限”选项页中的“NTFS 权限”按钮，可弹出如图 6-7 所示的 NTFS 设置对话框。从两个权限设置对话框中可以看出，共享权限设置的选项比较简单，而 NTFS 权限的设置选项则比较细致。两种权限设置的最终结果应该是遵循一种最安全化的原则，这是两种权限设置中安全要求最高的权限的集合。

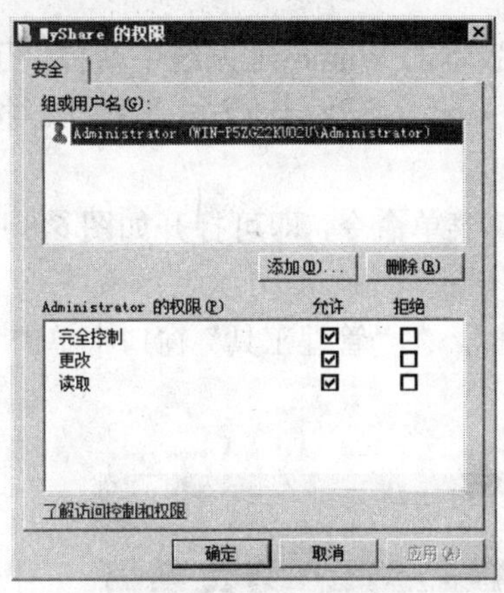

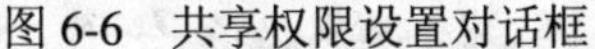
图 6-6　共享权限设置对话框

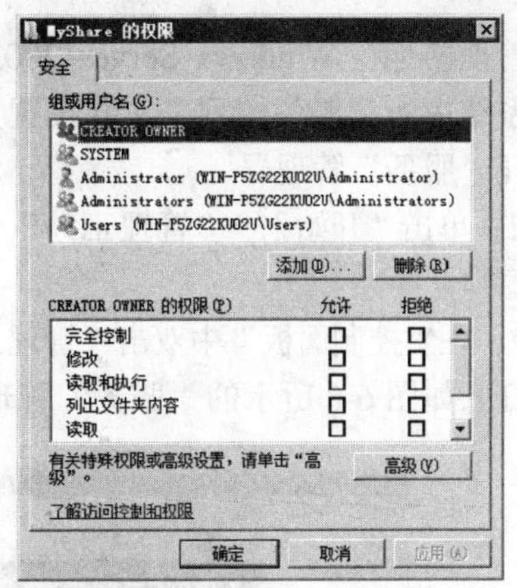

图 6-7　NTFS 权限对话框

在“共享”选项页对应的“操作”窗口中，列出了可进行的操作选项。具体功能如下。

“连接到另一台计算机”选项可以选择连接并管理另外一台服务器的“共享和存储管理”，从而实现该项管理的远程化操作。

“设置存储”可以设置管理未分配的磁盘和 VDS（虚拟磁盘服务）提供的存储子系统。

“设置共享”可启动一个设置共享的向导。第一步选择一个需要共享的文件夹的位置，或者设定一个存储位置；第二步设置该路径上文件夹的 NTFS 权限；第三步选择共享协议（在 Windows 系统中，默认使用 SMB 共享协议）并修改共享名；第四步设置共享描述信息和用户限制等信息；第五步设置 SMB 共享权限；第六步设置 DFS（Distributed File System，分布式文件系统）命名空间发布；第七步查看共享文件设置信息；第八步提示结果信息。从该向导可以看出，在 Windows Server 2008 中，共享可以发布到分布式文件系统中，从而可以使一组位于不同服务器上的共享组成在同一个逻辑的结构化命名空间当中。

“管理会话”可以管理远程计算机访问本服务上共享文件夹中的连接会话，从而断开共享文件夹的一个或多个用户的连接。

“管理打开的文件”可以关闭远程计算机访问的本地计算机上共享的一个或多个文件或文件夹。当关闭共享的文件或文件夹时，相应的用户连接也会随之断开。

“查看”则可以设置 MMC 控制台和管理单元所显示的内容。

“刷新”可以刷新管理窗口中间部分的内容。

当选中某一共享的文件后，在“操作”窗口列中的“帮助”功能链接下面，就会有该共享文件夹相关操作的功能链接显示出来，协助用户快速操作。

在图 6-3 所示的“共享和存储管理”窗口的中间列中，选择“卷”选项页，即可显示当前计算机中磁盘逻辑卷（如 C 盘）的情况。对于这些逻辑分区，同样以表格的形式显示其“卷”、“容量”、“可用空间”、“%空间可用”、“类型”和“文件系统“等树形信息。选中不同的逻辑卷后，在窗口右侧列的下面，会显示相应的操作功能链接。比如，选择“类型”后，在其右下方就会显示“展开所有组”和“折叠所有组”的功能选项链接。当选择某个逻辑卷后，在其右下方就会显示“扩展”、“格式化”、“属性”和“删除”等功能选项。

6.4 服务管理器

服务管理器是在 Windows Server 2003 等早期版本的 Windows 系统中就提供了的功能，用于显示系统中所有服务的列表，并设置其启动或关闭，以及启动方式等操作。按照如下方法可以打开“服务”管理器。

方法 1：单击“开始”→“管理工具”→“服务”菜单命令，即可打开如图 6-8 所示的“服务”管理窗口。

方法 2：在“控制面板”中双击“管理工具”图标，在“管理工具”窗口中单击“服务”图标，也可打开如图 6-8 所示的“服务”管理窗口。

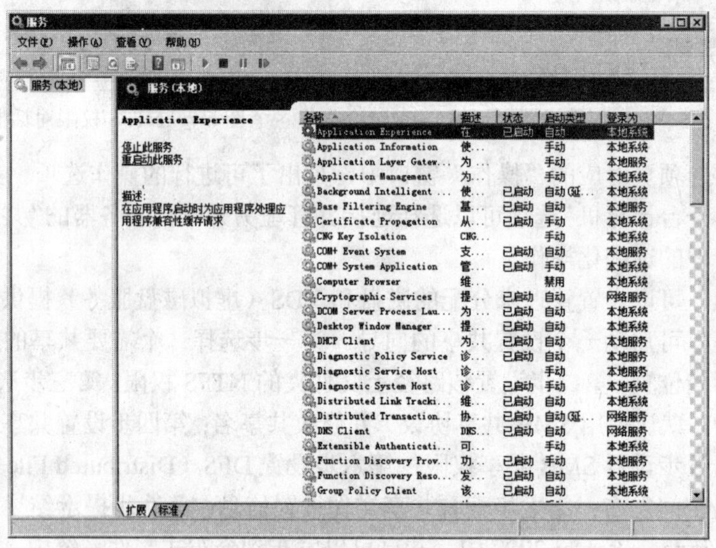

图 6-8 “服务”管理窗口

方法 3：在“计算机管理”中，单击“服务和应用程序”功能项前的“+”号，展开后选择“服务”，即可在窗口右侧打开“服务”管理器。

方法 4：在“服务器管理器”中，单击“配置”功能项前的“+”号，展开后选择“服务”，即可在窗口右侧打开“服务”管理器。

在服务列表中选中一个服务后，如果需要启动该服务，可执行如下方法。

方法 1：单击“工具栏”上的绿色三角启动按钮。

方法 2：单击鼠标右键，在弹出的菜单上选择“启动”菜单命令。

方法 3：双击该服务，在弹出的服务属性对话框中单击“启动”按钮。

如果要停止一个服务，则需执行如下方法。

方法 1：单击“工具栏”上的黑色方块停止按钮。

方法 2：单击鼠标右键，在弹出的菜单上选择“停止”菜单命令。

方法 3：双击该服务，在弹出的服务属性对话框中单击“停止”按钮。

如果要修改某一服务的启动类型，则双击该服务，在弹出的服务属性窗口中的“启动类型”中，选择其后下拉列表中的启动选项即可。这些启动类型选项包括“自动（延迟的启动）”、“自动”、“手动”和“禁用”。

6.5 任务计划程序

在 Windows Server 2003 及更早期版本的 Windows 系统中，也有“任务计划”的功能，但大都是在控制面板中提供了任务计划向导，并且是当创建任务计划之后才会出现任务计划的管理窗口。在 Windows Server 2008 中，则对任务计划进行了更新，为用户专门提供了基于 MMC 控制台的“任务计划程序”。通过使用“任务计划程序”，可以创建和管理计算机，使其在指定的时间自动执行常见任务。使用如下方法可以打开“任务计划程序”。

方法 1：单击“开始”→“管理工具”→“任务计划程序”菜单，即可打开如图 6-9 所示的“任务计划程序”窗口。

方法 2：在“控制面板”中双击“管理工具”图标，在“管理工具”窗口中单击“任务计划程序”图标，也可打开如图 6-9 所示的“任务计划程序”窗口。

方法 3：在如图 6-1 所示的“计算机管理”窗口中，打开“系统工具”功能项，然后选中“任务计划程序”，即可在“计算机管理”窗口的右侧打开“任务计划程序”。

方法 4：在“服务器管理器”中，单击“配置”功能项前的“+”号，展开后选择“任务计划程序”，即可在窗口右侧打开“任务计划程序”。

任务存储在任务计划程序库的文件夹中。在 Windows Server 2008 中，“任务计划程序”还有其他的更新，如增加了系统默认的任务计划程序。单击“任务计划程序”窗口左上角的“任务计划程序（本地）”，就会在窗口右侧显示“任务状态”和“活动任务”的清单。如果需要查看单独任务的操作，或者执行该特定的操作，在“任务计划程序”窗口右侧的“操作”栏中选择相应的命令后单击即可。

“创建基本任务”可执行创建基本任务的向导，其主要步骤如下。第一步输入基本任务的名称和描述信息；第二步设定任务的触发器，即设定任务的运行周期；第三步选择希望的操作，包括启动程序、发送电子邮件和显示消息的操作；第四步执行创建任务来创建满足全面设置需求的计划任务。

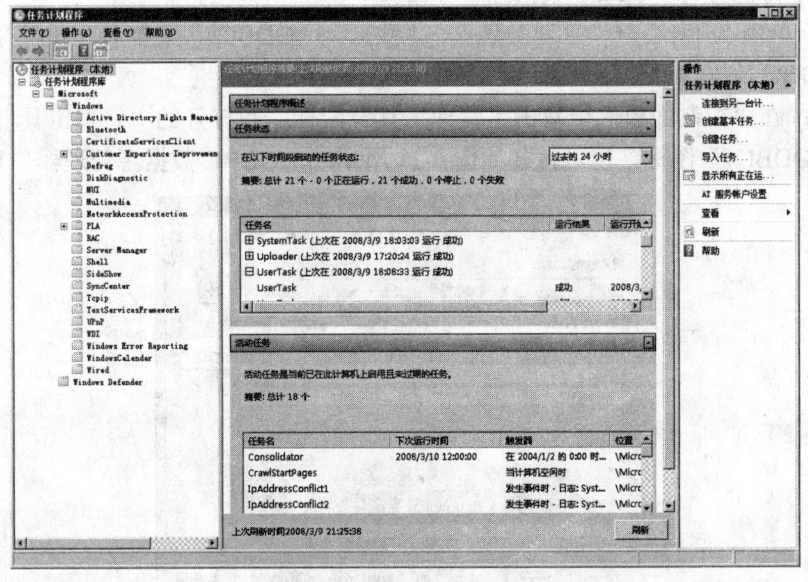

图 6-9 “任务计划程序”窗口

“创建任务”可直接弹出“创建任务”对话框，如图 6-10 所示。

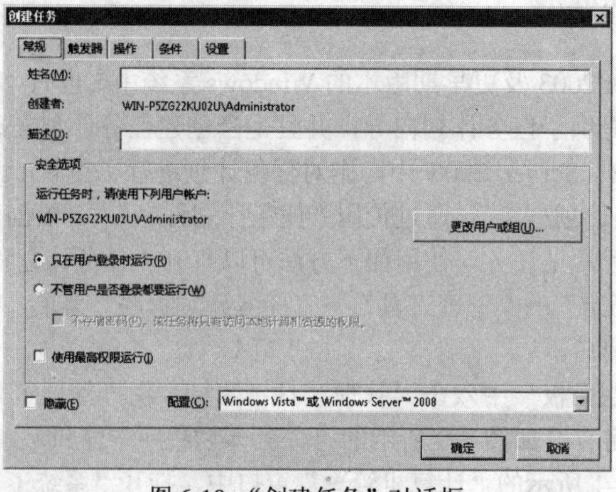

图 6-10　“创建任务”对话框

“导入任务”则是导入 XML 格式的任务的配置文件。

“显示所有正在运行的任务”则弹出“所有正在运行的任务”对话框，显示当前正在运行的任务清单。

“AT 服务账户设置”是设置使用哪个用户账户来执行计划任务。计划任务相当于 Windows Server 系统中使用 AT 命令设置执行的任务。AT 命令是设定在什么时间来运行某个程序的系统命令。

6.6 ODBC 数据源管理器

“ODBC 数据源管理”是 Windows 系统中管理通用数据接口的工具。为了保持与原有系统的兼容，Windows Server 2008 仍然保留了该工具，只是数据库的驱动程序版本有所更新。可以通过如下方法打开“ODBC 数据源管理器”。

方法 1：单击“开始”→“管理工具”→“数据源（ODBC）”菜单命令即可打开如图 6-11 所示的“ODBC 数据源管理器”窗口。

方法 2：在“控制面板”中双击“管理工具”图标，在打开的“管理工具”窗口中双击“数据源（ODBC）”图标，也可打开如图 6-11 所示的“ODBC 数据源管理器”窗口。

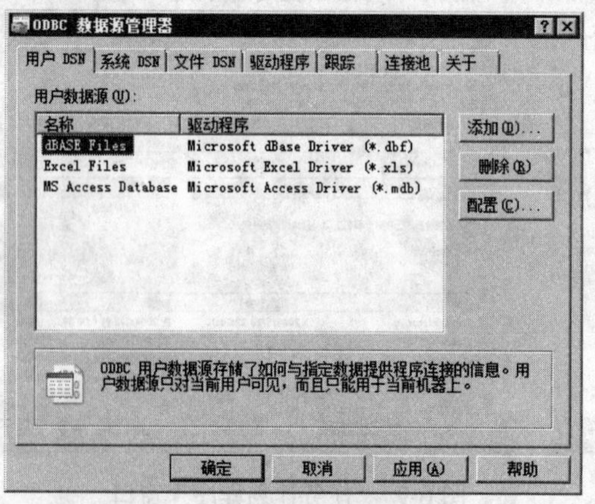

图 6-11　“ODBC 数据源管理器”窗口

6.7　Windows 系统资源管理器

刚一看，还以为是在本书前面介绍过的“资源管理器”，但仔细一看这里是“Widnows 系统资源管理器（Windows System Resource Manager，WSRM）”，是 Windows Server 2008 新增加的成员。使用该工具，用户可以给特定的应用程序、用户、终端服务会话、因特网信息服务（IIS）应用缓冲池等分配处理器资源及内存资源。使用如下方法可以打开“Windows 系统资源管理器”。

方法 1：单击“开始”→“管理工具”→“Widnows 系统资源管理器”菜单命令，即可打开如图 6-12 所示的“Widnows 系统资源管理器”窗口。

方法 2：在“服务器管理器”窗口中，展开“诊断”功能之后，选择“Windows 系统资源管理器”，就可以打开如图 6-12 所示的“Widnows 系统资源管理器”窗口。

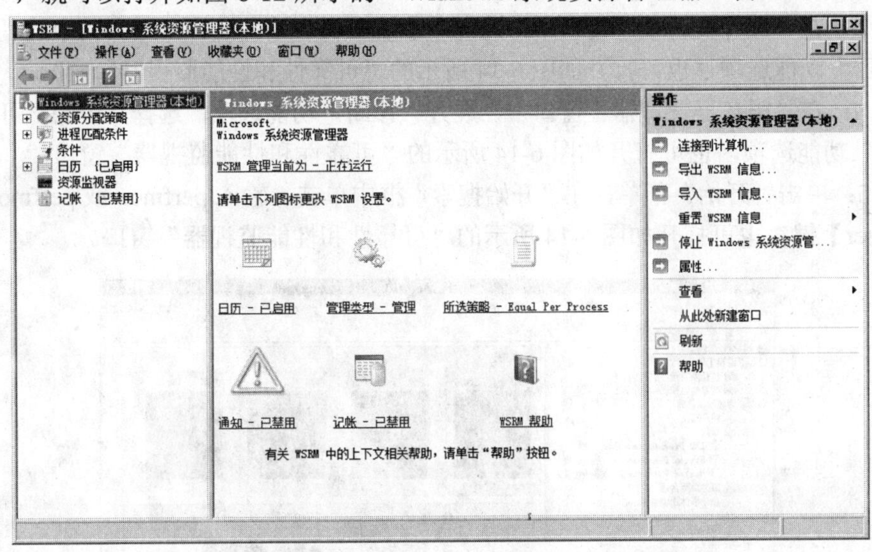

图 6-12　“Widnows 系统资源管理器”窗口

该工具在系统默认安装完成后并没有安装，需要在服务器管理器的“功能”选项中添加安装该项功能。

在“Windows 系统资源管理器”窗口的左侧，列出了该工具的主要功能选项，包括了资源分配策略、进程匹配条件、条件、日历、资源监视器和记账等功能选项。可通过资源分配列当中的不同策略来分配处理器、用户、终端服务会话和 IIS 应用缓冲池的资源。当然，用户也可以自己创建新的资源分配策略。创建方法为选中“资源分配策略”功能选项，单击鼠标右键，在弹出的菜单中选择“新建资源分配策略”菜单命令，之后在弹出的如图 6-13 所示的“新建资源分配策略”对话框中输入相应信息后单击“确定”按钮。其他选项功能的使用方法与该项功能类似。

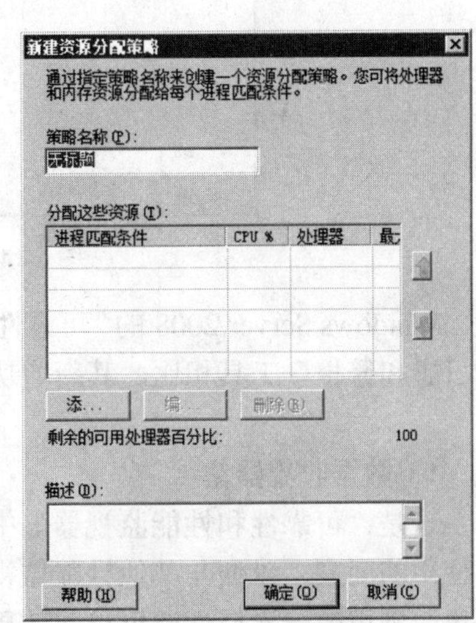

图 6-13　“新建资源分配策略”对话框

6.8 可靠性和性能监视器

在早期版本的 Windows 中，类似的功能是在“计算机管理”中集成的“性能日志和警报”工具。与 Windows Vista 类似，Windows Server 2008 也对该项功能进行了较大的改进，从名称上改为“可靠性和性能监视器”。该工具实时检查影响计算机性能的正在运行着的应用程序，并以图形化界面的形式直接反映给用户，同时还可以收集日志数据，形成文字形式的报告，供用户查阅和分析。使用如下方法可以打开“可靠性和性能监视器”工具。

方法 1：单击“开始”→“管理工具”→“可靠性和性能监视器”菜单命令，即可打开如图 6-14 所示的“可靠性和性能监视器”窗口。

方法 2：在“控制面板”当中双击“管理工具”图标，在打开的“管理工具”窗口中双击“可靠性和性能监视器”图标也可打开如图 6-14 所示的“可靠性和性能监视器”窗口。

方法 3：在“计算机管理”窗口中，展开“系统工具”功能选项，选择其中的“可靠性和性能监视器”功能选项，也可打开如图 6-14 所示的“可靠性和性能监视器”窗口。

方法 4：在“服务器管理器”窗口中，展开“诊断”功能选项，选择其中的“可靠性和性能监视器”功能选项，也可打开如图 6-14 所示的“可靠性和性能监视器”窗口。

方法 5：单击“开始”菜单，在“开始搜索”框中单击，输入 perfmon 或 perfmon/res，之后按【Enter】键，也可打开如图 6-14 所示的“可靠性和性能监视器”窗口。

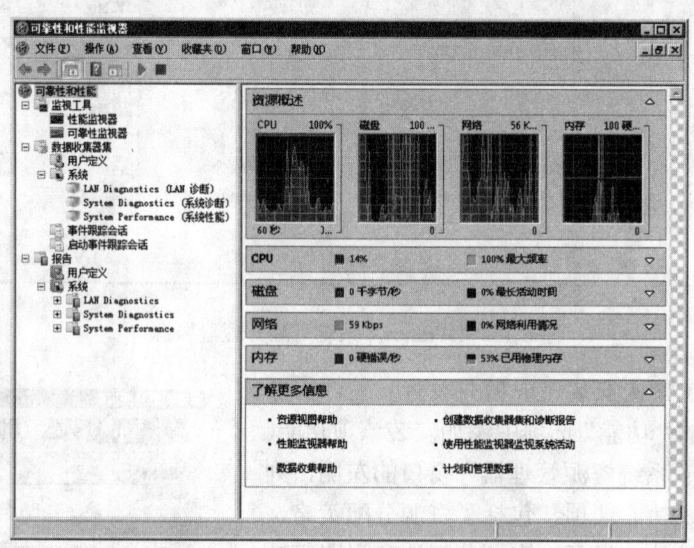

图 6-14 “可靠性和性能监视器”窗口

Windows Server 2008 的“可靠性和性能监视器”工具，与早期版本 Windows 系统中的“性能日志和警报”工具相比，其新增功能具体包括如下几个方面。

1. 数据收集器集

这是“可靠性和性能监视器”中新添的一个重要功能。该工具将数据收集器组合为可重复使用的元素，以便与其他性能监视方案一起使用。一旦将一组数据收集器存储为数据收集器集，则更改一次属性就可以将该更改应用于整个集合。在该工具中，还包含默认的数据收集器集模板，以帮助系统管理员立即开始收集特定服务器角色或监视方案的性能数据。

2．用于创建日志的向导和模板

可以通过向导界面将计数器添加到日志文件，并计划开始、停止及持续的时间。另外，还可以将此配置保存为模板，以收集计算机上的相同日志，而无须重复数据收集器选择及计划进程。“性能日志和警报”功能已集成到“可靠性和性能监视器”中，以便与任何数据收集器集一起使用。

3．资源视图

“可靠性和性能监视器”以新的资源视图的方式展示各类功能数据，提供了 CPU、磁盘、网络和内存使用情况的实时图形化的概览。通过展开其中的每个受监控元素，可以识别哪些进程正在使用哪些资源。该项功能在早期版本的 Windows 中只能从“任务管理器”的进程信息中获得比较有限的实时数据。

4．可靠性监视器

“可靠性监视器”会计算系统稳定性指数，该指数反映意外问题是否降低了系统的可靠性。稳定性指数的时间图会快速标识问题开始发生的日期。随之生成的系统稳定性报告提供了详细信息，以帮助分析可靠性降低的根本原因。通过逐个查看对故障系统（应用程序故障、操作系统崩溃或硬件故障）的更改（安装或删除应用程序，更新操作系统，添加或修改驱动程序），可以帮助管理员解决这些问题。

5．属性配置（包括计划）统一一致

不管创建的数据收集器集是使用一次，还是持续记录正在进行的活动，用于创建、计划和修改的界面都完全相同。已经创建的数据收集器集可以作为模板，通过对其进行简单地重新配置或复制来形成新的数据收集器集。

6．用户友好诊断报告

在 Windows Server 2003 中的“服务器性能审查程序”，现在已经集成到 Windows Server 2008 的“可靠性和性能监视器”的“报告”中了。报告的生成时间已经得到了改进，并且可以使用任何数据收集器集收集的数据创建报告。这样便于系统管理员对比系统调整前后的变化，以便了解系统性能及相关的问题。

在“可靠性和性能监视器”工具窗口左侧，显示了 3 类功能选项，即“监视工具”、“数据收集器集”和“报告”。

在“监视工具”中，包含“性能监视器”和“可靠性监视器”。选择“性能监视器”功能选项后，在右侧窗口会以二维函数图的方式实时显示计数器获取的数据信息，如图 6-15 所示。默认显示的是处理器时间的计数器情况。当然，也可以添加其他计数器。单击图像上方的绿色加号，在弹出的“添加计数器”对话框中选择其他的计数器即可。

在“监视工具”中选择“可靠性监视器”功能选项，在窗口右侧会以图形化的方式显示如图 6-16 所示的“可靠性监视器”窗口。在图表中，每一列表示日期，在下半部分的每一行表示对应的系统监视的可靠性内容，包括“软件安装（卸载）”、“应用程序故障”、“硬件故障”、“Windows 故障”和“其他故障”等。在图表下方，则显示了系统稳定性的报告，并对应图表中所监视的各项内容。

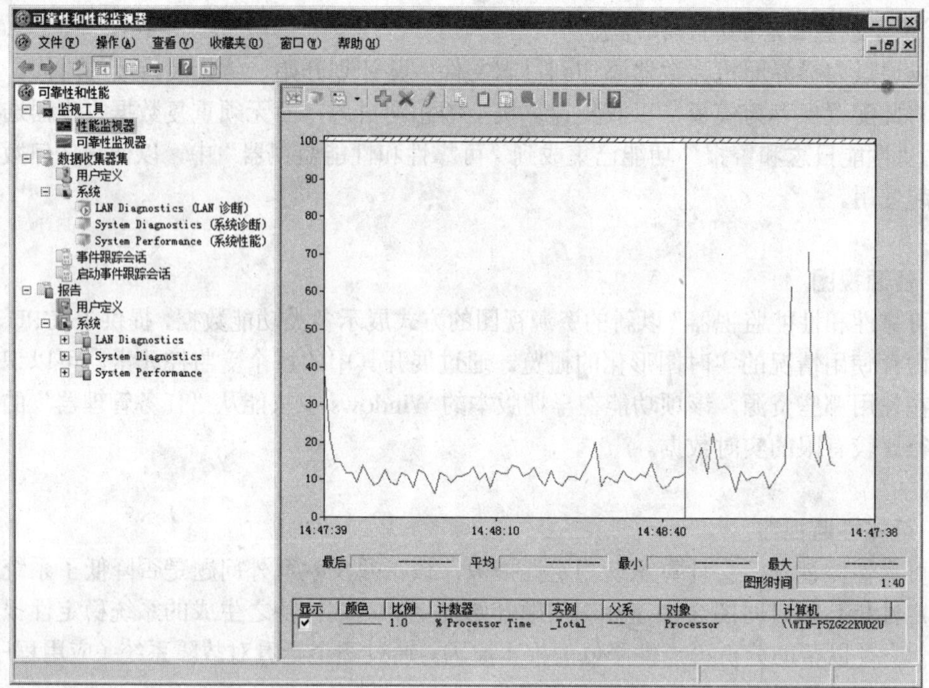

图 6-15 “性能监视器”窗口

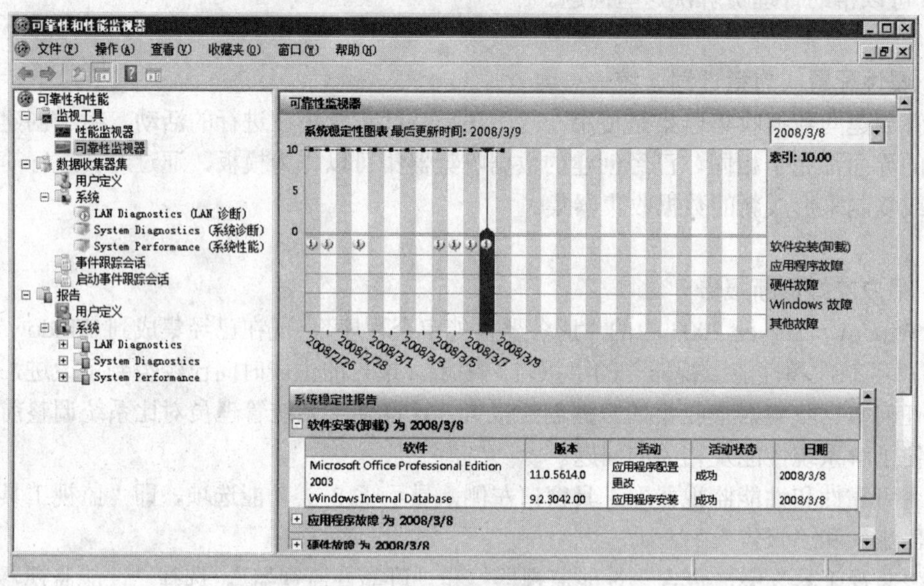

图 6-16 “可靠性监视器”窗口

在“数据收集器集”中，则是系统提供的执行特定任务的收集数据的收集器集，主要包括“系统”、“事件跟踪会话”和“启动时间跟踪会话”等方面的数据收集器集。当然，用户也可以自己定义一些数据收集器集。选中“用户自定义”、“事件跟踪会话”或“启动时间跟踪会话”后单击鼠标右键，在弹出的菜单中选择“新建”→“数据收集器集”菜单命令，即可进入自定义数据收集器集的向导，根据向导即可完成用户自定义的数据收集器集的定义。

在“报告”中，则列出了正在执行或已经执行了数据收集的报告，如图 6-17 所示。

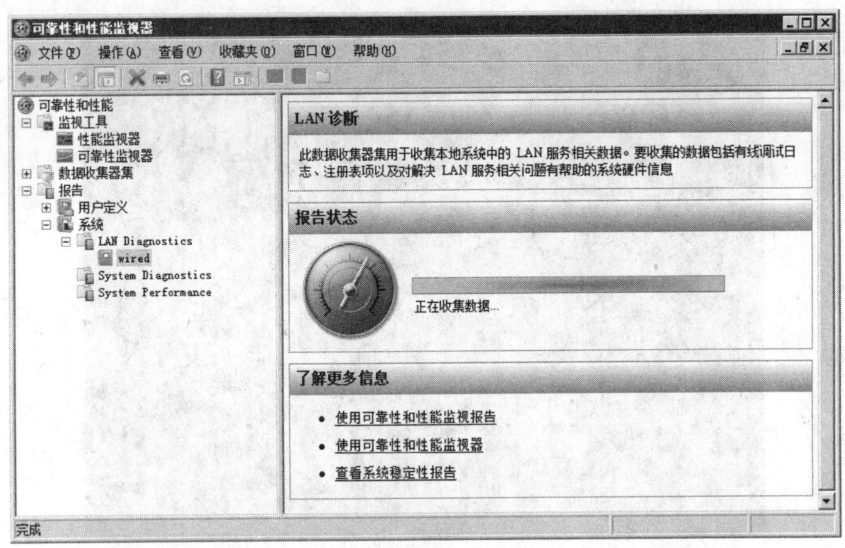

图 6-17 正在等待数据收集的报告窗口

6.9 内存诊断工具

“内存诊断工具”是 Windows Server 2008 的新增工具，它可以帮助用户诊断系统中遇到的内存问题。按照如下方法可以打开内存诊断工具。

步骤 1：单击“开始”→“管理工具”→“内存诊断工具”菜单命令，系统弹出如图 6-18 所示的提示对话框。关闭所有运行的程序后单击“立即重新启动并检查问题（推荐)”。

步骤 2：系统自动重新启动，进入如图 6-19 所示的界面。工具自动开始进行检查。

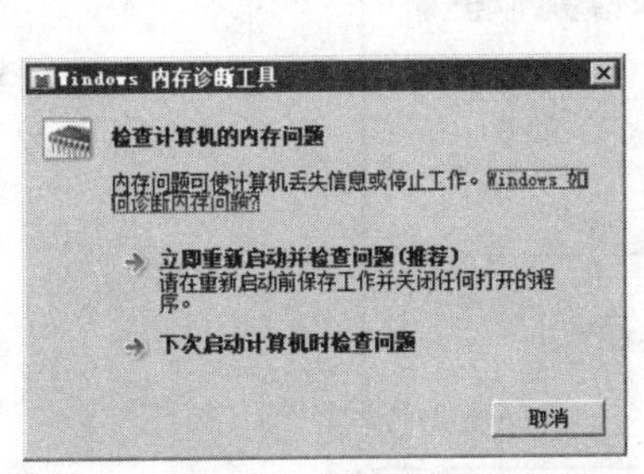

图 6-18 内存诊断工具提示对话框

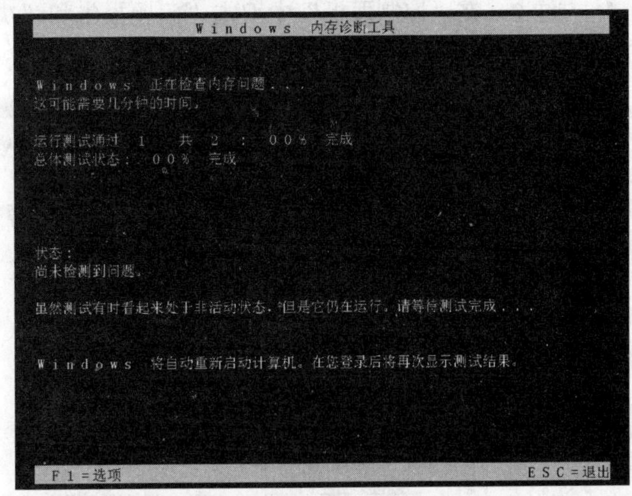

图 6-19 Windows 内存诊断工具界面

步骤 3：在工具进行检查的过程中，可以按【F1】键进入选项页面，来更改内存检测的设置，如图 6-20 所示。按【F10】键即可接受这些选项，返回检测页面开始检测。

步骤 4：检测完毕后系统自动重新启动，并提示用户检测结果。

Windows 内存诊断工具 - 选项

测试组合：

基本
标准
扩展

描述： 标准测试包括所有基本测试，外加 LRAND、Stride6 （已启用缓存）、CHCKR3、WMATS+ 和 WINVC。

缓存：

默认
启用
禁用

描述： 使用每个测试的默认缓存设置。

传递计数（0 - 99）： 2

描述： 设置整个测试组合将重复的总次数（0 = 无限）。

TAB＝下一个 F10＝应用 ESC＝取消

图 6-20 Windows 内存诊断工具选项页面

6.10 问题报告和解决方案

在 Windows Server 2008 中，改进了早期 Windows Server 中提交系统问题报告的方式，单独设置了“问题报告和解决方案”工具，用于提交系统遇到的问题。问题提交后，该工具在线查找是否有最新的解决方案，以便解决系统中遇到的问题。使用如下方法即可打开“问题报告和解决方案”工具。

方法 1：单击“开始”→“所有程序”→“维护”→“问题报告和解决方案”菜单命令，即可弹出如图 6-21 所示的“问题报告和解决方案”工具窗口。

方法 2：在“控制面板”中双击“问题报告和解决方案”图标，也可打开如图 6-21 所示的“问题报告和解决方案”工具窗口。

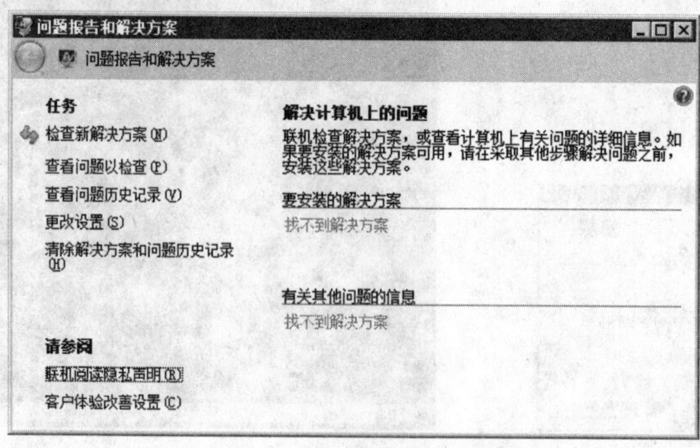

图 6-21 “问题报告和解决方案”工具窗口

6.11 事件查看器

“事件查看器”是早期版本中最为常用的系统维护工具之一。使用“事件查看器”可以了解到系统运行过程中出现了哪些问题。在 Windows Server 2008 中也保留了这一实用工具。不过，在 Windows Server 2008 中的“事件查看器”与早期版本 Windows 中的“事件查看器”相比有了脱胎换骨的变化。在新版本中，增加了更多的日志信息，主要包括“服务器角色”的日志、“Windows 日志”和“应用程序和服务日志”，并且这些日志的内容更加详细了。同时还增加了“订阅”功能，以方便在远程多台服务器上查询同一相关事件的各个事件日志内容。按照如下方法可以打开“事件查看器”。

方法 1：单击“开始”→“所有程序”→“维护”→“事件查看器”菜单命令，即可弹出如图 6-22 所示的“事件查看器”窗口。

方法 2：在“控制面板”中双击“管理工具”图标，在打开的“管理工具”窗口中双击“事件查看器”图标，也可打开如图 6-22 所示的“事件查看器”窗口。

方法 3：在“计算机管理”窗口中，展开“系统工具”功能选项，选择其中的“事件查看器”功能选项，也可打开如图 6-22 所示的“事件查看器”窗口。

方法 4：在“服务器管理器”窗口中，展开“诊断”功能选项，选择其中的“事件查看器”功能选项，也可打开如图 6-22 所示的“事件查看器”窗口。

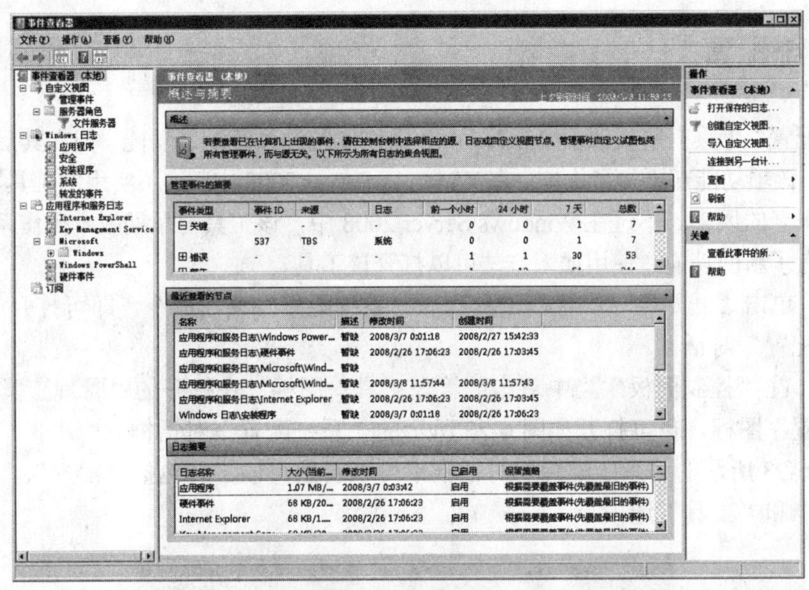

图 6-22 “事件查看器”窗口

订阅可确切地指定将收集哪些事件，以及将其副本存储在本地的哪个日志中。激活订阅并收集事件后，就可以像对任何存储在本地的其他事件那样查看和操作这些转发的事件了。使用事件收集功能需要同时配置转发计算机和收集计算机。该功能依赖于 Windows 远程管理（WinRM）服务和 Windows 事件收集器（Wecsvc）服务。这两项服务必须在参与转发和收集过程的计算机上运行。

配置运行转发和收集事件计算机的具体步骤如下。

步骤 1；登录到所有收集器和源计算机。最好使用具有管理员权限的域账户登录。

步骤 2：在每台源计算机上的命令提示符下键入 winrm quickconfig 命令。

步骤 3：在收集器计算机上的命令提示符下键入 wecutil qc 命令。

步骤 4：将收集器计算机的计算机账户添加到每台源计算机上的本地 Administrators 组中。

步骤 5：配置计算机，以转发和收集事件。

创建新订阅的具体步骤如下。

步骤 1：在收集器计算机上，以管理员身份运行事件查看器。

步骤 2：在控制台树中单击“订阅”。

步骤 3：在“操作”菜单中单击“添加订阅”。

步骤 4：在“订阅名称”中，输入订阅的名称。

步骤 5：在“描述”中，输入描述信息。该处描述信息可选。

步骤 6：在“目标日志”中，选择要存储所收集事件的日志文件。默认情况下，收集的事件存储在 ForwardedEvents 日志中。

步骤 7：单击“添加”，然后选择要从中收集事件的计算机。

步骤 8：单击“选择事件”以显示“查询筛选器”对话框。使用“查询筛选器”对话框中的控件指定要收集的事件必须满足的标准。

步骤 9：在“订阅属性”对话框上单击“确定”。订阅将添加到“订阅”窗格中，因此，如果操作成功，订阅的状态将为“活动”。

6.12 系统配置

“系统配置”工具有些类似于 Windows 98 操作系统的系统配置功能，但在其后的 Windows 操作系统中，该项功能却不知了去向。在 Windows Server 2008 中，这项实用的工具又重披战袍，显示其宝刀未老的风采。不过在 Windows Server 2008 中，该工具与早期版本操作系统中的类似工具相比，有了新的功能。使用如下方法可以打开该工具。

方法 1：单击“开始”→“管理工具”→“系统配置”菜单命令，即可打开如图 6-23 所示的“系统配置”对话框。

方法 2：在“控制面板”当中双击“管理工具”图标，在打开的“管理工具”窗口中双击“系统配置”图标，也可打开如图 6-23 所示的“系统配置”对话框。

在如图 6-23 所示的“系统配置”对话框中可以看出，该工具包括“常规”、“启动”、“服务”、“启用”和“工具”选项卡。

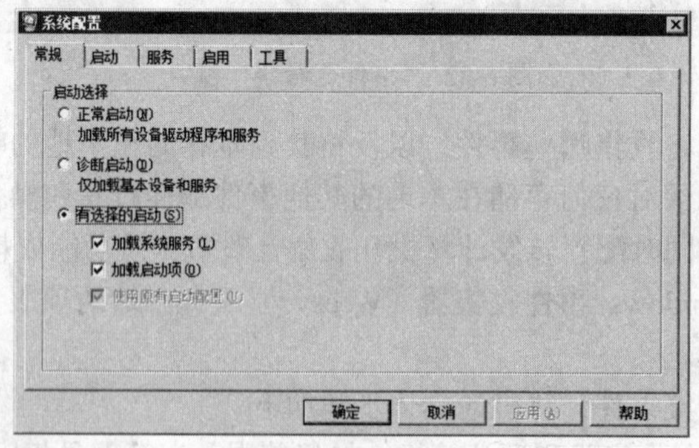

图 6-23 “系统配置”对话框

“常规”选项卡中主要设置系统启动方式，即是使用正常启动来加载所有设备驱动程序和服务，还是有选择地启动系统的部分服务。这一点与 Windows 98 中的系统设置工具很相似。通过设置系统启动的选项，可以帮助用户确定影响系统启动的问题。

“启动”选项卡也是系统启动的选项设置。这里主要设置在启动时的具体启动选项。在“高级选项”设置中，还可以设置系统启动时所占的处理器个数，以及最大内存数和其他的高级选项设置。

“服务”选项卡中列出了系统中的所有服务清单，并显示了各服务的当前状态。同时可以通过选择各服务前面的复选框来决定是启用还是禁用该服务。

“启用”选项页中主要列出了系统启动时加载的第三方应用程序，也就是在注册表的“HKLM\Microsoft\Windows \CurrentVersion\Run”键值下面的加载项。

“工具”选项页列出了系统中包含的主要工具列表，并在工具名称后面附以描述信息来说明该工具的功能用途。选中某一工具后，在其下面的“选中的命令”一栏中就显示出了该工具对应的可执行文件。单击该选项页右下角的“启动”按钮，即可运行相应的程序。

6.13 磁盘清理

“磁盘清理”是早在 Windows 98 的时候就提供的系统工具，它可帮助系统用户清理计算机中用完的临时文件。至今它仍保留在 Windows 系统中，可见该工具是多么的实用。使用如下方法即可打开“磁盘清理”工具。

方法 1：单击“开始”→“所有程序”→“附件”→“系统工具”→“磁盘清理”菜单命令，即可打开如图 6-24 所示的“磁盘清理”对话框。

方法 2：选中某一需要清理的逻辑磁盘，如“C:\”盘。单击鼠标右键，在弹出的菜单中选择“属性”菜单命令，在弹出的“本地磁盘（C:）属性”对话框中的“常规”选项卡中单击“磁盘清理”按钮，也可打开如图 6-24 所示的“磁盘清理”对话框。

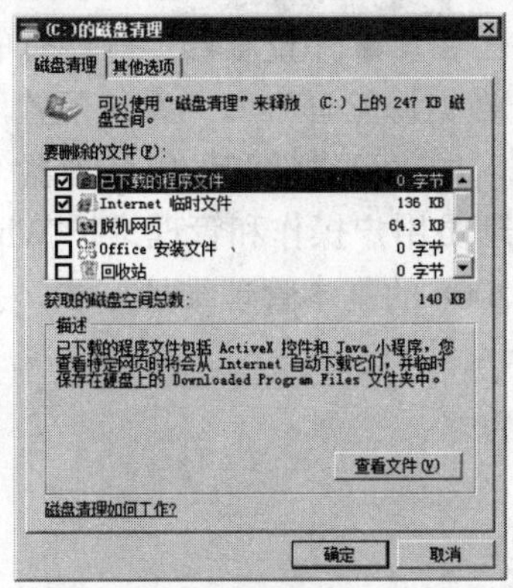

图 6-24　“磁盘清理”对话框

6.14 磁盘碎片整理程序

“磁盘碎片整理程序”的发展历史悠久，甚至可以追溯到早期 DOS 系统中的 Defrag 命令。虽然随着计算机硬件系统技术的不断发展，存储空间越来越大，对磁盘碎片整理的需求越来越小，但作为经典的实用工具程序，在 Windows Server 2008 中还是保留下来了。不过，随着存储空间的增大，对磁盘碎片整理则提出了新的问题，如何能更高效地整理日益膨胀的存储空间，成为了一个新的问题。使用如下方法可以打开“磁盘碎片整理程序”。

方法 1：单击“开始”→“所有程序”→“附件”→“系统工具”→“磁盘碎片整理程

序”菜单命令，即可打开如图 6-25 所示的“磁盘碎片整理程序”对话框。

方法 2：选中某一需要清理的逻辑磁盘，如“C:\”盘。单击鼠标右键，在弹出的菜单中选择“属性”菜单命令，在弹出的“本地磁盘（C:）属性”对话框中的“工具”选项卡中单击“开始整理”按钮，也可打开如图 6-22 所示的“磁盘碎片整理程序”对话框。

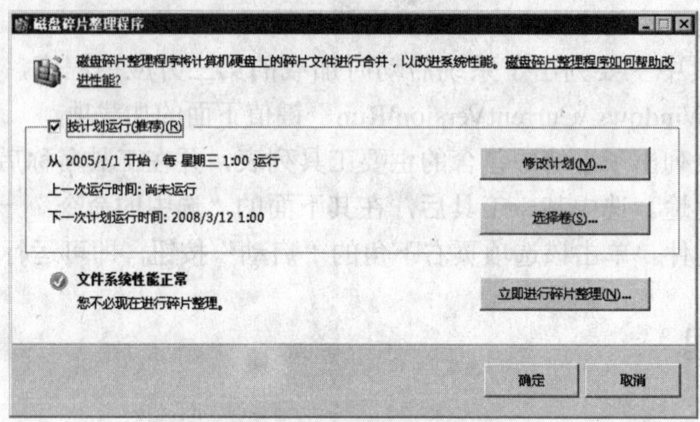

图 6-25　“磁盘碎片整理程序”对话框

6.15　本章小结

本章主要介绍了管理维护 Windows Server 2008 常用的 14 个管理工具。当然，系统中不仅限于这几个工具，还有更多的与各类服务相关的管理工具，本章将不再详细介绍，而是将这些与其他服务密切相关的管理工具放到其他相关章节中详细介绍。本章介绍的则是日常基本管理维护所需的部分主要工具，这些工具有的侧重于收集系统的状态信息并展示给用户，如“计算机管理”、“服务器管理”和“事件查看器”等；有的则侧重于帮助用户进行系统设置，如“服务管理启”、“ODBC 数据源管理”和“系统配置”等；还有的侧重于提供分析诊断工具，协助用户分析系统问题，如“可靠性和性能监视器”、“内存诊断工具”等。了解了上述工具，可以更改好地帮助管理员用户操作和管理维护 Windows Server 2008。同时也帮助用户更快地了解 Window Server 2008 的基本管理维护方法，并可以逐步步入 Windows Server 2008 更深入的应用。

第 7 章　Windows PowerShell

7.1　什么是 Windows PowerShell

可以初步地将 Windows PowerShell 理解为微软早期版本操作系统中的 CMD.exe 命令工具集，但与此相比，Windows PowerShell 的功能更加强大，使用方式更加灵活。Windows PowerShell 包括一个全新的基于任务的命令行外壳，以及特别设计的用于系统管理的脚本语言。Windows PowerShell 作为 Windows Server 2008 提供的重大改进之一，已成为 Windows Server 2008 的一个组件。Windows PowerShell 构建于.NET Framework 的基础之上，因此 Windows PowerShell 也可以运行在支持.NET Framework 的操作系统平台上，这使大部分早期版本操作系统平台的用户也可以使用到这一强大灵活的工具。

Windows PowerShell 内置的命令为 cmdlets，用户可以使用 cmdlets 命令以命令行的方式来管理计算机，而且 Windows PowerShell 还具有完整的用于开发的脚本语言和丰富的表达式解析程序。

7.2　步入 Windows PowerShell 殿堂

在微软早期各版本的 Windows 操作系统上，Windows PowerShell 并不是系统的一个组件，但微软免费为部分主流操作系统提供了 Windows PowerShell 的安装程序包。目前可以安装 Windows PowerShell 程序包的系统如下。

（1）安装有 SP2 补丁程序包的 Windows XP。

（2）安装有 SP1 补丁程序包的 Windows Server 2003。

（3）Windows Vista。

另外，由于 Windows PowerShell 构建于 Microsoft .NET 框架之上，因此安装该工具包需要 Microsoft .NET Framework 2.0 及以上版本的环境。

7.2.1　在 Windows Server 2008 中的安装

虽然 Windows PowerShell 是 Windows Server 2008 的一个功能组件，但在 Windows Server 2008 默认安装模式安装完成后，Windows PowerShell 并没有安装，需要按照如下步骤进行安装。

步骤 1：选择“开始”→“所有程序”→“管理工具”→“服务器管理器”菜单命令，弹出如图 7-1 所示的窗口。

步骤 2：在如图 7-1 所示窗口的右侧，选择“添加功能”链接，弹出如图 7-2 所示的“添加功能向导”窗口。

步骤 3：在“添加功能向导”窗口中间的列表框中，选择“Windows PowerShell”，然后单击“下一步”按钮。安装向导就会自动安装，并将安装完成的结果反馈给用户。

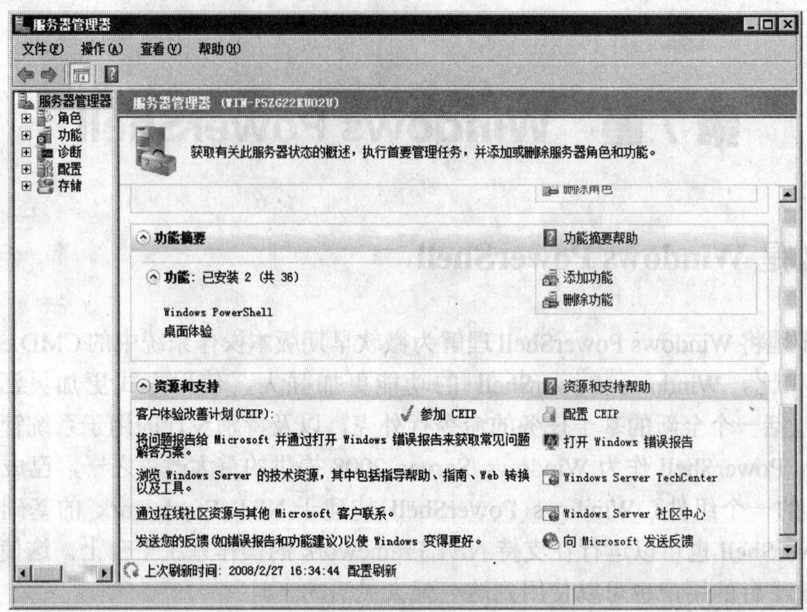

图 7-1 “服务器管理器”窗口

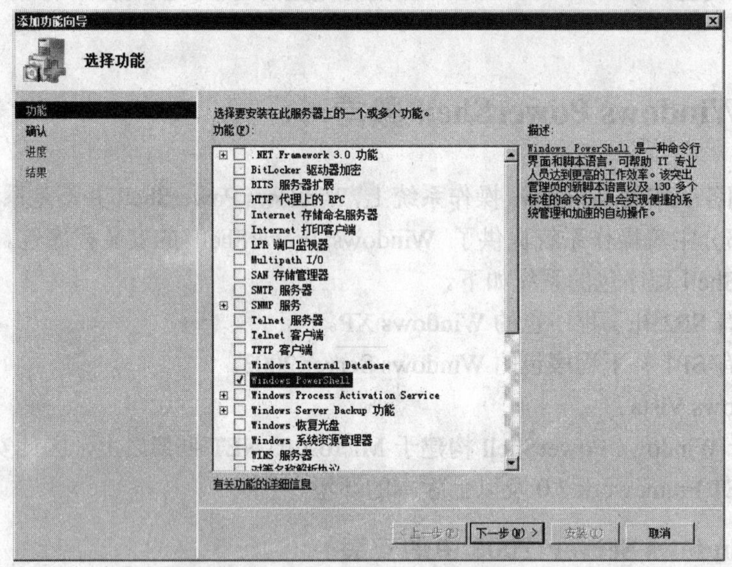

图 7-2 “添加功能向导”窗口

当然，在其他版本的 Windows 操作系统中，也可以安装 Windows PoserShell，其安装方法参见 7.2.2 节的内容，在此不再赘述。

7.2.2 在其他系统上的安装

在本节开始所述的部分早期版本的 Windows 操作系统中，也可以安装 Windows PowerShell。具体方法如下。

步骤 1：在 http://www.microsoft.com/download 网站搜索“PowerShell”，可找到最新版本的 Windows PowerShell，然后下载安装程序。

步骤 2：以 Windows PowerShell 2.0（CTP）版本为例。注意安装所需要的前提条件必须准备好。安装该版本的前提条件如下：x86 或 x64 平台上的 Windows Server 2008，安装有 SP2 补丁程序包的 Windows Server 2003 或 Windows Vista；安装有 SP2 补丁程序包的 Windows XP 操作系统；.NET Framework Version 2.0 及以上版本；若使用远程功能，则需安装 WS-Management 1.1；若使用 Graphical PowerShell 和 Out-GridView，则需安装.NET Framework 3.0。

步骤 3：下载后的安装程序文件名为“PowerShell_Setup_x86.msi”。双击该文件后，即可弹出安装向导。根据安装向导，即可完成安装。

7.2.3　使用运行

安装好 Windows PowerShell 之后，按照如下方法运行。

方法 1：选择“开始”→“所有程序”→“Windows PowerShell 1.0”→“Windows PowerShell”菜单命令，即可打开，如图 7-3 所示。

方法 2：选择“开始”→“运行”菜单命令，在弹出的对话框中输入“PowerShell”即可启动，如图 7-3 所示。

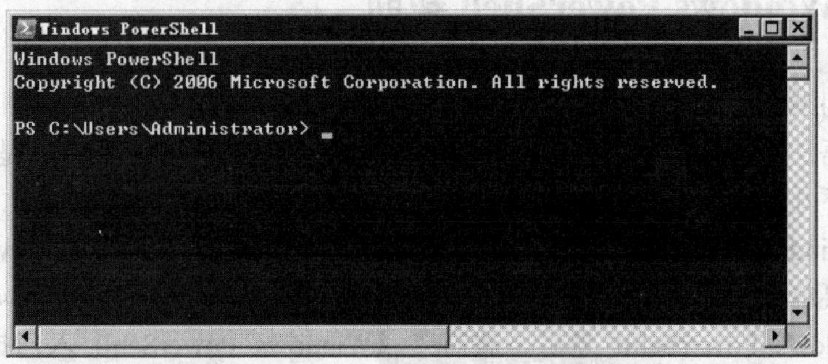

图 7-3　Windows PowerShell 运行界面

方法 3：在命令提示符环境下，输入“PowerShell”即可启动，如图 7-4 所示。

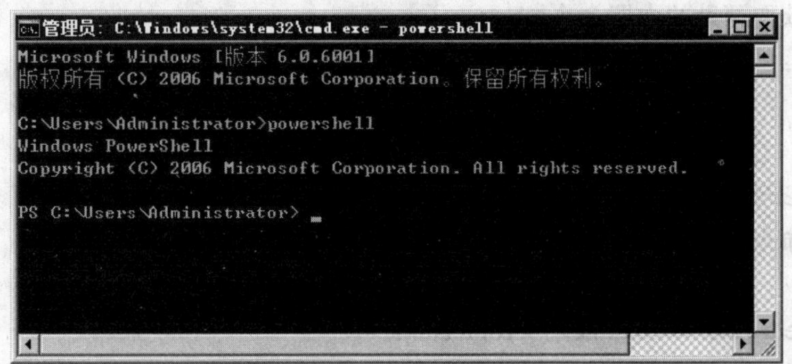

图 7-4　命令提示符环境下运行 PowerSehll

如果有图形化的 PowerShell，则可以参照方法 1，在菜单中选择“Windows PowerShell V2（CTP）(Graphical)”菜单，打开图形化的 Windows PowerShell，如图 7-5 所示。

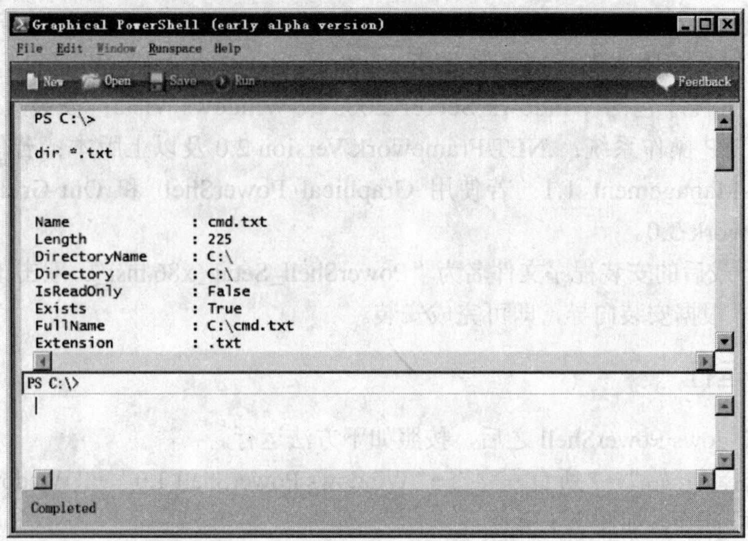

图 7-5 图形化的 PowerShell 界面

7.3 获取 Windows PowerShell 帮助

要灵活使用 Windows PowerShell，需要了解 Windows PowerShell 的各种命令行命令，以及脚本语言的语法等内容，因此及时获取 Windows PowerShell 的最新帮助是非常必要的。读者可以通过以下几种途径获取 Windows PowerShell 的帮助信息。

途径 1：Windows PowerShell 安装后自带的帮助文档。在 Windows PowerShell 安装完毕之后，在开始菜单中就包含了帮助文档的快捷方式。比如，在 Windows Server 2008 安装了系统自带的 Windows PowerSehll 之后，就有了《Windows PowerSehll 入门指南》(文件名为 GettingStared.rtf)、《Windows PowerShell 入门》(文件名为 UserGuide.rtf)、《Windows PowerShell 语言快速参考》(文件名为 QuadFold.rtf)、《Windows PowerShell V1.0（用于 .NET Framework 2.0 RTM）发行说明》(文件名为 releaseNotes.rtf)。

途径 2：获取帮助的内置命令。

Help 命令：显示命令列表或某一命令的帮助信息。

语法：

help {<CmdletName> | <TopicName>}

“Help”以多页形式显示帮助。

Get-help 命令：显示有关 PowerShell cmdlet 和概念的帮助。

语法：

get-help {<CmdletName> | <TopicName>}

<CmdletName> -?

“Get-help”和“-?”以单页形式显示帮助。

如果需要获得更多帮助信息，则可以在命令行后添加“-detailed”选项。如果需要获得更多技术信息，则可以在命令行后添加“-full”选项。

途径 3：微软官方网站中的 Windows PowerShell 专题网站，如图 7-6 所示。

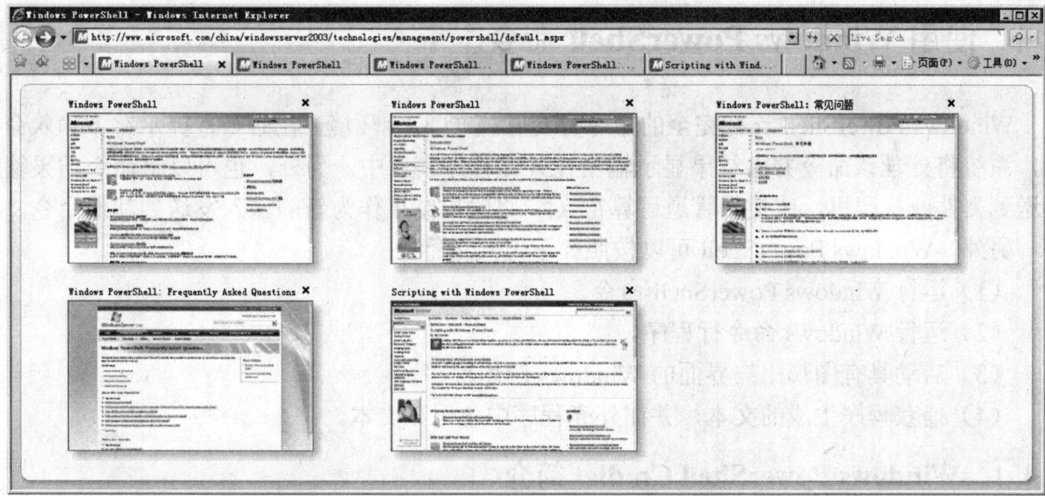

图 7-6　Windows PowerShell 官方网站

Windows PowerSehll 专题主页：

http://www.microsoft.com/china/windowsserver2003/technologies/management/powershell/default.mspx
http://www.microsoft.com/powershell

Windows PowerSehll 脚本编写主页：

http://www.microsoft.com/technet/scriptcenter/hubs/msh.mspx

Windows PowerSehll 常见问题主页：

http://www.microsoft.com/china/windowsserver2003/technologies/management/powershell/faq.mspx
http://www.microsoft.com/windowsserver2008/en/us/powershell-faq.aspx

途径 4：Windows PowerShell 开发团队博客（http://blogs.msdn.com/powershell/），如图 7-7 所示。该博客网站发布了关于 Windows PowerShell 的最新信息。

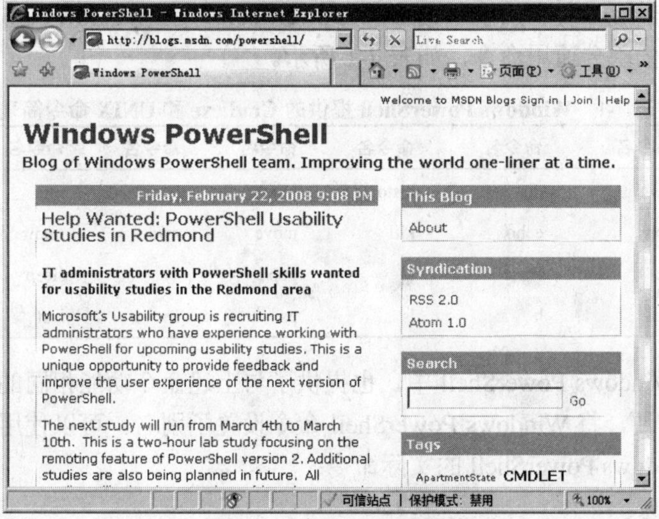

图 7-7　Windows PowerShell 开发团队博客

7.4 使用 Windows PowerShell 命令

Windows PowerShell 支持完全的命令行交互式（CLI）环境。在命令行提示符下输入命令后，系统将处理该命令并将结果显示输出在外壳程序窗口中。另外，也可以将命令结果输出发送到文件或打印机，或使用管道运算符（|）将输出结果作为新的输入发送到其他命令。

另外，Windows PowerShell 可以按照如下方式运行。

（1）运行 Windows PowerShell 命令。

（2）运行 Windows 命令行程序。

（3）启动具有图形用户界面的 Windows 应用程序。

（4）捕获程序生成的文本，并在外壳程序中使用该文本。

7.4.1 Windows PowerShell Cmdlet 简介

cmdlet 是 Windows PowerShell 中用于操作对象的单功能命令，读作"command-let"。Cmdlet 命令与 cmd.exe 命令的区别之一就是 cmdlet 命令是以对象的形式来处理的，而 cmd.exe 则是以文本的形式来处理的。cmdlet 命令之间则是通过管道形式在对象之间传递数据的。如果不理解上述几句的描述，也不要紧，读者可以在使用过程中逐步揣摩和理解。正因为 cmdlet 处理的是对象，因此可以借助面向对象的思想来理解和使用 cmdlet 命令。

为了方便记忆，cmdlet 的命令格式如下：

```
<动词>-<名词>
```

比如，7.3 节所述的获取帮助的名令 Get-Help。用户可以记住几个常用的动词，这里可以初步理解为是对象方法，再记住几个常用的名词，这里可以初步理解为对象的属性，然后动词与名词之间进行组合，构成特定的命令，从而帮助记忆。在 Windows PowerShell 1.0 中包含了 129 个标准 Cmdlet 命令，用于执行诸如管理注册表、服务、进程和事件日志等的任务。

7.4.2 可用的 Cmd.exe 和 UNIX 命令

为了便于原有系统用户使用 Windows PowerShell，在 Windows PowerShell 内提供了 Cmd.exe 和 UNIX 的部分通用命令，如表 7-1 所示。

表 7-1 Windows PowerShell 提供的 Cmd.exe 和 UNIX 命令简表

命令名	命令名	命令名	命令名	命令名	命令名	命令名	命令名
cat	cls	dir	history	mount	pushd	rm	tee
cd	copy	echo	kill	move	pwd	rmdir	type
chdir	del	erase	lp	popd	r	sleep	write
clear	diff	h	ls	ps	ren	sort	

实际上，在 Windows PowerShell 中，也提供了与上述命令功能相同的命令，只是为了原有系统用户使用方便，将 Windows PowerShell 命令设置了别名。可以使用如下方法查看这些别名所对应的 Windows PowerShell 的实际命令：

```
get-alias <简写命令>
```

例如：

```
PS C:\Users\Administrator> get-alias cat

CommandType        Name                 Definition
-----------        ----                 ----------
Alias              cat                  Get-Content
```

7.4.3　格式控制命令

Windows PowerShell 提供了一组用于控制特定对象的显示属性的 cmdlet 命令。它们包括 Format-Wide、Format-List、Format-Table 和 Format-Custom。由此可见这些 cmdlet 命令的名称均以动词 Format 开头。而且它们允许选择一个或多个要显示的属性。

Format-Wide：将对象的格式设置为只能显示每个对象的一个属性的宽表。可使用如下命令获取详细帮助：Get-Help Format-Wide –detailed。

如图 7-8 所示为显示当前目录中包含的子目录，并以 5 列的方式将这些子目录显示出来。

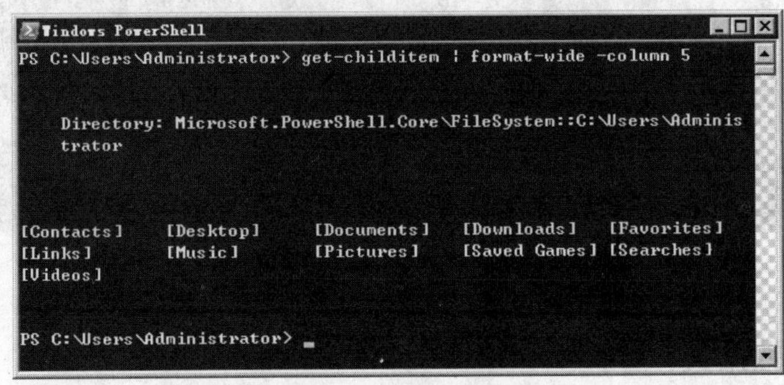

图 7-8　Fromat-Wide 命令示例

Format-List：将输出的格式设置为属性列表，其中每个属性均各占一行显示。可使用如下命令获取详细帮助：Get-Help Format-List –detailed。

如图 7-9 所示为显示进程名为 WINWORD 的进程属性信息，并以列表的方式显示。

```
Windows PowerShell
PS C:\Users\Administrator> get-process -Name WINWORD | format-list


Id      : 3540
Handles : 692
CPU     : 643.515625
Name    : WINWORD



PS C:\Users\Administrator> _
```

图 7-9　Format-List 命令示例

Format-Table：将输出的格式设置为表。可使用如下命令获取详细帮助：Get-Help Format-Table –detailed。

如图 7-10 所示为显示进程名为 WINWORD 的进程属性信息，并以表格的方式显示。

```
PS C:\Users\Administrator> get-process -Name WINWORD | format-table

Handles  NPM(K)    PM(K)      WS(K) VM(M)   CPU(s)     Id ProcessName
-------  ------    -----      ----- -----   ------     -- -----------
    702      34    62324     149560   650   644.25   3540 WINWORD


PS C:\Users\Administrator> _
```

图 7-10 Format-Table 命令示例

Format-Custom：使用自定义视图来设置输出的格式。可使用如下命令获取详细帮助：Get-Help Format-Custom –detailed。

如图 7-11 所示为显示进程名为 WINWORD 的进程属性信息，并以默认的方式显示。

```
PS C:\Users\Administrator> get-process -Name WINWORD | format-custom

class Process
{
  Id = 3540
  Handles = 717
  CPU = 651.796875
  Name = WINWORD
}


PS C:\Users\Administrator> _
```

图 7-11 Format-Custom 命令示例

7.4.4 重定向数据类命令

默认情况下，Windows PowerShell 的大部分命令是将数据输出到屏幕显示。而重定向数据类的命令可将数据重新发送到另外的输出设备。这些命令主要包括 Out-Host、Out-Null、Out-Printer 和 Out-File。由此可以看出这些命令均以动词 Out 作为开头。

在上面一节的示例中，我们看到了“|”符号。与其他外壳程序中所使用的表示法十分类似，这是 Windows PowerShell 的管道运算符。管道运算符连接的命令，可将每个命令（称为管道元素）的输出用做下一命令的输入。管道的作用与一系列相连接的管道段相似，沿管道移动的项目将通过其中的每一段。在 Windows PowerShell 中的管道则引入了新的功能，如 Windows PowerShell 可通过管道在命令之间传递对象而不是传递文本。Out 命令则应始终出现在管道（|）末尾。

Out-Host：将输出发送到 Windows PowerShell 主机进行显示。主机将在命令行显示输出。由于 Out-Host 是默认设置，因此除非想使用其参数来更改显示，否则不需要指定它。主要使用该命令实现数据分页。可使用如下命令获取详细帮助：Get-Help Out-Host –detailed。

如图 7-12 所示为当前运行的所有进程信息，并以分页的形式显示出来。

Out-Null：删除输出，不将其发送到控制台。如果不需要获取运行命令输出的数据，则可以放弃这些数据，此时 Out-Null 命令就显得很有用。可使用如下命令获取详细帮助：Get-Help Out-Null –detailed。

```
Windows PowerShell
PS C:\Users\Administrator> get-process | out-host -paging

Handles  NPM(K)    PM(K)      WS(K) VM(M)   CPU(s)     Id ProcessName
-------  ------    -----      ----- -----   ------     -- -----------
     61       2      880       3500    27             1284 audiodg
     32       2      720       3408    38     0.34   1852 conime
    400       5     1752       5792   110     5.13    472 csrss
     76       4     1224       5832   120     1.86    516 csrss
    293       5     5724      19472   142    29.17   1180 csrss
     96       4     2448       4792    48     1.30   2296 dwm
    724      20    35480      45500   219   118.98   2340 explorer
      0       0        0         16     0              0 Idle
    163      16     7564      11760    83     1.72    928 LogonUI
    587       9     3120       8360    46    10.44    612 lsass
    242       4     2256       5440    36     0.98    620 lsm
    337       9     6084      11556   103     2.95   2608 MSASCui
    165       7     2672       6680    62     0.36    508 msdtc
    111       4     3284      14136   134     1.23    704 notepad
    409       9    31572      40536   157     2.84   3736 powershell
    567      10    39896      41444   170     5.59   3948 powershell
    119       3     1360       5112    53     0.83   2208 rdpclip
    238       6     2044       6056    43    13.11    600 services
     74       2     3816       8600    40     7.34   1056 SLsvc
     31       1      252        676     4     0.88    404 smss
    277       8     5332       9388    90     2.97   1536 spoolsv
    293       5     2608       5772    41     7.83    788 svchost
    267       8     2792       6136    41     1.95    848 svchost
    335      10    21888      21464    77    83.41    880 svchost
    327      10     6736       9296    54     4.28    984 svchost
   1142      38    20272      28144   124    25.36   1036 svchost
    304      14     4180       8608    59     1.75   1116 svchost
    286      10     7300       9236    73     1.03   1172 svchost
     71       3     1956       3444    34     0.08   1192 svchost
    658      17    14928      17208    91    15.33   1216 svchost
    261      22     5020       8796    49     8.58   1332 svchost
    113       4     1800       5132    50     0.91   1408 svchost
    121       5     1704       5028    39     0.28   1608 svchost
     72       2      784       2924    29     0.08   1628 svchost
     43       2      528       2260    15     0.28   1784 svchost
<SPACE> next page; <CR> next line; Q quit
```

图 7-12　Out-Host 命令示例

如图 7-13 所示即为列出当前运行的所有进程信息，但不显示。

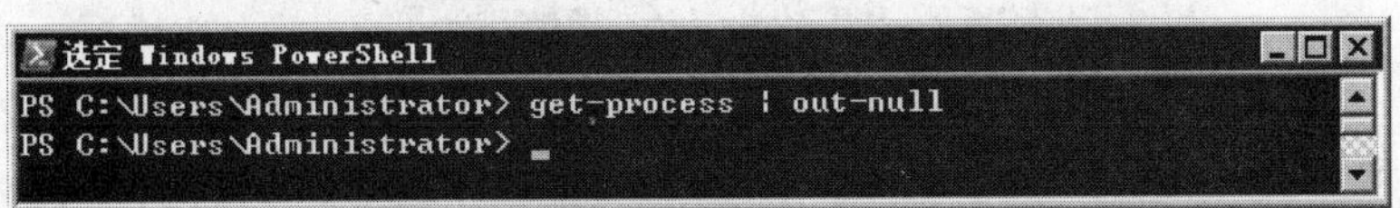

```
选定 Windows PowerShell
PS C:\Users\Administrator> get-process | out-null
PS C:\Users\Administrator>
```

图 7-13　Out-Null 命令示例

Out-Printer：将输出发送到默认打印机或备用打印机（如果指定了打印机）。通过指定打印机的显示名称，可以使用任何基于 Windows 的打印机。无需指定任何种类的打印机端口映射，甚至无需指定实际的物理打印机。

如图 7-14 所示为将当前运行的所有进程信息打印到默认打印机。在 Windows Server 2008 中，如果没安装其他打印机驱动程序时，Microsoft XPS Document Writer 是系统的默认打印机。命令运行后会弹出“文件另存为”对话框，在“文件名”一栏输入“get-process out-printer.xps”后单击“保存”按钮即可打印生成 get-process out-printer.xps 文件。双击 get-process out-printer.xps，即可在浏览器中浏览该文件的内容（如无法浏览，则需在“服务器管理器”→“添加功能”→“.NET Framework 3.0 功能”→“XPS 查看器”中安装），如图 7-15 所示。

Out-File：将输出发送到文件。如果需要使用它的参数，可以使用此命令而不是重定向运算符（>）。可使用如下命令获取详细帮助：Get-Help Out-File –detailed。

如图 7-16 所示为将当前运行的所有进程信息输出到文件 C:\getprocess.txt。命令执行完毕后，在 C:\盘根目录可以找到文件 getprocess.txt，双击即可打开该文件，如图 7-17 所示。

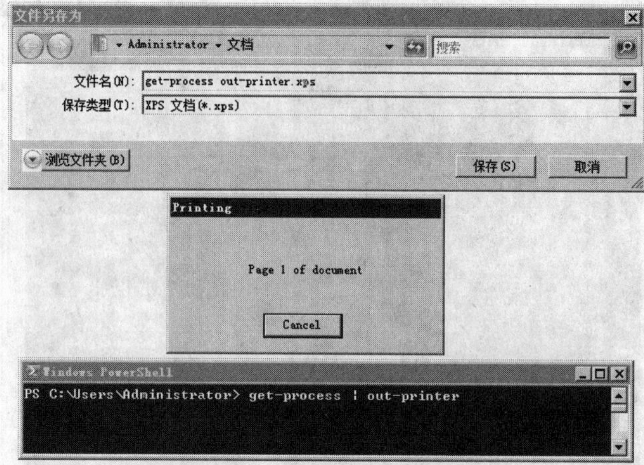

图 7-14 Out-Printer 命令示例

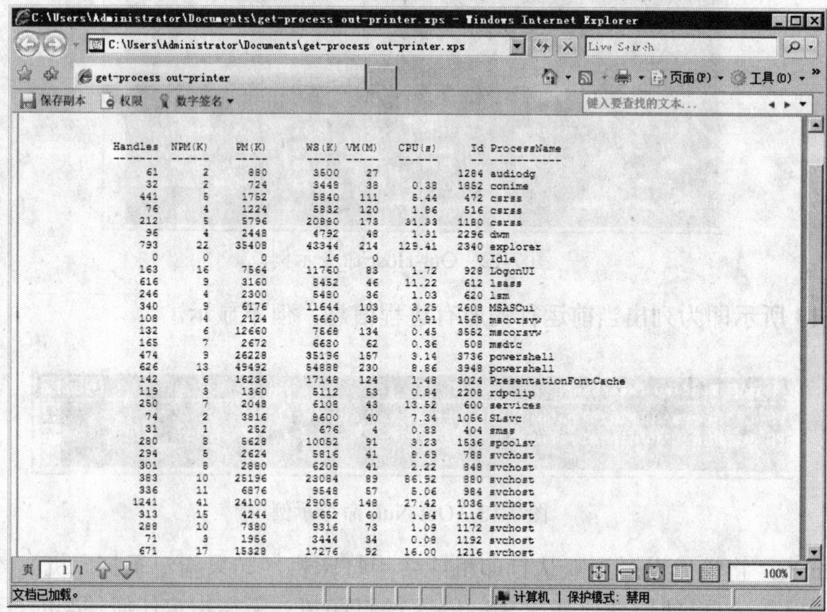

图 7-15 get-process out-printer.xps 文件内容

```
PS C:\Users\Administrator> get-process | out-file -filepath c:\getproc
ess.txt
PS C:\Users\Administrator> _
```

图 7-16 Out-File 命令示例

```
getprocess - 记事本
文件(F) 编辑(E) 格式(O) 查看(V) 帮助(H)

Handles  NPM(K)    PM(K)      WS(K) VM(M)   CPU(s)     Id ProcessName
-------  ------    -----      ----- -----   ------     -- -----------
     61       2      880       3500    27            1284 audiodg
     32       2      732       3456    38     0.41   1852 conime
    405       5     1752       5828   111     5.61    472 csrss
     76       4     1224       5832   120     1.88    516 csrss
    250       5     5784      19644   142    33.61   1180 csrss
     96       4     2448       4792    48     1.34   2296 dwm
    827      23    39276      45792   213   146.73   2340 explorer
```

图 7-17 getprocess.txt 文件内容

7.4.5　导航定位命令

在 Windows PowerShell 中提供了导航的命令。这些导航是指在驱动器之间更换位置的操作。而在 Windows PowerShell 中，除了文件系统的驱动器外，HKEY_LOCAL_MACHINE（HKLM:）和 HKEY_CURRENT_USER（HKCU:）注册表配置单元、计算机上的数字签名证书存储区（Cert:）及当前会话中函数（Function:）等，均称为驱动器。在 Windows PowerShell 中，驱动器由驱动器名称后跟冒号（:）表示，父项与子项用反斜杠（\）或正斜杠（/）隔开，如 C:\Windows\System32。

1．在文件系统中导航

Set-Location：将当前位置更改为指定的路径。其别名为 cd。

Get-Childitem：获取某个位置中的子项。其别名为 dir 和 ls。

Get-Item：获取位于指定位置的项的内容。

New-Item：在命名空间中创建新项。可以创建的项的类型取决于所用的 Windows PowerShell 提供程序。在使用 FileSystem 提供程序时，New-Item 用于创建文件和文件夹；在使用 Registry 提供程序时，New-Item 可以创建新注册表项。此命令还可以设置新项的值。

Remove-Item：删除指定项。可以删除一个或多个项。由于受多个提供程序的支持，因此可以删除多种不同类型的项，其中包括文件、目录、注册表项、变量、别名、证书和函数。

Set-Item：将项的值（如变量或注册表项）更改为命令中指定的值。

Move-Item：将项（包括其属性、内容及子项）从一个位置移动到另一个位置。但这些位置必须由同一提供程序支持。在移动某个项时，该属性将被添加到新位置，并从其原来的位置删除。

Copy-Item：将项从一个位置复制到命名空间中的另一个位置。该命令不会删除要复制的项。可复制的特定项取决于可用的 Windows PowerShell 提供程序。

符号“.”表示当前目录。

符号“*”表示目录内容。

$home：表示主目录的内置变量。

$pshome：表示 Windows PowerShell 安装目录的内置变量。

2．在注册表中导航

可以使用与在文件系统驱动器中相同的导航方法在 Windows 注册表中导航。在 Windows PowerShell 中，注册表项“HKEY_LOCAL_MACHINE”映射到 Windows PowerShell HKLM: 驱动器，而注册表项“HKEY_CURRENT_USER”映射到 Windows PowerShell HKCU: 驱动器。

如图 7-18 所示，在注册表项之间进行导航。

3．在证书存储区中导航

可以在计算机上的数字签名证书存储区中导航。证书存储区映射到 Windows PowerShell Cert: 驱动器。

如图 7-19 所示，在 Cert: 驱动器中导航。

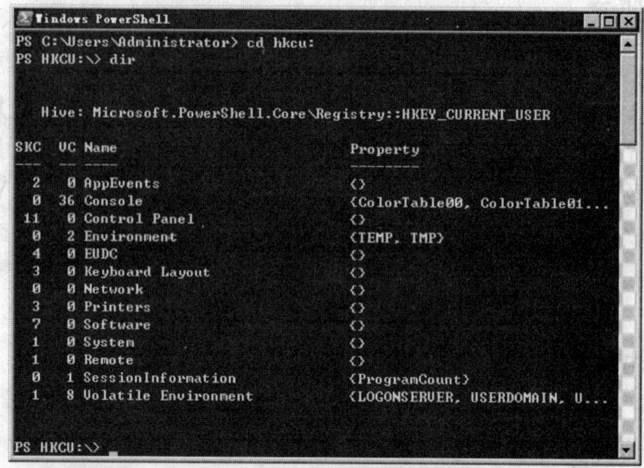

图 7-18 注册表项的导航

```
PS C:\Users\Administrator> cd cert:
PS cert:\> dir

Location   : CurrentUser
StoreNames : {SmartCardRoot, UserDS, AuthRoot, CA...}

Location   : LocalMachine
StoreNames : {SmartCardRoot, AuthRoot, CA, Trust...}

PS cert:\> _
```

图 7-19 Cert: 驱动器的导航

4. 其他驱动器的导航

除了上述 3 类驱动器外，Windows PowerShell 还提供了几个其他有用的驱动器，主要包括别名（Alias:）驱动器、环境提供程序（Env:）驱动器、函数（Function:）驱动器和变量（Variable:）驱动器。使用相同的方法可以在这些驱动器中导航。

当然，Windows PowerShell 的命令不仅限于上述介绍的内容，更多内容可以根据 7.3 节介绍的获取帮助的方法来获取更多的帮助信息。上面仅仅介绍了部分常用的命令，读者可以首先从这些命令中体验一下 Windows PowerShell 的概貌。

7.5 编写 Windows PowerShell 脚本

如果需要重复运行特定的命令、命令序列，或者编写一系列命令来执行复杂的任务，则可以将这一系列命令保存在文件中并执行该文件。在 Windows PowerShell 中，保存有命令的文件称为脚本。Windows PowerShell 除了提供交互式界面外，还完全支持脚本。在 Windows PowerShell 中，脚本文件的文件扩展名为 .ps1。在命令提示符下输入该脚本的名称即可运行该脚本。脚本文件扩展名是可选的。

例如：

```
c:\myScript\myscriptfile.ps1
```

或

```
c:\myScript\myscriptfile
```

需要说明的是，即使脚本在当前目录中，也必须指定脚本文件的完整路径。可以使用表示当前目录的符号“.”来表示脚本的文件名和路径，例如：

```
.\ myscriptfile.ps1
```

Windows PowerShell 还包括一种非常丰富的脚本语言，支持用于循环、条件、流控制和变量赋值的语言结构。使用该语言，不仅可以创建简单的脚本，还可以创建执行复杂任务的脚本。

从上述介绍可知 Windows PowerShell 具有比较灵活的功能，因此有可能用于开发和传播恶意代码。因此，Windows PowerShell 中提供了安全策略（称为执行策略），以便让用户来确定是否可以运行脚本，以及这些脚本是否必须包括数字签名。可以执行如下命令来获取执行策略的详细帮助，并分页显示：

```
get-help about_signing | out-host -paging
```

脚本的编写可以使用 Windows PowerShell 命令，另外，还可以使用 Windows PowerShell 提供的语言来编写脚本。Windows PowerShell 语言的使用可以参考 Windows PowerShell 安装程序目录中的《Windows PowerShell 语言快速参考》，其中列出了各类运算符、数据类型、结构化控制语句及定义函数等的简要说明，对于具有一定编程经验的读者可以很方便地上手。这些语言与 C#类似，对于熟悉 C#的读者，更是如鱼得水，当然，对于不熟悉 C#的读者，也可以帮助读者学习 C#，一举两得。

7.6　Windows PowerShell 实例

下面给出几个简要的 Windows PowerShell 实例，让读者对 Windows PowerShell 有一个更加直观的认识。

7.6.1　获取系统启动信息

```
$strComputer = "."

$colItems = get-wmiobject -class "Win32_BootConfiguration" -namespace "root\CIMV2" `
-computername $strComputer

foreach ($objItem in $colItems) {
        write-host "Boot Directory: " $objItem.BootDirectory
        write-host "Caption: " $objItem.Caption
        write-host "Configuration Path: " $objItem.ConfigurationPath
        write-host "Description: " $objItem.Description
        write-host "Last Drive: " $objItem.LastDrive
        write-host "Name: " $objItem.Name
        write-host "Scratch Directory: " $objItem.ScratchDirectory
```

```
    write-host "Setting ID: " $objItem.SettingID
    write-host "Temporary Directory: " $objItem.TempDirectory
    write-host
}
```

将上述脚本保存到 C:\boot.ps1 的文本文件中，然后使用如图 7-20 所示的方法更改 PowerShell 的执行策略，以便执行 boot.ps1。

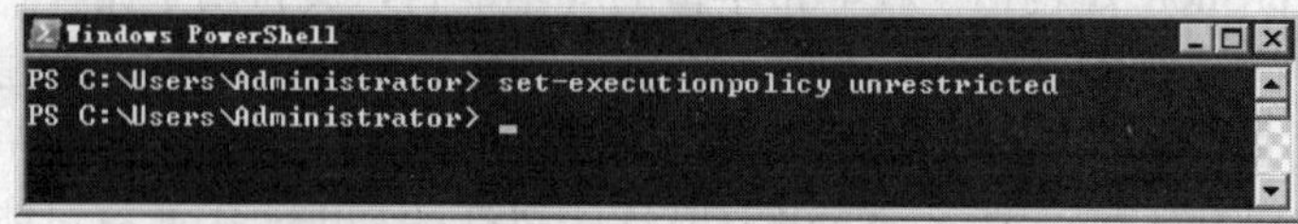
```
PS C:\Users\Administrator> set-executionpolicy unrestricted
PS C:\Users\Administrator> _
```

图 7-20 更改 PowerShell 的执行策略

执行 C:\boot.ps1 的结果如图 7-21 所示。

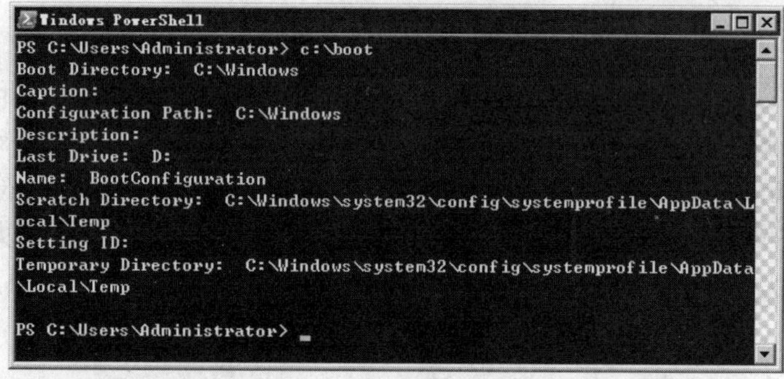
```
PS C:\Users\Administrator> c:\boot
Boot Directory:  C:\Windows
Caption:
Configuration Path:  C:\Windows
Description:
Last Drive:  D:
Name:  BootConfiguration
Scratch Directory:  C:\Windows\system32\config\systemprofile\AppData\L
ocal\Temp
Setting ID:
Temporary Directory:  C:\Windows\system32\config\systemprofile\AppData
\Local\Temp

PS C:\Users\Administrator> _
```

图 7-21 boot.ps1 执行结果

7.6.2 获取网络客户端信息

```
$strComputer = "."

$colItems = get-wmiobject -class "Win32_NetworkClient" -namespace "root\CIMV2" `
-computername $strComputer

foreach ($objItem in $colItems) {
    write-host "Caption: " $objItem.Caption
    write-host "Description: " $objItem.Description
    write-host "Installation Date: " $objItem.InstallDate
    write-host "Manufacturer: " $objItem.Manufacturer
    write-host "Name: " $objItem.Name
    write-host "Status: " $objItem.Status
    write-host
}
```

将上述脚本保存在 C:\network.ps2 中，执行 C:\network 的结果如图 7-22 所示。

```
PS C:\Users\Administrator> c:\network
Caption:  Workstation
Description:  LanmanWorkstation
Installation Date:
Manufacturer:  Microsoft Corporation
Name:  Microsoft Windows Network
Status:  OK

PS C:\Users\Administrator> _
```

图 7-22　network.ps2 执行结果

7.6.3　获取磁盘分区信息

```
$strComputer = "."

$colItems = get-wmiobject -class "Win32_DiskPartition" -namespace "root\CIMV2" `
-computername $strComputer

foreach ($objItem in $colItems) {
      write-host "Access: " $objItem.Access
      write-host "Availability: " $objItem.Availability
      write-host "Block Size: " $objItem.BlockSize
      write-host "Bootable: " $objItem.Bootable
      write-host "Boot Partition: " $objItem.BootPartition
      write-host "Caption: " $objItem.Caption
      write-host "Configuration Manager Error Code: " $objItem.ConfigManagerErrorCode
      write-host "Configuration Manager User Configuration: " $objItem.ConfigManagerUserConfig
      write-host "Creation Class Name: " $objItem.CreationClassName
      write-host "Description: " $objItem.Description
      write-host "Device ID: " $objItem.DeviceID
      write-host "Disk Index: " $objItem.DiskIndex
      write-host "Error Cleared: " $objItem.ErrorCleared
      write-host "Error Description: " $objItem.ErrorDescription
      write-host "Error Methodology: " $objItem.ErrorMethodology
      write-host "Hidden Sectors: " $objItem.HiddenSectors
      write-host "Index: " $objItem.Index
      write-host "Installation Date: " $objItem.InstallDate
      write-host "Last Error Code: " $objItem.LastErrorCode
      write-host "Name: " $objItem.Name
      write-host "Number Of Blocks: " $objItem.NumberOfBlocks
      write-host "PNP Device ID: " $objItem.PNPDeviceID
      write-host "Power Management Capabilities: " $objItem.PowerManagementCapabilities
      write-host "Power Management Supported: " $objItem.PowerManagementSupported
      write-host "Primary Partition: " $objItem.PrimaryPartition
```

```
    write-host "Purpose: " $objItem.Purpose
    write-host "Rewrite Partition: " $objItem.RewritePartition
    write-host "Size: " $objItem.Size
    write-host "Starting Offset: " $objItem.StartingOffset
    write-host "Status: " $objItem.Status
    write-host "Status Information: " $objItem.StatusInfo
    write-host "System Creation Class Name: " $objItem.SystemCreationClassName
    write-host "System Name: " $objItem.SystemName
    write-host "Type: " $objItem.Type
    write-host
}
```

将上述脚本保存为 C:\diskpartition.ps1，执行之，结果如图 7-23 所示。

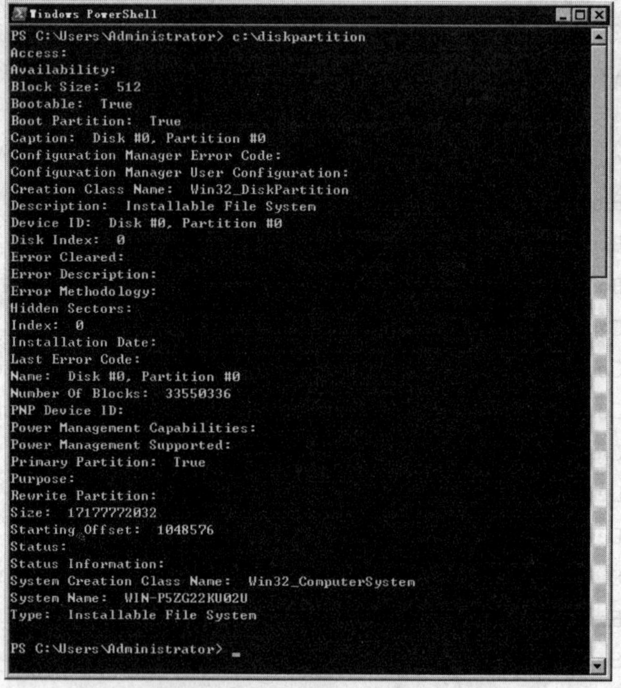

图 7-23 diskpartition.ps1 的执行结果

7.6.4 获取当前的打印任务信息

```
$strComputer = "."

$colItems = get-wmiobject -class "Win32_PrintJob" -namespace "root\CIMV2" `
-computername $strComputer

foreach ($objItem in $colItems) {
    write-host "Caption: " $objItem.Caption
    write-host "Data Type: " $objItem.DataType
```

```
    write-host "Description: " $objItem.Description
    write-host "Document: " $objItem.Document
    write-host "Driver Name: " $objItem.DriverName
    write-host "Elapsed Time: " $objItem.ElapsedTime
    write-host "Host Print Queue: " $objItem.HostPrintQueue
    write-host "Installation Date: " $objItem.InstallDate
    write-host "Job ID: " $objItem.JobId
    write-host "Job Status: " $objItem.JobStatus
    write-host "Name: " $objItem.Name
    write-host "Notify: " $objItem.Notify
    write-host "Owner: " $objItem.Owner
    write-host "Pages Printed: " $objItem.PagesPrinted
    write-host "Parameters: " $objItem.Parameters
    write-host "Print Processor: " $objItem.PrintProcessor
    write-host "Priority: " $objItem.Priority
    write-host "Size: " $objItem.Size
    write-host "Start Time: " $objItem.StartTime
    write-host "Status: " $objItem.Status
    write-host "Status Mask: " $objItem.StatusMask
    write-host "Time Submitted: " $objItem.TimeSubmitted
    write-host "Total Pages: " $objItem.TotalPages
    write-host "Until Time: " $objItem.UntilTime
    write-host
}
```

将上述脚本保存为 C:\printjob.ps1，然后在本机上运行一个打印任务，同时执行该脚本，运行结果如图 7-24 所示。

```
Windows PowerShell
PS C:\Users\Administrator> c:\printjob
Caption:  Microsoft XPS Document Writer, 4
Data Type:  RAW
Description:  Microsoft XPS Document Writer, 4
Document:  Microsoft Word - 第08章Windows PowerShell.doc
Driver Name:  Microsoft XPS Document Writer
Elapsed Time:  00000000000000.000000:000
Host Print Queue:  \\WIN-P5ZG22KU02U
Installation Date:
Job ID:  4
Job Status:  Spooling
Name:  Microsoft XPS Document Writer, 4
Notify:  Administrator
Owner:  Administrator
Pages Printed:  0
Parameters:
Print Processor:  WinPrint
Priority:  1
Size:  0
Start Time:
Status:  OK
Status Mask:  8
Time Submitted:  20080229234957.052000+480
Total Pages:  1
Until Time:

PS C:\Users\Administrator> _
```

图 7-24　printjob.ps1 执行结果

7.6.5 获取物理内存信息

```
$strComputer = "."

$colItems = get-wmiobject -class "Win32_PhysicalMemory" -namespace "root\CIMV2" `
-computername $strComputer

foreach ($objItem in $colItems) {
    write-host "Bank Label: " $objItem.BankLabel
    write-host "Capacity: " $objItem.Capacity
    write-host "Caption: " $objItem.Caption
    write-host "Creation Class Name: " $objItem.CreationClassName
    write-host "Data Width: " $objItem.DataWidth
    write-host "Description: " $objItem.Description
    write-host "Device Locator: " $objItem.DeviceLocator
    write-host "Form Factor: " $objItem.FormFactor
    write-host "Hot-Swappable: " $objItem.HotSwappable
    write-host "Installation Date: " $objItem.InstallDate
    write-host "Interleave Data Depth: " $objItem.InterleaveDataDepth
    write-host "Interleave Position: " $objItem.InterleavePosition
    write-host "Manufacturer: " $objItem.Manufacturer
    write-host "Memory Type: " $objItem.MemoryType
    write-host "Model: " $objItem.Model
    write-host "Name: " $objItem.Name
    write-host "Other Identifying Information: " $objItem.OtherIdentifyingInfo
    write-host "Part Number: " $objItem.PartNumber
    write-host "Position In Row: " $objItem.PositionInRow
    write-host "Powered-On: " $objItem.PoweredOn
    write-host "Removable: " $objItem.Removable
    write-host "Replaceable: " $objItem.Replaceable
    write-host "Serial Number: " $objItem.SerialNumber
    write-host "SKU: " $objItem.SKU
    write-host "Speed: " $objItem.Speed
    write-host "Status: " $objItem.Status
    write-host "Tag: " $objItem.Tag
    write-host "Total Width: " $objItem.TotalWidth
    write-host "Type Detail: " $objItem.TypeDetail
    write-host "Version: " $objItem.Version
    write-host
}
```

将上述脚本保存为 C:\physicalmemory.ps1，执行之，结果如图 7-25 所示。

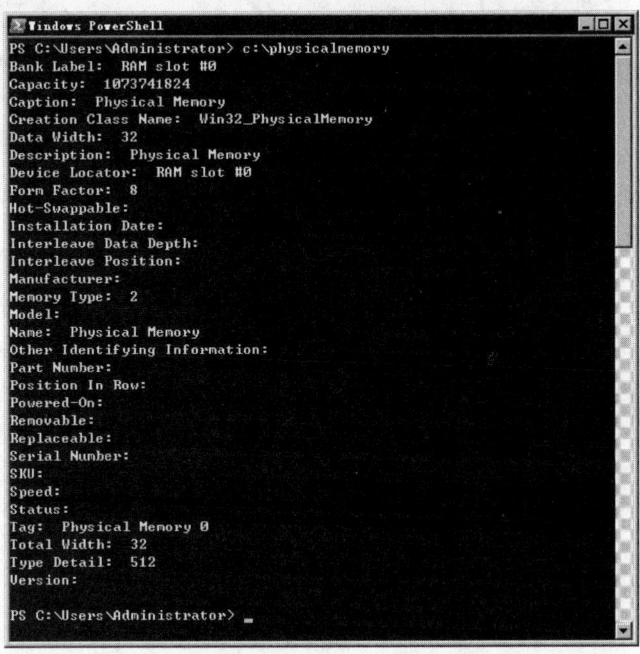

图 7-25　physicalmemory.ps1 的执行结果

从上面几个 Windows PowerShell 实例可以看出，Windows PowerShell 可以实现很多复杂的功能，如系统启动、网络设置、磁盘管理、打印管理及物理内存等的管理。当然，Windows PowerShell 不仅仅局限于上述方面的应用，还可以与其他脚本语言共同完成更加复杂的任务，在此不再赘述。

7.7　本章小结

本章简要介绍了 Windows Server 2008 最新集成的一项功能强大的技术——Windows PowerSehll。使用 Windows PowerSehll，可以灵活地实现众多系统管理方面的功能，使得系统管理可以更加自动化和智能化。当然，由于 Windows PowerSehll 的灵活性，还有可能引发新一轮恶意代码的广泛传播，给系统带来新的威胁。针对这一问题，微软设置了 Windows PowerSehll 的运行策略，用来控制 Windows PowerShell 的运行权限。

Windows PowerShell 也许是微软公司从其他企业级的操作系统中汲取了更多的经验，为微软的操作系统平台弥补了一项不足，从而使微软的操作系统平台具有了更强的竞争力，从而与其他企业级操作系统进行抗衡，占领更多的市场份额。

第2篇 系统安全

由第 8 ~ 13 章组成，主要介绍 Windows Server 2008 在系统安全方面的增强功能和具体使用方法。主要包括基本安全防护、高级安全 Windows 防火墙、安全配置向导、安全策略、身份验证和访问控制，以及 Windows Server Backup 备份与恢复。

第 8 章　Windows Server 2008 的安全与防护

8.1　Windows 安全

Windows 安全提供了计算机上多个安全基础，包括 Windows 防火墙、Windows 自动更新（Windows Update）、反恶意软件（Windows Defender）、Internet 选项安全设置，它们可用来帮助增强计算机的安全性。

8.1.1　打开“安全”

单击“开始”菜单，选择“控制面板”，打开控制面板，并以控制面板主页方式浏览，单击“安全”图标打开安全窗口，如图 8-1 所示。

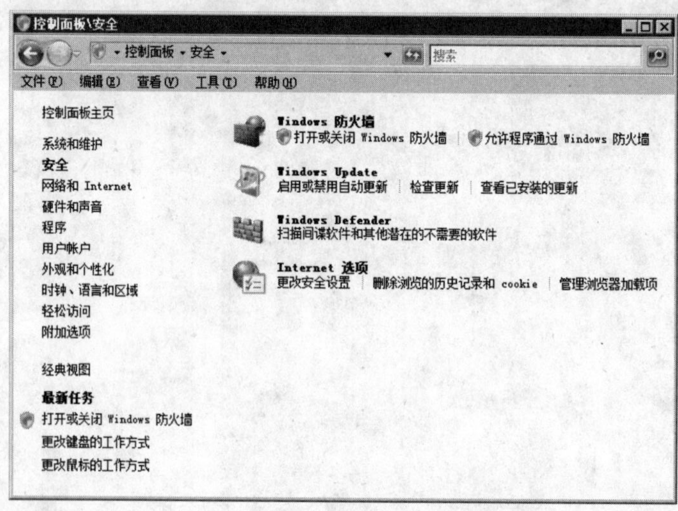

图 8-1　Windows 安全窗口

8.1.2　Windows 防火墙

在 Windows 安全窗口中的第一个选项就是“Windows 防火墙”。在此主要显示 Windows Server 2008 所附带的 Windows 防火墙的功能链接。这些功能链接主要包括“打开或关闭 Windows 防火墙”和“允许程序通过 Windows 防火墙”。单击“打开或关闭 Windows 防火墙”即可弹出“Windows 防火墙设置”对话框的“常规”选项页。单击“允许程序通过 Windows 防火墙”功能链接，即可打开“Windows 防火墙设置”对话框的“例外”选项页。

关于防火墙的详细内容，将在后面具体介绍。

8.1.3　自动更新

在 Windows 安全窗口中的第二个选项是“Windows Update（Windows 自动更新）”。使用该功能选项，Windows 就可以例行检查适用于用户计算机的更新，并自动安装这些更新。在此主要显示 Windows 自动更新的功能链接，主要包括“启用或禁用自动更新”、“检查更新”和“查看已安装的更新”。

关于自动更新更详细的内容，将在后面详细介绍。

8.1.4 恶意软件保护

在 Windows 安全窗口中的第三个选项是“恶意软件保护（Windows Defender）”。当然，“恶意软件保护”在这里是指如何防御这些恶意软件。在恶意软件保护里，主要包括“扫描间谍软件和其他潜在的不需要的软件”。因此恶意软件保护可使用户的计算机免受间谍软件和其他安全威胁的侵害。

关于 Windows Defender 更详细的信息，将在后面详细介绍。

8.1.5 Internet 选项

在 Windows 安全窗口中的第四个选项是“Internet 选项”。这里主要显示 Infernent 选项中的安全设置、删除历史记录和 cookies，以及管理浏览器加载项等影响浏览器安全的功能链接。

关于 Internet 安全设置更详细的信息，将在后面详细介绍。

8.2 Windows 防火墙防御“外来侵犯”

计算机中的防火墙可以是软件，也可以是硬件，它能够检查来自 Internet 或网络的信息，然后根据防火墙的设置规则阻止或允许这些信息通过计算机。这样防火墙就可以阻止黑客或恶意软件通过网络访问或攻击计算机了，它还有助于阻止计算机向其他计算机发送恶意软件。

1. 打开防火墙设置窗口

在图 8-1 所示的安全窗口中，单击“Windows 防火墙”的功能链接，即可打开如图 8-2 所示的“Windows 防火墙”窗口。

2. 设置 Windwos 防火墙

在如图 8-2 所示的“Windows 防火墙”窗口中，显示了 Windows 防火墙当前的运行状态。单击“更改设置”、“立即更新设置”或“启用或关闭 Windows 防火墙”链接，都可以打开如图 8-3 所示的“Windows 防火墙设置”对话框。

在设置对话框中，包含“常规”、“例外”和“高级”3 个选项卡。

在“常规”选项卡中，包含“启用”、“阻止所有传入连接”和“关闭”3 种选项。“启用”是指启用 Windows 防火墙，默认情况下已选中该设置。当 Windows 防火墙处于打开状态时，没有被允许执行的程序都将被 Windows 防火墙阻止，而且 Windows 防火墙在阻止时会给用户发送提示信息，由用户决定是否保持对某一程序的阻止。“阻止所有传入连接”就是指将传输到计算机的数据连接阻止住，也就是相当于该计算机只允许向外访问其他资源，而不允许其他资源访问本计算机，即许出不许进。一般如果自己的计算机不向网络中提供服务，最好选择该项，以便避免外来网络连接的“侵犯”。“关闭”就是指关闭 Windows 防火墙。一般情况

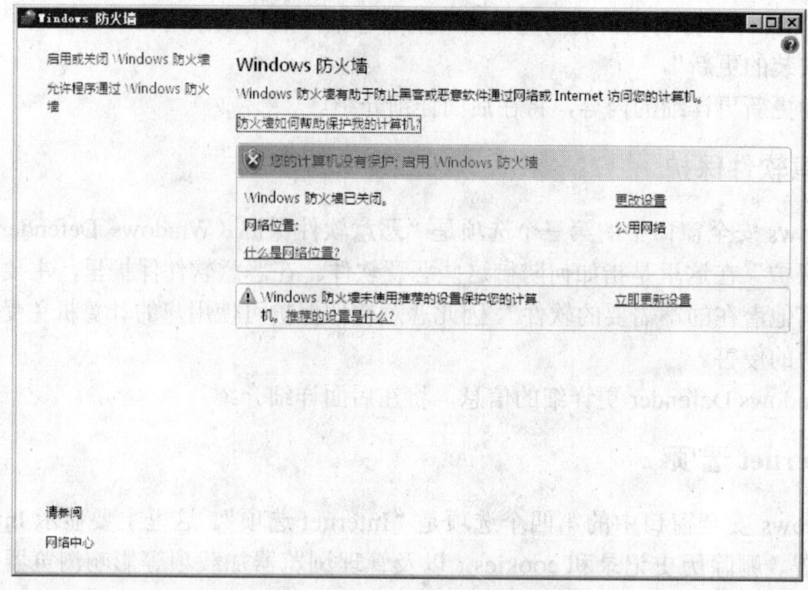

图 8-2 “Windows 防火墙”窗口

下不使用该设置。但是在有些时候，当有些正常的软件也无法正常访问网络时，可以先通过使用此选项关闭防火墙，查看是否是防火墙阻止了正常程序的正常访问。另外一种关闭 Windows 防火墙的情况就是计算机上安装了其他的防火墙软件。因为一台计算机上如果安装多个防火墙，则可能会引起冲突，使计算机无法正常使用。

如果遇到有些正常使用的应用程序，由于 Windows 防火墙的阻止而无法正常使用时，我们就需要用到 Windows 防护墙规则设置的功能了。切换到“例外”选项卡，如图 8-4 所示。在该选项卡中，可设置 Windows 防火墙的许可规则，可以允许特定的应用程序、特定的网络端口访问网络和被网络上的其他计算机所访问。

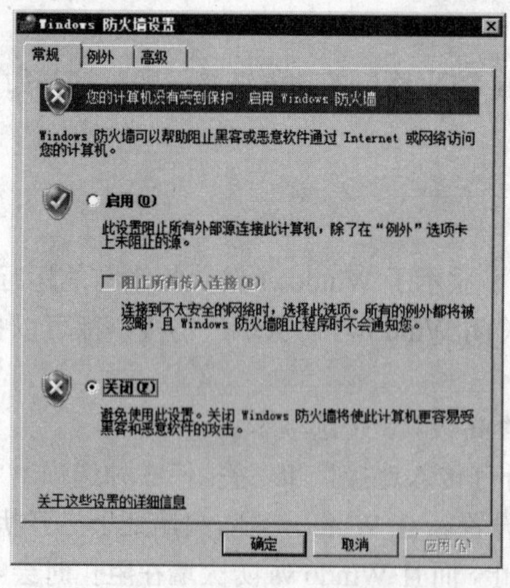

图 8-3 “Windows 防火墙设置”对话框

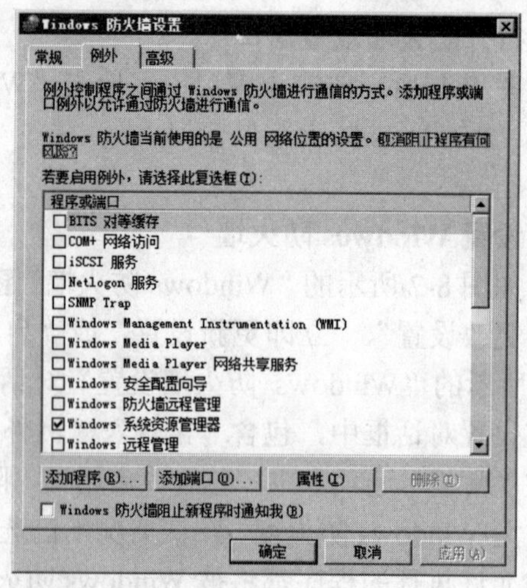

图 8-4 “例外”选项卡

设置允许程序运行规则的步骤如下。

步骤 1：单击“例外”选项卡左下角的“添加程序”按钮，在弹出的如图 8-5 所示的“添加程序”窗口的“程序”列表中，选择需要防火墙允许运行的应用程序，也可以单击该对话框右下角的“浏览”按钮，在其他位置选择需要防火墙允许运行的应用程序。

步骤 2：单击如图 8-5 所示的“添加程序”对话框左下角的“更改范围”按钮，弹出如图 8-6 所示的“更改范围”对话框。在该对话框中，可以设置限定有哪些网络地址可以访问前面设置允许的应用程序。同时，在网络端口设置中，也有该功能，即设置允许哪些网络地址可以访问 Widnows 防火墙允许外部访问的本计算机的网络端口。根据该对话框上的提示信息设置即可。

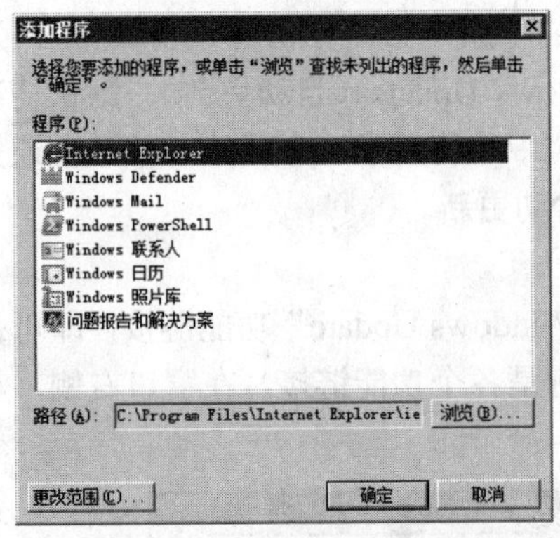

图 8-5　“添加程序”对话框

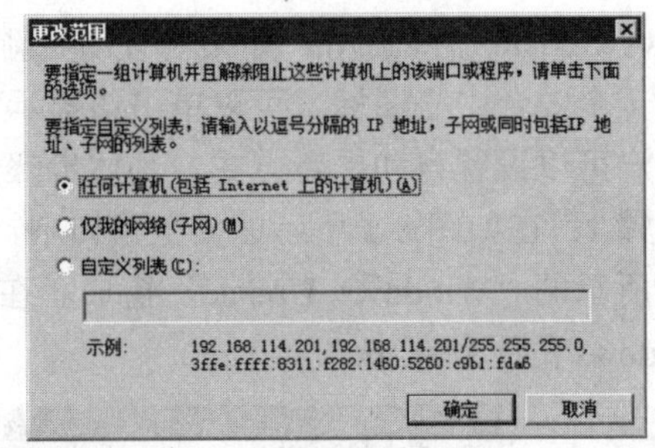

图 8-6　“更改范围”对话框

步骤 3：单击各窗口上的“确定”按钮，关闭各窗口即可。

设置允许网络端口被外部网络访问规则的步骤如下。

步骤 1：单击“例外”选项卡中的“添加端口”按钮，弹出如图 8-7 所示的“添加端口”对话框。

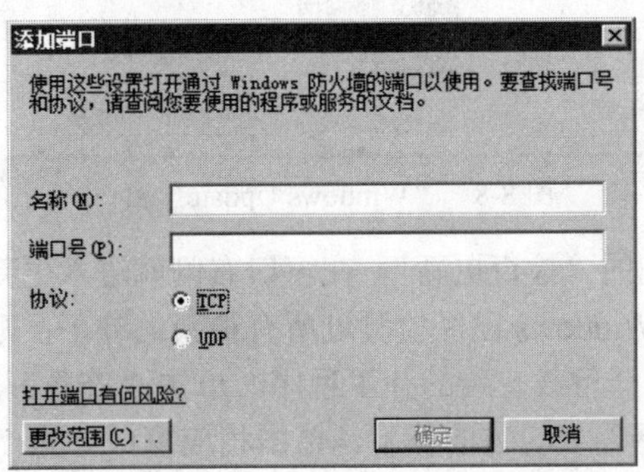

图 8-7　“添加端口”对话框

步骤 2：在该对话框的“名称”栏中输入对端口的说明性文字，如“Web 服务端口”；在“端口号”一栏输入需要放开的端口号，如“80”；在“协议”一栏中选择 TCP/IP 数据包的类型，包括“TCP”和“UDP”。

步骤 3：也可以单击该对话框左下角的“更改范围”按钮来更改可以访问该端口号的外部网络地址，与应用程序规则设置相同。设置完毕后单击各窗口的“确定”按钮。

最后，在 Windows 防火墙设置对话框的“高级”选项卡中，可以设置选择 Windows 防火墙对哪些网络连接进行防护。默认情况是对计算机中可以发现的所有可用网络进行防护，当然也可以设置对某些网络连接不进行防护。另外，在该选项卡中还有一个“还原为默认值”按钮。如果忘记对 Windows 防火墙修改了哪些设置而引起系统问题，就可以单击“还原为默认值”按钮将所有的设置改回系统最初的设置。

8.3 Windows Update 及时修补漏洞

由于目前微软的 Windows 操作系统的功能在不断地增加和完善，又由于该操作系统的用户非常多，且应用环境也千差万别，因此很容易就会暴露出系统的安全漏洞。不法分子可以利用这些漏洞进行破坏、窃取等活动，使用户的重要信息乃至银行账户受到严重威胁。因此，需要及时安装微软提供的这些漏洞的补丁程序，尽可能不给不法分子可乘之机。为此，Windows Server 2008 在其安全中心中也集成了 Windows Update（自动更新）。默认情况下，Windows Update 已经启用。如果已关闭更新，则安全中心将显示一个通知，并且在通知区域中放置一个安全中心图标，可以单击该提示来打开自动更新。

用户可以设置自动更新方式，具体步骤如下。

步骤 1：在如图 8-1 所示的安全窗口中，单击“Windows Update”功能链接，即可弹出如图 8-8 所示的“Windows Update”窗口。在窗口左侧是各个功能链接，在窗口右侧，显示当前 Windows 的更新状态。

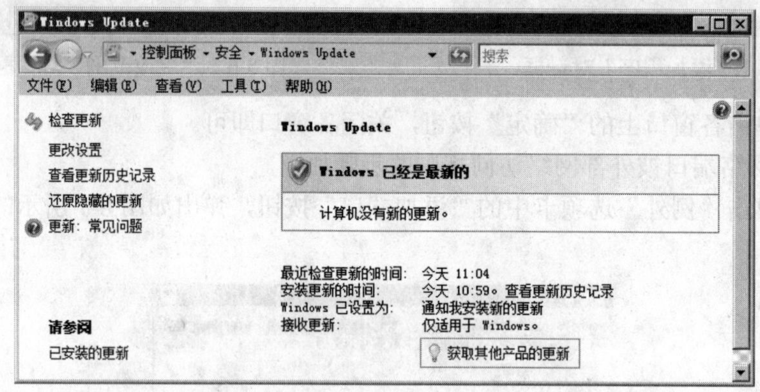

图 8-8 “Windows Update”窗口

步骤 2：单击窗口左侧的“检查更新”，在窗口右侧就进入更新检查状态，稍后即可返回更新检查结果。如果当前 Windows 已经检测过所有最新的补丁，则显示“Windows 已经是最新的”，否则会显示可供选择下载安装的补丁程序。单击“查看可用更新”，即可看到已经检测到的可用更新补丁，选择需要安装的补丁，单击相应窗口上的“安装”按钮。

步骤 3：单击窗口左侧的“更改设置”，即可进入如图 8-9 所示的“更改设置”窗口。在该窗口，可以设置“自动安装更新（推荐）” 及其安装的具体时间、“下载更新，但是让我选择是否安装更新”、“检查更新，但是让我选择是否下载和安装更新”、“从不检查更新（不推荐）”，以及“下载、安装或通知更新时包括推荐的更新”。用户可以根据自己的实际情况选自其一，之后单击“确定”按钮。

步骤 4：单击窗口左侧的“查看更新历史记录”，即可显示各个更新补丁程序的名称、状态、类型及安装日期等信息。

步骤 5：单击窗口左侧的“还原隐藏的更新”，即可进入“还原隐藏的更新”窗口。如有计算机的隐藏更新，则在该窗口的列表中列出，选中需要还原的隐藏更新后，单击该窗口右下角的“还原”按钮即可。

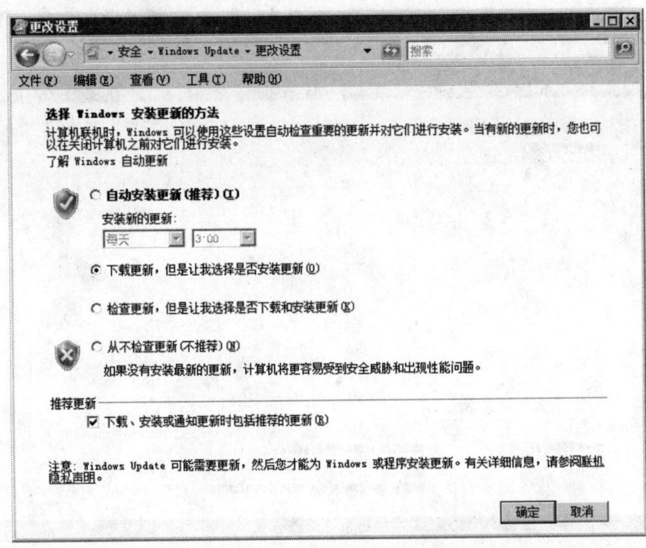

图 8-9　Windows Update“更改设置”窗口

8.4　Windwos Defender 防御“恶意软件”

8.4.1　Windows Defender 简介

Windows Defender 是从 Windows Vista 开始在系统中自带的一套反间谍软件程序，它能帮助计算机抵御间谍软件和其他有害软件导致的弹出窗口、降低性能和安全威胁，它具有实时保护的功能，能在检测到间谍软件时建议采取何种措施，可最大程度地减少中断且不影响计算机的正常工作。

Windows Defender 的前身是 Giant 公司的 Giant Antispyware。2004 年 12 月微软收购了 Giant 公司，并把 Giant Antispyware 更名为 Microsoft Antisyware（Beta 1）。后来又将其正式更名为 Windows Defender（Beta 2）。

相对于 Microsoft Antisyware（Beta 1）和其他第三方的反间谍软件工具，Windows Defender（Beta 2）具备以下显著的优点。

（1）只需要用户进行很少的人工干预 Windows Defender 就可以轻松工作在最佳状态。

（2）Windows Defender 的工作界面非常简单，平时很难找到它的“踪影”，它并不像其他同类软件那样会在任务栏通知区域里添加一个图标。但是一旦发现 Windows 系统遭到间谍软件的危害，它就会立即“现身”帮助我们解决问题。

（3）Windows Defender 的软件更新集成到 Windows Update 中，无需我们额外花费精力进行管理。

还有最重要的一个优点，就是 Windows Defender 是免费的，完全可以给家庭用户带来足够的安全保护功能。

8.4.2　Windows Defender 的应用

在如图 8-1 所示的安全窗口中，单击“Windows Defender”功能链接，即可打开如图 8-10 所示的“Windows Defender”窗口。

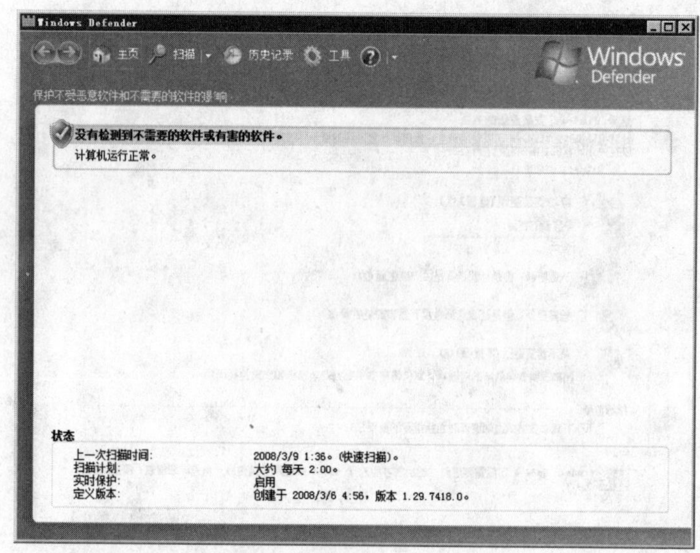

图 8-10 “Windows Defender”窗口

Windows Defender 提供了 3 种途径来帮助阻止间谍软件和其他可能不需要的软件感染计算机。

途径 1：实时保护。

当间谍软件或其他可能不需要的软件试图在计算机上自行安装或运行时，Windows Defender 会发出警报，如果程序试图更改重要的 Windows 设置，它也会发出警报。

在 Windows Defender 主窗口中，单击“工具”→“选项”菜单命令，打开选项页面，可以设置实时保护选项。这里推荐全部勾选，如图 8-11 所示。

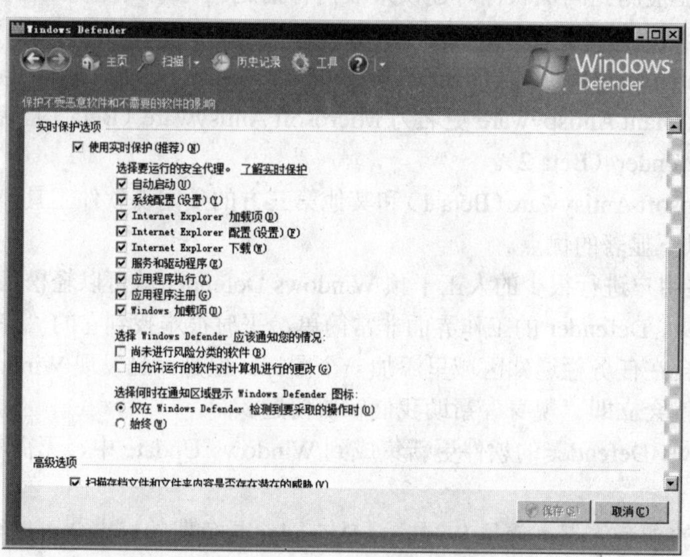

图 8-11 Windows Defender 选项窗口

途径 2：SpyNet 社区。

联机 Microsoft SpyNet 社区可帮助查看别人是如何响应未按风险分类的软件的，查看社区中其他成员是否允许使用此软件，能够帮助用户选择是否允许此软件在计算机上运行，同样如果加入社区，用户的选择也将添加到社区分级中以帮助其他人做出选择。

在 Windows Defender 主窗口中，单击“工具”→“SpyNet”菜单命令，可以加入基本成员或高级成员，如图 8-12 所示。

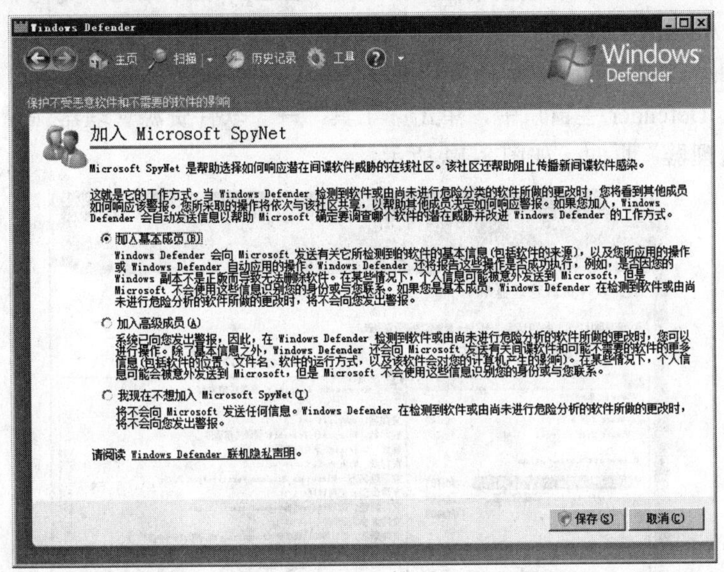

图 8-12　加入 Microsoft SpyNet 窗口

途径 3：扫描方式。

扫描方式有 3 种，快速扫描、完全扫描和自定义扫描。使用 Windows Defender 可以扫描可能已安装到计算机上的间谍软件和其他可能不需要的软件。定期计划扫描，还可以自动删除扫描过程中检测到的任何恶意软件。自动扫描选项可以通过如下步骤进行设置。

单击“工具”→“选项”菜单命令，在“自动扫描”选项下，选中“自动扫描计算机（推荐）”复选框，然后选择频率、时间和要运行的扫描类型。默认是每天都扫描，我们可以指定每星期扫描一次，如可以选择星期日扫描。还可以指定扫描的时间，默认是清晨 2 点，如图 8-13 所示。

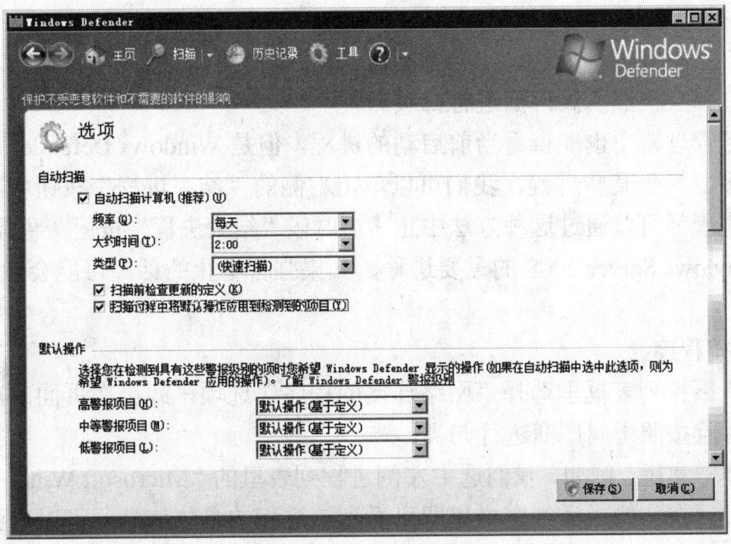

图 8-13　自动扫描选项

8.4.3 Windows Defender 的高级功能

尽管 Windows Defender 和它的前任 Microsoft Antispyware 相比，变化非常大，但是却保留了 Microsoft Antispyware 最精华的部分——软件资源管理器。该功能可以帮助我们详细地了解并配置自启动进程、当前运行任务和网络连接，接下来分别进行描述。

在 Windows Defender 主窗口中，单击“工具”→“软件资源管理器”菜单命令，即可进入“软件资源管理器”页面，如图 8-14 所示。

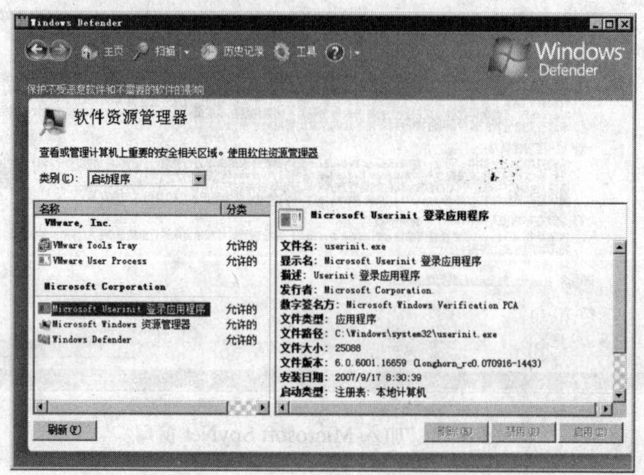

图 8-14　软件资源管理器

1. 配置自启动进程

在“类别”下拉列表框里选择“启动程序”选项，即可在页面的左侧显示当前系统的所有自启动进程，并且按照所属厂商进行归类。任意选中其中的某个自启动进程，就可以在右侧的详细窗格里查看其具体信息，包括是否具有数字签名（并且显示提供签名的厂商）、该应用程序所在的路径、启动类型，以及是否属于 Windows 自带的进程等。

2. 当前运行的任务

在“类别”下拉列表框里选择“当前运行的程序”选项，即可在页面的左侧显示所有已经启动的进程，并且按照所属厂商进行归类。

尽管在任务管理器中也能查看当前启动的进程，但是 Windows Defender 所提供的信息远比任务管理器多。对于某些进程，我们可以单击右侧的“结束进程”按钮中止该进程，但是并不是所有的进程都可以通过这种方法中止（这时候“结束进程”按钮灰色显示），这是因为这些进程是 Windows Server 2008 的重要进程，如果强行中止的话，可能会导致系统崩溃。

3. 网络连接程序

在“类别”下拉列表框里选择“网络连接的程序”选项，即可在页面的左侧显示所有网络连接进程，并且按照所属厂商进行归类。

这个功能非常实用。例如，我们选中左侧进程列表里的“Microsoft Windows 服务主进程，即“1188”进程，在右侧的详细窗格里即可看到该进程的具体信息。可以看到该进程在本地打开的 TCP/IP 端口，以及远程 IP 地址所监听的端口。如果要中止该进程，单击右侧的“结束进程”按钮即可。如果希望阻止进程的入站连接，单击右侧的“传入阻止”按钮即可。

4. Winsock 服务提供程序

在“类别”下拉列表框里选择“Winsock 服务提供程序”选项，即可看到系统中当前安装的各 Winsock 服务的提供程序的列表。选中左侧的一个程序，即可在右侧的窗口中显示其详细信息。

8.5　Internet Explorer 7.0 防御因特网

“Internet Explorer 安全”选项卡用于设置和更改 Internet Explorer 7.0 的一些安全选项，这些选项有助于保护计算机抵御潜在的有害或恶意的联机内容。

在如图 8-1 所示的安全窗口中，单击“Internet 选项”功能链接，即可弹出“Internet 属性”对话框，单击“安全”选项卡，如图 8-15 所示。

在如图 8-1 所示的安全窗口中直接单击“Internet 选项”下面的“更改安全设置”功能链接，也可直接弹出如图 8-15 所示的“安全”选项卡。

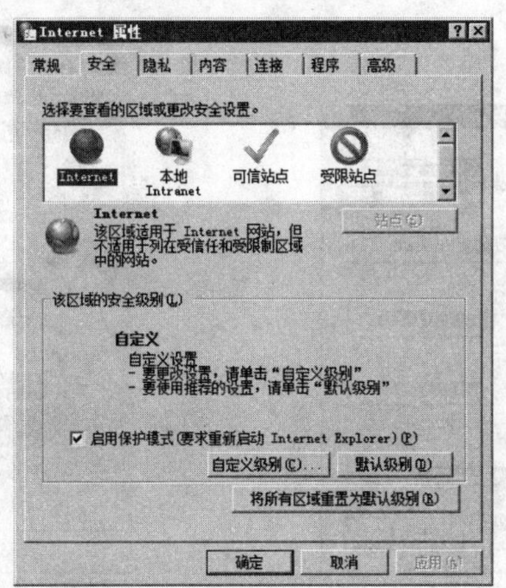

图 8-15　“Internet 属性”对话框的“安全”选项卡

在如图 8-15 所示的窗口中，可以看到有如下几项安全设置选项。

（1）Internet，该区域适用于 Internet 网站，但不适用于列在受信任和受限区域中的网站。

（2）本地 Intranet，该区域适用于在 Intranet 上找到的所有网站。

（3）可信站点，该区域包含你信任的对你的计算机或文件没有损害的网站。

（4）受限站点，该区域适用于可能会损害计算机或文件的网站，用户可以在里面添加一些认为对机器有害的网站。

（5）推荐选择启用保护模式（要求重新启动 Internet Explorer），还可以根据用户的需要自定义安全的级别。

将 Internet 设置还原为推荐级别的步骤如下。

步骤 1：单击任务栏图标 ，打开“安全中心”对话框。

步骤 2：单击“其他安全设置”。

步骤 3：在“Internet 安全设置”下，单击“还原设置”。

若要将存在风险的 Internet 安全设置自动重置为各自的默认级别，请单击“立即还原 Internet 安全设置”。若要自己重置 Internet 安全设置，请单击“我想自己还原 Internet 安全设置”。单击要更改其设置的安全区域，然后单击“自定义级别”。

在图 8-1 的安全窗口中，单击“Internet 选项”下面的“删除浏览的记录和 cookies”功能链接，可弹出“Internet 选项属性”对话框的“常规”选项卡。单击“浏览历史记录”一栏的“删除”按钮，即可弹出如图 8-16 所示的“删除浏览的历史记录”对话框。在该对话框中，可以看到删除“Internnet 临时文件”、“Cookie”、“历史记录”、“表单数据”和“密码”等信息，也可以通过单击“全部删除”按钮来删除上述所有信息。

在图 8-1 的安全窗口中，单击“Internet 选项”下面的“管理浏览器加载项”功能链接，可弹出如图 8-17 所示的“Internet 选项属性”对话框的“程序”选项卡。单击该选项页中的“管理加载项”按钮，即可弹出如图 8-18 所示的“管理加载项”对话框。在该对话框中，选择浏览器中已经加载的项，就可以通过使用该对话框下面的设置选项和删除 ActiveX 空间按钮来管理设置这些加载项。当然，加载项越多，浏览器的功能越强大，但同样也带来新的问题，如浏览器的安全隐患可能就会大大增加，浏览器的运行效率可能会大打折扣，因此有效地管理浏览器的加载项，也是提高浏览器安全性的一个重要手段。

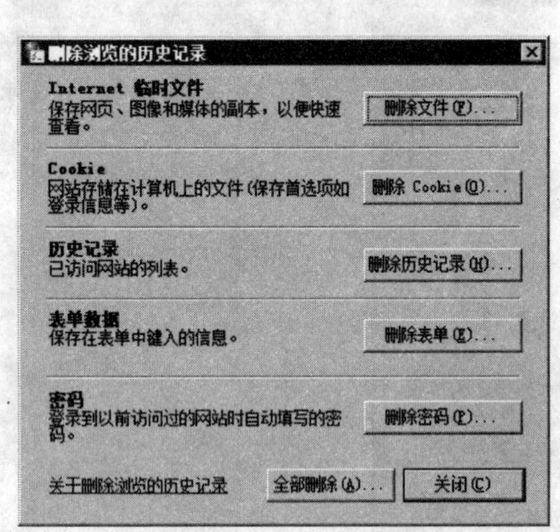

图 8-16 “删除浏览的历史记录”对话框

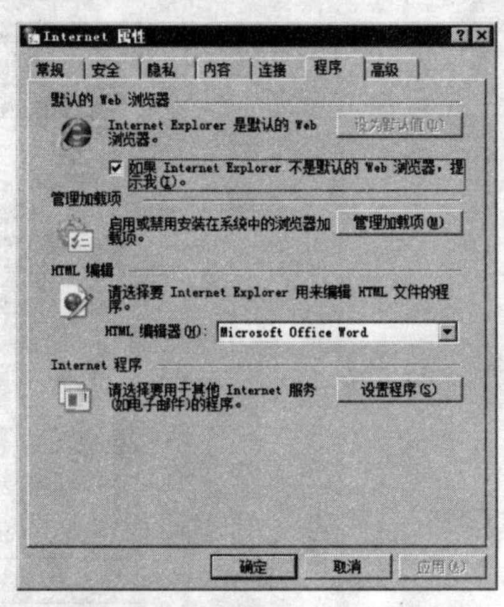

图 8-17 “程序”选项页

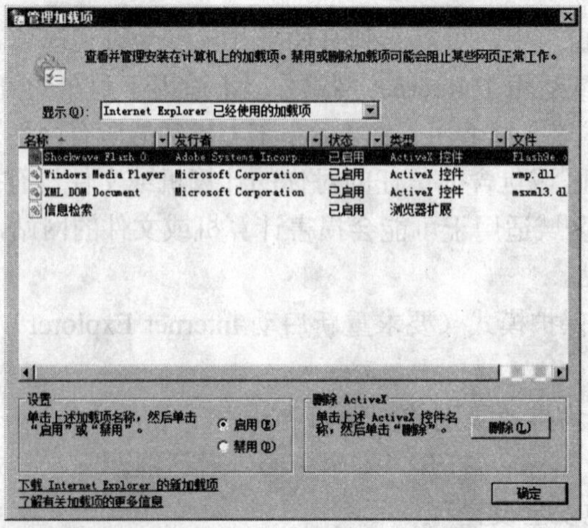

图 8-18 “管理加载项”对话框

8.6　本章小结

Windows 安全窗口包括了 Windows 防火墙、Windows 自动更新、Windows Defender（反恶意软件）和 Internet 安全设置的功能链接，它们可帮助用户完成基本的安全设置以增强计算机的安全性。通过使用这些基本安全防护工具，可以使 Windows Server 2008 更加强壮，使系统运行更加稳定，从而让用户更加放心。

当然，Windows Server 2008 作为企业级的应用，仅有这些安全措施还是不够的，我们将在接下来的章节中逐一介绍更加详细的安全技术。

第 9 章　高级安全 Windows 防火墙

9.1　防火墙的分类

防火墙的分类方式有很多，这里仅介绍与高级安全 Windows 防火墙相关的几种防火墙分类。按照防火墙的使用位置来分主要分为边界防火墙和主机防火墙。按照防火墙的功能实现分又可分为包过滤防火墙、状态/动态检测防火墙、应用程序代理防火墙和个人防火墙等。

9.1.1　边界防火墙

边界防火墙主要位于内部网络的边界，并提供各种类型的服务。这类产品既包括基于硬件的防火墙，也包括基于软件的防火墙，或者这两者的组合。有些此类防火墙还提供代理服务，如微软的 Microsoft Internet Security and Acceleration (ISA) Server。几乎所有的边界防火墙都提供如下功能。

通过执行状态包的检测、连接的监视和应用程序级的过滤来实现网络流量的管理和控制。

通过监测所有主机之间连接的状态和状态表中存储的连接数据进行状态连接分析。

通过提供 IPSec 授权和加密及网络地址转换遍历（Network Address Translation-Traversal，NAT-T）来实现 VPN 网关功能，并允许许可的 IPSec 流量穿过防火墙，同时完成公网 IPv4 地址到私有 IPv4 地址的转换。

9.1.2　基于主机的防火墙

网络边界防火墙无法提供对内部可信网络中计算机产生流量的防护。为此，需要有运行于每台计算机上的基于主机的防火墙。比如，高级安全 Windows 防火墙就是一种基于主机的防火墙，它运行在每台安装有 Windows Server 2008 或 Windows Vista 的计算机上，防止未授权的访问和攻击。

用户还可以配置高级安全 Widows 防火墙来阻止特定类型的出站流量。基于主机的防火墙在网络中提供了一个扩展的安全层，并成为一个完整的防护策略中的有机组成部分。

在高级安全 Widows 防火墙中，集成了防火墙过滤和 IPSec。这一集成大大降低了防火墙规则和 IPSec 连接安全设置之间可能的冲突。

9.1.3　包过滤防火墙

包过滤防火墙是防火墙最基本的一种实现形式。这种防火墙检查每一个通过网络的数据包，并根据所创建的规则来执行丢失或放行。这种判断仅针对每一个通过网络的数据包，各个数据包之间的联系并不进行判断。

9.1.4　状态/动态检测防火墙

状态/动态检测防火墙根据一组创建的规则对通过网络的数据报进行逐一检测，但这种检测是对各个相关的数据包进行的检测。由此可见，该类型的防火墙的基础是包过滤防火墙，但又比包过滤更加智能。这种类型的防火墙为了检测相关的数据包，需要跟踪数据包中包含的信息，并记录数据包的状态信息，如网络连接、数据包的传送请求等。这种类型的防火墙可以阻止所有传入的流量，而放开所有传出的流量。

9.1.5　代理程序防火墙

代理程序防火墙主要是指连接内部网络用户计算机与外部公共网络服务器的防火墙。内部网络中的客户端计算机需要安装防火墙的代理客户软件，然后通过该客户端软件与代理程序防火墙建立连接。代理程序防火墙再与外部连接。由于没有安装代理程序防火墙客户端的计算机就无法建立与外部网络的连接，从而提供了额外的安全性。通过客户端与代理程序防火墙建立的连接，还可以通过防火墙进行控制，如微软的 ISA 防火墙。

9.1.6　个人防火墙

个人防火墙主要指那些安装在用户计算机上的个人防火墙软件，它是一种应用程序，因此属于 ISO/OSI 七层网络通信参考模型中应用层的防火墙。这种防火墙运行在操作系统之上，保护个人计算机系统的安全，使用与状态/动态检测防火墙相同的处理方式。可以将这类防火墙理解为在计算机上创建了一个虚拟网络接口，操作系统不再直接与计算机的网卡进行通信，而是在操作系统与网卡之间放入一个防火墙这样的虚拟网络接口，操作系统直接与防火墙进行通信，防火墙对这些流量数据进行判断，之后再与网卡通信，实现对计算机操作系统的保护。

9.2　高级安全 Windows 防火墙概况

9.2.1　高级安全 Windows 防火墙简介

高级安全 Windows 防火墙是一种基于主机的防火墙，与边界防火墙不同，它在每台运行此版本 Windows 的计算机上运行。高级安全 Windows 防火墙对可能穿越边界网络或源于组织内部的网络攻击提供本地保护。高级安全 Windows 防火墙还集成了 IPSec，提供了计算机到计算机的安全连接，从而可以对流量要求身份验证和数据保护。

高级安全 Windows 防火墙是一种状态防火墙，检查并筛选 IPv4 和 IPv6 流量的所有数据包。默认情况下阻止传入流量，除非是对主机请求（请求的流量）的响应，或者被特别允许（即创建了允许该流量的防火墙规则）。通过配置高级安全 Windows 防火墙设置（包括：指定端口号、应用程序名称、服务名称或其他标准等）可以显式允许流量。

使用高级安全 Windows 防火墙还可以请求或要求计算机在通信之前互相进行身份验证，并在通信时使用数据完整性或数据加密。

9.2.2　高级安全 Windows 防火墙的基本工作原理

高级安全 Windows 防火墙使用两类规则，即防火墙规则和连接安全规则。防火墙规则包括入站规则和出站规则，用于配置防火墙如何响应传入和传出的流量，以确定允许或阻止哪种流量。连接安全规则确定如何保护本地计算机与其他计算机之间的流量。另外，高级安全 Windows 防火墙还针对计算机在网络中所处的不同位置设置了 3 种应用模式，并针对这 3 种应用模式提供了 3 种配置文件来设置每种应用模式使用那些规则和设置。同时，在高级安全

Windows 防火墙管理控制台中，还提供了监视防火墙规则和运行状态的功能。

1. 防火墙规则

高级安全 Windows 防火墙使用防火墙规则以确定阻止还是允许流量通过。传入数据包到达计算机时，高级安全 Windows 防火墙检查该数据包，并确定它是否符合防火墙规则中指定的标准。如果数据包与规则中的标准匹配，则高级安全 Windows 防火墙执行规则中指定的操作，即阻止连接或允许连接。如果数据包与规则中的标准不匹配，则高级安全 Windows 防火墙丢弃该数据包。如果启用了日志记录，则同时在防火墙日志文件中创建日志记录。对规则进行配置时，可以从各种标准中进行选择，如应用程序名称、系统服务名称、TCP 端口、UDP 端口、本地 IP 地址、远程 IP 地址、配置文件、接口类型、用户、用户组、计算机、计算机组、协议和 ICMP 类型等。

2. 连接安全规则

高级安全 Windows 防火墙使用连接安全规则来配置本地计算机与其他计算机之间特定连接的 IPSec 设置。高级安全 Windows 防火墙使用这种规则来监测网络流量，然后根据该规则中所建立的标准阻止或允许消息。在某些环境下高级安全 Windows 防火墙将阻止流量。如果所配置的设置要求安全的双向连接，而两台计算机又无法互相进行身份验证，这种情况下，高级安全 Windows 防火墙将阻止连接。

3. 防火墙配置文件

根据计算机所处网络中的不同位置，使用不同的防火墙规则和连接安全规则，以及其他设置。而这种应用是以防火墙配置文件的方式来实现的。具体方式是将不同的防火墙规则和连接安全规则，以及其他设置应用于一个或多个防火墙配置文件，然后再将这些配置文件应用于计算机。可以配置计算机何时连接到域、专用网络或公用网络的配置文件。

4. 监视防火墙各种规则和运行状态

在高级安全 Windows 防火墙控制台中的监视节点显示有关当前所连接的计算机的信息。如果使用管理单元来管理组策略对象而不是本地计算机，则不会出现该节点。

9.2.3 高级安全 Windows 防火墙的新增功能

高级安全 Windows 防火墙与早期版本 Windows 防火墙相比，有不少新增的功能。

集成了 IPSec 配置。在高级安全 Windows 防火墙中，集成了防火墙过滤和 IPSec 规则。在 Windows Vista 和 Windows Server 2008 之前版本的 Windows 系统中，如果要配置 IPSec，则需要使用 IPSec 策略管理器。

扩展的授权旁路。使用 IPSec，用户可以为特定的计算机设置旁路规则，这样来自这些计算机的连接就可以旁路高级安全 Windows 防火墙中设置的规则了。这可以允许用户阻止特定类型的流量，但允许授权的计算机旁路这一阻止。特别是在漏洞扫描程序用于扫描其他程序、计算机和网络时，这种应用就比较常见。在 Windows Vista 和 Windows Server 2008 之前的操作系统，可以通过配置 IPSec 来允许一个计算机完全访问另一台计算机，但是无法指定端口和协议等。在 Windows Vista 和 Windows Server 2008 中，Windows 防火墙可以允许更加详细的授权旁路规则，允许管理员指定特定端口和特定程序，以及指定一台计算机或一组计算机有访问权限。

Windows 服务增强（Windows Service Hardening）网络限制。Windows 服务增强避免了关键的 Windows 服务在文件系统、注册表或网络中用于恶意活动。如果防火墙探测到违反其规则的非正常的行为，则防火墙将阻止该行为。如果一个服务被破坏进而执行恶意代码，Windows 服务增强则阻止其发送或接收流经未授权网络端口的流量。这将降低恶意代码带来的影响，而这一功能并没有限制 Windows 服务。

更加详细的规则。默认情况下，Windows 防火墙启动了进站和出站的连接防护。默认的策略是阻止所有的进站连接并允许所有的出站连接。用户可以使用高级安全 Windows 防火墙接口来为进站和出站配置连接规则。高级安全 Windows 防火墙还支持对 Internet 号码分配机构（Internet Assigned Numbers Authority，IANA）任何协议号协议的过滤。而在早期版本的 Windows 防火墙中只支持 UDP、TCP 和 ICMP 协议。高级安全 Windows 防火墙还支持配置活动目录域服务的账户和组、应用程序名、TCP、UDP、ICMPv4、ICMPv6、本地和远程 IP 地址、接口类型和协议，以及 ICMP 类型和代码的过滤。因此规则的设置，可以更加详细具体。

出站过滤。Windows 防火墙提供了出站过滤功能。这将帮助管理员限制用于向网络中发送流量的应用程序。

与位置相关的配置文件。用户可以配置不同的策略和设置用于如下防火墙配置文件。域：用于一台计算机被授权成为一个活动目录域中的成员的情况。当所有的接口可以授权到一个域控制器时，域配置文件成为有效的配置文件。私有网络：当一台计算机在私有网络网关或路由器之后被连接到一个私有网络中时，就使用这种类型的防火墙配置文件。公共网络：当一台计算机被直接连接到一个位于公共网络中的新网络中时，就使用这种类型的防火墙配置文件。这种类型的配置文件有效的话，至少需要一个公网或未知连接。

支持活动目录用户、计算机和组。可以创建规则，用于过滤由活动目录中的用户、计算机或组发起的连接。为使用这些类型的规则，连接必须使用 IPSec 进行加密。而 IPSec 需使用类似 Kerberos V5 之类的可以包含活动目录账户信息的证书。

支持 IPv6。高级安全 Windows 防火墙完全支持 IPv6、IPv6 到 IPv4，以及用于 IPv6 的称为 Teredo 的 NAT 遍历。

9.2.4　规则检验顺序

高级安全 Windows 防火墙使用如表 9-1 所示的顺序来执行各规则的检验。

表 9-1　规则检验顺序

顺序	规则类型	描述
1	Windows 服务增强	这种类型的规则限制服务创建连接。默认情况下，服务限制已被配置，这样 Windows 服务只能以特定的方式通信。如果用户不创建规则，则流量也是不被允许的。第三方软件供应商可以借助公共的 Windows 服务增强 API 来限制自己的服务
2	连接安全规则	这种类型的规则定义了计算机在何种环境中以何种方式来使用 IPSec 授权。连接安全规则被用于创建服务器与域的隔离，以及增强网络访问保护（Network Access Protection，NAP）策略
3	授权旁路规则	如果流量已经被 IPSec 保护，则这种类型的规则允许特定计算机之间的连接忽略其他入站规则。特定的计算机被允许旁路阻止流量的入站规则。这种情况的应用示例包括漏洞扫描，检测其他应用程序、计算机和网络漏洞的程序等

（续表）

顺序	规则类型	描述
4	阻止规则	这种类型的规则精确地阻止一个特定类型的入站或出站流量
5	允许规则	这种类型的规则精确地允许一个特定类型的入站或出站流量
6	默认规则	这些规则定义了一系列动作，用于一个连接在没有满足更高执行顺序的规则时来执行。默认情况下，入站流量被阻止连接，出战流量被允许连接

即使是组策略的规则，也会强制执行规则的验证顺序。包括组策略规则在内的规则，均被先排序后应用。域管理员组可以允许或拒绝本地管理员组创建新规则的权限。

9.3 高级安全 Windows 防火墙的管理方式

高级 Window 防火墙提供了如下几种管理配置本地计算机和远程计算机的方式。

（1）使用管理控制台管理。

（2）使用组策略管理控制台（Group Policy Management Console，GPMC）管理。

（3）使用 Netsh 的 advfirewall 命令管理。

9.3.1 使用控制台管理

在服务器上可以使用控制台管理高级安全 Windows 防火墙，可以使用如下方法来具体操作。

方法 1：直接打开高级安全 Window 防火墙，具体步骤如下。

步骤 1：单击“开始”→“控制面板”菜单命令，打开“控制面板”。

步骤 2：在“控制面板”中，双击“管理工具”图标，打开“管理工具”窗口。

步骤 3：在“管理工具”窗口中双击“高级安全 Windows 防火墙”图标，即可打开高级“安全 Windows 防火墙”窗口，如图 9-1 所示。

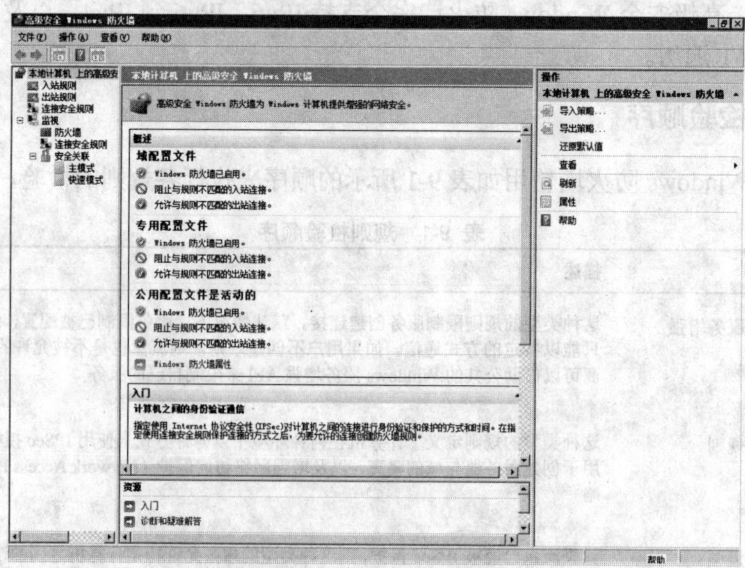

图 9-1 “高级安全 Windows 防火墙”窗口

方法 2：在 MMC 控制台中添加高级安全 Windows 防火墙，具体步骤如下。

步骤 1：单击“开始”→“所有程序”→“附件”→“运行”菜单命令，在弹出的“运行”对话框中输入 MMC 命令后按回车键，或者单击“开始”菜单，在“开始搜索”对话框中输入 MMC 后按回车键，如果提示管理员授权信息，则输入管理员账户以便允许此操作。通过上述操作即可打开 MMC 控制台，如图 9-2 所示。

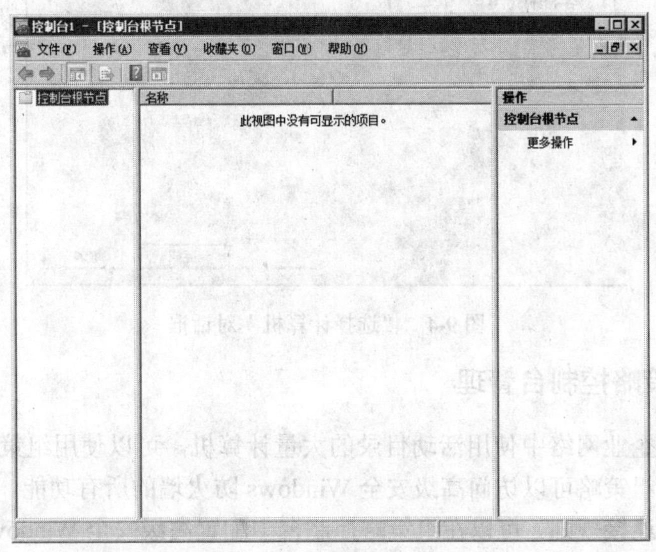

图 9-2　MMC 控制台窗口

步骤 2：在如图 9-2 所示的 MMC 控制台窗口中，单击“文件”→“添加/删除管理单元”菜单命令，弹出如图 9-3 所示的“添加或删除管理单元”对话框。

步骤 3：在如图 9-3 所示的对话框的“可用的管理单元”栏中，选择“高级安全 Windows 防火墙”，然后单击“添加”按钮，之后弹出如图 9-4 所示的“选择计算机”对话框。选择“本地计算机”之后单击“确定”按钮。

步骤 4：可以根据需要，重复步骤 3，再将“组策略”、“IP 安全监视”和“IP 安全策略管理器”等用于配置 IPSec 和组策略的配置工具添加进来。

步骤 5：单击如图 9-3 所示的对话框上的“确定”按钮，即可完成高级安全 Windows 防火墙的添加。

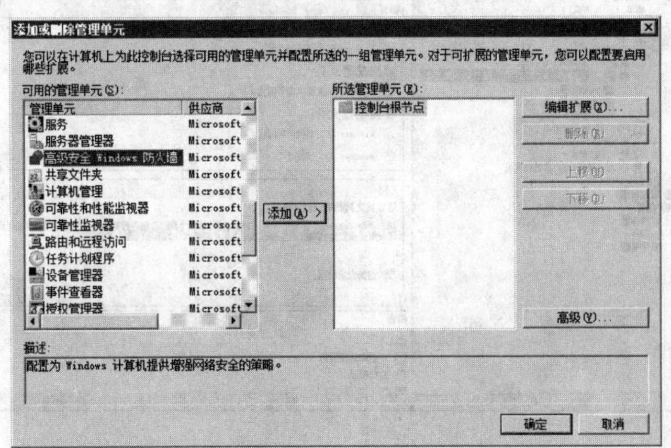

图 9-3　“添加或删除管理单元”对话框

步骤 6：在关闭这个控制台之前，先为这个管理控制台起个名字并保存下来，以后就可以直接调用了。

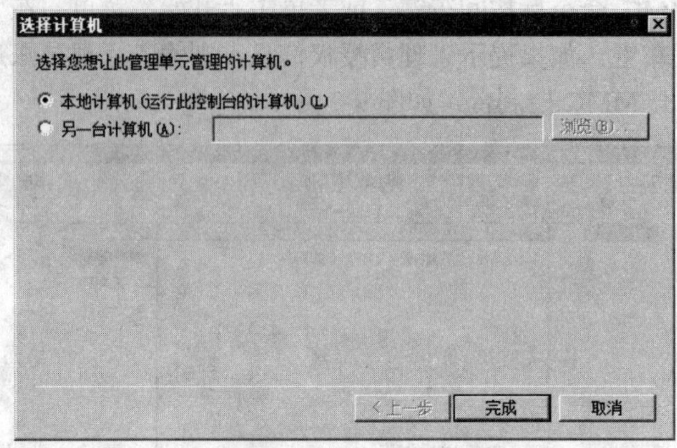

图 9-4 “选择计算机”对话框

9.3.2 使用组策略控制台管理

为了集中配置企业网络中使用活动目录的大量计算机，可以使用组策略来部署高级安全 Windows 防火墙。组策略可以访问高级安全 Windows 防火墙的所有功能，包括配置文件、防火墙规则和计算机连接规则。可以在组策略控制台中配置高级安全 Windows 防火墙的组策略设置。具体操作方法如下。

方法 1：单击“开始”→“所有程序”→“附件”→“运行”菜单命令，在弹出的“运行”对话框中输入 gpedit.msc，按回车，即可打开如图 9-5 所示的“本地组策略编辑器”窗口。展开“计算机配置”→“安全设置”→“高级安全 Windows 防火墙”选项后，即可配置管理高级安全 Windows 防火墙。

方法 2：单击“开始”菜单，在“开始搜索”框中输入 gpedit.msc，按回车后也可打开如图 9-5 所示的“本地组策略编辑器”窗口。

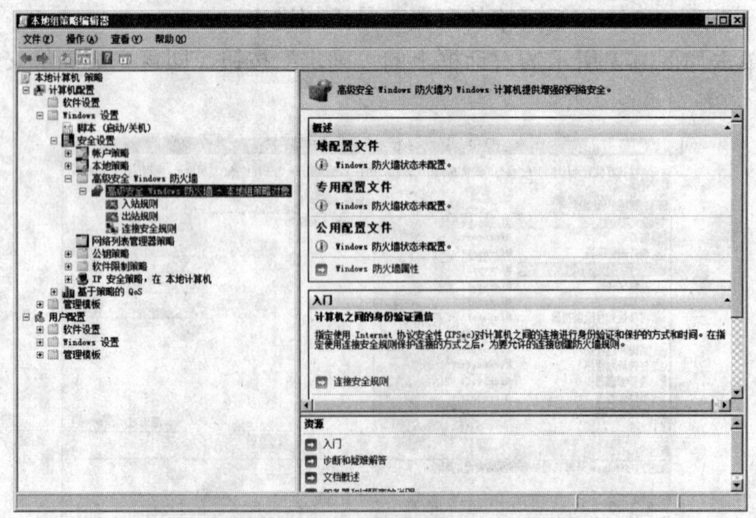

图 9-5 “本地组策略编辑器”窗口

如果使用组策略来配置高级安全 Windows 防火墙以阻止出站连接，则需要确定启动组策略的出站规则，并需要在测试环境中做好完全的测试再具体实施部署。否则，用户需要避免所有计算机获取策略更新。如果使用组策略在企业网络中配置高级安全 Windows 防火墙，则本地管理员无法更改设置。

9.3.3　使用 Netsh 命令配置管理

Netsh 是一个命令行工具，可以用于配置网络。在 Windows Vista 和 Windows Server 2008 中，可以使用 Netsh advfirewall 命令配置高级安全 Windows 防火墙。通过使用 Netsh 命令，用户可以创建脚本来自动配置高级安全 Windows 防火墙设置、创建规则、监视连接，以及显示高级安全 Windows 防火墙的配置和状态。在使用 Netsh 高级防火墙命令时，需要运行提升了权限的命令提示符，具体步骤如下。

步骤 1：单击“开始”→“所有程序”→“附件”菜单。

步骤 2：鼠标指向“命令提示符”菜单命令，单击鼠标右键，在弹出的菜单中选择“以管理员身份运行”菜单命令。

步骤 3：如果系统提示用户控制提示，单击“继续”即可弹出如图 9-6 所示的“命令提示符”窗口。

```
管理员: 命令提示符 - netsh
Microsoft Windows [版本 6.0.6001]
版权所有 (C) 2006 Microsoft Corporation。保留所有权利。

C:\Users\Administrator>netsh
netsh>advfirewall
netsh advfirewall>help

下列指令有效:

命令从 netsh 上下文继承:
..             - 移到上一层上下文级。
abort          - 丢弃在脱机模式下所做的更改。
add            - 在项目列表上添加一个配置项目。
advfirewall    - 更改到 'netsh advfirewall' 上下文。
alias          - 添加一个别名。
bridge         - 更改到 'netsh bridge' 上下文。
bye            - 退出程序。
commit         - 提交在脱机模式中所做的更改。
delete         - 在项目列表上删除一个配置项目。
dhcpclient     - 更改到 'netsh dhcpclient' 上下文。
exit           - 退出程序。
firewall       - 更改到 'netsh firewall' 上下文。
http           - 更改到 'netsh http' 上下文。
interface      - 更改到 'netsh interface' 上下文。
ipsec          - 更改到 'netsh ipsec' 上下文。
```

图 9-6 “命令提示符”窗口

步骤 4：在如图 9-6 所示的“命令提示符”窗口中输入

netsh

则系统进入“netsh>”的提示符。

步骤 5：在“netsh>”提示符后面输入

advfirewall

则系统进入“netsh advfirewall>”提示符。

步骤 6：在“netsh advfirewall>”提示符后面输入“？”或“Help”命令即可显示出该上下文可用命令的帮助信息。“netsh advfirewall>”的可用命令如下。

?：显示命令列表。

consec：更改到“netsh advfirewall consec”上下文。

dump：显示一个配置脚本。

export：将当前策略导出到文件。

firewall：更改到“netsh advfirewall firewall”上下文。

help：显示命令列表。

import：将策略文件导入当前策略存储。

monitor：更改到“netsh advfirewall monitor”上下文。

reset：将策略重置为默认全新策略。

set：设置每个配置文件或全局设置。

show：显示配置文件或全局属性。

advfirewall 还支持如下 3 种子上下文命令。

consec：允许用户查看、配置计算机的安全连接规则。

direwall：允许用户查看、配置防火墙规则。

monitor：允许用户查看监视配置。

由此看出，可以通过多种方法来管理配置高级安全 Window 防火墙，各种方式各有优缺点。使用管理控制台的方式比较直观；使用组策略控制台比较适合企业网络中多台计算机的配置；使用 Netsh 命令方式比较快捷，还便于编写脚本来自动执行配置。为了直观起见，接下来的小节中我们将主要以控制台方式为例介绍高级安全 Window 防火墙的使用。

9.4 高级安全 Windows 防火墙的配置文件

9.4.1 配置文件的查看

要了解高级安全 Window 防火墙的配置文件，首先要查看配置文件的内容，才能了解配置文件，以便根据需要进行配置。查看配置文件的步骤如下。

步骤 1：打开如图 9-1 所示的“高级安全 Window 防火墙”控制台窗口。

步骤 2：在“高级安全 Window 防火墙”控制台窗口左侧，选择“本地计算机上的高级安全 Window 防火墙”，则窗口的中间一列显示配置文件的概述信息，即 3 类配置文件的配置运行状态清单，如图 9-7 所示。

步骤 3：单击如图 9-7 所示的界面上的“Windows 防火墙属性”，弹出如图 9-8 所示的配置文件属性对话框。

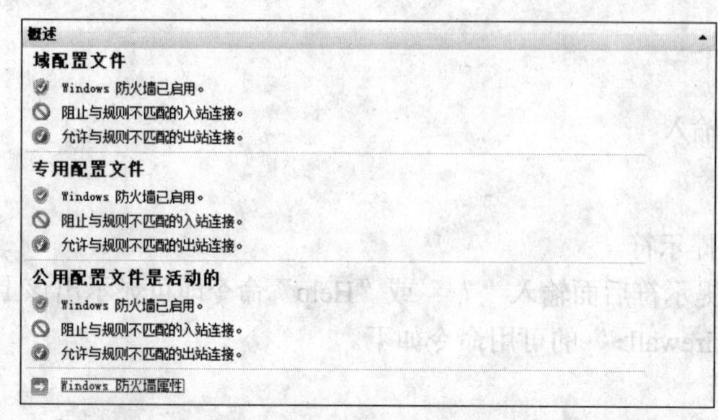

图 9-7 配置文件概述

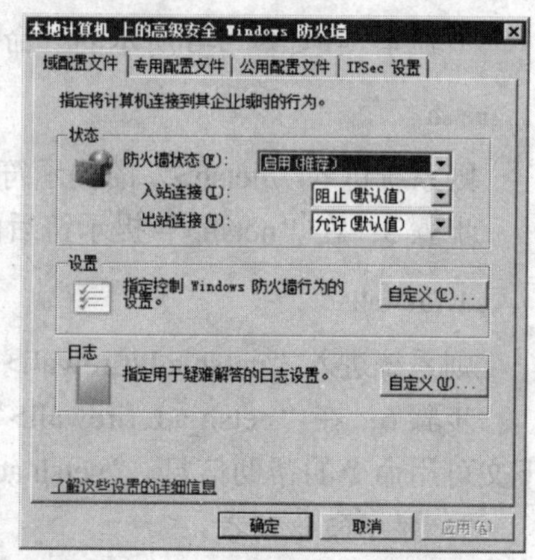

图 9-8 配置文件属性对话框

步骤 4：在如图 9-8 所示的对话框中，显示了"域配置文件"、"专用配置文件"、"公用配置文件"和"IPSec 设置"选项页，使用它们可以分别查看对应的配置文件属性。

9.4.2　配置文件的修改

从 9.4.1 节可以知道如何查看配置文件的内容。配置文件的修改则是在查看对话框中修改各个属性值。具体步骤如下。

步骤 1：打开如图 9-8 所示的配置文件属性对话框。

步骤 2：以"域配置文件"选项页为例，在"状态"属性组中，"防火墙状态"属性栏可以设置为"启动（推荐）"或"关闭"；"入站连接"属性栏可以设置为"阻止（默认值）"、"阻止所有连接"和"允许"；"出站连接"属性栏可以设置为"允许（默认值）"和"阻止"。

步骤 3：在"域配置文件"选项页的"设置"组中，单击"自定义"按钮，可弹出如图 9-9 所示的"自定义域配置文件的设置"对话框。在"防火墙设置"组的"显示通知"属性栏中可以设置为"否"或"是（默认值）"。在"单播响应"组的"允许单播响应"属性栏中可以设置为"是（默认值）"或"否"。"规则合并"组中的属性默认设置用户不能修改。设置完后单击"确定"按钮。

步骤 4：在"域配置文件"选项页的"日志"组中，单击"自定义"按钮，即可弹出如图 9-10 所示的日志设置对话框。在该对话框中可以设置日志的保存路径、文件大小限制，以及是否记录被丢弃的数据包、是否记录成功的连接。设置完毕后单击"确定"按钮。

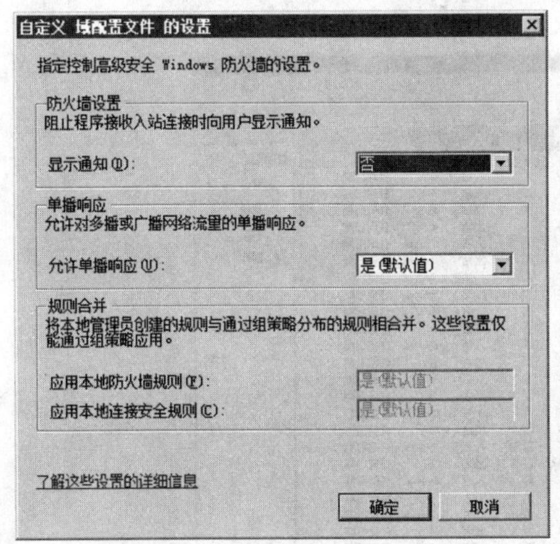

图 9-9 "自定义域配置文件的设置"对话框

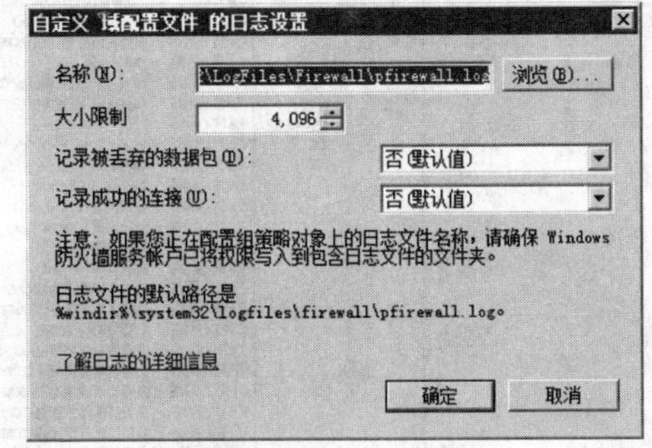

图 9-10　日志设置对话框

步骤 5：重复步骤 2、步骤 3 和步骤 4 的设置方法，可以修改专用配置文件和公用配置文件的设置信息。

9.5　高级安全 Windows 防火墙出入站规则

9.5.1　出入站规则的含义

入站规则是指进入本地计算机的相关规则，可以明确允许或明确阻止与规则匹配的流量。例如，可以将规则配置为明确允许受 IPSec 保护的远程桌面流量通过防火墙，但阻止不受

IPSec 保护的远程桌面流量。默认安装 Windows Server 2008 时，系统将阻止入站流量。如果需要允许流量，则必须创建一个入站规则。在没有适用的入站规则的情况下，也可以对高级安全 Windows 防火墙所执行的操作进行配置。

出站规则是指流出本地计算机的相关规则，可以明确允许或明确拒绝来自与规则匹配的计算机的流量。例如，可以将规则配置为明确阻止出站流量通过防火墙到达某一台计算机，但允许同样的流量到达其他计算机。默认情况下允许出站流量，因此必须创建出站规则来阻止流量。无论在默认情况下是允许还是阻止连接，都可以配置默认操作。

9.5.2 监视出入站规则

出入站规则，在高级安全 Windows 防火墙中被统一看做防火墙规则。要查看这些规则的状态，可按照如下步骤执行。

步骤 1：打开如图 9-1 所示的“高级安全 Windows 防火墙”窗口。

步骤 2：在窗口的左侧，展开“监视”→“防火墙”选项，即可在窗口中间一列显示出防火墙规则的状态信息，如图 9-11 所示。

9.5.3 创建出入站规则

高级安全 Windows 防火墙允许用户创建如下类型的规则。

程序规则：这种类型的规则允许一个特定程序的流量，可以通过程序路径和程序名来识别程序。

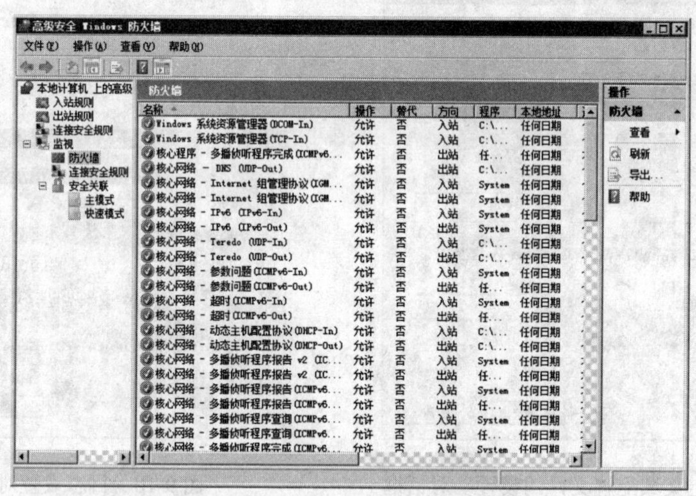

图 9-11 防火墙规则监视窗口

端口规则：这种类型的规则允许一个特定的 TCP 和 UDP 端口号或端口范围的流量。

预定义规则：Windows 包含了大量可以启用的功能，如文件和打印机共享、远程协助和 Windows 协作。创建一个预定义的规则实际就是创建一组规则来允许特定的 Windows 功能访问网络。

自定义规则：一个用户自定义的规则允许用户创建一个其他类型规则无法创建的规则。

创建规则的具体操作步骤如下。

步骤 1：打开如图 9-1 所示的“高级安全 Windows 防火墙”窗口。

步骤 2：在窗口左侧，选择“入站规则”或“出站规则”，单击鼠标右键，在弹出的菜单中选择“新规则”菜单命令，或者在窗口右侧一列的“操作”中选择“新规则”功能链接，即可弹出如图 9-12 所示的新建入站规则向导。

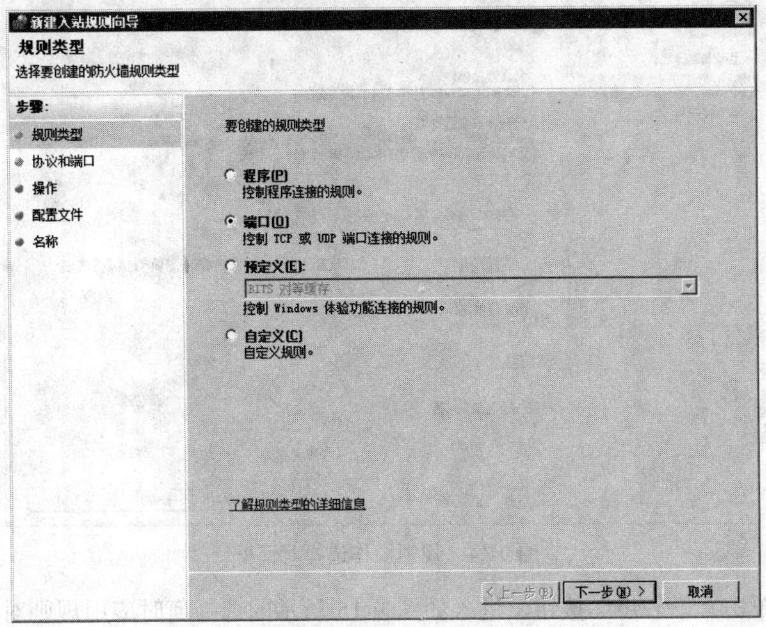

图 9-12　新建入站规则向导

步骤 3：在向导对话框中，根据实际需要选择创建规则的类型，如选择“端口”这种类型，之后单击“下一步”按钮。

步骤 4：进入如图 9-13 所示的协议和端口设置对话框。选择“TCP”协议，并设置“特定本地端口”为“80”。

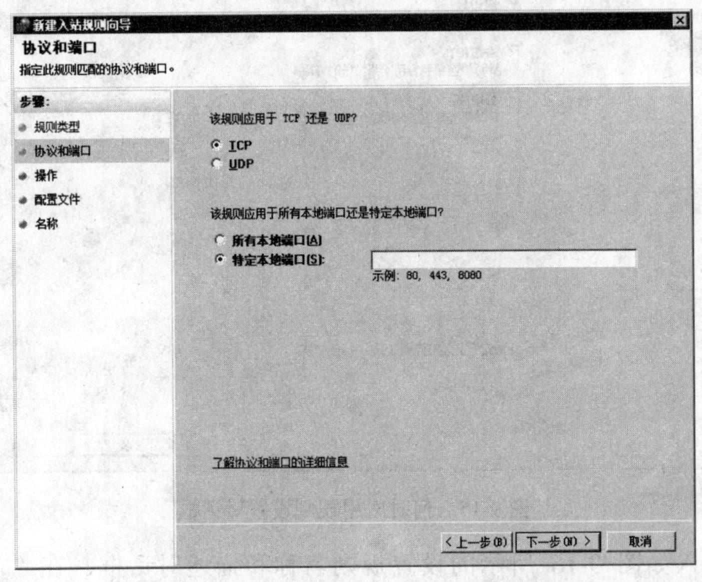

图 9-13　选择协议类型和端口号对话框

步骤 5：单击“下一步”按钮，进入如图 9-14 所示的对话框，选择规则所采取的操作如选择“允许连接”。

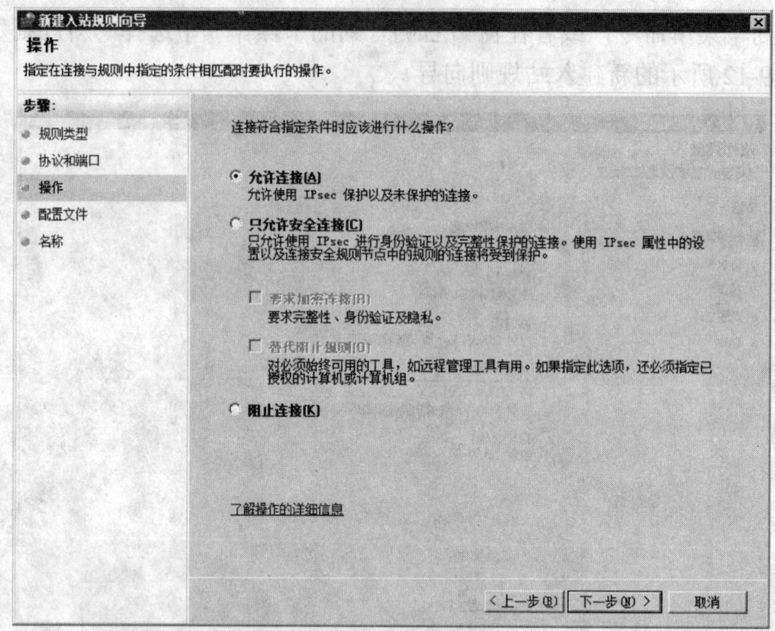

图 9-14　规则操作选择对话框

步骤 6：单击“下一步”按钮，进入如图 9-15 所示的选择何时应用规则对话框。选择好何时应用规则，之后单击“下一步”按钮。

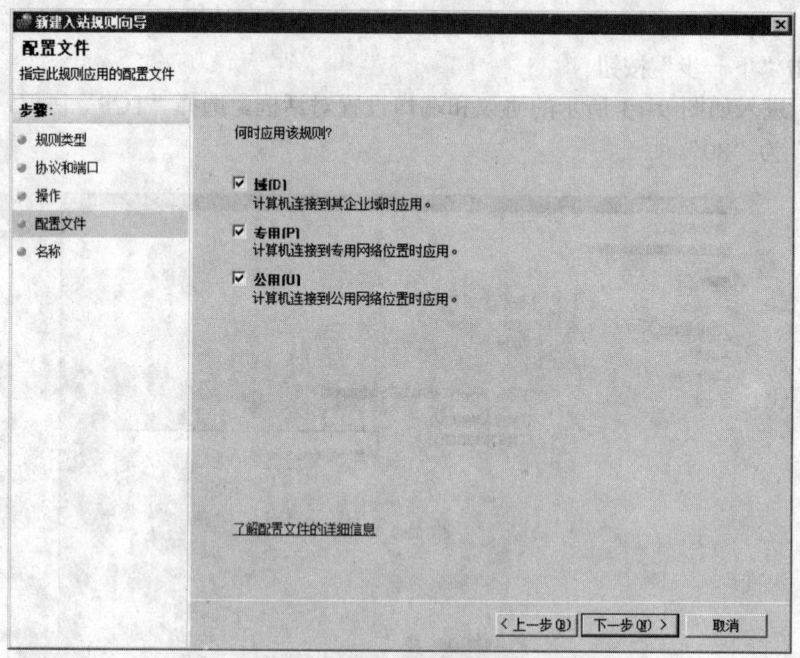

图 9-15　何时应用规则设置对话框

步骤 7：进入如图 9-16 所示的设置规则名称和描述对话框。在“名称”栏中输入“MyProtocolRule”，在“描述”栏中输入“MyProtocolRule example.”，最后单击“完成”按钮即可完成配置。

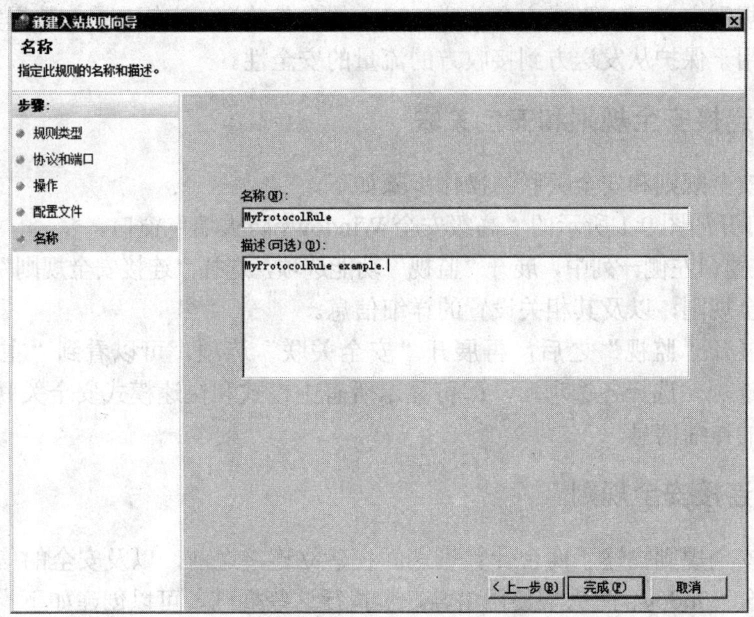

图 9-16　设置规则名称和描述对话框

9.6　高级安全 Windows 防火墙连接安全规则

9.6.1　连接安全规则

防火墙规则允许流量通过防火墙，但不确保这些流量的安全问题。要通过 IPSec 确保流量安全，可以创建计算机连接安全规则。但是，创建连接安全规则不允许流量通过防火墙。如果防火墙的默认行为不允许该流量通过，则必须创建防火墙规则来允许该流量通过。

连接安全包括两台计算机开始通信之前的身份验证，并确保在两台计算机之间正在发送信息的安全性。连接安全规则要求通信双方的计算机都具有采用连接安全规则的策略或其他兼容的 IPSec 策略。高级安全 Windows 防火墙包含了 IPSec 技术，通过使用密钥交换、身份验证、数据完整性和数据加密来实现连接安全。

身份验证：身份验证方法针对流量开始之前验证身份的方法定义了要求。每个对等端按照方法列出的顺序尝试这些方法。双方必须至少有一个通用身份验证方法，否则流量将失败。创建多个身份验证方法可增加在两台计算机之间找到通用方法的机会。

密钥交换：若要启用安全流量，两台计算机必须能够获取相同的共享密钥（会话密钥），而不必通过网络发送密钥，也不会泄密。

Diffie-Hellman 密钥交换算法（DH）：是用于密钥交换的最古老且最安全的算法之一。双方公开交换密钥信息，还可受到哈希函数签名的保护。可以在“高级安全 Windows 防火墙属性”对话框的“IPSec 设置”选项卡上配置密钥交换设置。

数据保护：数据保护包括数据完整性和数据加密。数据完整性使用消息哈希来确保信息在传输过程中不会被更改。哈希消息验证代码（HMAC）对数据包签名，以验证所接收的信息与所发送的信息完全相同，这称为完整性。数据加密使用算法隐藏正在传输的消息。在 Windows Server 2008 中，IPSec 使用美国数据加密标准（DES）提供数据加密。

连接安全规则定义用于形成安全关联（SA）的身份验证、密钥交换、数据完整性或加密。安全关联定义用于保护从发送方到接收方的流量的安全性。

9.6.2 监视连接安全规则和安全关联

监视连接安全规则和安全关联的操作步骤如下。

步骤 1：打开如图 9-1 所示的“高级安全 Windows 防火墙”窗口。

步骤 2：在窗口左侧一列中，展开“监视”功能选项，选择“连接安全规则”即可查看所有启用的连接安全规则，以及其相关设置的详细信息。

步骤 3：展开“监视”之后，再展开“安全关联”选项，可以看到“主模式”和“快速模式”功能选项。选择各选项后，即可显示所有主模式和快速模式安全关联，以及有关其设置和终结点的详细信息。

9.6.3 创建连接安全规则

一个连接安全规则描述了两台计算机之间在建立连接之前，以及安全的信息传输中如何授权。高级安全 Windows 防火墙使用 IPSec 来执行这些规则。可以创建如下类型的连接安全规则。

隔离：限制基于身份验证条件的连接，如域成员身份或健康状态。隔离规则允许用户执行一个服务器或域的隔离策略。

身份验证例外：来自特定计算机的连接不进行身份验证。可以通过指定一个 IP 地址、IP 地址范围、一个子网或诸如网关的预定义的组。

服务器到服务器：指定计算机之间的身份验证连接。这种类型的规则通常保护服务器之间的连接。

隧道：网关计算机之间的身份验证连接。主要用于通过因特网连接两个安全的网关。在设置时，需要设置通道两端的 IP 地址，并指定授权方法。

自定义：如果无法使用其他类型的规则设置，则使用自定义类型来创建两台计算机之间的授权连接规则。

创建连接安全的具体步骤如下。

步骤 1：打开如图 9-1 所示的“高级安全 Windows 防火墙”窗口。

步骤 2：选择窗口左侧一列中的“连接安全规则”，单击鼠标右键，在弹出的菜单中选择“新规则”菜单命令，或者在窗口右侧一列的“操作”中选择“新规则”功能链接。之后可以弹出如图 9-17 所示的新建连接安全规则向导。

步骤 3：在图 9-17 所示的向导对话框中，选择规则类型，如选择“隔离”类型，之后单击“下一步”按钮。

步骤 4：进入如图 9-18 所示的向导对话框中。选择进行身份验证的时间，如选择“入站和出站连接请求身份验证”类型，之后单击“下一步”按钮。

步骤 5；进入如图 9-19 所示的向导对话框，选择要使用的身份验证方法，如选择“默认值”，之后单击“下一步”按钮。

步骤 6：进入如图 9-20 所示的设置配置文件的向导对话框。选择创建的规则所属的配置文件，如按照默认方式选择 3 种配置文件，之后单击“下一步”按钮。

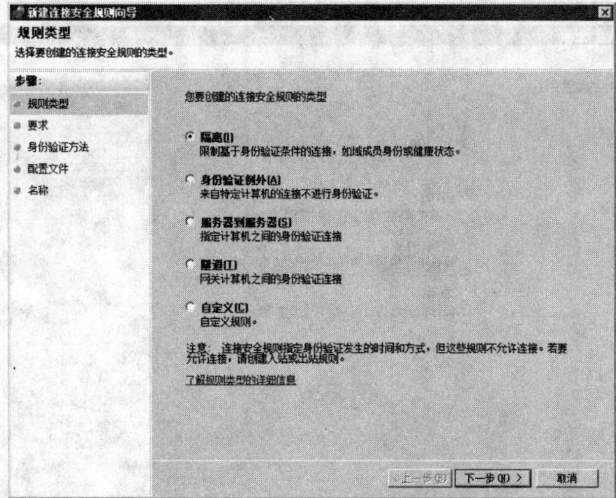

图 9-17　新建连接安全规则向导

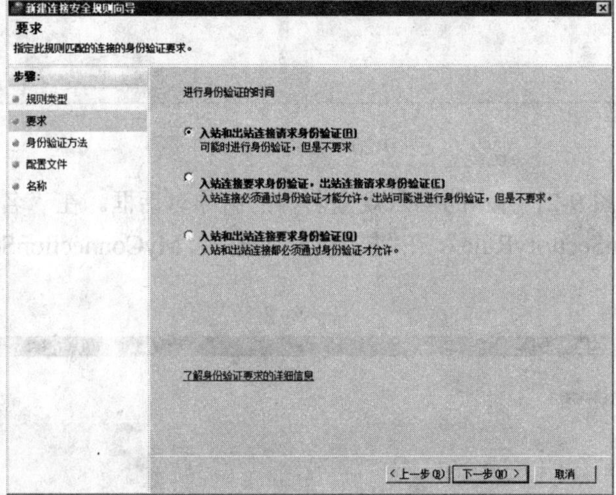

图 9-18　选择进行身份验证的时间

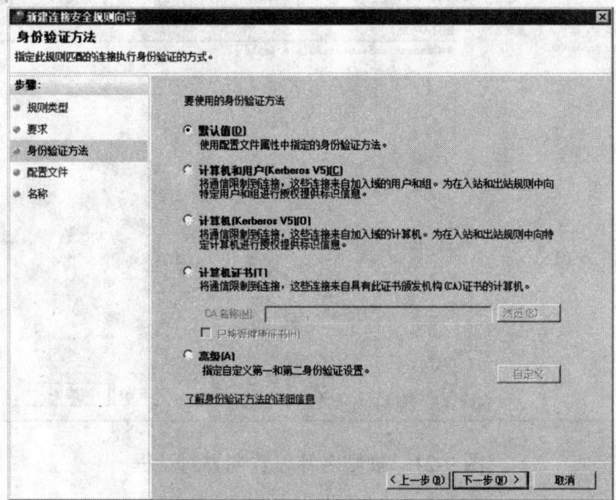

图 9-19　选择身份验证方法

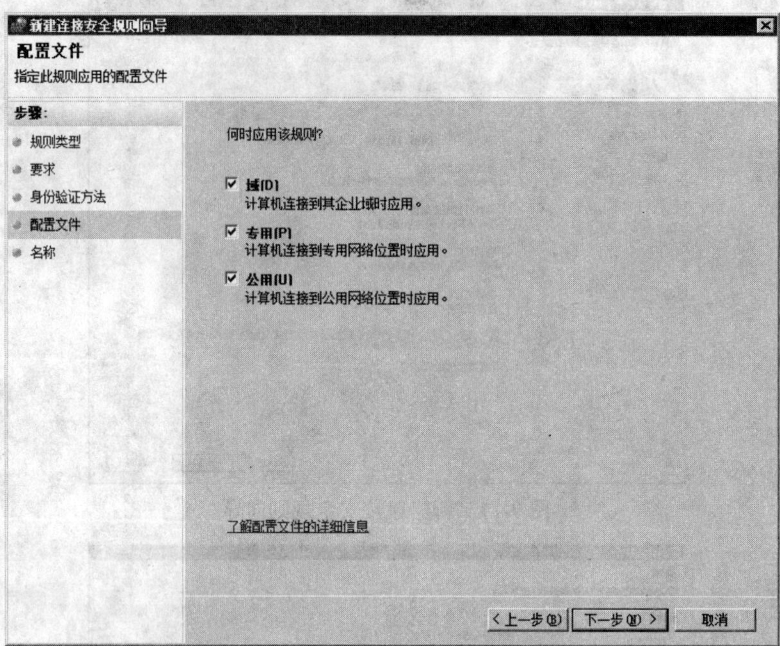

图 9-20　设置配置文件

步骤 7：进入如图 9-21 所示的输入规则名称的向导对话框。在“名称”栏中输入规则名称，如“MyConnectionSecurityRule”，在“描述”栏中输入“MyConnectionSecurityRule example.”描述信息。

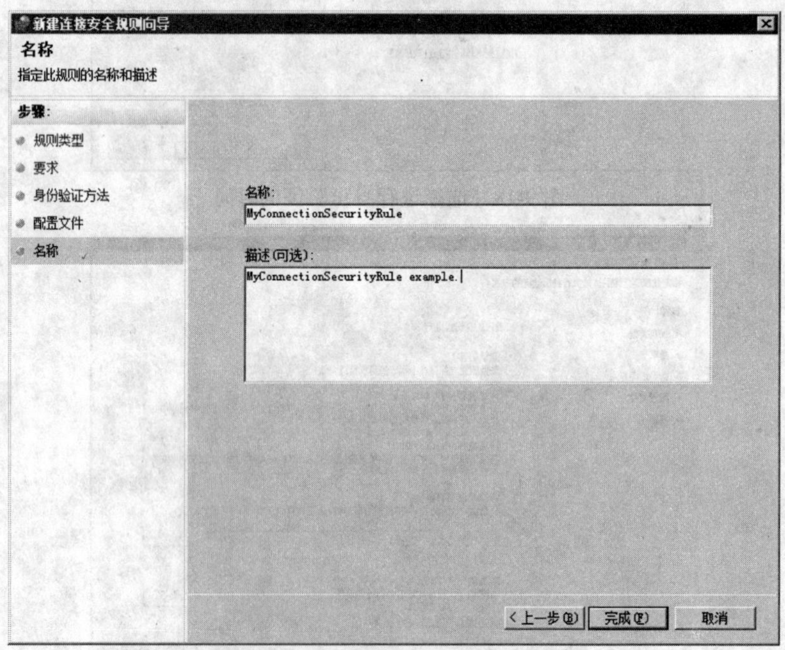

图 9-21　规则名称设置向导对话框

9.7　本章小结

本章从防火墙的分类开始介绍，逐步介绍了高级安全 Windows 防火墙的概况、管理方法、配置文件、出入站规则，以及连接安全的相关内容。通过这些内容的介绍，可以了解到在 Windows Server 2008 中所提供的高级安全 Windows 防火墙的基本概念、基本功能和基本使用方法。通过这些设置可以进一步提高系统的安全性。当然，高级安全 Windows 防火墙的设置功能也不仅仅局限于本章所介绍的内容，更多、更灵活的功能还可以在实践中逐步揣摩和体验。

第10章 安全配置向导

10.1 安全配置向导简介

10.1.1 安全配置向导的基本功能

安全配置向导（Security Configuration Wizard，SCW）可以确定服务器角色所需要的最少功能，并禁用不需要的功能。安全配置向导可以以单独的方式运行，也可以在服务器管理器中运行。使用安全配置向导，用户可以方便地根据服务器的角色来创建、编辑、应用或取消安全策略。使用安全配置向导创建的安全策略是 XML 文件（.xml）。使用这些配置文件，可以配置服务、网络安全、特定注册表值和审核策略。

10.1.2 安全配置数据库

安全配置数据库由一组 XML 文件（.xml）组成。这些 XML 文件中包含了每种服务角色所需要的服务和端口的列表。通过安全配置向导可以创建、编辑这些内容。这些 XML 文件被安装在系统盘的“%systemroot%\security\ssscw\kbs”目录中。

在安全配置向导中，选择一个服务器后，系统就扫描服务器来确定如下信息：服务器上安装的角色、在服务器上执行的角色、已安装但不是安全配置数据库的组成部分的服务，以及服务器的 IP 地址和子网。安全配置向导将这些信息放置在一个单独的 XML 文件中，该文件名为 main.xml。如果在安全配置向导中单击“查看配置数据库”按钮，即可打开 SCW 查看器来浏览 mian.xml 文件的内容。

10.2 创建新的安全策略

接下来，我们就使用安全配置向导来创建新的安全策略。具体步骤如下。

步骤 1：单击“开始”→“管理工具”→“安全配置向导”菜单命令，弹出如图 10-1 所示的安全配置向导欢迎页面。单击“下一步”按钮。

步骤 2：进入如图 10-2 所示的配置操作向导页面。在该页面中，可以选择“新建安全策略”、“编辑现有安全策路”、“应用现有安全策略”和“回滚上一次应用的安全策略”等操作。这里先选择新建安全策略，之后单击“下一步”按钮。

步骤 3：进入如图 10-3 所示的选择服务器向导页面。可以使用 DNS 名称、NetBIOS 名称或 IP 地址来确定需要配置安全策略的服务器。安全配置向导默认选择当前服务器的名称。之后单击“下一步”按钮。

步骤 4：进入如图 10-4 所示的处理安全配置数据库向导页面。该向导页面处理配置数据库，并显示处理进度。处理完成之后，即可单击页面上的“查看配置数据库”按钮来查看安全配置数据库文件的内容。单击该按钮后，弹出如图 10-5 所示的 SCW 查看器。在该查看器中即可展开安全配置数据库文件的内容。查看完毕后关闭 SCW 查看器，然后单击图 10-4 上的“下一步”按钮。

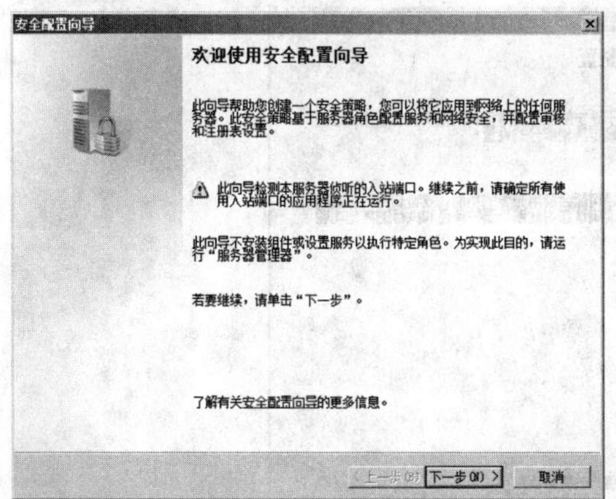

图 10-1 全配置向导欢迎页面

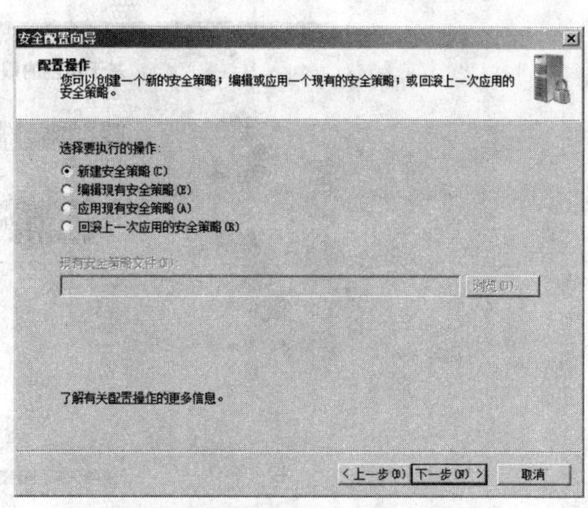

图 10-2 配置操作

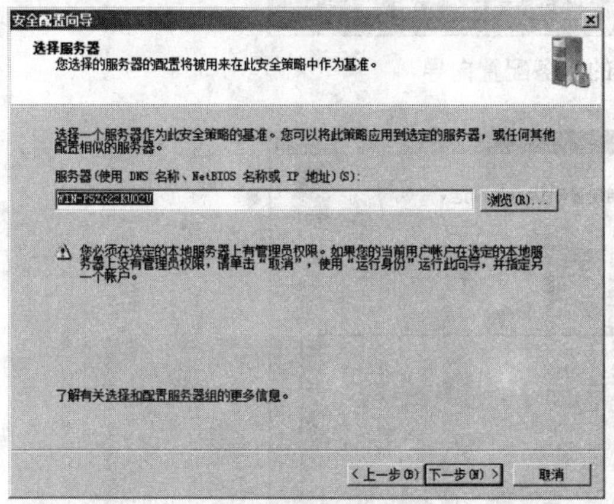

图 10-3 选择服务器

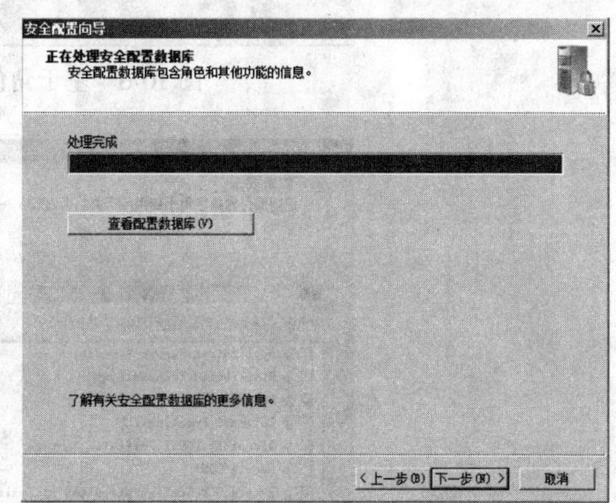

图 10-4 处理安全配置数据库

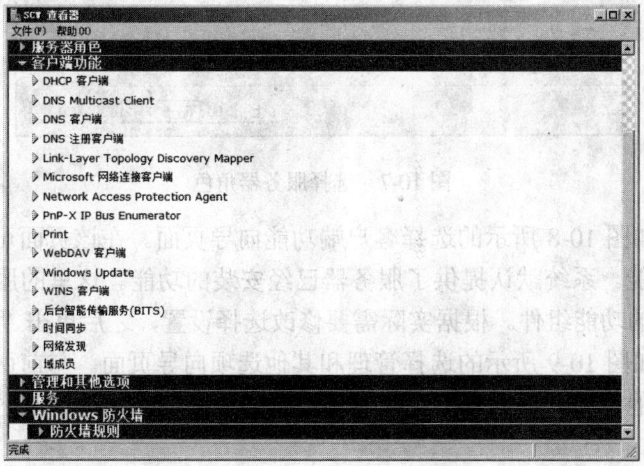

图 10-5 SCW 查看器

步骤 5：进入如图 10-6 所示的基于角色的服务配置提示向导页面。之后单击“下一步”按钮。

步骤 6：进入如图 10-7 所示的选择服务器角色向导页面。在该页面中，可以选择需要设置安全策略的服务器角色。系统默认选择本地服务器上已经安装的服务器角色。可以根据实际需要，更改这些服务器角色的选择。之后单击“下一步”按钮。

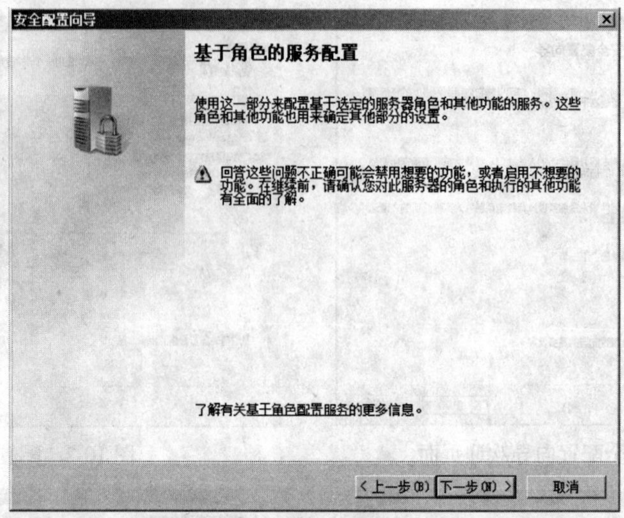

图 10-6　基于角色的服务配置向导

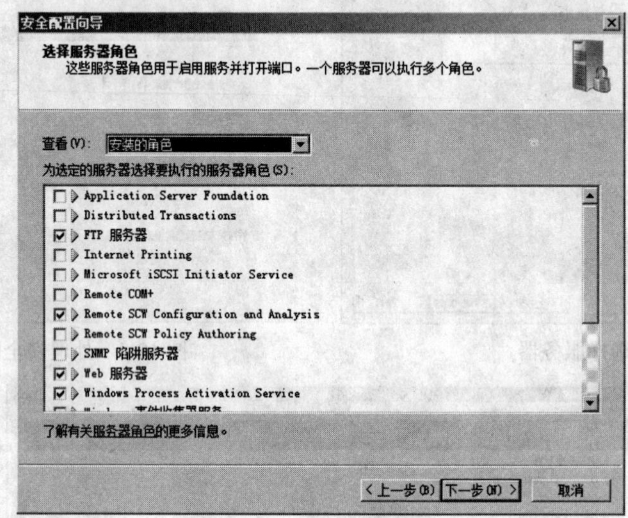

图 10-7　选择服务器角色

步骤 7：进入如图 10-8 所示的选择客户端功能向导页面。在该页面可以选择用于设置安全策略的服务器功能。系统默认提供了服务器已经安装的功能。这里的服务器功能可以简单地理解为服务器上的功能组件。根据实际需要修改选择设置，之后单击“下一步”按钮。

步骤 8：进入如图 10-9 所示的选择管理和其他选项向导页面。与前两个向导页面类似，这里选择管理和其他选项。根据需要选择需要设置的安全策略的选项，之后单击“下一步”按钮。

步骤 9：进入如图 10-10 所示的选择其他服务向导页面。在该向导页面中，选择需要配置安全策略的其他服务，之后单击“下一步”按钮。

步骤 10：进入如图 10-11 所示的处理未指定的服务向导页面。安全配置可以应用到其他服务器，而其他服务器的配置并不一定是完全一致的。因此就需要在此处选择是不更改此服务的启动模式，还是禁用此服务。之后单击“下一步”按钮。

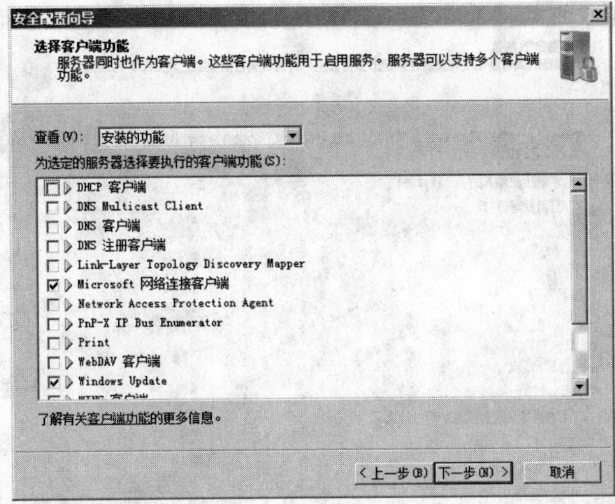

图 10-8　选择客户端功能

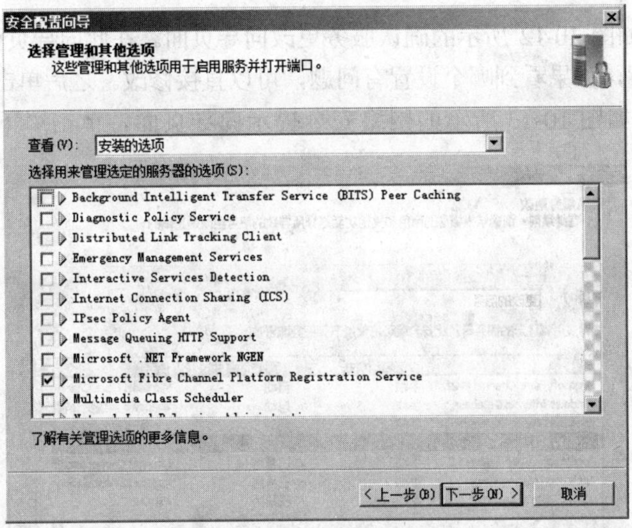

图 10-9　选择管理和其他选项

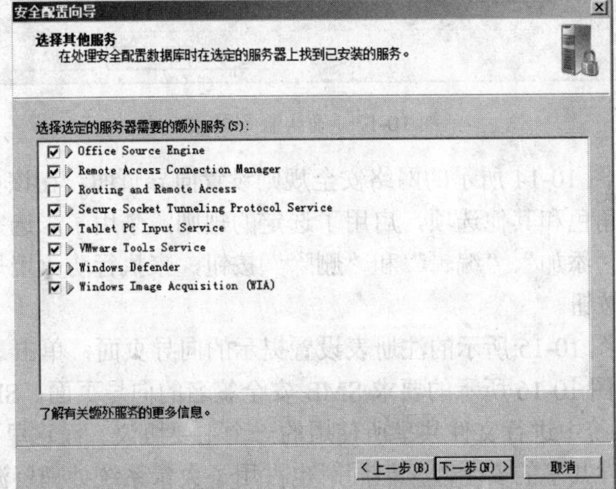

图 10-10　选择其他服务

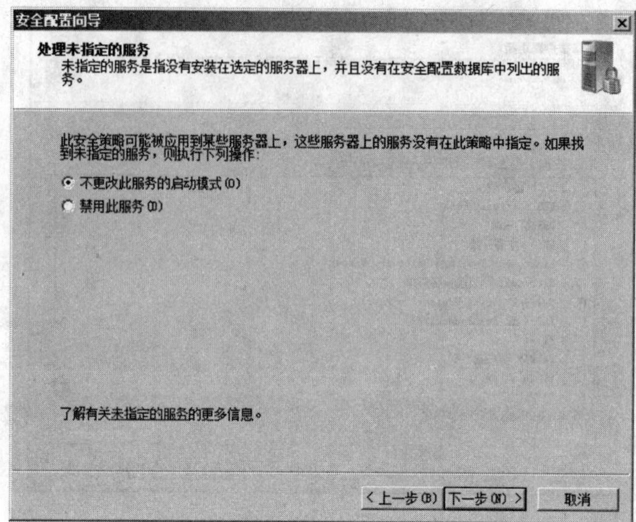

图 10-11 处理未指定的服务

步骤 11：进入如图 10-12 所示的确认服务更改向导页面。在此向导页面中，提示前面几个向导页面进行的设置，如果看到哪个设置有问题，可以直接修改。之后单击“下一步”按钮。

步骤 12：进入如图 10-13 所示的网络安全提示向导页面，单击“下一步”按钮。

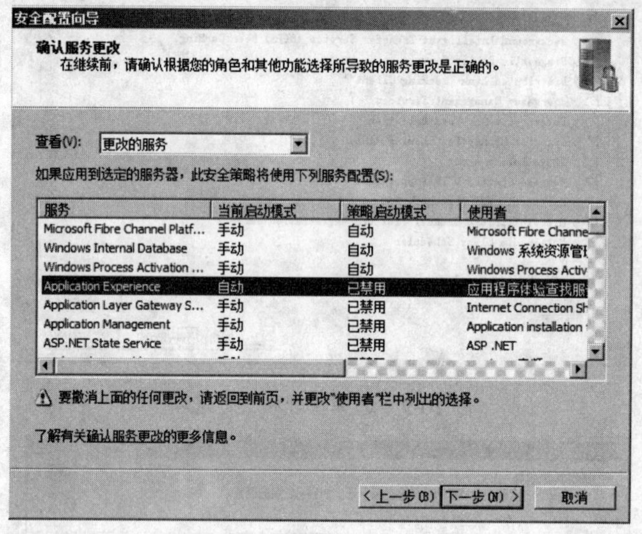

图 10-12 确认服务更改

步骤 13：进入如图 10-14 所示的网络安全规则设置向导页面。在该页面中，对前面向导页面中选择的服务器角色和其他选项，启用了选定的规则，禁用了未选定的规则。在该向导中，还可以通过单击“添加”、“编辑”和“删除”按钮，来执行防火墙规则的相应操作。之后，单击“下一步”按钮。

步骤 14：进入如图 10-15 所示的注册表设置提示的向导页面，单击“下一步”按钮。

步骤 15：进入如图 10-16 所示的要求 SMB 安全签名的向导页面。SMB 协议（服务器消息块）是 Windows 系统中进行文件共享所使用的一个主要协议。而这里要求服务器 SMB 安全签名，则增强了文件共享的安全性，但同时也占用了大量系统处理资源。根据实际需求选择设定具有何种属性是否启用 SMB 安全签名。之后，单击“下一步”按钮。

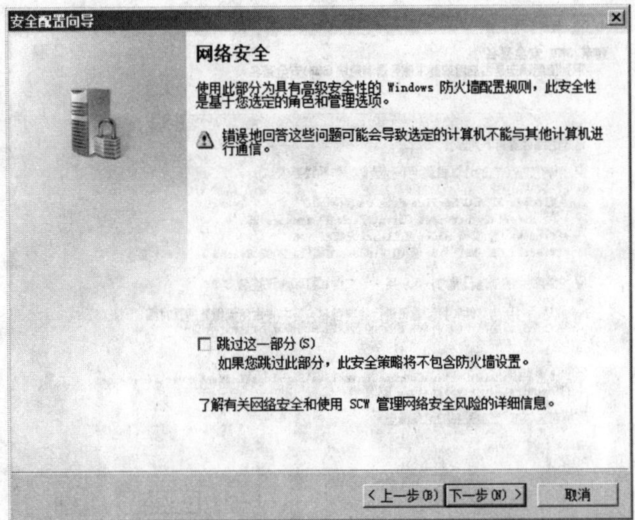

图 10-13　网络安全提示

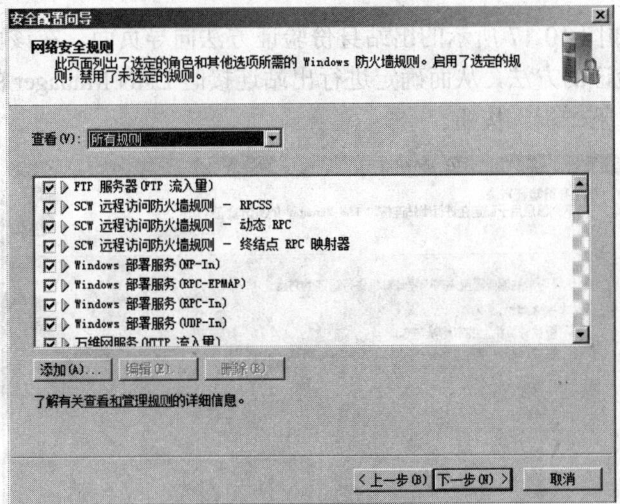

图 10-14　网络安全规则

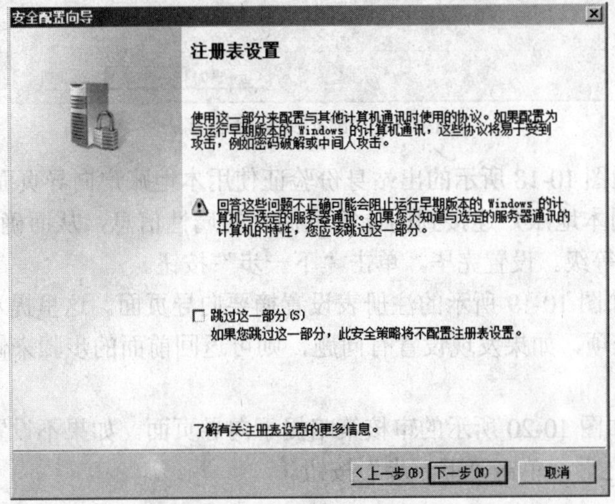

图 10-15　注册表设置提示

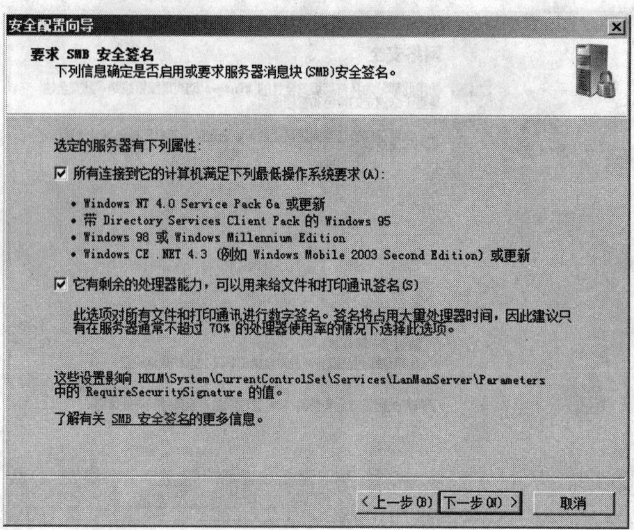

图 10-16 要求 SMB 安全签名

步骤 16：进入如图 10-17 所示的出站身份验证方法向导页面。在该页面中，设置服务器对远程计算机进行验证的方法，从而确定进行出站连接时 LAN Manager 的身份验证等级。选择设置完毕，单击“下一步”按钮。

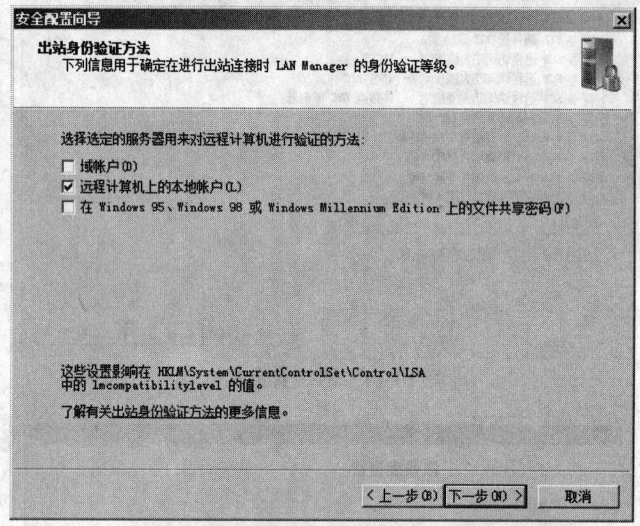

图 10-17 出站身份验证方法

步骤 17：进入如图 10-18 所示的出站身份验证使用本地账户向导页面。在该向导页面中，可以设置服务器使用本地账户连接到的计算机拥有的属性信息，从而确定出站连接时 LAN Manager 的身份验证等级。设置完毕，单击“下一步”按钮。

步骤 18：进入如图 10-19 所示的注册表设置摘要向导页面。这里提示用户注册表安全策略将应用到的注册表项，如果发现设置有问题，则可返回前面的步骤来修改设置。之后，单击“下一步”按钮。

步骤 19：进入如图 10-20 所示的审核策略提示向导页面。如果不设置该类策略，可选择“跳过这一部分”。之后，单击“下一步”按钮。

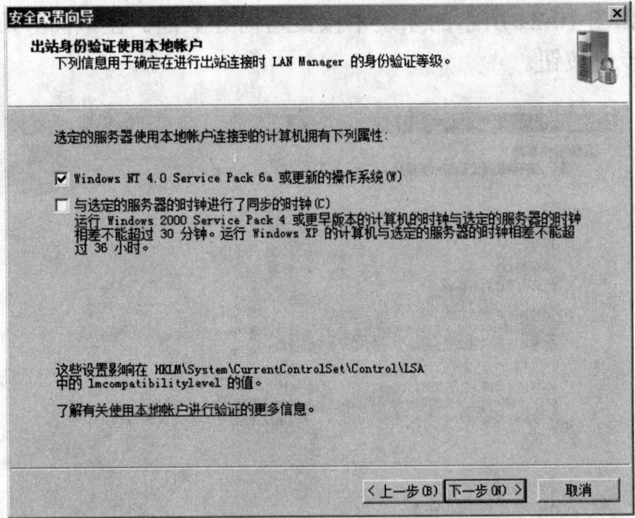

图 10-18　出站身份验证使用本地账户

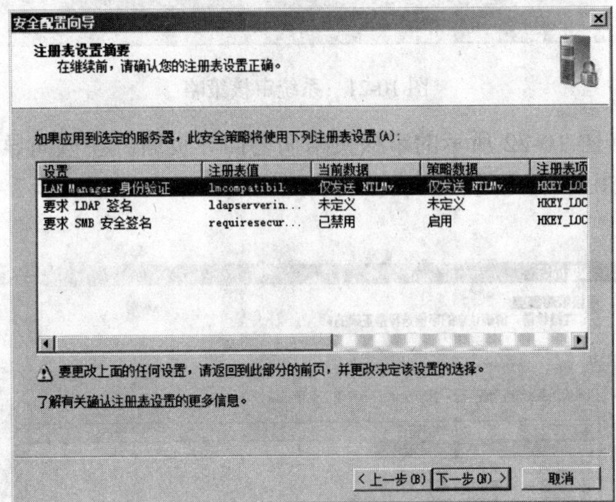

图 10-19　注册表设置摘要

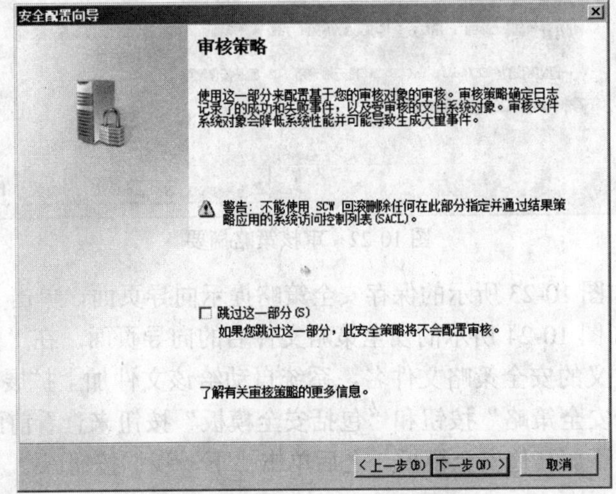

图 10-20　审核策略提示

步骤 20：进入如图 10-21 所示的系统审核策略向导页面。在该向导页面，选择审核策略。之后，单击“下一步”按钮。

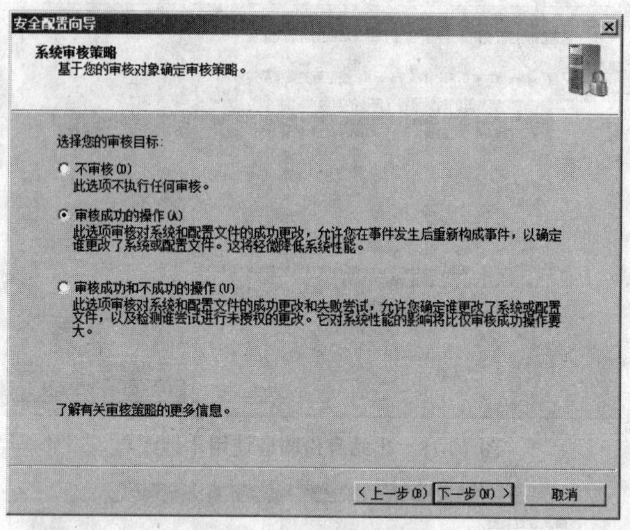

图 10-21　系统审核策略

步骤 21：进入如图 10-22 所示的审核策略摘要向导页面。在该向导页面中显示了所选择的策略汇总摘要，由用户确定是否正确。确认无误后，单击“下一步”按钮。否则返回前面步骤进行修改。

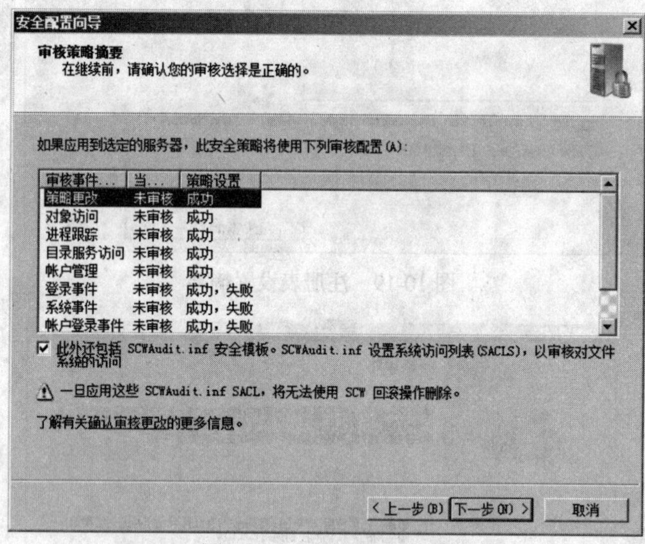

图 10-22　审核策略摘要

步骤 22：进入如图 10-23 所示的保存安全策略提示向导页面，单击“下一步”按钮。

步骤 23：进入如图 10-24 所示的安全策略文件名的向导页面。在“安全策略文件名”一栏中，输入用户自定义的安全策略文件名，系统自动给该文件加上扩展名.xml。可以通过单击该页面上的“查看安全策略”按钮和“包括安全模板”按钮来查看前面各个步骤设置的安全策略，同时还可以添加其他安全模板。之后单击“下一步”按钮。

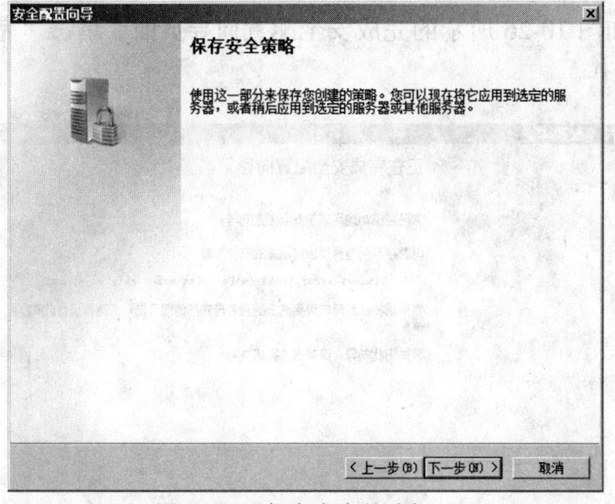

图 10-23　保存安全策略提示

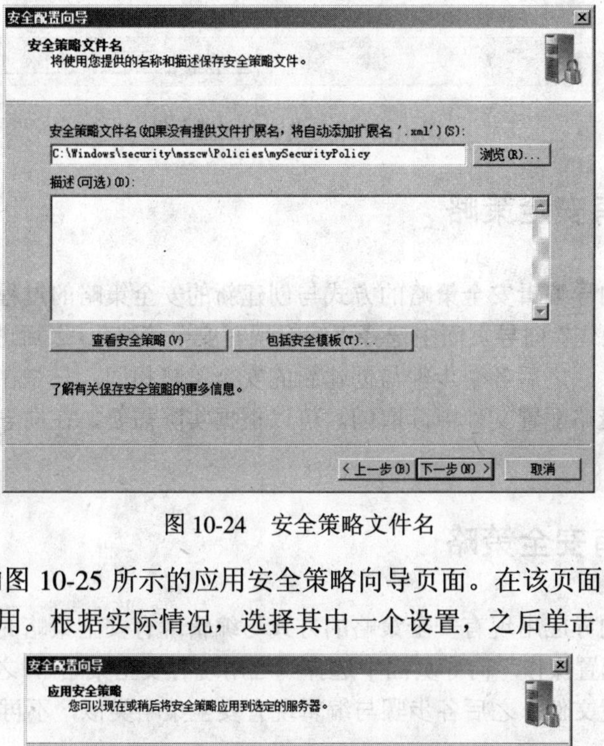

安全配置向导
安全策略文件名
将使用您提供的名称和描述保存安全策略文件。
安全策略文件名(如果没有提供文件扩展名，将自动添加扩展名 '.xml')(S):
C:\Windows\security\msscw\Policies\mySecurityPolicy
浏览(R)...
描述(可选)(D):
查看安全策略(V)
包括安全模板(T)...
了解有关保存安全策略的更多信息。
< 上一步(B)
下一步(N) >
取消

图 10-24　安全策略文件名

步骤 24：进入如图 10-25 所示的应用安全策略向导页面。在该页面中，提示用户确定是稍候应用还是现在应用。根据实际情况，选择其中一个设置，之后单击“下一步”按钮。

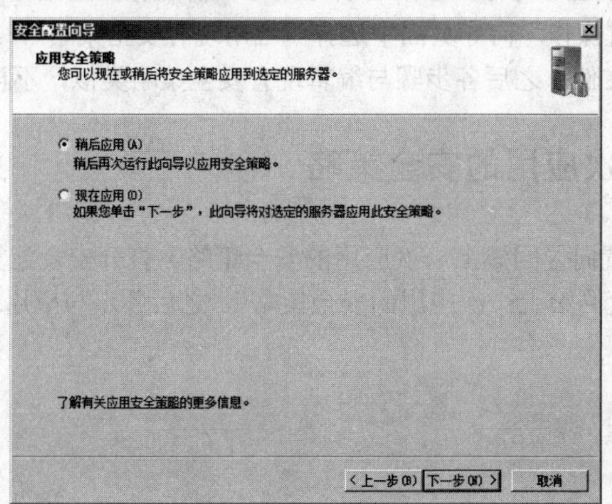

图 10-25　应用安全策略

步骤 25：进入如图 10-26 所示的完成安全配置向导页面。单击“完成”按钮，即可完成新创建安全策略的操作。

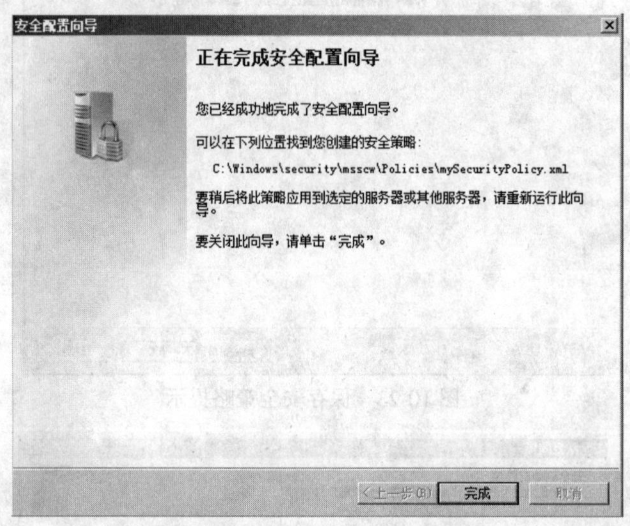

图 10-26 完成安全配置向导

10.3 编辑现有安全策略

使用安全配置向导编辑安全策略的方式与创建新的安全策略的过程类似。打开安全配置向导后，在“配置操作”向导页面中选择“编辑现有安全策略”，之后进入下一步，选择已有的安全策略配置文件。之后各个步骤与创建新的安全策略相同，只是在每个步骤中的初始值均是在选择的安全策略配置文件中读取的。可以根据实际需要，在向导页面中修改相应的配置选项值即可。

10.4 应用现有安全策略

使用安全配置向导应用现有安全策略的方式与编辑现有安全策略的过程类似。打开安全配置向导后，在“配置操作”向导页面中选择“应用现有安全策略”，之后进入下一步，选择已有的安全策略配置文件。之后各步骤与编辑现有安全策略类似，不再赘述。

10.5 回滚上一次应用的安全策略

可以使用安全配置向导回滚上一次应用的安全策略。打开安全配置向导后，在“配置操作”向导页面中选择“回滚上一次应用的安全策略”，之后各步与应用现有安全策略类似，在此不再赘述。

10.6 本章小结

本章主要介绍了在 Windows Server 2008 中引入的安全配置向导功能，并介绍了如何使用该向导创建、编辑、应用和回滚上一次应用的安全策略。该功能集成了服务器角色、客户端功能、管理和其他选项、其他服务、网络安全、注册表和审核策略等的安全策略设置功能，并以向导的方式提供给用户，使对系统安全策略进行设置变得更加容易。同时安全策略以 XML 的文件格式保存，以便于安全策略文件的数据传输和交互。

第11章 安全策略

在本章，我们将介绍在Windows Server 2008中为了增强系统安全而采用的各类安全策略。这些安全策略主要包括针对本地系统的本地安全策略和本地组策略，针对域和网络的组策略和网络策略服务器。

11.1 本地安全策略

11.1.1 本地安全策略管理控制台

在Windows Server 2008中，提供了“本地安全策略”的管理控制台，用于查看、管理本地计算机相关的安全策略。这些安全策略主要包括账户策略、本地策略、高级安全Windows防火墙、网络列表管理器策略、公钥策略、软件限制策略，以及IP安全（IPSec）策略。打开“本地安全策略”的管理控制台的具体方法如下。

单击“开始”→“管理工具”→“本地安全策略”菜单命令，即可打开如图11-1所示的“本地安全策略”窗口。

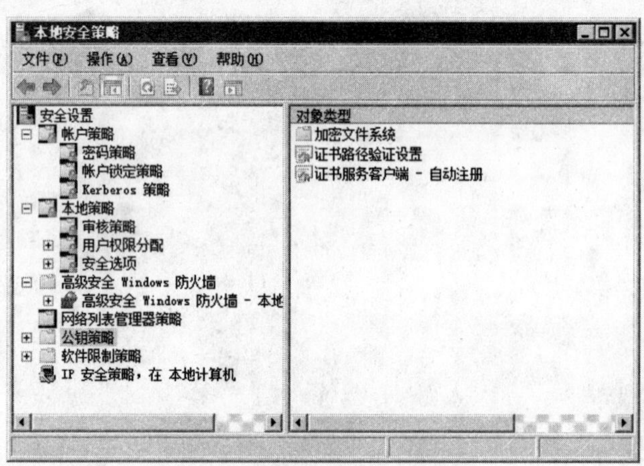

图11-1 “本地安全策略”窗口

在窗口的左侧，即可看到“本地安全策略”管理控制台中的各类安全策略。

11.1.2 账户策略

在账户策略中，主要设置与Windows账户相关的策略。其中包括“密码策略”、“账户锁定策略”和“Kerberos策略”。

“密码策略”中，设置了Windows账户密码使用的一些限制策略，如密码复杂性要求、密码长度最小值要求、密码使用期限要求等，具体包括的安全策略如表11-1所示。在如图11-1所示的窗口中选择其中一条策略，双击即可弹出如图11-2所示的该策略的属性对话框。在该对话框中，有两个选项页。一个是“本地安全设置”选项页，一个是“说明”选项页。可以在“本地安全设置”选项页中查看、设置该策略的属性值，在“说明”选项页中查看该策略的详细说明。在“本地安全策略”中的各条策略，均可以使用这种操作方法查看、设置相应的策略。

表 11-1　密码策略

策略	安全设置
密码必须符合复杂性要求	已启用
密码长度最小值	7 个字符
密码最短使用期限	1 天
密码最长使用期限	42 天
强制密码历史	24 个记住的密码
用可还原的加密来储存密码	已禁用

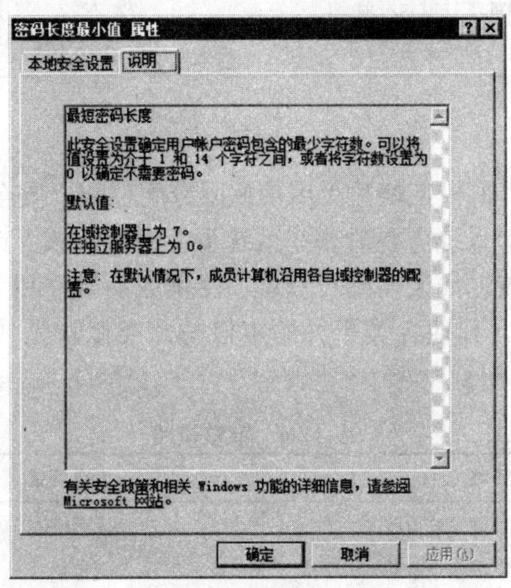

图 11-2　密码长度最小值属性对话框

“账户锁定策略”则提供了账户锁定时间、锁定阈值等方面的安全策略，具体包括的安全策略如表 11-2 所示。这里的设置主要用于在 Windows 登录失败后系统所采取的措施。比如，如果设置账户锁定阈值设置为 3，则在 Windows 登录错误 3 次后系统就锁定账户，不再允许用户再次尝试登录。如果设置为 0，则系统永远也不锁定账户。账户锁定时间则设定了登录失败尝试次数达到限制后对账户锁定的时间长短。该值可以被设置为 0～99 999 分钟，如果设置为 0 分钟，则账户会被一直锁定，直到管理员来解除这一锁定。复位账户锁定计数器用于设置某次“登录尝试失败计数器重置为 0”之前，对系统的锁定时间。与账户锁定时间的限制有些类似。

表 11-2　账户锁定策略

策略	安全设置
复位账户锁定计数器	不适用
账户锁定时间	不适用
账户锁定阈值	0 次无效登录

“Kerberos 策略”则设置了 Kerberos 协议各环节的相关安全设置。Windows 中的 Kerberos 用于确认用户或主机身份的身份验证机制。Kerberos 是作为 MIT 的 Althena 计划的认证服务器而开发的。Kerberos 使用对称加密体制，通过提供一个集中的认证服务器来负责用户与服务器之间的认证。在这里的 Kerberos 安全策略中，则提供了服务票证的寿命、用户票证的寿命以及计算机时钟同步最大容差等，Kerberos 时间因素的设置，以及强制用户登录限制的安全设置，具体包括的安全策略如表 11-3 所示。

表 11-3 Kerberos 策略

策略	安全设置
服务票证最长寿命	600 分钟
计算机时钟同步的最大容差	5 分钟
强制用户登录限制	已启用
用户票证续订最长寿命	7 天
用户票证最长寿命	10 个小时

11.1.3 本地策略

本地策略中主要设置“审核策略”、“用户权限分配”和“安全选项”。

“审核策略”用于设置系统需要对哪些系统事件进行审核。比如，用户登录或注销计算机的每个实例是否需要审核。如果需要对登录、注销成功事件和失败事件均进行审核，则系统自动创建相应的审核项。其他各类事件的审核与此类似。具体包括的审核安全策略如表 11-4 所示。

表 11-4 审核策略

策略	安全设置
审核策略更改	无审核
审核登录事件	无审核
审核对象访问	无审核
审核进程跟踪	无审核
审核目录服务访问	无审核
审核特权使用	无审核
审核系统事件	无审核
审核账户登录事件	无审核
审核账户管理	无审核

“用户权限分配”主要设置用户权限的相关安全策略设置。在这里，提供了近 50 个用户权限的设置选项，涉及到当前系统中用户可以进行操作的相关权限安全策略。具体包括的用户权限分配的安全策略如表 11-5 所示。

表 11-5 用户权限分配

策略	安全设置
备份文件和目录	Administrators,Server Operators,Backup Operators
充当操作系统的一部分	
创建符号链接	Administrators

（续表）

策略	安全设置
创建全局对象	LOCAL SERVICE,NETWORK SERVICE,Administrators,SERVICE
创建一个令牌对象	
创建一个页面文件	Administrators
创建永久共享对象	
从扩展坞上取下计算机	Administrators
从网络访问此计算机	Everyone,Authenticated Users,Administrators,Pre-Windows 2000 Compatible Access, ENTERPRISE DOMAIN CONTROLLERS
从远程系统强制关机	Administrators,Server Operators
更改时区	LOCAL SERVICE,Administrators,Server Operators
更改系统时间	LOCAL SERVICE,Administrators,Server Operators
关闭系统	Administrators,Server Operators,Print Operators,Backup Operators
管理审核和安全日志	Administrators
还原文件和目录	Administrators,Server Operators,Backup Operators
加载和卸载设备驱动程序	Administrators,Print Operators
将工作站添加到域	Authenticated Users
将页锁定在内存	
拒绝本地登录	
拒绝从网络访问这台计算机	
拒绝作为服务登录	
拒绝作为批处理作业登录	
配置文件单个进程	Administrators
配置文件系统性能	Administrators
取得文件或其他对象的所有权	Administrators
绕过遍历检查	Everyone,Authenticated Users,LOCAL SERVICE,NETWORK SERVICE,Administrators, Pre-Windows 2000 Compatible Access
身份验证后模拟客户端	LOCAL SERVICE,NETWORK SERVICE,Administrators,IIS_IUSRS,SERVICE
生成安全审核	LOCAL SERVICE,NETWORK SERVICE
提高计划优先级	Administrators
替换一个进程级令牌	LOCAL SERVICE,NETWORK SERVICE
调试程序	Administrators
通过终端服务拒绝登录	
通过终端服务允许登录	Administrators
同步目录服务数据	
为进程调整内存配额	LOCAL SERVICE,NETWORK SERVICE,Administrators
信任计算机和用户账户可以执行委派	Administrators
修改固件环境值	Administrators
修改一个对象标签	

（续表）

策略	安全设置
允许在本地登录	Administrators,Account Operators,Server Operators,Print Operators,Backup Operators
增加进程工作集	Users
执行卷维护任务	Administrators
作为服务登录	
作为批处理作业登录	Administrators,Backup Operators,Performance Log Users,IIS_IUSRS
作为受信任的呼叫方访问凭据管理器	

“安全选项”提供了本地系统涉及的各类安全选项的安全策略。这里提供的安全策略更是多达 79 个，涉及 DCOM、网络服务、网络访问、用户登录、账户和域成员等多方面的安全策略。具体包括的安全选项如表 11-6 所示。

表 11-6 安全选项

策略	安全设置
DCOM: 使用安全描述符定义语言（SDDL）语法的计算机访问限制	没有定义
DCOM: 使用安全描述符定义语言（SDDL）语法的计算机启动限制	没有定义
Microsoft 网络服务器: 登录时间过期后断开与客户端的连接	已启用
Microsoft 网络服务器: 对通信进行数字签名（如果客户端允许）	已启用
Microsoft 网络服务器: 对通信进行数字签名（始终）	已启用
Microsoft 网络服务器: 暂停会话前所需的空闲时间数量	15 分钟
Microsoft 网络客户端: 对通信进行数字签名（如果服务器允许）	已启用
Microsoft 网络客户端: 对通信进行数字签名（始终）	已禁用
Microsoft 网络客户端: 将未加密的密码发送到第三方 SMB 服务器	已禁用
关机: 清除虚拟内存页面文件	已禁用
关机: 允许系统在未登录的情况下关闭	已禁用
恢复控制台: 允许软盘复制并访问所有驱动器和所有文件夹	已禁用
恢复控制台: 允许自动管理登录	已禁用
交互式登录: 不显示最后的用户名	已禁用
交互式登录: 试图登录的用户的消息标题	
交互式登录: 试图登录的用户的消息文本	
交互式登录: 提示用户在过期之前更改密码	14 天
交互式登录: 无须按 Ctrl+Alt+Del	已禁用
交互式登录: 需要域控制器身份验证以对工作站进行解锁	已禁用
交互式登录: 需要智能卡	已禁用
交互式登录: 之前登录到缓存的次数（域控制器不可用时）	25 登录
交互式登录: 智能卡移除行为	无操作
设备: 防止用户安装打印机驱动程序	已启用
设备: 将 CD-ROM 的访问权限仅限于本地登录的用户	没有定义

（续表）

策略	安全设置
设备: 将软盘驱动器的访问权限仅限于本地登录的用户	没有定义
设备: 允许对可移动媒体进行格式化并弹出	没有定义
设备: 允许在未登录的情况下弹出	已启用
审核: 对备份和还原权限的使用进行审核	已禁用
审核: 对全局系统对象的访问进行审核	已禁用
审核: 强制审核策略子类别设置（Windows Vista 或更高版本）替代审核策略类别设置	没有定义
审核: 如果无法记录安全审核则立即关闭系统	已禁用
网络安全: LAN 管理器身份验证级别	仅发送 NTLMv2 响应
网络安全: LDAP 客户端签名要求	协商签名
网络安全: 基于 NTLM SSP 的（包括安全 RPC）服务器的最小会话安全	没有最小
网络安全: 基于 NTLM SSP 的（包括安全 RPC）客户端的最小会话安全	没有最小
网络安全: 在超过登录时间后强制注销	已禁用
网络安全: 在下一次更改密码时不存储 LAN 管理器哈希值	已启用
网络访问: 本地账户的共享和安全模型	
对本地用户进行身份验证，不改变其本来身份	
网络访问: 不允许 SAM 账户的匿名枚举	已启用
网络访问: 不允许 SAM 账户和共享的匿名枚举	已禁用
网络访问: 不允许存储网络身份验证的凭据或 .NET Passport	已禁用
网络访问: 将 Everyone 权限应用于匿名用户	已禁用
网络访问: 可匿名访问的共享	没有定义
网络访问: 可匿名访问的命名管道	
网络访问: 可远程访问的注册表路径	
网络访问: 可远程访问的注册表路径和子路径	
网络访问: 限制对命名管道和共享的匿名访问	已启用
网络访问: 允许匿名 SID/名称转换	已禁用
系统对象: 非 Windows 子系统不要求区分大小写	已启用
系统对象: 加强内部系统对象的默认权限（如符号链接）	已启用
系统加密: 将 FIPS 兼容算法用于加密、哈希和签名	已禁用
系统加密: 为计算机上存储的用户密钥强制进行密钥保护	没有定义
系统设置: 将 Windows 可执行文件中的证书规则用于软件限制策略	已禁用
系统设置: 可选子系统	Posix
用户账户控制: 标准用户的提升提示行为	提示凭据
用户账户控制: 管理员批准模式中管理员的提升提示行为	同意提示
用户账户控制: 检测应用程序安装并提示提升	已启用
用户账户控制: 将文件和注册表写入错误指定到每个用户位置	已启用
用户账户控制: 仅提升安装在安全位置的 UIAccess 应用程序	已启用
用户账户控制: 提示提升时切换到安全桌面	已启用

（续表）

策略	安全设置
用户账户控制: 以管理员批准模式运行所有管理员	已启用
用户账户控制: 用于内置 Administrator 账户的管理员批准模式	已禁用
用户账户控制: 允许 UIAccess 应用程序在不使用安全桌面的情况下提示提升	已禁用
用户账户控制: 只提升签名并验证的可执行文件	已禁用
域成员: 对安全通道数据进行数字加密（如果可能）	已启用
域成员: 对安全通道数据进行数字加密或数字签名（始终）	已启用
域成员: 对安全通道数据进行数字签名（如果可能）	已启用
域成员: 计算机账户密码最长使用期限	30 天
域成员: 禁用计算机账户密码更改	已禁用
域成员: 需要强（Windows 2000 或更高版本）会话密钥	已禁用
域控制器: LDAP 服务器签名要求	无
域控制器: 拒绝计算机账户密码更改	没有定义
域控制器: 允许服务器操作者计划任务	没有定义
账户: 管理员账户状态	已启用
账户: 来宾账户状态	已禁用
账户: 使用空白密码的本地账户只允许进行控制台登录	已启用
账户: 重命名来宾账户	Guest
账户: 重命名系统管理员账户	Administrator

11.1.4 高级安全 Windows 防火墙

此处提供的高级安全 Windows 防火墙本地组策略对象主要包括“入站规则”、“出站规则”和“连接安全规则”。这些内容已在本书第 9 章有专门的讨论，在此不再赘述。

11.1.5 网络列表管理器策略

在此处提供的安全策略主要用于对本地计算机的网络连接进行“位置类型”、“用户是否有权更改”方面的设置。主要包括当前域，如“writer.win2k8.com”、“无法识别的网络”、“正在识别的网络”和“所有网络”。

当前域，如“writer.win2k8.com”，可以设置其网络名称、网络图标及其用户权限。在图 11-1 的窗口中，双击域名“writer.win2k8.com”，即可弹出如图 11-3 所示的“writer.win2k8.com 属性”对话框。在该对话框的“网络名称”选项页中，可以设置名称及其用户权限。在“网络图标”选项页中，可以设置用以表示网络的图形或徽标，同时还可以设置该配置的用户权限。

在图 11-1 的窗口中，双击“无法识别的网络”，则弹出如图 11-4 所示的“无法识别的网络属性”对话框。在该对话框中，可以设置网络位置类型，并设置位置类型的相关用户权限。

在图 11-1 的窗口中，双击“正在识别的网络”则弹出如图 11-5 所示的“正在识别的网络属性”对话框。在该对话框中，可以设置网络位置类型。

在图 11-1 的窗口中，双击“所有网络”则弹出如图 11-6 所示的“所有网络属性”对话框。在该对话框中，可以设置网络名称、网络位置、网络图标等相关的用户权限，以控制用户是否有权对上述信息进行更改。

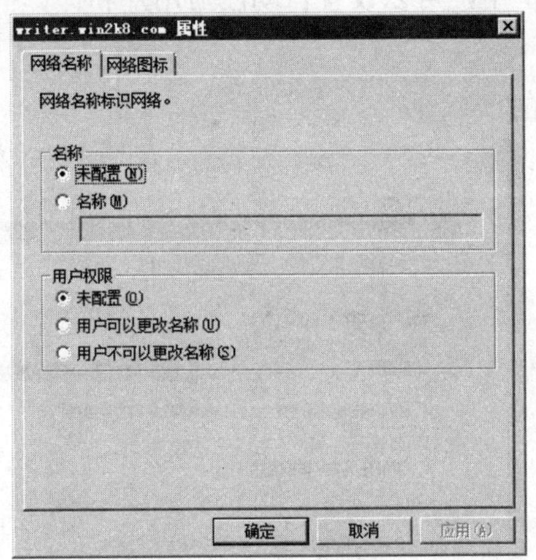

图 11-3 “writer.win2k8.com 属性”对话框

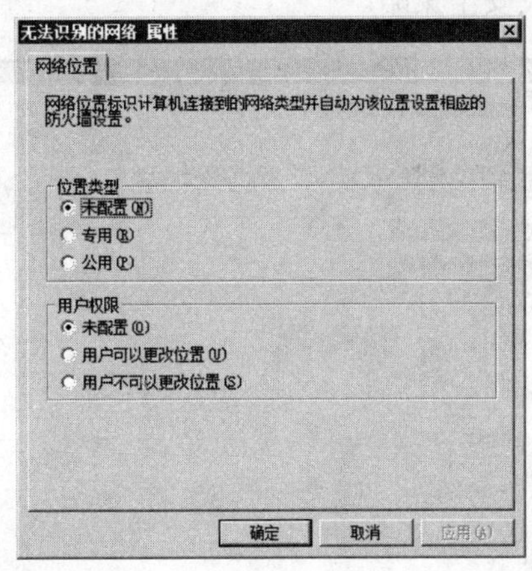

图 11-4 “无法识别的网络属性”对话框

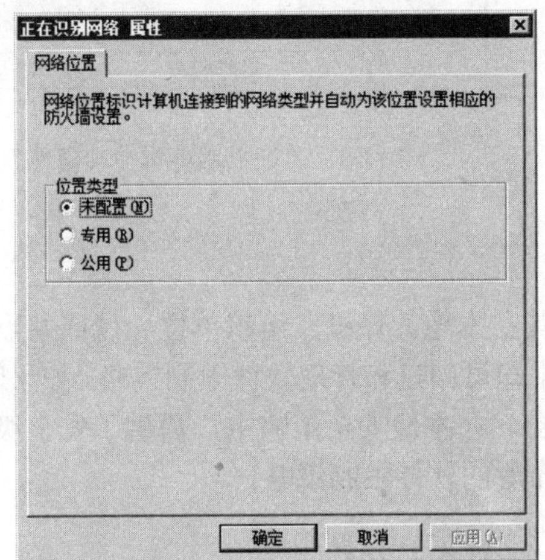

图 11-5 “正在识别的网络属性”对话框

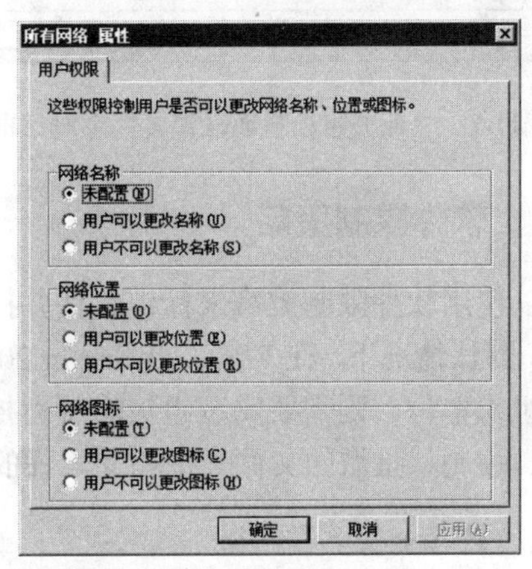

图 11-6 “所有网络属性”对话框

11.1.6　公钥策略

在此栏中，可以设置公钥加密机制中的相关安全策略，主要包括“加密文件系统”、“证书路径验证设置”和“证书服务客户端”的安全策略。

系统默认没有对加密文件系统创建相关的安全策略。如果要创建加密文件系统的相关安全策略，则可以在图 11-1 窗口左侧选择“公钥策略”→“加密文件系统”选项之后，单击鼠标右键，在弹出的菜单中选择“添加数据恢复代理程序”或“创建数据恢复代理程序”菜单命令，即可进入相应的向导程序。

“证书路径验证设置”则可以设置根证书颁发机构（CA）证书和对等信任证书的用户信任规则、受信任的发布者策略、在网络上检索验证数据的策略和吊销检查期间用于使用 CRL 和 OCSP 响应程序的策略。在图 11-1 窗口左侧的“公钥策略”中，双击“证书路径验证设置”，即可弹出如图 11-7 所示的“证书路径验证设置属性”对话框。在该对话框的“存储”、“受信任的发布者”、“网络检索”和“吊销”选项页中可以分别设置上述安全策略。

在图 11-1 窗口左侧的“公钥策略”中，双击“证书服务客户端”，即可弹出如图 11-8 所示的“证书服务客户端属性”对话框。在该对话框中，可以设置自动注册用户和计算机证书的相关安全策略。

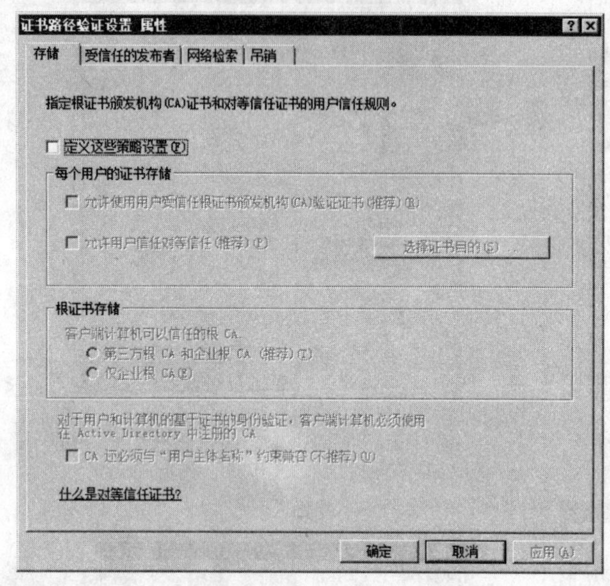

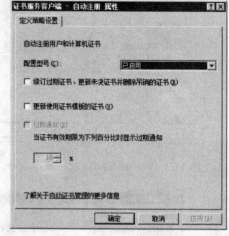

图 11-7 “证书路径验证设置属性”对话框

图 11-8 “证书服务客户端属性”对话框

11.1.7 软件限制策略

可以使用软件限制策略来标识软件并控制其在本地计算机、组织单位、域或站点上运行的能力。默认情况下，在 Windows Server 2008 中即可创建和管理软件限制策略。如果管理域、站点或组织单位，则需要安装组策略管理控制台。在本地安全策略中，提供了安全级别、其他规则、强制、指派的文件类型和受信任的发布者的软件限制策略。

11.1.8 IPSec 策略

IPSec 策略用于配置 IPSec 安全服务。这些策略可为现有网络中的大多数通信类型提供各种级别的保护。IPSec 策略由常规 IPSec 策略设置和规则组成。常规 IPSec 策略设置决定策略名称、其管理目的描述、密钥交换设置，以及密钥交换措施。一个或多个 IPSec 规则决定了 IPSec 必须检查通信类型、处理通信的方式、验证 IPSec 对等端及其他设置身份的方式。创建策略之后，可以在域、站点、组织单位和本地级别应用这些策略。一台计算机上每次只能有一个策略处于活动状态。

选择图 11-1 左侧的“IP 安全策略”选项后，单击鼠标右键，在弹出的菜单中选择“创建 IP 安全策略”菜单命令，即可进入如图 11-9 所示的 IP 安全策略向导页面。根据向导，即可创建新的 IP 安全策略。

IPSec 策略创建完毕后，需要再次创建相关的规则。选中新创建的 IPSec 策略后，双击即可弹出如图 11-10 所示的属性对话框。在该对话框中，可以添加、编辑和删除 IPSec 的相关规则，而且这些操作也都可以使用相应的向导来完成。

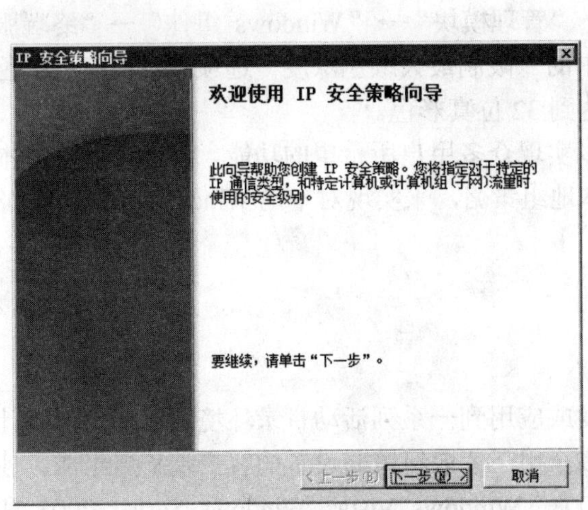

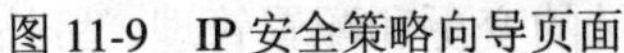

图 11-9　IP 安全策略向导页面

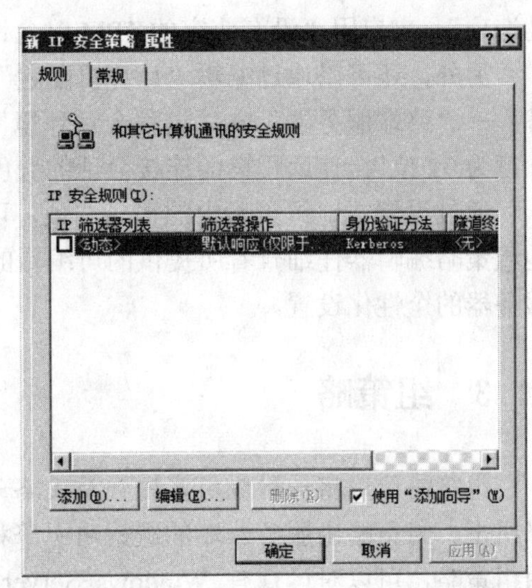

图 11-10　新 IP 安全策略属性对话框

11.2　本地组策略

本地组策略是一些可以设置本地计算机中关于计算机配置和用户配置的相关策略。通过设置这些安全策略，可以控制本地计算机系统的各类功能。使用本地组策略编辑器可以编辑本地组策略。打开本地组策略编辑器的方法如下。

步骤 1：打开“开始”菜单。

步骤 2：在“开始搜索”栏中输入“gpedit.msc”后按回车键，即可弹出如图 11-11 所示的“本地组策略编辑器”窗口。

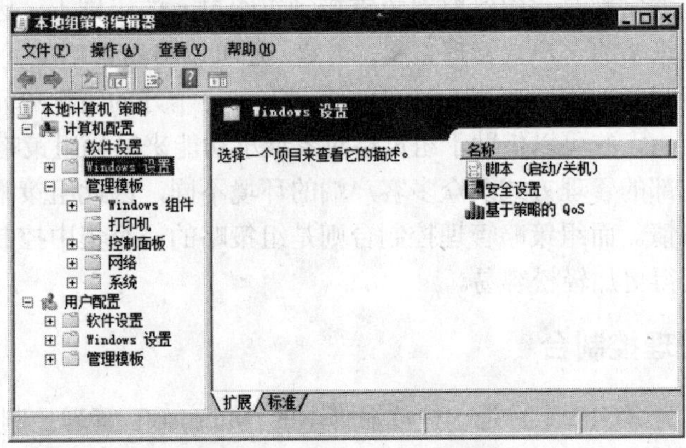

图 11-11　“本地组策略编辑器”窗口

在如图 11-11 所示的本地组策略编辑器窗口左侧，显示了该编辑器可以编辑的各类安全策略，主要包括“计算机配置”和“用户配置”两方面的安全策略。展开其中的每一项，在该窗口右侧就会显示出详细的设置策略。双击某一策略，即可编辑策略内容。

在本书中多次提到使用组策略编辑器来实现对系统的功能设置。比如，在本书后面的第 12 章中介绍 BitLocker 驱动器加密时，就将介绍使用组策略编辑器编辑“计算机配置”→“管理模块”→“Windows 组件”→“BitLocker 驱动器加密”中的“控制面板设置：启用高级启动选项”，来启用“没有兼容的 TPM 时允许 BitLocker 功能”。

另外，还可以通过编辑“计算机配置”→“管理模块”→“Windows 组件”→“终端服务”→“终端服务器”→“远程会话环境”中的“限制最大颜色深度”选项为“已启用颜色深度为 32 位”，使远程桌面连接会话的颜色达到 32 位真彩色。

通过设置本地组策略中的很多选项，可以实现众多用户所希望的功能，读者可以使用本地组策略编辑器仔细查看所提供的可编辑的本地组策略，来实现对本地 Windows Server 2008 服务器的个性化设置。

11.3 组策略

组策略可以将一种或更多配置及策略分发或应用到一系列活动目录环境的目标用户和计算机上。组策略由服务器端的组策略引擎和多个用于读取组策略设置的客户端扩展组成。使用组策略，可以对运行有 Windows Server 2008、Windows Vista、Windows Server 2003 和 Windows XP 操作系统的用户和计算机进行基于活动目录的变更和配置管理。另外，还可以使用组策略来定义用户和计算机组的配置，并通过设置服务器特定的选项和安全配置来实现对服务器计算机的管理。

用户创建的组策略被包含在组策略对象（GPO）中。可以使用组策略管理控制台创建并编辑组策略对象。可以通过使用组策略管理控制台链接到一个组策略对象，从而选择活动目录站点、域和组织单元（OU）。一个组织单元是可以连接组策略设置的最低级别的活动目录容器。

为了设计一套符合企业需求的组策略，需要详细分析企业的系统环境、网络状况、安全要求，以及需要达到的控制目标，之后再结合组策略的具体功能，设计一套可以满足实际需要的组策略。在一个活动目录的环境中，用户通过链接组策略对象到站点、域或组织单元来分配组策略配置。但通常都是将组策略对象链接到组织单元的级别上，因此需要确保设计的组织单元支持基于组策略的客户端管理方案。当然，还可以将组策略配置应用在域的级别上，特别是密码策略。有很少的策略应用在站点的级别上。一个好的组织单元结构的设计反映了对企业组织的管理结构，并可以借助于组策略对象继承功能来简化组策略的应用。

由于企业组织内部的管理方式及众多客户端的环境不同，因此组策略的设计和实施可以是一件非常复杂的事情。而组策略管理控制台则是组策略的一个集中控制管理工具，使得这样一个复杂的事情变得更加轻松容易。

11.3.1 组策略管理控制台

组策略管理控制台（GPMC）是一种可编脚本的 Microsoft 管理控制台（MMC）管理单元，它是用于管理基于域的组策略的标准工具。在 Windows Server 2008 中提供的组策略编辑器与早期版本 Windows 中的组策略编辑器有所区别。在 Windows Server 2008 中提供了本地组策略编辑器来替代早期版本中的组策略编辑器。

该工具在 Windows Server 2008 的默认安装中并没有安装，需要在“服务器管理器”中的“添加功能”向导中添加安装。安装之后，即可在“开始”→“管理工具”→“组策略管理”菜单中打开如图 11-12 所示的“组策略管理”窗口。

在组策略管理窗口左侧，可以看到组策略管理所提供的功能。在组策略下面，显示的是

“林：writer.win2k8.com”选项。“林”是共享公用架构、配置和全局编目，并通过双向可传递信任链接起来的一个或多个 Windows 域的集合。因此在“林”里面有若干个域。展开如图 11-12 所示的“组策略管理”窗口左侧的“林”之后，可以看到包括域、站点、组策略建模和组策略结果 4 种组策略。

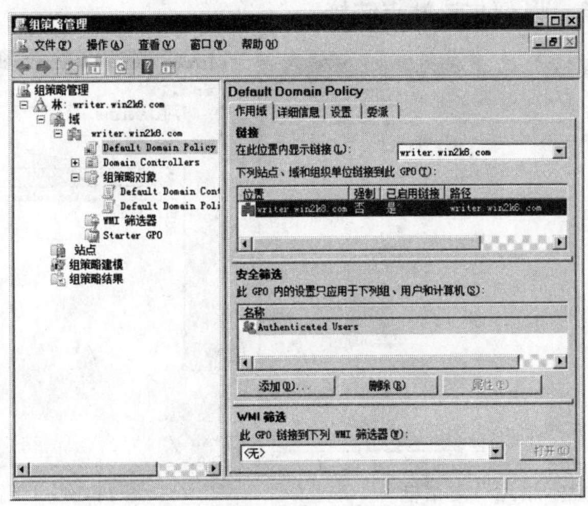

图 11-12　“组策略管理”窗口

11.3.2　域组策略

域中包含了当前服务器上的域，如“writer.win2k8.com”。在其中又包含了“Default Domain Policy”（默认域策略）、“Domain Controlers”（域控制器）、“组策略对象”、“WMI 筛选器”和“Starter GPO”（初始组策略对象）等选项。默认域策略、域控制器、组策略对象和初始组策略对象中的组策略也与本地组策略中的策略类似，均按照“计算机配置”和“用户配置”两类策略来组织。选中这些策略选项中的一个选项，在其右侧窗口中就可以看到包括“作用域”、“详细信息”、“设置”和“委派”4 个选项页策略属性页面。在“设置”选项页中，即可看到“计算机配置”和“用户配置”相关的安全策略配置情况。在“作用域”选项页中，可以修改安全策略的作用域。作用域主要包括“站点、域和组织单位的范围”、“设置应用于组、用户和计算机的范围”及“作用到哪个 WMI 筛选器”等。在“详细信息”选项卡中，可以看到组策略的相关属性信息，如所在域、所有者、创建时间、修改时间、组策略状态等信息。在“委派”选项卡中，可以设置组和用户对该组策略对象的权限。Windows Management Instrumentation（WMI）筛选器允许用户根据目标计算机的属性，动态确定组策略对象（GPO）的作用域。如果在目标计算机上应用了链接到 WMI 筛选器的组策略对象，则会在该目标计算机上评估该筛选器。如果 WMI 筛选器的评估结果为假，则不会应用该组策略对象。如果 WMI 筛选器评估结果为真，则应用组策略对象。

11.3.3　站点组策略

在组策略管理窗口左侧的“站点”选项中，默认没有站点内容，需要往该选项中添加站点，才可看到管理的站点信息。选中“站点”选项，单击鼠标右键，在弹出的菜单中选择“显示站点”菜单命令，弹出如图 11-13 所示的“显示站点”对话框。在该对话框中选择已有的站点，之后单击“确定”按钮，则可在“组策略管理”窗口的“站点”选项中看到相关的组策略。选中添加的站点，如“Default-First-Site-Name”，则可在右侧窗口中显示包含有“链接的组策略对象”、“组策略继承”和“委派”选项页的窗口，分别可以对站点的组策略进行相应的查看和设置。另外，选中添加的站点，如“Default-First-Site-Name”，单击鼠标右键，在弹出的菜单中选择“链接现有”菜单命令，即可弹出如图 11-14 所示的“选择 GPO”对话框，选择相应的组策略对象，以便与该站点链接。

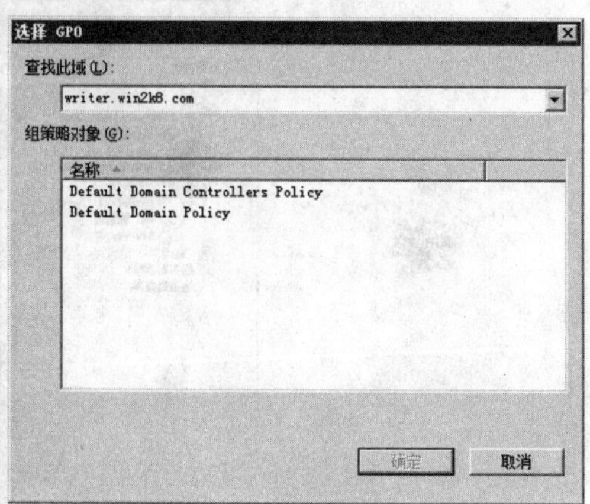

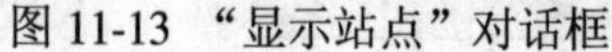
图 11-13 “显示站点”对话框　　图 11-14 “选择 GPO”对话框

11.3.4 组策略结果

可以使用策略的结果集来管理组策略。在组策略管理控制台中，可以在组策略结果选项中创建组策略结果。如果要查看组策略结果中的信息，可以单击其上的“显示”或“隐藏”。在组策略管理窗口中，选择“组策略结果”选项后，单击鼠标右键，在弹出的菜单中选择“组策略结果向导”菜单命令之后，弹出如图 11-15 所示的组策略结果向导页面。根据该向导页面，即可创建组策略结果。

选择新创建的组策略结果后，在其右侧窗口中可以看到包含“摘要”、“设置”和“策略事件”选项卡的页面，从而可以查看组策略结果的摘要、设置信息及策略事件信息。

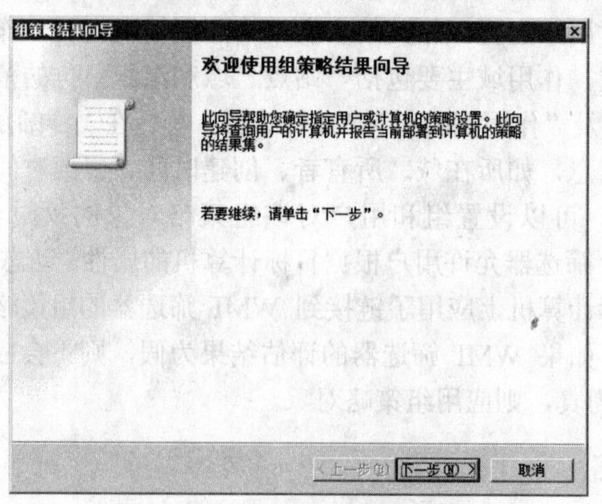

图 11-15 组策略结果向导页面

11.3.5 组策略建模

可以使用组策略建模模拟策略结果集。具体步骤如下。

步骤 1：在组策略管理窗口左侧选择“组策略建模”选项后，单击鼠标右键，在弹出的菜单中选择“组策略建模向导”菜单命令，之后弹出如图 11-16 所示的组策略建模向导。

步骤 2：单击“下一步”按钮后进入下一步，选择模拟的域控制器。选择服务器所在域的域控制器。

步骤 3：单击“下一步”按钮后进入下一步，查看选定用户和计算机的模拟策略设置。对用户信息和计算机信息分别设置“容器”和 “用户”。

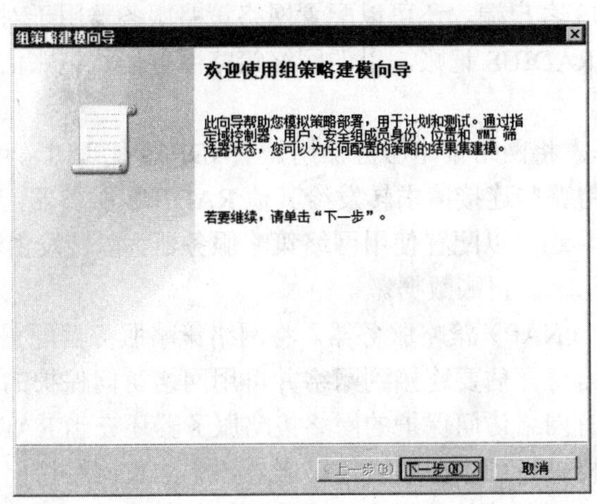

图 11-16 组策略建模向导页面

步骤 4：单击“下一步”按钮后进入下一步，为模拟选择额外选项。主要设置为慢速网络链接及回环处理模式模拟策略实现。

步骤 5：单击“下一步”按钮后进入下一步，模拟对选定用户的安全组的更改。选定的用户是现有安全组的成员。可以通过使用“添加”和“删除”按钮来实现对安全组成员身份的更改。

步骤 6：单击“下一步”按钮后进入下一步，模拟对选定计算机的安全组的更改。选定的计算机是现有安全组的成员。可以通过使用“添加”和“删除”按钮来实现对安全组成员身份的更改。

步骤 7：单击“下一步”按钮后进入下一步，设置用户的 Windows Management Instrumentation（WMI）筛选器。在此可以设置模拟中包括用户的 WMI 筛选器。

步骤 8：单击“下一步”按钮后进入下一步，设置计算机的 WMI 筛选器。在此可以设置模拟中包括计算机的 WMI 筛选器。

步骤 9：单击“下一步”按钮后进入下一步，进入设置摘要提示，提示用户在前面向导中所选择的设置。单击“下一步”按钮后向导开始创建组策略建模。

步骤 10：提示创建完成，单击“完成”按钮，即可创建完成。

选中创建完成的组策略模拟之后，在组策略管理窗口右侧就显示了包含“摘要”、“设置”和“查询”选项页的窗口，显示了组策略建模的各类相关信息。

11.4 网络策略服务器

使用网络策略服务器（NPS），可以为客户端运行状况、连接请求身份验证和连接请求授权创建并强制使用组织范围的网络访问策略。另外，可以将网络策略服务器用做 RADIUS 代理，以便将连接请求转发到远程RADIUS服务器组中配置的网络策略服务器或其他RADIUS服务器上。

通过以下 3 种功能，网络策略服务器可集中配置和管理网络访问身份验证、授权和客户端运行状况策略。

（1）RADIUS 服务器。网络策略服务器为无线身份验证交换机和远程访问拨号与虚拟专用网络（VPN）连接执行集中化的连接身份验证、授权和记账。将网络策略服务器用做 RADIUS 服务器时，可以将无线访问点（AP）和 VPN 服务器等网络访问服务器配置为网络策略服务器中的 RADIUS 客户端。还可以配置网络策略服务器用于对连接请求进行授权的网络策略，并且可以配置 RADIUS 记账，以便网络策略服务器将记账信息记录到本地硬盘上或 SQL Server 数据库中。

（2）RADIUS 代理。将网络策略服务器用做 RADIUS 代理时，可以配置连接请求策略，来告诉网络策略服务器将哪些连接请求转发给其他 RADIUS 服务器，以及要将连接请求转发给哪些 RADIUS 服务器。还可以配置使用网络策略服务器，以转发由远程 RADIUS 服务器组中的一台或多台计算机记录的记账数据。

（3）网络访问保护（NAP）策略服务器。将网络策略服务器配置为网络访问保护策略服务器时，网络策略服务器将评估要连接到网络并可用网络访问保护的客户端计算机发送的健康声明（SoH）。已配置有网络访问保护的网络策略服务器还充当 RADIUS 服务器，从而对连接请求执行身份验证和授权。可以在网络策略服务器中配置网络访问保护策略和设置，包括系统健康验证程序（SHV）、健康策略和允许客户端计算机将其配置更新为与组织的网络策略兼容的更新服务器组。

可以使用上面 3 种功能的任意组合配置使用网络策略服务器。例如，可以使用一种或多种强制方法配置一台网络策略服务器，使之充当网络访问保护策略服务器，同时还可以将网络策略服务器配置为用于拨号连接的 RADIUS 服务器，以及配置为 RADIUS 代理，以便将某些连接请求转发到远程 RADIUS 服务器组的成员，在另一域中进行身份验证和授权。

11.4.1 网络策略服务器的安装和使用

Windows Server 2008 默认安装情况下并不安装网络策略服务器，需要在“服务器管理器”中使用“添加角色向导”来选择“网络策略和访问服务”，以便安装。

单击“开始”→“管理工具”→“网络策略服务器”菜单命令，即可打开如图 11-17 所示的“网络策略服务器”管理窗口。

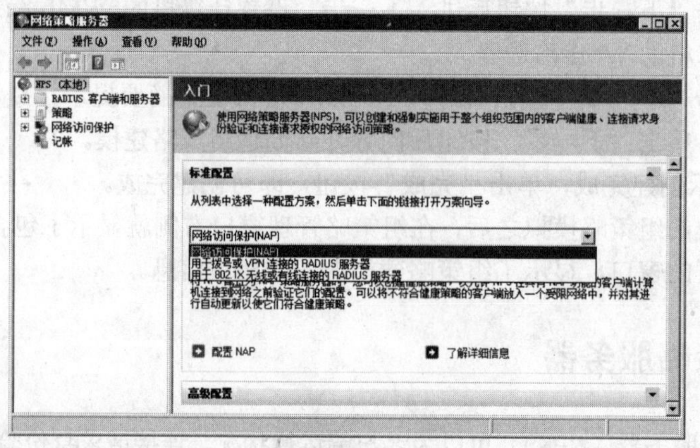

图 11-17 “网络策略服务器”管理窗口

从“入门”窗口的下拉列表中，可以选择将网络策略服务器配置成的类型，之后就会进入相应配置向导。在“高级配置”中，包括了网络策略服务器中的所有配置功能。因此既可以在“高级配置”中分别设置各种选项，也可以在“网络策略服务器”管理窗口左侧选择相应选项来完成各种设置。

11.4.2 RADIUS 服务器

1. 网络策略服务器作为 RADIUS 服务器的结构

网络策略服务器可用做对 RADIUS 客户端执行身份验证、授权和记账的 RADIUS 服务器。作为 RADIUS 服务器的网络策略服务器使用活动目录域控制器服务器对传入的 RADIUS 访问请求消息执行用户凭据身份验证，使用文件或 SQL Server 数据库服务器作为 RADIUS 记账服务器。这些服务器之间的交互关系如图 11-18 所示。

图 11-18　服务器之间的交互关系

RADIUS 客户端可以是网络访问服务器或 RADIUS 代理。网络访问服务器可以包括拨号服务器、VPN 接入服务器、无线访问点或符合 802.1x 的交换机。这些 RADIUS 客户端再使用 RADIUS 协议与 NPS RADIUS 服务器进行交互，其交互关系如图 11-19 所示。

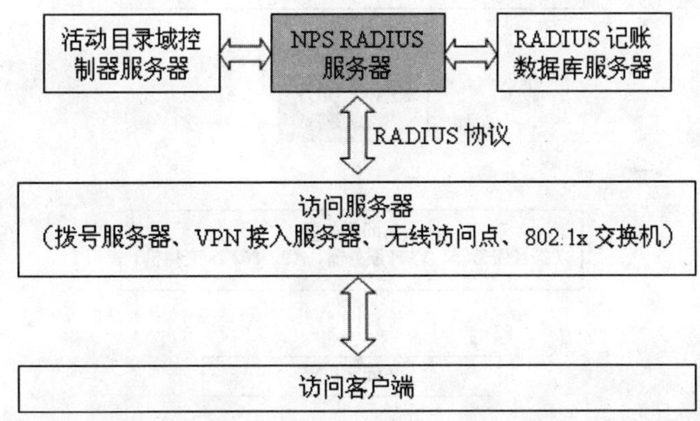

图 11-19　RADIUS 客户端与 NPS RADIUS 服务器的交互关系

2. 网络策略

网络策略是一组条件、约束和设置，允许用户指定授权特定用户连接到网络及这些用户可以连接的环境。部署网络访问保护（NAP）时，将向网络策略配置中添加健康策略，以便在授权过程中 NPS 执行客户端健康检查。

3. 配置 RADIUS 服务器的步骤

要配置 NPS 作为 RADIUS 服务器，大体需要分 3 步，而每一步又根据不同的 RADIUS 客户端类型而采用不同的设置方法。具体步骤如下。

步骤 1：安装和配置作为 RADIUS 客户端的网络访问服务器。

如果部署 802.1x 无线访问，则必须安装和配置无线访问点（AP）。如果部署 802.1x 有线访问，必须安装和配置 802.1x 身份验证切换。如果部署拨号访问，必须将路由和远程访问安装配置为拨号服务器。如果部署 VPN 访问，必须将路由及远程访问安装及配置为 VPN 服务器。

步骤 2：部署用于身份验证方法的组件。这些组件主要包括 EAP-TLS（带传输层安全性（TLS）的可扩展的身份验证协议（EAP））、PEAP-MS-CHAP v2（带 Microsoft 质询握手身份验证协议版本 2（MS-CHAP v2）的受保护 EAP（PEAP））和 PEAP-TLS（带 EAP-TLS 的 PEAP）。

步骤 3：将 NPS 配置为 RADIUS 服务器。

将网络策略服务器（NPS）配置为 RADIUS 服务器时，必须配置 RADIUS 客户端、网络策略和 RADIUS 记账。

11.4.3 RADIUS 代理

1．网络策略服务器作为 RADIUS 代理的结构

网络策略服务器（NPS）可以用做 RADIUS 代理，以提供对 RADIUS 客户端（访问服务器）和为连接尝试执行用户身份验证、授权和记账的 RADIUS 服务器之间的 RADIUS 消息的路由。当用做 RADIUS 代理时，NPS 是一个中央切换点或路由点，其中 RADIUS 访问和记账消息从中流过。NPS 将转发消息的相关信息记录在日志中。其结构如图 11-20 所示。

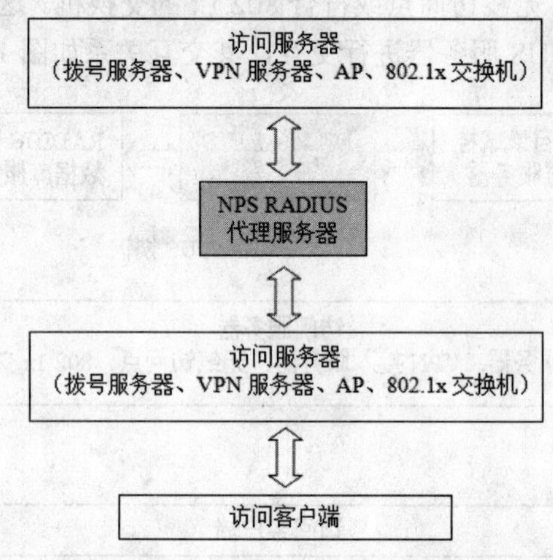

图 11-20 作为 RADIUS 代理的结构

2．RADIUS 消息传递方式

当 NPS 用做 RADIUS 代理时，网络访问连接尝试的 RADIUS 消息通过下列方式转发。

（1）拨号网络访问服务器、虚拟专用网（VPN）服务器和无线访问点等，访问服务器从访问客户端接收连接请求。

（2）配置以将 RADIUS 用做身份验证、授权和记账协议的访问服务器来创建访问请求消息，并将其发送到用做 NPS RADIUS 代理的 NPS 服务器。

（3）NPS RADIUS 代理接收访问请求消息，并根据本地配置的连接请求策略，确定将访问请求消息转发的位置。

（4）NPS RADIUS 代理将访问请求消息转发到合适的 RADIUS 服务器。

（5）RADIUS 服务器评估访问请求消息。

（6）如果需要，RADIUS 服务器将向 NPS RADIUS 代理发送访问质询消息，在此将访

问质询消息转发到访问服务器。访问服务器通过访问客户端处理质询，并将已更新的访问请求发送到 NPS RADIUS 代理，在此将访问请求转发到 RADIUS 服务器。

（7）RADIUS 服务器对连接尝试进行身份验证和授权。

（8）如果对连接尝试进行了身份验证和授权，RADIUS 服务器将向 NPS RADIUS 代理发送访问接受消息，在此将访问接受消息转发到访问服务器。

（9）如果未对连接尝试进行身份验证或授权，RADIUS 服务器将向 NPS RADIUS 代理发送访问拒绝消息，在此将访问拒绝消息转发到访问服务器。

（10）访问服务器使用访问客户端完成连接过程，并将记账请求消息发送到 NPS RADIUS 代理。NPS RADIUS 代理记录记账数据，并将消息转发到 RADIUS 服务器。

（11）RADIUS 服务器将记账响应消息发送到 NPS RADIUS 代理，在此将记账响应消息转发到访问服务器。

3. 连接请求策略

可以使用连接请求处理来指定执行连接请求身份验证的位置。如果要让运行网络策略服务器的本地服务器对连接请求执行身份验证，则可以使用默认策略，而无需进行其他配置。根据默认策略，NPS 将对在本地域和受信任域中具有账户的用户和计算机进行身份验证。

如果要将连接请求转发给远程 NPS 或其他 RADIUS 服务器，则需要创建远程 RADIUS 服务器组，然后配置用于将请求转发给该远程 RADIUS 服务器组的连接请求策略。借助此配置，NPS 可以将身份验证请求转发给任何 RADIUS 服务器，而且可以对在不受信任的域中具有账户的用户进行身份验证。

对于 NAP VPN 或 802.1x，必须在连接请求策略中配置 PEAP 身份认证。在组策略管理窗口的“策略”→“连接请求策略”选项中，单击鼠标右键，在弹出的菜单中选择“新建”菜单命令，即可弹出如图 11-21 所示的新建连接请求策略向导页面。根据向导提示，可以完成连接请求策略的创建过程。

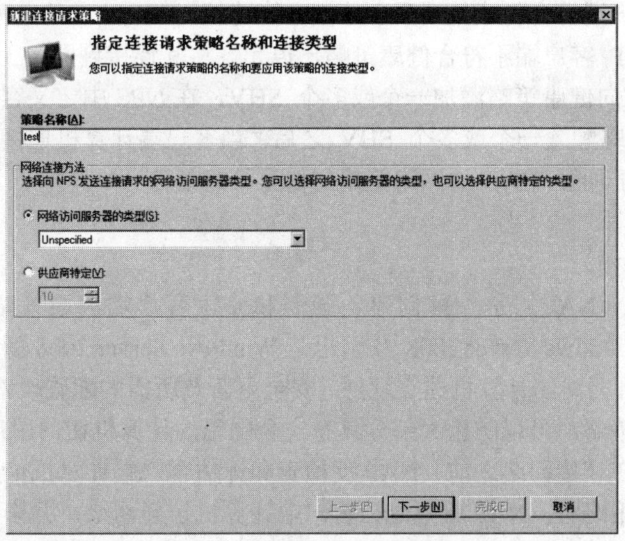

图 11-21 新建连接请求策略向导页面

选中一个已有连接请求策略后，双击，即可弹出如图 11-22 所示的策略属性对话框。在该对话框中包含“概述”、“条件”和“设置”选项卡，可以对该策略分别进行设置。

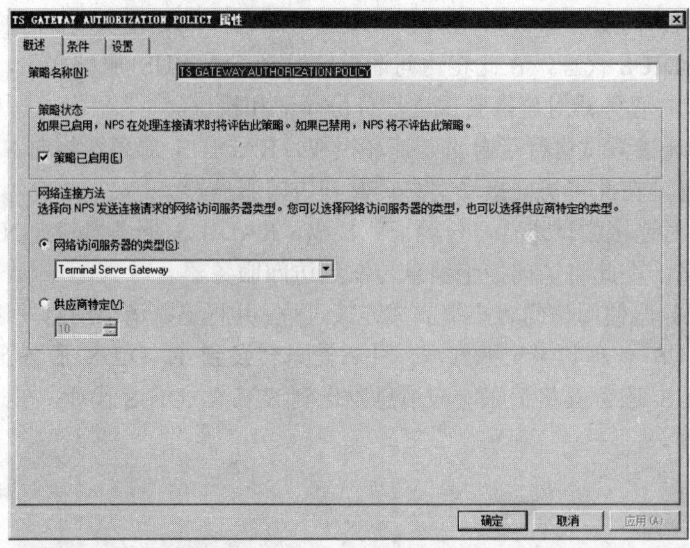

图 11-22 连接请求策略属性对话框

11.4.4 网络访问保护

1. 健康策略

健康策略由一个或多个系统健康验证程序（SHV）和其他设置组成，为尝试连接到网络的支持 NAP 的计算机定义客户端计算机配置需求。当支持 NAP 的客户端尝试连接到网络时，客户端计算机会将健康声明（SoH）发送到网络策略服务器（NPS）。SoH 是客户端配置状态的报告，NPS 将 SoH 与健康策略中定义的要求进行比较。如果客户端配置状态与健康策略中定义的要求不匹配，根据 NAP 的配置情况，NPS 将执行下列操作之一。

（1）拒绝 NAP 客户端的连接请求。

（2）NAP 客户端被置于受限网络上，在此它可以从更新服务器接收更新，以使客户端符合健康策略。客户端符合健康策略后，才被允许连接。

（3）尽管 NAP 客户端不符合健康策略，也允许将其连接到网络上。

（4）可以通过向健康策略添加一个或多个 SHV，在 NPS 中定义客户端健康策略。

（5）为健康策略配置一个或多个 SHV 之后，当客户端计算机连接到网络时，可以将健康策略添加到要用于加强 NAP 的网络策略的健康策略条件。

2. 网络访问保护

网络访问保护（NAP）是一种创建、强制和修正客户端健康策略的技术，它包含在 Windows Vista 和 Windows Server 2008 中，也是 Windows Server 2008 新增的安全功能。借助 NAP，可以对连接到网络的计算机建立软件、安全更新及所需的配置设置等事项的健康策略。通过应用这些健康策略，可以防止大部分具有安全隐患的计算机访问用户的网络。

客户端计算机在连接网络之前，NAP 就检查和评估客户端计算机健康状况。如果客户端计算机不符合健康策略时，NAP 就限制该客户端计算机访问网络，并修正客户端计算机以强制其符合健康策略。如果客户端计算机通过了健康策略连接到网络上，NAP 还提供其实时的运行状况。

NAP 是一个可扩展的平台，它提供一个基础结构和一个应用程序编程接口（API）集，用于向 NAP 客户端和服务器添加组件、强制执行网络健康策略，并修正计算机使其符合健康策略。NAP 本身不提供组件来验证或修正计算机的健康。完成这些验证和修正工作的组件包括系统健康代理（SHA）和系统健康验证程序（SHV）。他们提供客户端计算机健康状况检查和报告、对比健康策略来验证客户端计算机健康状况及健康策略的配置设置。

如果实施 NAP，必须同时在服务器和客户端计算机上配置 NAP 设置。Windows 安全健康代理（WSHA）作为操作系统的一部分包含在 Windows Vista 中。相应的 Windows 安全健康验证程序（WSHV）作为操作系统的一部分包含在 Windows Server 2008 中。通过使用 NAP API 集，其他产品也可以实施 SHA 和 SHV 以便与 NAP 集成。可以使用操作系统附带的 WSHA 和 WSHV 来部署 NAP。

3．使用向导创建 NAP 策略的步骤

（1）打开 NPS 控制台。如果尚未选择，则单击“NPS（本地）”。如果正在运行 NPS 管理台，且希望在远程 NPS 服务器上创建 NAP 策略，则选择服务器。

（2）在“入门”和“标准配置”中，选择“网络访问保护（NAP）”。将文本和文本下面的链接更改为“设置 NAP”。

（3）单击“设置 NAP”，将打开配置 NAP 向导，如图 11-23 所示。

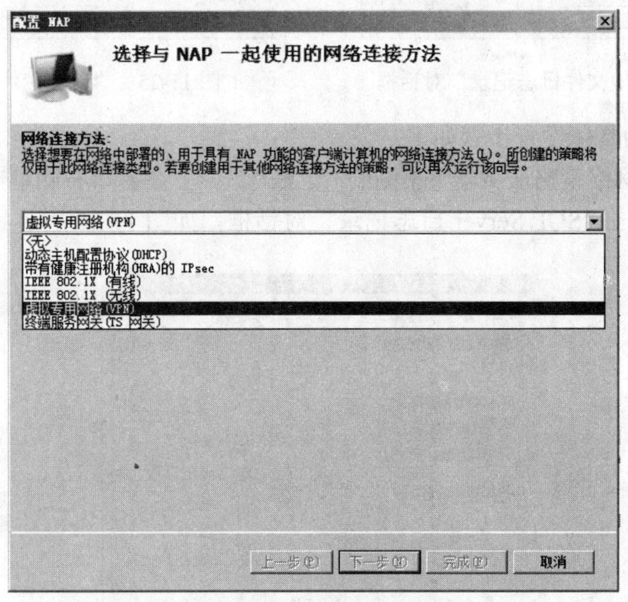

图 11-23　配置 NAP 向导

11.4.5　记账

可以配置网络策略服务器（NPS），让其对用户身份验证请求、访问接受消息、访问拒绝消息、记账请求和响应，以及定期状态更新执行 RADIUS 记账。网络策略服务器中的记账是指的记录日志，主要有两种形式，一种是文件形式的记账，另一种是数据库方式的记账。也就是将日志记录在文件里还是记录在数据库中，这是日志记录的两种主要方法。对这两种日志记账方式均可在网络策略服务器管理窗口中进行设置。

保存到本地文件的具体设置步骤如下。

步骤 1：选择“网络策略服务器”左侧的“记账”选项，在窗口右侧单击“配置本地文件日志记录”，之后弹出“本地文件日志记录”对话框，如图 11-24 所示。

步骤 2：在图 11-24 所示的对话框中，有“设置”和“日志文件”选项页，分别如图 11-24 和图 11-25 所示。在“设置”选项页中，可以设置保存的日志文件中的内容。在“日志文件”选项页中，可以设置日志文件保存的位置、文件格式、保存频率及删除清理情况。根据实际需要选择设置即可。

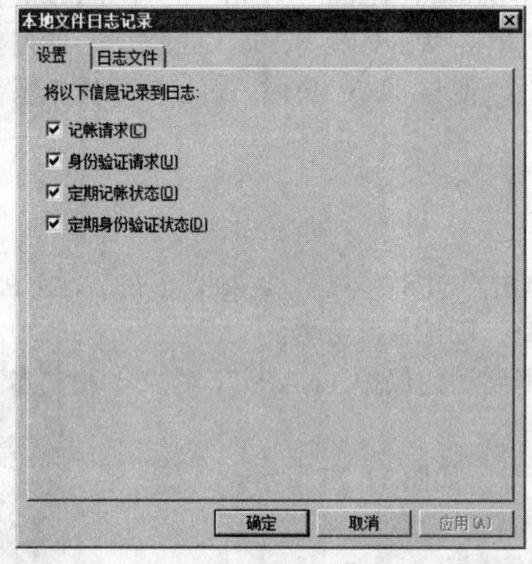

图 11-24　“本地文件日志记录”对话框

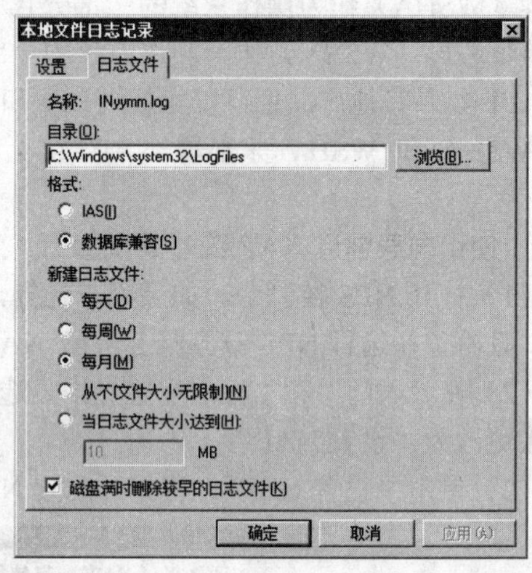

图 11-25　“日志文件”选项页

保存到数据库的具体设置步骤如下。

步骤 1：选择“网络策略服务器”左侧的“记账”选项，在窗口右侧单击“配置 SQL Server 日志记录”，之后弹出“SQL Server 日志记录”对话框，如图 11-26 所示。

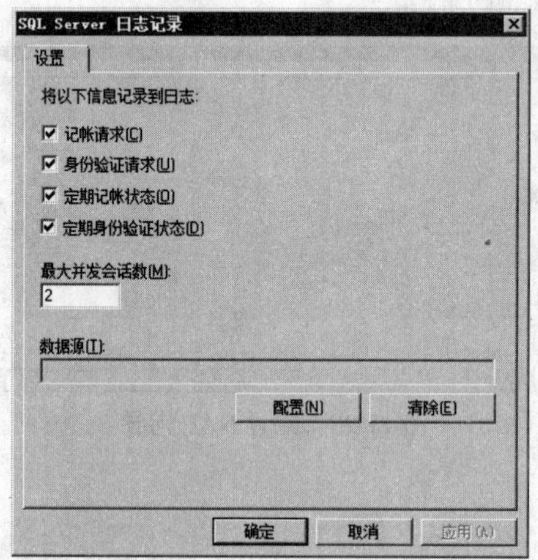

图 11-26　“SQL Server 日志记录”对话框

步骤 2：在图 11-26 所示的对话框中，可以设置保存的日志中的内容。单击“配置”按钮，即可弹出配置数据库连接属性的对话框，可以从中配置需要连接的数据库。

11.5 本章小结

本章主要介绍了在Windows Server 2008中的安全策略及相关内容，主要包括本地安全策略、本地组策略，以及组策略和网络策略服务器。通过使用、配置这些安全策略，可以大大提高单个计算机的安全，以及网络中各个计算机服务器的安全性。

第 12 章　身份验证和访问控制

本章介绍的内容主要用于管理凭据，通过这些凭据来控制合法用户访问设备、应用程序和数据，并拒绝那些非法用户的访问，从而达到一定的安全控制目的。

12.1　智能卡

智能卡可以为客户端身份验证、登录到域、代码签名和保护电子邮件等提供移动便携式的身份验证方式。支持加密智能卡是 Microsoft 集成在 Microsoft Windows 中的公钥基础结构（PKI）的主要功能。智能卡可是实现如下主要功能。

（1）保护私钥和其他形式个人信息的防篡改存储区。

（2）将包含身份验证、数字签名和密钥交换在内的安全信息与其他的无关信息进行隔离。

（3）可以方便地随身携带不同计算机的凭据及其他私人信息。

智能卡和智能卡读卡器需要另外购买、安装和管理。安装智能卡读卡器时，应按照制造商的说明操作。智能卡管理是通过证书注册、组策略和硬件制造商提供的管理工具来完成的，因此需要颁发证书。

12.2　授权和访问控制

访问控制是授权用户、组和计算机来访问网络或计算机上可对其设置权限的对象的过程。若要跨域管理授权和访问控制，需要是域管理员。若要在本地计算机上管理访问控制，则必须是该计算机的管理员或具有相应的对象权限。授权和访问控制是 Windows Server 2008 中的内置组件；但是，若要跨域管理它们，则需要安装并配置 AD DS 服务器角色和 GPMC。若要跨域管理授权和访问控制，可以使用 Active Directory 工具和组策略。若要在本地计算机上管理授权和访问控制，可以使用“本地用户和组”，以及本地组策略编辑器。

12.3　加密文件系统

加密文件系统（EFS）是 Windows 提供的一项基本功能，可以对数据内容进行保护。该种保护方式提供了用于在 NTFS 文件系统卷上存储加密文件的核心文件加密技术。由于 EFS 与文件系统相集成，因此使管理更方便，使系统难以被攻击，并且对用户是透明的。此技术对于保护计算上可能被其他用户访问的数据特别有用。对文件或文件夹加密后，即可像使用任何其他文件和文件夹那样，使用加密的文件和文件夹。可以使用智能卡来存放可通过组策略强制使用的 EFS 密钥。可以通过组策略或使用“加密文件系统”向导来管理 EFS。

使用 EFS 的基本步骤如下。

步骤 1：选中某个需要加密的文件夹，单击鼠标右键。

步骤 2：在弹出的菜单中选择“属性”。

步骤 3：在弹出的如图 12-1 所示的“属性”对话框中的“常规”选项页中，单击“高级”按钮。

步骤 4：在弹出的如图 12-2 所示的“高级属性”对话框中选择“加密内容以便保护数据”即可。

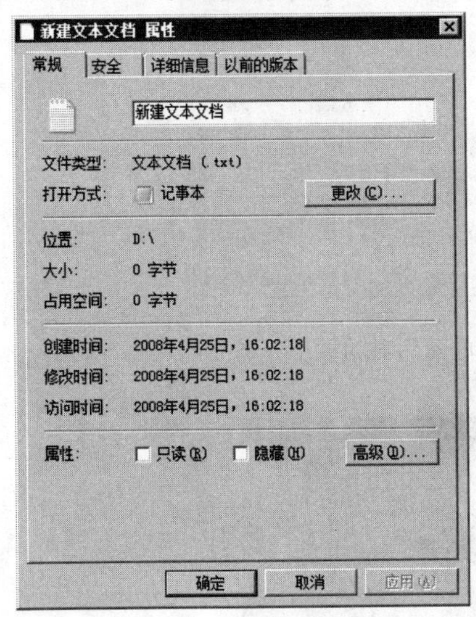

图 12-1　“属性”对话框

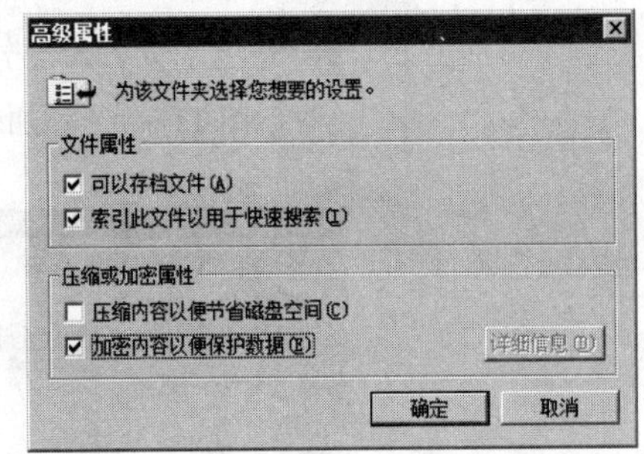

图 12-2　“高级属性”对话框

需要说明的是，EFS 只能对 NTFS 文件系统卷上的文件和文件夹进行加密。也不能加密压缩的文件或文件夹。如果对压缩的文件或文件夹进行加密，则该文件或文件夹将不能解压缩。无法加密标记有系统属性的文件，也无法加密系统根目录文件夹中的文件。

12.4　可信平台模块管理

可信平台模块（TPM），是一个内置在计算机中的芯片，用于存储加密信息，如加密密钥。TPM 通常安装在台式计算机或便携式计算机的主板上，通过硬件总线与系统其余部分通信。

可信平台模块服务是 Windows Vista 和 Windows Server 2008 中的一个全新功能集，用于管理计算机中的 TPM 安全硬件。通过提供对 TPM 的访问并保证应用程序级别的 TPM 共享，TPM 服务体系结构可提供基于硬件的安全基础结构。TPM 管理控制台是一个 MMC 管理单元，管理员可借助它与 TPM 服务进行交互。

可以在 Windows Server 2008 的管理控制台（MMC）中打开 TPM 管理器。具体步骤如下。

步骤 1：在“开始”菜单的“开始搜索”栏中输入 MMC 命令，按回车键后打开管理控制台。

步骤 2：单击管理控制台左上角的“文件”→“添加/删除管理单元”菜单命令，弹出如图 12-2 所示的“添加或删除管理单元”对话框。

步骤 3：在图 12-3 所示的对话框的“可用的管理单元”一栏中，选择“TPM 管理”，之后单击“添加”按钮，系统弹出如图 12-4 所示的“选择计算机”对话框。根据实际情况选择需要管理 TPM 的本地计算机或远程计算机，之后单击“确定”按钮。

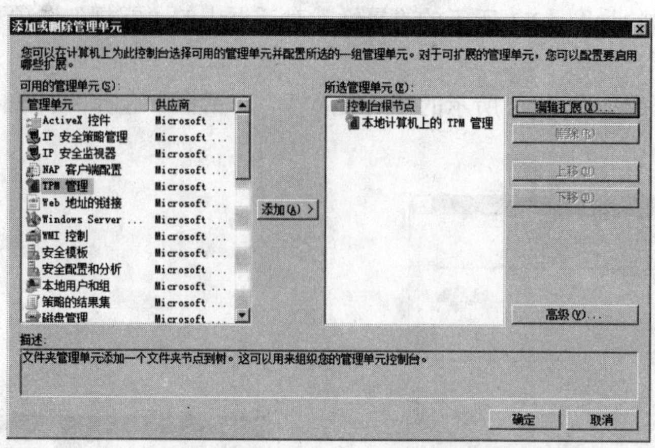

图 12-3 “添加或删除管理单元”对话框

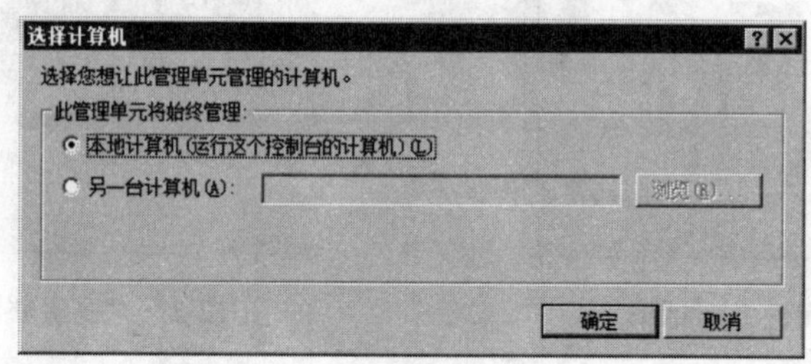

图 12-4 “选择计算机”对话框

12.5 BitLocker 驱动器加密

12.5.1 BitLocker 驱动器加密方式

与 Windows Vista 操作系统相同，在 Windows Server 2008 中，也提供了 Windows BitLocker 驱动器加密的功能。该功能可以通过加密 Windows 操作系统卷上（一般为 C 盘）存储的所有数据来保护数据的内容安全。在 Windows Server 2008 中的一个卷包括一个或多个硬盘上的一个或多个分区。而 Windows BitLocker 则使用简单卷，即一个卷为一个分区，一般一个分区会有一个驱动器号，如 C 盘。

BitLocker 驱动器加密将加密整个系统驱动器，包括启动和登录所需要的 Windows 系统文件。而加密文件系统与之不同，它可以加密单个文件。

需要注意的是，BitLocker 驱动器加密可能会使用户的计算机无法正常启动，因此需要确保在详细了解了 Windows BitLocker 驱动器加密，以及相关的使用方法的前提下再设置该功能。并且为了安全起见，在测试该功能之前，先把 Windows Server 2008 中的重要数据备份出来。另外，在第一次打开 BitLocker 时，一定要创建好恢复密码并妥善保存。因为在计算机启动时，如果 BitLocker 检测到磁盘错误、对 BIOS 的更改或对任何启动文件的更改等，BitLocker 将锁定驱动器并且需要使用特定的 BitLocker 恢复密码才能进行解锁。否则，可能会永久失去对文件的访问权限。

一般情况下，BitLocker 使用 TPM 来保护 Windows Server 2008 的操作系统和用户数据，并确保这些数据在没有正确的解密密钥时不被篡改。使用 TPM 芯片加密后，只能通过使用

TPM 中存储的解密密钥来解密计算机硬盘上的数据，因此将该加密硬盘挂接在其他计算机上来读取数据的办法是无法获取这些加密数据的。因此存储在 TPM 芯片上的信息会更安全，可以避免外部软件攻击或盗窃。

另外，BitLocker 也可以在没有 TPM 芯片的情况下使用。但这种情况下，BitLocker 可以提供加密，而不提供使用 TPM 锁定密钥的其他安全。如果 BitLocker 不使用 TPM 芯片，需要通过使用组策略更改 BitLocker 安装向导的默认行为，或使用脚本配置 BitLocker。在不使用 TPM 的情况下，BitLocker 需要将加密密钥存储在 U 盘中，这样，只有提供该驱动器来读取相应的解密密钥才能解锁存储在卷上的数据。

12.5.2 BtiLocker 驱动器加密的安装

Windows Server 2008 默认安装时，并没有安装 BtiLocker 驱动器加密。在 Windows Server 2008 中，BtiLocker 驱动器加密是作为一种功能提供的。因此安装步骤如下。

步骤 1：单击“开始”→“管理工具”→“服务器管理器”菜单命令，打开如图 12-5 所示的“服务器管理器”窗口。

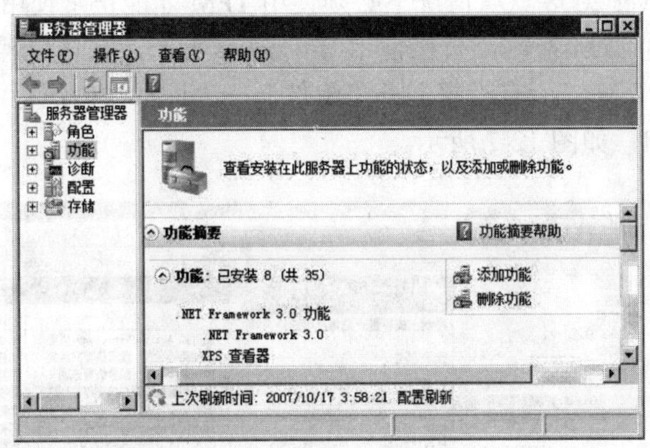

图 12-5　“服务器管理器”窗口

步骤 2：在图 12-5 所示的窗口中，选择“功能”选项，之后在其右侧的窗口中选择“添加功能”链接，弹出如图 12-6 所示的添加功能向导。

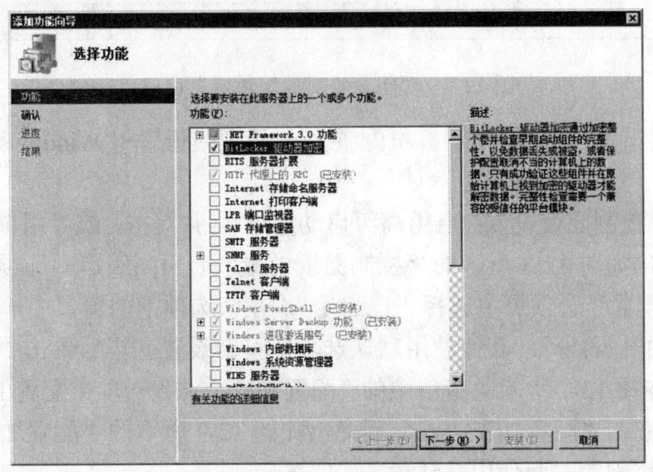

图 12-6　添加功能

步骤 3：在弹出的添加功能向导页面中选择 BtiLocker 驱动器加密选项，之后单击“下一步”按钮。系统开始自动安装。

步骤 4：安装完毕后需要重新启动操作系统。操作系统重新启动后安装向导自动完成剩余的配置工作。最后单击安装向导页面上的“关闭”按钮即可。

12.5.3 BtiLocker 驱动器加密的使用步骤

在具有 TPM 的情况下，BitLocker 的使用方法如下。

在“控制面板”中单击“BtiLocker 驱动器加密”，即可打开 BitLocker 安装向导，按照向导的说明一步步操作即可。需要再次强调一点的是一定要创建并保存好恢复密码，以备必要之用。

如果需要解密驱动器，则在“控制面板”中单击“BtiLocker 驱动器加密”，在打开的“BtiLocker 驱动器加密”对话框中，需要解密的驱动器后单击“解密卷”。如果需要临时禁用 BitLocker，则单击“禁用 BitLocker 驱动器加密”。

在没有 TPM 的情下，BitLocker 的使用方法如下。

由于 Windows Server 2008 默认情况下必须使用 TPM 才能正常使用 BitLocker，因此需要首先更改其设置来跳过 TPM 检测，直接使用 BitLocker 加密。具体步骤如下。

步骤 1：在“开始”→“所有程序”→“附件”→“运行”中运行 gpedit.msc，打开“组策略对象编辑器”窗口，如图 12-7 所示。

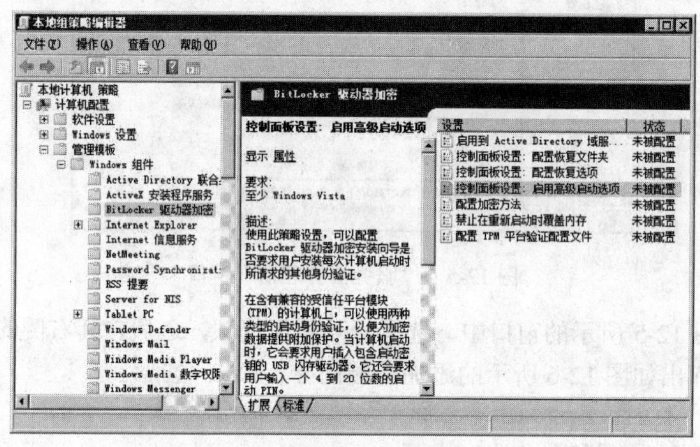

图 12-7 “组策略对象编辑器”窗口

步骤 2：在该窗口中选择打开“计算机配置”→“管理模板”→“Windows 组件”→“BitLocer 驱动器加密”。

步骤 3：选择“控制面板设置：启用高级启动选项”，并双击，或者用鼠标右键单击选“属性”菜单命令，弹出如图 12-8 所示的“控制面板设置：启用高级启动选项 属性”对话框。

步骤 4：在“设置”选项页中选择“已启用”，在该选项下的窗口中，注意选择“没有兼容的 TPM 时允许 BitLocker”，其他使用默认选项即可。设置完毕后单击“确定”按钮。

步骤 5：可以在图 12-7 所示的窗口中的“配置加密方法”一项中配置 BitLocker 加密数据时采用加密算法。双击“配置加密方法”后弹出如图 12-9 所示的“配置加密方法属性”对话框。当然，也可不用配置，而使用默认值。

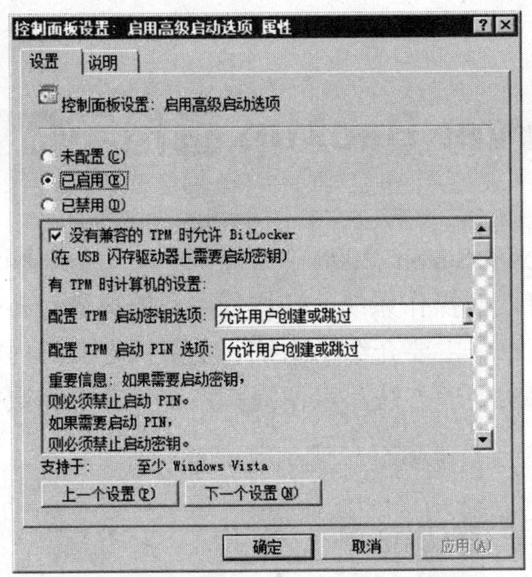

图 12-8　“控制面板设置：启用高级启动选项属性”对话框

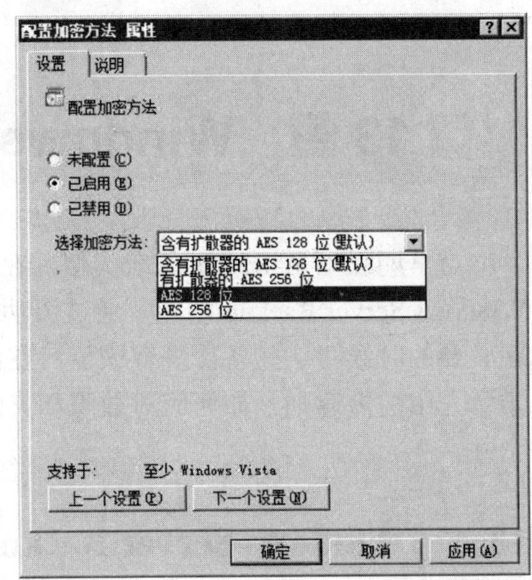

图 12-9　“配置加密方法属性”对话框

步骤 6：在“运行”中运行“gpupdate /force”命令，强制组策略更新，而不需要重新启动计算机。

接下来就可以使用 BitLocker 对驱动器进行加密了。具体使用步骤如下。

步骤 1：在“控制面板”中双击“BitLocker 驱动器加密”，弹出“BitLocker 驱动器加密”窗口。需要说明的是 BitLocker 驱动器加密要求至少两个卷，且每个卷采用 NTFS 文件系统。

步骤 2：单击“启用 BitLocer”，弹出“设置 BitLocker 启动首选项”对话框。单击“每次启动时要求启动 USB 密钥”，进入“保存启动密钥”对话框。该对话框提示用户“插入可移动 USB 内存设备，选择该驱动器，然后单击‘保存’”。此时确保计算机上插有 U 盘。

步骤 3：进入“保存恢复密码”对话框。在该对话框中，提示用户保存恢复密码，并建议保存恢复密码的多个副本。其中显示了“在 USB 驱动器上保存密码”、“在文件夹中保存密码”和“打印密码”。根据提示，可保存多个密码副本。

步骤 4：单击“下一步”按钮，进入“加密卷”对话框。该对话框提示用户加密的卷是哪个盘（一般情况下是 C 盘）。另外，在该窗口中还可以选择是否“运行 BitLocker 系统检查”，根据提示选择后，单击“继续”按钮。

步骤 5：BitLocker 将在检测系统后开始对启动分区进行加密。加密过程将根据分区大小和系统的处理速度来确定。加密完毕后，系统需要重新启动，启动后需要使用保存在 U 盘中的解密密钥开启系统。

12.6　本章小结

本章主要介绍了 Windows Server 2008 中提供的用户身份验证和访问控制的功能，特别是可信平台模块级 BitLocker 驱动器加密等都是在 Windows Vista 和 Windows Server 2008 中刚刚提供的新功能。这些功能的提供，使 Windows 平台的安全级别得到很大的提升。其中可信管理平台模块也是可信计算理念的一种工程体现，可以从计算机的角度来考虑解决安全问题，从而进一步提高网络环境的安全性。

第 13 章　Windows Server Backup 备份与恢复

与早期版本 Windows 系统类似，在 Windows Server 2008 中也提供了用于备份和恢复的 Windows Server Backup 功能。通过该功能，可以对操作系统、应用程序和数据进行备份，并在必要的时候对这些备份进行恢复。在前面几章中主要介绍了系统安全防护方面的内容。而本章介绍的内容则是如何应对故障和灾难的后期处理方法，以便提高系统、应用和数据的安全性。

13.1　Windows Server Backup 的新增功能

在 Windows Server 2008 中，Windows Server Backup 与早期版本 Windows 相比，有了新的改进，主要包括以下几个方面。

更快的备份。Windows Server Backup 使用卷影复制服务（VSS）和块级备份技术对操作系统、文件和文件夹及卷进行备份。创建第一个完整备份之后，Windows Server Backup 可以配置为自动运行增量备份，这样可以节省备份所需要的时间。与早期版本 Windows 中的 Windows Server Backup 相比，新版本的 Windows Server Backup 备份速度有了新的提高。

非现场删除备份，以便进行灾难保护。可以将备份轮流保存到多个磁盘中，这样可以在非现场位置移动磁盘。将每个磁盘添加为一个计划备份位置，当第一个磁盘移离现场，则 Windows Server Backup 会自动将备份按顺序保存到下一个磁盘。

改进的计划。Windows Server Backup 包括一个可引导您完成创建日常备份的向导。系统卷将自动包含在所有的计划备份中，以便进行灾难保护。

支持光学介质驱动器和可移动介质。可以手动将卷直接备份到光学介质驱动器和可移动介质，这可以使备份方便地脱离备份现场。在此版本的 Windows Server Backup 中，仍支持手动备份到共享文件夹和硬盘。

简化的恢复。可以通过选择备份中要恢复的特定项目来恢复指定项目，如可以恢复一个文件夹中的特定文件或恢复一个文件夹的所有内容。另外，如果项目存储在增量备份中，用户可以根据备份版本的日期来确定恢复的内容，而这在早期版本 Windows 中，是需要从多个备份中手动恢复的。Windows Server Backup 与新的 Windows 恢复工具结合使用，可使操作系统的恢复更加简单。可以恢复到同一服务器，或者恢复到具有类似硬件的另一台服务器（其中没有操作系统）。

增强的恢复。Windows Server Backup 使用内置到应用程序中的 VSS 功能来保护应用程序数据，从而实现了应用程序的恢复功能。

远程管理。由于 Windows Server Backup 使用 MMC 管理单元，因此与其他管理工具提供了一致的管理界面。在该 MMC 管理界面中，可以通过使用“连接到另一台计算机”的功能链接来管理在其他服务器中的备份。

磁盘使用情况自动管理。为计划备份配置磁盘后，Windows Server Backup 将自动管理磁盘的使用情况。创建新备份时，Windows Server Backup 将自动重复使用旧备份的空间。管理工具将显示可用的备份和磁盘使用情况信息。这有助于计划配置其他存储，以满足恢复时间的目标。

扩展的命令行支持。Windows Server Backup 包含 Wbadmin 命令和文档，从而可以在命令行中执行所有与使用管理单元执行相同的任务。还可以通过脚本自动进行备份活动。另外，Windows Server 2008 包含 Windows Server Backup 的一个 Windows PowerShell 命令（cmdlets）集合，可以使用这些命令编写执行备份的脚本。

13.2　Windows Server Backup 的安装

默认情况下，Windows Server 2008 是不安装 Windows Server Backup 的。Windows Server Backup 是作为 Windows Server 2008 的一项功能提供的。因此需要在服务器的功能管理中安装添加。具体步骤如下。

步骤 1：打开“开始”→“管理工具”→“服务器管理器”菜单命令，打开如图 13-1 所示的“服务器管理器”窗口。

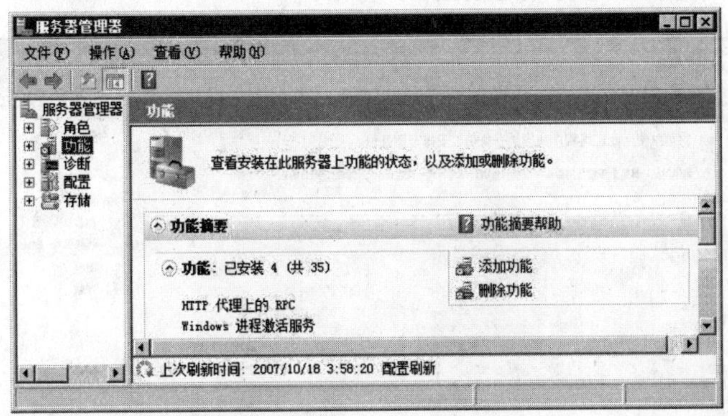

图 13-1　“服务器管理器”窗口

步骤 2：在窗口左侧栏中，选择“功能”选项，在该窗口右侧，选择“添加功能”链接，之后弹出如图 13-2 所示的添加功能向导页面。

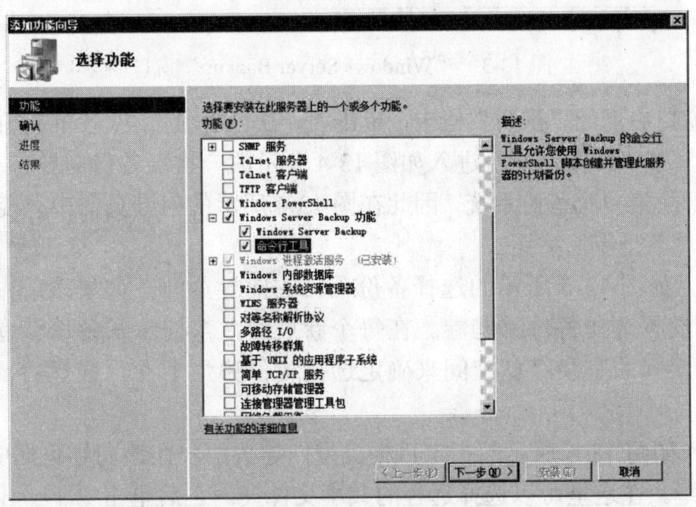

图 13-2　添加功能向导

步骤 3：在图 13-2 中选择“Windows Server Backup 功能”，注意展开该选项，将其中的“Windows Server Backup”和“命令行工具”同时选中，这样 Windows Server Backup 提供的命令行才可以使用。之后单击“下一步”按钮。系统将自动进行安装，并在安装完毕后提示用户安装完毕，并提示关闭安装向导页面。在选择安装“命令行工具”时，系统要求安装 Windows PowerShell，如果系统没有安装，则会提示用户增加 Windows PowerShell 的安装选项。

13.3 备份服务器

13.3.1 使用备份向导备份服务器

可以使用 Windows Server Backup 的备份向导来备份服务器上的操作系统、应用程序及数据，首先需要打开 Windows Server Backup，之后选择相应的备份向导即可。具体步骤如下。

步骤 1：单击“开始”→“管理工具”→“Windows Server Backup”菜单命令，即可打开如图 13-3 所示的“Windows Server Backup”窗口。

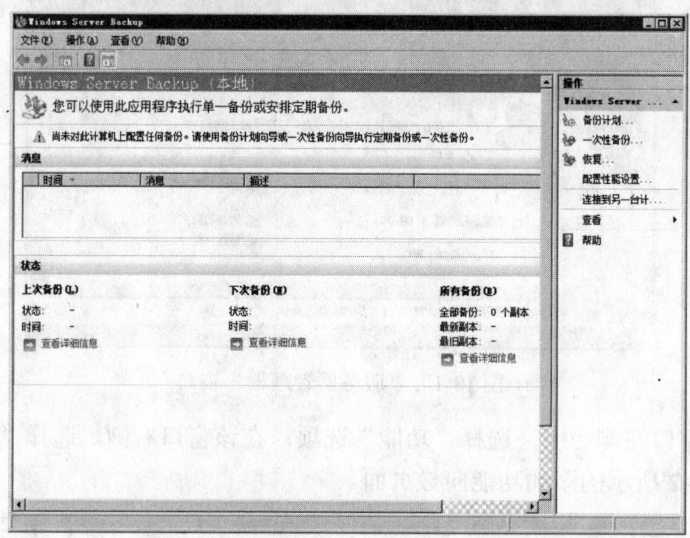

图 13-3 “Windows Server Backup”窗口

步骤 2：在窗口右侧的“操作”栏中，单击“一次性备份”，或者单击窗口上方的“操作”→“一次性备份”菜单命令，即可进入如图 13-4 所示的一次性备份向导。

步骤 3：由于是第一次备份系统，因此在图 13-4 所示的向导页面中只能选择“不同选项”选项。之后单击“下一步”按钮。

步骤 4：进入如图 13-5 所示的选择备份项目的向导页面。如果系统中有多个卷，则在此向导页中可以设置选择备份哪些卷。在每个卷后面，都提示了备份该卷所需要的存储空间大小。可根据实际的空余存储空间来确定选择备份哪几个卷。选择后，单击“下一步”按钮。

步骤 5：进入如图 13-6 所示的指定目标类型向导页面。在该向导页面中选择将备份数据保存的位置的类型。在这里可以选择远程的共享文件夹。之后单击“下一步”按钮。

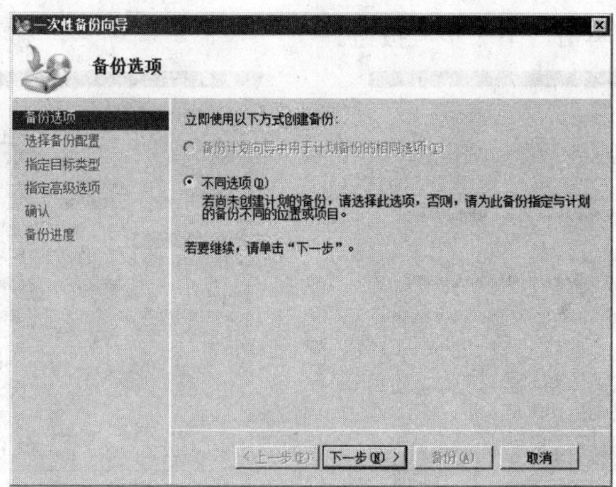

图 13-4 一次性备份向导

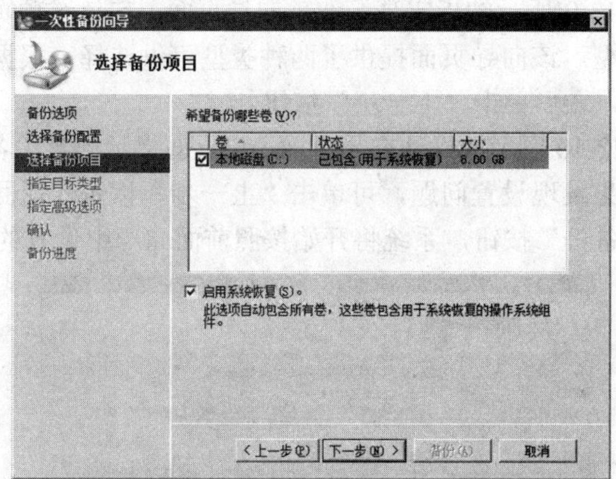

图 13-5 选择备份项目

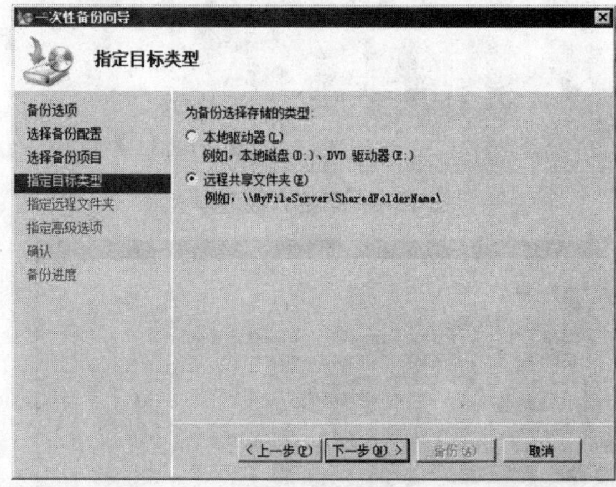

图 13-6 指定目标类型

步骤 6：如果在步骤 5 中选择了“远程共享文件夹”选项，则进入如图 13-7 所示的指定远程文件夹的向导页面。在该页面中设置共享文件夹的位置，并设置其访问控制。之后单击“下一步”按钮。

步骤 7：如果在步骤 5 中选择了“本地驱动器”选项，则进入如图 13-8 所示的选择备份目标的向导页面。之后单击“下一步”按钮。

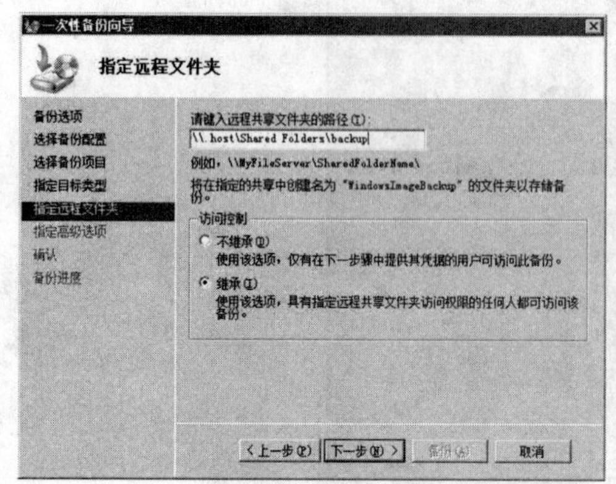

图 13-7　指定远程文件夹

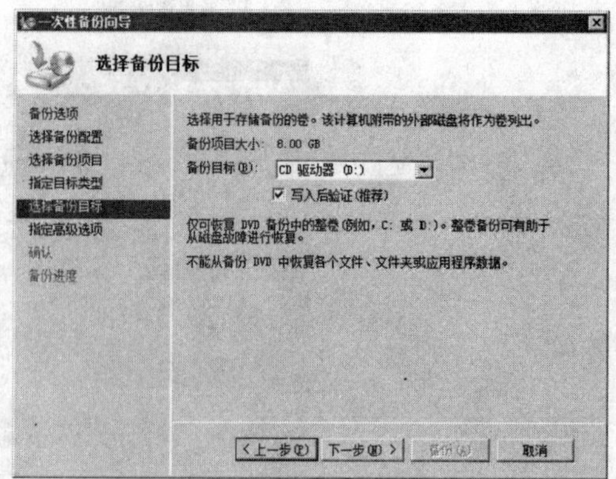

图 13-8　选择备份目标

步骤 8：进入如图 13-9 所示的指定高级选项向导页面。在该选项页面中，设置要创建的卷影复制服务备份的类型。该向导页面提供了两种类型可供选择。根据向导页面上的说明及实际需求选择其中之一。之后单击“下一步”按钮。

步骤 9：进入如图 13-10 所示的确认向导页面。该页面提示向导中各设置的汇总，提示用户来确认这些设置。如果发现设置问题，可单击“上一步”按钮，返回到前面的向导页面，修改设置，否则单击“备份”按钮，系统将开始按照前面向导中设置的方式进行备份。

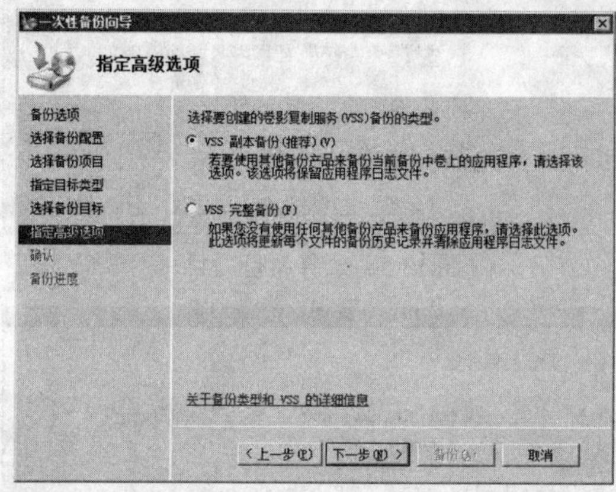

图 13-9　指定高级选项

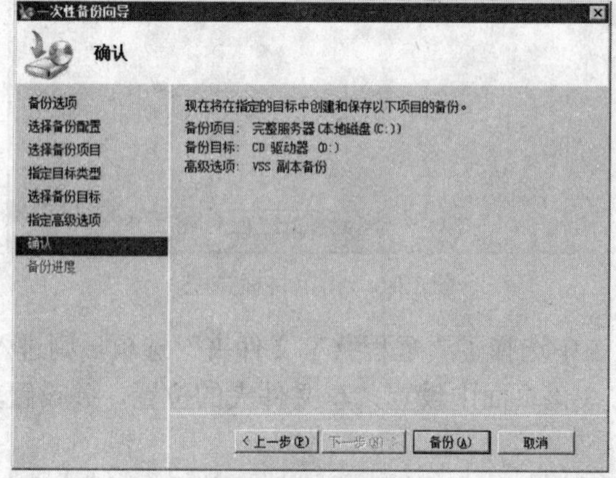

图 13-10　确认向导对话框

13.3.2　使用命令行备份服务器

另外，还可以使用命令行来执行备份操作，具体步骤如下。

步骤 1：单击“开始”菜单，右键单击“命令提示符”，然后单击“以管理员身份运行”。

步骤 2：在提示符下输入“wbadmin start systemstatebackup -backupTarget:<VolumeName> [-quiet]”。其中，“-backupTarget:<VolumeName>”指定此备份的存储位置。“VolumeName”是驱动器名称，如 C:。“[-quiet]”表示运行命令时不提示用户，即安静模式运行。

比如，如果要创建系统状态备份并保存到卷 D，则在命令提示符中输入“wbadmin start systemstatebackup -backupTarget:C:”。需要说明的是，这种方式的备份只能在本地连接的磁盘上进行备份，而不能在远程或 DVD 中备份。并且这种方式也只能备份恢复系统状态和应用程序，卷和文件则无法备份和恢复。

13.3.3　优化备份性能

对于第一次备份后的其他系统备份，Windows Server Backup 提供了两种备份方式，即完整备份和增量备份。另外，这两种备份还可以对每个卷进行分别设置。具体操作步骤如下。

步骤 1：在图 13-3 右侧的“操作”栏中，选择“配置性能设置”链接，之后弹出如图 13-11 所示的“优化备份性能”对话框。

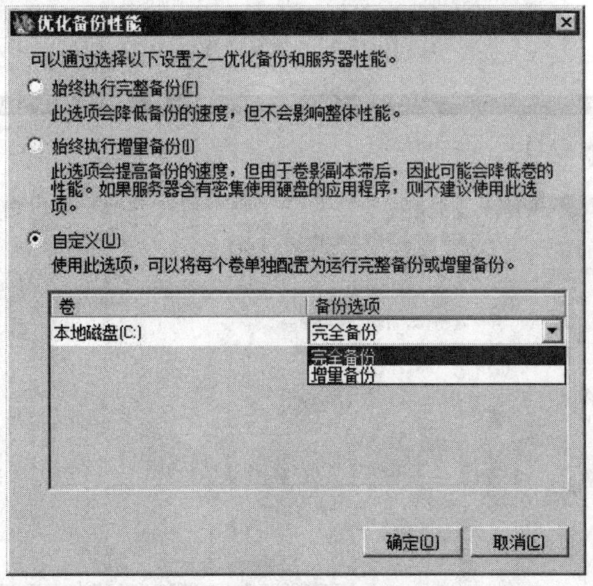

图 13-11　“优化备份性能”对话框

步骤 2：在图 13-11 所示的对话框中，可以分别选择是使用完整备份，还是使用增量备份。如果需要对各个卷采用不同的设置，则选择图 13-11 中的第三个选项“自定义”，并对其下每个卷分别进行设置。单击每个卷后的“备份选项”下拉列表，即可选择备份方式。最后单击“确定”按钮。

13.4　恢复服务器

如果需要恢复经过备份的服务器，则可以使用向导来完成恢复过程。在图 13-3 右侧的“操作”栏中，选择“恢复”链接，之后弹出如图 13-12 所示的恢复向导。在该向导中，提供了两种恢复方式，即恢复此服务器上的备份和恢复另一个服务器的备份。两种恢复方式的向导分别如图 13-12 和图 13-13 所示。分别根据向导提示，选择好备份日期、恢复类型、恢复位置、恢复项目、恢复选项等信息后，系统即可自动开始恢复。

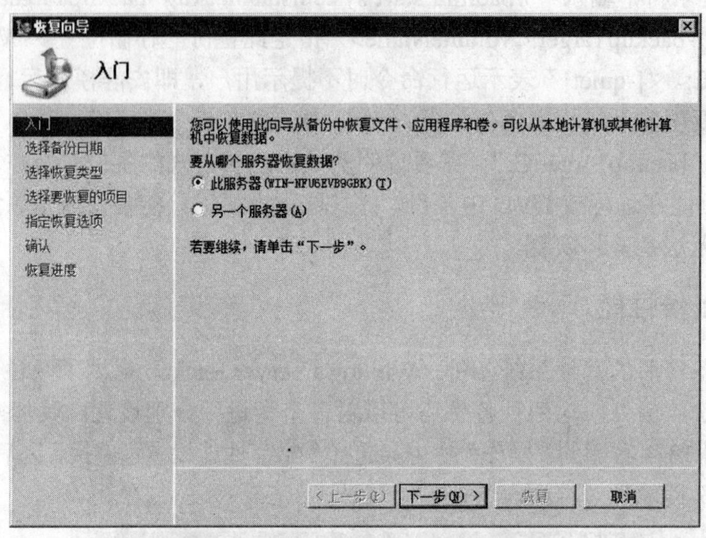

图 13-12 恢复向导

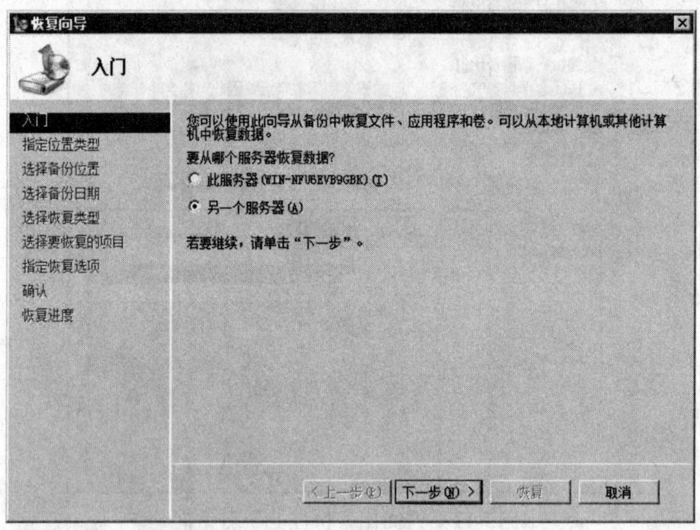

图 13-13 在另一个服务器恢复

13.5 创建自动备份计划

Windows Server Backup 也支持自动备份计划。使用该功能，系统可以根据计划自动进行系统备份。在图 13-3 右侧的“操作”栏中，选择“备份计划”链接，之后弹出如图 13-14 所示的备份计划向导。根据该向导，选择好备份配置、备份时间、目标磁盘（目标磁盘不能是被备份的卷）、标记目标磁盘等信息后，即可创建指定时间频率的系统备份计划。

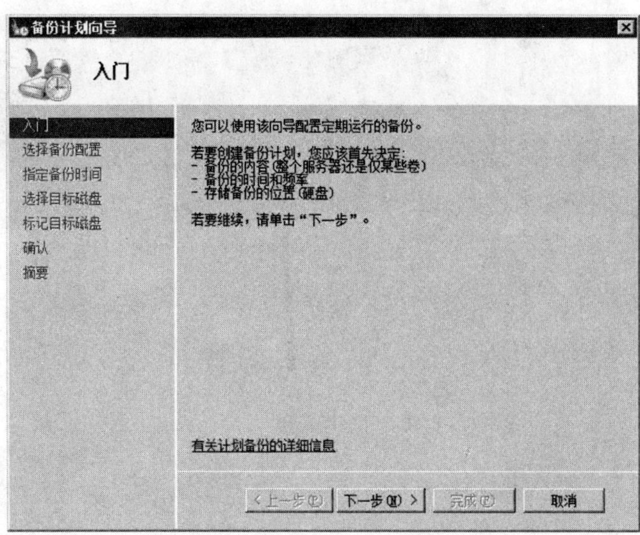

图 13-14　备份计划向导

13.6　本章小结

本章主要介绍了用 Windows Server 2008 中提供的 Windows Server Backup 进行备份与恢复的内容。在早期版本的 Windows 中，也提供了系统备份与恢复的功能，而该功能在提高系统、数据等安全性方面又是非常实用和易于操作的，因此在 Windows Server 2008 中仍保留了该功能，并对早期版本的相关功能进行了改善。

第3篇　Web应用

本篇由第14～16章组成，主要介绍Windows Server 2008在继承早期版本操作系统中的Web应用，从Web浏览器IE7到Web服务器的IIS 7.0，再到描述和发现Web服务的UDDI。在这些对Web应用的介绍中，特别介绍了原有应用的更新内容。

第14章 Internet Explorer 7

1989年，蒂姆·伯纳斯·李在瑞士日内瓦由欧洲原子核研究会（European laboratory for particle physics，CERN）建立的粒子实验室里最早开发出了Web服务器和客户机之后，因特网就由此迅速发展起来。也许伯纳斯·李也没有想到，因特网发展到今天，其中蕴含的信息已经如此的丰富多彩。也正是比尔·盖茨意识到因特网发展的这种潜力，微软公司开发的Internet Explorer 网络浏览器也逐渐成为亿万用户通向因特网的大门，而众多微软“粉丝”（fans）们也常亲切地称其为IE。

Internet Explorer 是微软公司在其Windows操作系统中捆绑的网络浏览器软件。早在1996年微软发布Windows 95 OSR2的时候就开始捆绑该软件了。也正是这一举动，导致了网络浏览器Netscape的供应商网景公司与微软公司的争端。也正是在这一场竞争中，网景公司败下阵来。最后，伴随着微软公司发布的各个版本的Windows操作系统，Internet Explorer 就一直成为 Windows 操作系统的一个重要组成部分，而且其版本也在不断地更新和发展。伴随着Windows Vista 和 Windows Server 2008 操作系统，Internet Explorer 也发展到了其第7个版本。

14.1 Internet Explorer 7 的新特性

Internet Explorer 7 相对于以前的版本在功能性和易用性上又有了较大的提高。下面我们来看一下 Internet Explorer 7 有哪些新特性。

1. 增强安全性

Internet Explorer 7 的安全性有了极大的提高，Internet Explorer 7 取消了管理员权限，在未经允许的情况下，系统将不会运行那些不知名的程序，如间谍软件和其他潜在的恶意代码，这样即使由于某种原因接入一个恶意代码网站，系统也会得到有效的保护，对方将没有足够的权限来安装软件、复制文件、篡改浏览器首页及默认的搜索引擎等设置，也不可能利用浏览器的漏洞对用户的计算机进行各种攻击，系统无疑是更安全了。

2. 控件管理

我们知道，Internet Explorer 的许多安全漏洞都与ActiveX控件有关，恶意软件、间谍软件、木马程序、广告程序都会利用 ActiveX 控件自动安装到用户的计算机中，而现在我们可以在 Internet Explorer 7 中通过ActiveX管理面板来自由控制每一个单独的ActiveX控件。默认设置下 Internet Explorer 7 会自动启用所有 ActiveX 控件，当然如果需要的话，可以有选择地禁用某些控件，对于非系统控件或可疑控件，也可以将其直接删除。

3. 全新界面

与以前版本的 Internet Explorer 浏览器相比，Internet Explorer 7 中的工具栏和地址栏都做了全新的设计，地址栏被锁定在窗口的最上方，这样可以防止一些黑客使用网络钓鱼或间谍软件来替换地址栏内容。另外一些工具栏按钮上的文字也没有了，简洁的工具栏更便于向收藏夹添加网站、搜索 Web、清除历史记录，以及访问最常用的其他任务和工具。

4．选项卡（Tab 标签）式浏览

选项卡式浏览也是 Internet Explorer 7 中的一项新功能，使用选项卡可以在单个浏览器窗口中打开多个网页。可以在新选项卡中打开网页或链接，并通过单击选项卡切换这些网页。虽然这个功能在其他浏览器中已经比较常见，但 Internet Explorer 7 还增加了一项快速导航选项卡功能。可以帮助用户用一个 Internet Explorer 7 窗口就可以查看所有的网页。以选项卡功能为基础，Internet Explorer 7 可以设置多个主页。当第一次打开 Internet Explorer 7 浏览器的时候，会把设置的所有主页打开。当然，也可以只把一个网页作为浏览器的主页。

5．快捷搜索

Internet Explorer 7 可以使用内置搜索框，无需打开搜索提供商页面即可随时搜索 Web。无需安装搜索工具栏，就可以通过 Internet Explorer 7 自带的搜索栏进行方便快捷的搜索。用户可以在单独选项卡上显示搜索结果，然后在其他选项卡上打开结果以快速比较站点并找到所需的信息。

6．便利收藏夹

Internet Explorer 7 把以前操作复杂的收藏夹进行了简化，并且把收藏夹放在了显要的位置，新的收藏中心更易于管理用户的收藏网站、用户的浏览历史记录和用户的 RSS 订阅源，只需单击几下鼠标即可完成。

7．缩放与打印

Internet Explorer 7 可以使用缩放功能允许用户放大或缩小文本、图像和某些控件。打印网页时可以先缩放网页，以适合将要使用的纸张。“打印预览”提供了手动缩放功能，以及要打印内容的精确视图，从而提供了更多的打印控制。

14.2　Internet Explorer 7 的安全防护

早期版本的 Internet Explorer 浏览器在安全防护方面做得不够完善，经常被一些恶意网站篡改浏览器的设置参数、更改浏览器的界面，以及通过网页浏览使用户的计算机感染病毒等。Internet Explorer 7 在安全防护方面进行了全面的改进。

14.2.1　Internet Explorer 7 中安全选项卡的设置

Internet Explorer 7“安全”选项卡可以针对浏览器要访问的所有站点进行分类，设置一些不同的安全选项，这些选项有助于保护计算机抵御潜在的威胁或恶意站点内容。

1．安全区域及安全级别的划分

Internet Explorer 7 将所有网站分为 4 类，称为 4 个安全区域，分别是 Internet、本地 Intranet、受信任的站点和受限制的站点。每个安全区域可以单独设置安全级别，所有网站被分配到不同的安全区域并应用该区域站点的安全设置。4 个安全区域划分标准及安全级别设置的具体情况如下。

Internet：默认情况下，Internet 区域的安全设置级别适用于不在其他 3 个区域中的所有站点。该区域的安全级别设置为“中高”，也可以将其更改为任何级别。

本地 Intranet：本地 Intranet 区域的安全设置级别适用于存储在本地企业或商务网络的网站和内容。该区域的安全级别设置为“中”，也可以将其更改为任何级别。

可信站点：受信任的站点的安全设置级别适用于已明确指定信任其不会损坏计算机或信息的站点。受信任的站点的安全级别设置为“中”，也可以将其更改为任何级别。

受限站点：受限制的站点的安全设置级别适用于可能损坏计算机或信息的站点。将站点添加到受限制的区域不会阻止这些站点，但可阻止站点使用脚本或任何活动内容。受限制的站点的安全级别设置为“高”并且无法更改。

除默认安全级别外，用户还可以通过单击“自定义级别”按钮自定义个别安全设置。

2．将网站从安全区域添加或删除

网站被分配到的区域指定了用于该站点的安全设置。可以选择将哪个网站分配给“本地 Intranet”、“可信站点”或“受限站点”。通过将某个网站添加到特定区域，可以控制用于该站点的安全等级。将网站添加到安全区域的方法如下。

步骤 1：打开 Internet Explorer。

步骤 2：导航至要添加到某个特定安全区域的网站。

步骤 3：单击“工具”→“Internet 选项”菜单命令，弹出如图 14-1 所示的“Internet 选项”对话框。

步骤 4：单击“安全”选项卡，然后单击某个安全区域（“本地 Intranet”、“可信站点”或“受限站点”）。

步骤 5：以“可信站点”为例，单击“站点”按钮，之后弹出如图 14-2 所示的“可信站点”设置对话框。

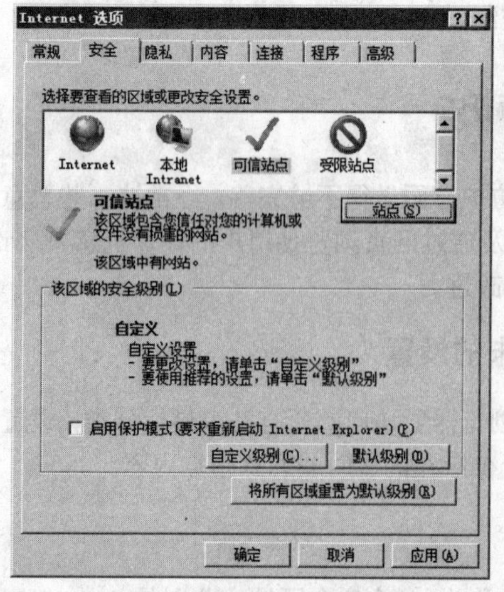

图 14-1 “Internet 选项”对话框“安全”选项页

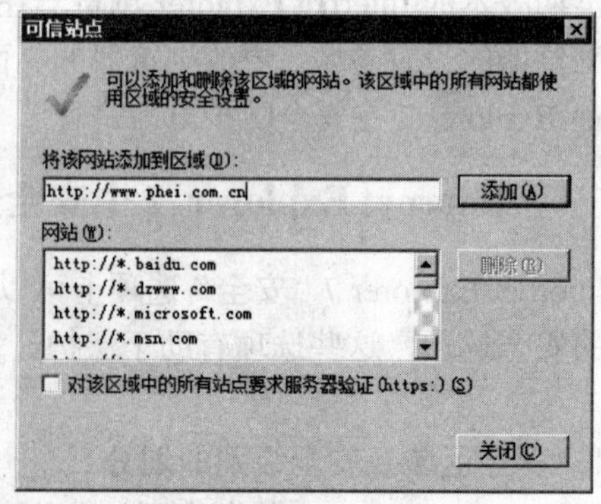

图 14-2 从安全区域添加/删除网站

步骤 6：执行下列操作之一。

如果要添加该站点到安全区域，该站点应该显示在“将该网站添加到区域”字段。单击“添加”按钮。

如果该站点不是安全站点（HTTPS），则清除“对该区域中的所有站点要求服务器验证（https:)”复选框。

如果要从安全区域中删除某站点，则在“网站”中，单击要删除的网站。然后单击“删除”按钮。

步骤 7：单击“关闭”按钮。

3. Internet Explorer 7 安全设置的步骤

步骤 1：打开 Internet Explorer。

步骤 2：单击“工具”→“Internet 选项”菜单命令，弹出如图 14-1 所示的“Internet 选项”对话框。

步骤 3：单击“安全”选项卡。

步骤 4：然后单击某个安全区域。

步骤 5：执行下列操作之一。

如果需要选择预设置的安全级别，请拖动滑块。

如果需要更改单个安全设置，请单击“自定义级别”按钮。根据需要更改设置，完成后单击“确定”按钮。

如果需要将 Internet Explorer 重新设置为默认安全级别，请单击“默认级别”按钮。

如果需要恢复所有区域设置级别，则单击“将所有区域重置为默认级别”按钮。

步骤 6：单击“确定”按钮。

14.2.2 Internet Explorer 7 动态安全防护功能及使用

Internet Explorer 7 安全区域的划分相对比较固定，相关的安全设置可能无法满足浏览器安全防护的需要，Internet Explorer 7 提供多种动态安全防护功能，可以针对网页浏览过程的实际状态进行防护，主要体现在以下几方面。

1. 仿冒网站筛选

仿冒网站是通过欺骗性网站诱使计算机用户透露个人信息方法。常见仿冒欺骗会从外观上看似来自受信任源的官方网站开始，如银行、信用卡公司或可信的在线商店。在仿冒网站中要求网站的访问者提供个人信息（如账号或密码）。

仿冒网站筛选是 Internet Explorer 7 中检测仿冒网站的功能。在用户浏览 Web 时，仿冒网站筛选功能会在后台运行，帮助用户免受仿冒骗局的欺骗。如果正在访问的站点位于已报告仿冒网站列表中，Internet Explorer 7 将显示警告网页并且在地址栏上显示通知。用户可以在警告网页上选择继续操作或关闭页面。如果网站具有仿冒站点中常见的特征，但是并不位于该列表中，Internet Explorer 将仅在地址栏中通知用户该网站可能是仿冒网站。

Internet Explorer 7 在默认状态下打开了仿冒网站筛选，当用户访问的网站在加载过程中浏览器会检测该网站是否为仿冒网站，如图 14-3 所示。

图 14-3　仿冒网站筛选

如果此项功能被关闭，可以通过以下步骤打开。

步骤 1：打开 Internet Explorer。

步骤 2：单击“工具”→“仿冒网站筛选”→“打开自动网站检查”菜单命令，此时系统弹出如图 14-4 所示的“仿冒网站筛选”对话框。

步骤 3：单击“打开自动仿冒网站筛选（推荐）”，然后单击“确定”按钮。

如果用户要关闭仿冒网站筛选可以采用与上述相同的步骤，在“仿冒网站筛选”对话框中选择“关闭仿冒网站筛选”选项，最后单击“确定”按钮。

2．保护模式

Internet 上有些恶意网站试图通过在计算机上保存文件或安装程序对用户的计算机进行攻击。Internet Explorer 7 的保护模式可以使计算机免受这些网站的攻击。除了在网页尝试“安装”软件时发出警告以外，当网页尝试“运行”特定的软件程序或软件程序不在 Internet Explorer 7 中以保护模式运行时也将弹出如图 14-5 所示的“Internet Explorer 安全警告”对话框。

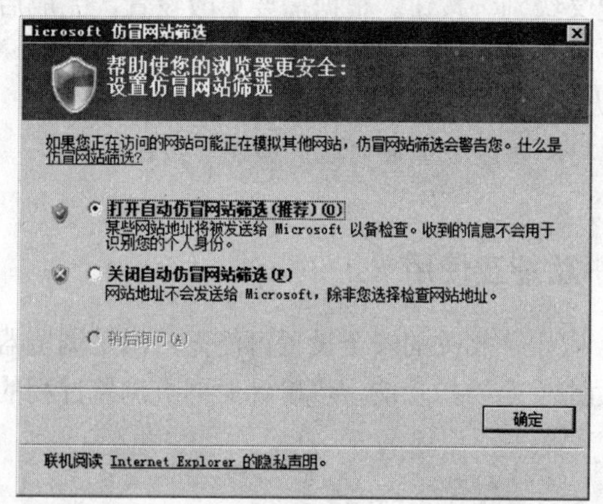

图 14-4　“仿冒网站筛选”对话框

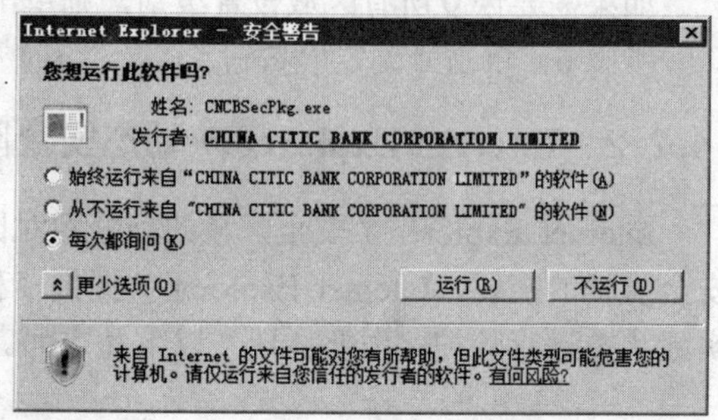

图 14-5　“Internet Explorer 安全警告”对话框

在用户以管理员身份登录时，保护模式还允许用户安装所需的 ActiveX 控件或加载项。当网页使用加载项在计算机上运行软件程序时，在授予用户的权限之前，Internet Explorer 7 会检查所有打开的网站以确保用户知道哪个网站正尝试运行该程序。如果用户信任该程序并允许其在任何网站上运行，可以选中“不再对此程序显示此警告”复选框。

默认情况下，在 Internet、Intranet 和受限制站点区域中均启用保护模式，并且，状态栏上会显示一个图标以表明保护模式正在运行。

如果浏览器没工作在保护模式下，可以通过以下操作启用“保护模式”。

步骤 1：打开 Internet Explorer。

步骤 2：单击“工具”→“Internet 选项”菜单命令，弹出如图 14-1 所示的“Internet 选项”对话框。

步骤 3：单击“安全”选项卡，然后单击“启用保护模式”左边的复选框，如图 14-6 所示。

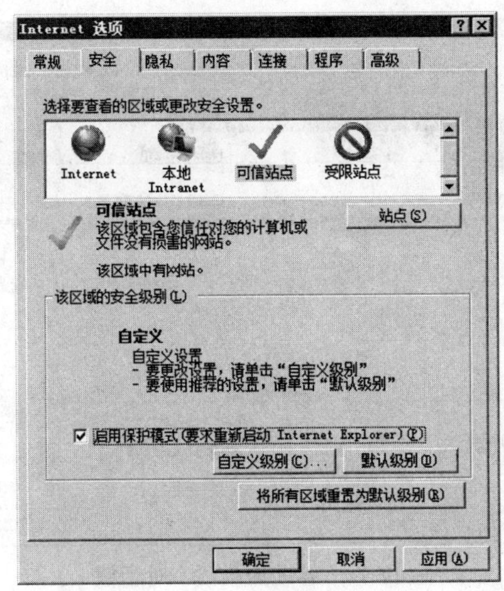

图 14-6 启用保护模式

3. 弹出式窗口阻止程序

弹出式窗口是一个小 Web 浏览器窗口，出现在当前查看的网页的顶端。弹出式窗口通常在访问网站时随即打开，并且通常是由广告商创建的。

弹出式窗口阻止程序是 Internet Explorer 中的内置功能，使用户能够限制或阻止大多数弹出式窗口。用户可以选择自己喜欢的阻止级别，从阻止所有弹出式窗口到允许用户希望看到的弹出式窗口。打开弹出式窗口阻止程序后，信息栏将显示一条消息，内容为"弹出式窗口已被阻止。如果需要查看此弹出式窗口或其他选项，请单击此处。"默认情况下，Internet Explorer 7 中的弹出式窗口阻止程序是打开的。如果需要关闭或重新打开弹出式窗口阻止程序（如果用户已经将其关闭），请执行以下步骤。

步骤 1：打开 Internet Explorer。

步骤 2：单击"工具"按钮，然后单击"弹出式窗口阻止程序"。

步骤 3：执行下列操作之一。

如果需要关闭弹出式窗口阻止程序，请单击"关闭弹出式窗口阻止程序"。

如果需要打开弹出式窗口阻止程序，请单击"打开弹出式窗口阻止程序"。

4. 加载项管理器

加载项也称为 ActiveX 控件、浏览器扩展或浏览器帮助应用程序对象，可以通过提供多媒体或交互式内容（如动画）来增强对网站的体验。但是，某些加载项可导致计算机停止响应或显示不需要的内容，如弹出广告。加载项管理器可用于禁用或允许 Web 浏览器加载项，以及删除不需要的 ActiveX 控件。加载项管理器的用法如下。

步骤 1：打开 Internet Explorer。

步骤 2：单击"工具"按钮，单击"管理加载项"，然后单击"启用或禁用加载项"。

步骤 3：在"显示"框中，单击"InternetExplorer 已经使用的加载项"来显示计算机上已安装的所有加载项，如图 14-7 所示。

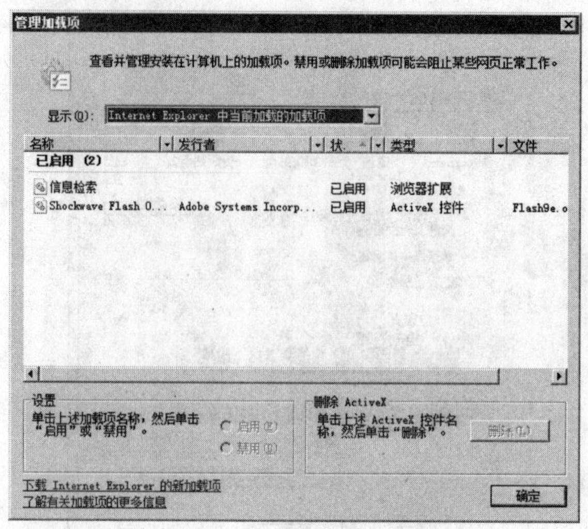

图 14-7 “管理加载项”对话框

步骤 4：执行下列操作之一。

如果要禁用已经启用的加载项，单击该加载项，然后单击“禁用”。

如果要禁启用已经禁用的加载项，单击该加载项，然后单击“启用”。

步骤 5：对要禁用的每个加载项重复步骤 4。完成操作后，请单击“确定”。

5．数字签名与安全连接

数字签名是指可以添加到文件的电子安全标记。使用它可以验证文件的发行者的身份，以及帮助验证文件自被数字签名后是否发生更改。

安全连接（SSL）是指在正在访问的网站和 Internet Explorer 7 之间以加密的方式交换信息。加密是利用网站提供的称为证书的文档来实现的。将信息发送到网站时，该信息会在计算机上加密，然后在网站上解密。正常情况下，该信息在发送期间无法被读取或篡改。

如果计算机和网站之间的连接经过加密，在 Internet Explorer 的安全状态栏（地址栏的右侧）中，将显示一个锁状图标。单击锁状图标可以查看用于加密连接的证书来确认网站的身份信息，如图 14-8 所示。

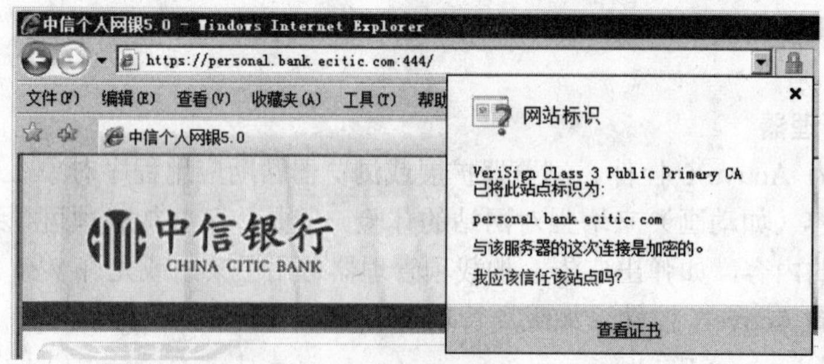

图 14-8 安全连接

安全连接可以使 Internet Explorer 7 对银行、在线商店、医学站点或处理敏感顾客信息的其他组织运行的网站创建加密连接，使用户和网站之间的信息传送得到保护。

这两项安全防护功能 Internet Explorer 7 在默认情况下已经打开，如果浏览器禁用它们可以使用如下方法启用它们。

步骤 1：打开 Internet Explorer。

步骤 2：单击“工具”→“Internet 选项”菜单命令，弹出如图 14-1 所示的“Internet 选项”对话框。

步骤 3：单击“高级”选项卡。

步骤 4：分别选中“检查下载的程序的签名”、“检查服务器证书吊销”和“使用 SSL3.0” 3 个选项左边的复选框，如图 14-9 所示。

步骤 5：单击“确定”按钮。

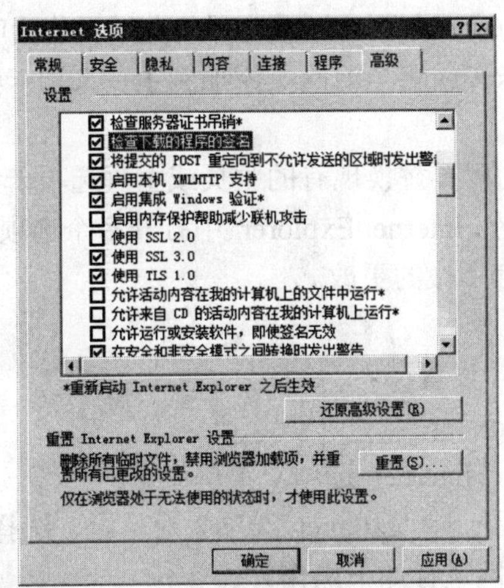

图 14-9 安全连接的设置

14.3 Internet Explorer 7 的基本设置

如果希望更加自如地使用 Internet Explorer 7 畅游因特网，就必须掌握 Internet Explorer 7 的设置。通过更改设置和首选项，来帮助保护用户的隐私、计算机的安全或使 Internet Explorer 按照所希望的方式工作。

14.3.1 Internet Explorer 7 的主页设置

在首次启动 Internet Explorer 7 或单击主页按钮时会显示主页。用户可以将自己经常访问的一个网站设为主页。由于 Internet Explorer 7 可以通过选项卡在一个浏览器窗口中同时显示多个页面，所以，我们也可以通过添加多个 Web 地址的方式来创建主页选项卡集。这样当显示主页时会同时显示用户设置的多个主页页面。设置主页的方法有以下几种。

1. 将当前网页设置为主页

步骤 1：打开 Internet Explorer。

步骤 2：导航到希望设置为主页的网页。

步骤 3：单击“主页”按钮右侧的下拉箭头，然后在弹出的下拉菜单中单击“添加或更改主页”，此时会出现对话框，如图 14-10 所示。

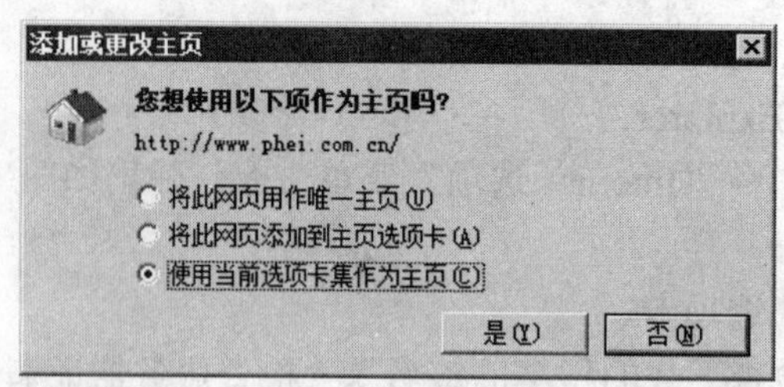

图 14-10 “添加或更改主页”对话框

步骤 4：在“添加或更改主页”对话框中，执行下列操作之一。

如果需要将当前网页作为唯一主页，请单击“将此网页作为唯一主页”。

如果需要启动主页选项卡集或将当前网页添加到主页选项卡集，请单击“将此网页添加到主页选项卡”。

如果需要使用当前打开的网页替换现有的主页或主页选项卡集，请单击“使用当前选项卡集作为主页”。此选项仅当在 Internet Explorer 中打开多个选项卡时可用。

步骤 5：单击“是”，保存所做的更改。

2．通过“Internet 选项”设置

步骤 1：打开 Internet Explorer。

步骤 2：单击“工具”→“Internet 选项”菜单命令。

步骤 3：弹出如图 14-1 所示的“Internet 选项”对话框，选择“常规”选项卡。

步骤 4：在“主页”设置区进行如下操作。

在主页地址列表框中输入主页的地址，如果要建立主页选项卡集，则在各主页地址之间用“回车”键换行。

如果用户希望使用当前打开的网页选项卡集作为主页或主页选项卡集，则单击“使用当前页”按钮。

单击“使用默认值”按钮，可使用首次安装 Internet Explorer 时使用的主页替换当前的主页。

如果不希望启动 Internet Explorer 时打开任何主页，则单击“使用空白页”按钮。

步骤 5：单击“确定”，保存所做的更改。

3．删除主页

由于 Internet Explorer7 中可以有一个或多个主页。可执行以下步骤，删除其中一个主页，或一次删除所有主页。

步骤 1：打开 Internet Explorer。

步骤 2：单击工具栏中主页按钮右边的箭头，然后单击“删除”菜单命令。

步骤 3：如果需要删除一个主页，请单击该页面，然后单击“是”。如果需要删除所有主页，请单击“全部删除”，然后单击“是”。

4．调整主页选项卡顺序

默认情况下，主页选项卡按时间顺序排序，最近添加的网页是第一个选项卡。如果需要重新对主页选项卡排序，请按照以下步骤执行操作。

步骤 1：打开 Internet Explorer。

步骤 2：单击“工具”→“Internet 选项”菜单命令。

步骤 3：弹出如图 14-1 所示的“Internet 选项”对话框，选择“常规”选项卡。

步骤 4：在“主页”下，选择要移动的主页，右键单击，然后单击“剪切”。

步骤 5：单击想要移动主页地址的行首，然后按【Enter】键创建空行。用鼠标右键单击该空行，然后单击“粘贴”。

步骤 6：对每一个要移动的主页重复步骤 4 和步骤 5。

步骤 7：单击“确定”保存更改并退出。

可以使用文本编辑器（如记事本或字处理器）编辑和重新安排主页。如果需要执行此操作，请按照上述步骤 1 到步骤 3 访问“常规”选项卡。选择所有主页，右键单击其中一个选定的主页，然后单击“剪切”。打开记事本或字处理器，然后粘贴主页列表。通过剪切和粘贴按所需顺序组织主页列表。完成以后，选择该列表，并将其复制回 Internet Explorer 中的主页部分。

14.3.2 Internet Explorer 7 的外观设置

Internet Explorer 7 窗口的工具栏、菜单栏、链接工具栏和命令栏的排列比以前版本更为紧凑，甚至有些项目在默认设置下处于隐藏状态。这样使浏览器的窗口更为简洁和实用，用户可以根据自己的需要重新设置这些栏目。

1. 设置 Internet Explorer 7 的工具栏设置

工具栏位于 Internet Explorer 窗口的右上角，如图 14-11 所示。使用工具栏可以轻松访问 Internet Explorer 中的几乎所有设置或功能。用户可自定义工具栏按钮，以适合用户的喜好并向链接栏添加网站链接。工具栏的设置主要有以下几种。

（1）更改工具栏上的按钮。

步骤 1：打开 Internet Explorer。

步骤 2：用鼠标右键单击工具栏的空白区域，在弹出的快捷菜单中指向“自定义命令栏”，然后单击“添加或删除命令”，如图 14-12 所示。

图 14-11　Internet Explorer 7 的工具栏

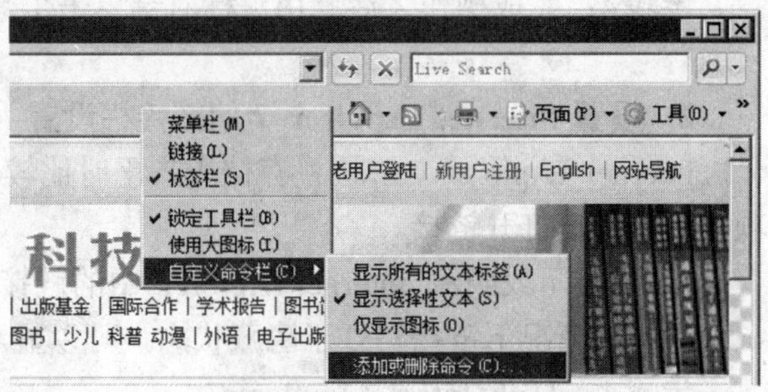

图 14-12　设置工具栏

步骤 3：此时会弹出“自定义工具栏”对话框，如图 14-13 所示。可以进行如下修改。

如果需要添加按钮，请在“可用工具栏按钮”列表中单击要添加的按钮，然后单击“添加”。

如果需要删除按钮，请在“当前工具栏按钮”列表中单击要删除的按钮，然后单击“删除”。

如果需要更改按钮的显示顺序，请单击“当前工具栏按钮”列表中的按钮，然后单击“上移”或“下移”。

如果需要将工具栏按钮还原为默认设置，请单击“重置”。

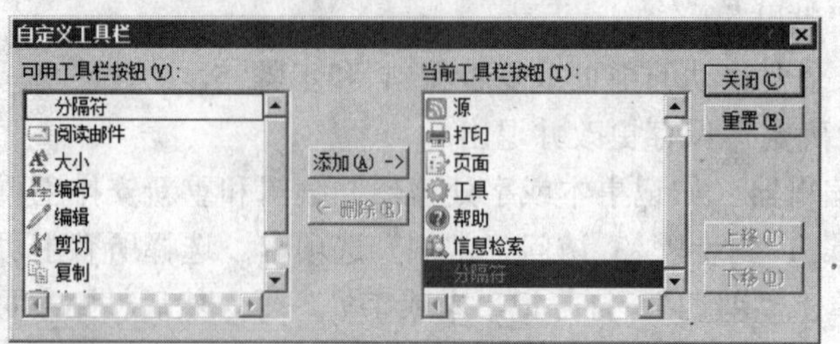

图 14-13 “自定义工具栏”对话框

步骤 4：最后，单击“关闭”。此时浏览器的工具栏会立即显示更改后的内容。如果添加了比较多的按钮，可能需要调整命令栏的大小才能将它们全部显示出来。

（2）显示或隐藏命令栏按钮中的文本。

步骤 1：打开 Internet Explorer。

步骤 2：用鼠标右键单击工具栏的空白区域，在弹出的快捷菜单中指向“自定义命令栏”。

步骤 3：在弹出的下一级菜单中根据下列情况选用不同的菜单项。

如果需要显示每个按钮上的标签，请单击“显示所有的文本标签”。

如果需要显示某些按钮上的标签，请单击“显示选择性文本”。

如果需要关闭所有文本，请单击“仅显示图标”。

（3）调整命令栏大小的步骤。

步骤 1：打开 Internet Explorer。

步骤 2：用鼠标右键单击工具栏的空白区域，然后单击“锁定工具栏”以清除选中标记（如果已清除选中标记，请跳过此步骤）。

步骤 3：向左或向右拖动工具栏上的分隔栏。

步骤 4：完成操作之后，用鼠标右键单击工具栏，然后单击“锁定工具栏”。

2．设置 Internet Explorer 7 的链接栏设置

Internet Explorer 7 链接栏存储用户平时比较感兴趣的一些网站的链接。单击链接栏中的项目可以快速打开链接。

（1）显示或隐藏 Internet Explorer 中的链接工具栏。

在默认情况下链接栏处于隐藏状态，可以显示或隐藏 Internet Explorer 链接栏。

步骤 1：打开 Internet Explorer7。

步骤 2：用鼠标右键单击工具栏。

步骤 3：在弹出的快捷菜单中执行下列操作之一。

如果需要隐藏链接工具栏，请单击“链接”清除选中标记。

如果需要显示链接工具栏，请单击“链接”，选中它（此时其旁边会显示一个选中标记），如图 14-14 所示。

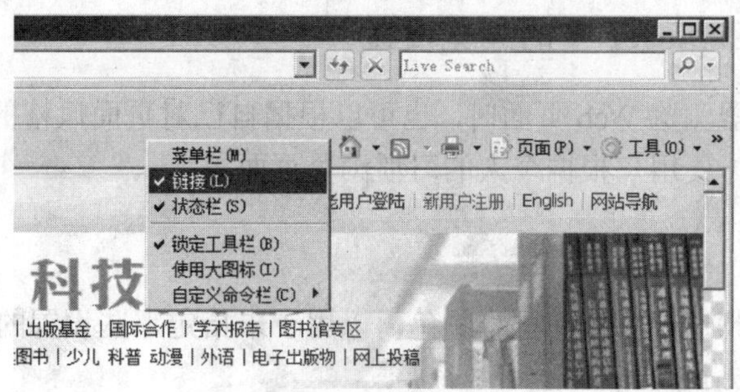

图 14-14　链接栏的设置

如果显示链接工具栏，但不能完整显示，请用鼠标右键单击该工具栏，然后单击“锁定工具栏”清除选中标记。向左拖动链接工具栏以显示链接。

（2）添加或删除链接栏中的内容。

步骤 1：打开 Internet Explorer。

步骤 2：导航到要添加到链接栏的网站。

步骤 3：如果需要将链接添加到工具栏，请从地址栏将网页图标拖动到链接工具栏。

步骤 4：如果需要安排链接栏上的项目，请将其拖动到新的位置。

步骤 5：如果需要从链接工具栏删除项目，请用鼠标右键单击该链接，在弹出的菜单中单击“删除”，然后单击“是”。

3．设置 Internet Explorer 7 的菜单栏设置

Internet Explorer 7 默认状态下关闭了在早期版本的 Internet Explorer 中显示的菜单，但是可以将其重新打开。

（1）暂时显示菜单的步骤。

步骤 1：打开 Internet Explorer。

步骤 2：按【Alt】键。

（2）永久显示菜单的步骤。

步骤 1：打开 Internet Explorer。

步骤 2：单击“工具”按钮，然后选择“菜单栏”。如果需要关闭菜单，请重复上述步骤清除复选标记。

菜单栏的显示如图 14-15 所示。

图 14-15　菜单栏的显示

14.3.3 Internet Explorer 7 的浏览设置

用户在使用浏览器浏览 Web 页面时，也可以根据自己对页面风格的喜好来设置页面的颜色、字体和字号等，方便用户根据个人的习惯浏览页面。

1. 更改用于网页的颜色和字体

按照以下这些步骤选择字体和屏幕颜色，以用于未指定那些设置的网站。

步骤 1：打开 Internet Explorer。

步骤 2：单击“工具”→“Internet 选项”菜单命令，弹出如图 14-1 所示的“Internet 选项”对话框。

步骤 3：如果需要更改字体，请单击“常规”选项卡，然后单击“字体”按钮。指定想要使用的字体，然后单击“确定”。

步骤 4：如果需要更改页面中各种对象使用的颜色，请单击“常规”选项卡，然后单击“颜色”按钮。清除“使用 Windows 颜色”复选框，然后分别对不同的对象选择用户想要使用的颜色。

步骤 5：完成颜色选择后，请单击两次“确定”。

如果用户要将 Internet Explorer 7 中设定的字体和颜色用于所有被浏览的网页，无论网页设计者已设置何种字体，可以执行以下步骤。

步骤 1：打开 Internet Explorer。

步骤 2：单击“工具”→“Internet 选项”菜单命令，弹出如图 14-1 所示的“Internet 选项”对话框。

步骤 3：单击“常规”选项卡，然后单击“辅助功能”。

步骤 4：选择“忽略网页上指定的颜色”、“忽略网页上指定的字体样式”，以及“忽略网页上指定的字号”复选框，然后单击两次“确定”完成设置，如图 14-16 所示。

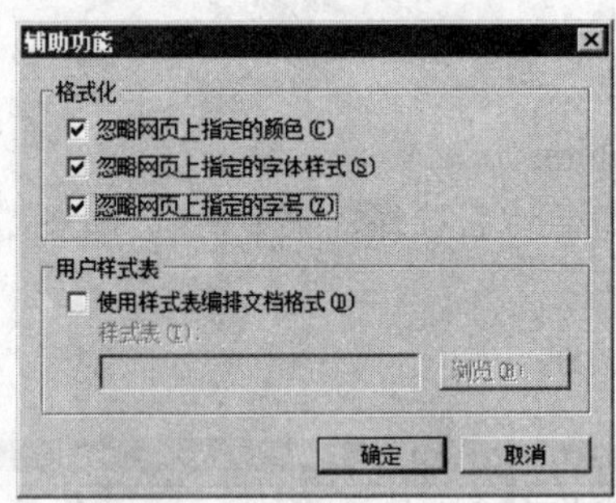

图 14-16 “辅助功能”对话框

2. 设置 Internet Explorer 中的网页文本显示尺寸

用户可以更改网页中文本的大小使网页更易于阅读。更改文本大小时，图形和控件仍将保持原始大小，而显示的文本大小将发生改变。设置的方法如下。

步骤 1：打开 Internet Explorer。

步骤 2：单击“页面”按钮，再单击“文本大小”菜单，然后单击所要设置的文本显示尺寸的类型，包括“最大”、“较大”、“中”、“较小”和“最小”选项。

这种方法将更改设计者没有专门设置文本大小的网页的显示尺寸，如果网页设计者设置了文本大小。则需要使用“覆盖网页创建者设置的文本”设置，以及使用选择的字体代替，读者可参阅本节更改网页使用的颜色和字体部分。

3. 设置网页的缩放

如果要改变包括图形和控件在内的网页上所有内容的大小，可以使用缩放功能。Internet Explorer 7 缩放能够放大或缩小网页的视图。与更改字体大小不同，缩放将放大或缩小页面上的所有内容，包括文字和图像。缩放范围介于 10% 和 1000% 之间，方法如下。

步骤 1：打开 Internet Explorer。

步骤 2：在 Internet Explorer 屏幕的右下方，单击“更改缩放级别”按钮旁边的箭头。

步骤 3：如果需要转到预定义的缩放级别，则单击要放大或缩小的百分比。

步骤 4：如果需要指定自定义级别，则单击“自定义”。在“缩放百分比”框中，输入缩放值，然后单击“确定”。

如果使用滚轮鼠标，则按住【Ctrl】键，然后滚动滚轮进行页面缩放。如果单击“更改缩放级别”按钮，则在 100%、125% 和 150% 之间循环，快速放大网页。可以从键盘以 10% 的增量增加或降低缩放值。如果需要放大，则按【Ctrl++】组合键。如果需要缩小，则按【Ctrl+-】组合键。如果需要将缩放还原到 100%，则按【Ctrl+0】（数字零）组合键。

14.3.4　Internet Explorer 7 的内容设置

Internet Explorer 7 在早期版本内容管理的“分级审查”、“证书”、“自动完成”的基础上增加了“家长控制”和“Web 源 (RSS)”两项新功能。Internet Explorer 7 的内容管理可以过滤或阻止某些 Web 页面的内容显示，同时还可以查看或管理安装在本地计算机上的证书，以及自动完成重复信息的输入、使用 Web 源完成内容的自动更新等功能。

1. 打开 Internet Explorer 7 内容设置选项卡

步骤 1：打开 Internet Explorer。

步骤 2：单击“工具”→“Internet 选项”菜单命令，弹出如图 14-1 所示的“Internet 选项”对话框。

步骤 3：单击“内容”标签，此时显示 Internet Explorer 7 的内容设置选项卡，如图 14-17 所示，可以进行内容设置。

2. 内容审查程序设置

内容审查程序是控制用户的计算机可以在 Internet 上访问的内容类型的工具，根据站点内容分级来阻止或允许浏览该网站。启用内容审查功能后，只能查看达到或超过设置标准的分级内容。单击“内容”选项卡“内容审查程序”中的“启用”按钮，便可以对内容审查进行相关设置。

3. 证书设置

证书是一种验证个人身份或指示网站安全性的数字文档，用于安全连接。例如，需要证书才能使用安全网站进行在线购买商品或办理网上银行业务。通常计算机会自动为用户提供证书。

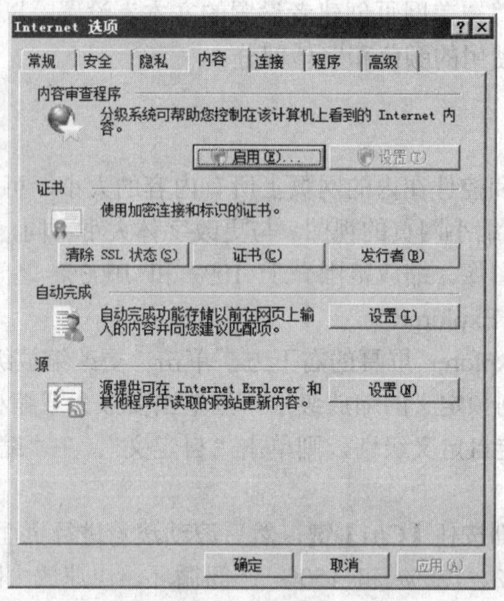

图 14-17 Internet Explorer7 的内容选项卡

单击“删除 SSL 状态”允许用户删除使用智能卡或在公共计算机上操作时存储的个人安全信息。

单击内容选项卡中的“证书”可以查看或管理安装在计算机上的各种证书。

4．自动完成设置

自动完成是 Internet Explorer 中的一种功能，它可以记住用户曾经输入地址栏、Web 窗体或密码的信息，并在用户以后开始再次输入同一内容时提供该信息。这可以使用户无需重复输入同一信息。单击内容选项卡中的“自动完成”按钮可以完成相关的设置。

5．源设置

RSS 是一种用于共享新闻和其他 Web 内容的数据交换规范，起源于网景通讯公司的推“Push”技术，将用户订阅的内容传送给他们的通讯协同格式（Protocol），是站点用来和其他站点之间共享内容的一种简易方式（也叫内容聚合），在 Blog 开始盛行的时候得到广泛的应用。作为 Web 2.0 的重要特征之一，RSS 已成为浏览器软件的一个标签化功能。Internet Explorer 7 提供了对 RSS 的直接支持，用户不需要再浪费时间检查不同站点和网络日志来获取更新。只需选择用户关注的站点和主题，Internet Explorer 7 将为用户的收藏中心提供所有新标题和更新。不过，默认设置下 Internet Explorer 7.0 并未自动启用 RSS 查看功能，启用 RSS 查看功能的方法如下。

步骤 1：单击“工具”→“Internet 选项”菜单命令，选择“内容”选项卡，如图 14-17 所示。

步骤 2：单击“源”右侧的“设置”按钮，弹出如图 14-18 所示的“源设置”对话框。

步骤 3：在“源设置”对话框中，选择“自动查源的更新”复选框，以及“找到网页源时播放声音”复选框。之后单击“确定”按钮，关闭各对话框即可。

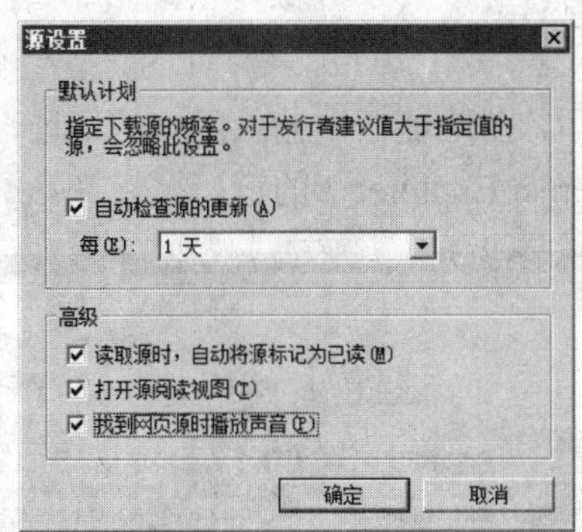

图 14-18 “源设置”对话框

设置完毕后，浏览所收藏的页面时 RSS 图标变为橘红色而且会发出声音提示，通过下拉菜单可以查看该页面可用的 RSS 源，单击后即可浏览，此时 Internet Explorer 7 的工具栏中的 RSS 标志将会变成一个鲜艳的图标，而且打开“源更新”页面后，工具栏上的 RSS 图标又会恢复为灰色状态。

14.4 Internet Explorer 7 的基本操作

如果计算机与 Internet 建立了连接，就可以使用 Internet Explorer 7 访问因特网了。启动 Internet Explorer 的方法有两种。

方法 1：双击桌面上的浏览器图标或单击快速启动栏中的“浏览器”按钮，可以打开 Internet Explorer 7。

方法 2：单击“开始”菜单，然后单击开始菜单中的“Internet Explorer”菜单项也可以打开 Internet Explorer 7，如图 14-19 所示。

图 14-19 “开始”菜单

14.4.1 全新的界面

打开 Internet Explorer 7 以后，在地址栏中输入网站的地址，如“http://www.phei.com.cn”，即可弹出如图 14-20 所示的 Internet Explorer 7 的窗口。

图 14-20 Internet Explorer 7 的窗口

Internet Explorer 7 的界面借鉴了其他比较流行的网络浏览器界面的组织方法，因此与早前版本的 IE 浏览器相比变化较大，它精简了菜单栏内容，改变了工具栏按钮的外观和位置，增加了搜索栏和选项卡栏。Internet Explorer 7 的界面更加简洁，同时也使用户使用浏览器浏览网页时更为方便，效率更高。Internet Explorer 7 的界面从上到下，从左到右依次主要包括以下几部分。

地址栏：用于输入网站地址。因特网上每个网页都有自己的地址，该地址被称为统一资源定位器（URL）。例如，电子工业出版社网站的 URL 为 http://www.phei.com.cn。浏览器通过用户输入的 Web 地址连接到它所在的 Web 服务器，将该页面内容传送到本地浏览器并显示出来。

搜索栏：Internet Explorer 7 使用内置搜索框，无需打开搜索引擎商的页面便可随时搜索 Web。用户可以在单独选项卡上显示搜索结果，然后在其他选项卡上打开结果以便快速比较站点并找到所需的信息。当然也可把用户常用的搜索引擎设置为默认搜索引擎来自定义个人的搜索。

选项卡：Internet Explorer 7 终于引入了用户期盼已久的选项卡功能，支持多页面浏览，打开浏览器窗口后会自动新建一个选项卡，并且右侧会出现一个矩形的空白选项卡，单击即可创建一个新的选项卡页，如果同时打开了多个选项卡，Internet Explorer 7 会根据数量自动调整其大小，需要关闭时单击“×”形按钮即可，或者从右键菜单中选择“关闭”命令关闭当前选项卡或全部选项卡。

工具栏：Internet Explorer 7 的工具栏变得极为简洁，只保留了必要的几个按钮，分布在地址栏和选项卡栏的两侧。

Web 页面窗口：Internet Explorer 7 窗口中每一个选项卡会对应一个 Web 页面显示窗口，

该窗口是用户浏览 Web 页面的区域。

状态栏：可以显示 Web 页面的传送进度，以及浏览器的工作模式，用户还可以在状态栏中设置网页的显示比例。

缩放栏：提供放大或缩小 Web 页面显示效果的选项列表。

14.4.2　网页导航

启动 Internet Explorer 7 时，它会转到被设置为“主页”的网页。用户可以选择任何其他一个或多个网页（或空白页）作为主页。

网页导航主要有 3 种方式。

方式 1：使用地址栏。

在浏览器地址栏中输入网址。如果知道网站的 URL 地址，用户就可以直接在 Internet Explorer 7 的地址栏中输入该地址，然后按回车即可，如图 14-21 所示。

图 14-21　使用地址栏输入网站 URL 地址

用户在输入网站的 URL 地址时，一般情况下在地址栏中可以不用输入“http://”。例如，可以直接输入 www.microsoft.com，Internet Explorer 7 会自动填写剩余部分。

方式 2：使用链接。

网页一般都有许多链接。如果需要从一个网页转到另一个网页，可以单击任何相关链接。链接可以是文本、图像，或两者都有。文本链接通常显示为彩色并有下划线，但不同网站链接样式也会有所不同。如果需要判断某内容是否为链接，可以将鼠标指向它。如果它是链接，鼠标变为伸出一个手指的手型。同时在 Web 浏览器的状态栏中显示一个单击该链接会转到的网站的 URL，如图 14-22 所示。此时单击鼠标便可以导航到该 URL 指向的 Web 页面。指向链接会更改鼠标指针并在状态栏中显示网页的 URL。

方式 3：使用“后退”与“前进”按钮。

当浏览器从一个网页转到另一个网页时，Internet Explorer 7 会保存浏览过的网页。如果需要返回前一个网页，可以单击地址栏左侧的“后退”按钮，如图 14-23 所示。连续几次单击“后退”按钮可以回退到更早的网页。单击“后退”按钮后，也可以单击“前进”按钮沿历史记录向前浏览。

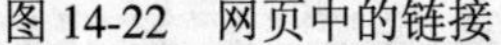

图 14-22　网页中的链接

图 14-23　“后退”和“前进”按钮

如果想返回在当前会话中已访问过的网页，但又想避免重复单击“后退”或“前进”按钮，可以使用“最新网页”菜单。单击“前进”按钮旁边的箭头，然后从弹出的“最新网页”菜单中选择一个网页，如图 14-24 所示。

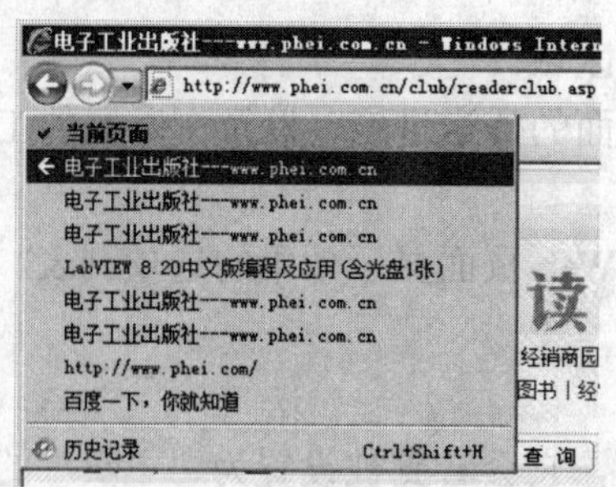

图 14-24 “最新网页”菜单

14.4.3 选项卡

选项卡式浏览是 Internet Explorer 7 中的一项新增功能，该功能允许用户在一个浏览器窗口中同时打开多个网页并通过单击选项卡切换这些网页。如果打开了多个选项卡，则可以单击选项卡标签在网页间切换，甚至可以同时查看所有的网页。选项卡的优点在于用户浏览网页更方便快捷，同时使任务栏上打开的项目更少。

当用户想不关闭第一个网页而同时打开第二个（或第三个或第四个）网页时。可以为每一个想打开的新网页创建一个选项卡，并可以单击选项卡标签在网页间切换。选项卡的使用方法如下。

步骤 1：单击“新选项卡”按钮，如图 14-25 所示。

单击该按钮之后，将在新选项卡上打开空白页如图 14-26 所示。

图 14-25 “新选项卡”按钮

图 14-26 新选项卡上的空白页

步骤 2：通过输入 URL、使用搜索框、从“收藏夹”列表或“历史记录”列表中选择来打开任何网页。一旦打开多个网页，可单击选项卡在网页间切换。

步骤 3：如果需要同时查看所有打开的网页，可以单击“快速导航选项卡”按钮。将会看到每个网页的缩略图。单击一个缩略图可切换到该网页，如图 14-27 所示。

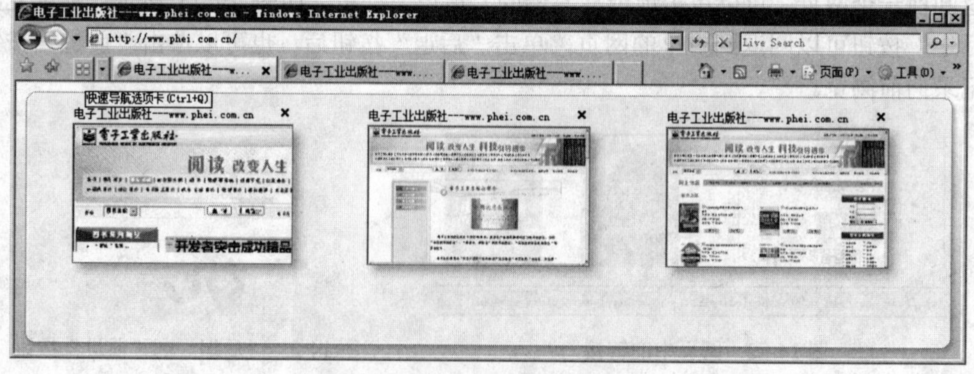

图 14-27 使用“快速导航选项卡”查看所有打开的网页

步骤 4：要关闭选项卡，请单击选项卡右边的关闭按钮“X”。

也可以用鼠标右键单击选项卡，在快捷菜单中选择“关闭”菜单项关闭当前选项卡，选择“关闭其他选项卡”关闭除当前选项卡外的其余选项卡，如图 14-28 所示。

图 14-28　选项卡的快捷菜单

14.4.4　网页收藏

如果用户经常访问某一网站，可以将它保存在 Internet Explorer 中的收藏夹中。以后，当希望访问该网站时，可以在“收藏夹”列表中单击它，不需要记住或输入它的网址。Internet Explorer 7 把其操作复杂的收藏夹简化了，并且把收藏夹放在了显要的位置，新的收藏中心更易于管理用户的收藏网站、用户的浏览历史记录和用户的 RSS 订阅源，只需单击几下鼠标即可完成。

1．将网页保存到收藏夹

步骤 1：在 Internet Explorer 中，转到想保存到收藏夹中的网页。

步骤 2：单击如图 14-29（a）所示的“添加到收藏夹”按钮，之后弹出如图 14-29（b）所示的菜单。

步骤 3：选择菜单上的“添加到收藏夹”菜单命令。

步骤 4：弹出 14-29（c）所示的“添加收藏”对话框。在该对话框的“名称”框中，输入网页的名称，或者使用默认添加的名称，之后在“创建位置”一栏中选定收藏该网页的文件夹。最后单击“添加”按钮便可完成网页的收藏。

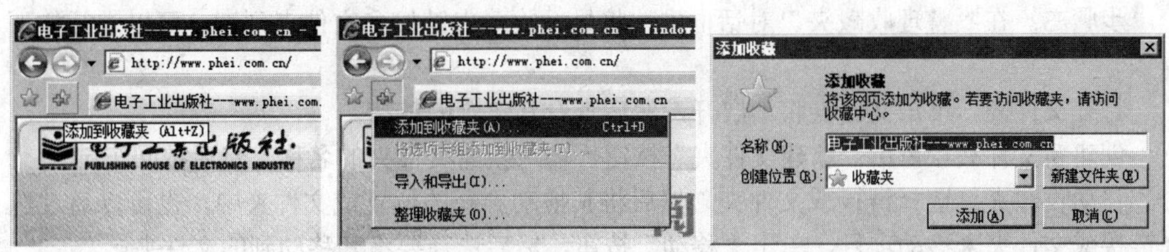

（a）“添加到收藏夹”按钮　（b）“添加到收藏夹”菜单　（c）“添加收藏”对话框

图 14-29　添加网页到收藏夹

2．打开收藏

步骤 1：在 Internet Explorer 中，单击如图 14-30 所示的“收藏中心”按钮。

图 14-30　“收藏中心”按钮

步骤 2：在弹出的如图 14-31 所示的列表中，单击“收藏夹”按钮。

步骤 3：在“收藏夹”列表中，单击想要打开的网页。

3．管理 Internet Explorer 收藏夹

如果收藏很多网页，可以将它们分类组织到多个文件夹中。

步骤 1：打开 Internet Explorer 7。

步骤 2：选择如图 14-29（b）菜单中的“整理收藏夹”菜单命令，弹出如图 14-32 所示的“整理收藏夹”对话框。

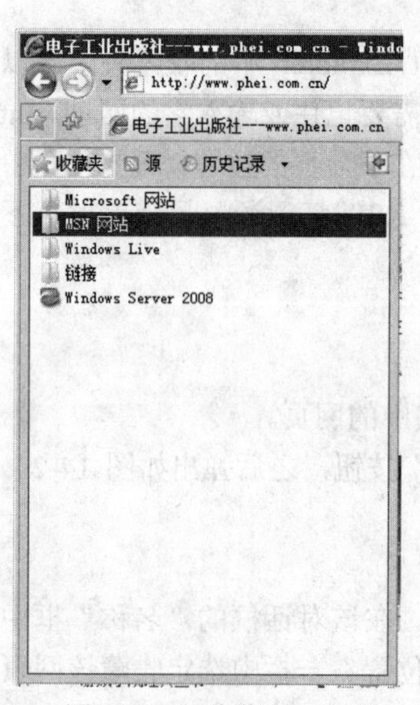

图 14-31 “收藏夹”列表

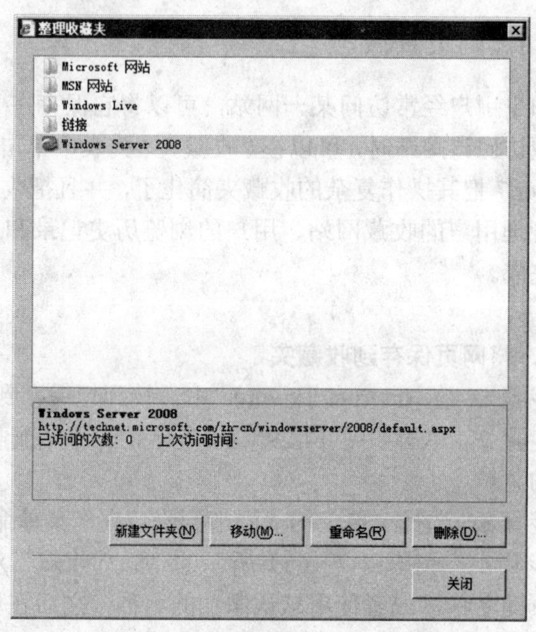

图 14-32 “整理收藏夹”对话框

步骤 3：在“整理收藏夹”对话框中，将显示收藏夹链接和文件夹列表。可以进行如下操作。

打开文件夹。单击文件夹将其展开，然后查看其包含的链接。

创建新文件夹。单击“新建文件夹”按钮，输入新建文件夹的名称，然后按回车键。

移动收藏夹。选择链接或文件夹，然后将其拖动到新的位置或文件夹中，也可以通过选择链接或文件夹来移动项目，单击“移动”按钮，然后选择要将其移动到的文件夹。

重命名链接或文件夹。选择某个链接或文件夹，然后单击“重命名”按钮。输入新的名称，然后按回车键。

删除链接或文件夹。单击某个链接或文件夹，单击“删除”按钮，然后单击“是”将其删除。

步骤 4：完成对收藏夹链接的整理后，单击“关闭”按钮。

14.4.5 历史记录

Internet Explorer 会把用户曾经访问的所有网站存储在临时文件夹中，这些文件的索引就形成了历史记录。用户可以通过历史记录导航到以前一个时间段内（默认为 20 天）访问过的网页。

1．使用历史记录

如果需要查看在过去一段时间中访问过的网页，可以使用“历史记录”列表，方法如下。

步骤 1：在 Internet Explorer 7 中，单击“收藏中心”按钮。

步骤 2：如果还没有选中它，则单击“历史记录”按钮。

步骤 3：在“历史记录”列表中，单击某一天或一周，然后单击网站名称。展开该列表，显示访问过该网站上的单个网页，如图 14-33 所示。

步骤 4：单击要打开的网页。

2. 清除历史记录

为了节省硬盘空间或保护用户的隐私，可以删除 Internet Explorer 7 存储的历史记录。方法如下。

步骤 1：单击 Internet Explorer 7 窗口中“工具”→“Internet 选项”菜单命令，弹出如图 14-1 所示的“Internet 选项”对话框。

步骤 2：单击“常规”选项卡，在“浏览历史记录”中单击“删除”按钮，如图 14-34 所示。

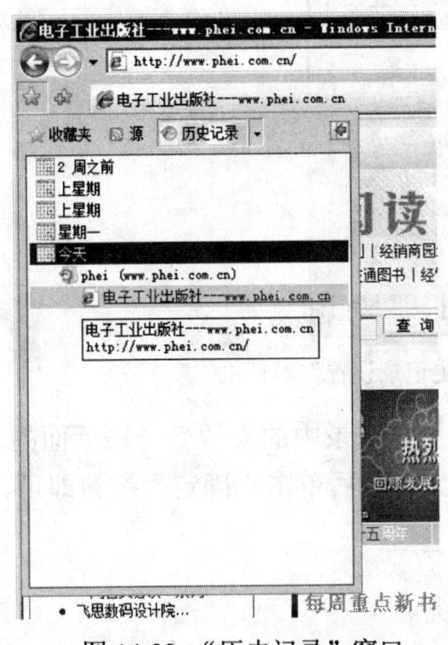

图 14-33 “历史记录”窗口

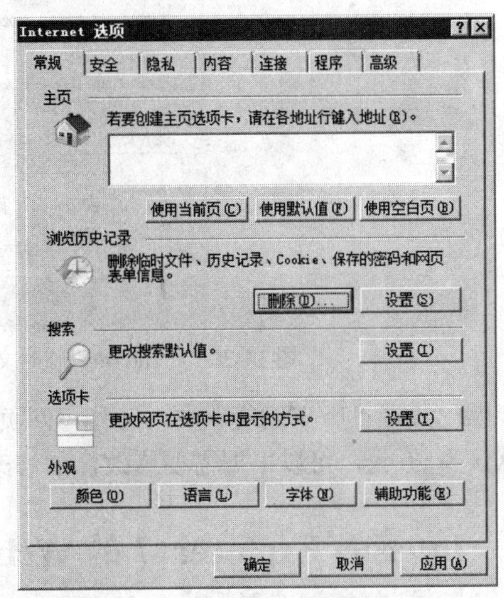

图 14-34 “Internet 选项”对话框

步骤 3：在“历史记录”下，单击“删除历史记录”按钮，然后单击“是”确认用户要删除历史记录，如图 14-35 所示。

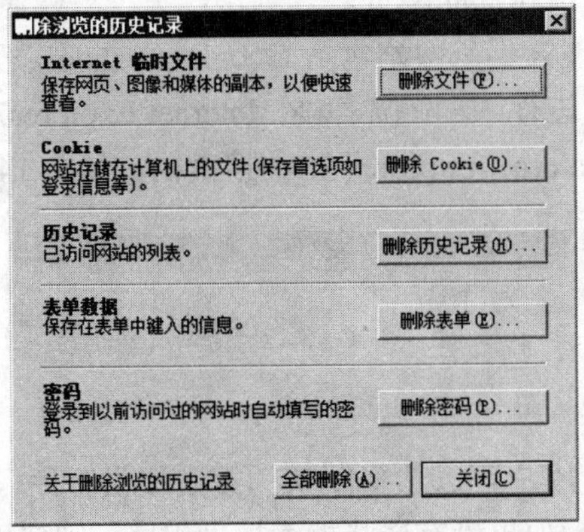

图 14-35 “删除浏览的历史记录”对话框

步骤 4：单击“关闭”按钮，然后单击“确定”。

3．更改网页在浏览历史中保留的天数

历史记录默认保存时间为 20 天，用户如果要更改保留的天数可以进行如下操作。

步骤 1：单击 Internet Explorer 7 窗口中“工具”菜单，在下拉菜单中单击“Internet 选项”，弹出如图 14-1 所示的“Internet 选项”对话框。

步骤 2：单击“Internet 选项”对话框的“常规”选项卡，然后在“浏览历史记录”下单击“设置”按钮，之后弹出如图 14-36 所示的“Internet 临时文件和历史记录设置”对话框。

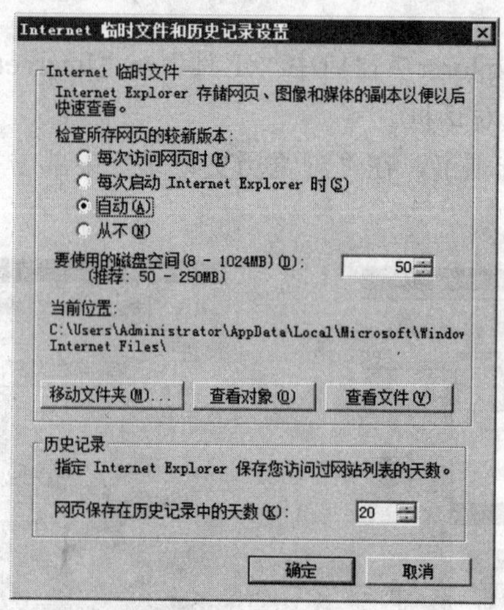

图 14-36 “Internet 临时文件和历史记录设置”对话框

步骤 3：在“历史记录”中，选择“网页保存在历史记录中的天数”一栏后面的天数设置，默认为 20 天，可以根据需要修改，如修改成 10 天，之后单击“确定”按钮即可。

14.5 Internet Explorer 7 的 Web 搜索

14.5.1 Web 搜索

因特网上有海量的网页，如果通过浏览每一张来查找所需的信息是不可能的，可以利用搜索引擎来找到与指定短语最相关的网页。

因特网上主要的 Web 搜索引擎网站包括 Google、Yahoo!、百度、MSN 等。用户可以直接登录任一搜索引擎的站点进行 Web 搜索。在 Internet Explorer7 中，为了省去首先导航到搜索站点的步骤，可以使用 Internet Explorer 中的搜索框，如图 14-37 所示。

图 14-37 Internet Explorer 7 的搜索框

首次使用搜索框之前，用户可以选择默认的搜索提供程序，该程序为每次搜索 Internet Explorer 所使用的搜索引擎。如果没有选择搜索提供程序，则使用 Windows Live Search 作为

默认的搜索程序。利用搜索框搜索页面的方法如下。

步骤 1：在搜索框中，输入关于所感兴趣主题的几个单词或短语，如“奥运会”。

步骤 2：按回车键或单击放大镜样式的搜索按钮。

搜索完成后将会出现搜索结果的页面。单击结果中的一个链接，即可转到该网站。还可以单击页面下部的“下一页”以查看更多的结果，或尝试新的搜索。

14.5.2 使用多个搜索提供程序

如果仅使用默认的搜索提供程序不一定能找到最理想的内容，Internet Explorer 7 可以使用多个不同的搜索提供程序进行搜索。

1. 添加其他的搜索提供程序

步骤 1：打开 Internet Explorer。

步骤 2：单击“工具”按钮，然后单击“Internet 选项”，弹出如图 14-1 所示的“Internet 选项”对话框。

步骤 3：在弹出的“Internet 选项”对话框中单击“常规”选项卡。

步骤 4：在“常规”选项卡中单击“设置”按钮。

步骤 5：弹出如图 14-38 所示的“更改搜索默认值”对话框。单击“查找更多提供程序”功能链接。

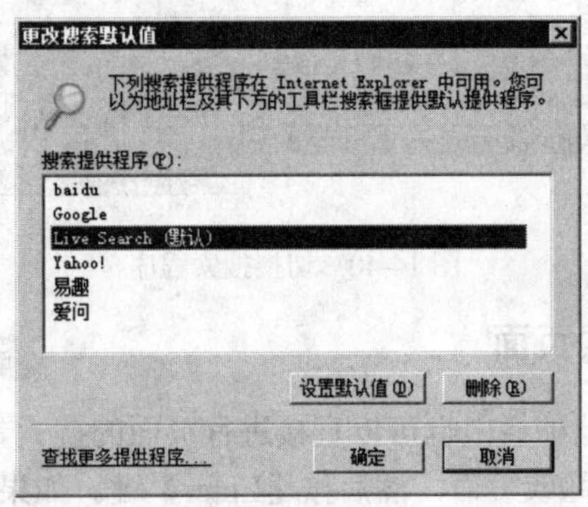

图 14-38 “更改搜索默认值”对话框

步骤 6：Internet Explorer 7 自动访问 Microsoft 网站的“Internet Explorer 添加搜索提供商”页面，如图 14-39 所示。该页面中列出了一些常用的搜索引擎，单击该引擎的链接，在弹出的对话框中单击“添加提供程序”按钮便可以将其添加到本地浏览器的“搜索程序”中。

步骤 7：如果要将现有的其他搜索程序设为默认程序可以在图 14-38 所示的“更改搜索默认值”对话框中单击该搜索程序，然后单击“设置默认值”按钮即可。

2. 使用多个搜索程序

如果已经给 Internet Explorer 7 添加了多个搜索程序，在使用默认的搜索提供程序没有找到希望查找的内容时，可以使用其他的搜索提供程序进行搜索。在 Internet Explorer 7 的搜索框中单击放大镜样式按钮右边的下拉按钮切换到其他搜索提供程序，如图 14-40 所示，可以改善搜索结果。

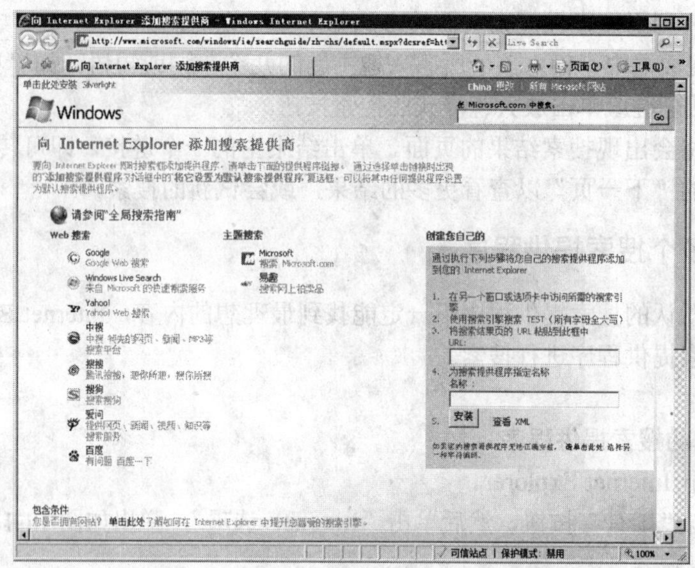

图 14-39 Microsoft 添加搜索程序网站

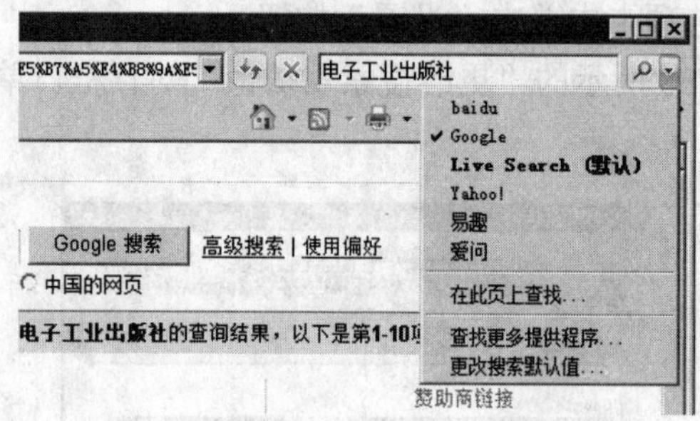

图 14-40 切换搜索程序

14.5.3 使用地址栏搜索页面

在 Internet Explorer 7 地址栏中也可以直接进行页面的搜索。在地址栏中输入 Find、Go 或 ?，后跟关键字、网站名称或短语，然后按【Enter】键。如果希望在新选项卡中显示搜索结果，可在输入短语后按【Alt+Enter】组合键。

14.5.4 搜索的技巧

用户在搜索时可以使用多种方法，但无论哪一种方法都要先输入搜索关键字告诉搜索程序用户想查找的对象是什么。所以一个恰当的搜索关键字会使用户大大提高搜索的效率。以下是改善搜索结果的一些方法。

使用更具体的词语，而不是一般的类别。例如，搜索特定品牌汽车，而不是搜索车。

使用引号搜索具体的短语。在字词上加上引号会限制搜索结果仅包括含有与指定的内容完全相同的短语的网页。如果不使用引号，搜索结果将包括所有含有所使用的词语的页面，而不论这些词语的顺序如何。

在关键字前使用负号"-"时，搜索提供程序会排除含有该字词的页面。使用负号将检索不含有该词语的网页。注意不要在符号和搜索字词之间添加空格。

不要使用诸如"的"、"我的"或"地"之类常见词语，除非要查找特定标题。如果这些词语为需要查找的内容的一部分（如文献名），加入常见词语并在短语上加上引号。

使用同义或近义搜索字词。选择搜索关键词时应有创意或使用词典。在搜索框中输入词典以查找联机词典。

仅搜索特定的网站或域。输入希望查找的搜索字词，后跟 site:以及希望搜索的网站地址，以便将搜索范围缩小到该特定的站点。例如，如果需要搜索 Microsoft.com 查找有关病毒的信息，输入病毒 site:www.microsoft.com。

使用专业搜索引擎或提供程序，如使用 MSN 图像搜索搜索图片。许多网站提供它们独有的搜索，包括从购物到兴趣各方面。Internet Explorer 可以检测某些网站上的专业搜索提供程序，以方便用户将它们添加到搜索提供程序列表。

14.6 本章小结

Windows Server 2008 内置的浏览器升级为全新的 Internet Explorer 7，Internet Explorer 7 比 Internet Explorer 6 在界面和程序功能上都有较大的改进。本章首先介绍了 Internet Explorer 7 的新增功能，新版本的浏览器进行了全方位的改进，特别是在安全控制方面和易用性方面都有了较大的改进。

在 14.2 节和 14.3 节中主要介绍了 Internet Explorer 7 在安全控制方面的主要改进和具体设置方法。通过这些内容，读者可以比较清楚 Internet Explorer 7 在安全方面都有哪些改进，并可以了解如何更加灵活地使用 Internet Explorer 7。

在 14.4 节和 14.5 节，则着重介绍了 Internet Explorer 7 在易用性方面的改进。主要包括基本操作和新增的内置 Web 搜索功能。通过这两节，读者可以具体体验到 Internet Explorer 7 从外观界面到操作细节，都为用户考虑了更加周全和细心的调整，使用户的操作尽可能的方便、快捷。

通过对本章的学习，读者可以体验到 Internet Explorer 7 所带来的全新体验。

第 15 章　Internet Information Services 7.0

Internet Information Service 是微软在其 Windows 操作系统中提供的一款 Web 服务器，简称为“IIS”。早在 Windows NT 4 中，微软就开始在其 Windows 系统中加入 Web 服务器。微软不仅在服务器系统的 Windows 中提供了 Web 服务器，还在桌面系列的 Windows 中提供了简化版的 Web 服务，如 Windows 98 中的 Personal Web Server（PWS）。由此可见微软对于因特网的重视也是由来已久。

接下来，我们简要回顾一下 IIS 的发展历史，看看 IIS 走过的这十多年的路程。

1995 年 5 月，Windows NT 3.51 发布。之后，IIS 1.0 在 Windows NT 3.51 Service Pack 3 中发布。

1996 年 8 月，Windows NT 4.0 发布，同时发布了 IIS 2.0。此时的网站应用开发主要使用 CGI（Common Gateway Interface，通用网关接口）和 ISAPI（Internet Server Application Programming Interface，因特网服务器应用程序接口）。

1996 年 12 月，内建在 Windows NT 4.0 Service Pack 3 的 IIS 3.0 发布。此时提供了对 ASP 1.0（Active Server Pages，活动服务器页面），大大简化了 Web 应用的开发。

1997 年 9 月，在 Windows NT 4.0 Option Pack 中，发布了 IIS 4.0。IIS 4.0 提供了对 ASP 2.0 的技术支持。

2000 年 11 月，随着 Windows 2000 的发布，IIS 5.0 也与用户见面。

2001 年 10 月，在 Windows XP Professional 中推出了 IIS 5.1，相当于 IIS 5.0 的简化版本，仅允许 10 个连接，并只允许创建一个站点。IIS 5.0 和 IIS 5.1 均提供了对 ASP 3.0 的支持。

2003 年 4 月，Windows Server 2003 发布，内建了 IIS 6.0。在 IIS 6.0 中，开始支持 ASP.NET 1.0。

2007 年初发布的 Windows Vista 中，内建了 IIS 7。同时根据 Windows Vista 不同的版本，IIS 7 的功能也略有不同。

2008 年初发布的 Windows Server 2008 中，同样内建了 IIS 7。

15.1　IIS 7.0 简介

在 Windows Server 2008 中的 IIS 7 集成了 IIS、ASP.NET、Windows Communication Foundation 和 Windows SharePoint Services，构成了一个统一的 Web 平台。在 IIS 7 中的更新功能主要包括以下几个方面。

（1）为管理员和开发人员提供了一个单一的和一致的统一 Web 平台。在 IIS 7 中提供了一个新的基于任务的用户接口（UI）和一个新的功能强大的命令行工具。使用这些管理工具，用户可以使用其中的一种工具管理 IIS 和 ASP.NET；实时地查看当前执行的请求的状态，并分析其相关信息；为站点和应用配置用户和角色的权限；授权站点和应用配置为无管理员。

（2）增强了安全性，提高了用户可订制功能的灵活性，从而降低了恶意攻击所造成的危害。也就是 IIS 7.0 对各个功能都进行了模块化的设计，可以根据用户的需要安装或卸载某项功能。

（3）简化的系统诊断和故障处理功能使解决问题变得更加轻松。新的分析和故障处理功能使得用户可以查看应用程序池、工作进程、站点、应用域和当前强求的实时状态信息；记录请求的详细跟踪信息；配置 IIS 根据以往时间或错误响应代码来自动记录详细的跟踪信息。

（4）增强的功能配置，并支持服务器群。在 IIS 7.0 中，提供了一种新的配置存储方式，包括 IIS 的配置和 ASP.NET 配置。这样，IIS 7.0 可以完成如下功能。

①在一个配置文件中设置 IIS 和 ASP.NET。这个配置文件使用固定的格式，并可以被一系列通用的 API 接口访问。

②以一种严格的和安全的方式将配置添加到分布式的配置文件中。

③将一个特定站点或应用的配置复制到另一台计算机上。

④使用一个新的 WMI 对 IIS 和 ASP.NET 进行脚本配置。

（5）可以为一组业务进行授权的管理。

（6）兼容性。IIS 7.0 对现有的应用提供了最大化的兼容性。主要包括以下几个方面。

①使用已有的活动目录服务接口（Active Directory Service Interfaces，ADSI）和 WMI 脚本。

②完全支持 ASP 而不用更改代码。

③完全支持 ASP.NET 1.1 和 ASP.NET 2.0 开发的应用而不用更改代码。

④使用现有的 ISAPI 扩展而不用做任何修改。

⑤除了那些需要依赖于 READ RAW 的通知外，仍使用现有的 ISAPI 文件。

另外，在 Windows Vista 的各个版本中也提供了 IIS 7.0，但在 Windows Vista 的各版本中及在 Windows Server 2008 各个版本中的 IIS 7.0 所提供的功能略有差异，越是面向普通用户的普通版本中的 IIS 7.0，其支持的功能越少。

15.2　IIS 7.0 的安装

15.2.1　使用安装向导安装 IIS 7.0

在 Windows Server 2008 默认安装后，系统并不安装 IIS。如果需要 IIS，则需要在“服务器管理”中增加服务器的 Web 服务角色。具体步骤如下所示。

步骤 1：单击“开始”→“管理工具”→“服务器管理器”菜单命令，打开如图 15-1 所示的“服务器管理器”窗口。

步骤 2：在“服务器管理器”窗口左侧，选择“角色”功能选项，之后在窗口右侧单击“添加角色”功能链接，即可弹出如图 15-2 所示的“添加角色向导”对话框。

步骤 3：在“添加角色向导”对话框中单击“下一步”按钮，开始添加，并进入如图 15-3 所示的“选择服务器角色”对话框。

步骤 4：在“选择服务器角色”对话框中，选择“Web 服务器（IIS）”选项，安装向导自动弹出如图 15-4 所示的“是否添加 Web 服务器（IIS）所需的功能？”的提示对话框。单击“添加必须的功能”按钮后，返回如图 15-3 所示的对话框，之后单击“下一步”按钮。

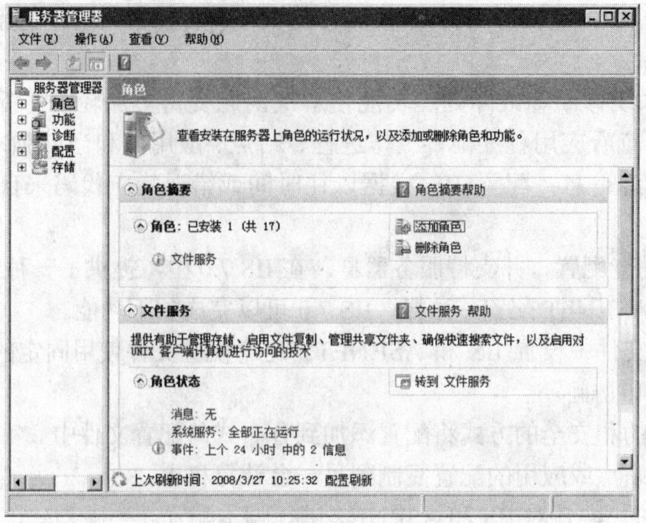

图 15-1 “服务器管理器”窗口

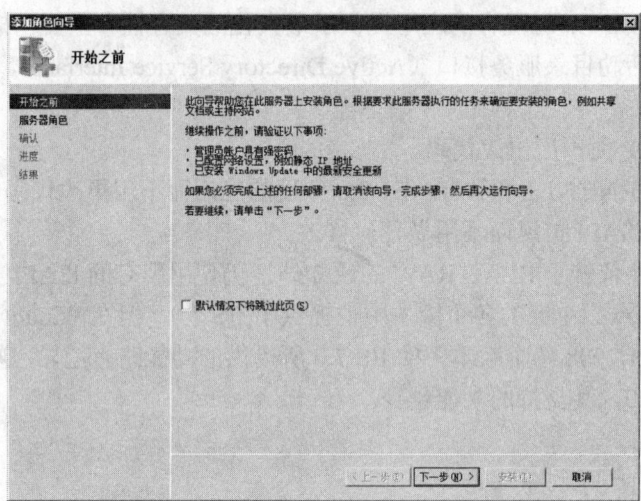

图 15-2 “添加角色向导”对话框

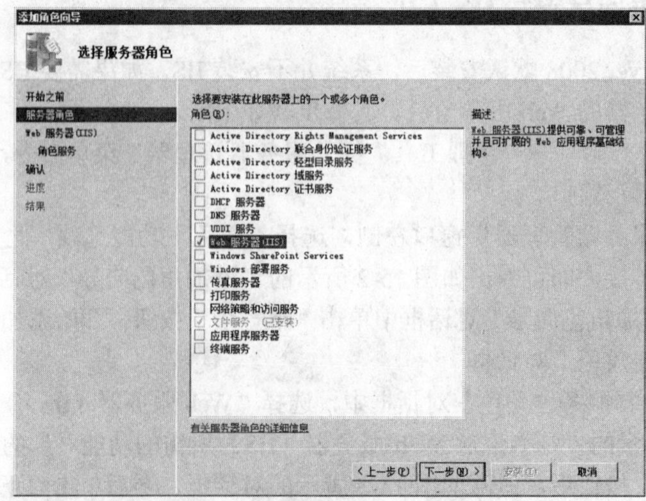

图 15-3 “选择服务器角色”对话框

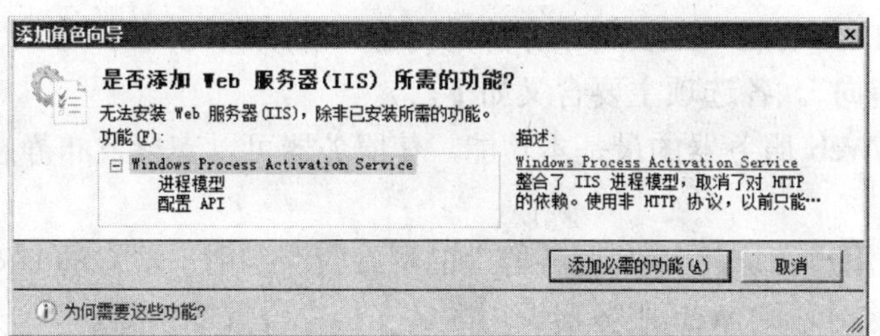

图 15-4 “是否添加 Web 服务器（IIS）所需的功能？”提示对话框

步骤 5：进入如图 15-5 所示的“Web 服务器简介（IIS）”对话框之后，单击“下一步”按钮。

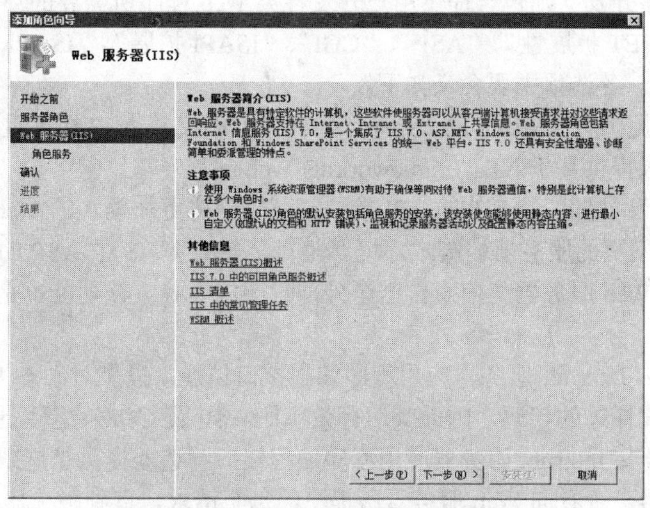

图 15-5 “Web 服务器简介（IIS）”对话框

步骤 6：进入如图 15-6 所示的“选择角色服务”对话框。在该对话框中列出了 Web 服务器中所包含的各项具体功能，可以根据需要选择安装其中的部分功能。这些功能主要包括“Web 服务器”、“管理工具”和“FTP 发布服务”。在“Web 服务器”中，包括“常见 HTTP 功能”、“应用程序开发”、“运行状况和诊断”、“安全性”和“性能”选项。

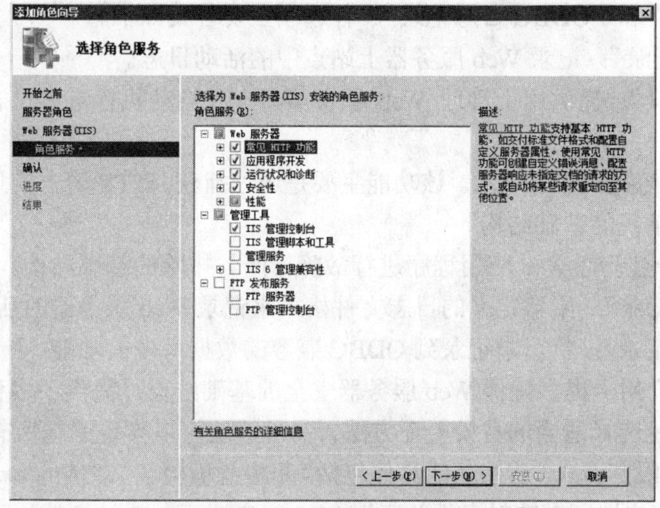

图 15-6 “选择角色服务”对话框

（1）“常见 HTTP 功能”主要包括“静态内容”、“默认文档”、“目录浏览”、“HTTP 错误”和“HTTP 重定向”。各选项主要含义如下。

“静态内容”：Web 服务器的最基本功能，使服务器可以支持发布静态的 Web 页面，如 HTML 页面。

“默认文档”：用户在访问 Web 服务器上的网站时，在用户输入的 URL 网址中如果没有指定具体的网页名称时，则 Web 服务器调用默认文档中设置的网页。

“目录浏览”：用户可以通过 Web 浏览器浏览 Web 服务器上的目录。

“HTTP 错误”： Web 服务器检测到错误时，可以定义返回给用户的错误信息。

“HTTP 重定向”：将用户的请求重新定向到特定的目标。

（2）“应用程序开发”则包含提供用户开发各类 Web 程序所需要的环境和功能，主要包括“ASP.NET”、“.NET 扩展性”、“ASP”、“CGI”、“ISAPI 扩展”、“ISAPI 筛选器”和“在服务器端的包含文件”。各选项主要含义如下。

“ASP.NET”：提供对 ASP.NET 的支持。ASP.NET 不仅是 ASP 经过重新架构后的一个全新版本，而且还可以提供基于.NET Framework 的 Web 编程环境。

“.NET 扩展性”：提供了.NET 的 API 接口，可以创建更加强大的 Web 服务器功能。

“ASP”：动态网页的服务器端脚本环境。是对早期版本 IIS 中 ASP 的保留支持。

“CGI”：定义 Web 服务器将信息传送至外部程序的方式。该功能也是对早期版本 IIS 功能的保留。

“ISAPI 扩展”：Internet 服务器应用程序编程接口扩展，提供对动态 Web 开发的支持。该种方式运行的是编译过的代码，因此其运行效率比 ASP 及 COM+组件更快。

“ISAPI 筛选器”：Internet 服务器应用程序编程接口筛选器提供扩展或更改 IIS 所提供功能的文件。该筛选器会查看向 Web 服务器所提交的每个请求，直到筛选器找到需要处理的请求为止。

“在服务器端的包含文件”：是一种用于动态生成 HTML 页面的脚本语言。该脚本在页面传递到客户端之前在服务器上运行，并且通常涉及将一个文件插入到另一个文件。

（3）“运行状况和诊断”提供了对 Web 服务器、站点和应用程序进行监控、管理和故障排除的基本功能。主要包括“HTTP 日志记录”、“日记记录工具”、“请求监视”、“正在跟踪”、“自定义日志记录”和“ODBC 日志记录”。各选项主要含义如下。

“HTTP 日志记录”：记录 Web 服务器上站点中的活动日志。

“日记记录工具”：提供用于管理 Web 服务器日志和自动执行常见日志记录任务的基础结构。

“请求监视”：监视 HTTP 请求。该功能主要是通过捕获 HTTP 请求信息来提供用于监视 Web 应用程序运行情况的基础结构。

“正在跟踪”：用于对 Web 应用程序进行故障诊断与排除的基础结构。

“自定义日志记录”：用自定义的日志文件格式来记录 Web 服务器的活动。

“ODBC 日志记录”：将日志记录到 ODBC 兼容的数据库中的功能。

（4）“安全性”用于提供确保 Web 服务器安全的基础结构。提供了多种身份验证方法，可以根据服务器角色选择适当的身份验证方法。另外，还可以实现筛选所有传入请求，或者根据 IP 地址空间来限制请求。这些功能具体包括“基本身份验证”、“Windows 身份验证”、“摘要式身份验证”、“客户端证书映射身份验证”、“IIS 客户端证书映射身份验证”、“URL 授权”、

“请求筛选”和“IP 和域限制”。各选项主要含义如下。

“基本身份验证”：使用简单的加密算法传输信息。如果信息被拦截，则很容易被破解。因此这种身份验证方法一般在安全性要求不高的小型内部网络中使用。一般情况下 SSL 与基本身份验证一同使用。

“Windows 身份验证”：借助 Windows 的域管理来对用户身份进行验证。这种方法一般也只用于具有域管理的内部网。

“摘要式身份验证”：通过使用散列函数将密码计算出摘要值，再发送给 Windows 域控制器来对用户身份进行验证。这种方式提供了比基本身份验证更强的加密功能，可以从防火墙和代理服务器之后来访问具有这种验证功能的站点。

“客户端证书映射身份验证”：使用客户端的身份认证证书来进行身份验证。客户端证书来自受信任源的数字 ID。IIS 使用客户端证书映射提供包括下面“IIS 客户端证书映射身份验证”在内的两种类型的身份验证。这里的这种身份验证适用活动目录在多个 Web 服务器上提供一对一的证书映射。

“IIS 客户端证书映射身份验证”：与“客户端证书映射身份验证”中所说的使用客户端的身份认证证书来进行身份验证相同。不同的是这种身份验证方法是 IIS 提供了一对一或多对一的证书映射。

“URL 授权”：可以创建一些规则来防止不属于特定组的成员访问内容或与网页交互。URL 授权则是可以创建对 URL 的授权规则，来限制对 Web 内容的访问。可以将这些规则与用户、组或 HTTP 标头词汇绑定。

“请求筛选”：根据管理员设置的规则，对发送到服务器的请求进行筛选。这样尽量降低具有特定特征的恶意请求。

“IP 和域限制”：可以根据用户 IP 地址和域名来限制请求。

（5）“性能”通过集成 ASP.NET 的动态输出缓存功能和 IIS 6.0 中的静态输出缓存功能，为输出缓存提供基础结构。主要包括“静态内容压缩”和“动态内容压缩”。各选项主要含义如下。

“静态内容压缩”：提供用于配置 HTTP 静态内容压缩的基础结构。

“动态内容压缩”：提供用于配置 HTTP 动态内容压缩的基础结构。

在“管理工具”中，提供对 IIS 7.0 的 Web 服务器管理的基础结构。可以使用 IIS 用户界面、命令行工具和脚本管理 Web 服务器，也可以直接编辑配置文件，从而实现对 IIS 7 的灵活管理。主要包括“IIS 管理控制台”、“IIS 管理脚本和工具”、“管理服务”和“IIS 6 管理兼容性”。

在“FTP 发布服务”中，仍保留早期版本 IIS 的 FTP 功能。在该功能中，主要包括“FTP 服务器”和“FTP 管理控制台”。

各项功能选择完毕后，单击如图 15-6 所示的对话框的“下一步”按钮。

步骤 7：进入如图 15-7 所示的“确认安装选择”对话框。查看该对话框中选择的安装选项，如果发现有需要更改的选项，则单击“上一步”按钮；如果确认所提示的安装选项，则单击“安装”按钮，开始安装。接下来，安装向导会根据这些安装选项进行自动安装。安装完毕后提示用户成功信息，如图 15-8 所示，之后单击“关闭”按钮即可。

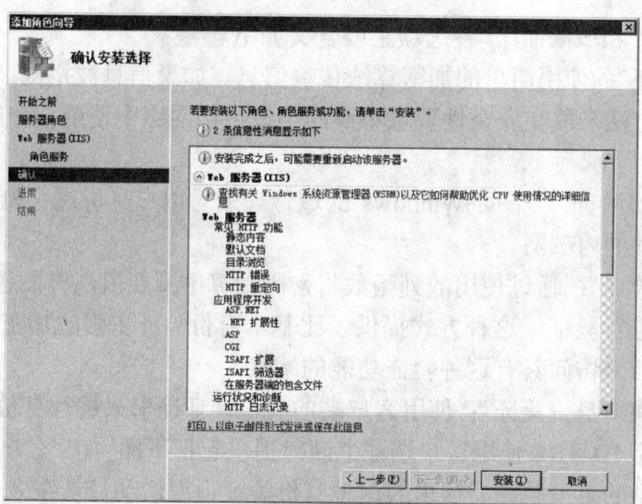

图 15-7 “确认安装选择”对话框

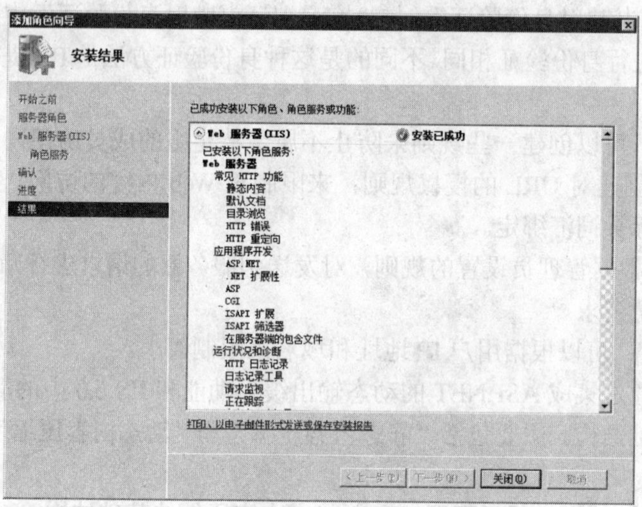

图 15-8 安装成功提示信息对话框

15.2.2 在 Windows Server 2008 Server Core 中安装 IIS 7.0

在 Windows Server 2008 Server Core 中，主要以命令行的方式来安装，没有图形化的用户界面，因此如果需要安装 IIS 7.0，则需要使用脚本来完成安装过程。

15.2.3 默认安装

如果只按照默认的方式安装 IIS 7.0，则在命令行中输入如下命令脚本：

```
start /w pkgmgr /iu:IIS-WebServerRole;WAS-WindowsActivationService;WAS-ProcessModel
```

这种安装方式安装了 IIS 7.0 最少的必备功能。

15.2.4 完全安装

如果要进行完全的安装，则在命令行中输入如下命令脚本：

```
start /w pkgmgr/iu:IIS-WebServerRole;IIS-WebServer;IIS-CommonHttpFeatures;IIS-StaticContent;IIS-Default
```

Document;IIS-DirectoryBrowsing;IIS-HttpErrors;IIS-HttpRedirect;IIS-ApplicationDevelopment;IIS-ASP;IIS-CGI;IIS-ISAPIExtensions;IIS-ISAPIFilter;IIS-ServerSideIncludes;IIS-HealthAndDiagnostics;IIS-HttpLogging;IIS-LoggingLibraries;IIS-RequestMonitor;IIS-HttpTracing;IIS-CustomLogging;IIS-ODBCLogging;IIS-Security;IIS-BasicAuthentication;IIS-WindowsAuthentication;IIS-DigestAuthentication;IIS-ClientCertificateMappingAuthentication;IIS-IISCertificateMappingAuthentication;IIS-URLAuthorization;IIS-RequestFiltering;IIS-IPSecurity;IIS-Performance;IIS-HttpCompressionStatic;IIS-HttpCompressionDynamic;IIS-WebServerManagementTools;IIS-ManagementScriptingTools;IIS-IIS6ManagementCompatibility;IIS-Metabase;IIS-WMICompatibility;IIS-LegacyScripts;IIS-FTPPublishingService;IIS-FTPServer;WAS-WindowsActivationService;WAS-ProcessModel

上述命令脚本安装了所有 Server Core 支持的功能包。如果不需要其中的某些功能，可以在上述命令脚本中删掉相应的参数即可。

15.3　IIS 7.0 的基本配置

15.3.1　IIS 7.0 管理器

IIS 7.0 安装完毕之后，就可以使用 Internet 信息服务（IIS）管理器来进行可视化的设置和管理了。使用如下方法可以打开 IIS 管理器。

方法 1：单击“开始”→“管理工具”→“Internet 信息服务（IIS）管理器”菜单命令，即可打开如图 15-9 所示的“Internet 信息服务（IIS）管理器”窗口。

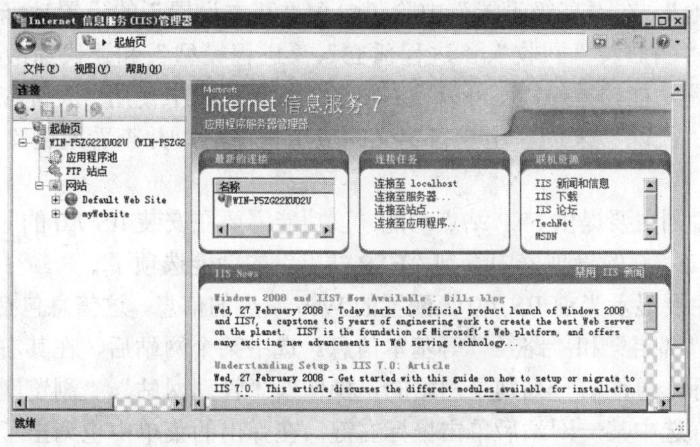

图 15-9　“Internet 信息服务（IIS）管理器”窗口

方法 2：打开“控制面板”，并以经典视图方式浏览，双击“管理工具”→“Internet 信息服务（IIS）管理器”图标，也可打开如图 15-9 所示的“Internet 信息服务（IIS）管理器”窗口。

IIS 7.0 管理器的界面组织与最近版本的 IIS 6.0 有较大的改变。在 IIS 7.0 管理器中，提供了更多详尽的功能设置按钮，可以更直观、更方便地设置 Web 站点。IIS 7.0 管理器的大体结构如下。

管理器窗口顶端是地址栏、菜单栏；在左下侧是各功能的导航栏；在右下侧是各功能的显示栏。刚打开 IIS 管理器时，在右下侧显示“起始页”的内容，可以清楚地看到“Internet

信息服务 7”及“应用程序服务器管理器”的字样。

在“起始页”中，主要列出了“最新的连接”、“连接任务”、“联机资源”和“IIS 新闻”等功能子窗口。“最新的连接”子窗口中显示 IIS 管理器当前连接的服务器主机名称。“连接任务”则提供了 4 种创建连接的任务向导，使用这些向导可以将 IIS 管理器连接至“本机”、“服务器”、“站点”和“应用程序”。“联机资源”则列出了几个与 IIS 相关的在线站点的链接。“IIS 新闻”默认是禁用的，单击该子窗口右上角的“启用 IIS 新闻”即可打开该服务，服务启动后，就可以在该子窗口中显示出相关在线资源。

在 IIS 管理器左下侧子窗口中，列出了其他各功能的列表。除了上面介绍的“起始页”外，还有功能“主页”、“应用程序池”、“FTP 站点”（作为一个组件需选择安装）和“网站”。

单击功能“主页”后，就可以看到 IIS7 的各类控制模块的对应图标。所列图表根据选择安装的功能组件不同而有所不同。在最右侧列出了“管理服务器”，显示了“重新启动”、“启动”和“停止”的服务操作链接。

“应用程序池”一栏则显示了 IIS 7.0 中所运行的应用程序池列表。从这些列表中可以查看各应用程序池的“名称”、“状态”、“.NET Framework 版本”、“托管管道模式”、“标识”以及“应用程序”的信息。对于特定的应用程序池，也可以实施一系列的管理。比如，选中一个应用程序池，可以通过右侧的控制列表“启动”、“停止”、“正在回收”等操作，还可以进行“基本设置”、“正在回收”、“高级设置”和“重命名”等设置功能。在“基本设置”中，可以修改特定应用程序池的“.NET Framework 版本”、“托管管道模式”及是否“立即启动应用程序池”。在“高级设置”中除了包含“基本设置”的设置功能外，还提供了应用程序池相关的“CPU”、“回收”、“进程孤立”、“进程模型”和“快速故障防护”等一系列更加详细的设置功能。另外，还可以在右侧的“操作”栏中使用“天价应用程序池”、“查看应用程序”和“删除”来创建用户自定义的应用程序池，并查看或删除选中的应用程序池。

FTP 站点一栏则主要提供 FTP 站点功能。该功能需要在安装 IIS 7.0 的时候选择安装。安装之后就可以在 IIS 7.0 的管理器中看到“FTP 站点”的功能选项了。

网站一栏则主要显示当前 IIS 7.0 上配置的 Web 站点的信息，这信息包括网站的“名称”、“ID”、“状态”、“绑定”和“路径”等基本信息。选中某个网站后，在其右侧子窗口中可以看到各个功能图标，再往右一列则是网站的“操作”、“管理网站”、“浏览网站”和“配置”网站等功能链接。选中某一网站后单击鼠标右键，在弹出的菜单中也列出了设置网站的众多功能菜单。通过这些功能图标、功能链接和功能菜单，可以对 IIS 7.0 中的网站进行详尽的设置和管理。

接下来，我们简要介绍一下如何在 IIS 7.0 中创建并配置一个网站和 FTP 站点。

15.3.2 创建一个网站

1. 创建一个基本的 Web 网站

在 IIS 7.0 中，最基本的就是支持 Web 网站的创建和配置管理。下面简要介绍如何创建并配置一个可以支持丰富功能的网站。

步骤 1：在 IIS 管理器左下侧的子窗口列表中，选择“网站”功能项。

步骤 2：单击鼠标右键，在弹出的菜单中选择“添加网站”菜单，或者直接单击最右侧

“操作”列中的“添加网站”链接。

步骤 3：弹出如图 15-10 所示的“添加网站”对话框。在该对话框的“网站名称”一栏中输入一个名称，用于 IIS 7.0 来管理站点，如输入“myWebsite”。系统自动创建一个与网站名称相同的“应用程序池”。当然，可以通过单击“应用程序池”后面的“选择”按钮来选择其他的应用程序池。

步骤 4：在如图 15-10 所示“添加网站”对话框的“内容目录”一栏中，输入或选择用户 Web 站点所在的目录，如“C:\MyWebsitRoot”。在路径设置下面，是“传递身份验证”的设置，这是与早期版本 IIS 所不同的。通过设置身份验证的连接，可以增强 Web 站点的安全性。单击“连接为”按钮，弹出设置身份验证的对话框，既可以选择“应用程序用户”也可以设置用户自定义的“特定用户”信息用于身份验证。设置完毕后可以单击“测试设置”按钮来检测是否可以通过身份验证。

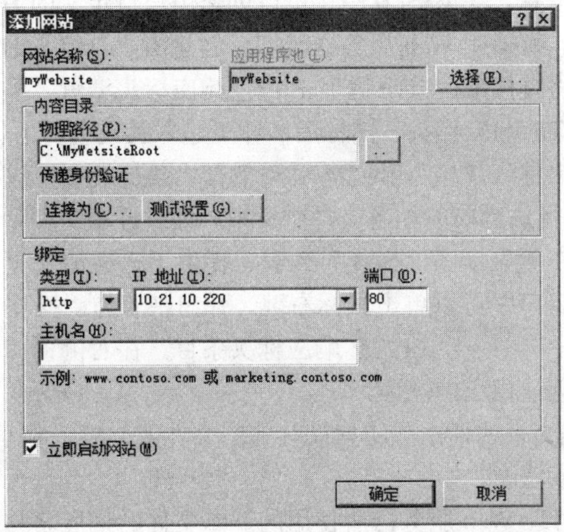

图 15-10 “添加网站”的对话框

步骤 5：在如图 15-10 所示“添加网站”对话框的“绑定”一栏中，选择网站 http 的类型是普通的“http”协议还是使用加密的“https”协议。在“IP 地址”一栏中，输入服务器上所具有的 IP 地址，如果不输入则默认为“全部未分配”，即使用“localhost”或“127.0.0.1”的本机地址。“端口”一栏中则设置当前网站的端口，默认 Web 网站的端口都是使用 80，这样用户在输入网站域名后不用再输入端口号。如果不希望这样使用，则可以将端口修改为其他未被系统占用的端口号，如“8080”。在“主机头”一栏中，可以根据用户需要来设置网站的域名地址，在早期版本 IIS 中称为“主机头标”。从这里的设置可以看出，可以通过使用不同的 IP 地址、不同的端口号和不同的“主机名”在同一个 IIS 管理器或同一台服务器上设置多个不同的 Web 网站。

步骤 6：在如图 15-10 所示的“添加网站”对话框的最下方，选择“立即启动网站”，之后单击“确定”按钮。这样一个基本的 Web 网站就创建完毕了。

2. HTTP 功能的设置

选中一个 Web 网站后，在其右侧可以看到其对应的功能设置图标。在 HTTP 功能设置中，包括“HTTP 响应标头”、“HTTP 重定向”、“MIME 类型”、“错误页”、“默认文档”和“目录浏览”的设置，如图 15-11 所示。

图 15-11　HTTP 功能设置

HTTP 响应标头：当浏览器访问请求一个 Web 页面时，IIS 给客户端浏览器返回一个 HTTP 响应标头。HTTP 响应标头由“名称”和对应的“值”组成，包含 HTTP 版本、日期和内容类型等请求页面的相关信息。在 IIS 7.0 中，可以创建用户自定义的 HTTP 响应标头来向客户端传递特定的响应信息。如果在 Web 服务器级别上创建用户自定义 HTTP 响应标头，Web 应用、虚拟目录及文件都将直接或间接从这个 HTTP 响应标头继承。当然，也可以在子级别上去掉该继承。双击“HTTP 响应标头”图标后，即可进入其设置界面。其中显示了 HTTP 响应标头的列表，包含“名称”、“值”和“条目类型”。“条目类型”包括“本地”和“继承”两类。“本地”类型的条目从当前的配置文件中读取，而“继承”类型的条目则从父配置文件中读取。在列表子窗口右侧显示了“操作”列表，提供了“添加”、“设置常用标头”及“帮助”的链接。在列表子窗口中可以单击鼠标右键，弹出带有与“操作”列表中相同功能选项的菜单。在列表子窗口中选中一个 HTTP 响应标头条目，在右侧窗口中可以显示“编辑”和“删除”的功能链接来进行相应的操作。

HTTP 重定向：将提交来的请求重定向到其他的文件或 URL。在早期版本 IIS 中，一般是在网站程序代码中实现该功能。

MIME 类型：可以管理 Web 服务器所使用的静态文件的扩展名与内容类型的关联。可以添加、删除、编辑文件扩展名与 MIME 类型的关联。

错误页：设置 HTTP 错误响应页面。错误响应可以是自定义的错误页面，也可以是包含故障排除信息的详细错误消息。在 IIS 7.0 管理器中，可以对错误页进行“添加”、“编辑”、“更改状态代码”、“删除”及“编辑功能设置”等操作。

默认文档：配置网站的默认页面。也就是当客户端未指定具体文件名时返回给客户端的默认文件。在这里可以按照优先级来设置默认文档。在 IIS 7.0 管理器中，可以对某一默认文档进行“添加”、“删除”、“上移”、“下移”的操作；可以对默认文档功能进行“禁用”和“恢复为继承的项”的操作。与 IIS 6.0 不同的是，这里的默认文档有一个“条目类型”。IIS 7.0 中继承了父配置的默认文档其“条目类型”为“继承”，用户自己添加的默认文档其“条目类型”为“本地”。“继承”类型的默认文档从父配置文件中读取，“本地”类型的默认文档则从当前的配置文件中读取。如果对默认文档功能进行“恢复为继承的项”操作，则用户添加的“本地”类型的默认文档均会被系统自动删除掉。

目录浏览：设置如果没有提供具体的文件名，又没有设置该路径下的默认文档时，是否允许用户访问该路径下的目录列表。该功能在 IIS 6.0 中也有，但在 IIS 7.0 中，该功能得到了增强，即可以设置在浏览目录时显示哪些目录信息，包括“时间”、“大小”、“扩展名”、“日期”和“长日期”。默认情况下该功能是禁用的，单击 IIS 7.0 管理器右侧“操作”栏中的“启用”即可启用该功能。

3．网站安全性的设置

安全问题是网络应用中越来越重要的一个问题。在 IIS 中的每个版本中也越来越重视安全性的管理。在 IIS 7.0 中，则提供了更多的安全控制功能。这些功能主要包括“.NET 角色”、“.NET 信任级别”、“.NET 用户”、“IIS 管理器权限”、“IPv4 地址和域限制”、“SSL 设置”、“身份验证”和“授权规则”，如图 15-12 所示。

图 15-12　安全性设置

.NET 角色：可以在该功能设置页面查看和管理用户组列表。用户组提供对用户进行分类并针对整组用户执行与安全有关的操作。配置.NET 角色需要配置使用 AspNetSqlRoleProvider 提供程序，也可以根据具体需求来增加其他提供程序的配置信息。

.NET 信任级别：可以为托管模块、处理程序和应用程序指定信任级别。这些级别包括：Full（internal）、High（web_hightrust.config）、Medium（web_mediumtrust.config）、Low（web_lowtrust.config）、Minimal（web_minimaltrust.config），分别代表完全信任、高信任、中级信任、低级信任和最小信任。

.NET 用户：可以查看和管理在应用程序中定义的用户标识列表。用户列表可以用来执行身份验证、授权及其他与安全有关的操作。该功能与.NET 角色类似，也需要配置使用 AspNetSqlRoleProvider 提供程序，连接本地 SQL Server 2005。用户也可以设置自定义的提供程序及用到的连接字符串。

IIS 管理器权限：用于管理 IIS 管理器用户、Windows 用户和 Windows 组成员以便可以连接到一个站点或一个应用。可以对每个站点或应用设置授权的功能。该功能只对服务器连接有效。在 IIS 管理器的服务器级别上打开 IIS 管理器权限时，就可以看到授权的用户，并且可以选中“拒绝用户”，还可以通过单击 IIS 管理器权限右侧“操作”列中的“允许用户”来增加授权用户。

IPv4 地址和域限制：可以针对 IPv4 的地址和域名限制来设置 Web 内容的权限访问。可单击 IIS 管理器右侧“操作”栏中的“添加允许条目”、“添加拒绝条目”和“编辑功能设置”等实现对 IPv4 地址和域的限制。

SSL 设置：可以设置网站或应用程序的 SSL 的相关设置，包括设置是否“要求 SSL”及是否“需要 128 位 SSL”。对于客户端证书，则可以设置为“忽略”、“接受”或“必需”。要设置 SSL，网站必需绑定 https 类型的地址端口对应项，这种设置可以在“网站绑定”中完成。

身份验证：设置网站对用户进行身份认证的方法。在此设置中，包括“ASP.NET”、“Forms 身份验证”、“Windows 身份验证”、“基本身份验证”、“匿名身份验证”和“摘要式身份验证”的身份验证方法。默认情况下“匿名身份验证”启用，而其他身份验证方法禁用。可以对每种身份验证方法进行编辑、启用或禁用。

授权规则：这里可设定授权用户访问网站和应用程序的规则。可以添加允许规则，也可以添加拒绝规则。

4. 服务器组件的设置

服务器组件设置是设置 IIS 7.0 中提供的 Web 服务器组件，主要包括“ISAPI 筛选器”、“处理程序映射”和“模块”。其中“ISAPI 筛选器”及“处理程序映射”在 IIS 6.0 中也提供了，只是分散在不同的位置。在 IIS 7.0 中，集中在了一起，如图 15-13 所示。

ISAPI 筛选器：设置处理 Web 服务器请求的 ISAPI 筛选器。用户可以增加自己的筛选器，也可以恢复为继承的项。

处理程序映射：该功能设置处理特定请求类型的响应资源。在该功能管理窗口中，可以进行“添加管理处理程序”、“添加脚本映射”、“添加通配符脚本映射”、“添加模块映射”、“编辑功能权限”和“恢复为继承的项”等操作。

模块：该功能设置用于处理对 Web 服务器请求的本机和托管代码模块。在该功能管理窗口中，可以进行“添加托管模块”、“配置本机模块”、“编辑”、“锁定”、“解锁”、“删除”、“恢复为继承的项”和“查看经过排序的列表”等操作。

5. 性能的设置

在 IIS 7.0 中网站性能方面的设置主要包括“输出缓存”和“压缩”两种设置，如图 15-14 所示。

图 15-13 服务器组件设置

图 15-14 性能设置

输出缓存：该功能可以配置输出缓存设置，以及控制缓冲的规则。对输出缓存，可以通过选择“操作”栏中的“编辑功能设置”来设置“启用缓存”和“启用内核缓存”。对于缓存规则，则可以执行“添加”、“编辑”和“删除”的操作。

压缩：该功能可以配置请求响应的压缩设置。通过这种压缩方式的配置，可以比较直观地改善网站的性能，并降低带宽占用。该功能包括“启用动态内容压缩”和“启用静态内容压缩”。

6. 应用程序开发方面的设置

主要包括网站相关应用程序方面的设置。由于网站应用从最初的静态页面方式逐步转向各类基于因特网的应用程序的方式，而且网络应用程序的开发方式也从早期的 CGI 方式逐步发展出各种新的网站应用开发方法，仅微软就提出了 ASP、ASP.NET 等一系列方法。在 IIS 7.0 中，则提供了对众多网站应用程序开发的支持，主要包括“.NET 编译”、“.NET 配置文件”、“.NET 全球化”、“ASP”、“CGI”、“SMTP 电子邮件”、“会话状态”、“计算机密钥”、“连接字符串”、“提供程序”、“页面和控件”和“应用程序设置”等，如图 15-15 所示。

.NET 编译：该功能用于配置.NET 编码编译的相关设置，即对.NET 编译的每个属性进行设置，如“默认语言”属性，可设置为“VB”也可设置为“C#”。在这些属性中，又大体分

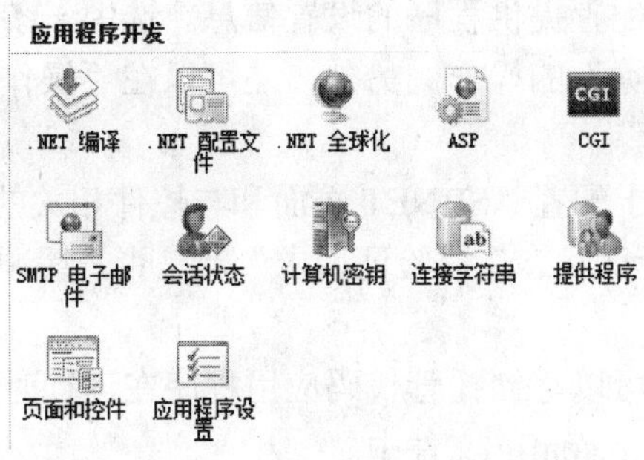

图 15-15　应用程序开发设置

为“常规”、“批处理”和“行为”3 个主要方面的属性。选择每一行属性后，在其下方就有该属性的简要说明。在“操作”栏中，可以执行“应用”和“取消”的操作。

.NET 配置文件：可以配置一系列用户自定义的配置文件属性，来反映用户应用程序需要的自定义信息。在“操作”栏中，可以执行“添加属性”和“添加组”的操作。对于每个配置文件属性，可以执行“编辑”、“重命名”和“删除”的操作。创建一个组后，还可以执行“向组添加属性”的操作。另外，还可以对.NET 配置文件功能执行“禁用”或“启用”及“设置默认提供程序”的操作。

.NET 全球化：主要配置.NET 相关的编码方式，以及区域相关的语言设置。

ASP：配置微软的 ASP 编译方式的各类属性值的相关设置。比如，配置 ASP 的默认“脚本语言”为“VBScript”，配置“启用父路径”为“True”等。该功能体现了 IIS 7.0 对 ASP 的支持，也表明对早期 IIS 的 Web 服务器的延续和兼容。选中每一个属性，在属性页面下方都会显示该属性的简要说明。

CGI：配置在 Web 服务器上的通用网关接口（Common Gateway Interface，CGI）程序的相关属性。可以设置是否为“模拟用户”，以及脚本的超时时间等。

SMTP 电子邮件：用于配置通过 Web 应用程序发送电子邮件时使用的电子邮件地址和传送选项。在早期版本的 IIS 中，这种功能一般需要在 Web 程序代码中编写实现，而此处的配置功能，大大简化了 Web 应用程序中这一功能的实现。在电子邮件服务中，SMTP（简单邮件传输协议）是用于发送邮件的服务，因此在该功能配置页面中提供了配置 SMTP 服务器的地址和端口号的界面。传统的 SMTP 是不需要验证的，这种方式容易造成发送邮件地址的滥用。为此，在现在使用的 SMTP 服务中，很多都加入了安全身份验证的功能。在 IIS 7.0 中，也提供了配置身份验证方式的设置。

会话状态：用于配置在客户端浏览器中保存信息的会话（Session）的相关设置。主要包括“会话状态模式设置”、“Cookie 设置”和是否“对模拟使用主机标识”的设置。

计算机密钥：该功能配置应用程序服务的哈希（Hash，即散列或摘要）和加密设置。主要包括“加密方法”、“解密方法”、“验证密钥”和“解密密钥”的相关设置。在“操作”一栏中，可以对这些配置执行“应用”和“取消”的操作，还可以执行“生成密钥”的操作，来生成新的密钥。

连接字符串：主要配置应用程序所需要的连接字符串。比如，用于操作数据库的 Web 应用程序中，所需要的数据库连接字符串，这种字符串中包含了数据库源、数据库访问账户等设置信息。在“操作”栏中，可以执行“添加”新的连接字符串的操作。选中一个连接字符串后，可执行“编辑”和“删除”连接字符串的操作。

提供程序：该功能用于配置提供程序的设置信息。选中一条提供程序配置后，可以执行“编辑”、“重命名”和“删除”的操作。另外，还可以在“操作”栏中选择“添加”操作来添加用户自定义的提供程序。

页面和控件：该功能用于配置 ASP.NET 页面和与控件相关的属性的设置。包括“编译”方式、“命名空间”、“启用会话状态”、“验证请求”及是否“缓冲”页面输出的值等属性的设置。

应用程序设置：该功能可以存储托管代码应用程序在运行时使用的名称和值对。这些值对保存在用户应用程序的 Web.config 文件中。

7. 网站的操作和管理

在 IIS 7.0 中，提供了对网站运行状况诊断的功能。这些功能在早期版本的 IIS 中相对较弱。主要包括“日志”设置和“失败请求跟踪规则”设置，如图 15-16 所示。

图 15-16 运行状况和诊断

日志：设置 Web 网站被访问时的日志记录情况。这是 IIS 各版本中的基本功能，只是功能设置的位置不同，功能均类似。在网站日志设置中需要注意一点的是日志文件大小的管理。如果采用了默认的日志文件的形式，而又设置成每天均更新日志文件，则日志会不停地增加，如果不注意日志的定期转移或清理，则会使磁盘空间耗尽。特别是默认情况下日志写在操作系统所在的驱动器中，如果不修改的话，则可能会将系统所在驱动器空间耗尽，最终导致网站无法访问，系统不能正常运行的故障。

失败请求跟踪规则：该功能用于配置对失败请求的跟踪。系统将在生成错误状态代码时，或者在请求所用时间超过指定的持续时间时记录请求跟踪。如果同时满足两个条件，将由第一个满足的条件生成请求跟踪。该功能增加了 IIS 7.0 对故障网站的跟踪，便于管理员排查系统故障。在“操作”栏中，可以执行“添加”失败请求跟踪规则、“编辑站点跟踪”、“查看跟踪日志”、“恢复为继承的项”和“查看经过排序的列表”等操作。

15.3.3 创建一个 FTP 站点

在 IIS 7.0 默认安装的情况下，FTP 的功能是不安装的。因此，如果需要 IIS 7.0 支持 FTP 的功能，需要在安装过程中添加 FTP 的相关功能。具体安装方法可参见本章 15.2 节。FTP 及相关服务安装完毕后，即可在 IIS 7.0 管理器左侧的列表中看到“FTP 站点”的选项。选择后，即可看到如图 15-17 所示的窗口。

选择“FTP 站点”选项后，在右侧显示提示信息，说明 FTP 的管理由 Internet 信息服务（IIS） 6.0 管理器提供。即在 IIS 7.0 安装中，也提供了 IIS 6.0 的管理器，用于管理部分早期版本 IIS 中的配置功能。单击图 15-17 中间“FTP 站点”列中的“单击此处启动”链接，即可启动事先安装好的 IIS 6.0 管理器，如图 15-18 所示，以便管理配置 FTP 站点。

创建一个 FTP 站点的具体步骤如下。

步骤 1：在 IIS 6.0 管理器窗口的左侧，展开“本地计算机”，选择“FTP 站点”文件夹。

步骤 2：单击鼠标右键，在弹出的菜单中选择“新建”→“FTP 站点”菜单命令。

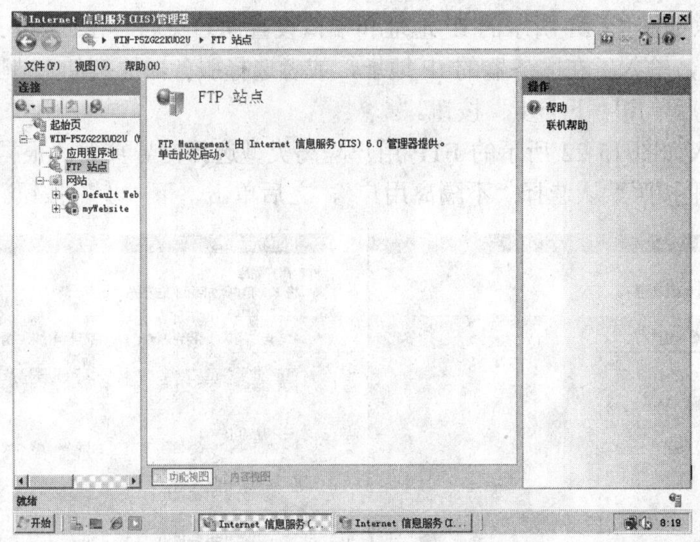

图 15-17　IIS 7.0 管理器中的 FTP 站点功能页面

步骤 3：弹出创建 FTP 站点的向导，如图 15-19 所示。

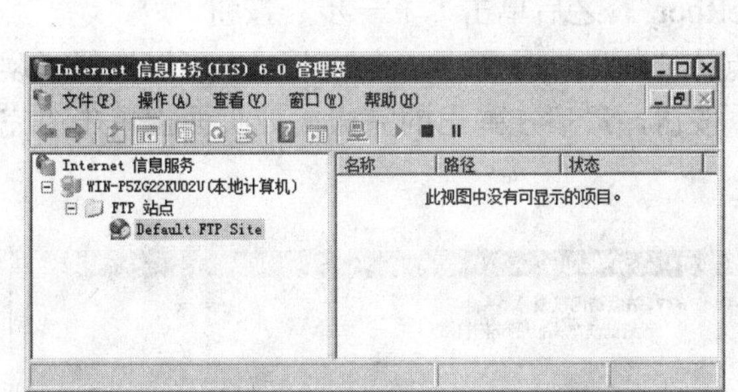

图 15-18　IIS 6.0 管理器

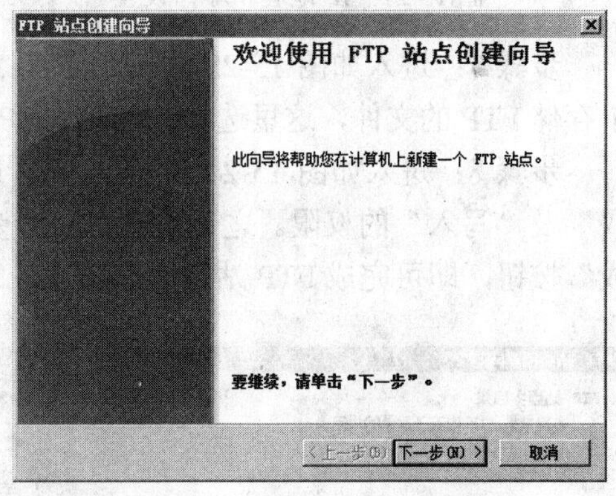

图 15-19　FTP 站点创建向导

步骤 4：单击"下一步"按钮。进入如图 15-20 所示的 FTP 站点描述向导页。在"描述"框中输入 FTP 站点的描述，如输入"myFTPSite"，然后单击"下一步"按钮。

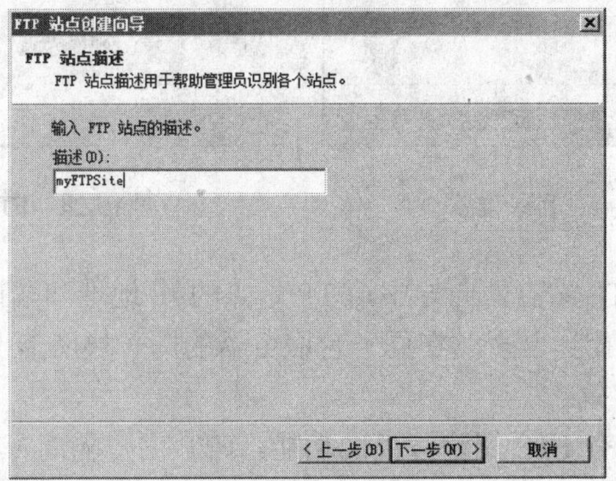

图 15-20　FTP 站点描述

步骤 5：进入如图 15-21 所示的 IP 地址和端口设置向导页面。在“输入此 FTP 站点使用的 IP 地址”下面，输入所在服务器的 IP 地址，或者选择服务器原有的 IP 地址，使用默认的 TCP 端口 21。之后单击“下一步”按钮。

步骤 6：进入如图 15-22 所示的 FTP 用户隔离类型选择向导页面。根据实际需要选择用户隔离类型。这里按照默认选择“不隔离用户”，之后单击“下一步”按钮。

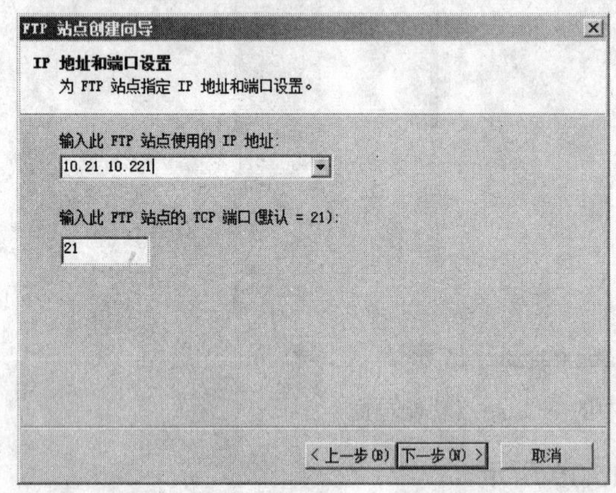

图 15-21　IP 地址和端口设置

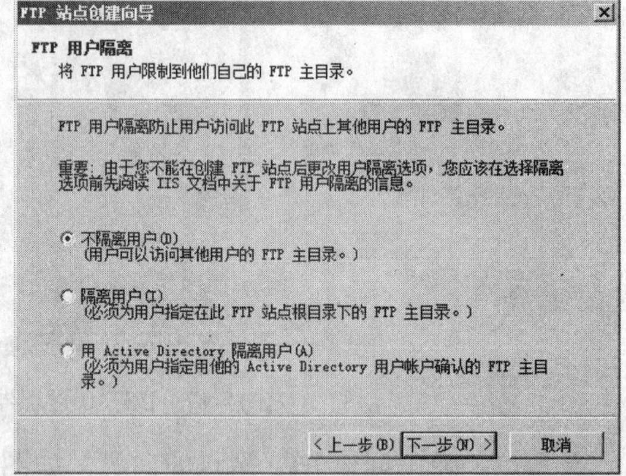

图 15-22　FTP 用户隔离类型选择

步骤 7：进入如图 15-23 所示的 FTP 站点主目录设置窗口。选择一个已经存在的目录用于存储 FTP 的文件，这里选择“C:\myFTPSiteRoot”。之后单击“下一步”按钮。

步骤 8：进入如图 15-24 所示的 FTP 站点访问权限向导页面。在该页面中可以选择“读取”及“写入”的权限。之后单击“下一步”按钮，最后在弹出的完成向导页面上单击“完成”按钮，即可完成 FTP 站点的创建。

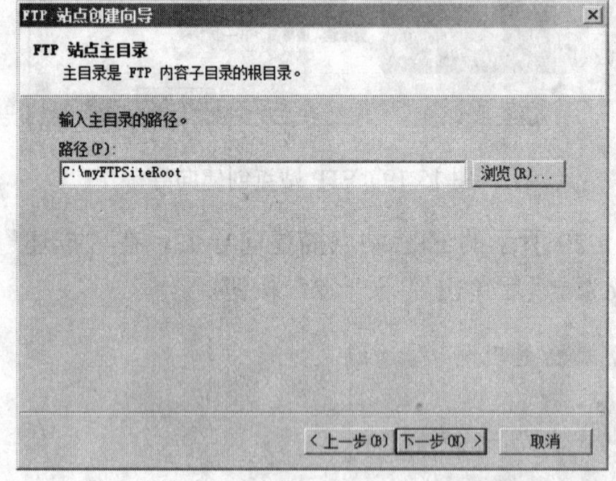

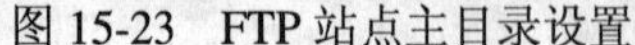

图 15-23　FTP 站点主目录设置

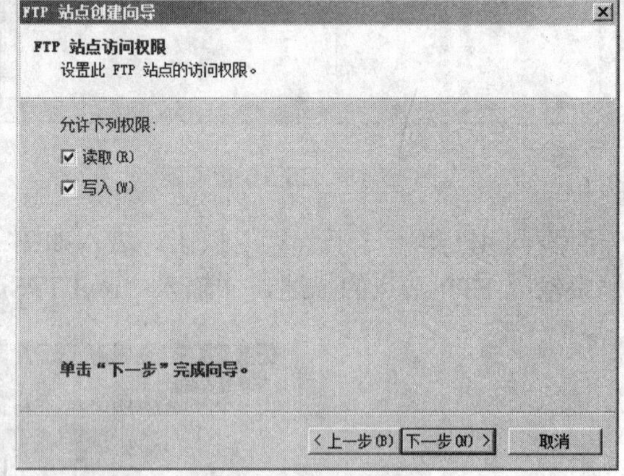

图 15-24　FTP 站点访问权限

另外，在上面创建 FTP 站点的向导中，FTP 站点的 IP 地址和端口都可以重新定义，这样，相当于创建了多个 FTP 站点。当然，在同一台服务器的同一块网卡上配置的多个 IP 地址必须是在同一个网段中才可有效。

在该版本的 IIS 中具有 FTP 用户隔离的功能。FTP 用户隔离可将用户限制在自己特定的目录中，以防止用户查看或覆盖其他用户的 Web 内容。FTP 用户隔离具有 3 种隔离模式，来实现不同级别的隔离和身份验证。这 3 种隔离模式分别如下。

不隔离用户：该模式不启用 FTP 用户隔离，与早期版本 IIS 的相关功能类似。

隔离用户：该模式在用户可以访问与其用户名匹配的目录前，根据本地相应级别的账户对用户进行身份验证。

活动目录隔离用户：该模式根据相应的活动目录容器验证用户凭据。

FTP 站点创建后，还可以对该站点的大多数属性进行修改编辑。在 IIS 6.0 管理器中，选择需要修改设置的 FTP 站点，单击鼠标右键，在弹出的菜单中选择“属性”菜单命令，弹出如图 15-25 所示的 FTP 站点属性页面。

在该属性页面中，又包含“FTP 站点”、“安全账户”、“消息”、“主目录”和“目录安全性”选项页，分别如图 15-25 到图 15-29 所示，在这里可以进行相应项目的功能设置。

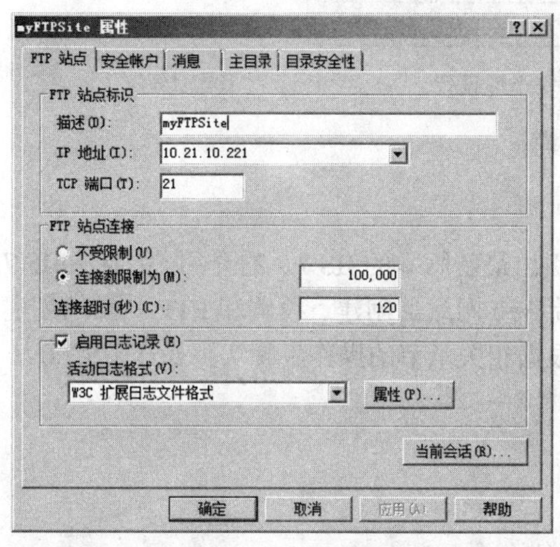

图 15-25　FTP 站点属性页面

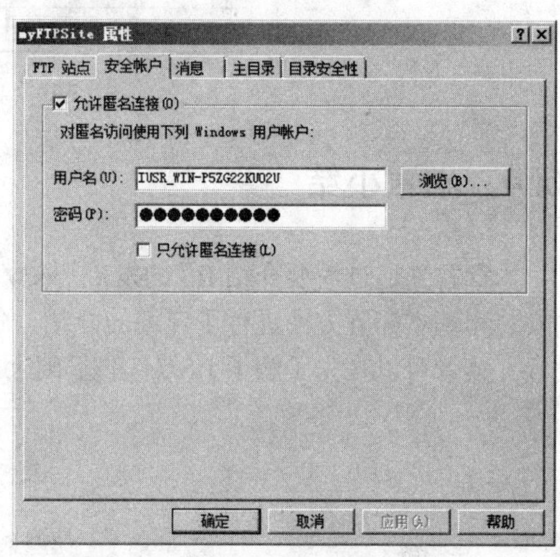

图 15-26　安全账户设置

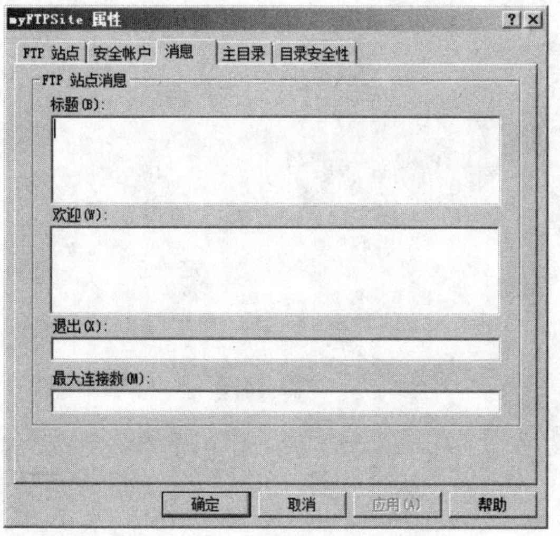

图 15-27　消息设置

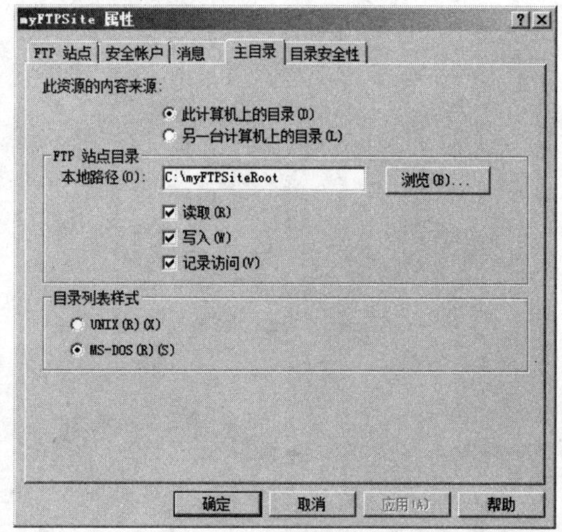

图 15-28　主目录设置

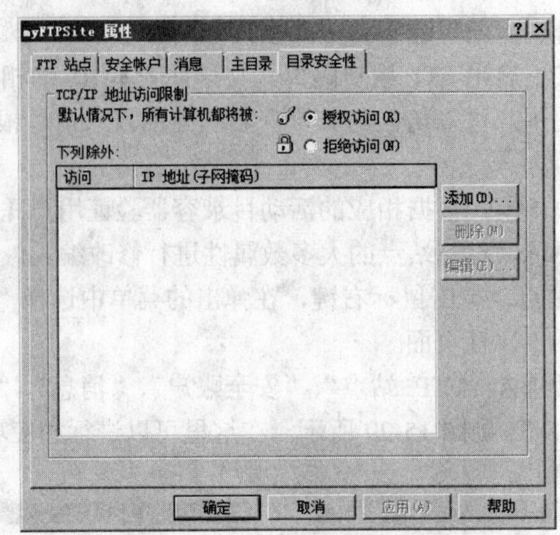

图 15-29 目录安全性设置

15.4 本章小结

本章首先通过简要介绍 IIS 的发展历史，来引出最新版本的 IIS 7.0 的介绍。主要从 IIS 7.0 的安装和基本配置方面进行了详细的介绍，包括 Web 网站的创建、设置和 FTP 站点的创建、设置。读者可以在先了解了 IIS 7.0 的基础上，根据相关章节的操作步骤实际操作 IIS 7.0。

第 16 章　UDDI 服务

16.1　UDDI 服务概述

UDDI（通用描述发现和集成）是用于描述和发现 Web 服务的工业规范。UDDI 规范是在简单对象访问协议（SOAP）、可扩展置标语言（XML）和 HTTP/S 协议标准（由万维网联合会 [W3C] 和 Internet 工程任务组 [IETF] 共同制定）的基础上建立的。

UDDI 服务，是通用描述、发现和集成服务，是 Web 服务体系结构中完成各种 Web 服务注册、查询等功能的中心。随着 Web 技术的发展，Web 服务技术已经越来越广泛地应用于因特网的 Web 应用当中。而且 Web 服务的 Web 应用体系结构与传统的 Web 应用体系结构有了较大的变化。传统的 Web 应用体系结构是比较单一的 Web 服务端和 Web 浏览器客户端的应用模式，即二层的应用模式。而在 Web 服务的 Web 应用体系结构中，将提供 Web 应用服务的应用程序单列出来，浏览器客户端所需要的 Web 页面访问通过 Web 服务器实现，而所调用的提供 Web 应用服务的功能则由 Web 服务提供，形成三层的应用模式。这样三层的应用模式可以使开发人员各负其责，同时便于每个部分的升级和复用。因此，在 Windows Server 2003 操作系统中，就把 UDDI 功能纳入其中。在 Windows Server 2008 中，继续继承了这一点，保留了 UDDI 服务。

16.2　UDDI 服务的安装

在 Windows Server 2008 默认安装情况下并不安装 UDDI 服务，需要单独安装。具体安装步骤如下。

步骤 1：单击“开始”→“管理工具”→“服务器管理器”菜单命令，弹出如图 16-1 所示的“服务器管理器”窗口。

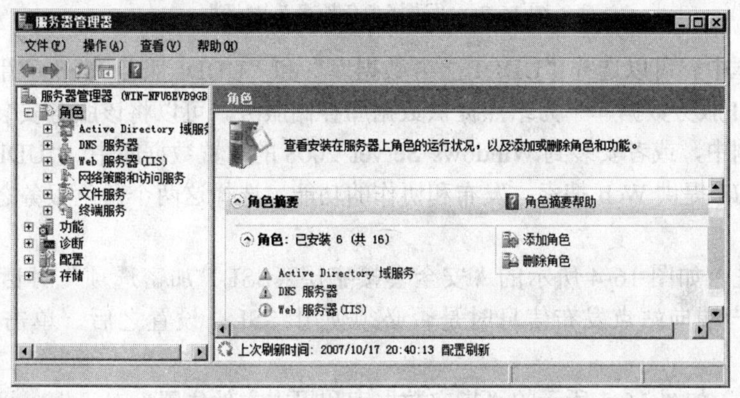

图 16-1　“服务器管理器”窗口

步骤 2：在如图 16-1 所示的窗口中选择“角色”选项，之后在窗口右侧单击“添加角色”链接，之后弹出添加角色向导，单击“下一步”按钮，弹出如图 16-2 所示的“选择服务器角色”对话框。

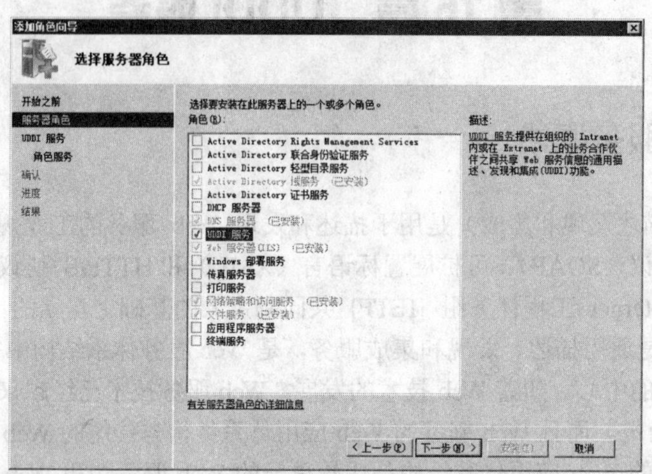

图 16-2 “选择服务器角色”对话框

步骤 3：单击“下一步”按钮，弹出“选择角色服务”对话框，如图 16-3 所示。

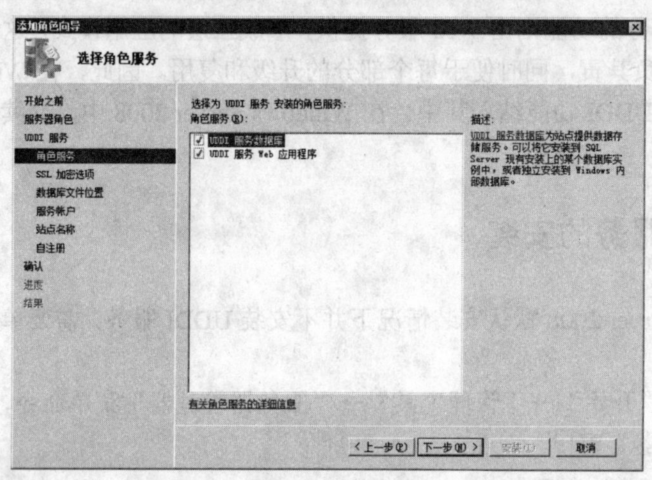

图 16-3 “选择角色服务”对话框

在该对话框中，可以选择“UDDI 服务数据库”和“UDDI 服务 Web 应用程序”两个角色服务。“UDDI 服务数据库”为站点提供数据库存储服务。可以将该服务安装到 SQL Server 的某个安装实例中，或者安装到 Windows Server 2008 的内置数据库中。“UDDI 服务 Web 应用程序”使用 IIS 提供 Web 搜索、发布和协作的功能。选择这两个角色服务之后单击“下一步”按钮。

步骤 4：进入如图 16-4 所示的“安全套接字层（SSL）加密选项”对话框。在该对话框中选择在客户端向站点发布信息时是否必须使用 SSL。设置之后，单击“下一步”按钮。

步骤 5：进入如图 16-5 所示的“指定数据库和日志文件位置”对话框。根据该对话框中的提示信息选择设置后单击“下一步”按钮。

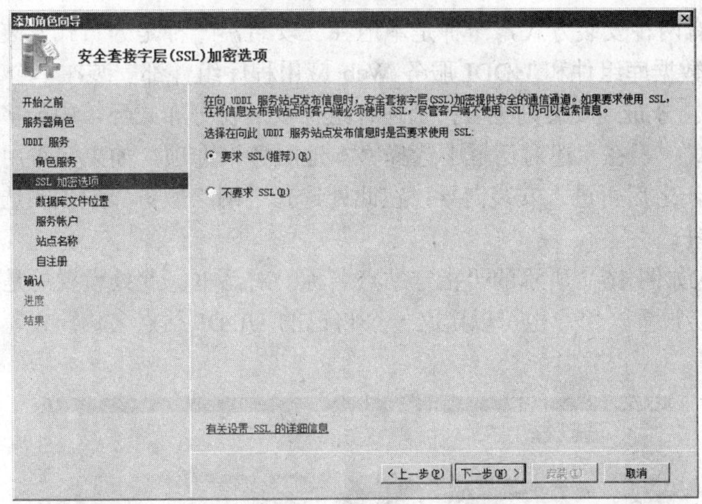

图 16-4　“安全套接字层（SSL）加密选项”对话框

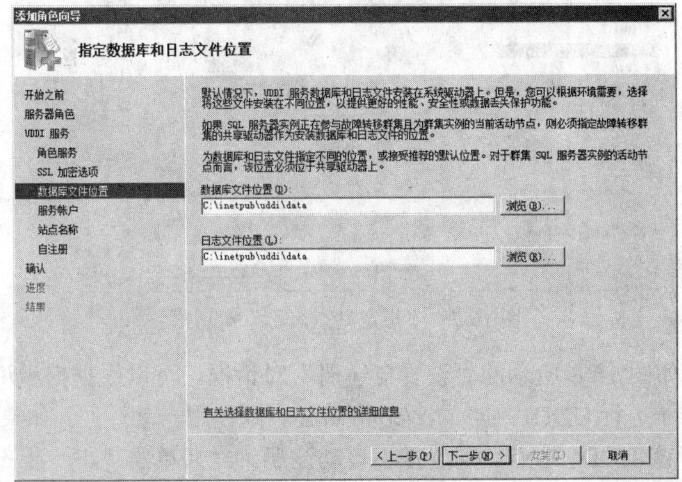

图 16-5　“指定数据库和日志文件位置”对话框

步骤 6：进入如图 16-6 所示的“选择服务账户”对话框。

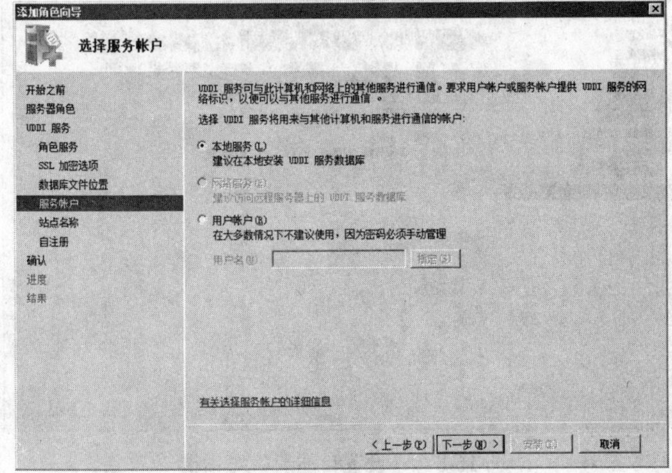

图 16-6　“选择服务账户”对话框

UDDI 服务有两种安装方式，一种是本地独立安装，一种是分布式安装。本地独立安装是指 UDDI 服务数据库组件和 UDDI 服务 Web 应用程序组件都安装在单个 Windows Server 2008 的服务器上。分布式安装则主要指上述各组件安装在分布式环境中的多台服务器上。在本地独立安装方式中，在上述对话框中选择“本地服务”选项。如果是采用分布式安装，先安装 SQL Server，之后再进入安装向导，在此处选择“网络服务”选项。选择设置完毕后单击“下一步”按钮。

步骤 7：进入如图 16-7 所示的“指定站点名称”对话框。此处设置的是 UDDI 站点的名称。可以按照默认设置，用户也可以定义一个自己的 UDDI 站点名称。设置完毕后单击“下一步”按钮。

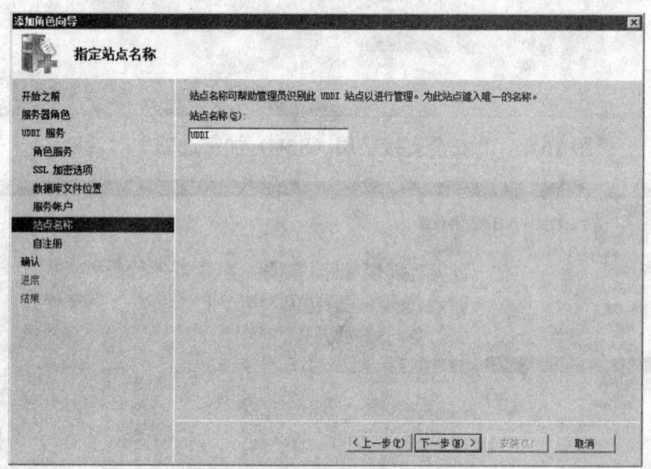

图 16-7 “指定站点名称”对话框

步骤 8：进入如图 16-8 所示的“设置自注册”对话框。可以根据提示说明和实际需要选择设置。如果是唯一运行 UDDI 站点的 Web 服务器，则使用自动注册；如果另一个 Web 服务器已经自动注册了该 UDDI 站点，则选择不自动注册。之后单击“下一步”按钮，进入设置确认窗口。单击“安装”按钮，向导即开始自动安装。

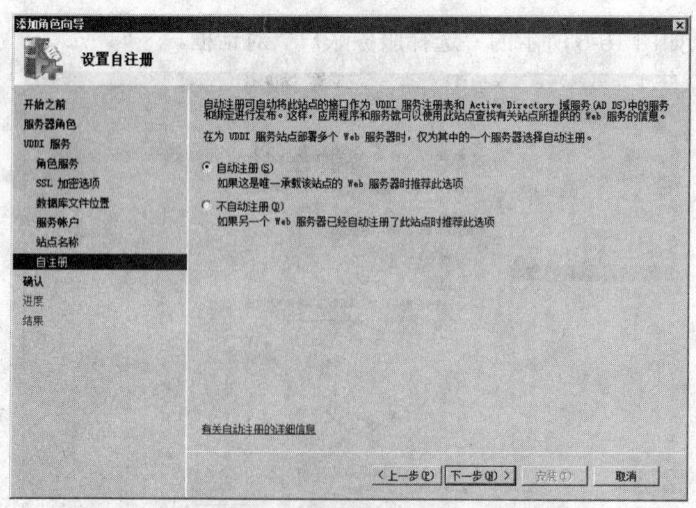

图 16-8 “设置自注册”对话框

16.3 配置管理 UDDI 服务

16.3.1 打开 UDDI 服务管理控制台

UDDI 服务安装完毕之后，还需要进行相应的配置，才能按照用户的需要来对 UDDI 服务进行有效管理。可以通过 UDDI 服务管理控制台对 UDDI 服务进行设置和管理。打开 UDDI 服务管理控制台的方法如下。

方法 1：打开“开始”→“管理工具”→“UDDI 服务”菜单命令，即可打开如图 16-9 所示的“UDDI 服务控制台”窗口。

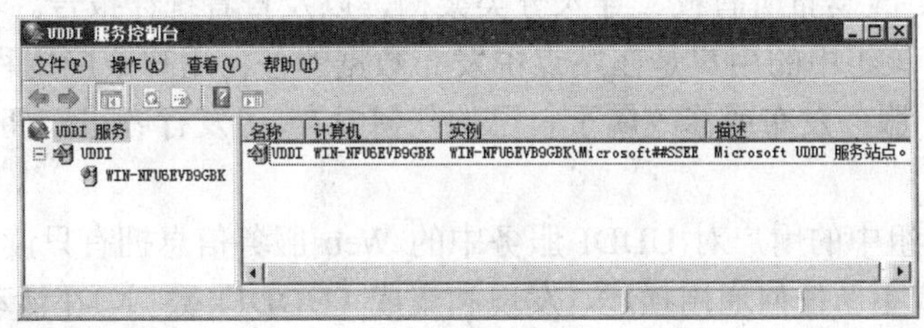

图 16-9 “UDDI 服务控制台”窗口

方法 2：打开“开始”→“管理工具”→“服务器管理器”菜单命令，即可打开如图 16-10 所示的“服务器管理器”控制台窗口。在窗口左侧展开“服务”→“UDDI 服务”，选择“UDDI 服务”选项，则在窗口右侧显示 UDDI 控制台。

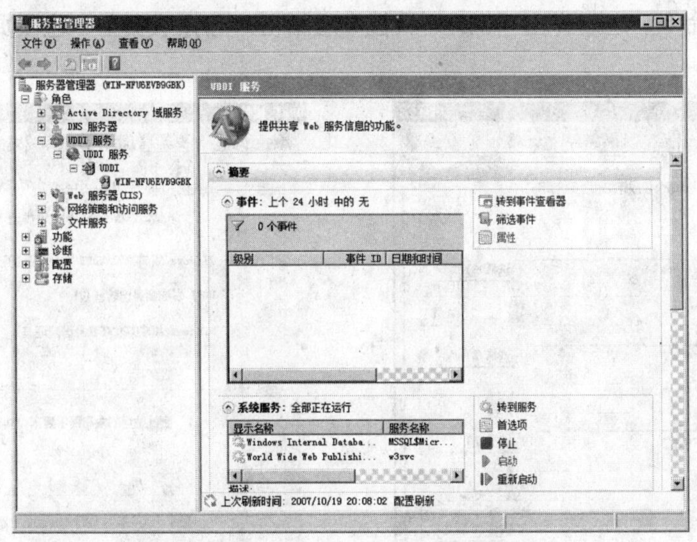

图 16-10 “服务器管理器”控制台窗口

16.3.2 配置 UDDI 服务

可以设置与 UDDI 服务相关的用户和管理员组，还可以修改 UDDI 服务身份验证和加密等安全设置。

设置与 UDDI 服务相关的用户和管理员组的具体步骤如下。

步骤 1：在“UDDI 服务控制台”中，选择“UDDI”，单击鼠标右键，在弹出的菜单中选择“属性”菜单命令，之后弹出如图 16-11 所示的“UDDI 属性”对话框。

步骤 2：在如图 16-11 所示的对话框中，选择“角色”选项页。在该选项页中，提供了 4 种权限的用户组，即“管理员组”、“协调员组”、“发行者组”和“用户组”，这 4 种权限的大体含义如下。

“管理员组”：该组中的用户可以查询、发布、协调和管理 UDDI 服务。另外，还可以使用命令行工具和“UDDI 服务”管理单元来配置服务选项、管理安全设置、执行备份、配置 Web 服务器和数据库服务器，以及在系统级别执行其他管理任务。

“协调员组”：该组中的用户可以在 UDDI 服务基于 Web 的用户界面中查询、发布和配置数据。除了拥有“发布者组”的权限之外，“协调员组”的用户还可以修改 UDDI 服务中存储的任何数据、更改发布所有权、导入分类架构，以及查看统计报告。

“发行者组”：该组中的用户是在站点中发布数据的任何用户或应用程序。“发行者组”可以创建新的 Web 服务发布或修改属于自己的任何发布。“发行者组”拥有“用户组”的权限。

“用户组”：该组中的用户对 UDDI 服务中的 Web 服务信息拥有只读权限，因此该组用户不能添加、更改或更新任何通用描述、发现和集成（UDDI）数据。在活动目录域服务（AD DS）域中，默认情况下，每个用户都属于“用户组”。

可以通过每个组后面的“选择”按钮来选择相应的用户组，以便在 UDDI 服务中拥有这 4 种权限组中的一个或几个。

修改 UDDI 服务身份验证和加密等安全设置的具体步骤如下。

步骤 1：在“UDDI 服务控制台”中，选择“UDDI”，单击鼠标右键，在弹出的菜单中选择“属性”菜单命令，之后弹出“UDDI 属性”对话框，选择“安全”选项页，如图 16-12 所示。

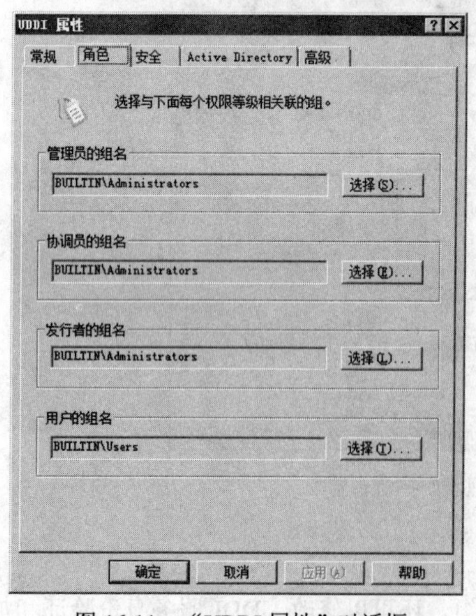

图 16-11 “UDDI 属性”对话框

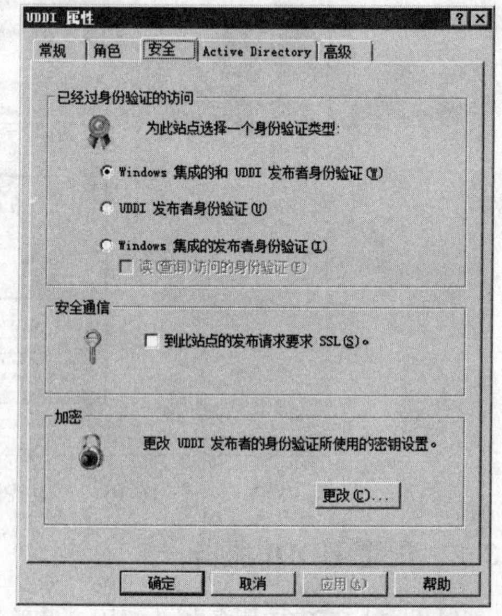

图 16-12 “UDDI 属性”对话框“安全”选项页

步骤 2：在如图 16-12 所示的对话框中，提供了身份验证、安全通信和加密的设置选项。可以根据需要在各选项组中选择设置选项。之后单击“确定”按钮，即可设置完毕。

步骤 3：在如图 16-12 所示的对话框的“加密”选项组中，单击“更改”按钮，即可弹出如图 16-13 所示的“UDDI 服务加密”对话框。在该对话框中，可以设置“SOAP 身份验证令牌过期”时间和“加密密钥超时”时间等信息。

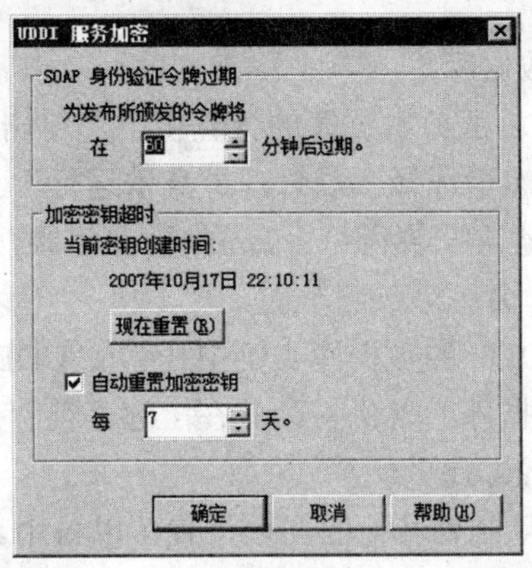

图 16-13　“UDDI 服务加密”对话框

16.3.3　管理 UDDI 服务

可以使用 UDDI 服务控制台管理 UDDI 服务。这些管理主要包括添加或删除站点、在活动目录域服务中发布站点、备份 UDDI 服务数据库、管理 UDDI 服务 Web 服务器。

1．添加或删除站点

步骤 1：在图 16-9 所示的“UDDI 服务控制台”左侧，选择“UDDI 服务”。

步骤 2：如果添加站点，则在“操作”菜单上选择“添加站点”菜单命令。

步骤 3：弹出如图 16-14 所示的“选择计算机”对话框。在该对话框中根据需要管理的 UDDI 服务站点的位置选择“本地计算机”或“另一台计算机”。如果选择“另一台计算机”，则需要输入远程 UDDI 服务器数据库服务器的 IP 地址或服务器名称。

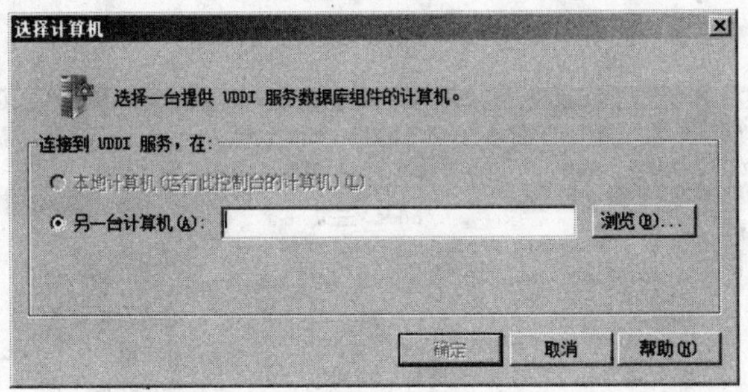

图 16-14　“选择计算机”对话框

步骤 4：如果删除站点，则选择相应站点，然后在“操作”菜单上选择“删除”菜单命令。

2．在活动目录域服务中发布站点

步骤 1：在“UDDI 服务控制台”左侧，展开“UDDI 服务”。

步骤 2：选择要在活动目录域服务中发布的站点。

步骤 3：在控制台“操作”菜单上选择“属性”菜单命令，在弹出的对话框中选择“活动目录”选项卡，之后单击该选项卡中的“发布”按钮，最后单击“确定”即可。

3．备份还原 UDDI 服务数据库

步骤 1：在需要备份 UDDI 服务数据库的计算机上，单击“开始”菜单，指向“命令提示符”菜单后单击鼠标右键，然后选择“以管理员身份运行”菜单命令。

步骤 2：如果 UDDI 服务默认安装到 C:\inetpub\uddi\目录，则首先进入其中的 bin 目录，输入“CD C:\inetpub\uddi\bin”命令后按回车键。

步骤 3：若要备份名为 UDDI 的数据库实例中托管的 UDDI 服务数据库，则输入如下命令“backup.exe　UDDI”。则数据库的备份将会放在上述当前目录中，即“C:\inetpub\uddi\data\UDDI.database.yyyyMMddHHmm.bak”。

步骤 4：将上述备份文件复制到其他的物理位置，以备用。这样就完成了 UDDI 数据库的备份工作。

步骤 5：将备份的 UDDI 数据库还原，与备份过程类似，首先按照步骤 1 的方法打开命令提示符。

步骤 6：进入 UDDI 服务安装目录中的 bin 目录，执行“CD C:\inetpub\uddi\bin”命令。

步骤 7：如果需要将 UDDI 服务数据库还原到名为 UDDI 的数据库实例，可输入还原命令“Backup.exe /restore UDDI”，或者“Backup.exe /restore: UDDI.database.yyyyMMddHHmm.bak UDDI”。

4．管理 UDDI 服务 Web 服务器

UDDI 服务安装后，也提供了 Web 管理界面，因此在安装 UDDI 服务时，安装向导提示安装 IIS Web 服务器。使用 Web 方式管理 UDDI 服务的操作步骤如下。

步骤 1：单击“开始”→“管理工具”→“Internet 信息服务管理器”菜单命令，即可打开如图 16-15 所示的 IIS 管理器。展开 IIS 管理器左侧的“网站”→“Default Web Site”，选择“uddi”选项。

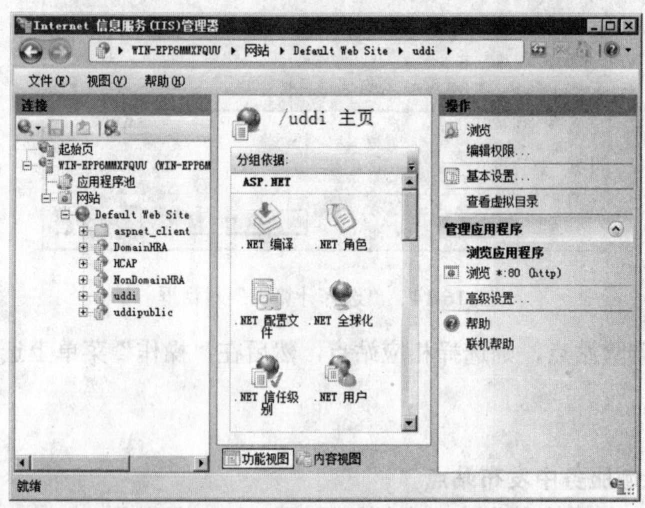

图 16-15　IIS 管理器

步骤 2：单击图 16-15 所示的窗口右侧“管理应用程序”列中的“浏览 *:80*(http)”链接，即可弹出如图 16-16 所示的 UDDI 服务管理 Web 页面。选择该页面上的“搜索”、“发布”和“协调”链接即可完成相应的设置。

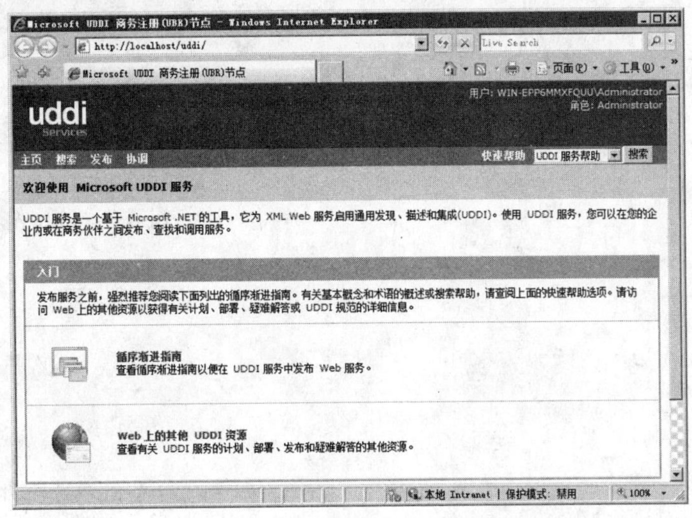

图 16-16　uddi 服务管理 Web 页面

16.4　本章小结

本章介绍了 Windows Server 2008 中专为 Web 服务提供服务的 UDDI 服务。主要介绍了 Windows Server 2008 中的 UDDI 服务概况，以及如何在 Windows Server 2008 中安装部署及配置管理。通过使用 Windows Server 2008 提供的 UDDI 服务，用户可以开发因特网环境中的 Web 服务，以及企业内部环境中的 Web 服务。

第 4 篇　高级应用服务

本篇由第 17～ 25 章组成，主要面向专业用户介绍 Windows Server 2008 的各种高级应用，包括 Windows Server 2008 的虚拟化服务、活动目录服务、应用程序服务器、DHCP 服务、DNS 服务、传真服务、文件服务、终端服务，以及 Windows 部署服务等。通过对这些服务的了解，用户可以在 Windows Server 2008 的平台上架设满足企业级需求的服务器。

第 17 章　虚拟化服务

17.1　虚拟化概述

在 20 世纪 60 年代初，IBM 就首先在大型计算机上应用了虚拟机技术。微软则在其 Windows NT 操作系统中包含了一个虚拟 DOS 机。创建于 1988 年的 Connectix 公司，在 1997 年推出了 Virtual PC 的虚拟机软件，可以运行在苹果的 Mac OS 操作系统上以安装其他操作系统，之后又修改为跨平台支持。创建于 1998 年的 VMWare 于 1999 年发布了 VMware 工作站。2001 年，Softricity 推出世界上第一款虚拟应用程序——SoftGrid。

随着硬件技术的不断发展，以及大规模应用中高可用性需求的不断增长，虚拟化技术越来越成为一个应用热点。存储巨头 EMC 则于 2004 年收购了 VMWare，着重发展虚拟化平台、虚拟基础架构自动化，以及虚拟基础架构管理方面的技术和产品。2003 年微软收购 Connectix 公司，并于 2006 年收购了 Softricity 公司。之后微软逐步完善 Virtual PC，并改名为 Microsoft Virtual PC，成为面向桌面操作系统的虚拟机产品。微软于 2004 年推出了 Virtual PC 2004，于 2007 年 2 月推出了 Virtual PC 2007，并于 2008 年 5 月推出了 Virtual PC 2007 SP1，以支持 Windows Server 2008，并在其官方网站提供免费下载使用。在服务器端，微软于 2004 年 10 月推出了 Virtual Server 2005 的虚拟服务器端软件，最新的简体中文版本是在 2006 年 4 月发布的 Virtual Server 2005 R2，并于 2007 年 6 月发布了该版本的 SP1 补丁程序，于 2008 年 5 月发布了 SP1 Update 更新程序，以支持 Windows Server 2008。该服务器端虚拟软件同样采取了在其官方网站提供免费下载使用的策略。随着 Windows Server 2008 的发布，微软最新推出了新的虚拟技术软件 Hyper-V。

17.2　认识 Hyper-V

17.2.1　Hyper-V 概述

Hyper-V 是 Windows Server 2008 中的一项重要的新增功能，其开发代号为"Viridian"，是新一代基于 64 位系统的虚拟化技术，它可以提高硬件的利用率，优化网络和业务结构，并提高服务器的持续有效性。与 Virtual Server 2005 R2 相比，Hyper-V 扩展了虚拟化的能力，不仅可以管理 32 位的虚拟主机，还可以管理 64 位的虚拟主机，可以使虚拟主机访问更大的内存，识别多个处理器。

Hyper-V 包括 3 个主要组件，分别是管理程序（hypervisor）、虚拟化堆栈，以及新的虚拟化 I/O 模型。管理程序基本上用来创建不同的分区，每一个虚拟化实例都将会在这些分区上运行。虚拟化堆栈及 I/O 模型提供了与 Windows 自身的交互功能，以及与被创建的不同分区的交互功能。这 3 个组件顺序地工作。使用支持 Intel VT 或 AMD V-enabled 技术处理器的服务器，Hyper-V 可以与管理程序交互。管理程序是一个非常小的软件，直接运行在处理器上。这个软件会与处理器上运行的线程挂钩，而该线程可以有效地管理多个虚拟机。

17.2.2 Hyper-V 的主要功能

作为 64 位版本 Windows Server 2008 的一部分，Hyper-V 提供了以下主要功能。

（1）Hyper-V 已经成为核心服务器的一个角色。

（2）Hyper-V 已经与服务器管理器集成在一起，用户可以方便地在服务器管理器中添加删除 Hyper-V。

（3）快速的迁移。实现了在最短的宕机时间中将运行的虚拟机从一台主机迁移到其他的主机。

（4）快速重启。

（5）可以使用卷影复制服务（Volume Shadow Copy Services，VSS）来实现在线备份，即实现虚拟机快照，捕获正在运行的虚拟机的状态，以便将虚拟机恢复为以前的状态。

（6）可以使用 MMC 控制台实现远程管理。

（7）Windows Management Instrumentation（WMI）界面，便于编写脚本和进行管理。

（8）Hyper-V 支持主机到主机之间的连接，还支持运行在一台物理主机上的多台虚拟机之间创建群集，从而实现了高可靠性。

（9）允许用户将虚拟机的配置进行导出导入，便于用户备份虚拟机的配置，提高了虚拟机的可管理性。

（10）集成了 Linux 组件，实现了对 Linux 的支持。

（11）使用 AxMan 增强了访问控制。

（12）增强了虚拟 SCSI 支持。

（13）增强了内存支持。

（14）VHD 虚拟硬盘文件工具。

（15）能够同时运行 32 位和 64 位的虚拟机。

（16）支持单处理器和多处理器虚拟机。

（17）支持虚拟的 LAN。

17.3 安装管理 Hyper-V

17.3.1 安装前提

Hyper-V 需要满足特定的硬件要求，具体包括以下几点。

（1）处理器需要是基于 64 位的处理器。Hyper-V 将只能用于基于 64 位处理器版本的 Windows Server 2008，具体包括基于 64 位的 Windows Server 2008 Standard、Windows Server 2008 Enterprise 和 Windows Server 2008 Datacenter。

（2）硬件相关的虚拟化。该功能可用于包括虚拟化选项的处理器中，具体包括 Intel VT 或 AMD 虚拟化（AMD-V，以前是名为 Pacifica 的代码）。

（3）硬件数据执行保护（DEP）必须可用，并且必须启用。必须启用 Intel XD 位（执行禁用位）或 AMD NX 位（无执行位）。

17.3.2 安装步骤

可以在 64 位版本 Windows Server 2008 的完全安装版本及核心服务器版本上安装 Hyper-V。

1. 在完全安装版本的 Windows Server 2008 中的安装步骤

步骤 1：单击“开始”→“管理工具”→“服务器管理器”菜单命令，打开“服务器管理器”窗口。

步骤 2：在“服务器管理器”窗口左侧，选中“角色”，在窗口右侧单击“添加角色”。

步骤 3：弹出添加角色向导对话框。在选择服务器角色向导对话框中，选择“Hyper-V”服务器角色。

步骤 4：在创建虚拟网络向导对话框中，单击希望在虚拟机中可以看到的一个或多个网络适配器。

步骤 5：在确认向导对话框中，单击“安装”按钮。

步骤 6：安装完毕后，单击“关闭”按钮关闭向导对话框。之后在提示重新启动计算机的对话框中单击“是”按钮。

步骤 7：当系统重新启动完毕后，使用安装 Hyper-V 时使用的账户登录系统。当安装向导完成剩余的安装配置后，单击“关闭”按钮即可。

2. 在核心服务器安装方式下安装 Hyper-V

在核心服务器安装方式下，只能通过使用命令行命令来完成安装过程。在命令行中输入如下命令即可：

```
Start /w ocsetup Microsoft-Hyper-V
```

17.3.3 管理 Hyper-V

1. 完全安装方式下管理 Hyper-V

在完全安装方式下的 Windows Server 2008 中，可以使用 Hyper-V 管理器管理 Hyper-V。当第一次打开 Hyper-V 管理器时，用户需要使用管理员组中的一个账户来接受终端用户授权许可。否则，用户将无法使用该管理器管理 Hyper-V。为了避免这一问题，一般使用一个曾经打开过 MMC 管理器的账户登录系统。

2. 服务器核心安装方式下管理 Hyper-V

在这种方式下，一般使用 Hyper-V 的管理工具来远程管理。主要使用在 Windows Server 2008 完全安装环境或 Windows Vista SP1 中的 Hyper-V 可视化管理工具，远程连接到核心服务器安装方式下安装的 Hypuer-V 来进行管理。

17.4 在 Hyper-V 中创建虚拟机

安装完毕 Hyper-V 之后，就可以创建一个虚拟机并在虚拟机中安装操作系统了。在创建虚拟机之前，需要确定如下几个问题。

（1）使用哪种安装方式。在虚拟机中，可以使用安装光盘，使用远程镜像服务器，以及本地镜像文件（如.ISO、.Img 文件）。选择哪种安装方式决定了如何配置虚拟机。

（2）根据物理主机内存大小，决定分配给虚拟机多大的内存。

（3）准备将虚拟机的文件保存在什么位置。一般虚拟机的文件会比较大，因此最好规划一个剩余空间较大的存储分区。

创建虚拟机的具体步骤如下。

步骤 1：单击“开始”→“管理工具”→“Hyper-V 管理器”菜单命令，打开“Hyper-V 管理器”。

步骤 2：在打开的管理窗口中，选择“操作”→“新建”→“虚拟机”菜单命令。

步骤 3：弹出新建虚拟机向导对话框。之后单击“下一步”按钮。

步骤 4：在设置名称和位置向导对话框中，指定一个虚拟机的名称，以及虚拟机文件的存储位置。之后单击“下一步”按钮。

步骤 5：在内存向导对话框中，指定分配给虚拟机的内存大小。在指定分配内存大小的时候，需要考虑物理主机的内存大小。如果分配给虚拟机的内存过大，会造成物理主机的内存过小，从而使虚拟机系统运行变慢。如果分配给虚拟机的内存过小，则虚拟机的性能也不会很高。因此，需要权衡物理主机与虚拟主机内存的分配。

步骤 6：在网络向导对话框中，选择希望在虚拟机中可以看到的物理主机中的网络适配器。如果采用远程镜像服务器的安装方式，则选择外部网络模式。

步骤 7：在“连接虚拟硬盘”向导对话框中，设置虚拟硬盘的名称、存储位置和容量大小，以便在其上安装虚拟机的操作系统。

步骤 8：选择安装操作系统的方式。

（1）从一个可引导的光盘安装操作系统。该引导光盘可以是物理介质的光盘，也可以是光盘镜像文件（如 ISO 文件、Img 文件等）。

（2）从一个可引导的软盘安装操作系统。

（3）从一个基于网络的安装服务器上安装操作系统。使用这个选项，必须配置虚拟机拥有一个可连接到相同网络的网络适配器。

步骤 9：单击“完成”按钮，即可完成虚拟机的创建。

以上各步骤，仅仅完成了一个虚拟机的配置过程，还需要在该虚拟机上安装操作系统，才算安装了完整的虚拟机。接下来，我们看一下如何在配置好的虚拟上安装操作系统。

17.5 在虚拟机上安装操作系统

最后的步骤，就是在虚拟机上安装部署操作系统。具体安装步骤如下。

步骤 1：在虚拟主机窗口中，选择上一节创建的虚拟主机名称，单击鼠标右键，在弹出的菜单中选择“连接”菜单命令。

步骤 2：虚拟主机连接工具就会打开，将会显示一个虚拟机的运行情况。

步骤 3：在虚拟主机窗口的“操作”菜单中选择“启动”菜单命令。

步骤 4：此时虚拟机将自动启动，并加载操作系统的安装程序。之后的安装过程，与在普通的计算机上安装相同。

17.6 本章小结

本章简要介绍了 Windows Server 2008 中的新增功能——虚拟化服务。首先简要介绍了当前的虚拟化产品，给读者阐明了虚拟化软件的发展概况。之后，简要介绍了 Windows Server 2008 中提供的新一代虚拟化软件 Hyper-V 的基本概况和其主要功能。接下来介绍了 Hyper-V 的安装管理，以及在 Hyper-V 上创建虚拟机并安装操作系统的具体步骤。另外，在本书第 25 章的部分章节中，还将简要介绍其他的几款虚拟软件，读者可以一并参阅。

第 18 章 活动目录服务

活动目录（Active Directory）服务是服务器版本 Windows 操作系统中最基本的服务之一。而该服务也伴随着服务器端 Windows 操作系统的更新不断发展更新，成为在企业内部进行安全控制、集中管理等方面的一项重要措施。在 Windows Server 2008 中的活动目录及其相关服务，既有在早期版本系统中继承的功能，也有根据以往应用情况而改善的功能，即最新增加的功能。下面就让我们来看看 Windows Server 2008 中的这些活动目录及其相关服务的功能。

18.1 活动目录证书服务

18.1.1 活动目录证书服务概述

Active Directory 证书服务（AD CS）提供可自定义的服务，用于颁发和管理使用公钥技术的软件安全系统中的证书。可以使用 AD CS 来创建一个或多个证书颁发机构（CA），以接收证书申请、验证申请中的信息和申请者的身份、颁发证书、吊销证书，以及发布证书吊销数据。

使用 AD CS，还可以完成如下任务。

（1）安装 Web 注册、网络设备注册服务和联机响应程序服务。

（2）为用户、计算机、服务，以及如路由器之类的网络设备管理证书的注册和吊销。

（3）使用组策略分发和管理证书。

AD CS 的角色服务包括证书颁发机构、证书颁发机构 Web 注册、联机响应程序和网络设备注册服务。证书颁发机构（CA）用于颁发和管理证书，并且可以链接多个 CA 形成一个公钥基础结构。证书颁发机构 Web 注册提供了简单的 Web 页面，以便于用户执行相关的证书操作。联机响应程序使客户端可以在复杂的网络环境中访问证书吊销检查数据。网络设备注册服务可以为没有网络账户的路由器和其他网络设备颁发和管理证书。

18.1.2 活动目录证书服务新增功能

在 Windows Server 2008 中，活动目录证书服务与早期版本服务器端 Windows 操作系统中的相关服务相比，有了不少更新功能，具体包括以下几点。

（1）增强了注册功能。可以按照美国模板分配委派的注册代理。

（2）集成了简单证书注册协议（SCEP）注册服务，可以向网络设备颁发证书。

（3）可伸缩的高速吊销状态响应服务，包括 CRL 和集成的联机响应程序服务。

18.1.3 安装活动目录证书服务

可以在各种服务器端的 Windows 操作系统（包括 Windows Server 2008、Windows Server 2003 和 Windows 2000 Server）的服务器上安装 Active Directory 证书服务（AD CS）角

色服务，但不同版本的操作系统所支持的具体功能也有所差异，可通过查询各自的帮助系统来获知具体支持的功能。

具体的安装步骤如下。

步骤 1：单击“开始”→“管理工具”→“服务器管理器”菜单命令，打开“服务器管理器”窗口。

步骤 2：在“服务器管理器”窗口左侧选择“角色”选项，在右侧子窗口中单击“添加角色”链接。

步骤 3：弹出如图 18-1 所示的选择服务器角色向导对话框。该向导将根据对话框左侧所列步骤逐步完成安装设置，最后引导系统自动进行安装。

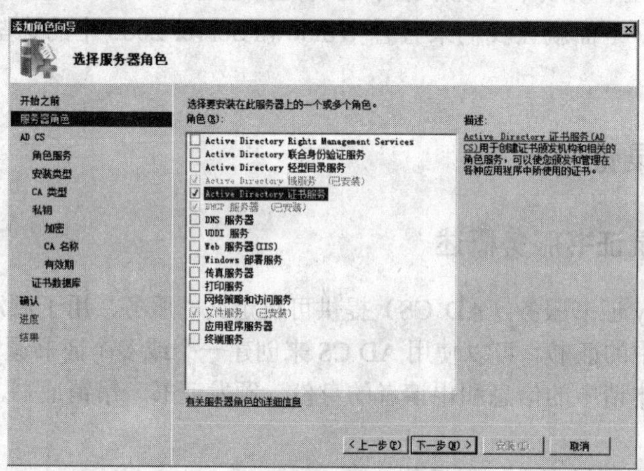

图 18-1　选择服务器角色向导对话框

18.1.4 管理活动目录证书服务

可以使用 MMC 管理控制台来管理活动目录证书服务角色。具体使用步骤如下。

步骤 1：单击“开始”菜单，在“开始搜索”框中输入 mmc，然后按回车键。

步骤 2：打开 MMC 控制台窗口，如图 18-2 所示。

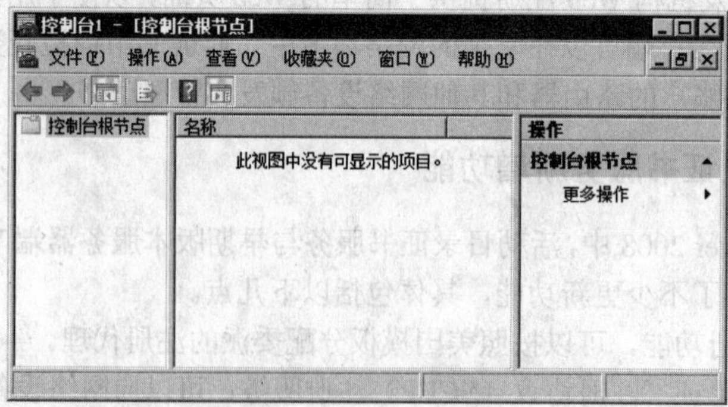

图 18-2　控制台窗口

步骤 3：在如图 18-2 所示的窗口中，单击“文件”→“添加/删除管理单元”菜单命令，之后弹出如图 18-3 所示的“添加或删除管理单元”对话框。在该对话框的左侧“可用的管理单元”一栏中选择“证书颁发机构（Certification Authority）”，单击对话框中间的“添加”按钮，之后单击“确定”按钮。

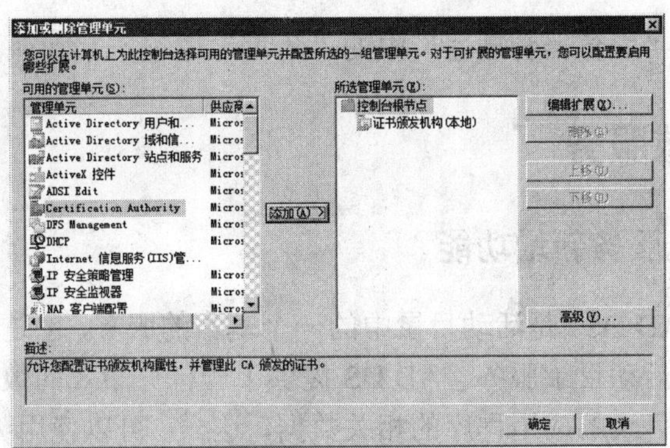

图 18-3　“添加或删除管理单元”对话框

步骤 4：控制台中显示了证书颁发机构的管理控制台，如图 18-4 所示。单击“开始”→“管理工具”→“证书颁发机构（Certification Authority）”菜单命令，也可以打开单独的证书颁发机构管理控制台。

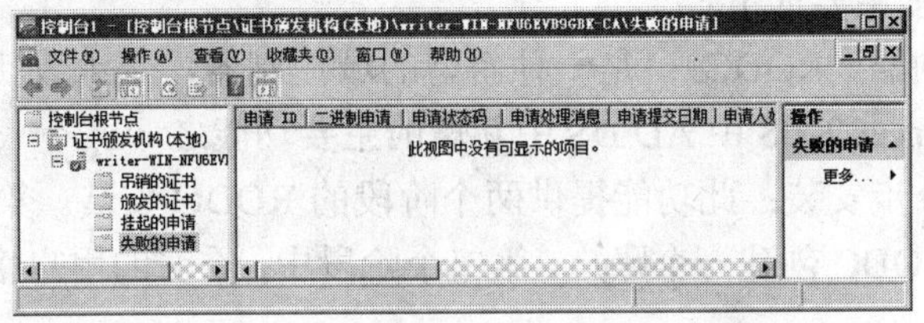

图 18-4　证书颁发机构管理控制台窗口

步骤 5：按照步骤 3 和步骤 4 的方法，在“添加或删除管理单元”对话框中再次选择“证书”和“证书模板”管理单元，并添加到管理控制台中。

步骤 6：单击 MMC 控制台上的“文件”→“保存”菜单命令，将当前创建的管理控制台保存为一个单一的控制台文件，便于后期调用。比如，保存到桌面上，文件名为“活动目录证书服务.msc”。

步骤 7：双击“活动目录证书服务.msc”，即可打开如图 18-5 所示的“活动目录证书服务”管理控制台窗口。

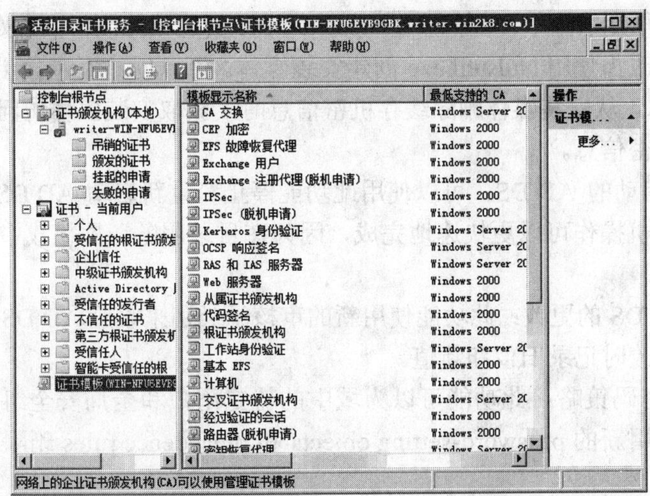

图 18-5　“活动目录证书服务”管理控制台窗口

另外，还可以使用“服务器管理器”中的“角色”选项，来管理活动目录证书服务。

18.2 活动目录域服务

18.2.1 活动目录域服务新增功能

活动目录域服务（AD DS）是活动目录中的一个基本的服务，也是早期服务器端 Windows 操作系统中一个基本的活动目录服务。AD DS 提供了一种分布式的数据库方式，来存储和管理有关网络资源和支持目录的应用程序的相关数据。这样，可以使用 AD DS 将网络中的单个逻辑的及物理的对象（包括用户、计算机及其他设备）整理到层次化的结构中进行管理。这些层次化的结构中包括活动目录林、林里面的域，以及域里面的组织单元（OU）。运行 AD DS 的服务器称为域控制器。

与早期版本 Windows 相比，在 Windows Server 2008 中的 AD DS 服务器角色则包含了新的功能，这些新增功能主要如下。

（1）只读域控制器（RODC）：是一种新型的域控制器，是承载活动目录数据库的只读分区，是 Windows Server 2008 中 AD DS 中新增的主要功能之一。

（2）RODC 的分步安装：此功能提供两个阶段的 RODC 安装。第一个阶段中，Domain Admins 组的成员为 RODC 创建一个账户。第二个阶段中，委派的用户将服务器附加到 RODC 账户。

（3）RODC 筛选的属性集：保密类别的属性集不会复制到 RODC。这样可防止 RODC 被盗时属性值泄露。可以为应用程序动态配置 RODC 筛选的属性集。

（4）管理员角色分隔：此功能允许域管理员将 RODC 的安装和管理委派到非管理员用户。

（5）改进的安装向导：活动目录域服务安装向导（dcpromo.exe）已改进对无人参与安装、站点选择、RODC 的暂存安装和其他高级选项的支持。

（6）生成安全的安装媒体：借助此功能，可以使用 Windows Server 2008 中的 Ntdsutil.exe 为后续 AD DS 和 Active Directory 轻型目录服务（AD LDS）安装创建安全的安装媒体。在 Windows Server 的早期版本中，一般使用 Ntbackup.exe 创建域控制器安装媒体。而在 Windows Server 2008 中，则改为使用 Ntdsutil.exe 创建安装媒体。可以创建不包含缓存机密信息的媒体以用其安装 RODC。从安装媒体删除缓存机密信息时，获取安装媒体访问权限的恶意用户无法从中提取任何机密信息。

（7）可重新启动的 AD DS：可以使用此功能停止和重新启动 AD DS，而无需重新启动域控制器本身。脱机操作可以更快速地完成，因为在目录服务还原模式中不必重新启动域控制器。

（8）审核 AD DS 的更改：此功能使用新的审核子类别来设置 AD DS 审核，以便在对对象及其属性进行更改时记录旧值和新值。

（9）严格的密码策略：此功能可以为域中的特定用户和全局安全组指定密码和账户锁定策略。该功能使用新的 password-setting objects 和 precedence rules 删除每个域的单个策略限制。

（10）动态 MAPI ID 支持：此功能使得消息传递 API（MAPI）标识符（ID）时除了静态分配之外，还可以动态分配。借助动态 MAPI ID，可以扩展 Active Directory 架构并为

Exchange Server 添加自定义属性。

（11）数据挖掘工具：借助此功能，可以查看联机存储在快照或备份中的 AD DS 和 AD LDS 数据。虽然此功能不能还原已删除的对象和容器，但可以用来比较不同时间点获取的快照或备份中的数据，从而更好地确定要还原的数据，而无需重新启动域控制器或 AD LDS 服务器。

18.2.2 安装活动目录域服务

Windows Server 2008 操作系统默认安装中并不安装活动目录域服务，需要在操作系统安装完毕后再添加安装。安装的具体步骤如下。

步骤 1：单击“开始”→“管理工具”→“服务器管理器”菜单命令，打开“服务器管理器”窗口。

步骤 2：在“服务器管理器”窗口左侧选择“角色”选项，在右侧子窗口中单击“添加角色”链接。

步骤 3：弹出添加角色向导。该向导将根据对话框左侧所列步骤逐步完成安装设置，最后向导引导系统自动进行安装。另外，还可以在命令提示符窗口或运行对话框中输入“dcpromo”命令来启动 AD DS 安装向导。这种命令行的方式与早期版本的服务器端 Windows 操作系统一样。

步骤 4：在活动目录域服务安装向导的“摘要”页上，可以单击“导出设置”，将在该向导中的设置保存在一个应答文件中。使用这个应答文件，可以实现无人值守的 AD DS 的安装过程。如果使用应答文件进行安装，则在命令提示符下输入“dcpromo /answer[: answerfilename]”命令，参数 answerfilename 就是前面创建的应答文件的文件名。

18.2.3 只读域控制器的分步安装

可以执行只读域控制器（RODC）的分步安装，在这种安装中，不同个体在两个阶段中完成安装。可以使用 Active Directory 域服务安装向导来完成每个安装阶段。第一阶段中，Active Directory 域服务安装向导会记录将存储在分布式 Active Directory 数据库中的有关 RODC 的所有数据，并创建一个 RODC 账户。第二阶段安装中，向导在将成为 RODC 的服务器上安装 AD DS，并把将要成为 RODC 的实际服务器附加到先前为其创建的账户中。此阶段通常发生在部署 RODC 的分支机构时。具体的分步安装步骤如下。

步骤 1：安装 RODC 之前，必须先通过运行 adprep /rodcprep 准备好林。

步骤 2：使用“Active Directory 用户和计算机”管理单元创建 RODC 账户。在 18.2.4 节的图 18-6 所示的控制台树中，右键单击“域控制器（Domain Controllers）”容器，在弹出的菜单中选择“预创建只读域控制器账户”菜单命令，之后弹出活动目录域服务安装向导。

也可以通过在命令行中用 dcpromo 命令来创建 RODC 账户，但该命令必须同时指定要安装 RODC 的域的名称，具体命令如下：

```
dcpromo /CreateDCAccount /ReplicaDomainDNSName: DomainName
```

其中 DomainName 是计划安装 RODC 的域的名称。

步骤 3：创建 RODC 账户后，该账户将会以未占用域控制器账户的形式出现在“域控制器”容器中，直到某个委派用户将服务器附加到它。

步骤 4：委派管理员为服务器分配静态 IP 地址并配置 DNS 客户端设置后，就可以运行

Active Directory 域服务安装向导将分支机构中的服务器附加到现有 RODC 账户了。若要将服务器附加到现有账户，在将要成为域控制器的服务器中执行如下命令：

dcpromo /UseExistingAccount:Attach

步骤 5：委派管理员会收到即将安装 AD DS 二进制文件的通知。然后，Active Directory 域服务安装向导会自动启动第二阶段安装。委派管理员可以通过在 dcpromo 中添加/adv 参数或是选中向导的“欢迎使用 Active Directory 域服务安装向导”页中的“使用高级模式安装”复选框，来指定其他安装选项，如“通过网络还是从介质中复制数据”选项和“哪个域控制器要用做安装伙伴”选项。

步骤 6：在向导的“网络凭据”页上，委派管理员必须输入林中要安装 RODC 的任何域的名称，同时提供要供安装使用的备用凭据。若要将服务器附加到现有域控制器账户，备用凭据是必需的，因为此操作必须由域用户执行。但是，委派管理员原来使用本地管理员账户登录服务器，因为该服务器尚未加入域。因此，委派管理员现在必须指定在 Domain Admins 组成员创建 RODC 账户时被委派了 RODC 的安装和管理员权限的域用户账户。

步骤 7：委派管理员可以通过运行 Dcpromo.exe 从 RODC 中删除 AD DS。删除之后必须重新启动服务器来完成 AD DS 的删除过程。

步骤 8：在委派管理员选择了服务器要附加到的 RODC 账户的名称后，Active Directory 域服务安装向导会验证该账户当前是否没有被活动的域控制器使用。如果验证成功，向导会自动尝试将服务器附加到该账户，并完成安装过程。

步骤 9：如果向导找不到具有匹配名称的计算机账户，则委派管理员可以将服务器重命名为与现有计算机账户匹配的其他名称，或是执行其他步骤修复名称冲突。

步骤 10：如果向导找到匹配的域控制器账户名称，但该账户已启用，向导会尝试联系该域控制器以验证它是否联机。

18.2.4 管理活动目录域服务

管理活动目录域服务可以使用与 18.1.4 节介绍的方法进行管理，管理方法如下。

方法 1：使用 MMC 控制台。在命令提示符窗口或运行对话框中输入 mmc。在弹出的控制台窗口中将需要管理的与活动目录服务相关的服务添加进来。主要包括“Active Directory 用户和计算机”、“Active Directory 域和信任关系”及“Active Directory 站点和服务”。之后保存为一个管理控制台文件，如“活动目录域服务.msc”文件。

方法 2：单击“开始”→“管理工具”→“Active Directory 用户和计算机”菜单命令或“Active Directory 域和信任关系”菜单命令或“Active Directory 站点和服务”菜单命令，打开相应的管理窗口，如图 18-6～图 18-8 所示。

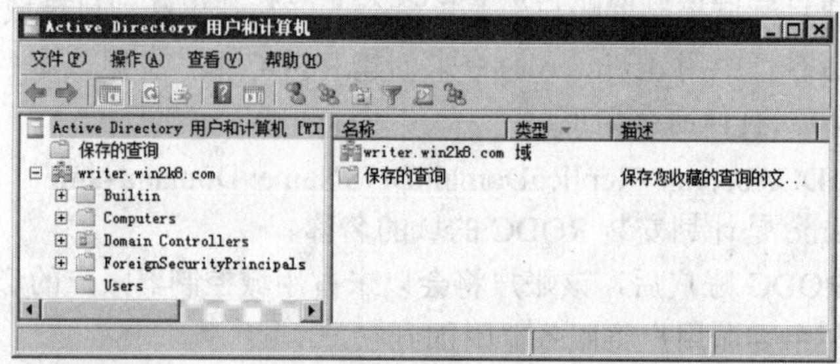

图 18-6 Active Directory 用户和计算机管理窗口

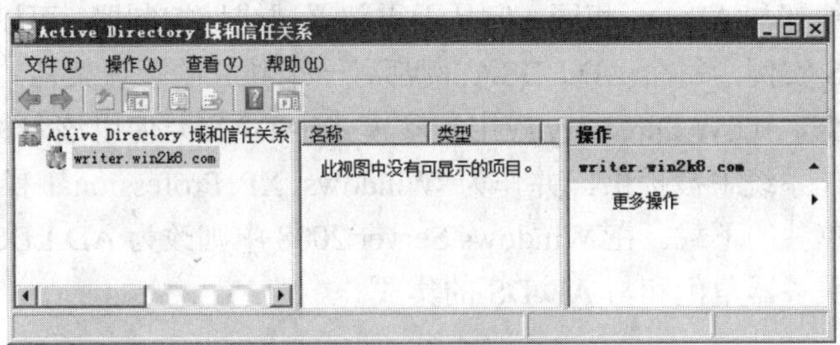

图 18-7　Active Directory 域和信任关系管理窗口

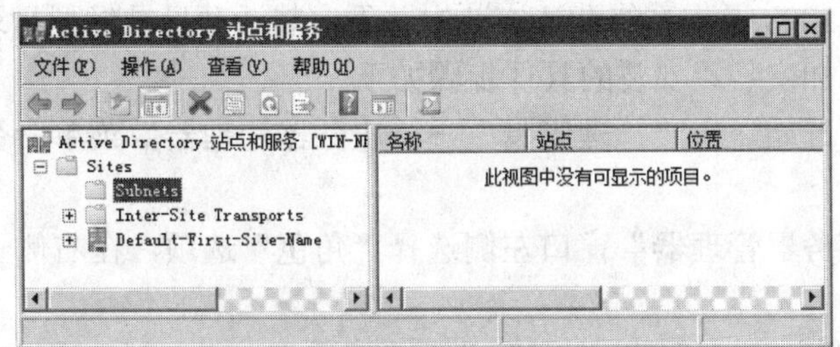

图 18-8　Active Directory 站点和服务管理窗口

方法 3：单击“开始”→“管理工具”→“服务器管理器”菜单命令，打开“服务器管理器”窗口。在窗口左侧展开“角色”选项，选择“Active Directory 域服务”即可，如图 18-9 所示。在这种管理方式下，还提供了一系列相关工具的介绍和链接，帮助用户更好地了解和管理活动目录域服务。

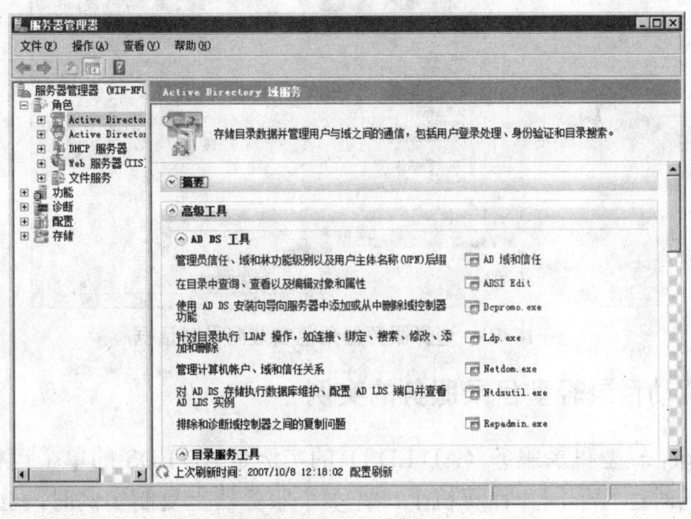

图 18-9　服务器管理器中的活动目录域服务管理窗口

18.3　活动目录轻型目录服务

18.3.1　活动目录轻型目录服务新增功能

由于对启用目录的应用程序需要提供灵活的支持，因此微软开发了 Active Directory 轻型目录服务（AD LDS）。AD LDS 是一种轻型目录访问协议（LDAP）目录服务，为启用目录的应用程序提供数据存储和检索，没有 Active Directory 域服务（AD DS）所需的依存关系。AD

LDS 提供的许多功能都与 AD DS 相同，但是无需部署域或域控制器。可以在一台计算机上同时运行多个 AD LDS 实例，每个 AD LDS 实例都有一个独立的管理架构。

AD LDS 先前称为 Active Directory 应用程序模式(ADAM)。使用该名称时，它在 Windows Server 2003 R2 操作系统中被提供，并作为 Windows XP Professional 操作系统和 Windows Server 2003 的一个单独的下载。在 Windows Server 2008 中则改为 AD LDS，其包含的新功能主要包括 AD LDS 服务器角色和与 AD DS 的集成。

18.3.2 安装活动目录轻型目录服务

Windows Server 2008 操作系统默认安装中并不安装活动目录轻型目录服务，需要在操作系统安装完毕后再添加安装。安装的具体步骤如下。

步骤 1：单击“开始”→“管理工具”→“服务器管理器”菜单命令，打开“服务器管理器”窗口。

步骤 2：在“服务器管理器”窗口左侧选择“角色”选项，在右侧子窗口中单击“添加角色”链接。

步骤 3：弹出如图 18-10 所示的添加角色向导对话框。该向导将根据对话框左侧所列步骤逐步完成安装设置，最后向导引导系统自动进行安装。

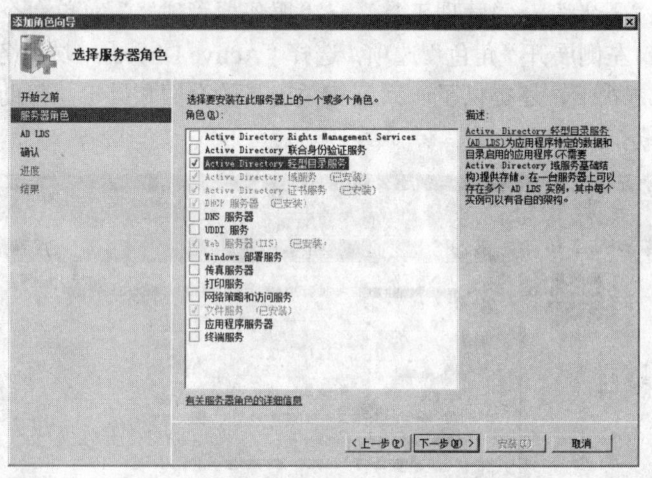

图 18-10 选择服务器角色安装向导对话框

18.3.3 创建活动目录轻型目录服务的实例

Active Directory 轻型目录服务（AD LDS）的实例是 AD LDS 的单个运行副本。AD LDS 的多个副本可以同时运行于同一计算机上。在多个服务器上复制实例时，会改进可用性和负载平衡。AD LDS 的每个实例都拥有创建实例时分配的一个单独的目录、唯一的服务名称和唯一的服务描述。创建活动目录轻型目录服务实例的具体步骤如下。

步骤 1：单击“开始”→“管理工具”→“活动目录轻型目录服务安装向导”菜单命令，即可弹出如图 18-11 所示的活动目录轻型目录服务安装向导对话框。

步骤 2：根据向导提示，可以完成活动目录轻型目录服务实例的创建。

18.3.4 活动目录轻型目录服务的管理工具

可以通过“服务器管理器”中“角色”选项中的“Active Directory 轻型目录服务”选项

来实现活动目录轻型目录服务的相关管理。在该管理窗口中还提供了“高级”工具栏，其中提供了 AD LDS 的相关工具列表及其相关说明和链接，如图 18-12 所示。

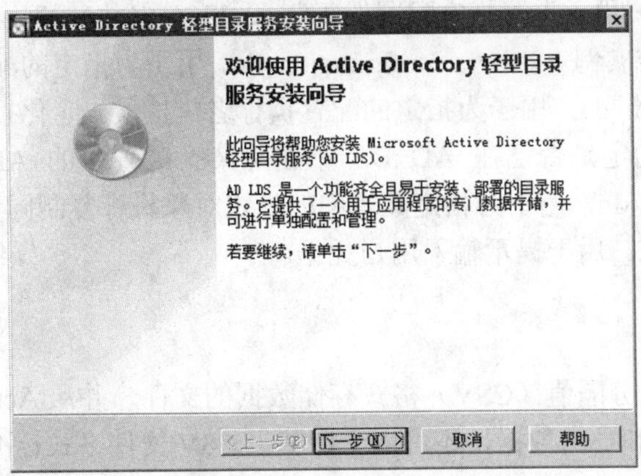

图 18-11　活动目录轻型目录服务安装向导对话框

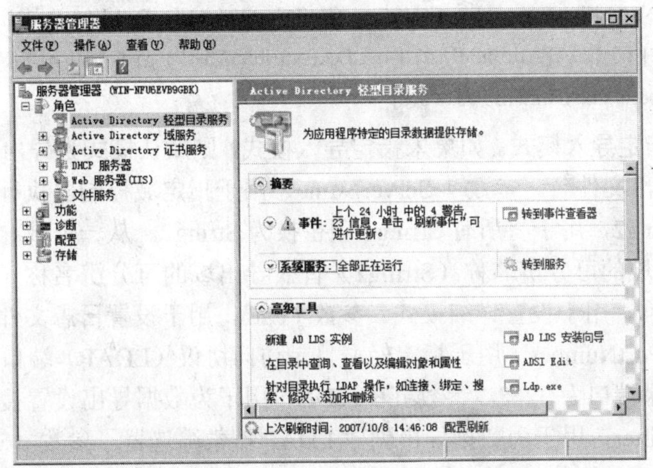

图 18-12　服务器管理器中的 Active Directory 轻型目录服务窗口

另外，在 Windows Server 2008 中还提供了部分命令行的工具，来实现对 Active Directory 轻型目录服务（AD LDS）实例、目录分区和数据的管理。这些工具主要包括 Adamsync、Csvde 和 Ldifde。

1．Adamsync 命令

该命令用于同步 AD DS 中的对象与 AD LDS 实例中的对象。使用此命令之前，必须导入 MS-AdamSyncMetadata.LDF 文件中包含的用户类定义。

该命令的语法如下：

```
adamsync [/?][/l] [/d configuration_dn] [/i input_file] [/download configuration_dn output_file] [/export configuration_dn output_file] [/sync configuration_dn] [/reset configuration_dn] [/mai configuration_dn] [/fs configuration_dn] [/ageall configuration_dn] [/so configuration_dn object_dn] [/passPrompt]
```

参数/?，用于显示命令行选项。参数/l 或/list，用于显示 AD DS 至 AD LDS 同步器的所有可用配置。参数/d 或/delete configuration_dn，用于删除指定配置。参数/i 或/install input_file，用于安装在指定的输入文件中包含的配置。参数/download configuration_dn output_file，用于在包含指定配置的 XML 中创建输出文件。参数/export configuration_dn output_file，用于将当前配置保存到指定的输出文件中。参数/sync configuration_dn，用于同步指定的配置。参数/reset configuration_dn，用于重置指定配置的复制 cookie。参数/mai configuration_dn，用于将指定的配置配置为权威实例。参数/fs configuration_dn，用于为指定的配置执行完全复制同步。参数/ageall configuration_dn，用于为指定的配置执行老化搜索。老化搜索通过在 AD DS 中搜索 AD LDS 对象，确定是否已在 AD DS 中删除某个配置中的 AD LDS 对象。参数/so configuration_dn object_dn，用于为指定配置中的指定对象执行复制同步。使用对象的可分辨名称。参数/passPrompt，用于提示输入用户凭据。

2. Csvde 命令

该命令使用以逗号分隔值（CSV）格式存储数据的文件，并从 Active Directory 轻型目录服务（AD LDS）导入和导出数据，还可以支持基于 CSV 文件格式标准的批处理操作。

该命令的语法如下：

```
csvde [-i] [-f FileName] [-s ServerName] [-c String1 String2] [-v] [-j Path] [-t PortNumber] [-d BaseDN] [-r LDAPFilter] [-p Scope] [-l LDAPAttributeList] [-o LDAPAttributeList] [-g] [-m] [-n] [-k] [-a UserDistinguished Name Password] [-b UserName Domain Password]
```

参数-i，用于指定导入模式。如果未指定导入模式，则默认模式为导出。参数-f FileName，用于标识导入或导出文件名。参数-s ServerName，用于指定域控制器执行导入或导出操作。参数-c String1 String2，用于将所有 String1 项替换为 String2。从一个域导入到另一个域时，以及必须使用导入域的可分辨名称（String2）替换导出域的可分辨名称（String1）时，通常使用此命令。参数-v，用于设置详细模式。参数-j Path，用于设置日志文件位置，默认路径为当前路径。参数-t PortNumber，用于指定轻型目录访问协议（LDAP）端口号。默认 LDAP 端口为 389。全局编录端口为 3268。参数-d BaseDN，用于为数据导出设置搜索基准的可分辨名称。参数-r LDAPFilter，用于为数据导出创建 LDAP 搜索筛选器。参数-p Scope，用于设置搜索范围。搜索范围选项有 Base、OneLevel 或 SubTree。参数-l LDAPAttributeList，用于设置在导出查询结果中显示的属性列表。如果忽略该参数，则返回所有属性。参数-o LDAPAttributeList，用于设置要从导出查询结果中忽略的属性列表。从 Active Directory 域服务（AD DS）导出对象，然后将对象导入到另一 LDAP 兼容目录中时，通常使用此命令。如果另一个目录不支持这些属性，则可以使用此选项从结果集中忽略这些属性。参数-g，用于忽略分页搜索。参数-m，用于忽略无法写入的属性，如 ObjectGUID 和 objectSID 属性。参数-n，用于忽略二进制值导出。参数-k，用于在导入操作期间忽略错误并继续处理。参数-a UserDistinguishedName Password，用于将该命令设置成使用提供的 UserDistinguishedName 和 Password 来运行，默认情况下，将使用当前登录到网络的用户的凭据运行该命令，参数-b UserName Domain Password，用于将该命令设置为作为 UserName Domain Password 运行，默认情况下，将使用当前登录到网络的用户的凭据运行该命令。参数-?，用于显示命令菜单。

3. Ldifde 命令

该命令可创建、修改和删除目录对象，还可以使用 ldifde 来扩展架构、将用户和组信息导出到其他应用程序或服务，并使用其他目录服务的数据来填充 Active Directory 轻型目录服务（AD LDS）。

该命令的语法如下：

ldifde [-i] [-f FileName] [-s ServerName] [-c String1 String2] [-v] [-j Path] [-t PortNumber] [-d BaseDN] [-r LDAPFilter] [-p Scope] [-l LDAPAttributeList] [-o LDAPAttributeList] [-g] [-m] [-n] [-k] [-a UserDistinguishedName Password] [-b UserName Domain Password] [-?]

参数-i，用于指定导入模式。如果未指定导入模式，则默认模式为导出。参数-f FileName，用于标识导入或导出文件名。参数-s ServerName，用于指定执行导入或导出操作的计算机。默认情况下，ldifde 将在安装 ldifde 的计算机中运行。参数-c String1 String2，用于将所有 String1 项替换为 String2。将数据从一个域导入到另一个域，以及必须使用导入域的可分辨名称（String2）替换导出域的可分辨名称（String1）时，通常使用此命令。参数-v，用于设置详细模式。参数-j Path，用于设置日志文件位置，默认路径为当前路径。参数-t PortNumber，用于指定轻型目录访问协议（LDAP）端口号，默认 LDAP 端口为 389，全局编录端口为 3268。参数-d BaseDN，用于为数据导出设置搜索基础的可分辨名称。参数-r LDAPFilter，用于为数据导出创建 LDAP 搜索筛选器。参数-p Scope，用于设置搜索范围，搜索范围选项有 Base、OneLevel 或 SubTree。参数-l LDAPAttributeList，用于设置返回至导出查询结果中的属性列表，如果忽略该参数，则返回所有属性。参数-o LDAPAttributeList，用于设置要从导出查询结果中忽略的属性列表。从 Active Directory 域服务（AD DS）导出对象，然后将对象导入到另一 LDAP 兼容目录中时，通常使用此命令。如果另一个目录不支持该属性，可以使用此选项从结果集中忽略该属性。参数-g，用于忽略分页搜索。参数-m，用于忽略无法写入的属性，如 ObjectGUID 和 objectSID 属性。参数-n，用于忽略二进制值导出。参数-k，用于在导入操作期间忽略错误并继续处理。参数-a UserDistinguishedName Password，用于将该命令设置成使用提供的 UserDistinguishedName 和 Password 来运行。默认情况下，将使用当前登录到网络的用户的凭据运行该命令，此选项不能与-b 选项一起使用，参数-b UserName Domain Password，用于将该命令设置成使用提供的 UserName Domain Password 来运行，默认情况下，将使用当前登录到网络的用户的凭据运行该命令。此选项不能与-a 选项一起使用。参数-?，用于显示命令菜单。

18.4　活动目录联合身份验证服务

18.4.1　活动目录联合身份验证服务新增功能

Active Directory 联合身份验证服务（AD FS）是 Windows Server 2003 R2 和 Windows Server 2008 操作系统中的一项功能，提供了 Web 单一登录（SSO）技术，可在单一联机会话生存期内从多个 Web 相关的应用程序对用户进行身份验证。AD FS 通过跨安全边界和企业边界安全地共享数字标识和权限来实现此功能。

在 Windows Server 2008 中，AD FS 包含 Windows Server 2003 R2 中没有的新功能。以下是 AD FS 的一些关键功能。

（1）联合身份验证和 Web SSO：组织使用 Active Directory 域服务（AD DS）时，在组织的安全或企业边界内，通过 Windows 集成的身份验证可以体验 SSO 功能的好处。AD FS 将此功能扩展到面向 Internet 的应用程序。这使客户、合作伙伴和供应商在访问组织的基于 Web 的应用程序时，有可能获得相似的、流畅的 Web SSO 用户体验。此外，联合服务器可以部署在多个组织中，以便在伙伴组织之间进行企业对企业的联合交易。

（2）Web 服务（WS-*）互操作性：AD FS 提供的联合身份管理解决方案可以与支持 WS-* Web 服务体系结构的其他安全产品进行互操作。AD FS 通过使用 WS-*的联合身份验证规范（称为 WS-联合身份验证）实现此目的。WS-联合身份验证规范使得不使用 Windows 标识模型的环境可以与 Windows 环境进行联合身份验证。

（3）可扩展体系结构：AD FS 支持安全声明标记语言（SAML）1.1 令牌类型和 Kerberos 身份验证（在带林信任的联合 Web SSO 设计中）的可扩展体系结构。AD FS 还可以执行声明映射，如通过将自定义商业逻辑作为访问请求中的变量来修改声明。组织可以使用此扩展性来修改 AD FS，以便与其现行安全结构和企业策略共存。

18.4.2 活动目录联合身份验证服务的相关术语

Active Directory 联合身份验证服务（AD FS）使用多项不同技术中的术语，包括证书服务、IIS、Active Directory 域服务（AD DS）、Active Directory 轻型目录服务（AD LDS），以及 Web 服务（WS-*）。这些术语如下所示。

账户联合服务器：位于账户伙伴组织的企业网络中的联合服务器。账户联合服务器基于用户身份验证向用户颁发安全令牌。服务器对用户进行身份验证，将相关属性和组成员身份信息从账户存储中拉出，并生成和签署要返回给用户的安全令牌（用于它自身的组织中，或者发送到伙伴组织）。

账户联合服务器代理：位于账户伙伴组织的外围网络中的联合服务器代理。账户联合服务器代理从通过 Internet 登录的客户端（或从外围网络）收集身份验证凭据，并将这些凭据传递给账户联合服务器。

账户伙伴：联合身份验证服务所信任的联合身份验证伙伴，它向其用户（即账户伙伴组织中的用户）提供安全令牌，这样它们可以访问资源伙伴中基于 Web 的应用程序。

Active Directory 联合身份验证服务（AD FS）：Windows Server 2003 R2 和 Windows Server 2008 中的组件，提供 Web 单一登录（SSO）技术，以便在单一联机会话生存期内在多个 Web 应用程序上对用户进行身份验证。AD FS 通过跨安全和企业边界安全共享数字标识和权限来实现此功能。AD FS 支持 WS 联合身份验证被动请求者配置文件（WS-F PRP）。

AD FS Web 代理：用于创建启用 AD FS 的 Web 服务器的 AD FS 可安装角色服务。AD FS Web 代理在考虑应用程序特定的访问控制设置的同时，使用由有效的联合服务器签署的传入安全令牌和身份验证 Cookie（以允许或拒绝用户对受保护的应用程序的访问）。

启用 AD FS 的 Web 服务器：运行 Windows Server 2003 R2 或 Windows Server 2008 并使用适当的 AD FS Web 代理软件（声明感知代理或基于 Windows 令牌的代理）进行配置的 Web 服务器，该软件是对本地承载的、基于 Web 的应用程序进行身份验证或授予其联合访问权限所必需的。

声明：服务器生成的与客户端有关的语句（如名称、标识、密钥、组、权限或功能）。

声明感知应用程序：根据 AD FS 安全令牌中提供的声明执行授权的 ASP.NET 应用程序。

声明映射：映射、删除、筛选或在不同声明集之间传递声明的操作。

客户端账户伙伴发现网页：在 AD FS 无法自动确定应对用户进行身份验证的账户伙伴时，该网页与用户进行交互，以确定用户所属的账户伙伴。

客户端身份验证证书：在 AD FS 中，联合服务器代理用于对联合身份验证服务进行客户端身份验证的证书。

客户端注销网页：AD FS 执行注销操作时，启动用于为用户提供注销已执行的可视反馈的网页。

客户端登录网页：AD FS 收集客户端凭据时，启动用于进行用户交互的网页。客户端登录网页可以使用任何必要的商业逻辑来确定要收集的凭据类型。

联合应用程序：启用 AD FS 的基于 Web 的应用程序，这表示联合用户可以访问它。

联合用户：其账户位于账户伙伴组织中的某个用户，它可以访问位于资源伙伴组织中的联合应用程序。

联合身份验证：已建立联合身份验证信任的一对领域或域。

联合服务器：已配置为承载 AD FS 的联合身份验证服务组件的、运行 Windows Server 2003 R2 或 Windows Server 2008 的计算机。联合服务器可以对来自其他组织中用户账户的身份验证请求进行身份验证或传送它们，或者对来自 Internet 上任意位置的客户端的身份验证请求进行身份验证或传送它们。

联合服务器代理：已配置为承载 AD FS 的联合身份验证服务代理组件的、运行 Windows Server 2003 R2 或 Windows Server 2008 的计算机。联合身份验证服务代理在 Internet 客户端和位于企业网络的防火墙后面的联合服务器之间提供中间代理服务。

联合身份验证服务：用于创建联合服务器的 AD FS 的可安装角色服务。安装该服务时，联合身份验证服务提供令牌来响应对安全令牌的请求。可以配置多个联合服务器为单一联合身份验证服务提供容错和负载平衡。

联合身份验证服务代理：用于创建联合服务器代理的 AD FS 的可安装角色服务。安装该服务时，联合身份验证服务代理角色服务使用 WS-F PRP 协议从浏览器客户端和 Web 应用程序收集用户凭据信息并代表它们将信息发送到联合身份验证服务。

组织声明：组织命名空间中，中间或标准化形式的声明。

被动客户端：可以使用 Cookie 的超文本传输协议（HTTP）浏览器（可以支持受到广泛支持的 HTTP）。Windows Server 2003 R2 和 Windows Server 2008 中的 AD FS 只支持被动客户端，并且符合 WS-F PRP 规范。

资源账户：在 AD DS 中创建的、用于映射到单一联合用户的单一安全主体（通常是一个用户账户）。联合基于 Windows NT 令牌的应用程序时，资源账户是必需的，因为基于 Windows 令牌的代理必须引用资源伙伴林中的 Active Directory 安全主体来构建 Windows NT 访问令牌，从而增强对应用程序的访问控制权限。

资源联合服务器：资源伙伴组织中的联合服务器。资源联合服务器通常基于由账户联合服务器颁发的安全令牌向用户颁发安全令牌。服务器接收到安全令牌，验证签名，基于其信任策略转换组织声明，基于传入安全令牌中的信息生成新的安全令牌，签署要返回给用户并最终返回给 Web 应用程序的新令牌。

资源联合服务器代理：位于资源伙伴组织的外围网络中的联合服务器代理。资源联合服务器代理为 Internet 客户端执行账户伙伴发现，并且它会将传入安全令牌重定向至资源联合服务器。

资源组：传入组声明（来自账户伙伴的 AD FS 组声明）映射到的、在 AD DS 中创建的单一安全组。将联合用户映射到资源组之后，启用 AD FS 的 Web 服务器可以基于指定给资源组的安全标识符（SID）的访问权限对基于 Windows NT 令牌的应用程序做出授权决定。

资源伙伴：信任联合身份验证服务的联合身份验证伙伴，它为账户伙伴中的用户可以访问的基于 Web 的应用程序（即资源伙伴组织中的应用程序）颁发基于声明的安全令牌。

安全令牌：表示一个或多个声明的加密签名数据单元。在 AD FS 中，已签名的安全令牌指示颁发安全令牌的联合服务器已成功验证联合用户的真实性。

安全令牌服务（STS）：颁发安全令牌的 Web 服务。STS 根据它信任的证据对信任它的用户（或对特定的收件人）发出声明。若要传递信任，服务需要提供证明，如证实具备有关安全令牌或安全令牌集知识的签名。服务本身可以生成令牌，也可以依靠独立的 STS 颁发包含自己的信任语句的安全令牌。这是信任中介的基础。在 AD FS 中，联合身份验证服务是 STS。

服务器身份验证证书：启用 AD FS 的 Web 服务器、联合服务器和联合服务器代理使用服务器身份验证证书来保护 Web 服务通信，以在它们自己中间及与 Web 客户端之间进行通信。

服务器场：在 AD FS 中，负载平衡联合服务器、联合服务器代理或承载 AD FS Web 代理的 Web 服务器的集合。

单一登录（SSO）：对身份验证序列的优化，可以消除最终用户重复登录操作的负担。

令牌签名证书：一个 x.509 证书，联合服务器使用其关联的公钥/私钥对，对联合服务器产生的所有安全令牌进行数字签名。

统一资源标识符（URI）：标识抽象资源或物理资源的字符的精简字符串。URI 在征求意见文档（RFC）2396 中说明。在 AD FS 中，URI 用于唯一标识伙伴和账户存储。

验证证书：代表令牌签名证书的公钥部分的证书。验证证书存储在信任策略中并由一个组织中的联合服务器所使用，用于验证传入安全令牌是否已由组织的场中和其他组织中的有效联合服务器所颁发。

Web 服务：基于行业标准的 Web 服务体系结构的规范，如简单对象访问协议（SOAP）、XML、Web 服务描述语言（WSDL）和通用描述、发现和集成（UDDI）。WS-*为向扩展的企业提供完整、可互操作的商业解决方案奠定了基础，包括管理联合身份和安全的能力。

18.4.3 安装活动目录联合身份验证服务

可以使用添加角色服务向导安装下列 AD FS 角色服务。

（1）联合身份验证服务：是可以独立于其他 AD FS 角色服务安装的 Active Directory 联合身份验证服务（AD FS）的角色服务。联合身份验证服务充当安全令牌服务，在计算机上安装联合身份验证服务角色服务将使该计算机成为联合服务器，还使该计算机上的“管理工具”菜单中可以使用 Active Directory 联合身份验证服务管理单元。

（2）联合身份验证服务代理：可以独立于其他 AD FS 角色服务安装的 Active Directory 联合身份验证服务（AD FS）的角色服务。联合身份验证服务代理充当外围网络中（也称为网络隔离区、Extranet 或屏蔽子网）联合身份验证服务的代理。在计算机上安装联合身份验证服务代理角色服务将使该计算机成为联合服务器代理。还使该计算机上的“管理工具”菜单中可以使用 Active Directory 联合身份验证服务管理单元。

（3）声明感知代理：声明感知应用程序为发布的 AD FS 对象编写的 ASP.NET 应用程序，这些对象允许查询 AD FS 安全令牌声明。这些应用程序根据这些声明做出授权决定。

（4）基于 Windows 令牌的代理：基于 Windows NT 令牌的应用程序，使用基于 Windows 的授权机制的应用程序。AD FS Web 代理支持从 AD FS 安全令牌转换到模拟级别的 Windows NT 访问令牌。

（5）声明感知代理和基于 Windows 令牌的代理两种方式统称为 AD FS Web 代理。Active Directory 联合身份验证服务（AD FS）Web 代理是可以独立于其他 AD FS 角色服务安装的 AD FS 角色服务。在计算机上安装 AD FS Web 代理角色服务会使该计算机成为启用 AD FS 的 Web 服务器。启用 AD FS 的 Web 服务器使用安全令牌并允许或拒绝用户访问 Web 应用程序。若要实现此目的，启用 AD FS 的 Web 服务器需要与资源联合身份验证服务建立关系，以便可以根据需要将用户定向到联合身份验证服务。

活动目录联合身份验证服务的具体安装步骤如下。

步骤 1：单击“开始”→“管理工具”→“服务器管理器”菜单命令，打开“服务器管理器”窗口。

步骤 2：在“服务器管理器”窗口左侧选择“角色”选项，在右侧子窗口中单击“添加角色”链接。

步骤 3：弹出如图 18-13 所示的选择服务器角色向导对话框。单击“下一步”按钮，可进入如图 18-14 所示的选择角色服务向导对话框。在向导对话框左侧列出了向导需要进行设置的步骤，根据步骤向导逐步完成安装设置，最后向导引导系统自动进行安装。

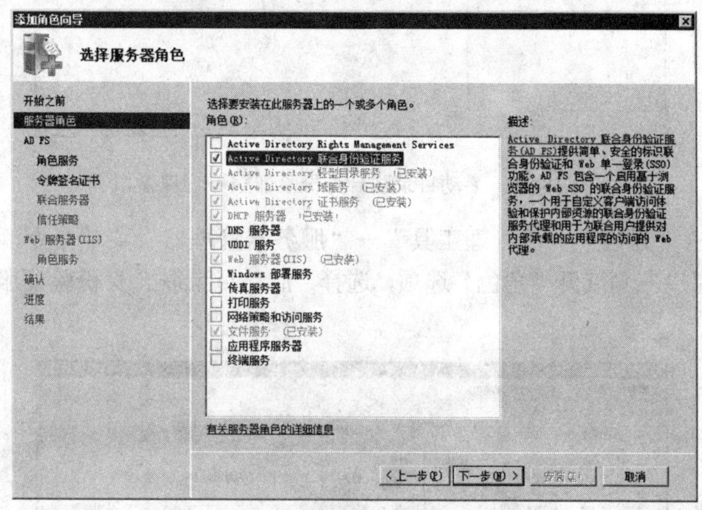

图 18-13　选择服务器角色向导对话框

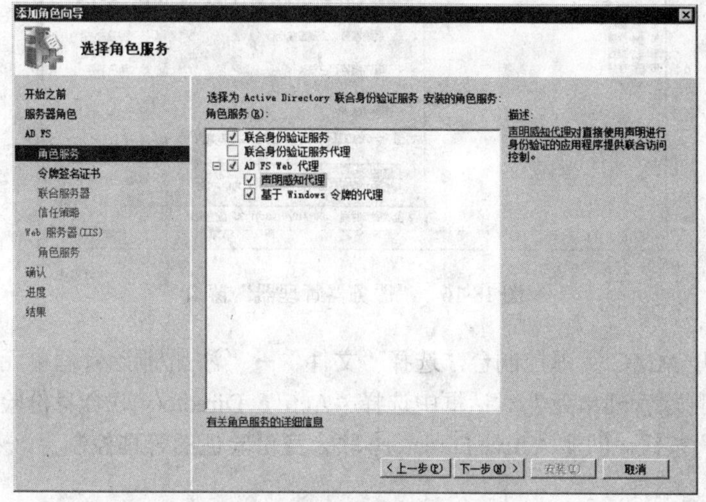

图 18-14　选择角色服务向导对话框

18.4.4 管理活动目录联合身份验证服务

管理活动目录联合身份验证服务可以使用 18.1.4 节介绍的方法进行管理，管理方法如下。

方法 1：单击“开始”→“管理工具”→“活动目录联合身份验证服务”菜单命令，即可打开如图 18-15 所示的活动目录联合身份验证服务管理窗口。

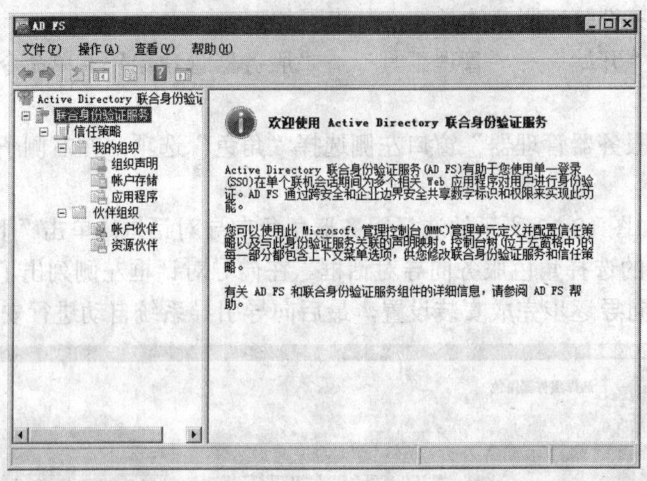

图 18-15 活动目录联合身份验证服务管理窗口

方法 2：单击“开始”→“管理工具”→“服务器管理器”菜单命令，打开“服务器管理器”窗口。在窗口左侧展开“角色”选项，选择“活动目录联合身份验证服务”，如图 18-16 所示。

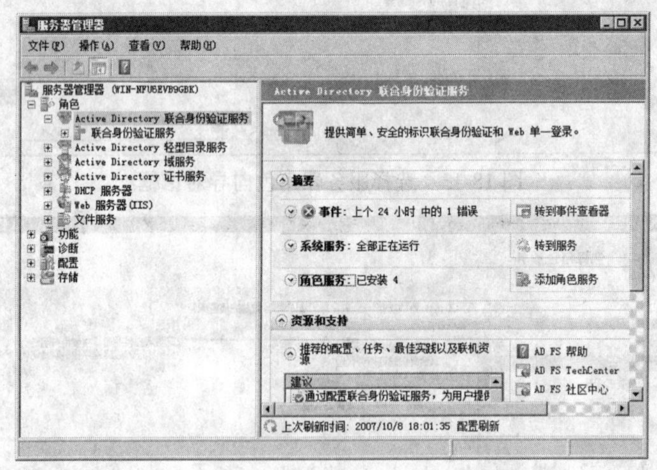

图 18-16 “服务器管理器”窗口

方法 3：打开 MMC 管理控制台，选择“文件”→“添加/删除管理单元”菜单命令，在弹出的“添加或删除管理单元”对话框中选择“Active Directory 联合身份验证”管理单元，之后单击“确定”按钮。创建 Active Directory 联合身份验证的管理控制台，来实施管理操作。

18.5 活动目录权限管理服务

18.5.1 活动目录权限管理服务概述

Windows Server 2008 操作系统的 Active Directory 权限管理服务（AD RMS）是一种信息保护技术，它与支持 AD RMS 的应用程序协同工作，以防止在未经授权的情况下使用数字信息。AD RMS 适用于需要保护敏感信息和专有信息的组织。AD RMS 及其客户端通过永久使用策略提供对信息的保护，从而增强组织的安全策略，无论信息移到何处，永久使用策略都保持与信息在一起。AD RMS 永久保护任何二进制格式的数据，因此使用权限保持与信息在一起，而不是权限仅驻留在组织网络中。这样也使得使用权限在信息被授权的接收方访问后得以强制执行。AD RMS 可以建立以下必要元素，通过永久使用策略来帮助保护信息。

（1）受信任的实体。组织可以指定实体，包括作为 AD RMS 系统中受信任参与者的个人、用户组、计算机和应用程序。通过建立受信任的实体，AD RMS 可以通过将访问权限仅授予适当的受信任参与者来帮助保护信息。

（2）使用权限和条件。组织和个人可以指定定义了特定受信任实体如何使用受权限保护的内容的使用权限和条件。读取、复制、打印、保存、转发和编辑的权限都是使用权限。使用权限可以附加条件，如这些权限何时过期。组织可以阻止应用程序和实体访问受权限保护的内容。

（3）加密。加密是通过使用电子密钥锁定数据的过程。AD RMS 可加密信息，使访问建立在成功验证受信任实体的条件之上。一旦信息被锁定，只有在指定条件（如果有）下授予了使用权限的受信任实体可以在支持 AD RMS 的应用程序或浏览器中对信息解除锁定或解密。随后应用程序将强制执行已定义的使用权限和条件。

AD RMS 群集被定义为运行 AD RMS 的单一服务器，或共享来自 AD RMS 客户端的 AD RMS 发布和授权请求的一组服务器。在 Active Directory 林中设置第一个 AD RMS 服务器时，该服务器将成为 AD RMS 群集。可以随时设置更多的服务器并将其添加到 AD RMS 群集中。有两种类型的群集，即根群集和仅授权群集。AD RMS 安装中的第一个服务器通常称为根群集。根群集处理其安装所在的 Active Directory 域服务（AD DS）域的所有证书和授权请求。对于复杂环境，除根群集外，还可以创建仅授权群集。但是，建议仅使用一个根群集，然后将更多 AD RMS 服务器加入此群集中，因为在同一个负载平衡池中不能同时使用根群集和仅授权群集。

18.5.2 安装活动目录权限管理服务

Windows Server 2008 默认安装情况下并不安装活动目录权限管理服务，需要在操作系统安装完毕之后单独安装。安装步骤如下。

步骤 1：单击“开始”→“管理工具”→“服务器管理器”菜单命令，打开“服务器管理器”窗口。

步骤 2：在“服务器管理器”窗口左侧选择“角色”选项，在右侧子窗口中单击“添加角色”链接。

步骤 3：弹出如图 18-17 所示的选择服务器角色对话框。该向导将根据对话框左侧所列步骤逐步完成安装设置，最后向导引导系统自动进行安装。在安装向导选择角色服务页面中选择其角色服务时，会提示用户系统中未安装而又需要安装的角色及功能，提示如图 18-18 所示。

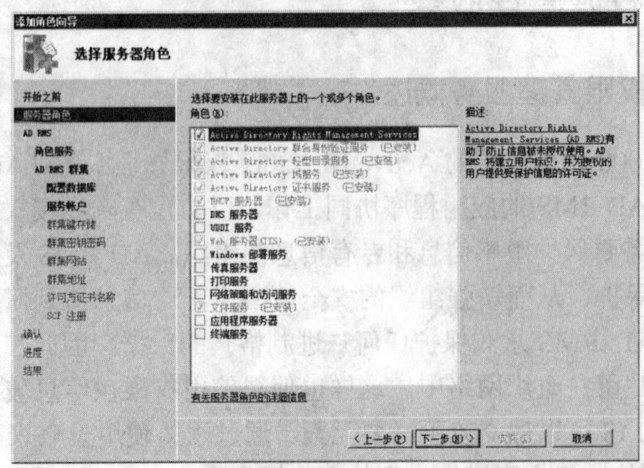

图 18-17 选择服务器角色对话框

图 18-18 需添加消息队列的提示信息

18.5.3 管理活动目录权限管理服务

管理活动目录域服务可以使用 18.1.4 节介绍的方法进行管理，管理方法如下。

方法 1：使用 MMC 控制台。在命令提示符窗口或运行对话框中输入 mmc。在弹出的控制台窗口中将活动目录权限管理服务添加进来。之后保存为一个管理控制台文件，如“活动目录权限服务.msc”文件。

方法 2：单击“开始”→“管理工具”→“服务器管理器”菜单，打开“服务器管理器”窗口。在窗口左侧展开“角色”选项，选择“活动目录权限管理服务（Active Directory Rights Management Services）”，如图 18-19 所示。

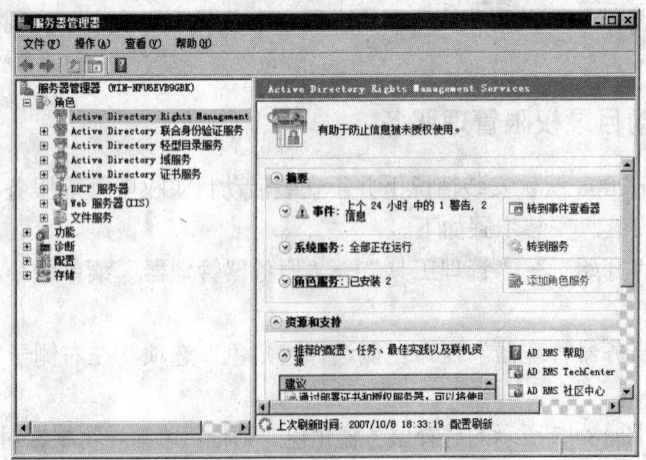

图 18-19 “服务器管理器”窗口

方法 3：单击“开始”→“管理工具”→“Active Directory Rights Management Services”菜单命令，打开如图 18-20 所示的活动目录权限管理服务管理窗口。

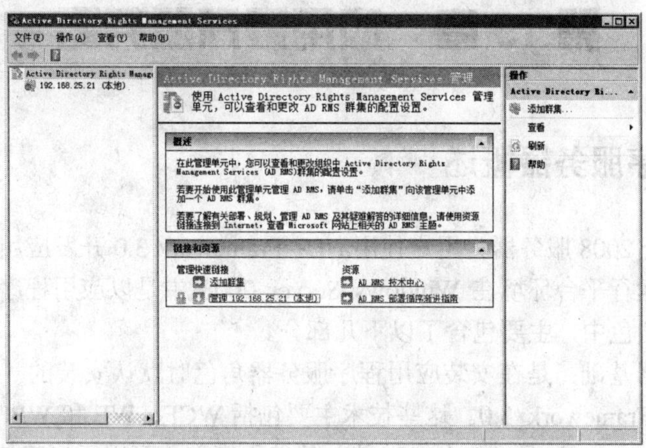

图 18-20　活动目录权限管理服务管理窗口

18.6　本章小结

本章主要介绍了 Windows Server 2008 中与活动目录相关的各服务。各服务的介绍主要侧重于入门的介绍和具体的操作。由于本书篇幅所限，没有进一步展开介绍。关于活动目录服务的内容是服务器端 Windows 操作系统的一项重要功能，也是体现服务器端 Windows 操作系统企业级应用的一个重要方面。因此在对本章有了大体了解之后，如果需要具体使用本书所涉及的内容，读者还需要参考具体介绍这方面的相关信息。

第 19 章　应用程序服务器

19.1　应用程序服务器概述

Windows Server 2008 服务器为用户使用.NET Framework 3.0 开发应用程序提供了运行平台。这种应用程序运行平台环境在 Windows Server 2008 中是以应用程序服务器的方式提供的。在应用服务器角色中，主要包含了以下几部分。

应用程序服务器基础：是在安装应用程序服务器角色时默认安装的一组支持技术，也就是 Microsoft .NET Framework 3.0。这些技术主要包括 WCF、WF 和 WPF。WCF（Windows Communication Foundation）是 Microsoft 统一的编程模型，可用于构建使用 Web 服务进行相互通信的应用程序。WF（Windows Workflow Foundation）是编程模型和引擎，可用于在 Windows Server 2008 上迅速构建启用工作流程的应用程序。包括对系统工作流程和人员工作流程跨各种方案的支持。WPF（Windows Presentation Foundation）提供了用于构建 Windows 智能客户端应用程序的统一编程模型。

Web 服务器：可以在应用程序服务器的安装过程中添加 Web 服务器支持。这样，将会安装 Windows Server 2008 中内置的 Web 服务器 IIS 7。

COM+网络访问：可以在应用程序服务器安装过程中添加 COM+网络访问，以便远程调用在 COM+和企业服务组件中构建和承载的应用程序。COM+网络访问是 Windows Server 2008 的远程调用功能之一。较新的应用程序可能会使用 WCF 支持远程调用。

Windows 进程激活服务：可以在应用程序服务器安装过程中添加 Windows 进程激活服务（WAS）支持。基于网络上使用超文本传输协议（HTTP）、消息队列、TCP 和命名管道接收到的信息，WAS 可以动态启动和停止各个应用程序。

TCP 端口共享：如果想要多个 HTTP 应用程序使用单个 TCP 端口，则可以在应用程序服务器安装过程中添加 TCP 端口共享角色服务。当启用该功能时，多个 WCF 应用程序可以共享单个端口接收来自网络的传入消息。Net.tcp 端口共享服务会接受使用 Net.tcp 协议的连接方式，并根据消息的内容将传入消息自动转发到各个 WCF 服务。这就简化了对运行多个应用程序实例的应用程序服务器的管理。

分布式事务：可以在应用程序服务器安装过程中添加分布式事务，以帮助确保通过在网络上多个计算机中承载的多个数据库成功完全事务处理。

19.2　安装应用程序服务器

Windows Server 2008 默认安装的情况下并不安装应用程序服务器，需要在系统安装完毕后单独安装。安装的具体步骤如下。

步骤 1：单击“开始”→“管理工具”→“服务器管理器”菜单命令，弹出如图 19-1 所示的“服务器管理器”窗口。

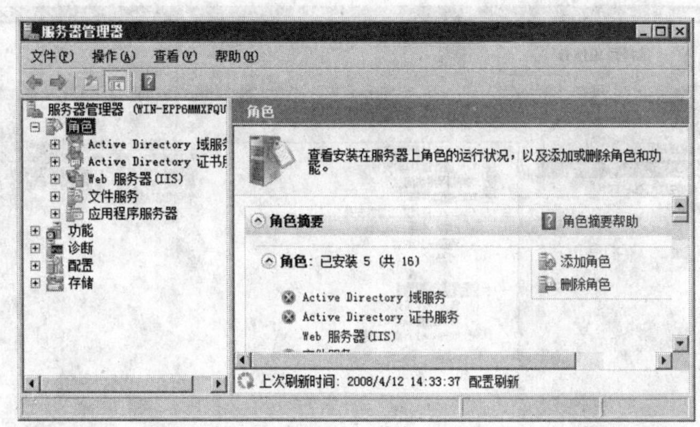

图 19-1　“服务器管理器”窗口

步骤 2：单击图 19-1 所示的窗口右侧的“添加角色”链接，之后弹出添加角色提示向导对话框。之后单击“下一步”按钮，进入如图 19-2 所示的选择服务角色向导对话框。选择应用程序服务器选项，之后单击“下一步”按钮。

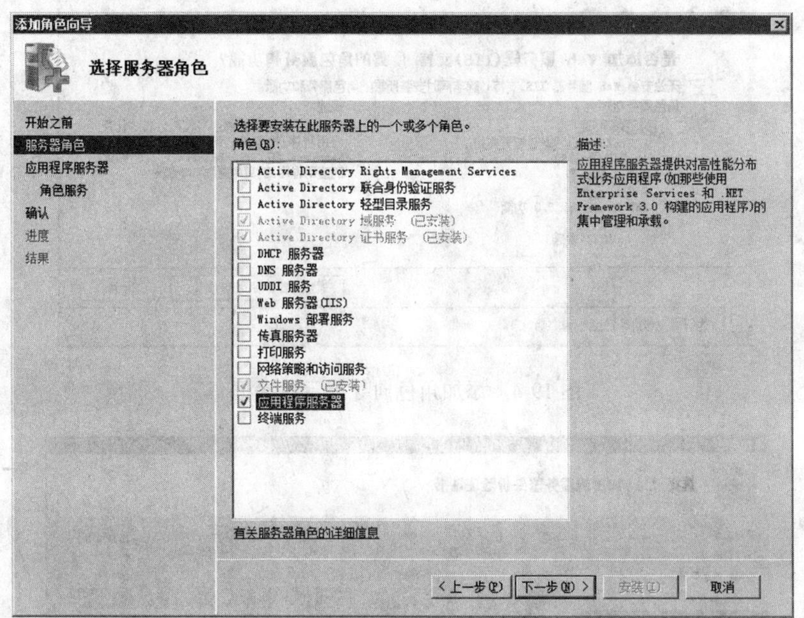

图 19-2　选择服务角色向导对话框

步骤 3：进入应用程序服务器提示向导页面，单击“下一步”按钮，进入如图 19-3 所示的选择角色服务向导对话框。在该对话框中，可以选择应用服务器中的角色服务。默认情况下，有的服务没有被选中，如需要则选择。有的角色服务选择安装时，需要再安装与之相关联的其他功能或组件，安装向导会自动提示用户安装。比如，选择“Web 服务器（IIS）支持”时，安装向导将自动弹出如图 19-4 所示的提示对话框，提示用户安装相关的角色和功能，单击“添加必要的角色服务”按钮即可。

步骤 4：之后进入如图 19-5 所示的选择 SSL 加密的服务器身份验证证书向导对话框。在该对话框中，选择 SSL 加密服务器身份验证证书，或者选择稍后设置。选择好证书后，单击“下一步”按钮。

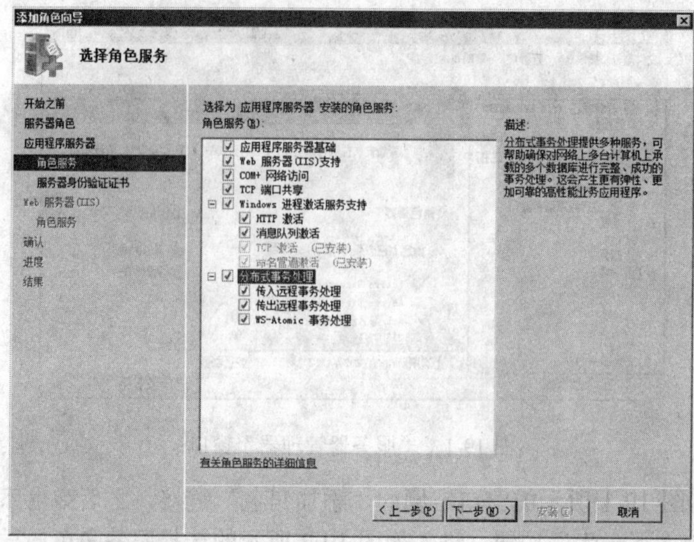

图 19-3 选择角色服务向导对话框

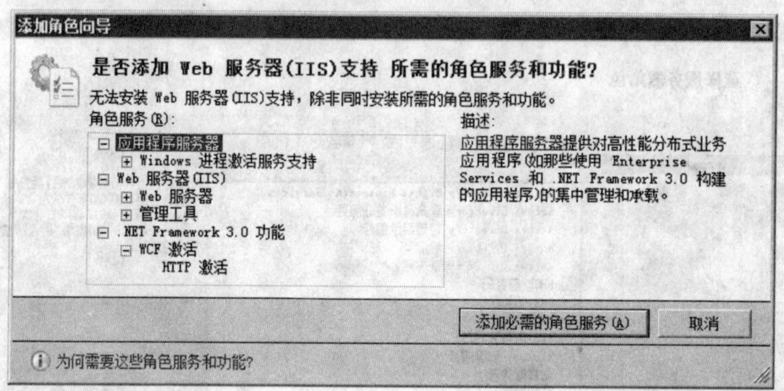

图 19-4 添加角色向导提示对话框

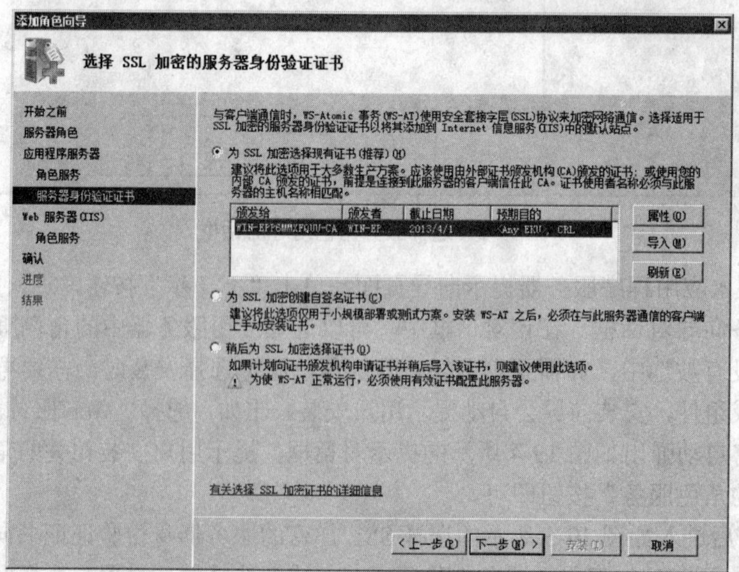

图 19-5 选择 SSL 加密的服务器身份验证证书向导对话框

步骤 5：进入 Web 服务器简介的向导对话框，单击“下一步”按钮，即可进入如图 19-6 所示的选择 Web 服务角色服务的向导对话框。

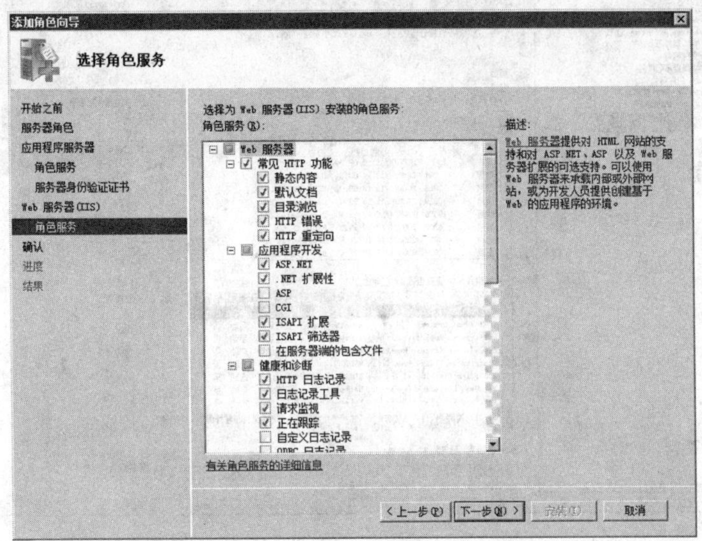

图 19-6　选择 Web 服务角色服务的向导对话框

步骤 6：进入向导选择确认安装向导对话框，单击“安装”按钮，即可开始自动安装。

19.3　管理应用程序服务器

应用程序服务器角色安装之后并没有像其他服务角色一样有一个单独的 MMC 控制台程序，而是在服务器管理器中提供了应用程序服务器管理的功能。管理应用程序服务器的具体步骤如下。

步骤 1：单击“开始”→“管理工具”→“服务器管理器”菜单命令，弹出如图 19-7 所示的“服务器管理器”窗口。

步骤 2：在图 19-7 所示的窗口左侧，展开“角色”选项，选中“应用程序服务器”选项，在窗口右侧则显示出应用程序服务器的具体管理内容。

步骤 3：在右侧窗口中，主要包含“摘要”和“资源和支持”两大类内容。在“摘要”中，列出了应用程序服务器中各查看、管理功能栏。在“资源和支持”中，则列出了相关主题的帮助链接和其他在线资源的链接。

步骤 4：在“摘要”的“事件”栏中，可以查看与应用服务器相关的事件日志。在该栏右侧，列出了查看日志的相关工具。单击“筛选事件”，可弹出如图 19-8 所示的“筛选事件”对话框。在该对话框中，可以筛选“级别”、“事件 ID”及“时间段”，从而可以仅显示满足条件的日志内容。

步骤 5：在“摘要”的“系统服务”栏中，列出了应用程序服务器相关的服务。选中其中一个服务，在其下列出该服务的具体说明。在服务列表右侧列出了系统服务的相关操作。选中某个服务后，即可单击右侧操作中的“启动”、“停止”或“重新启动”。单击“首选项”，则可弹出如图 19-9 所示的“首选项”对话框。在该对话框中，可以选择需要监视的系统服务。

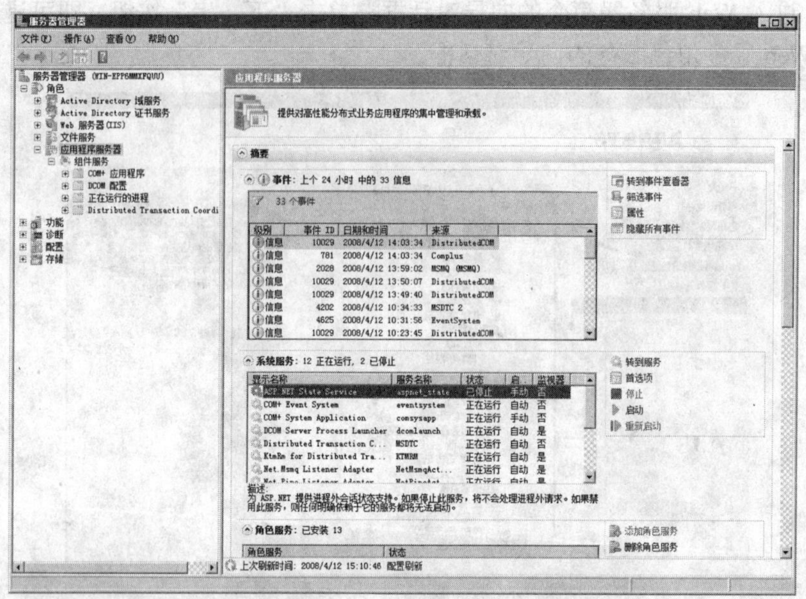

图 19-7 “服务器管理器”窗口

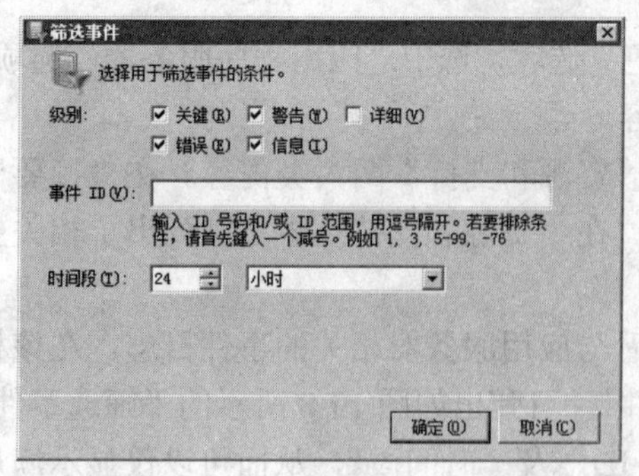

图 19-8 “筛选事件”对话框

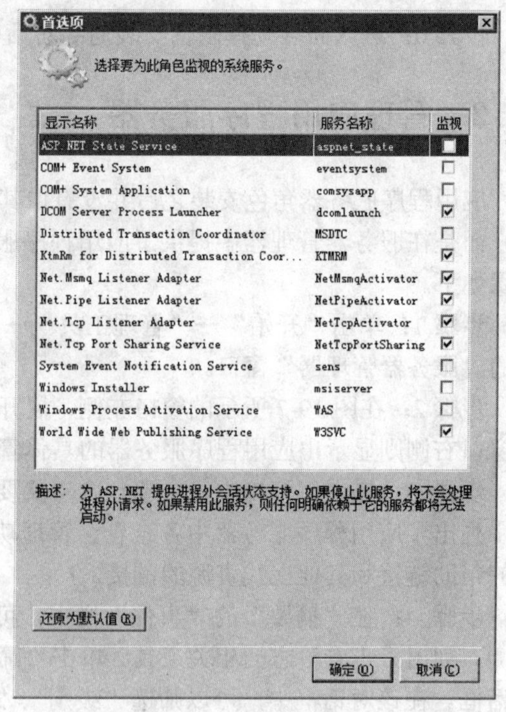

图 19-9 “首选项”对话框

步骤 6：在“摘要”的“角色服务”栏中，列出了应用程序服务器中包含的各个角色服务的列表，以及其是否安装的状态。选中角色服务列表中的一项服务后，在列表下面就会显示该服务的简要描述。在角色服务列表右侧，单击“添加角色服务”链接即可弹出如图 19-3 所示的对话框，并可根据向导完成角色服务的选择安装。单击“删除角色服务”链接后，也弹出类似 19-3 所示的向导对话框，只是该对话框为删除角色服务对话框，只能选择要删除的角色服务，之后根据向导提示完成角色服务的删除。

步骤 7：在“资源和支持”中，显示了各帮助主题的链接列表。选择某一帮助链接后，即可在帮助链接列表下面显示该帮助的描述。在描述中，可以选择“有关此建议的详细信息”，并打开详细说明。在帮助列表右侧，列出了其他需要通过因特网访问的应用服务器在线资源链接。

19.4　配置应用程序服务器

19.4.1　配置 COM+网络访问

在应用服务器安装过程中，安装向导中提供了是否安装启用 COM+的选项。当 COM+网络访问安装启用后，就会在高级安全 Windows 防火墙中创建一个打开端口为 135 的入站规则，如图 19-10 所示。

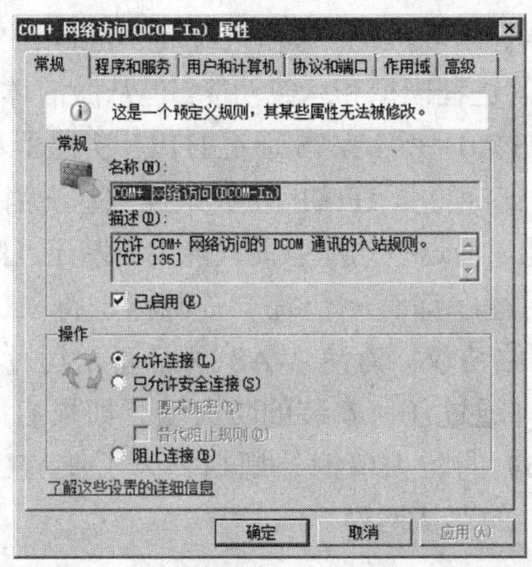

图 19-10　COM+网络访问规则属性

当服务器上的一个或多个 COM+应用程序从驻留在不同计算机上的客户端或应用程序调用时，应该启用 COM+网络访问。如果通过远程调用跟踪性能的对象收集 COM+性能数据，则必须启用 COM+网络访问。启用应用程序服务器中的 COM+网络访问无法自动远程访问 COM+应用程序。若要确保能够访问远程的 COM+应用程序，必须配置该应用程序以使用静态 TCP 终结点。

如果在本地计算机的 COM+中承载的所有应用程序仅从本地计算机上的其他应用程序调用，则不需要启用 COM+网络访问。而且禁用 COM+网络访问还有助于减少受攻击面的区域。

19.4.2　配置 TCP 端口共享

在应用服务器安装过程中，安装向导中还提供了是否安装打开 TCP 端口共享的选项。net.tcp 端口共享服务（net.tcp Port Share Serivce）是一个系统服务，是 WCF（Windows Communication Foundation）的一部分，可以启用 TCP 端口共享。由于该服务是一个系统服务，因此可以在“服务器管理器”的“应用程序服务器”选项的“系统服务”中手工启动或停止。作为一个安全性预防措施，默认情况下不会启用 net.tcp 端口共享服务。

应用程序可以使用 TCP 通过公共网络或专用网络进行通信。单台计算机上的多个应用程序均可以使用 TCP 进行通信。TCP/IP 使用称为端口的 16 位二进制数来区分在同一台计算机上运行的多个网络应用程序的各个连接。如果应用程序正在侦听某个端口，则该端口上的所有 TCP 通信都会传到该应用程序。而其他应用程序不能同时侦听该端口。

net.tcp 端口共享方便了在使用 WCF 进行通信的多个进程间共享 TCP 端口。当打开使用 net.tcp:// 端口共享的 WCF 服务时，WCF TCP 传输基础结构不会在应用程序进程中直接打开 TCP 套接字。相反，传输基础结构会使用 net.tcp 端口共享服务注册该服务基本地址的统一资源标识符（URI），并等待端口共享服务代表其侦听消息。发送到应用程序服务的消息会在到达时由端口共享服务进行分发。net.tcp 端口共享对于发送消息的远程应用程序是透明的。无需使远程应用程序知道已启用 net.tcp 端口共享。

19.4.3 配置 Windows 进程激活服务

应用程序服务器安装向导提供了一个选项，用于为构建于 WCF 上的应用程序选择 Windows 进程激活服务（WAS）。安装 WAS 的同时也会安装 IIS，来提供 Web 服务。

WAS 是一种用于 Windows Server 2008 操作系统及 Windows Vista 操作系统上的新的进程激活机制。WAS 保留了 IIS 6.0 的进程模型和承载功能。但从激活体系结构上删除了对超文本传输协议（HTTP）的依存关系。IIS 7.0 使用 WAS 通过 HTTP 实现了基于消息的激活。除 HTTP 以外，WCF 还可以使用 WAS 支持的非 HTTP 协议来提供基于消息的激活。这使应用程序可以使用通信协议来利用 IIS 功能，而这些功能以前只能用于基于 HTTP 的应用程序。

WAS 控制下的每个应用程序都有一个统一资源标识符（URI）地址，该地址会标识出 WAS 激活应用程序所用的网络协议。为使 WAS 激活正常运行，在 URI 中指定的网络协议必须在服务器上启用，并允许通过任何安装的防火墙。如果启用 TCP 激活，应用程序服务器会创建打开 TCP 端口 808 的防火墙例外规则。为了使 TCP 侦听器可以开始侦听端口 808，还必须创建使用 net.tcp 的默认网站。

19.4.4 配置分布式事务

应用程序服务器角色的安装向导也提供了一个用于启用分布式事务协调器（DTC）的选项。当启用 DTC 时，应用程序服务器会自动配置 DTC，以允许执行网络事务。同时，应用程序服务器还创建防火墙规则，以允许与 DTC 进行网络通信。

在信息处理过程中，事务被当做单一原子单元的一系列操作。在事务仅涉及单个资源的情况下，资源管理器本身可以管理整个事务。在某些情况下，事务中的操作可以更新多个网络计算机上的数据，这称为分布式事务。Windows Server 2008 中的 DTC 将多个网络计算机的资源作为单个事务协调更新。

在默认情况下，应用程序服务器不会启用分布式事务支持。在确保应用程序服务器角色确实需要使用 DTC 选项时才进行安装。该选项将在承载参与分布式事务的应用程序或资源的每个服务器上启用。这些应用程序和资源可以包括创建分布式的事务、可在分布式事务中参与的应用程序，以及可在分布式事务中参与的资源。

19.5 本章小结

本章介绍了 Windows Server 2008 作为应用程序开发运行平台的应用程序服务器的相关内

容，主要包括应用服务器的概述、安装、配置及管理。通过具体的操作步骤展示了如何搭建 Microsoft .NET Framework 3.0 的运行环境，也就是应用程序的开发运行环境。Microsoft .NET Framework 3.0 是 Windows Server 2008 操作系统应用程序服务器的基础，而在早期服务器版本的 Windows 操作系统中，则是以 Microsoft .NET Framework 2.0 为基础的。由此也可以看出微软一直在不断发展其.NET 战略，并基于.NET 技术体系不断推出新的应用。在本书前面介绍的 Power Shell 中，也着重体现了.NET Framework 的核心基础作用。

本章所介绍的应用服务器更多的是为开发、运行基于.NET Framework 的应用系统搭建环境，需要哪个模块就安装哪个模块。重要的是读者需要了解在应用服务器中都提供了哪些角色服务，具有哪些功能，以便于在需要的时候可以选择安装或进行必要的设置。

第 20 章 DHCP 服务

20.1 DHCP 概述

DHCP 是 Dynamic Host Configuration Protocol 的缩写，即动态主机分配协议（DHCP）。DHCP 可以分为两个部份：一个是服务器端，另一个是客户端。所有的 IP 网络设定数据都由 DHCP 服务器集中管理，并负责处理客户端的 DHCP 要求；而客户端则会使用从服务器分配下来的 IP 环境数据。DHCP 使用“租约”的机制，有效且动态地分配客户端的 TCP/IP 设定，而且兼容其早期版本的 BOOTP 协议。DHCP 提供了安全、可靠、简便的 TCP/IP 网络配置，能避免地址冲突，并且有助于保留网络上客户端 IP 地址的使用。

1．DHCP 服务器的组件

DHCP 的主要组件包括 DHCP 服务器和“多播地址动态客户端分配协议”（MADCAP）服务器。需要说明的是只有 IPv4 支持 MADCAP。DHCPv6 服务器不支持 MADCAP。

DHCP 服务器用于给网络中的设备自动分配 IP 地址，并与这些网络客户端设备建立租约。接下来，需要首先在安装的 DHCP 服务器上定义 IP 地址范围，DHCP 服务器才能为客户端提供 IP 地址租约。这个地址范围称为“作用域”，定义了网络上的一个为其提供 DHCP 服务的物理子网。因此，如果有两个不同的子网，则必须将 DHCP 服务器连接到每个子网，并且必须为每个子网定义一个作用域。作用域还为服务器管理网络中客户端的 IP 地址及分发分配相关配置参数提供了主要途径。

将 DHCP 安装部署为 MADCAP 服务器时，DHCP 服务器可以将多播 IP 地址动态分配到要加入客户端组的客户端。多播对于信息在网间的点到多点发送很有用。多播允许一个点通过使用多播地址在一个包中将信息发送到众多接收方。这种方法的优点在于使用单个包，并且无需系统开销来保持接收方列表。

2．DHCP 服务器的主要功能

DHCP 采用客户端/服务器的方式，允许 DHCP 服务器将 IP 地址分配给启用了 DHCP 客户端的计算机和其他设备，也允许服务器租用 IP 地址。其主要功能如下。

（1）在特定的时间内将 IP 地址租用给 DHCP 客户端。

（2）当客户端请求续订租用的 IP 地址时，DHCP 服务器自动给予续订。

（3）可以在 DHCP 服务器上集中执行参数设定，即可自动作用到 DHCP 客户端。

（4）为特定的网络设备保留 IP 地址，以便它们总是获取到相同的 IP 地址，同时还接收最新的 DHCP 选项。

（5）可以从 DHCP 服务器分发中排除 IP 地址或地址范围，以便避开已经使用的静态 IP 地址。

（6）可以为众多子网提供 DHCP 服务。

（7）可以为 DHCP 客户端执行 DNS 名称注册服务。

（8）为基于 IP 的 DHCP 客户端提供多播地址分配。

20.2　DHCP 的安装

Windows Server 2008 默认安装方式下并不安装 DHCP 服务，需要在 Windows Server 2008 安装完毕后单独安装。具体安装步骤如下。

步骤 1：单击“开始”→“管理工具”→“服务器管理器”菜单命令，弹出如图 20-1 所示的“服务器管理器”窗口。

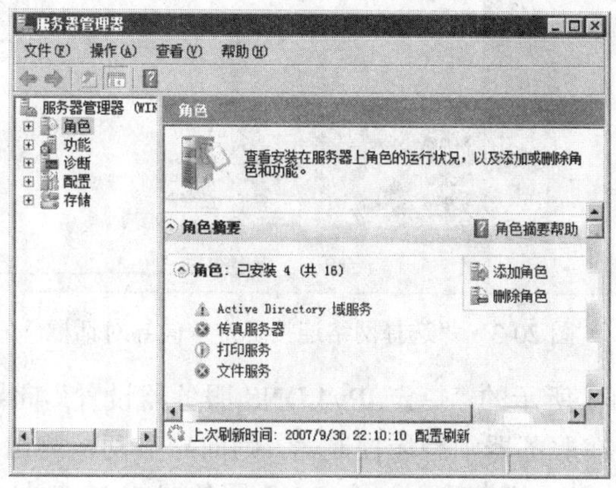

图 20-1　“服务器管理器”窗口

步骤 2：在图 20-1 所示的窗口左侧，选择“角色”选项，在右侧窗口中选择“添加角色”链接，之后弹出添加角色向导对话框，之后单击“下一步”按钮。

步骤 3：进入如图 20-2 所示的“选择服务器角色”向导对话框。在该对话框中，选择“DHCP 服务”，之后单击“下一步”按钮。

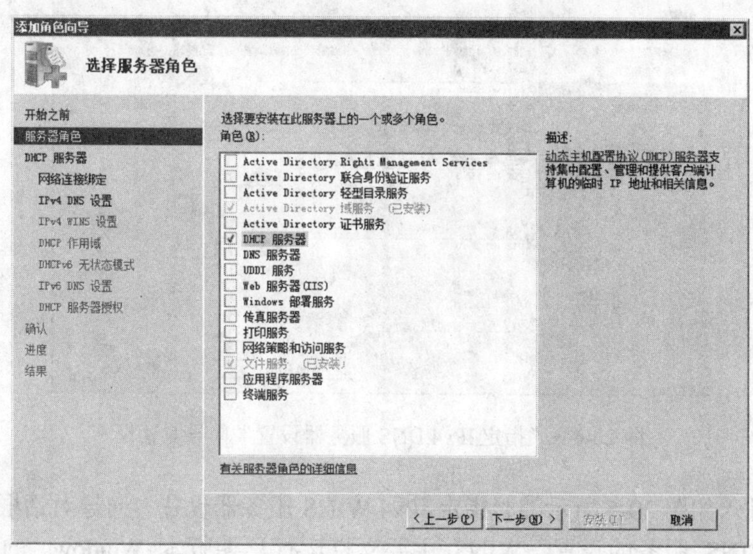

图 20-2　“选择服务器角色”向导对话框

步骤 4：进入 DHCP 服务器简介向导对话框，之后单击“下一步”按钮。之后进入如图 20-3 所示的“选择网络连接绑定”向导对话框。安装向导会自动探测当前计算机上的 IP 地址。

如果有多个网络连接，向导也会自动检测并列在“网络连接”栏中。选择需要向用户提供 DHCP 服务的网络连接，之后单击“下一步”按钮。

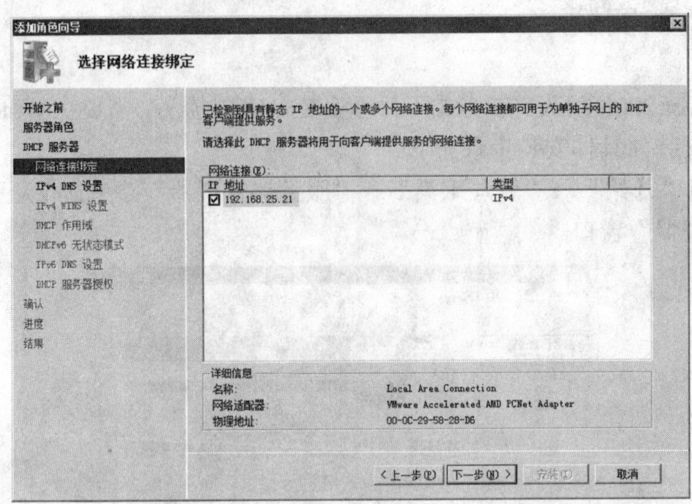

图 20-3 “选择网络连接绑定”向导对话框

步骤 5：进入如图 20-4 所示的“指定 IPv4 DNS 服务器设置”向导对话框。在该对话框中输入父域的域名，如果所在服务器中有域控制器，则向导自动检测出父域的域名。之后在“首选 DNS 服务器 IPv4 地址”一栏中输入一个 DNS 服务器的 IP 地址。在“备用 DNS 服务期 IPv4”地址栏中输入另外一个备用的 DNS 服务器地址。输入完毕后可以单击 DNS 服务器 IP 地址后面的“验证”按钮，来验证 DNS 服务器是否有效。之后单击“下一步”按钮。

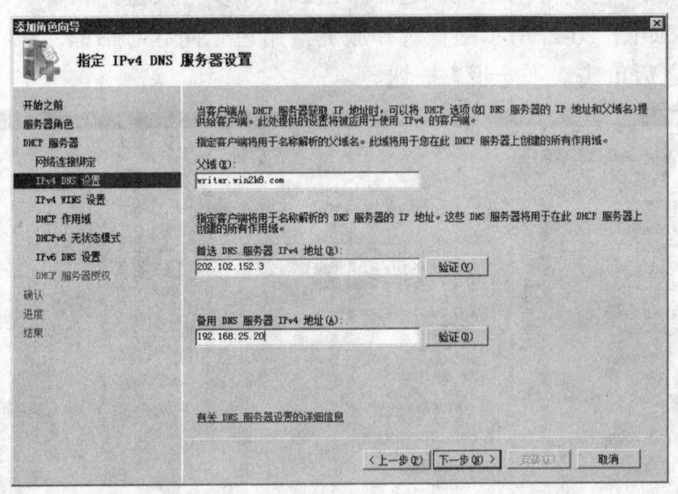

图 20-4 “指定 IPv4 DNS 服务器设置”向导对话框

步骤 6：进入如图 20-5 所示的“指定 IPv4 WINS 服务器设置”向导对话框。根据实际需要选择设置 WINS 服务的设置。WINS 主要支持运行早期版本 Windows 的客户端和使用 NetBIOS 的应用程序。Windows 2000、Windows XP、Windows Vista、Windows Server 2003 和 Windows Server 2008 使用 DNS 名称和 NetBIOS 名称。某些环境如果包含使用 NetBIOS 名称的某些计算机和使用域名的其他计算机，则必须同时包含 WINS 服务器和 DNS 服务器。目前大多数网络中已经不再使用 WINS 服务，因此向导默认选择了“此网络上的应用程序不需要 WINS”，之后单击“下一步”按钮。

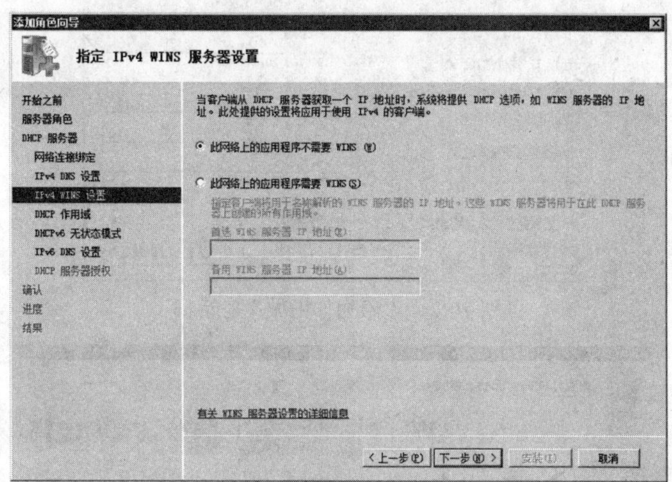

图 20-5　“指定 IPv4 WINS 服务器设置”向导对话框

步骤 7：进入如图 20-6 所示的“添加或编辑 DHCP 作用域”向导对话框。在该对话框中，设置在网络中可用的 IP 地址范围，以便给客户端自动分配 IP 地址。单击该对话框上的“添加”按钮，即可弹出如图 20-7 所示的“添加作用域”对话框。在该对话框中输入作用域的名称，然后输入一个 IP 地址段及其子网掩码和默认网关，选择子网类型。输入选择完毕后单击“确定”按钮。之后单击图 20-6 中的“下一步”按钮。

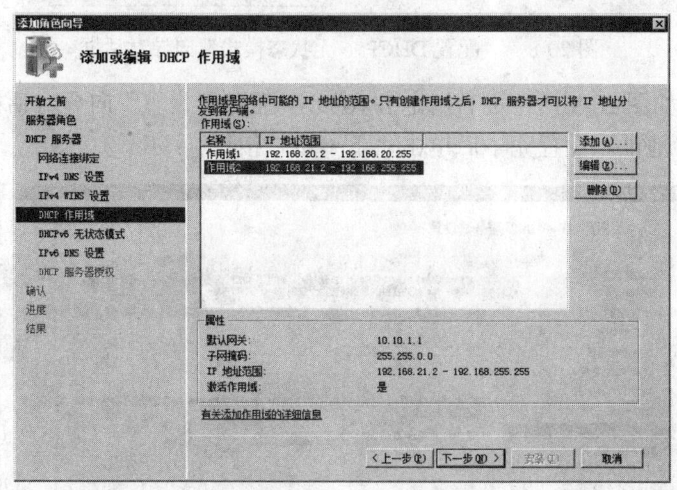

图 20-6　“添加或编辑 DHCP 作用域”向导对话框

步骤 8：进入如图 20-8 所示的“配置 DHCPv6 无状态模式”向导对话框。上面几个步骤设置的是传统 IPv4 的客户端 IP 地址作用域。在这个步骤中，则设置的是 IPv6 客户端 IP 地址的相关设置，即 DHCPv6 的设置。此处的设置应该与路由器 DHCPv6 的设置相匹配。根据实际需要选择，之后单击“下一步”按钮。

添加作用域

作用域是网络可能的 IP 地址范围。只有创建作用域后，DHCP 服务器才能将 IP 地址分配给各个客户端。

作用域名称(S): 作用域1
起始 IP 地址(T): 192.168.20.2
结束 IP 地址(E): 192.168.20.255
子网掩码(U): 255.255.255.0
默认网关(可选)(D): 192.168.20.1
子网类型(B): 有线(租用持续时间将为 6 天)

☑ 激活此作用域(A)

确定　取消

图 20-7　“添加作用域”对话框

添加角色向导

配置 DHCPv6 无状态模式

开始之前
服务器角色
DHCP 服务器
网络连接绑定
IPv4 DNS 设置
IPv4 WINS 设置
DHCP 作用域
DHCPv6 无状态模式
IPv6 DNS 设置
DHCP 服务器授权
确认
进度
结果

DHCP 服务器支持用于服务 IPv6 客户端的 DHCPv6 协议。通过 DHCPv6，客户端可以使用无状态模式自动配置其 IPv6 地址，或以有状态模式从 DHCP 服务器获取 IPv6 地址。如果将网络中的路由器配置为支持 DHCPv6，请确认以下选项是否与路由器配置相匹配。

选择此服务器的 DHCPv6 无状态模式配置。

◉ 对此服务器启用 DHCPv6 无状态模式(E)
自动配置 IPv6 客户端，而不使用此 DHCP 服务器。

○ 对此服务器禁用 DHCPv6 无状态模式(D)
安装 DHCP 服务器之后，您可以使用 DHCP 管理控制台配置 DHCPv6 模式。

有关 DHCPv6 无状态模式的详细信息

<上一步(P)　下一步(N)>　安装(I)　取消

图 20-8　“配置 DHCPv6 无状态模式”向导对话框

步骤 9：进入如图 20-9 所示的“指定 IPv6 DNS 服务器设置”向导对话框。在该对话框中设置 DNS 的 IPv6 地址。设置完毕后单击“下一步”按钮。

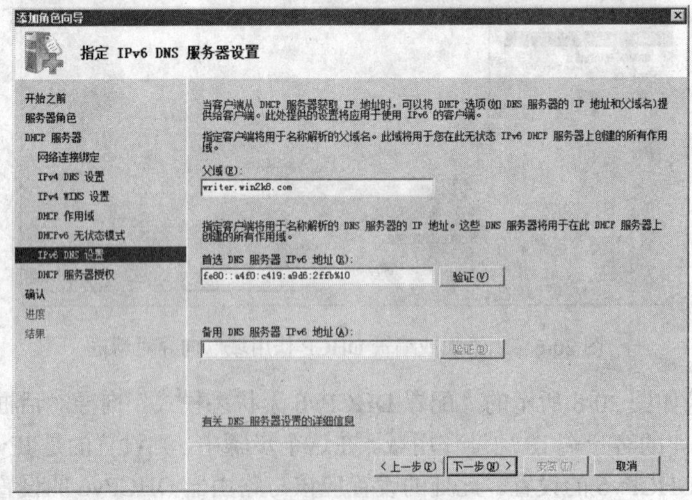

图 20-9　“指定 IPv6 DNS 服务器设置”向导对话框

步骤 10：进入如图 20-10 所示的“授权 DHCP 服务器”向导对话框。根据需要和向导提示说明选择相应选项之后，单击“下一步”按钮。

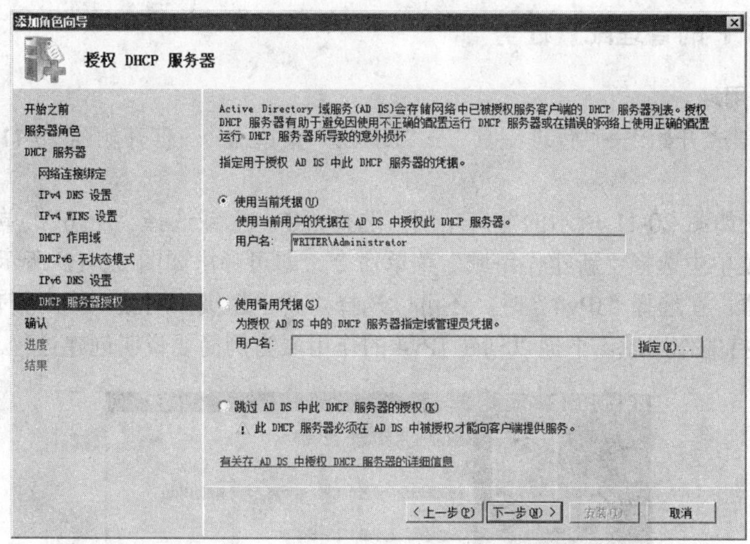

图 20-10　“授权 DHCP 服务器”向导对话框

步骤 11：进入选择确认向导对话框，单击“安装”按钮，向导就会自动引导安装过程。系统安装完毕之后，提示需要重新启动操作系统。操作系统重新启动后，安装向导完成剩余的配置过程，之后关闭向导即可。

20.3　DHCP 的管理设置

20.3.1　管理 DHCP 的方式

可以使用 DHCP 的管理控制台和相关的 Netsh 命令来管理 DHCP。

DHCP 控制台还包含网络管理员建议的增强功能。这些功能包括增强的服务器性能监视、更多的预定义 DHCP 选项类型、对运行 Windows 早期版本的客户端的动态更新支持，以及检测网络上未授权的 DHCP 服务器。单击“开始”→“管理工具”→“DHCP”菜单命令，即可打开如图 20-11 所示的 DHCP 管理控制台窗口。

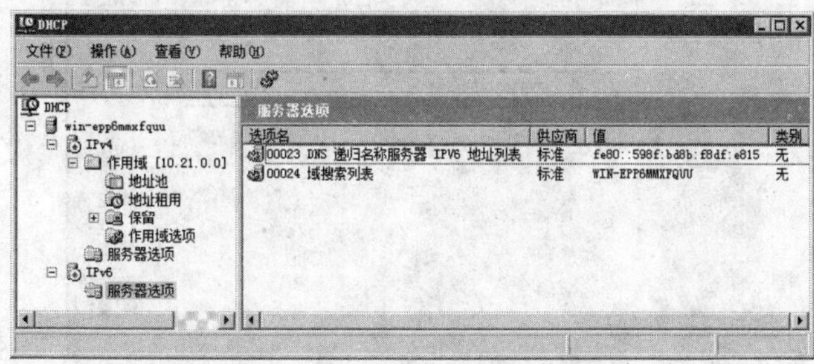

图 20-11　DHCP 管理控制台窗口

另外，还可以在命令提示窗口中，使用相关的 Netsh 命令来管理配置 DHCP 服务器。在 netsh dhcp> 命令提示符下输入用于 DHCP 的 Netsh 命令，或者在批处理文件和其他脚本中运行用于 DHCP 的 Netsh 命令。在 DHCP 控制台中提供的所有功能在 netsh dhcp> 命令提示符下均可实现。

20.3.2 DHCP的管理配置任务

1. 创建作用域

步骤1：单击“开始”→“管理工具”→“DHCP”菜单命令，打开如图20-11所示的DHCP管理窗口。

步骤2：在如图20-11所示的窗口左侧，选择“IPv4”或选择“IPv6”，单击鼠标右键，在弹出的快捷菜单中选择“新建作用域”菜单命令，即可弹出如图20-12所示的“新建作用域向导”对话框。在选择“IPv4”时，还可以选择“新建超级作用域”或“新建多播作用域”来创建IPv4支持的作用域。下面以创建IPv4的作用域为例简要说明创建过程。

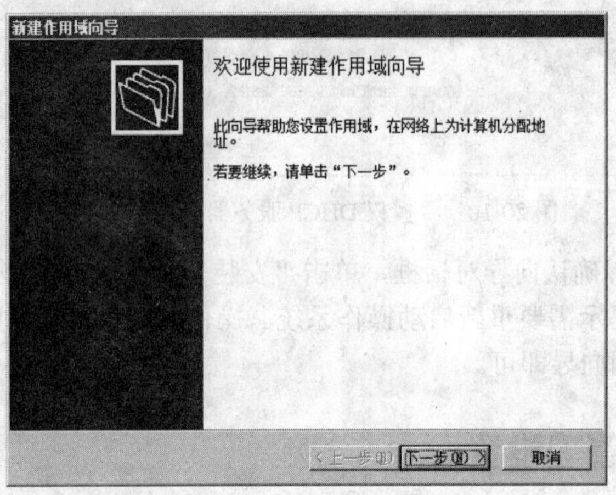

图20-12 “新建作用域向导”对话框

步骤3：单击“下一步”按钮，进入如图20-13所示的“作用域名称”向导对话框。在该向导对话框中的“名称”栏中输入作用域的一个名称，在“描述”栏中输入创建作用域的说明。之后单击“下一步”按钮。

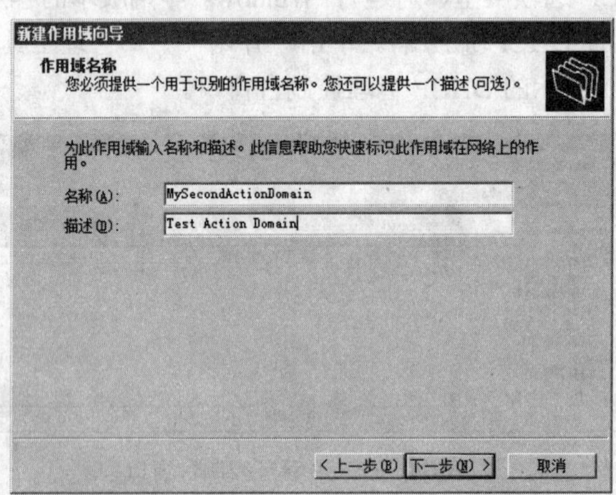

图20-13 “作用域名称”向导对话框

步骤4：进入如图20-14所示的“IP地址范围”向导对话框。在该对话框中的“起始IP地址”栏和“结束IP地址”栏中，输入IP地址段，来定义作用域的一段地址范围。在“长度”栏和“子网掩码”栏中，输入子网掩码，以确定作用域中IP地址有多少位用于标识网络。

在 IPv4 的 IP 地址中，每一段相当于 8 位二进制数，因此“255.255.255.0”的子网掩码相当于有 3 个 8 位，即 24 位用于表示网络地址。之后单击“下一步”按钮。

步骤 5：进入如图 20-15 所示的“添加排除”向导对话框。该对话框提供了在该作用域中剔除的 IP 地址，这样便于将整段地址用于客户端 IP 地址分配时，剔除已经被某些网络设备占用的同一子网当中的 IP 地址。如果没有需要排除的 IP 地址，则不需要输入。之后单击“下一步”按钮。

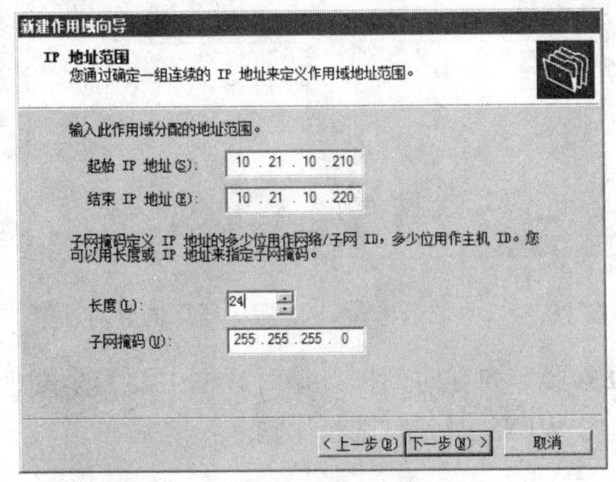

图 20-14 “IP 地址范围”向导对话框

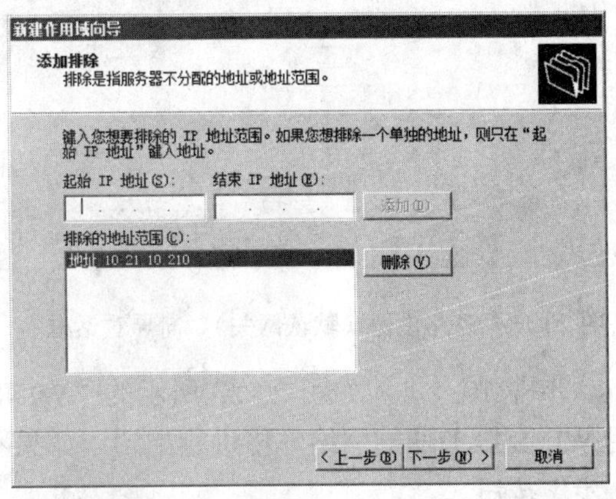

图 20-15 “添加排除”向导对话框

步骤 6：进入如图 20-16 所示的“租用期限”向导对话框。在该对话框中，可以设置客户端租用 DHCP 服务器上 IP 地址的时间，即客户端在这里设定的时间内，如果再次向 DHCP 服务器申请 IP 地址时，DHCP 再次分配给该客户端与之前同样的 IP 地址，减少客户端 IP 环境的变化频率。默认设置是 8 天，可以根据实际需要进行设置。之后单击“下一步”按钮。

步骤 7：进入如图 20-17 所示的“配置 DHCP 选项”向导对话框。该对话框提示用户是否继续配置 DHCP 服务的相关配置。如果选择“是”，则继续配置，“否”则完成新建向导。这里选择“是”，之后单击“下一步”按钮。

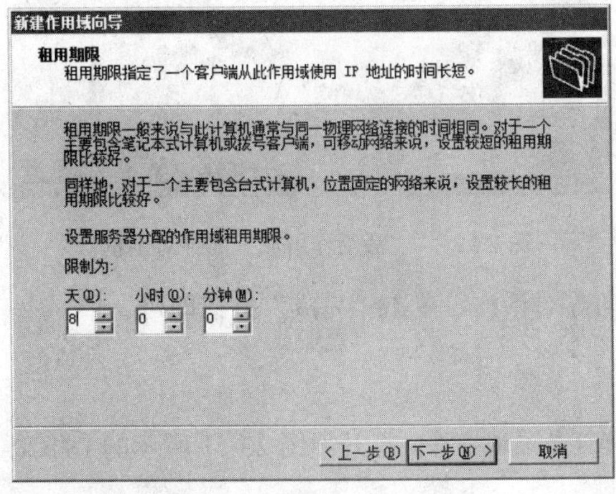

图 20-16 “租用期限”向导对话框

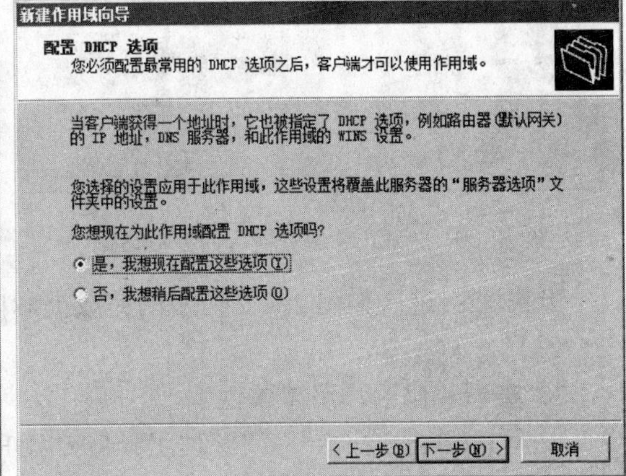

图 20-17 “配置 DHCP 选项”向导对话框

步骤 8：进入如图 20-18 所示的“路由器（默认网关）”向导对话框。在该对话框中，可以设置默认网关地址或路由器地址。之后单击“下一步”按钮。

步骤 9：进入如图 20-19 所示的“域名称和 DNS 服务器”向导对话框。根据向导对话框中的提示输入相应的域名称、DNS 服务器地址，之后单击“下一步”按钮。

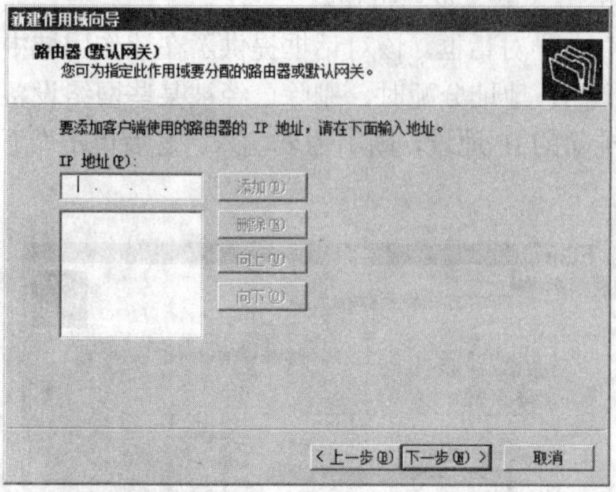

图 20-18 “路由器（默认网关）”向导对话框

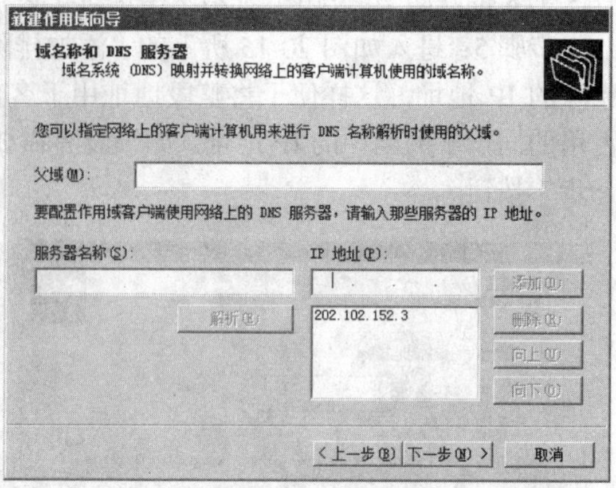

图 20-19 “域名称和 DNS 服务器”向导对话框

步骤 10：进入如图 20-20 所示的“WINS 服务器”向导对话框。该对话框主要为早期使用 WINS 服务器的网络环境进行配置。如果不使用 WINS 服务，则不用输入，之后单击“下一步”按钮。

步骤 11：进入如图 20-21 所示的“激活作用域”向导对话框。作用域创建完毕后，应激活才可起作用。根据实际需要选择相应选项，单击“下一步”按钮。

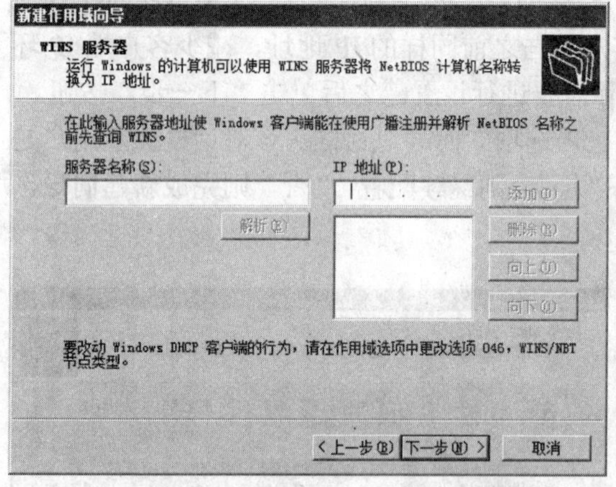

图 20-20 “WINS 服务器”向导对话框

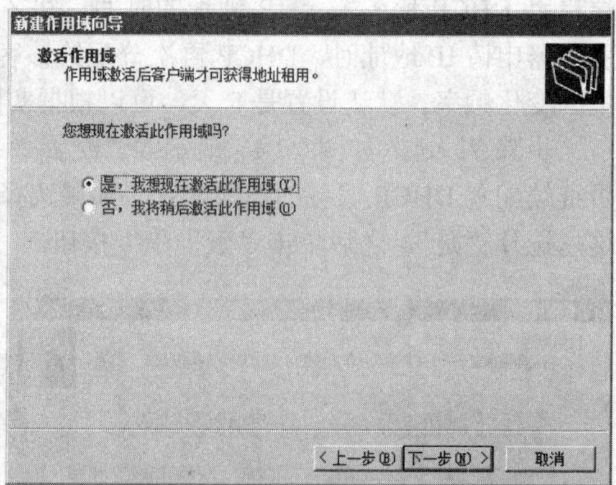

图 20-21 “激活作用域”向导对话框

步骤 12：进入如图 20-22 所示的完成提示向导对话框。单击“完成”按钮即可。

2．查看和修改作用域属性

步骤 1：单击“开始”→“管理工具”→“DHCP”菜单命令，打开如图 20-11 所示的 DHCP 管理控制台窗口。

步骤 2：在窗口左侧选择一个作用域，单击鼠标右键，在弹出的快捷菜单中选择“属性”菜单命令，之后弹出如图 20-23 所示的作用域属性对话框。

步骤 3：在作用域属性对话框中，包含“常规”、“DNS”、“网络访问保护”和“高级”选项卡。在“常规”选项卡中，可以查看、修改作用域的名称、起始 IP 地址、结束 IP 地址

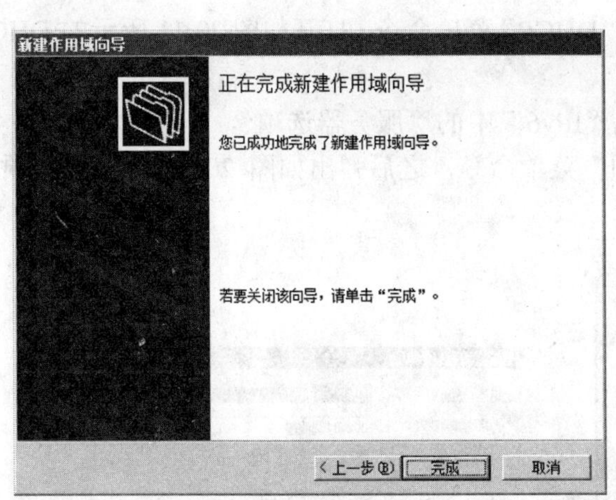

图 20-22 完成提示向导对话框

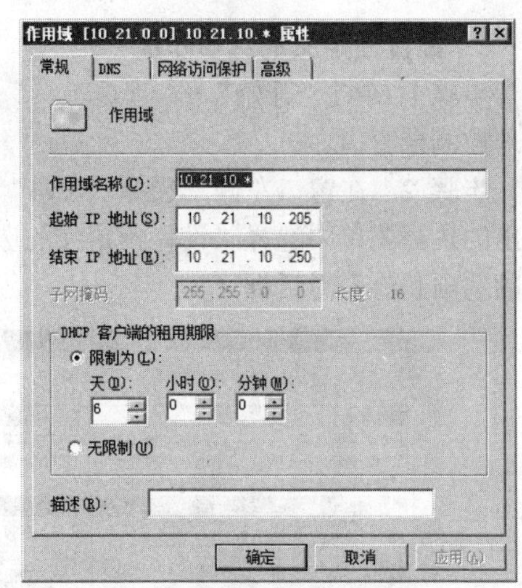

图 20-23 作用域属性对话框

DHCP 客户端的租用期限以及描述信息。在"DNS"选项页中可以设置 DHCP 服务器用 DHCP 客户端主机和指针记录自动更新权威 DNS 服务器的相关设置。在"网络访问保护"选项页中可以设置该作用域的网络访问保护设置。网络访问保护是 Windows Server 2008 和 Windows Vista 操作系统中最新增加的安全措施。在"高级"选项页中，可以设置 DHCP 所支持客户端的类型。BOOTP 协议是 DHCP 的早期版本。

3．激活/停止作用域、多播作用域或超级作用域

步骤 1：单击"开始"→"管理工具"→"DHCP"菜单命令，打开如图 20-11 所示的 DHCP 管理控制台窗口。

步骤 2：在窗口左侧，选择某个作用域，单击鼠标右键，在弹出的菜单中选择"激活"或"停止"菜单命令，即可激活或停止该作用域。

4．配置服务器选项

步骤 1：单击"开始"→"管理工具"→"DHCP"菜单命令，打开如图 20-11 所示的 DHCP 管理控制台窗口。

步骤 2：在窗口左侧，选择"IPv4"或"IPv6"中的"服务器选项"，单击鼠标右键，在弹出的快捷菜单中选择"配置选项"菜单命令，之后弹出如图 20-24 所示的"服务器选项"对话框。

步骤 3：在该对话框中，包含"常规"和"高级"选项页。在"常规"选项页中，列出了对 DHCP 服务器可以进行设置的选项及其说明信息。选中其中一个选项后，即可在选项列表栏下方的"数据项"栏中显示该选项的相关参数及其设置。如果需要设置选项列表中的某项设置，单击选项前面的方格，打上对号，即可在"数据项"一栏中设置该选项的参数值。

步骤 4：在"高级"选项页中，可以设置"供应商类别"和"用户类别"。在两种类别设置栏的下面，列出了选择当前供应商类别和用户类别之后可以设置的选项。这些选项的选择与设置方法与步骤 3 中相同。

通过对上述 DHCP 服务选项的配置，可以控制 DHCP 服务器的各种行为动作，以实现对 DHCP 服务器的灵活控制。

5．配置预定义的选项和值

步骤 1：单击“开始”→“管理工具”→“DHCP”菜单命令，打开如图 20-11 所示的 DHCP 管理控制台窗口。

步骤 2：在窗口左侧，选择“IPv4”或“IPv6”中的“服务器选项”，单击鼠标右键，在弹出的快捷菜单中选择“设置预定义的选项”菜单命令，之后弹出如图 20-25 所示的“预定义的选项和值”对话框。

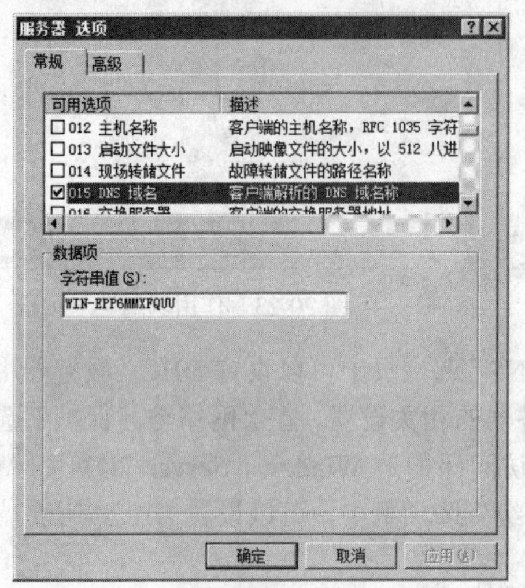

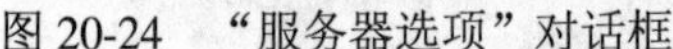

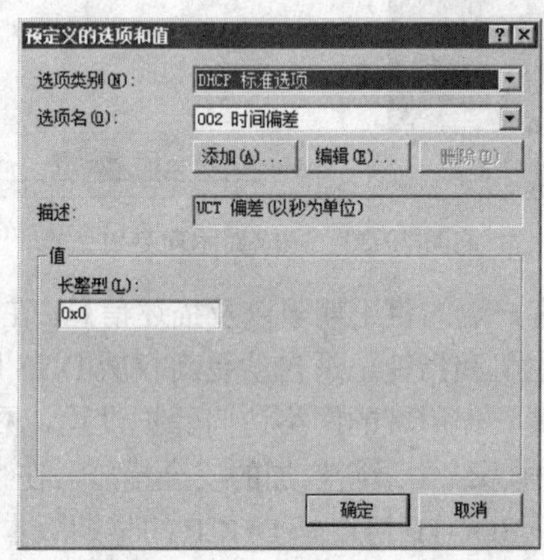

图 20-24　“服务器选项”对话框　　　　图 20-25　“预定义的选项和值”对话框

步骤 3：单击“添加”按钮，即可添加新的服务器选项设置及其参数。单击“编辑”按钮，即可编辑现有的服务器选项及其参数值。

这里定义的选项和值将用于前面所述的服务器选项配置当中。

6．定义 DHCP 用户类别和供应商类别

步骤 1：单击“开始”→“管理工具”→“DHCP”菜单命令，打开如图 20-11 所示的 DHCP 管理控制台窗口。

步骤 2：在窗口左侧，选择“IPv4”或“IPv6”中的“服务器选项”，单击鼠标右键，在弹出的快捷菜单中选择“定义用户类别”或“定义供应商类别”菜单命令，之后弹出如图 20-26 或图 20-27 所示的 DHCP 用户类别对话框和 DHCP 供应商类别对话框。

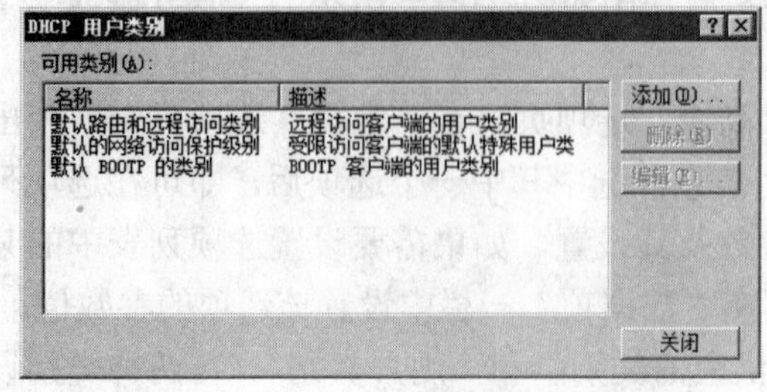

图 20-26　DHCP 用户类别对话框　　　　图 20-27　DHCP 供应商类别对话框

步骤 3：单击图 20-26 或图 20-27 所示的对话框上的“添加”按钮，即可弹出如图 20-28 所示的“新建类别”对话框。在该对话框中，输入各栏对应的信息，之后单击“确定”按钮即可创建新的用户类别或供应商类别。选择用户添加的类别后，单击“编辑”按钮，即可弹

出如图 20-29 所示的“编辑类别”对话框，以便编辑“描述”栏和“二进制”栏的信息。选择用户添加的类别后，单击“删除”按钮，即可将用户添加的类别删除。需要说明的一点是对于系统默认的用户类别和供应商类别无法删除和编辑。

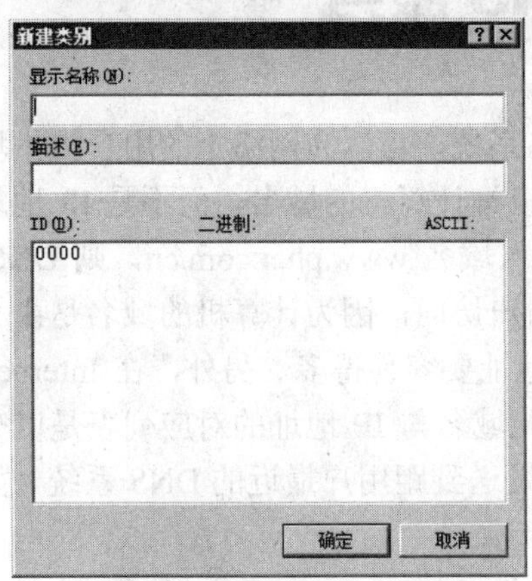

图 20-28　“新建类别”对话框

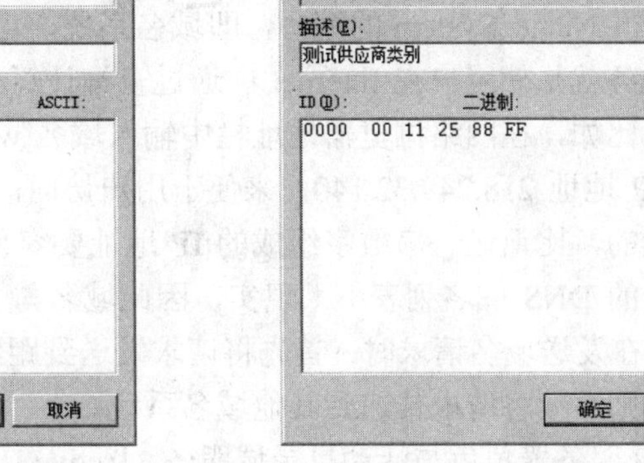

图 20-29　“编辑类别”对话框

这里添加的用户类别或供应商类别，可以用于配置服务器选项。

20.4　本章小结

本章主要介绍了 Windows Server 2008 中的基本服务之一的 DHCP 服务。通过 DHCP 服务，可以动态地给安装有 DHCP 客户端的客户端设备自动分配 IP 地址。在早期服务器版本的 Windows 系统中，也提供了 DHCP 服务，而在 Windows Server 2008 中的 DHCP 则全面支持 IPv6，对 IPv6 网络环境的应用提供了良好的支持。

本章首先介绍了 Windows Server 2008 DHCP 服务的基本概况，包括 DHCP 的主要组成部分及主要功能。之后简要介绍了如何在 Windows Server 2008 中安装部署 DHCP 服务。最后具体介绍了如何管理配置 DHCP，并通过具体的操作步骤展示了这些管理配置过程，使读者可以更直观地了解如何管理配置 DHCP 服务。

第21章　DNS服务

DNS是Domain Name System的缩写，即域名系统，可以为网络上的用户提供域名解析服务。域名解析服务就是使用户在Internet中通过查询计算机的域名，而不是IP地址来查找网络上的计算机。比如，在网络浏览器地址栏中输入域名www.phei.com.cn，则DNS服务查找该名称对应的IP地址218.249.32.140，来便于用户访问，因为计算机的域名是由具有特定含义的字母来组成的，比记忆一串数字组成的IP地址要容易得多。另外，在Internet中如果维护一个全球集中的DNS域名列表不太现实，因此域名与IP地址的对应列表是以分布式的方式存放的。用户在发送域名请求时，首先将请求发送到距用户最近的DNS系统，如果查询不到对应的域名，则继续将请求传递到其他域名系统。

还可以将DNS服务器角色与活动目录域服务（Active Directory Domain Service，AD DS）集成，以存储和复制DNS区域。这样可以进行多主机复制，并且使DNS数据的传输更加安全。反过来，AD DS需要DNS，以便客户端能够查找域控制器。

21.1　DNS服务的新功能

在早期版本的Windows中也提供了DNS服务。Windows Server 2008中也以DNS服务器角色的方式提供DNS服务。Windows Server 2008中的DNS服务与动态主机配置协议（DHCP）紧密集成，使得基于Windows的DHCP客户端和基于Windows的DHCP服务器自动为相应的域注册DNS服务器上的主机名称和IP地址。

通常，Windows Server 2008 DNS与AD DS集成在一起。在这种环境中，DNS命名空间会镜像组织的活动目录林和域。Windows Server 2008还可以将DNS配置为非AD DS或"标准的"DNS解析方式。Windows Server 2008 DNS服务器服务支持并符合DNS的RFC（Request for Comment）标准。因此，可以与其他所有符合RFC标准的DNS服务器完全兼容。在Windows操作系统的所有客户端和服务器版本中，都包含DNS客户端解析程序服务。

与早期版本Windows操作系统相比，Windows Server 2008 DNS服务器包含了新的功能，具体如表21-1所示。

表21-1　Windows Server 2008 DNS服务器新功能

新增功能	功能描述
DNAM 资源记录支持	DNAME资源记录提供非终端的域名重定向功能。与CNAME记录不同，DNAME记录只为单个节点创建别名。单个DNAME资源记录将导致域命名空间子树中的根和所有后代被重命名。这也使得一个组织可以重命名其部分域命名空间
IPv6地址支持	与IP v4相比，IPv6提供了128位的地址长度。地址越长，全局唯一IP地址就越多，DNS所需要支持的域名地址对应数据量就越大。在Windows Server 2008中的DNS服务完全支持IPv6地址

（续表）

新增功能	功能描述
只读域控制器支持	Windows Server 2008 新引入了只读域控制器（RODC）。可以将只读域控制器安装在不能保证物理安全的位置。为了支持 RODC，Windows Server 2008 中的 DNS 服务器支持一种新类型区域，即主要只读区域（也称为分支机构区域）。当运行 DNS 服务器角色的计算机被提升为 RODC 时，将自动创建主要只读区域。此区域包含 DNS 数据的只读副本，这些数据存储在 RODC 上的只读活动目录服务数据库中。这些数据的可写版本存储在处于中心位置的域控制器中。根据配置的复制计划将 DNS 数据从处于中心位置的域控制器复制到 RODC 时，将更新 RODC 上的 DNS 区域数据。RODC 的管理员可以查看只读主要区域的内容，拥有中心位置域控制器权限的域管理员可以更改该区域数据
单标签名称解析	Windows Server 2008 中的 DNS 服务器服务支持一个称为 GlobalNames 区域的特殊区域，以存储单标签主机名称。此区域可以在整个林之间进行复制，因此可以在整个林中解析单标签主机名称，而无需使用 WINS 协议

21.2　DNS 服务的安装

在 Windows Server 2008 默认安装情况下，并不安装 DNS 服务，需要在系统安装完毕后再单独安装。具体安装步骤如下。

步骤 1：单击“开始”→“管理工具”→“服务器管理器”菜单命令，弹出如图 21-1 所示的“服务器管理器”窗口。

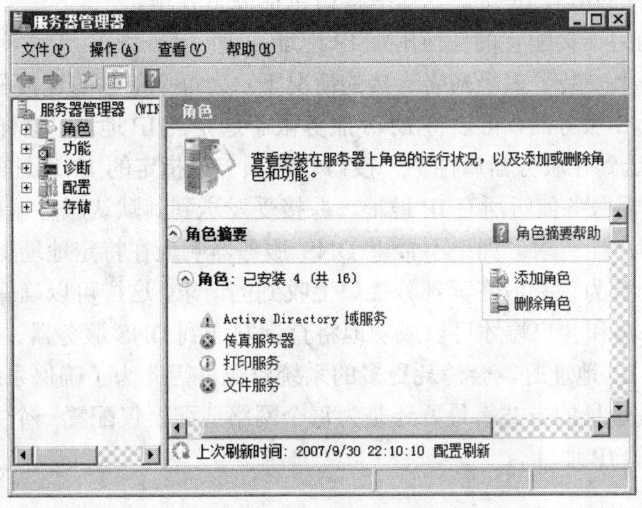

图 21-1　“服务器管理器”窗口

步骤 2：在图 21-1 所示的窗口左侧，选择“角色”选项，在右侧窗口中选择“添加角色”链接，之后弹出添加角色向导对话框，之后单击“下一步”按钮。

步骤 3：进入如图 21-2 所示的“选择服务器角色”向导对话框。在该对话框中，选择“DNS 服务”，之后单击“下一步”按钮。

步骤 4：进入提示向导对话框，之后单击“下一步”按钮。进入选择确认向导对话框，单击“安装”按钮，向导即可自动安装 DNS 服务。

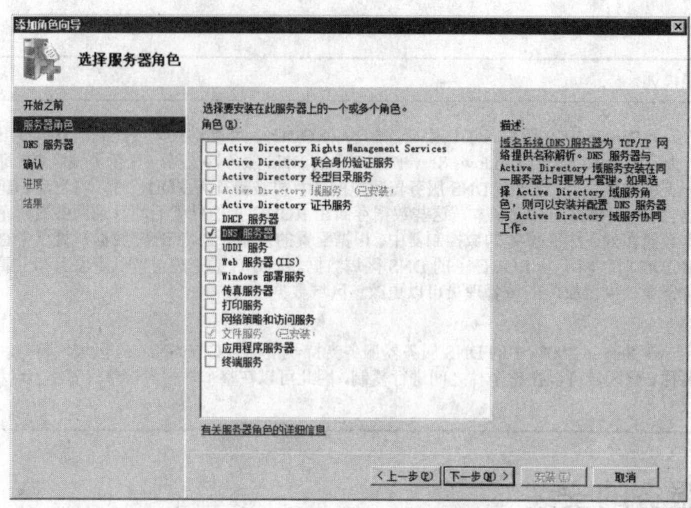

图 21-2 “选择服务器角色”向导对话框

21.3 多宿主服务器

带有多个 IP 地址的 DNS 服务器称为多主机 DNS 服务器。默认情况下，DNS 服务器服务绑定到为计算机配置的所有 IP 接口。这些接口包括以下各项。

（1）为单一网络连接配置的任何附加 IP 地址。

（2）在服务器上安装了多个网络连接的情况下，为每个单独的连接配置的单个 IP 地址。

对于多主机 DNS 服务器，可以将 DNS 服务限于选定的 IP 地址。这样，DNS 服务器服务将只侦听并应答发送到在服务器属性中“接口”选项卡上指定的 IP 地址的 DNS 请求。默认情况下，DNS 服务器服务侦听所有 IP 地址，并接受发送到其默认服务端口（UDP 或 TCP 的 53 端口）的所有客户端请求。如果不希望 DNS 服务器响应在特定地址上收到的请求，则可以将 DNS 服务器配置为仅响应在其部分接口上收到的请求。这样可以确保只有已配置为使用指定 IP 地址的服务器和客户端才可以成功地将查询发送到 DNS 服务器。

由于配置多个 IP 地址时，会消耗更多的系统资源，因此为了确保系统性能，尽管 DNS 提供了配置多个 IP 地址的方式，最好还是为每个网络适配器仅配置一个主 IP 地址，或者尽可能地删除不必要的 IP 地址。

21.4 DNS 服务器用做转发器

21.4.1 转发器

转发器是网络上的一个 DNS 服务器，它将对外部 DNS 名称的 DNS 查询转发到网络外部的 DNS 服务器。也就是说通过配置网络中的其他 DNS 服务器将它们无法在本地解析的查询转发到网络上的一个 DNS 服务器。通过使用转发器，可以管理网络之外的名称的名称解析，并提高网络中的计算机名称解析的效率。

将 DNS 服务器指定为转发器时，该转发器则负责处理外部通信，并限制 DNS 服务器暴露到公网中的程度。内部网络中的所有外部 DNS 查询都将通过转发器来解析，因此转发器成为外部 DNS 查询的一个大型缓存。由于缓存数据的使用，转发器可在较短时间内解析大量外部 DNS 查询，这样大大缩短了 DNS 客户端的响应时间，也减少了网络上的通信。

与未被配置为使用转发器的 DNS 服务器相比，作为转发器的 DNS 服务器的工作方式有所不同。

作为转发器的 DNS 服务器将按如下方式工作。

（1）当 DNS 服务器收到查询时，将通过使用所承载的区域并使用其缓存尝试解析此查询。

（2）如果使用本地数据无法解析查询，DNS 服务器会将查询转发到指定作为转发器的 DNS 服务器。

（3）如果转发器不可用，DNS 服务器将尝试使用其根提示来解析查询。

（4）当 DNS 服务器将查询转发到转发器时，会将一个递归查询发送到转发器。这不同于 DNS 服务器在标准名称解析过程中发送到其他 DNS 服务器的迭代查询。

可以通过 DNS 管理器使用图形化界面进行设置，也可以通过命令行方式进行设置。

使用图形化设置步骤如下。

步骤 1：单击“开始”→“管理工具”→“DNS”菜单命令，打开如图 21-3 所示的“DNS 管理器”窗口。

步骤 2：在如图 21-3 所示的窗口中，选择 DNS 服务名，在窗口右侧，选择“转发器”，双击鼠标，之后弹出如图 21-4 所示的属性对话框。

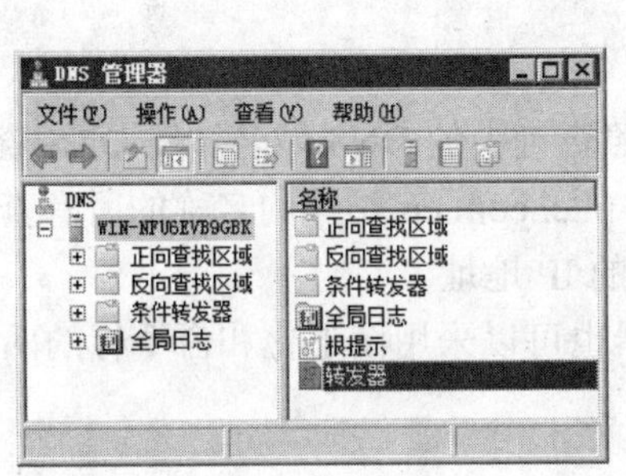

图 21-3　“DNS 管理器”窗口

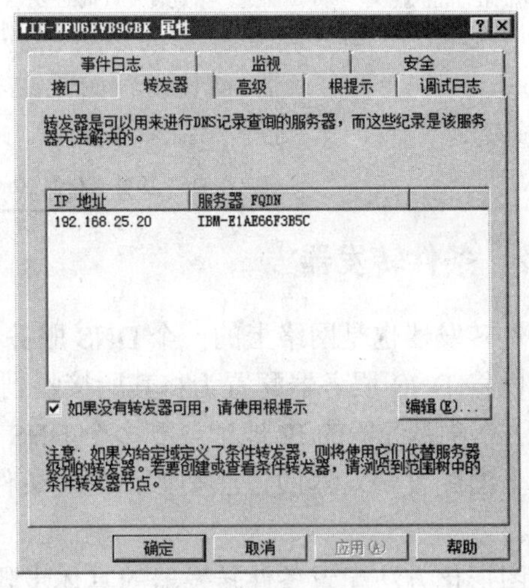

图 21-4　属性对话框

步骤 3：在如图 21-4 所示的对话框的“转发器”选项页中，单击“编辑”按钮，即可弹出如图 21-5 所示的“编辑转发器”对话框。在该对话框的“转发服务器的 IP 地址”一栏的第一行，输入转发器的 IP 地址。

使用命令行将 DNS 服务器配置为使用转发器的具体步骤如下。

步骤 1：单击“开始”→“命令提示符”菜单命令，打开命令提示符。

步骤 2：输入如下命令，然后按回车键：

dnscmd <ServerName> /ResetForwarders <MasterIPaddress ...>[/TimeOut <Time>] [/Slave]

上述命令中的参数说明如表 21-2 所示。

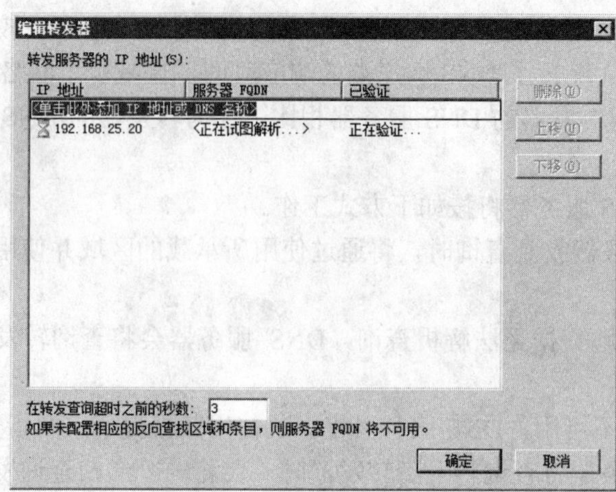

图 21-5 “编辑转发器”对话框

表 21-2 **dnscmd 命令行参数说明**

命令行参数	参数说明
<ServerName>	必选。指定 DNS 服务器的主机名称或 IP 地址。若要指定本地计算机上的 DNS 服务器，还可以输入句点（.）
/ResetForwarders	必选。配置转发器
<MasterIPaddress...>	必选。指定转发查询的 DNS 服务器的一个或多个 IP 地址的以空格分隔的列表。可以指定一个以空格分隔的 IP 地址列表
/TimeOut	指定超时设置。超时设置是不成功的转发查询超时之前的秒数
<Time>	指定 /TimeOut 参数的值。此值以秒为单位。默认超时为 5 秒
/Slave	确定在 DNS 服务器查询 ZoneName 指定的域名时该服务器是否使用递归

21.4.2 条件转发器

条件转发器也是网络上的一个 DNS 服务器，按照查询中的 DNS 域名转发 DNS 查询。比如，可以将 DNS 服务器配置为将其所接收到的对以 phei.com.cn 结尾的名称的所有查询转发到特定 DNS 服务器的 IP 地址或到多个 DNS 服务器的 IP 地址。

与上面配置转发器的方法类似，配置条件转发器也可以采用图形化和命令行的两种方式来实现。

用图形化方法配置条件转发器的具体步骤为。

步骤 1：单击“开始”→“管理工具”→“DNS”菜单命令，打开如图 21-3 所示的“DNS 管理器”窗口。

步骤 2：在如图 21-3 所示的窗口中，选择条件转发器，之后单击鼠标右键，在弹出的快捷菜单中选择“新建条件转发器”菜单命令，之后弹出如图 21-6 所示的“新建条件转发器”对话框。在该对话框中的“DNS 域”中输入一个域名，在“主服务器的 IP 地址”一栏输入条件转发器的 IP 地址。还可以选择“在 Active Directory 中存储此条件转发器，并按如下方式复制它”选项，将该条件转发器复制到域控制器中。之后单击“确定”按钮，即可创建一个条件转发器。

使用命令行配置条件转发器的步骤为。

步骤 1：单击“开始”→“命令提示符”菜单命令，打开命令提示符。

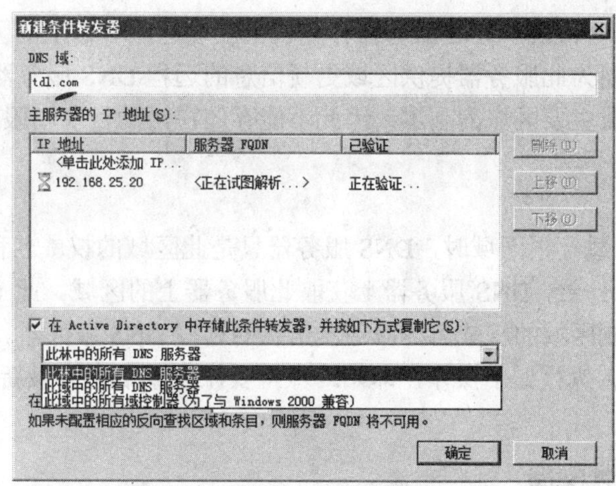

图 21-6　新建条件转发器对话框

步骤 2：在命令提示行中输入以下命令：

```
dnscmd <ServerName> /ZoneAdd <ZoneName> /Forwarder <MasterIPaddress ...>[/TimeOut <Time>] [/Slave]
```

/ZoneAdd 命令可添加 ZoneName 参数指定的区域。IPAddress 参数是 DNS 服务器将转发不可解析的 DNS 查询的 IP 地址。/Slave 参数可将 DNS 服务器设置为一个从属服务器。/NoSlave 参数（默认设置）可将 DNS 服务器设置为一个非从属服务器，这意味着它将执行递归。/Timeout 和 Time 参数已在表 21-2 中说明。

21.5　DNS 的区域

DNS 中将 DNS 命名空间分成区域，区域存储一个或多个 DNS 域的名称信息。在 DNS 区域查找中包括正向查找区域和反向查找区域。

正向查找区域提供名称到地址的解析。反向查找区域是可选的，它们提供地址到名称的解析。

可以部署名为 GlobalNames 的以特殊方式命名的正向查找区域，以便在无法使用 Window Internet 名称服务（WINS）或后缀搜索列表时，提供单标签名称的名称解析（即不包含父域名称的名称）。

21.5.1　区域类型

DNS 服务器提供 3 种类型的区域：主要区域、辅助区域和存根区域。

1．主要区域

当 DNS 服务器承载主要区域时，DNS 服务器则为此区域相关信息的主要来源，并在本地文件或活动目录域服务中存储区域数据的主副本。将区域存储在文件中时，主要区域文件默认命名为 zone_name.dns，并保存在服务器上的 %windir%\System32\DNS 文件夹中。

2．辅助区域

当 DNS 服务器承载辅助区域时，DNS 服务器则是此区域相关信息的辅助来源。必须从同时承载该区域的另一台远程 DNS 服务器计算机上获取此服务器上的区域。此 DNS 服务器必须可以通过网络访问为此服务器提供区域更新信息的远程 DNS 服务器。由于辅助区域只是在另一台服务器上承载主要区域的副本，因此不能存储在活动目录域服务中。

3. 存根区域

当 DNS 服务器承载存根区域时，DNS 服务器只是此区域的权威名称服务器信息的来源。必须从承载该区域的另一台 DNS 服务器上获取此服务器上的区域。此 DNS 服务器必须可以通过网络访问用于复制区域的权威名称服务器信息的远程 DNS 服务器。

可以使用存根区域执行如下操作，即始终保持委派区域信息为最新状态、改进名称解析和简化 DNS 管理。

21.5.2 暂停或恢复区域

通过暂停或恢复区域的过程，可以控制区域是否响应查询或传输请求。具体操作步骤如下。

步骤 1：打开如图 21-3 所示的“DNS 管理器”。

步骤 2：展开服务器名称，再展开“正向查找区域”或“反向查找区域”，选择其中的一个域名，单击鼠标右键，在弹出的快捷菜单中选择“属性”菜单命令，之后弹出如图 21-7 所示的域名属性对话框。

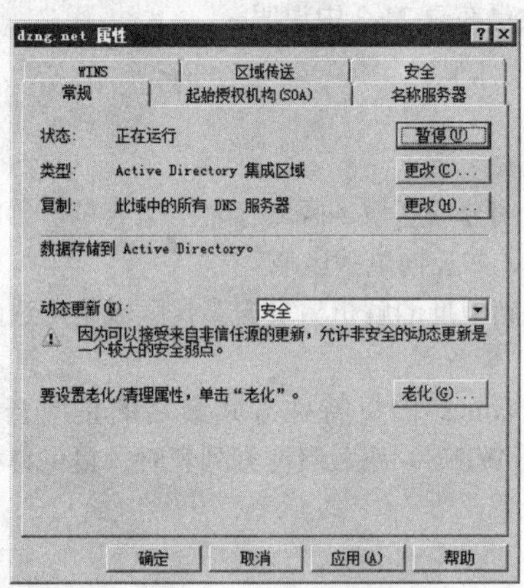

图 21-7　属性对话框

步骤 3：在如图 21-7 所示对话框的“常规”选项页中，单击右上角的“暂停”或“开始”按钮，即可暂停或恢复区域。

上述操作对应的命令如下所示：

暂停区域的命令为 dnscmd <ServerName> /ZonePause <ZoneName>

恢复区域的命令为 dnscmd <ServerName> /ZoneResume <ZoneName>

其中参数<ServerName>是必选项，指定 DNS 服务器的 DNS 主机名称或 IP 地址。若要在本地计算机上指定 DNS 服务器，还可以输入句点（.）。参数/ZonePause 是必选项，指暂停区域。参数/ZoneResume 是必选项，指恢复区域。参数<ZoneName>是必选项，指定区域的完全

限定的域名　（FQDN）。

21.5.3　添加正向查找区域

DNS 的主要功能就是正向查找区域，就是主机名到 IP 地址的解析。添加正向查找区域的具体步骤如下。

步骤 1：打开如图 21-3 所示的“DNS 管理器”。

步骤 2：展开服务名，选择“正向查找区域”后单击鼠标右键，在弹出的菜单中选择“新建区域”菜单命令，之后弹出如图 21-8 所示的“新建区域向导”对话框。

步骤 3：单击向导对话框的“下一步”按钮，进入如图 21-9 所示的区域类型选择向导对话框。根据实际需要选择区域类型。还可以选择“在 Active Directory 中存储区域（只有 DNS 服务器是可写域控制器时才可用）”。之后单击“下一步”按钮。

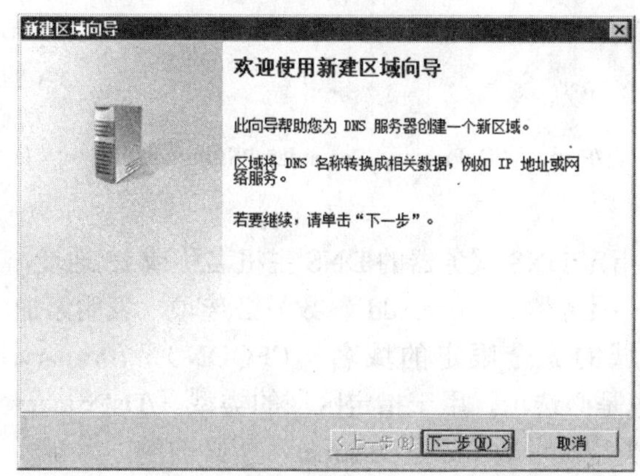

图 21-8　“新建区域向导”对话框

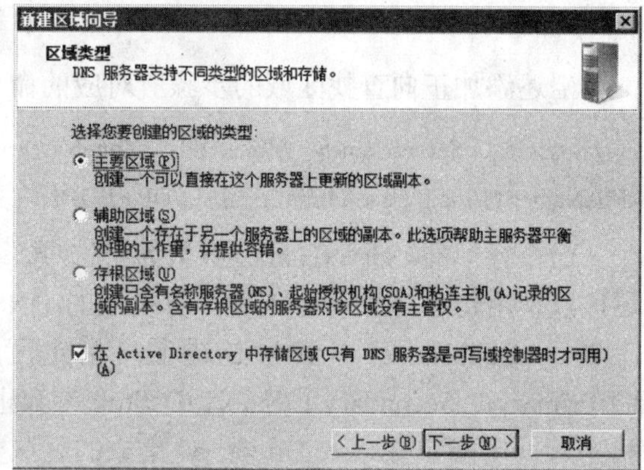

图 21-9　区域类型选择向导对话框

步骤 4：进入如图 21-10 所示的选择 DNS 数据复制方式对话框。之后单击“下一步”按钮。

步骤 5：进入如图 21-11 所示的区域名称向导对话框。在“区域名称”栏中输入新区域的名称。之后单击“下一步”按钮。

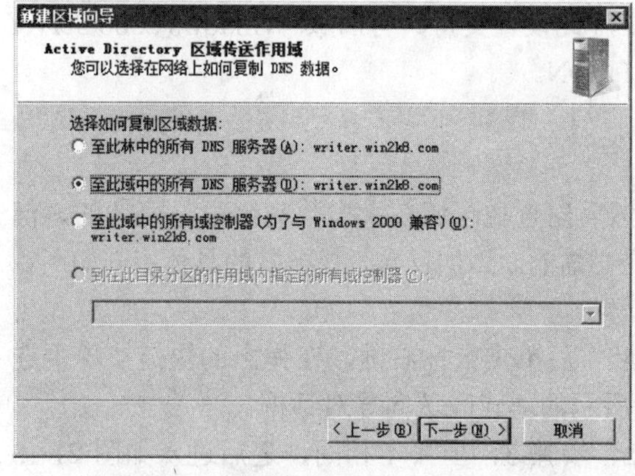

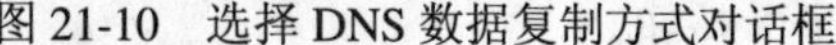

图 21-10　选择 DNS 数据复制方式对话框

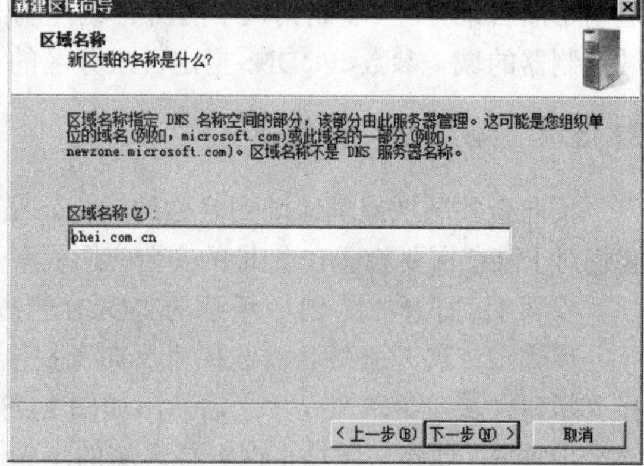

图 21-11　区域名称向导对话框

步骤 6：进入如图 21-12 所示的动态更新方式选择对话框。根据需要选择，此处的选择应注意考虑系统的安全要求。选择之后单击“下一步”按钮。最后进入向导完成提示对话框，单击“完成”按钮即可。

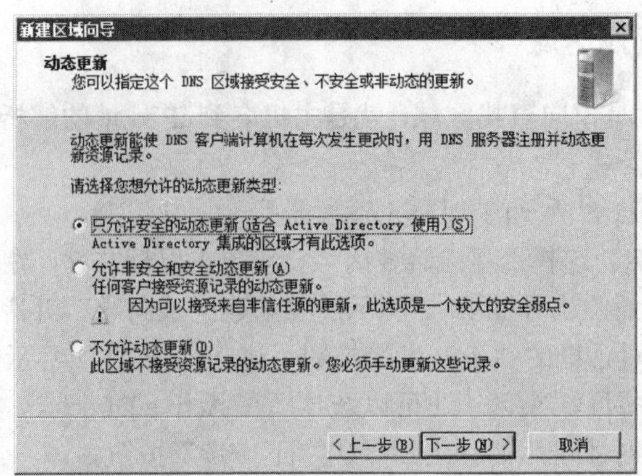

图 21-12　动态更新方式选择对话框

上述添加正向查找区域的步骤所对应的命令行为：

dnscmd <ServerName> /ZoneAdd <ZoneName> {/Primary|/DsPrimary|/Secondary|/Stub|/DsStub} [/file <FileName>] [/load] [/a <AdminEmail>] [/DP <FQDN>]

命令行中的<ServerName>参数为必选项，指定 DNS 服务器的 DNS 主机名称或 IP 地址，还可以使用句点（.）指定本地计算机上的 DNS 服务器。/ZoneAdd 参数为必选项，表明添加区域。<ZoneName>参数为必选项，指定区域的完全限定的域名（FQDN）。/Primary| /DsPrimary | /Secondary | /Stub | /DsStub 参数也是必选项，用于指定区域的类型。/DsPrimary 和 /DsStub 指定 Active Directory 集成的区域类型。参数/file 是 /Primary 所必需的，为新区域指定文件。此参数对于 /DsPrimary 区域类型无效。参数<FileName>是 /Primary 所必需的。指定区域文件的名称。此参数对于 /DsPrimary 区域类型无效。参数/load 加载区域的现有文件。如果未指定此参数，则将自动创建默认区域记录。此参数不适用于 /DsPrimary。参数/a 添加区域的管理员电子邮件地址。参数<AdminEmail>指定区域的管理员电子邮件名称。参数 /DP 将区域添加到应用程序目录分区。/DP /domain 适用于域目录分区（复制到域中的所有 DNS 服务器）。/DP /forest 适用于林目录分区（复制到林中的所有 DNS 服务器）。/DP/legacy 适用于旧目录分区（复制到域中的所有域控制器）。此设置支持具有旧版 Windows 2000 Server 域控制器的域。参数<FQDN>指定目录分区的 FQDN。

21.5.4　添加反向查找区域

反向查找区域提供地址到名称的解析。虽然反向查找区域在大多数网络中是可选的，但它们对于某些需要验证 IP 地址的安全应用程序是必需的。添加反向查找区域的具体步骤如下。

步骤 1：打开如图 21-3 所示的“DNS 管理器”。

步骤 2：展开服务名，选择“反向查找区域”后单击鼠标右键，在弹出的快捷菜单中选择“新建区域”菜单命令，之后弹出如图 21-8 所示的新建区域向导对话框。

步骤 3：此步与添加正向查找区域的步骤 2、步骤 3、步骤 4 相同，之后进入如图 21-13 所示的“反向查找区域名称”对话框，单击“下一步”按钮。

步骤 4：进入如图 21-14 所示的反向查找区域名称对话框。在该对话框中，输入网络 ID 或者输入反向查找区域名称。之后单击“下一步”按钮。

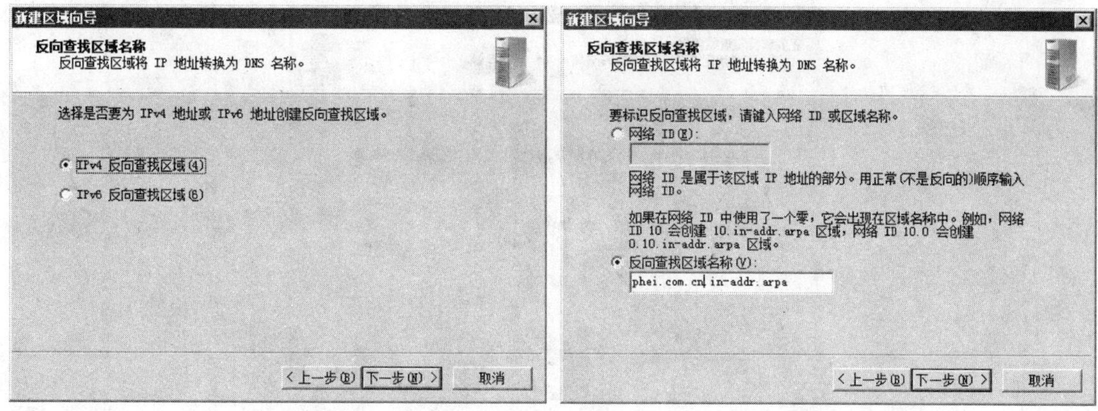

图 21-13　“反向查找区域名称”对话框　　图 21-14　反向查找区域名称对话框

步骤 5：进入如图 21-12 所示的动态更新方式选择对话框。根据需要选择，此处的选择应注意考虑系统的安全要求。选择之后单击“下一步”按钮。最后进入向导完成提示对话框，单击“完成”按钮即可。

上述操作步骤对应的命令行为：

```
dnscmd <ServerName> /ZoneAdd <ZoneName> {/Primary|/DsPrimary} [/file <FileName>] [/load] [/a <AdminEmail>] [/DP <FQDN>]
```

参数<ServerName>为必选项，指定 DNS 服务器的 DNS 主机名称或 IP 地址。可以使用句点（.）指定本地计算机上的 DNS 服务器。参数/ZoneAdd 为必选项，表明添加区域。参数<ZoneName>为必选项，为区域指定 in-addr.arpa 域的完全限定的域名（FQDN）。参数/Primary|/DsPrimary 为必选项，指定区域的类型。参数/file 是 /Primary 所必需的。为新区域指定文件。此参数对于 /DsPrimary 区域类型无效。参数<FileName>对于 /Primary 为必需。指定区域文件的名称。此参数对于 /DsPrimary 区域类型无效。参数/load 加载区域的现有文件。如果未指定此参数，则将自动创建默认区域记录。此参数不适用于 /DsPrimary。参数/a 添加区域的管理员电子邮件地址。参数<AdminEmail>指定区域的管理员电子邮件名称。参数/DP 将区域添加到应用程序目录分区。参数<FQDN>指定目录分区的 FQDN。

21.5.5　添加存根区域

存根区域是区域的一个副本，仅包含标识该区域的权威 DNS 服务器所必需的资源记录。通常，可以使用存根区域在单独的 DNS 命名空间之间解析名称。添加存根区域的具体步骤如下。

步骤 1：打开如图 21-3 所示的“DNS 管理器”。

步骤 2：展开服务名，选择 DNS 服务器名称，然后单击鼠标右键，在弹出的菜单中选择“新建区域”菜单，之后弹出如图 21-8 所示的新建区域向导对话框。

步骤 3：在区域类型向导对话框中选择“存根区域”，之后单击“下一步”按钮。

步骤 4：在选择复制 DNS 数据方式对话框中选择相应的方式后单击“下一步”按钮。

步骤 5：进入如图 21-15 所示的选择正向或反向查找区域向导对话框。根据实际需要选择后单击“下一步”按钮。比如，选择“正向查找区域”选项。

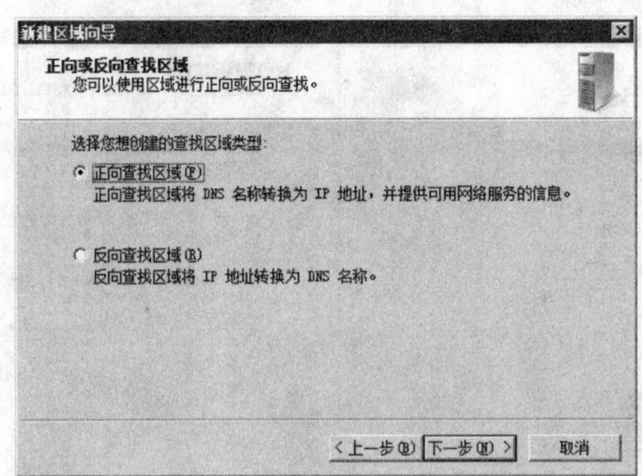

图 21-15　选择正向或反向查找区域向导对话框

步骤 6：进入输入新区域名的向导对话框，在“区域名称”一栏中输入新的区域名称，如输入 mydomain.com。之后单击“下一步”按钮。

步骤 7：进入动态更新方式选择对话框。根据实际安全需求选择相应动态更新方式后单击“下一步”按钮。最后单击“完成”按钮即可。

上述操作对应的命令行命令为：

```
dnscmd <ServerName> /ZoneAdd <ZoneName> {/Stub|/DsStub} <MasterIPaddress...>[/file <FileName>] [/load] [/DP <FQDN>]
```

参数<ServerName>为必选项，指定 DNS 服务器的 DNS 主机名称或 IP 地址。可以使用句点（.）指定本地计算机上的 DNS 服务器。参数/ZoneAdd 为必选项，表明添加区域。参数<ZoneName>为必选项，指定区域的完全限定的域名（FQDN）。参数/Stub|/DsStub 为必选项，指定区域的类型。若要指定 Active Directory 集成的存根区域，请输入 /DsStub。参数<MasterIPaddress...> 为必选项，为要从中复制区域数据的存根区域的主服务器指定一个或多个 IP 地址。参数/file 为新区域添加文件。参数<FileName> 指定区域文件的名称。参数/load 加载区域的现有文件。如果未指定此参数，则将自动创建默认区域记录。参数/DP 将区域添加到应用程序目录分区。

21.5.6 GlobalNames 区域

使用单标签名称，可以让计算机使用简短易记的名称访问诸如文件服务器之类的主机，而不是使用构成域名系统（DNS）的默认命名约定的完全限定域名（FQDN）。

为了能够使用单标签名称，许多网络都在其环境中部署了 WINS 服务器。作为一种名称解析协议，WINS 是 DNS 的备用选项。它是一种使用 TCP/IP 上的 NetBIOS 协议的早期服务。WINS 和 NetBIOS 不支持 IPv6 协议，因此它们在许多网络中都将被逐步淘汰。

为了帮助使用 DNS 解析所有名称，Windows Server 2008 中的 DNS 服务器角色支持称为 GlobalNames 的特别命名区域。通过部署具有此名称的区域，便可以使用具有单标签名称的静态全局记录，而不再依赖于 WINS。

GlobalNames 区域的设计目的不是要完全替换 WINS。不应该使用 GlobalNames 区域支持对 WINS 中动态注册的记录进行名称解析。不能随意调整对这些动态注册记录的支持，尤其是对具有多个域或多个林的大规模应用环境。

21.6　配置区域属性

21.6.1　区域委派

DNS 提供了一种选择，可以将命名空间划分为一个或多个区域，随后将这些区域存储、分布和复制到其他 DNS 服务器。如果出现以下需求情况时，可以考虑划分 DNS 命名空间以建立其他区域，并使用委派区域。

（1）需要将部分 DNS 命名空间的管理委派给所在组织的另一个位置或部门。

（2）需要将一个大区域划分为多个较小的区域，以便在多个服务器中分摊流量负载、提高 DNS 名称解析性能或创建更能容错的 DNS 环境。

（3）需要立即添加大量子域来扩展命名空间，以适应开设新的分支或站点。

委派命名空间中的区域时，对于创建的每个新区域，需要其他区域中指向新区域的权威 DNS 服务器的委派记录。

21.6.2　创建区域委派

可以将域名系统（DNS）命名空间划分为一个或多个区域。可以通过委派对应区域的管理，将部分命名空间的管理委派给组织内的其他位置或部门。创建区域委派的具体步骤如下。

步骤 1：打开如图 21-3 所示的“DNS 管理器”。

步骤 2：选择一个合适的子域，如“myDomain.com”，单击鼠标右键，在弹出的菜单中选择“新建委派”菜单命令，之后弹出如图 21-16 所示的新建委派向导对话框。单击“下一步”按钮。

步骤 3：进入如图 21-17 所示的受委派域名向导对话框。在“委派的域”一栏中输入需要委派的域，如“depart1”，之后单击“下一步”按钮。

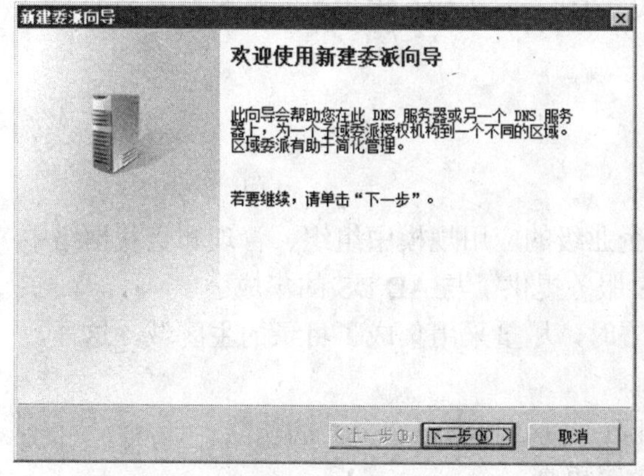

图 21-16　新建委派向导对话框

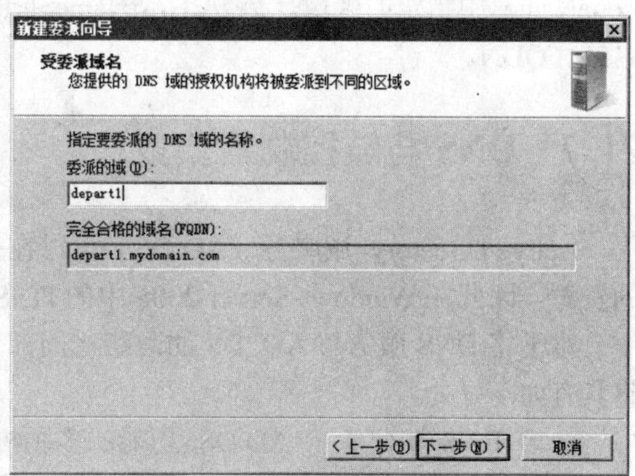

图 21-17　受委派域名

步骤 4：进入如图 21-18 所示的选择主持受委派区域的服务器名称和 IP 地址向导对话框。单击该对话框上的“添加”按钮，即可弹出如图 21-19 所示的“新建名称服务器记录”对话框。在该对话框的“服务器完全合格的域名”一栏中输入另一个受委派区域的服务器的域名，之后单击“确定”按钮。在最后弹出的向导对话框中单击“完成”按钮即可。

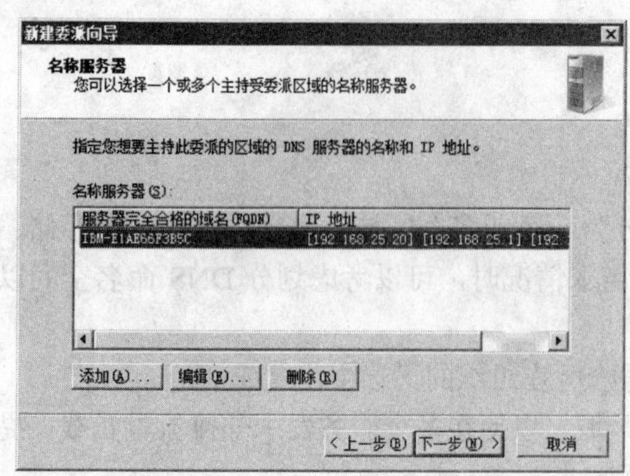

图 21-18 选择主持受委派区域的服务器名称和 IP 地址

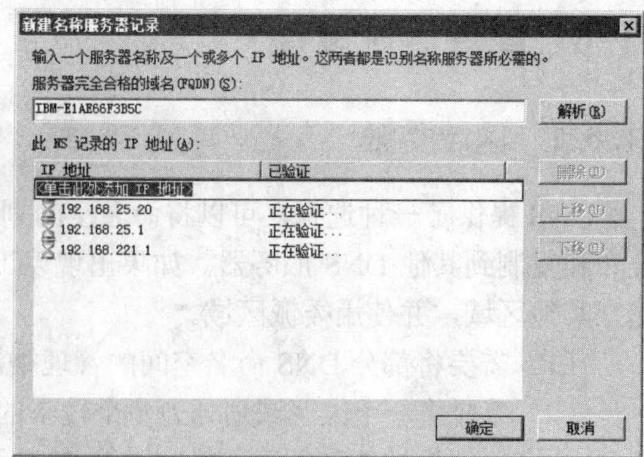

图 21-19 "新建名称服务器记录"对话框

上述操作对应的命令行命令为：

dnscmd <ServerName> /RecordAdd <ZoneName> <NodeName> [/Aging] [/OpenAcl] [<Ttl>] NS {<HostName>|<FQDN>}

参数<ServerName>为必选项，指定 DNS 服务器的 DNS 主机名称或 IP 地址。可以使用句点（.）指定本地计算机上的 DNS 服务器。参数/RecordAdd 为必选项，指定添加资源记录的命令。参数<ZoneName>为必选项，指定区域的完全限定的域名（FQDN）。参数<NodeName>为必选项，指定为其添加"起始授权机构"（SOA）资源记录的 DNS 命名空间中的节点的 FQDN。还可以输入与 ZoneName 或 @（区域的根节点）相关的节点名称。参数/Aging，表明如果使用此命令，则此资源记录可能老化并被清理。如果不使用此命令，则资源记录将保留在 DNS 数据库中，直到手动更新或删除它。参数/OpenAcl，指定任何用户均可自由修改新记录。如果没有此参数，则只有管理员才可以修改新记录。参数<Ttl>指定资源记录的生存时间（TTL）设置。参数 NS 为必选项，指定正在将名称服务器（NS）资源记录添加到在 ZoneName 中指定的区域。参数<HostName>|<FQDN>为必选项，指定新的权威服务器的主机名或 FQDN。

21.7 DNS 与域控制器集成

Active Directory 域服务（AD DS）可以在企业级的应用规模中组织、管理和查找网络中的资源。因此在 Windows Server 2008 中的 DNS 服务提供了与 AD DS 的集成。

对于将 DNS 服务与 AD DS 的网络一同部署时，尽量采用集成了目录的主区域，这样，将具有如下好处。

（1）DNS 具有基于 AD DS 功能的多主机数据复制和增强安全性的功能。

（2）集成了目录的复制比标准 DNS 复制效率更高。

（3）通过在 AD DS 中集成 DNS 区域数据库的存储，可以简化网络的数据库复制规划。

（4）只要将新的区域添加到 AD DS 域，区域将自动复制并同步到新的域控制器。

当在服务器上安装 AD DS，将服务器的角色提升为指定域的域控制器时，安装向导将提示为正加入并为其提升服务器的 AD DS 域指定 DNS 域名，并提供安装 DNS 服务器角色的选项。这样就会得到 DNS 区域将与 AD DS 服务器控制的 AD DS 域集成。

另外，DNS 服务与 AD DS 集成仅适用于域控制器服务器。成员服务器配置 DNS 服务器时，则不会与 AD DS 集成。

21.8 管理资源记录

资源记录包含区域维护的有关该区域所包含资源的信息。典型的资源记录包括资源记录所有者的名称、有关资源记录可在缓存中保留的时间信息、资源记录类型，以及特定于记录类型的数据。可以直接添加资源记录，也可以在启用 DHCP 的 Windows 客户端加入网络时自动添加资源记录，这一过程称为动态更新。

21.8.1 资源记录类型

创建区域后，必须向区域中添加资源记录。常见的资源记录类型主要包括以下几种。

主机（A）资源记录：用于将 DNS 域名映射到计算机使用的 IP 地址。

别名（CNAME）资源记录：用于将别名 DNS 域名映射到另一个主名称或规范名称。

邮件交换器（MX）资源记录：用于将 DNS 域名映射到交换或转发邮件的计算机的名称。

指针（PTR）资源记录：用于映射基于某台计算机的 IP 地址的反向 DNS 域名，该 IP 地址指向该计算机的正向 DNS 域名。

服务位置（SRV）资源记录：用于将 DNS 域名映射到提供特定服务类型的一系列指定 DNS 主机的计算机。

根据需要使用的其他资源记录。

21.8.2 将资源记录添加到区域

将资源记录添加到区域的具体步骤如下。

步骤 1：打开如图 21-3 所示的"DNS 管理器窗口"。

步骤 2：在控制台中选择一个区域，之后在窗口右侧单击鼠标右键，在弹出的快捷菜单中选择"其他新记录"菜单命令，如图 21-20 所示。

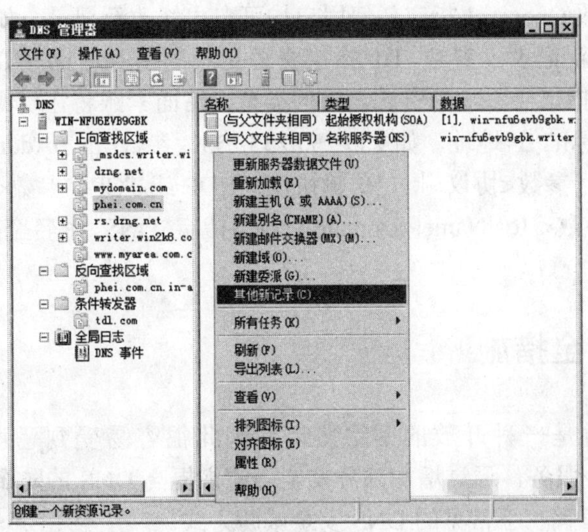

图 21-20 DNS 管理器添加新记录

步骤 3：弹出如图 21-21 所示的“资源记录类型”对话框。在“选择资源记录类型”栏中选择一个适当的资源记录类型，之后单击“创建记录”按钮。

步骤 4：弹出如图 21-22 所示的“新建资源记录”对话框。在该对话框中输入相应的信息，之后单击“确定”按钮。

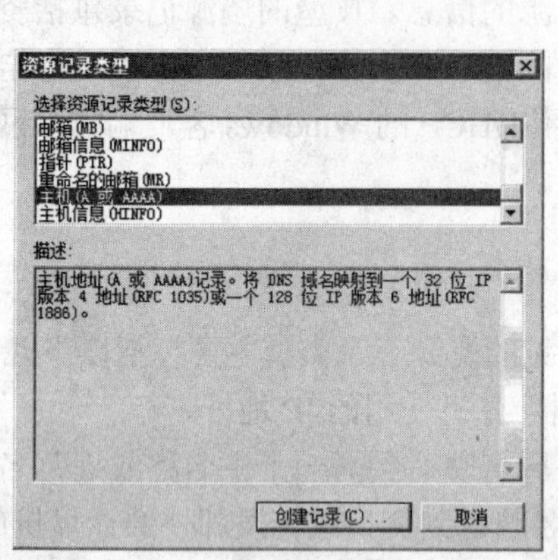

图 21-21 “资源记录类型”对话框

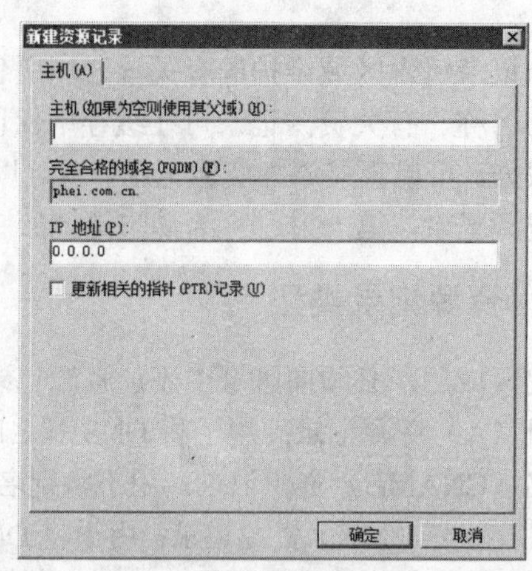

图 21-22 “新建资源记录”对话框

上述创建过程对应的命令行命令为：

dnscmd <ServerName> /RecordAdd <ZoneName> <NodeName> [/Aging] [/OpenAcl] [Ttl] <RRType> <RRData>

参数<ServerName>为必选项，指定 DNS 服务器的 DNS 主机名称或 IP 地址，还可以使用句点（.）指定本地计算机上的 DNS 服务器。参数/RecordAdd 为必选项，添加新的资源记录。参数<ZoneName>为必选项，指定区域的完全限定的域名（FQDN）。参数<NodeName>为必选项，在 DNS 名称空间中指定节点的 FQDN。还可以输入与 ZoneName 或@（区域的根节点）相关的节点名称。参数/Aging 指定此资源记录可以老化并被清除。如果使用此命令，则此资源记录可能老化并被清理。如果不使用此命令，则资源记录将保留在 DNS 数据库中，直到手动更新或删除它。参数/OpenAcl 指定任何用户均可自由修改新记录。如果没有此参数，则只有管理员才可以修改新记录。参数 Ttl 指定资源记录的生存时间（TTL）。参数<RRType><RRData>为必选项，指定要添加的资源记录的类型，后面紧跟将在资源记录中包含的数据。参数<IPAddress>指定标准 IP 地址，如 255.255.255.255。参数<ipv6Address>指定标准 IPv6 地址，如 1:2:3:4:5:6:7:8。参数<协议>指定传输协议：UDP 或 TCP。参数<服务>指定标准服务，如 domain、smtp。参数<HostName|<DomainName>指定 DNS 命名空间中一个资源记录的 FQDN。

21.9 DNS 的安全措施

DNS 最初设计时是一种开放的网络协议，因此很容易受到恶意攻击。在 Windows Server 2008 中的 DNS 服务，通过增加部分安全功能来提高 DNS 的防御能力。

首先，让我们来了解一下常见的 DNS 安全威胁方式。

方式 1：跟踪足迹。攻击者通过获取 DNS 区域数据，来获得敏感网络资源的 DNS 域名、计算机名和 IP 地址。攻击者开始攻击时一般会使用这些 DNS 数据来对网络进行图解或“跟踪网络的足迹”。DNS 域和计算机名通常指示某个域或计算机的功能或位置，以帮助用户便于记住并识别域和计算机。而攻击者也正是利用这样符合大众心理的 DNS 命名原则，来了解网络中域和计算机的大体功能或位置。

方式 2：“拒绝服务”攻击。攻击者用递归查询来充满网络中一个或多个 DNS 服务器，试图拒绝提供网络服务。当 DNS 服务器中充满查询时，其 CPU 使用率达到最大值，DNS 服务器服务将无法使用。

方式 3：数据篡改。攻击者在所创建的 IP 数据包中使用有效的 IP 地址，以便使这些数据包在格式上看起来是网络中的一个有效 IP 地址。这一般称为 IP 欺骗。使用有效 IP 地址，攻击者可以获得对网络的访问权限，并破坏数据或执行其他攻击。

方式 4：重定向。攻击者将对 DNS 名称的查询重定向到攻击者所控制的服务器。在一种重定向方法中，会试图用错误的 DNS 数据来污染 DNS 服务器的 DNS 缓存，这些数据会将日后的查询重定向到攻击者所控制的服务器。

DNS 的安全级别可以被划分为 3 个等级，具体如下。

低安全级别：低安全级别是未配置任何安全预防措施的一种标准 DNS 部署。在不考虑 DNS 数据完整性的网络环境中，或在没有外部连接威胁的专用网络中，才考虑使用低安全级别的 DNS。

中安全级别：中安全级别使用未在域控制器上运行 DNS 服务器并且未在活动目录域服务中存储 DNS 区域的情况下可用的 DNS 安全功能。

高安全级别：高安全级别使用与中安全级别一样的配置。它还使用在 DNS 服务器服务运行于域控制器上且 DNS 区域存储在活动目录域服务中时可以使用的安全功能。此外，高安全级别完全消除了与 Internet 进行的 DNS 通信。

再次，可以对 DNS 进行安全配置，以缓解这些常见的 DNS 安全问题。如表 21-3 所示列出了 DNS 安全需要注意的 5 个主要方面。

表 21-3　DNS 安全需要注意的 5 个主要方面

DNS 安全领域	描述
DNS 命名空间	将 DNS 安全融入 DNS 命名空间设计中
DNS 服务器服务	当 DNS 服务器服务在域控制器上运行时，查看默认 DNS 服务器服务安全设置，并应用 Active Directory 安全功能
DNS 区域	当 DNS 区域位于域控制器上时，查看默认 DNS 区域安全设置，并应用安全动态更新和 Active Directory 安全功能
DNS 资源记录	当 DNS 资源记录位于域控制器上时，查看默认 DNS 资源记录安全设置，并应用 Active Directory 安全功能
DNS 客户端	控制 DNS 客户端使用的 DNS 服务器 IP 地址

另外，在 Windows Server 2008 中的 DNS 服务还提供了另外一些安全措施，接下来我们列举几个相关的 DNS 安全配置。

21.9.1　保护服务器缓存不受名称污染

缓存污染在 DNS 查询响应包含非权威数据或恶意数据时发生，因此 Windows Server 2008

中的 DNS 服务默认情况下会保护 DNS 服务器服务以防受到缓存污染。更改该默认设置，会降低 DNS 服务器服务提供响应的完整性。如果默认设置以前已更改，则可以使用该过程还原默认设置。更改的具体步骤如下。

步骤 1：打开如图 21-3 所示的“DNS 管理器窗口“。

步骤 2：选中 DNS 服务器名称，单击鼠标右键，在弹出的快捷菜单中选择“属性”菜单命令，之后弹出如图 21-23 所示的属性对话框。

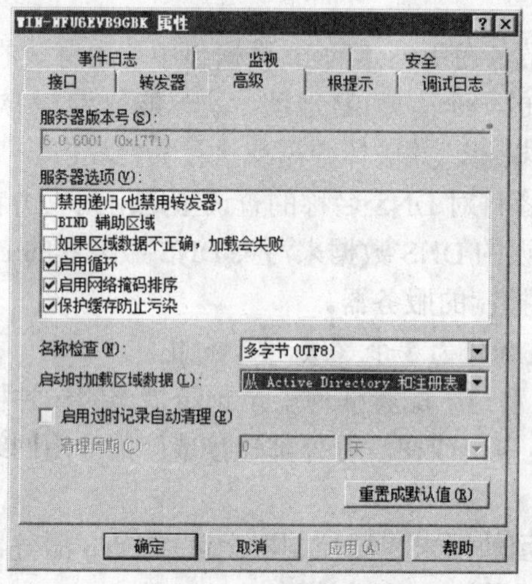

图 21-23 属性对话框

步骤 3：在图 21-23 所示的对话框中，单击“高级”选项卡。在“服务器选项”栏中，选中“保护缓存防止污染”复选框，然后单击“确定”。

21.9.2 在 DNS 服务器上禁用递归

默认情况下，DNS 服务器会代表其 DNS 客户端，以及已将 DNS 客户端查询转发给它的 DNS 服务器执行递归查询。递归是一项名称解析技术，借助此技术，DNS 服务器可以代表进行申请的客户端来查询其他的 DNS 服务器以完全解析名称，然后将应答发回客户端。攻击者可以使用递归来拒绝 DNS 服务器服务。因此，如果网络中的 DNS 服务器不准备接收递归查询，则应在该服务器上禁用递归。禁用 DNS 递归查询的具体步骤如下。

步骤 1：打开如图 21-3 所示的“DNS 管理器窗口”。

步骤 2：选中 DNS 服务器名称，单击鼠标右键，在弹出的菜单中选择“属性”菜单命令，之后弹出如图 21-23 所示的属性对话框。

步骤 3：在图 21-23 所示的对话框中，单击“高级”选项卡。在“服务器选项”栏中，选中“禁用递归”复选框，然后单击“确定”。

上述操作对应的命令行命令为：

```
dnscmd <ServerName> /Config /NoRecursion {1|0}
```

参数<ServerName> 是必选项，指定 DNS 服务器的 DNS 主机名称或 IP 地址。可以使用句点（.）指定本地计算机上的 DNS 服务器。参数/Config 为必选项，表示该命令用于配置指定服务器。参数/NoRecursion 是必选项，禁用递归。参数{1|0}是必选项，若要禁用递归，请输入 1（关闭）。若要启用递归，请输入 0（打开）。默认情况下，递归处于启用状态。

21.9.3　限制 DNS 服务器只侦听选定的地址

默认情况下，系统会将在多宿主计算机上运行的 DNS 服务器服务配置为使用其所有 IP 地址来侦听 DNS 查询。可以将 DNS 服务器服务侦听的 IP 地址限制为其 DNS 客户端用做首选 DNS 服务器的 IP 地址，从而提高 DNS 服务器的安全性。具体设置步骤如下。

步骤 1：打开前面如图 21-3 所示的“DNS 管理器”窗口。

步骤 2：选中 DNS 服务器名称，单击鼠标右键，在弹出的菜单中选择“属性”菜单命令，之后弹出如图 21-24 所示的属性对话框。

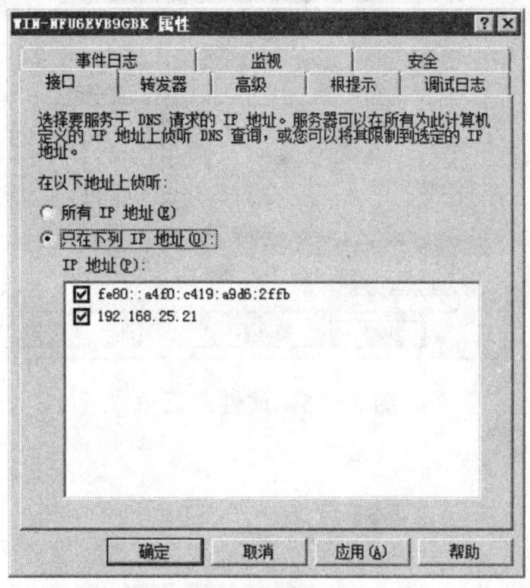

图 21-24　属性对话框

步骤 3：在“接口”选项卡上，选中“只在下列 IP 地址”单选钮。在“IP 地址”中，输入要为该 DNS 服务器启用的 IP 地址，然后单击“应用”按钮。

步骤 4：必要时重复前一步骤，以指定要为该 DNS 服务器启用的其他服务器 IP 地址。

步骤 5：若要从列表中删除某个 IP 地址，清除其前面的复选框，然后单击“应用”按钮即可。

上述操作对应的命令行命令为：

```
dnscmd <ServerName> /ResetListenAddresses [<ListenAddress> ...]
```

参数<ServerName>为必选项，指定 DNS 服务器的 DNS 主机名称或 IP 地址。可以使用句点（.）指定本地计算机上的 DNS 服务器。参数/ResetListenAddresses 为必选项，重置 DNS 服务器侦听的接口的 IP 地址。参数<ListenAddress> 指定希望 DNS 服务器侦听的接口的一个或多个 IP 地址。默认情况下，DNS 服务器服务在服务器计算机的所有已配置 IP 地址上侦听 DNS 消息通信。

21.9.4　修改域控制器上的 DNS 服务的安全性

当 DNS 服务在域控制器上运行时，可以指定管理 DNS 的用户。这不会影响可对服务器上承载的区域和资源记录进行管理的用户。修改域控制器上 DNS 服务安全性的具体步骤如下。

步骤 1：打开如图 21-3 所示的“DNS 管理器”窗口。

步骤 2：在窗口左侧，选择 DNS 服务器名称，单击鼠标右键，在弹出的快捷菜单中选择

“属性”菜单命令。

步骤 3：弹出如图 21-25 所示的属性对话框。选择“安全”选项卡，修改允许管理使用服务器的成员用户或组的列表。

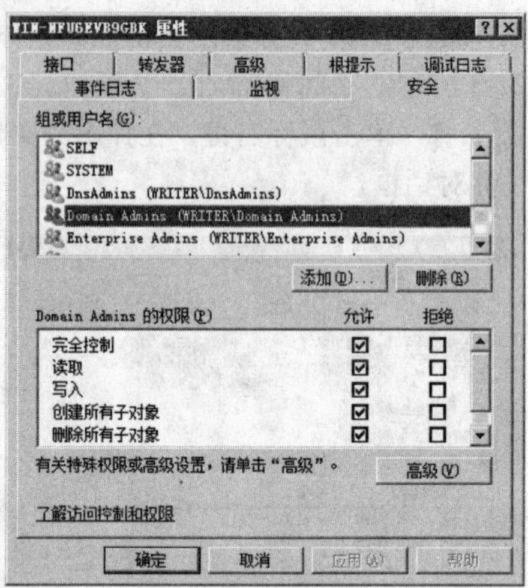

图 21-25 属性对话框

21.10 本章小结

在本章，具体介绍了 Windows Server 2008 中提供的 DNS 服务角色，并与早期服务器版本 Windows 中的 DNS 服务进行了比较，介绍了在 Windows Server 2008 中 DNS 的新特性。同时还以将 DNS 服务的基本概念与具体操作相结合的方式来介绍 Windows Server 2008 中 DNS 服务的概念内容，使读者可以把相对抽象的概念与具体的实际操作相对应起来，便于理解。

第22章 传真服务

22.1 传真服务概述

传真服务也是早期版本 Windows Server 中提供的服务。通过使用传真服务器，可以配置传真设备以使网络中的用户可以发送和接收传真，同时可以管理共享的传真资源。在 Windows Server 2008 中，传真服务器角色包括的主要功能如下。

（1）传真服务。安装传真服务器角色之后，传真服务会显示在服务管理单元中，可以直接从此处启动或停止服务，也可以从服务器管理器的传真服务器角色页面上启动或停止服务。

（2）传真服务管理器。传真服务管理器是一个 MMC 管理单元，提供用于配置和管理传真资源的集中管理点。

（3）Windows 传真和扫描。Windows Vista 商业版、企业版、旗舰版和 Windows Server 2008 系统可以使用 Windows 传真和扫描发送传真，还可以使用本地连接的传真设备或传真服务器发送传真。Windows Server 2008 中，默认情况下也是不安装 Windows 传真和扫描功能，如果需要，则需要在服务器管理器中安装桌面体验。在传真服务器上，可以使用 Windows 传真和扫描发送传真，还可以监视传真队列、收件箱和发件箱。

22.2 安装传真服务

22.2.1 安装传真服务角色

在 Windows Server 2008 中，默认安装方式并不安装传真服务，必须自行安装传真服务器角色，以创建传真服务器并安装传真服务和传真服务管理器。具体安装步骤如下。

步骤 1：单击“开始”→“管理工具”→“服务器管理器”菜单命令，弹出如图 22-1 所示的“服务器管理器”窗口，选择“角色”选项后单击“添加角色”链接，之后弹出“添加角色向导”对话框。

步骤 2：单击“下一步”按钮，之后弹出如图 22-2 所示的“选择服务器角色”导向对话框。在该对话框中选择“传真服务”选项。系统弹出提示框提示还必须选择“打印服务”和“远程服务器管理工具”。在提示框中单击“添加必需的角色服务”按钮。之后单击图 22-2 所示的对话框右下角的“下一步”按钮。

步骤 3：进入传真服务器简介的提示对话框，单击“下一步”按钮，进入如图 22-3 所示的“选择传真用户”向导对话框中。在该对话框中，可以添加、删除使用该传真服务器发送和接收传真的用户或用户组。单击“添加”按钮，然后输入将对传真服务器具有访问权限以发送或接收传真的组和用户的域名和用户名。默认情况下系统中的管理员组有权发送和接收传真，之后单击“下一步”按钮。

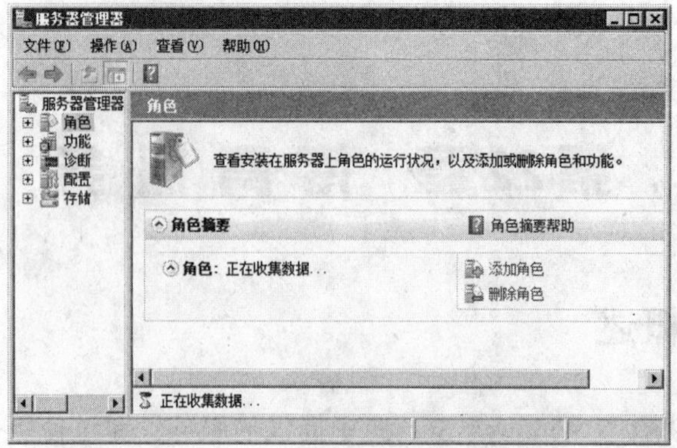

图 22-1 “服务器管理器”窗口

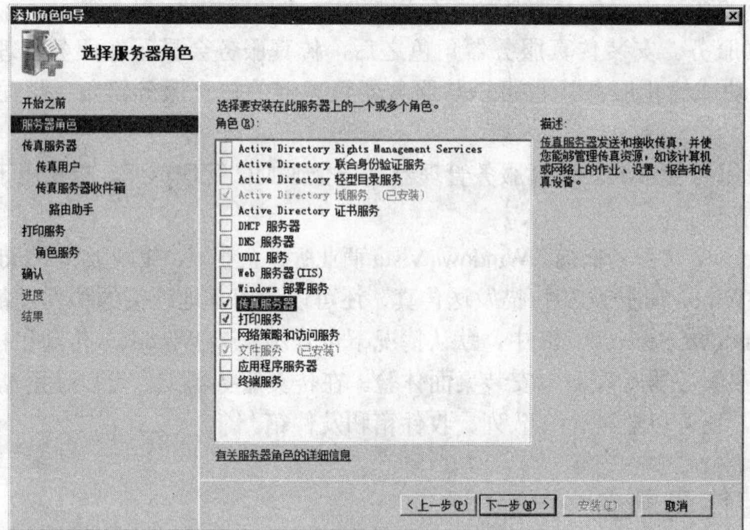

图 22-2 “选择服务器角色”向导对话框

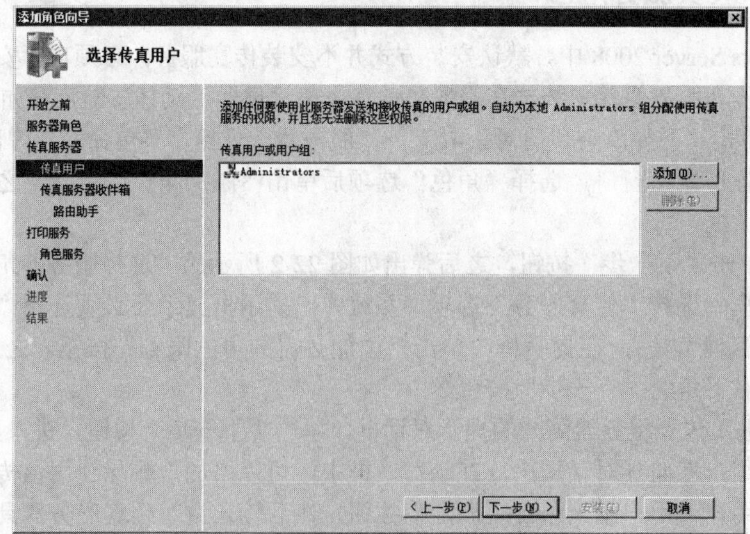

图 22-3 “选择传真用户”向导对话框

步骤 4：进入如图 22-4 所示的“指定可以访问传真服务器收件箱的用户”向导对话框。按照提示说明和实际需要选择。“只有路由助理可以访问传真服务器收件箱”，可将对收件箱的访问权限仅限制为路由助手用户组的成员。这些用户负责将收件箱中的传真路由到目标收件人。随后将在向导中指定组成员。“所有用户均可访问传真服务器收件箱”，可使有权访问传真服务器的所有用户都能够查看所有已收到的传真。该选项不仅提供较少的隐私，而且不需要太多的管理。选择之后单击“下一步”。

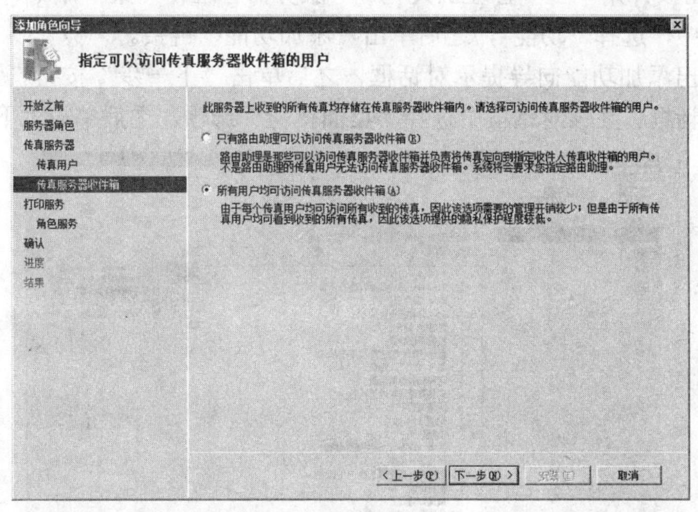

图 22-4 “指定可以访问传真服务器收件箱的用户”向导对话框

步骤 5：如果选择将收件箱的访问权限限制于路由助手，则在“选择路由助手”页面上，单击“添加”，然后输入将是“路由助手”组成员的组名、域名和用户名。单击 “下一步”按钮，否则进入步骤 6。

步骤 6：进入打印服务简介向导对话框。单击“下一步”按钮，进入如图 22-5 所示的选择打印服务角色向导对话框。之后单击“下一步”按钮。

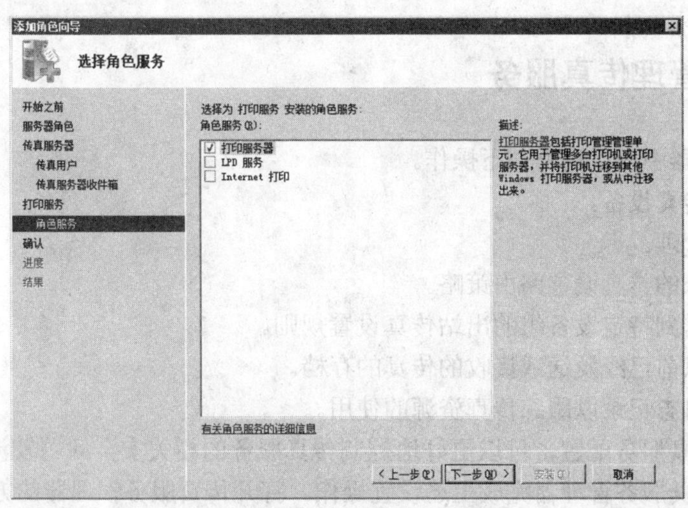

图 22-5 选择打印服务角色向导对话框

步骤 7：进入选择确认对话框。确认无误后单击“安装”按钮，向导就会自动开始进行安装。如果在安装过程中出现错误，则会在“安装结果”页面上提示。

22.2.2 安装 Windows 传真和扫描

Windows 传真和扫描可以帮助用户更好地完成传真的收发工作。该功能放在 Windows Server 2008 的“功能”选项中的“桌面体验”中。安装 Windows 传真和扫描的主要步骤如下。

步骤 1：单击“开始”→“管理工具”→“服务器管理器”菜单命令，在弹出的“服务器管理器”窗口中，选择“功能”，之后单击“添加功能”链接。

步骤 2：弹出添加功能向导提示对话框，之后单击“下一步”按钮。弹出如图 22-6 所示的选择功能对话框。在该对话框中选择“桌面体验”选项，之后单击“下一步”按钮。

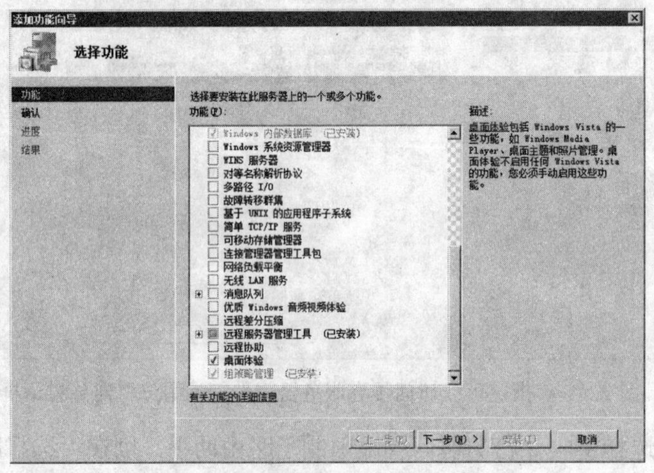

图 22-6 选择功能对话框

步骤 3：安装向导显示选择信息，并单击向导对话框上的“安装”按钮，即可开始安装。安装完毕后系统提示需要自动重新启动系统。重新启动系统后安装向导自动完成剩余的安装配置。

22.3 设置管理传真服务

在传真服务器中可以进行如下操作。

（1）配置传真设备。

（2）账户管理。

（3）为传入的传真设置路由策略。

（4）为发送到特定设备组的出站传真设置规则。

（5）设置以前已经发送或接收的传真的存档。

（6）配置日志记录以跟踪传真资源的使用。

通过这些传真服务配置，可以更好地控制传真服务的相关安全问题及涉及的管理维护问题。可以通过传真服务管理器完成上述设置操作。打开传真服务管理器的方法如下。

方法 1：单击“开始”→“管理工具”→“传真服务管理器”菜单命令，即可弹出如图 22-7 所示的传真服务管理器。传真服务管理器提供了一个用于配置和管理传真资源的集中管理点。传真服务管理器是在“服务器管理器”中安装传真服务器角色时安装的。可以使用传真服务管理器为传入和传出传真流量配置传真设备、指定可以使用传真设备的用户、为传入和传出传真设置路由规则、配置传真存档策略、管理传真服务、指定安全设置，以及记录和监视传真活动。

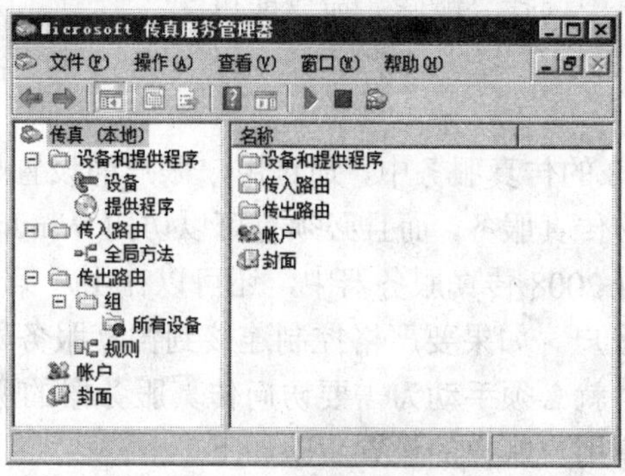

图 22-7 传真服务管理器

方法 2：单击“开始”→“管理工具”→“服务器管理器”菜单命令，在弹出的“服务器管理器”窗口中，选择“角色”→“传真服务器”选项，如图 22-8 所示。在此处可以启动或停止传真服务。

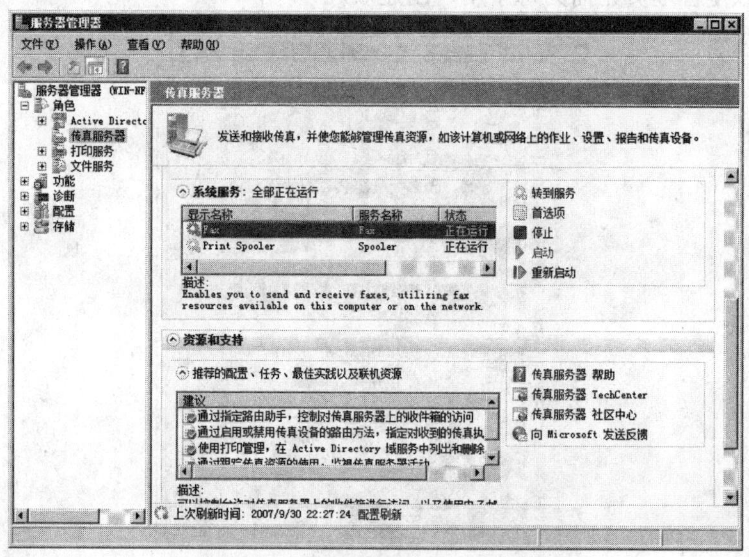

图 22-8 “服务器管理器”窗口

1．设置传真设备

将运行有 Windows Server 2008 的计算机设置为传真服务器，还需要一个或多个连接到该计算机的传真设备。传真服务安装向导会在安装过程中自动检测这些传真设备，并在“控制面板”中的“打印机”文件夹中创建一个名为“FAX”的传真打印机连接。如果共享了该传真打印机，那么远程用户就可以通过网络共享访问此传真服务器，以使用该传真设备发送和接收传真。当然，也可以在安装完传真服务器角色之后再添加传真设备。在传真服务管理器中，可以方便地设置传真设备。

Windows Server 2008 在传真服务启动期间，会识别任何新安装的即插即用传真设备。设备安装后，则可以重新启动传真服务，刷新后即可显示新装的即插即用传真设备。新设备将自动显示在传真服务管理器的“传真（本地)”→“设备和提供程序”→“设备”栏中。如果需要删除某个设备，则在“传真（本地)”→“设备和提供程序”→“设备”栏中选择相应的设备后，在“操作”菜单中选择“删除”命令即可。

2．账户管理

在 Windows Server 2008 的传真服务中，通过用户账户的设置来组织和管理传真。用户可以使用账户访问不同类型的传真服务，而且必须有可以访问 Windows Server 2008 传真服务器的账户。在 Windows Server 2008 传真服务器中，还可以在用户第一次使用 Windows 传真和扫描发送传真时自动创建账户。如果要严格控制连接到传真服务器的用户，则可以禁用这种自动创建账户的设置，这时就必须手动为需要访问传真服务器的所有用户创建用户账户了。

为传真服务器自动创建用户账户的设置步骤如下。

步骤 1：打开如图 22-7 所示的传真服务管理器窗口。

步骤 2：在窗口左侧，选中“传真”后单击鼠标右键，在弹出的菜单中需选择“属性”菜单命令。

步骤 3：弹出如图 22-9 所示的对话框，选择“账户”选项卡，选中“连接时自动创建账户”复选框，以便管理员无需为每个用户创建账户。

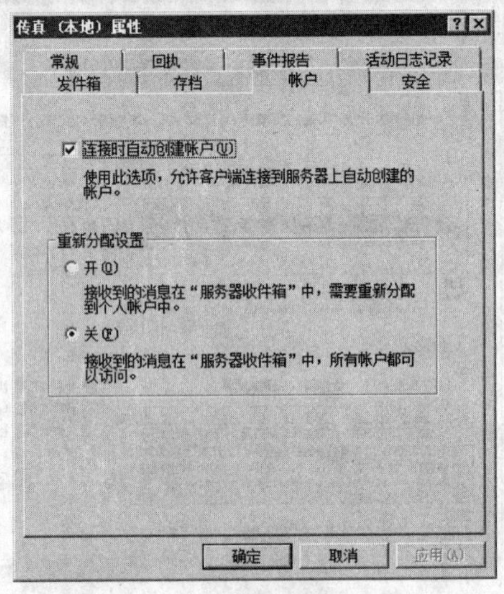

图 22-9 “传真（本地）属性”对话框

步骤 4：在“重新分配设置”下，执行下列操作之一。

如果需要将收到的消息只重新分配到某些用户的个人账户，则单击“打开”。

如果需要让所有账户都能够访问传真服务器收件箱以查看传入消息，则单击“关闭”。

当然，也可以直接添加或删除用户账户。直接为传真服务器添加用户账户的具体步骤如下。

步骤 1：打开如图 22-7 所示的传真服务管理器窗口。

步骤 2：在窗口左侧，双击“传真”，然后单击“账户”。

步骤 3：在窗口右侧，查看现有账户并确定要添加的新账户。

步骤 4：如果添加新账户，则选中“账户”，再单击鼠标右键，选择“新建”→“账户”

菜单命令。

步骤 5：弹出如图 22-10 所示的“新建账户”对话框。在该对话框中，提供用户名和域，然后单击“确定”按钮。

步骤 6：如果需要删除某个账户，则选中该账户，然后单击“删除”即可。

3．管理传入传真

可以指定在检测到传入传真时是由传真设备自动应答传入传真呼叫，还是手动应答传入传真呼叫。然后，传真设备收到传入传真时，会将它路由到传入传真队列。队列是传真服务器管理的所有接收传真设备的集合队列，对应于“传入”文件夹。传真管理员对传入传真队列具有完全控制权限。在传真接收成功并按照传真管理员指定的策略进行路由之前，传真将一直保留在传入传真队列中。只有传真接收成功后，传真才会移动到收件箱。如果由于某些原因，传真未能路由成功，则路由将一直保留在传入传真队列中。用户可以手工删除这些传真，或者设置自动删除策略由系统自动删除。设置方法如下。

步骤 1：在如图 22-7 所示的传真服务管理器窗口中，选择“传真”，之后单击鼠标右键，在弹出的菜单中选择“属性”菜单命令。

步骤 2：弹出如图 22-9 所示的“传真属性”对话框，选择“存档”选项页，如图 22-11 所示。

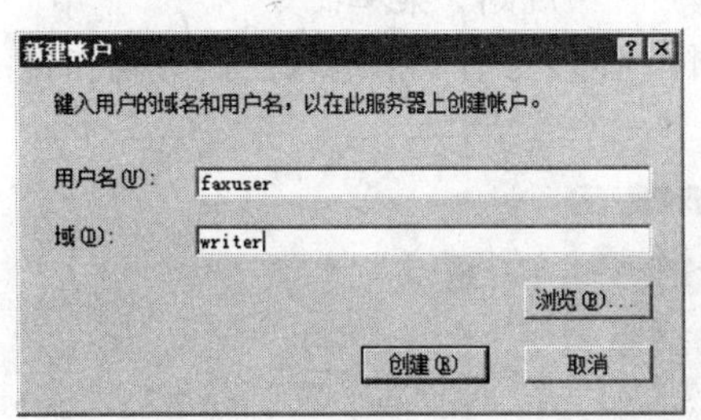

图 22-10 “新建账户”对话框

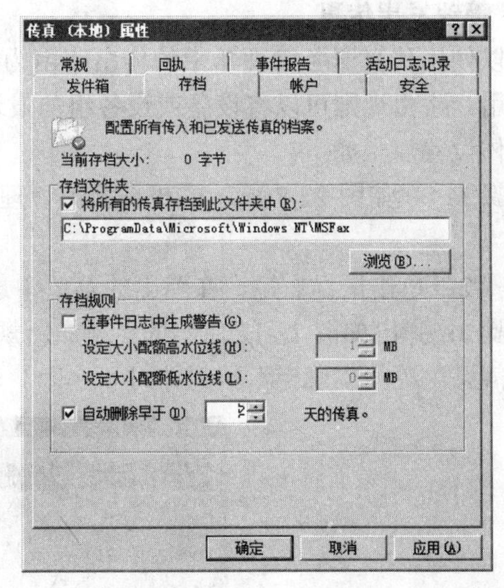

图 22-11 “传真（本地）属性”对话框“存档”选项页

步骤 3：选中“自动删除早于 2 天的传真”选项，修改天数，即可设置系统自动保留传真的天数。

如果传真正在接收过程中被终止，但已经成功接收了传真的一部分，则系统会将传真指定为“已部分接收”状态并移动到“收件箱”文件夹。如果为传入传真启用了存档，传真将会被移动到存档中。存档路径可以在图 22-11 中的“存档文件夹”一栏中设置。可以使用 Windows 传真和扫描查看“传入”文件夹和“收件箱”文件夹。

管理员可以配置传入传真路由方法，以便将传入传真路由到网络上的收件人。在传真服务管理器中，有全局性传入传真路由扩展（适用于所有设备）和仅与独立传真设备相关的其他传入传真路由扩展。对于全局性方法，可以设置它们在传入传真上所应用的优先顺序。设置步骤如下。

步骤 1：在如图 22-7 所示的传真服务管理器窗口中，展开“传入路由”，选择“全局方法”。

步骤 2：在窗口右侧，显示出当前的全局方法，选择其中一个全局方法，单击鼠标右键，在弹出的菜单中选择“上移”或“下移”菜单命令，从而实现全局方法优先顺序的调整。

单个的传入传真路由方法是针对每台设备而配置的。配置某个方法后，可以启用或禁用该方法。可以对传入传真应用多种传入传真路由方法，如果某种方法已禁用，设备将跳过该方法并按照全局级优先顺序处理传入传真。可以对下列默认的传入传真路由方法进行配置并排列优先顺序。

通过电子邮件路由。指定用于接收传入传真的电子邮件地址。若要更改 SMTP 服务器或身份验证设置，请使用传真服务管理器为已发送传真配置送达回执。具体设置方法也是打开如图 22-11 所示的对话框，选择“回执”选项页，在该选项页中的“SMTP 电子邮件”一栏中进行设置。

存储到文件夹。指定要保存传入传真副本的文件夹的本地路径或网络路径。具体设置方法也是打开如图 22-11 所示的对话框，选择“存档”选项页，在该选项页的“存档文件夹”一栏中进行设置。

打印。指定要将传入传真打印到的打印机位置的通用命名约定（UNC）路径。

4. 管理发出传真

可以使用传真服务管理器中的传出路由为传出传真配置路由规则，来优化对可用传真设备的使用。路由规则可以将设备或设备组与发送到特定国内区号或特定国家/地区的传真相关联。具体设置步骤如下。

步骤 1：在如图 22-7 所示的传真服务管理器窗口中，选择“传出路由”→“规则”菜单命令。

步骤 2：单击鼠标右键，在弹出的菜单中选择“新建”→“规则”菜单命令。

步骤 3：弹出如图 22-12 所示的“添加新规则”对话框。在该对话框中输入已拨号码和目标设备信息，单击“确定”按钮即可。

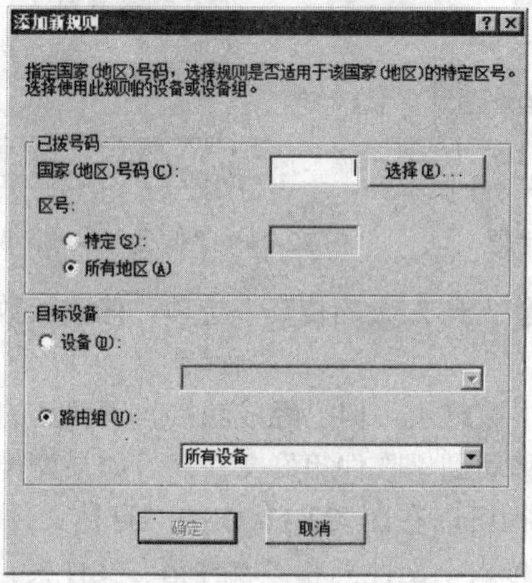

图 22-12 “添加新规则”对话框

另外，在传真服务管理器的“传出路由”的“组”中，可以创建新的组，在“所有设备”中还可以设置新设备。其创建方法都是选择选项后单击鼠标右键，在弹出的菜单中选择“新建”菜单命令。

5．设置传真文档封面

可以使用传真服务管理器或 Windows 传真和扫描中的传真封面编辑器来创建和编辑基于服务器的封面。连接到传真服务器以发送和接收传真的用户可选择将这些封面之一附加到它们的传出传真，也可以在允许的情况下使用自己创建的封面。具体操作步骤如下。

步骤 1：在如图 22-7 所示的传真服务管理器窗口中，选择“封面”。

步骤 2：在窗口右侧列出了当前系统中默认的传真封面。选中其中一个封面文件，如“confident.cov”，双击，或者选择“操作”→“编辑”菜单命令，即可打开如图 22-13 所示的传真封面编辑器。

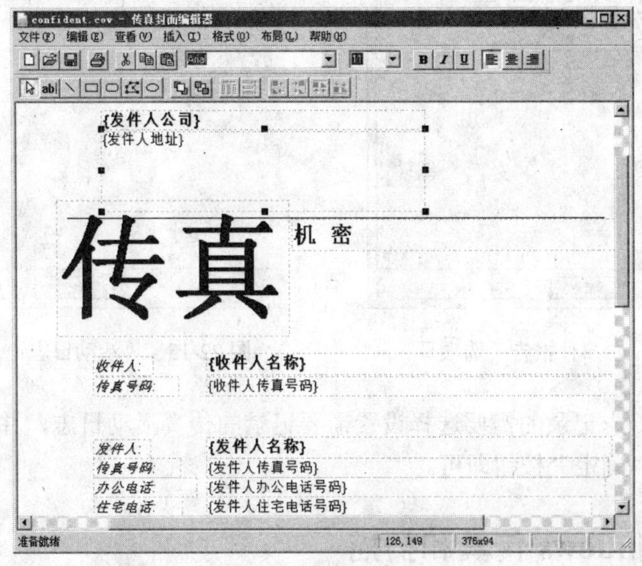

图 22-13　传真封面编辑器

步骤 3：传真封面中的每个部分都是以对象的方式编排的，选中一个对象，即可编辑文字内容、移动位置。

6．设置传真收发日志

可以使用服务器管理器中的事件查看器、计算机管理或传真服务器角色页面来查看传真事件。与其他功能的事件一样，传真事件出现时会带有一条解释，通常还会有一个错误代码。有 4 种类别的事件：常规、传入、传出，以及初始化或关闭。可以使用传真服务管理器来管理事件日志的大小。可以通过指定事件跟踪级别来限制要记录的事件。事件跟踪级别范围从“无”到“高”有 4 个级别。“无”对应于不跟踪任何事件，“高”对应于跟踪每个事件。具体设置步骤如下。

步骤 1：在如图 22-7 所示的传真服务管理器窗口中，选择“传真”。

步骤 2：单击鼠标右键，选择“属性”菜单命令，弹出“传真属性”对话框，选择“事件报告”选项，如图 22-14 所示。

步骤 3：在“事件报告”选项卡上，针对每种类型的事件向左或向右移动滑块以更改事件跟踪级别。

另外，还可以设置是否记录传入或传出传真活动的日志，以及设置存放该日志的位置。设置步骤如下。

步骤 1：在如图 22-7 所示的传真服务管理器窗口中，选择“传真”。

步骤 2：单击鼠标右键，选择“属性”菜单命令，弹出“传真属性”对话框，选择“活动日志记录”选项，如图 22-15 所示。

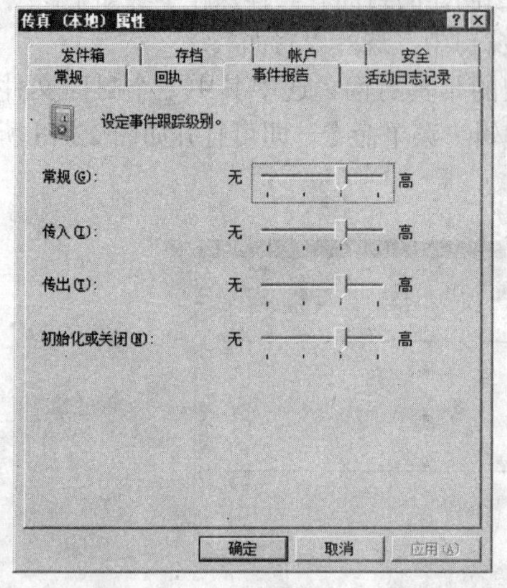

图 22-14 “事件报告”选项页

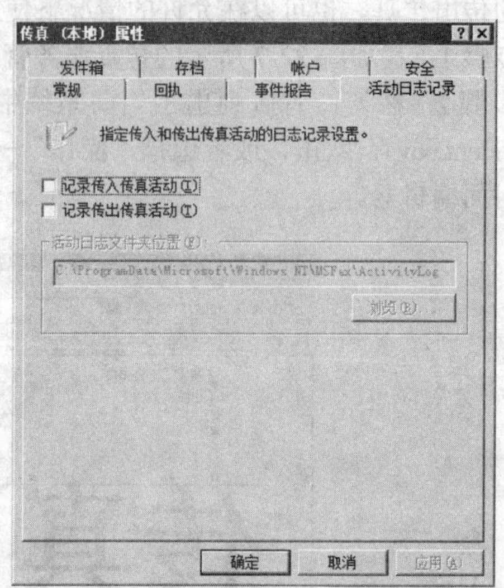

图 22-15 “活动日志记录”选项页

步骤 3：根据日志记录的需要选择设置需要记录的传真活动日志，并指定日志存放的文件位置，之后单击“确定”按钮即可。

22.4 使用 Windows 传真和扫描

可以通过使用 Windows 传真和扫描来使用 Windows Server 2008 的传真服务发送和接收电子传真。安装了“桌面体验”功能之后，就可以使用 Windows 传真和扫描来发送和接收电子传真了。Windows 传真和扫描的使用与 Windows Mail 的使用类似，可以理解为是传真服务的一个客户端软件。可以通过如下步骤打开并使用 Windows 传真和扫描。

步骤 1：单击“开始”→“所有程序”→“Windows 传真和扫描”菜单命令，即可打开如图 22-16 所示的“Windows 传真和扫描”窗口。

步骤 2：单击“工具”→“传真账户”菜单命令，打开如图 22-17 所示的“传真账户”对话框。在该对话框中添加一个传真账户，也就是需要用来发送或接收传真的传真服务器，类似设置一个邮件服务器。

步骤 3：单击图 22-16 左下角的“扫描”按钮，即可进入扫描界面，如图 22-18 所示。再单击左下角的“传真”按钮，即可返回图 22-16 所示的传真界面。

步骤 4：单击“文件”→“新建”→“扫描”菜单命令，或单击工具栏中的“新的扫描”按钮，将需要发送传真的纸质文件扫描到计算机中。

步骤 5：单击“文件”→“新建”→“传真”菜单命令，或单击工具栏中的“新传真”按钮，可以弹出如图 22-19 所示的发送传真对话框。该对话框类似 Windows Mail 中发邮件的对话框，不同之处在于此处可以选择封面及拨号规则。输入相应信息后单击“发送”按钮即可。

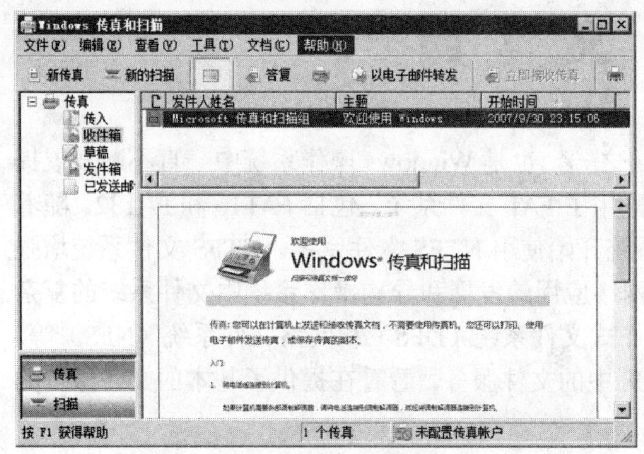

图 22-16 “Windows 传真和扫描”窗口

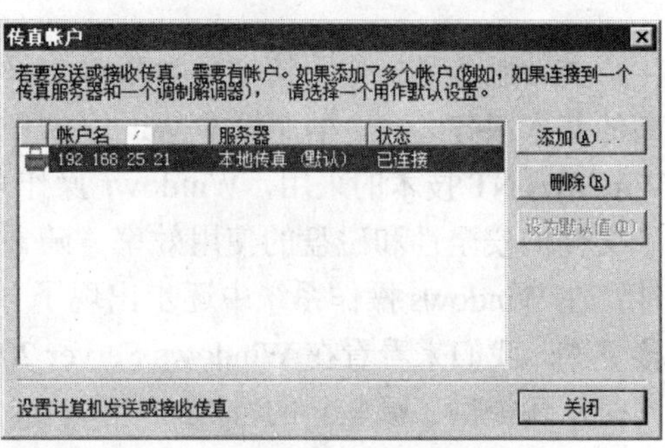

图 22-17 “传真账户”对话框

图 22-18 Windows 传真和扫描界面

图 22-19 发送传真对话框

步骤 6：还可以通过 Windows 传真和扫描上的各个功能菜单，实现其他方面的管理和设置等功能，在此不再一一赘述。

22.5 本章小结

本章介绍了 Windows Server 2008 中的传真服务，该服务也是早期服务器端 Windows 操作系统中的主要服务。本章主要从传真服务概述、安装传真服务、设置管理传真服务和使用传真服务等几个角度进行了介绍。可以通过这些介绍，对 Windows Server 2008 中的传真服务有一个更为直观的了解。

第23章 文件服务

文件服务是操作系统中最为基本的服务之一，也是 Windows 操作系统中一直不断发展提高的基本服务之一。早期版本 Windows 中采用了 FAT 文件系统，包括 FAT16 和 FAT32。随着 Windows NT 技术的采用，Windows 操作系统开始使用 NTFS 文件系统。NTFS 文件系统增强了文件的安全性和磁盘的使用效率。随着网络应用的发展和异构操作系统中文件系统的复杂性，在 Windows 操作系统中逐步出现了分布式文件系统（DFS）和网络文件系统（NFS）等。接下来，我们来看看在 Windows Server 2008 中的文件服务，看看在提供了基本的文件服务的同时，还提供了哪些新的特性。

23.1 安装使用文件服务

默认情况下，Windows Server 2008 并不安装文件服务，需要单独安装。具体安装步骤如下。

步骤 1：单击“开始”→“管理工具”→“服务器管理器”菜单命令，选择“角色”选项，之后单击“添加角色”链接，之后弹出添加角色向导页面。单击“下一步”按钮，弹出如图 23-1 所示的“选择服务器角色”的向导对话框。

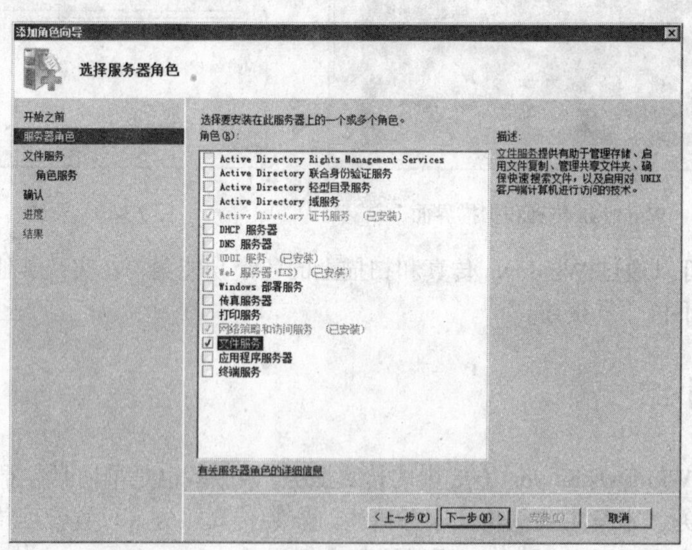

图 23-1 “选择服务器角色”的向导对话框

步骤 2：在对话框中选择“文件服务”选项，之后单击“下一步”按钮。

步骤 3：进入文件服务提示向导页面，单击“下一步”按钮。进入如图 23-2 所示的“选择角色服务”向导对话框。在该向导对话框中可以看出，Windows Server 2008 的文件服务所提供的文件服务，主要包括“文件服务器”、“分布式文件系统”、“文件服务器资源管理器”、“网络文件系统服务”、“Windows 搜索服务”和“Windows Server 2003 文件服务”。

步骤 4：在图 23-2 的对话框中选择各个选项后单击“下一步”按钮。安装向导提示用户“Windows 搜索服务”与“Windows Server 2003 文件服务”中的“索引服务”不能同时安装在同一台服务器上。

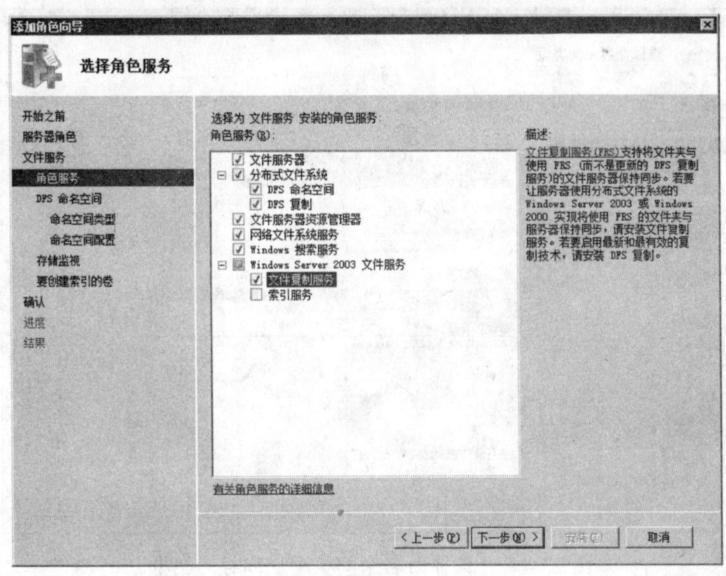

图 23-2 “选择角色服务”向导对话框

步骤 5：进入如图 32-3 所示的“创建 DFS 命名空间”向导对话框。DFS 命名空间是指在某组织中不同服务器上的共享文件夹的虚拟视图。这样，用户不需要了解具体的服务器名称及其共享文件夹，而只需浏览命名空间即可。在该向导对话框中，可以选择立即创建一个命名空间，也可以选择安装完文件服务后用“DFS 管理”来创建。这里选择立即创建一个命名空间，名称为“Namespace1”，之后单击“下一步”按钮。

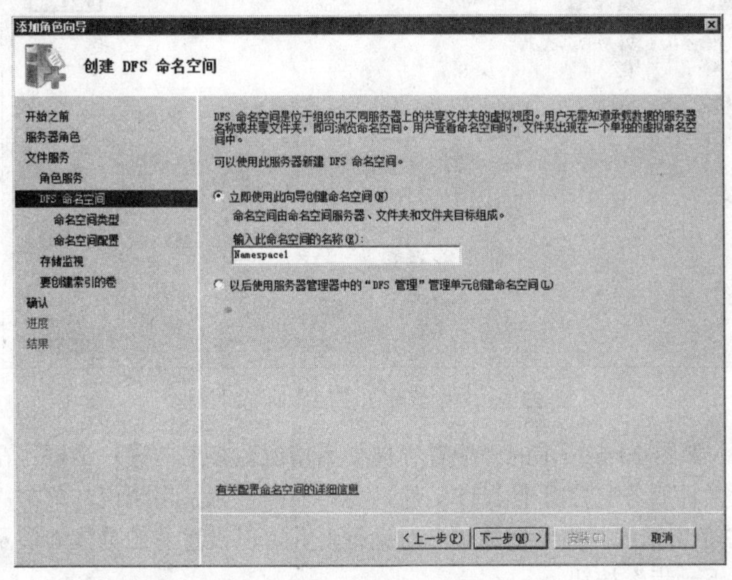

图 23-3“创建 DFS 命名空间”向导对话框

步骤 6：进入如图 23-4 所示的“选择命名空间类型”向导对话框。在该对话框中选择命名空间的类型。如果在域环境中，可以选择“基于域的命名空间”。否则，可以选择“独立命名空间”。之后单击“下一步”按钮。

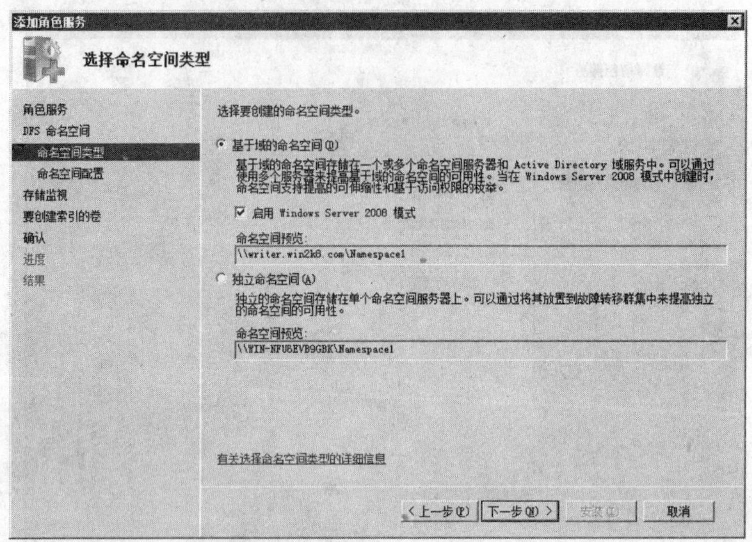

图 23-4 “选择命名空间类型”向导对话框

步骤 7：进入如图 23-5 所示的“配置命名空间”向导对话框。在该对话框中，可以向创建的命名空间中添加文件夹和文件夹目标。之后单击“下一步”按钮。

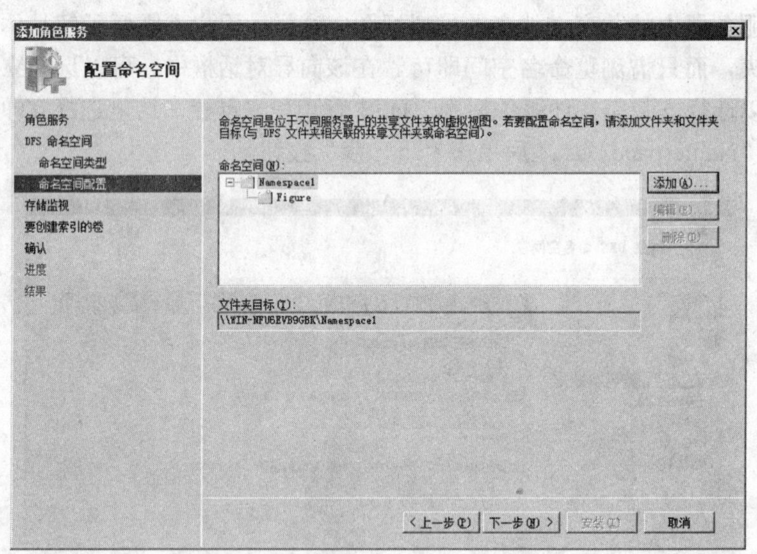

图 23-5 “配置命名空间”向导对话框

步骤 8：进入如图 23-6 所示的“配置存储使用情况监视”向导对话框。在该向导对话框中，可以设置让文件服务监控哪个 NTFS 卷，并对监控设置使用阈值。单击“选项”按钮，即可弹出如图 23-7 所示的“卷监视选项”对话框，并可以设置卷的具体阈值及生成的报告内容。之后单击“下一步”按钮。

步骤 9：进入如图 23-8 所示的“设置报告选项”向导对话框。在此可以设置报告保存的位置，以及通过电子邮件通知用户。设置好相关参数后单击“下一步”按钮。

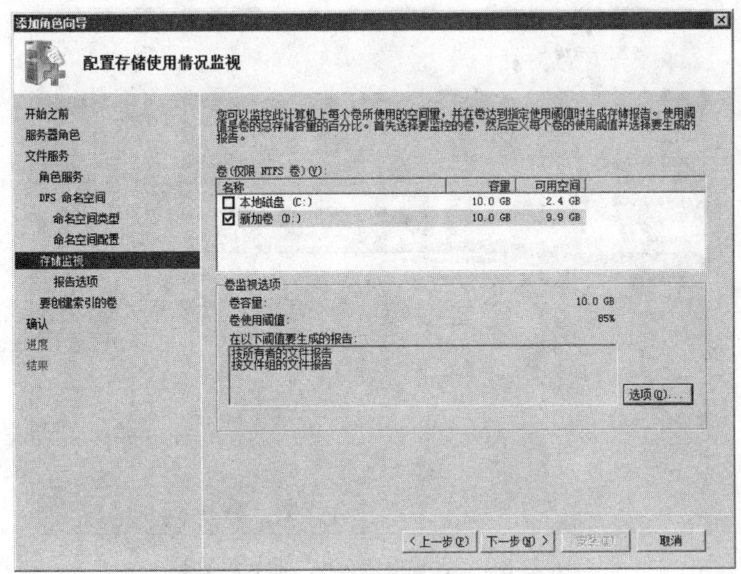

图 23-6 “配置存储使用情况监视”向导对话框

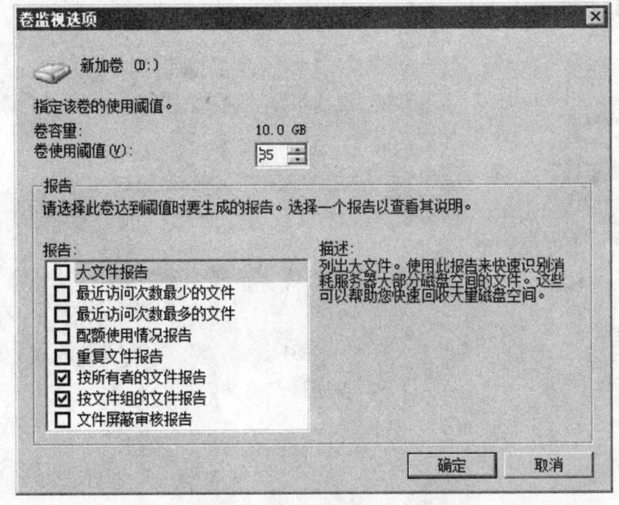

图 23-7 “卷监视选项”对话框

步骤 10：进入如图 23-9 所示的“为 Windows 搜索服务选择要创建索引的卷”向导对话框。在该对话框中选择需要创建索引的卷，之后单击“下一步”按钮。

步骤 11：进入确认安装选择的向导页面，单击“安装”按钮，向导即可开始自动安装。

文件服务安装之后，可以通过如下两种方法来管理 Windows Server 2008 文件服务的相关角色。

方法 1：单击“开始”→“管理工具”→“服务器管理器”菜单命令，弹出如图 23-10 所示的“服务器管理器”窗口。在窗口左侧展开“角色”选项，选择“文件服务”，即可对文件服务进行管理。

方法 2：在“开始”→“管理工具”菜单中，选择相应的菜单，打开相应的管理工具实现对文件服务相关角色的管理。

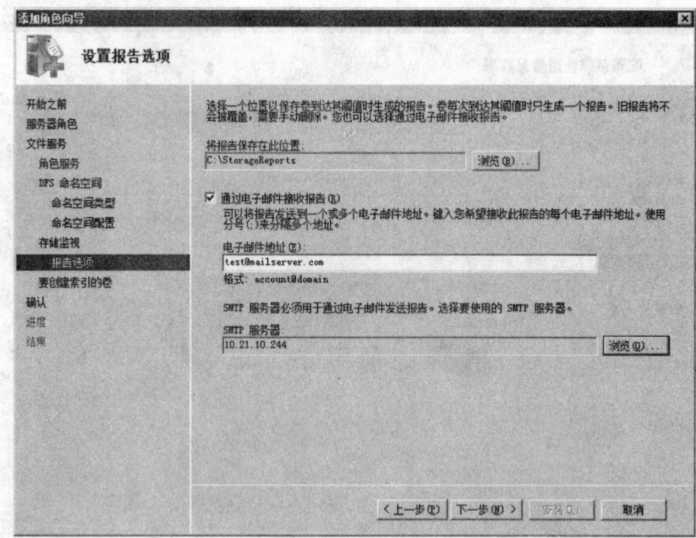

图 23-8 “设置报告选项”向导对话框

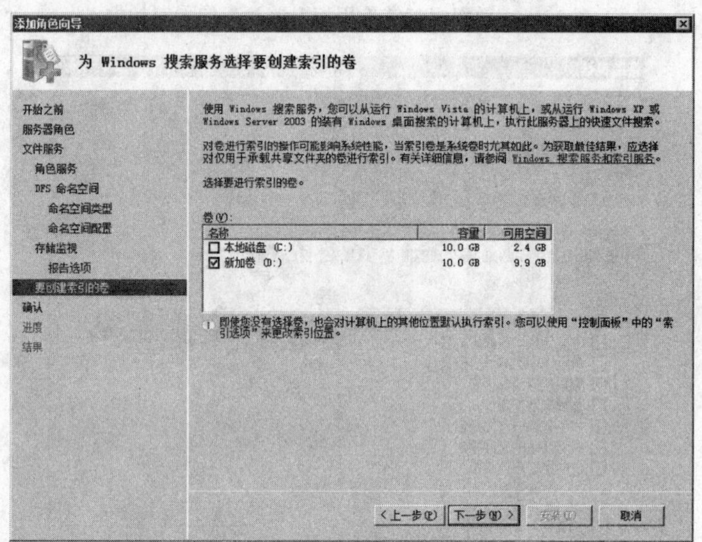

图 23-9 “为 Windows 搜索服务选择要创建索引的卷”向导对话框

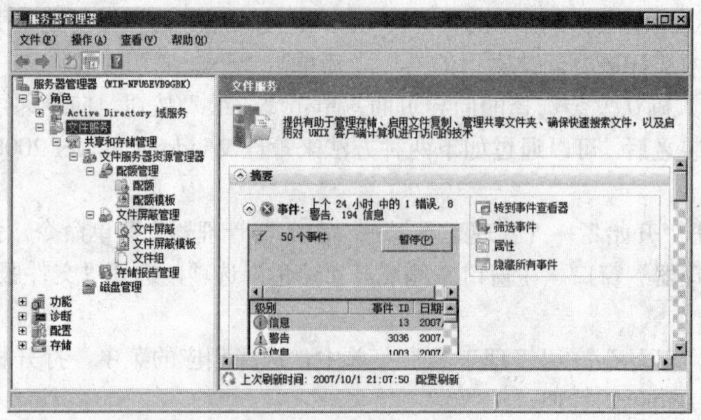

图 23-10 “服务器管理器”窗口

23.2　共享和存储管理

在 Windows Server 2008 的文件服务中，提供了共享和存储管理的集中控制台来管理服务器上的共享资源和存储资源。具体使用步骤如下。

步骤 1：单击“开始”→“管理工具”→“共享和存储管理”菜单命令，即可弹出如图 23-11 所示的“共享和存储管理”窗口。

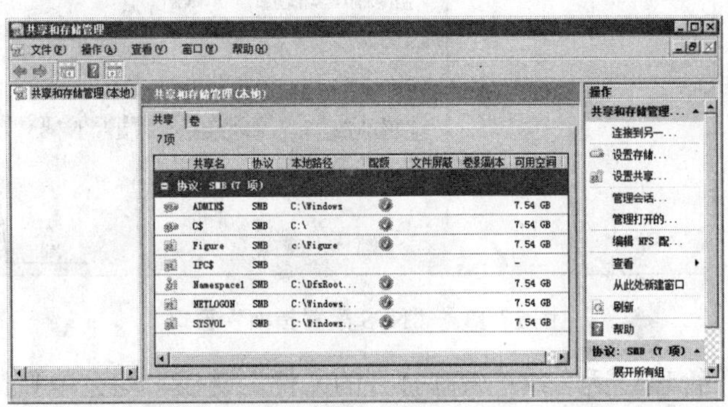

图 23-11　“共享和存储管理”窗口

步骤 2：单击图 23-11 窗口右侧“操作”栏中的各功能链接，即可弹出相应的向导页面执行相应的操作。

步骤 3：单击“设置共享”链接，即可弹出如图 23-12 所示的“设置共享文件夹”向导对话框，根据向导的每个步骤进行设置，即可完成共享设置。

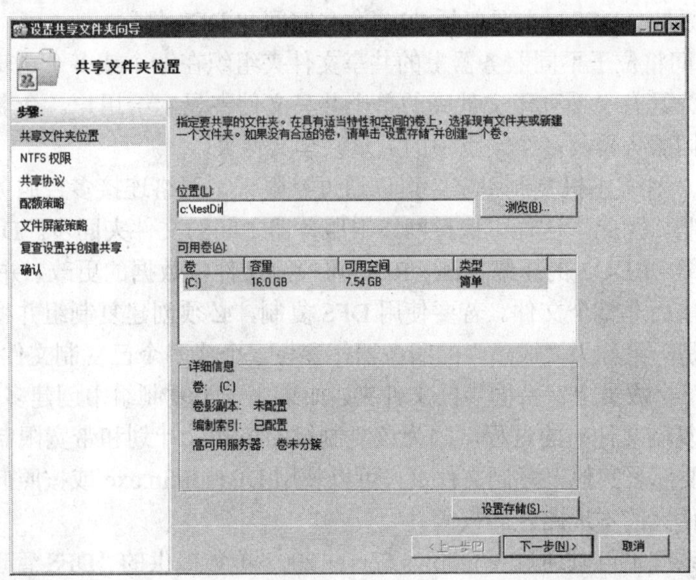

图 23-12　“设置共享文件夹”向导对话框

步骤 4：单击“编辑 NFS 配置”，即可弹出如图 23-13 所示的“NFS 配置指南”窗口。根据该窗口左侧所列的项目，并根据每个项目中的设置向导，即可完成网络文件系统中的安全设置和共享文件夹的设置。

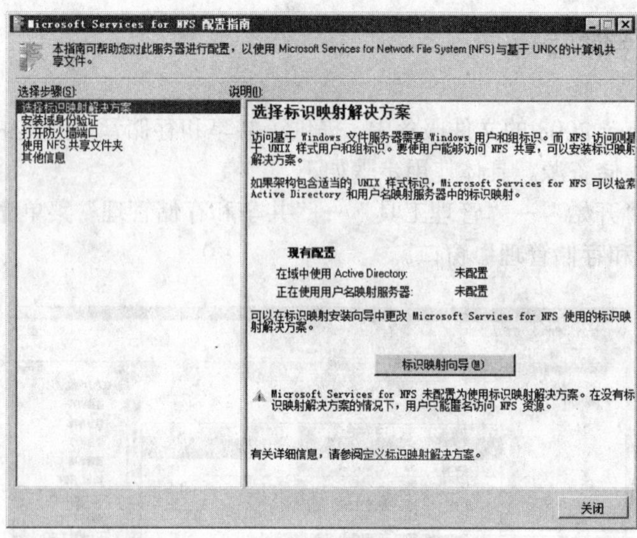

图 23-13 “NFS 配置指南”窗口

步骤 5：单击“管理会话”或“管理打开的文件”链接，均会单独打开一个对话框，来显示当前访问共享文件夹的会话和当前打开的文件。这种功能在早期版本 Windows 系统中也有，只是被集成在文件共享的管理控制台中，而在 Windows Server 2008 中，该功能被放到了单独的一个对话框中来显示，本质上功能类似。

23.3 分布式文件系统（DFS）管理

分布式文件系统（DFS）主要包括 DFS 命名空间和 DFS 复制。

DFS 命名空间将位于不同服务器上的共享文件夹组织在一个或多个逻辑的命名空间中。每个命名空间作为具有一系列子文件夹的单个共享文件夹显示给用户。命名空间的基本结构可以包含位于不同服务器及多个站点中的大量共享文件夹。

DFS 复制是一种多主机复制引擎，可以通过有限带宽网络连接多台服务器，并对他们之间的数据进行复制。因此，这样可保持网络中服务器之间的文件夹同步。DFS 复制使用一种称为远程差分压缩（RDC）的压缩算法。RDC 可检测文件中数据的更改，并使 DFS 复制仅复制已更改的文件块而非整个文件。若要使用 DFS 复制，必须创建复制组并将已复制文件夹添加到组。复制组是一组称为“成员”的服务器，参与一个或多个已复制文件夹的复制。“已复制文件夹”是在每个成员上保持同步的文件夹。如果在一个复制组中创建多个已复制文件夹，可以简化部署已复制文件夹的过程，因为该复制组的拓扑、计划和带宽限制将应用于每个已复制文件夹。若要部署其他已复制文件夹，可以使用 Dfsradmin.exe 或按照向导中的说明来定义新的已复制文件夹的本地路径和权限。

分布式文件系统也可以通过 Windows Server 2008 单独提供的“DFS 管理”窗口来进行管理。具体使用步骤如下。

步骤 1：单击“开始”→“管理工具”→“DFS 管理”菜单命令，即可弹出如图 23-14 所示的“DFS 管理”窗口。

步骤 2：在窗口中，可以看到列出了 DFS 中的命名空间的管理和复制的管理。在窗口左侧选择“DFS 管理”、“命名空间”、“复制”之后，在窗口右侧“操作”一栏中即可列出相应

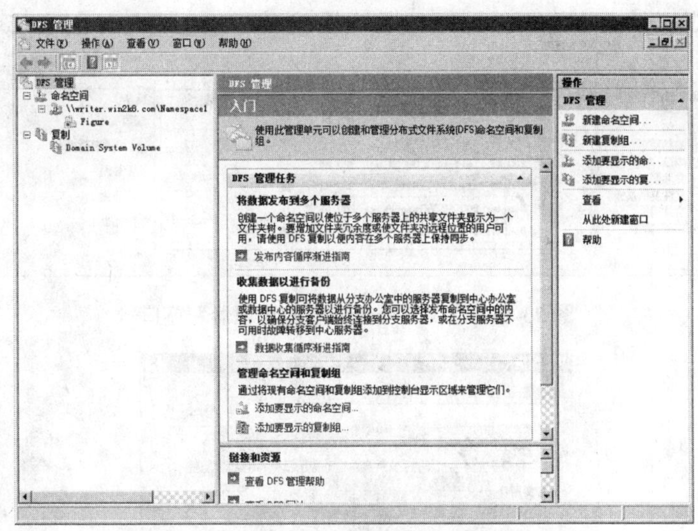

图 23-14　“DFS 管理”窗口

的操作选项，如选择“DFS 管理”后，在“操作”栏中可以选择“新建命名空间”、“新建复制组”、“添加要显示的命名空间”和“添加要显示的复制组”等功能操作链接。单击相应功能链接，即可弹出相应新建向导或显示对话框进行设置。另外，在窗口左侧选择“DFS 管理”、“命名空间”或“复制”之后，也可以单击鼠标右键，在弹出的菜单中选择相应的功能菜单，也可以完成各项功能的设置和管理。

23.4　文件服务器资源管理器（FSRM）

文件服务器资源管理器是 Windows Server 2008 中用于了解、控制和管理服务器上存储数据的数量和类型的一套工具。通过使用文件服务器资源管理器，可以为文件夹和卷设置配额，主动屏蔽文件，并生成全面的存储报告。使用这套高级工具，不仅可以有效地监视现有的存储资源，而且可以帮助规划和实现系统策略的更改。

在文件服务器资源管理器中，可以完成如下管理任务。

（1）配额管理：为卷或文件夹树设置软空间限制或硬空间限制而创建配额。

（2）文件屏蔽管理：为阻止卷或文件夹树中的文件而创建文件屏蔽规则。

（3）存储报告管理：提供有关生成存储报告的信息，这些报告可用于监视磁盘使用情况，标识重复的文件和休眠的文件，跟踪配额的使用情况，以及审核文件屏蔽。

使用文件服务器资源管理器具体步骤如下。

步骤 1：单击“开始”→“管理工具”→“文件服务器资源管理器”菜单命令，弹出如图 23-15 所示的“文件服务器资源管理器”窗口。

步骤 2：在如图 23-15 所示的管理窗口中，选择在窗口左侧展开的各选项，即可在窗口右侧“操作”一栏中选择相应的操作链接。比如，选择“配额”后，在其右侧“操作”栏中，可以选择“创建配额”链接，即可弹出 23-16 所示的“创建配额”对话框。根据对话框中的提示，输入各配额参数，之后单击“创建”按钮即可。在图 23-15 的“操作”栏中的其他设置功能链接与此类似，一般也弹出相应的设置对话框，提示用户输入相应设置参数。

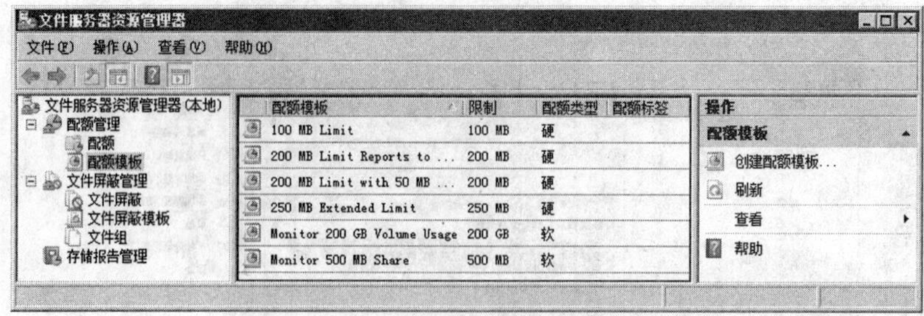

图 23-15　“文件服务器资源管理器”窗口

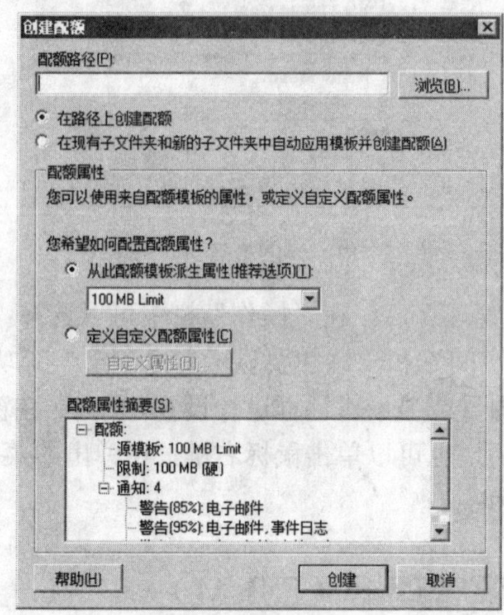

图 23-16　“创建配额”对话框

23.5　网络文件系统（NFS）服务

网络文件系统（NFS）服务主要包括 NFS 客户端和 NFS 服务器两部分。

NFS 客户端：是指基于 Windows 操作系统的计算机用于访问网络文件系统（NFS）服务器的 Windows 组件。NFS 客户端用户可以访问运行 NFS 服务器软件的计算机上的目录。

NFS 服务器：通过 NFS 客户端可以访问的服务器端，提供 NFS 服务器端的支持。

网络文件系统（NFS）服务主要是 Windows Server 2008 中提供 NFS 的一项服务，因此主要操作就是启动和关闭该服务。对 NFS 的客户端和 NFS 服务器，主要是对其属性的设置。具体设置步骤如下。

步骤 1：单击“开始”→“管理工具”→“网络文件系统（NFS）服务”菜单命令，弹出如图 23-17 所示的“网络文件系统服务”窗口。

步骤 2：选择“NFS 客户端”选项后单击鼠标右键，在弹出的菜单中，可以选择“启动服务”或“关闭服务”，还可以选择“属性”菜单命令，即可弹出如图 23-18 所示的“NFS 客户端属性”对话框。在该对话框中，有“客户端设置”和“文件权限”两个选项页。在“客户端设置”选项页中，可以设置“网络协议”和“默认装载类型”的属性值。在“文件权限”选项页中，则可以针对“所有人”、“组”和“其他”的账户设置“读取”、“写入”和“执行”的操作权限。设置完毕后单击“确定”按钮即可。

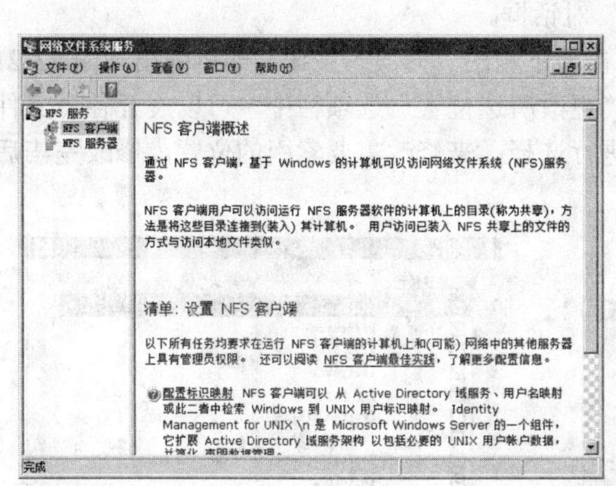

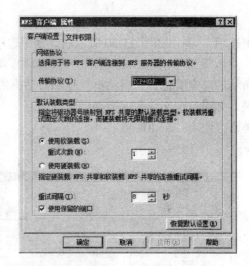

图 23-17 “网络文件系统服务”窗口

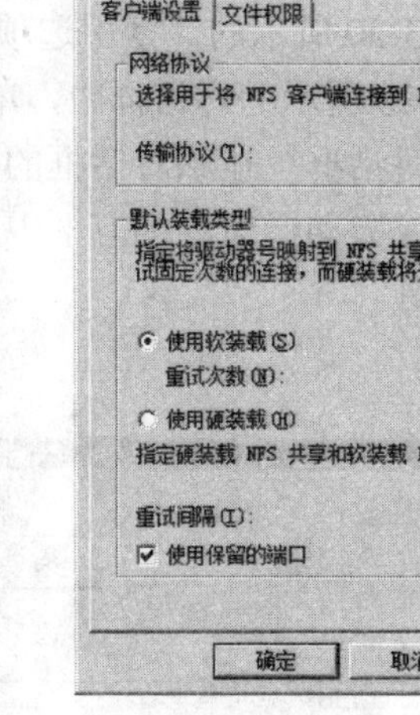

图 23-18 “NFS 客户端属性”对话框

步骤 3：选中“NFS 服务器”选项之后，单击鼠标右键，弹出如图 23-19 所示的“NFS 服务器属性”对话框。在该对话框中，包含“服务器设置”、“文件名处理”、“锁定”和“活动日志记录”选项页，可分别进行相应的参数设置。

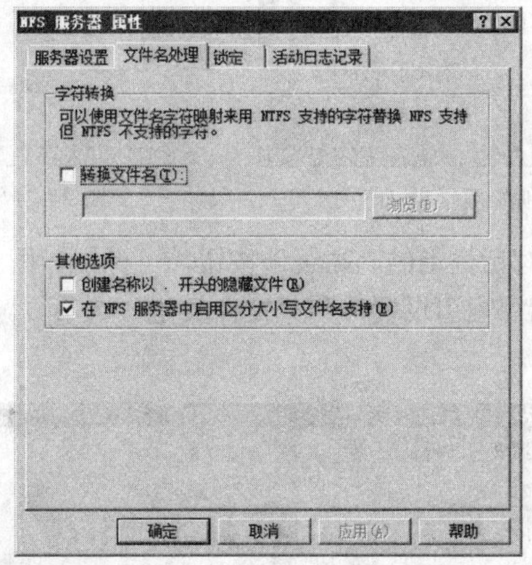

图 23-19 “NFS 服务器属性”对话框

23.6 Windows 搜索服务

在 Windows Server 2008 中，将早期版本 Windows 系统中的索引服务更换成了 Windows 搜索服务。Windows 搜索服务是一种新型索引，它可在服务器上创建最常见文件和非文件数据类型（如电子邮件、联系人、照片和多媒体等）的索引。Windows 搜索服务并不是搜索整个磁盘上的文件名及文件属性，而是搜索索引，这样可以大大提高搜索的速度。因此，设置索引仍是 Windows 搜索服务中重要的一个环节。

安装 Windows 搜索服务后，可以使用“控制面板”中的“索引选项”来设置索引。在“索引选项”对话框中的索引位置列表中，可以添加或删除文件夹和卷。修改索引设置的具体步骤如下。

步骤 1：安装 Windows 搜索服务后，在“控制面板”中以经典模式浏览，之后双击“索引选项”。弹出如图 23-20 所示的“索引选项”对话框。

步骤 2：在图 23-20 所示的对话框中，单击左下角的“修改”按钮，即可弹出如图 23-21 所示的“索引位置”对话框。在该对话框的“更改所选位置”选项栏中，可以展开各个文件夹，并通过在文件夹或驱动器前的小方框中进行选择，来修改需要索引的位置，修改完毕后单击“确定”按钮即可。

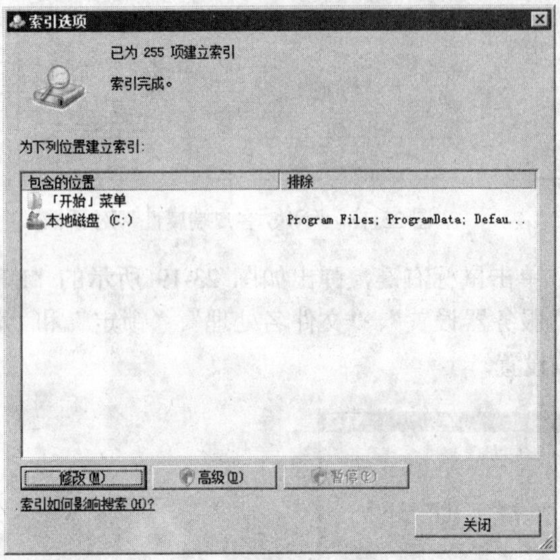

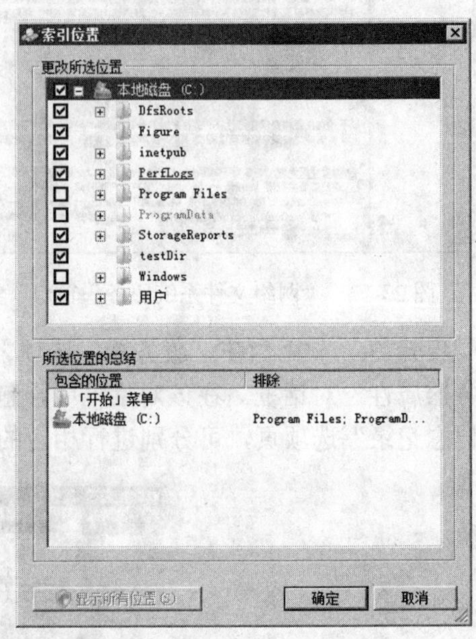

图 23-20 “索引选项”对话框

图 23-21 “索引位置”对话框

步骤 3：单击图 23-20 对话框上的“高级”按钮，可弹出如图 23-22 所示的“高级选项”对话框。在该对话框中包括“索引设置”和“文件类型”选项页。通过这两个选项页，还可以设置索引的其他相关设置。

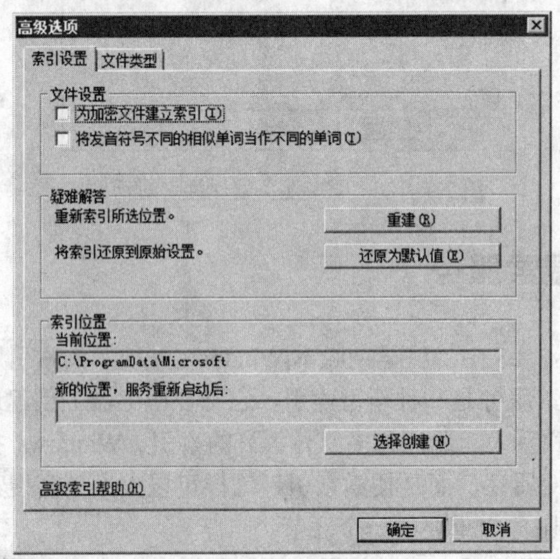

图 23-22 “高级选项”对话框

设置完索引之后，就可以更好地使用 Windows 搜索功能了。在 Windows Server 2008 中，

Windows 搜索功能已经非常紧密地集成到了系统中的各个角落。比如，在开始菜单的左下角，如图 23-23 所示，在计算机浏览器的工具条中，如图 23-24 所示，均紧密集成了 Windows 搜索。而且 Windows Server 2008 的搜索，可以即时地将搜索内容显示给用户，即在用户输入搜索关键字的同时即显示搜索结果，而无需按回车键。

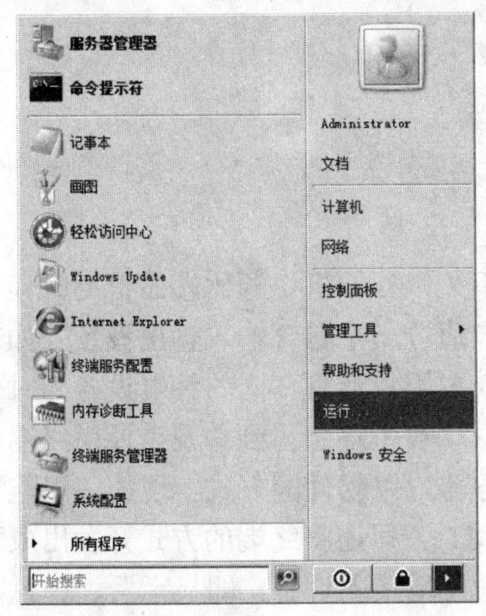

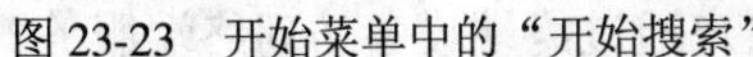

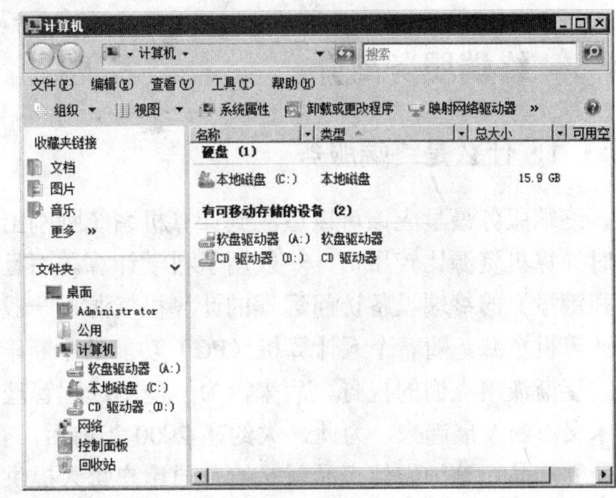

图 23-23　开始菜单中的“开始搜索”　　　图 23-24　计算机浏览器中的“搜索”

23.7　Windows Server 2003 文件服务

Windows Server 2008 中的文件服务角色包括与 Windows Server 2003 兼容的 Windows Server 2003 文件服务，主要包括文件复制服务（FRS）和索引服务。

文件复制服务（FRS）可以将文件夹与使用 FRS（而不是更新的 DFS 复制服务）的文件服务器同步。安装了文件复制服务，就可以将文件夹与使用 FRS 的服务器（装有分布式文件系统的 Windows Server 2003 或 Windows 2000）实现同步。如果启用最新且有效的复制技术，则需要安装 DFS 复制。

索引服务为本地和远程计算机上文件的内容和属性编制目录。它还允许用户通过灵活的查询语言快速查找文件。

23.8　本章小结

本章主要介绍了 Windows 操作系统中最为基本的服务之一——文件服务。通过 Windows Server 2008 中的文件服务，不仅可以有效地管理本地计算机上的文件及存储文件的存储资源，还可以方便地通过使用网络文件共享、分布式文件系统及网络文件系统服务实现网络中的文件传输和访问。通过使用 Windows Server 2008 中新的 Windows 搜索服务，可以方便地体验到新型文件搜索带来的新体验，因为 Windows 搜索是即时搜索，可以即时地反映搜索结果。为了在原有系统环境中与早期版本 Windows 系统兼容，Windows Server 2008 中保留了与 Windows Server 2003 兼容的文件服务，主要包括 Windows Server 2003 的文件复制服务和索引服务。

第24章 终端服务

24.1 终端服务简介

24.1.1 什么是终端服务

终端服务最早应该可以追溯到计算机系统刚刚出现不久，计算机资源比较昂贵的时候。当时计算机资源比较昂贵，一般用于科学计算。而且用户通过一个包含输入输出设备（如屏幕和键盘）的终端设备访问远程的计算机资源，一般是众多用户通过不同的终端设备同时使用计算机资源。随着个人计算机（PC）功能的不断增强，计算机逐步得到普及，使用终端的方式逐渐淡出人们的视野。后来，为了便于远程管理服务器，以软件的方式实现的终端连接技术又不断发展起来。为此，大约在 2000 年前后，有些 IT 公司还将终端的方式开发出成型的硬件产品。这种硬件产品就是给普通用户每人提供一套终端接入设备，即显示器、键盘、鼠标及一个终端接入盒，然后设置一套终端服务器。普通用户通过终端设备访问终端服务器，进行操作。这种方式可以实现用户的集中控管，便于维护管理。表面上看这种方式好像对设备的投入成本比较低，但仔细算来，随然在客户端设备上节省了，但服务器端设备往往要求配置较高，才能满足较多用户的同时使用，而这种方式用户的使用体验感受也不是很理想。同时又由于个人计算机成本的逐渐降低，这类有些“复古”的产品的优势不再明显，因此没过几年，就逐渐被市场淘汰了。但随后由于远程管理服务器的需求使得基于网络的软件形式的终端服务又逐步发展起来。在 Windows 的众多版本中都开始提供了功能不断完善的终端服务，而且被越来越广泛地应用到实际的企业应用环境中，以便快捷方便地管理远程的服务器。而笔者就是终端服务的一个很大的收益者，通过 Windows 的终端服务，管理了处于不同办公区的几十台服务器，而这些管理基本都是在自己办公室的 PC 上进行的，不用到处跑来跑去，非常方便。

说了半天终端服务的历史，那终端服务到底是什么呢？在 Windows Server 2008 中的终端服务，为用户提供了可以远程访问安装在终端服务器上的应用程序的功能，还提供了远程访问 Windows 系统桌面的功能。使用终端服务，即可以在企业的内部局域网中访问终端服务器，也可以通过 Internet 在因特网中访问终端服务。

24.1.2 早期版本 Windows 中的终端服务

终端服务在 Windows 2000 服务器版的时代就开始在 Windows 操作系统中提供了。经过了 Windows XP、Windows Server 2003 及 Windows Vista，一直到了 Windows Server 2008，其间终端服务在不断发展变化，越来越易用，功能也越来越强大。

在 Windows 2000 Advanced Server 中，需要安装终端服务才能使用该项服务，终端服务的客户端还需要由 Windows 2000 操作系统来生成安装程序并在客户端 Windows 系统中安装。该版本的终端服务还只能支持 16 位颜色。

在 Windows XP 中则提供了类似的“远程桌面连接”功能。Windows XP 系统经过设置可以允许其他客户端的 Windows 系统使用“终端服务客户端”或“远程桌面连接”，连接后 Windows XP 的界面则被客户端系统全面接管，本机则只显示本机被远程桌面连接，不再显示其他任何内容。

在之后的 Windows Server 2003 中，终端服务得到了很大的改进。在 Windows Server 2003 中，默认内置了 Terminal 服务，如果启用了该服务后，再设置为允许远程计算机连接，客户端 Windows 系统就可以使用“远程桌面连接”连接该服务器，而无需单独安装终端服务，但这种方式限制只能同时有两个连接会话。这相当于系统内置了一个简化的终端服务，为用户远程管理服务器提供了方便。当然，Windows Server 2003 也提供了终端服务的安装，安装之后，则具有更加全面的终端服务功能，可以同时支持 3 个以上的连接会话。Windows Server 2003 的终端服务支持了终端会话的 24 位颜色，并且可以通过终端服务设置及系统安全策略设置来实现将服务器的声音带到本地计算机上来的功能。

在 Windows Vista 中，则提供了功能更强大的终端服务。可以支持到 32 位真彩色的远程会话连接，而且支持自动记录远程登录的账户信息。当然，最大的变化应该是安全性的提高。在 Windows Vista 中，远程桌面连接要求在连接之前输入用户账户信息。如果连接 Windows Vista 的远程桌面连接，则可以提供使用安全证书的登录方式。为了与早期版本 Windows 中终端服务客户端的兼容，在 Windows Vista 中的远程桌面连接也提供了早期版本终端服务客户端的功能。

在 Windows Server 2008 中，不仅支持 32 位近乎自然色外，还则增加了服务器身份验证、设置终端服务网关等功能。

24.2 终端服务的组成

在 Windows Server 2008 中，终端服务由几个相关服务组成。

终端服务器（Terminal Server）：终端服务器使服务器可以运行基于 Windows 的应用程序和完整的 Windows 桌面。用户可以使用“远程桌面连接”或“远程应用程序”（RemoteApp）连接到终端服务器上，并在终端服务器上运行应用程序、保存文件及使用网络资源。

终端服务 Web 访问（TS Web Access）：用户可以使用该组件从 Web 网站中连接访问终端服务器并访问 RemoteApp 应用程序。

终端服务授权（Terminal Services Licensing，TS Licensing）：管理终端服务客户端访问授权（TS CALs）。每个设备或用户连接终端服务器时需要使用这些授权。使用终端服务授权可以安装、颁发及监控终端服务授权服务器上的终端服务客户端访问授权。

终端服务网关（Terminal Services Gateway，TS Gateway）：使经过授权的远程用户从任何连接到因特网的设备上连接到企业内部网络中的终端服务器。

终端服务会话代理（Terminal Services Session Broker，TS Session Broker）：支持服务器组中各个终端服务器之间对会话进行负载均衡，同时还支持在负载均衡的终端服务器组中重新连接到已存在的会话。

24.3 安装配置终端服务

24.3.1 安装终端服务

在 Windows Server 2008 默认安装时，终端服务是不被安装的。因此需要在系统安装完毕后，选择安装。具体安装步骤如下。

步骤 1：单击“开始”→“管理工具”→“服务器管理器”菜单命令，打开如图 24-1 所示的“服务器管理器”窗口，选择“角色”选项卡。

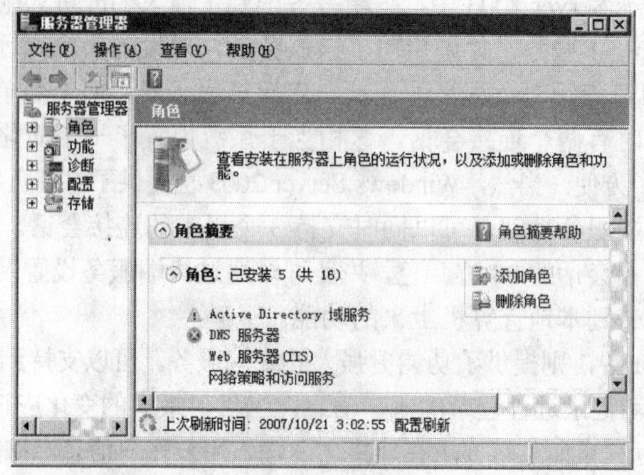

图 24-1 “服务器管理器”窗口

步骤 2：单击“服务器管理器”窗口中的“添加角色”功能链接，弹出选择服务器角色欢迎向导页面。单击“下一步”按钮后进入如图 24-2 所示的“选择服务器角色”向导页面。

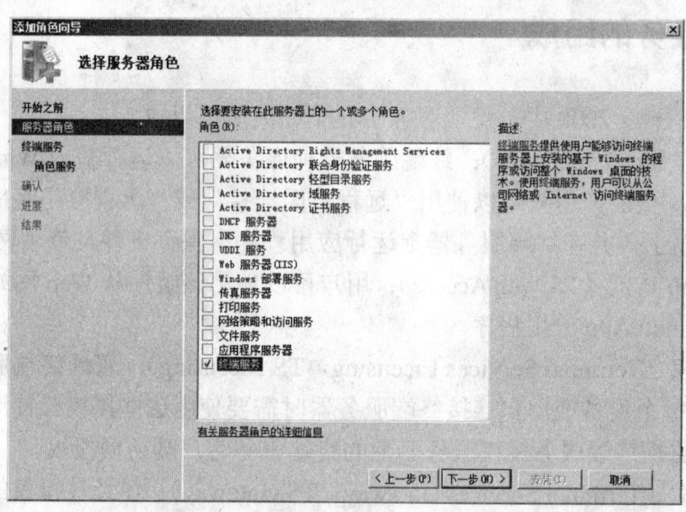

图 24-2 “选择服务器角色”向导页面

步骤 3：在图 24-2 中选择“终端服务”后单击“下一步”按钮，进入终端服务说明简介向导页面。单击“下一步”按钮后进入如图 24-3 所示的“选择角色服务”的向导页面。

步骤 4：根据具体功能需求，选择终端服务的相关角色服务。在这里选择各类角色服务，以便后面说明如何使用这些角色服务。在实际使用过程中，则可以根据使用方式，仅选择特定的角色服务即可。选择每个角色服务时，如果所选服务角色不够，系统自动弹出如图 24-4 所示的提示信息，提示用户需要同时再增加哪些角色才能运行该角色服务，根据提示信息，将所需的角色服务安装配置好。

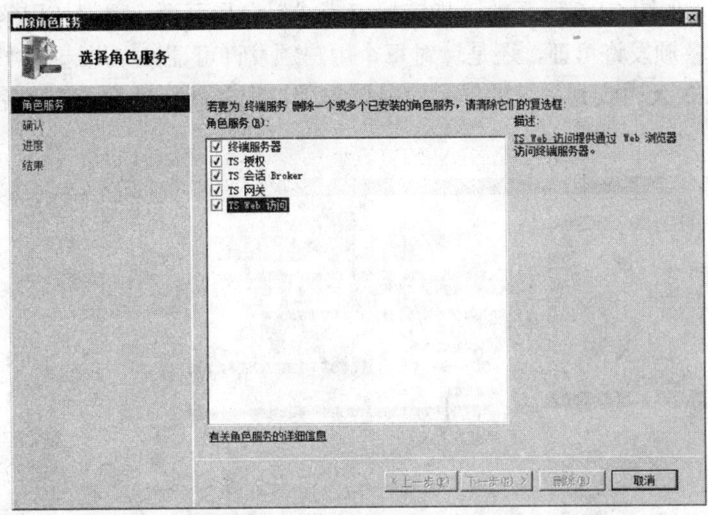

图 24-3 “选择角色服务”向导页面

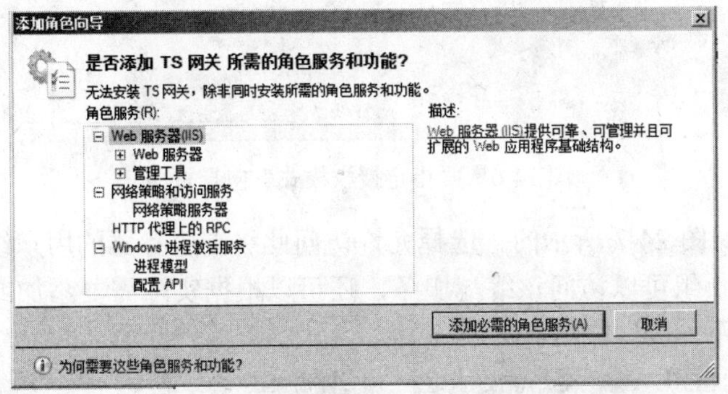

图 24-4　提示信息

步骤 5：单击“下一步”按钮后进入如图 24-5 所示的“指定终端服务的身份验证方法”向导页面。可以根据需要选择这两个选项值，如选择“不需要网络级身份认证”，之后单击“下一步”按钮。

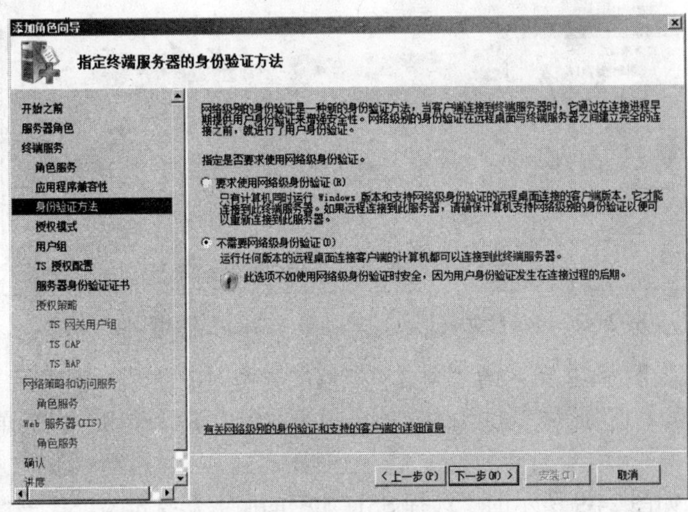

图 24-5　“指定终端服务的身份验证方法”向导页面

步骤 6：进入如图 24-6 所示的“指定授权模式”向导页面。根据使用终端服务的方式选择是针对每个设备颁发许可证，还是针对每个用户颁发许可证。如果选择“以后配置”，用户则会在之后的 120 天内收到系统的提示信息要求用户配置授权模式。选择完毕后单击“下一步”按钮。

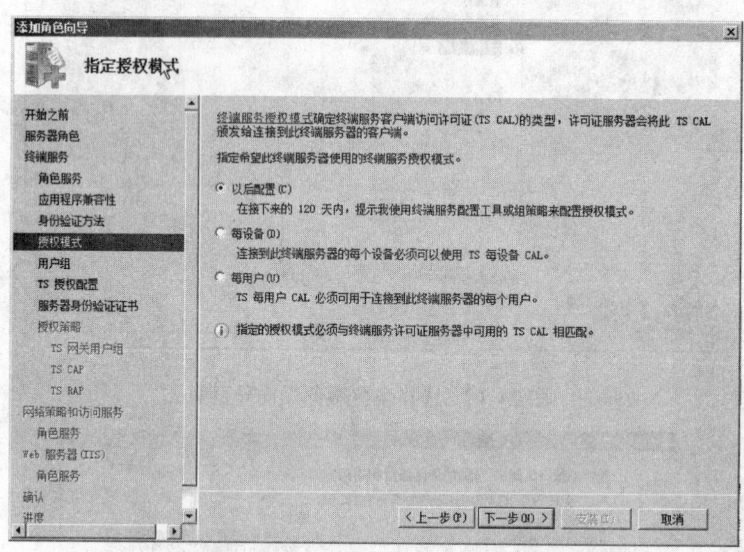

图 24-6 “指定授权模式”向导页面

步骤 7：进入如图 24-7 所示的“选择允许访问此终端服务器的用户组”向导页面。在该页面中默认有管理员组可以访问该终端服务，还可以根据实际需要添加或删除其他用户或用户组。之后单击“下一步”按钮。

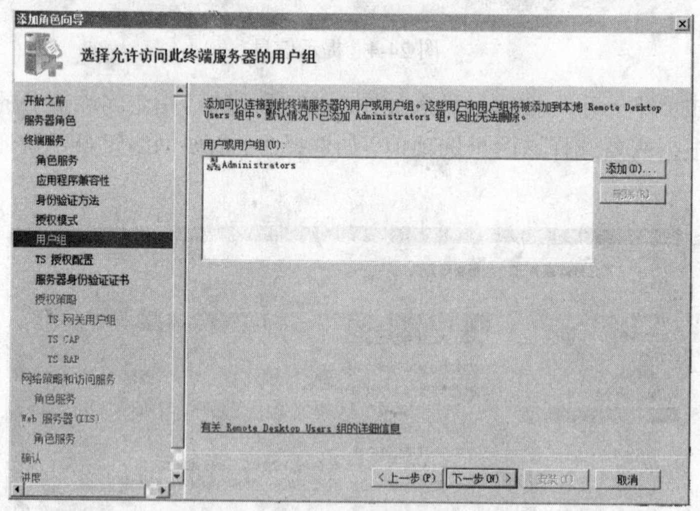

图 24-7 “选择允许访问此终端服务器的用户组”向导页面

步骤 8：进入如图 24-8 所示的“为 TS 授权配置搜索范围”向导页面。如果服务器没有被配置成域服务器，则“此域”和“林”的选项为灰色，无法使用。之后单击“下一步”按钮。

步骤 9：进入如图 24-9 所示的“选择 SSL 加密的服务器身份验证证书”向导页面。根据实际需要及每种证书的说明选择相应的证书方式。比如，选择“为 SSL 加密创建自签名证书”，之后单击“下一步”按钮。

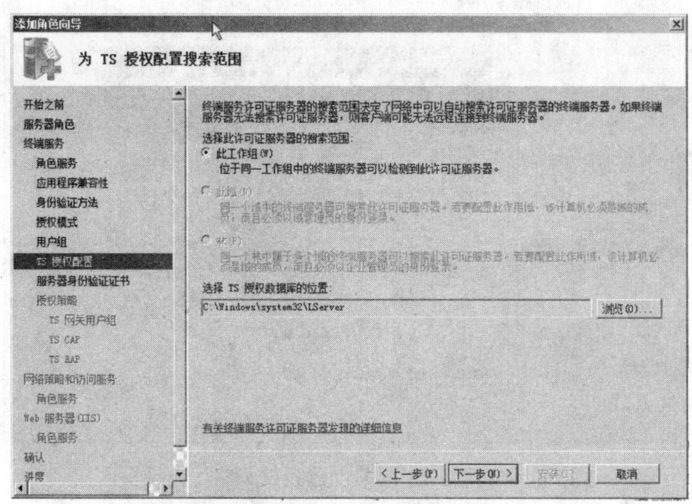

图 24-8　“为 TS 授权配置搜索范围”向导页面

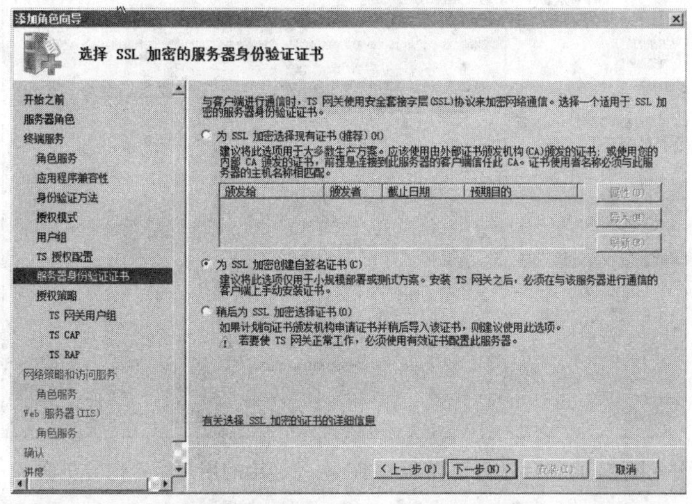

图 24-9　“选择 SSL 加密的服务器身份验证证书”向导页面

步骤 10：进入如图 24-10 所示的“为 TS 网关创建授权策略”向导页面。根据向导页面的说明及实际需要，选择创建授权策略的方式，之后单击“下一步”按钮。

步骤 11：进入如图 24-11 所示的“选择可以通过 TS 网关连接的用户组”向导页面。默认情况下管理员组具有该权限，还可以添加或删除其他用户组。之后单击“下一步”按钮。

步骤 12：进入如图 24-12 所示的“为 TS 网关创建 TS CAP”（管理终端服务连接授权策略）向导页面。在该向导页面的“输入 TS CAP 的名称”栏中输入 TS CAP 的一个名称，也可以使用系统提供的默认名称。在其下选择一种 Windows 身份验证方法，如选择“密码”。之后单击“下一步”按钮。

步骤 13：进入如图 24-13 所示的“为 TS 网关创建 TS RAP”向导页面。根据向导中的提示，输入 TS RAP（管理终端服务资源授权策路）的名称，并选择 TS 网关服务器可连接的网络资源类型，如选择“允许用户连接到网络上的任何计算机”。之后单击“下一步”按钮。

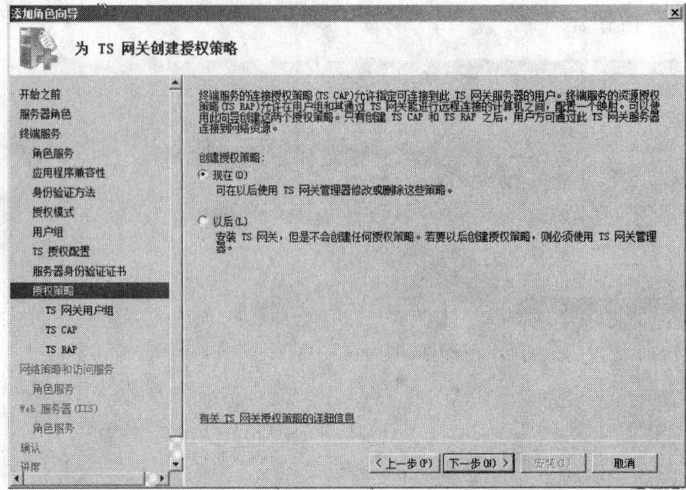

图 24-10 “为 TS 网关创建授权策略”向导页面

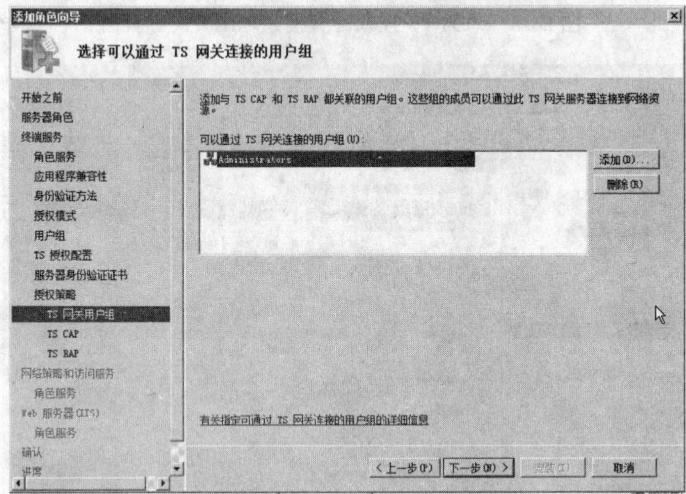

图 24-11 “选择可以通过 TS 网关连接的用户组”向导页面

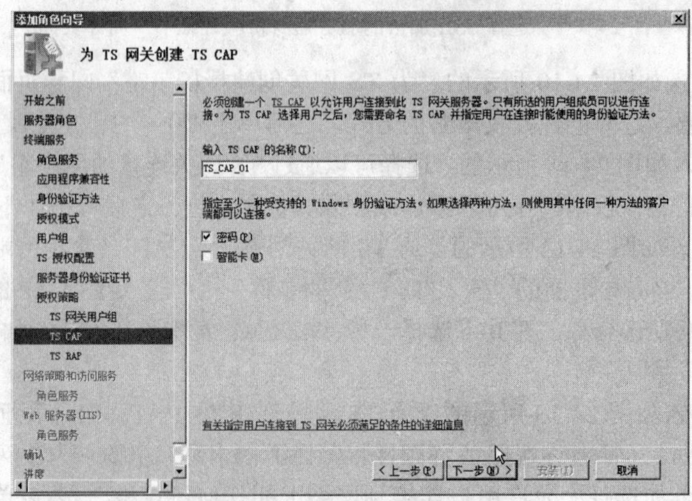

图 24-12 “为 TS 网关创建 TS CAP”向导页面

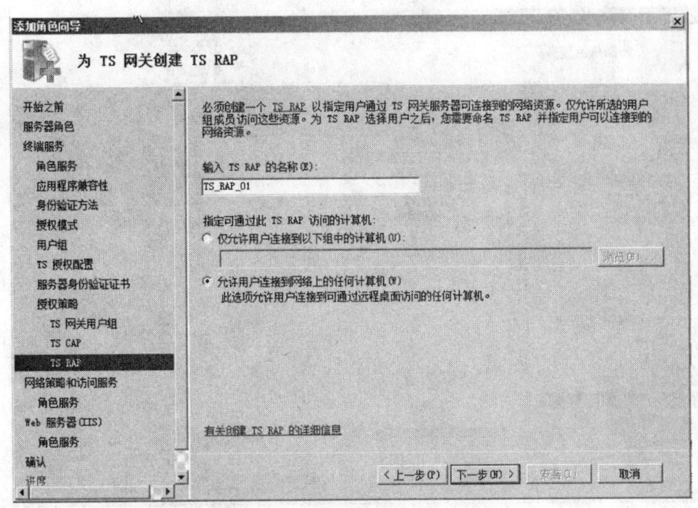

图 24-13　“为 TS 网关创建 TS RAP”向导页面

步骤 14：进入如图 24-14 所示的“网络策略和访问服务”的提示向导页面。之后单击“下一步”按钮。

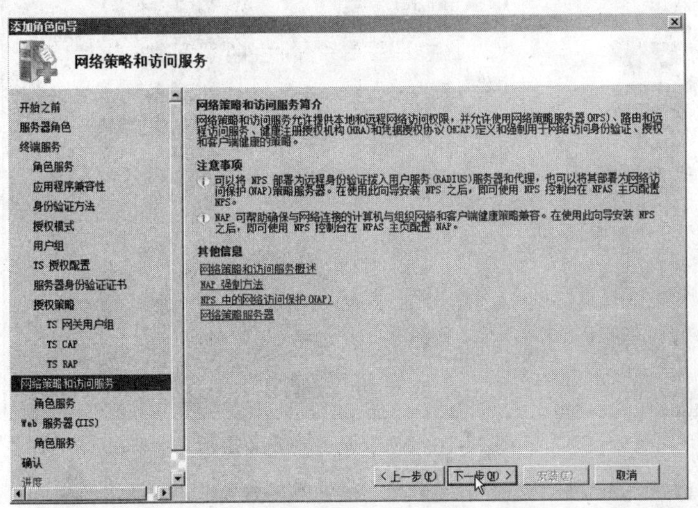

图 24-14　“网络策略和访问服务”向导页面

步骤 15：进入如图 24-15 所示的“选择角色服务”向导页面。在该向导页面中，选择网络策略和访问服务的相应角色服务，之后单击“下一步”按钮。

步骤 16：进入如图 24-16 所示的 Web 服务器（IIS）的安装提示向导页面。之后单击“下一步”按钮。如果之前已经安装过了 IIS，则此处不再提示。

步骤 17：进入如图 24-17 所示的“选择角色服务”向导页面。按照默认选项安装，之后单击“下一步”按钮。

步骤 18：进入如图 24-18 所示的“确认安装选择”提示向导页面。之后单击“安装”按钮。

步骤 19：开始终端服务的相关安装。安装完毕后系统提示如图 24-19 所示的是否重新启动的对话框。单击“是”按钮和“关闭”按钮，系统将自动重新启动。

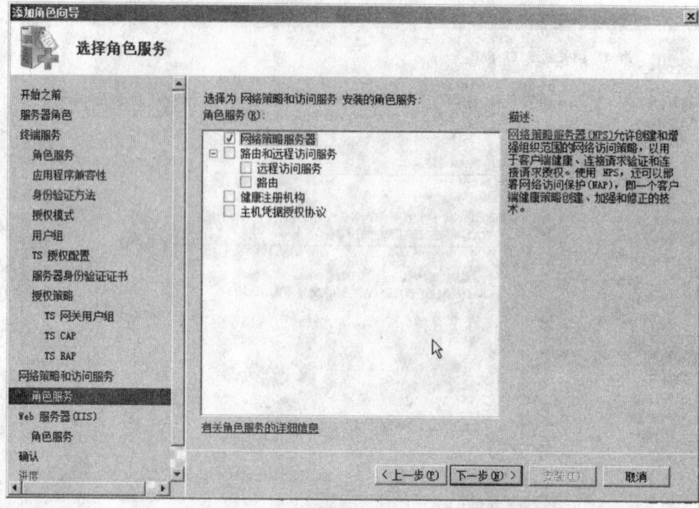

图 24-15 “选择角色服务”向导页面

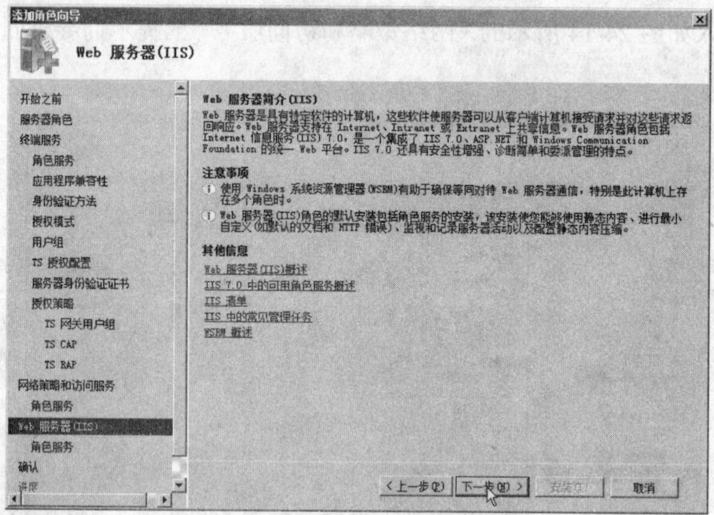

图 24-16 Web 服务器安装提示

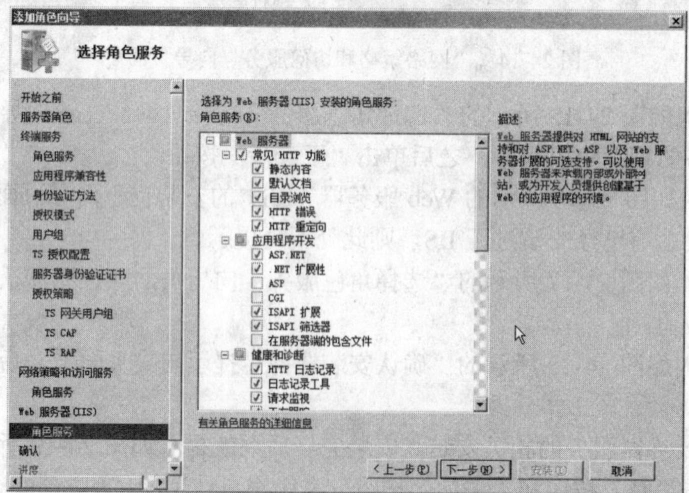

图 24-17 “选择角色服务”向导页面

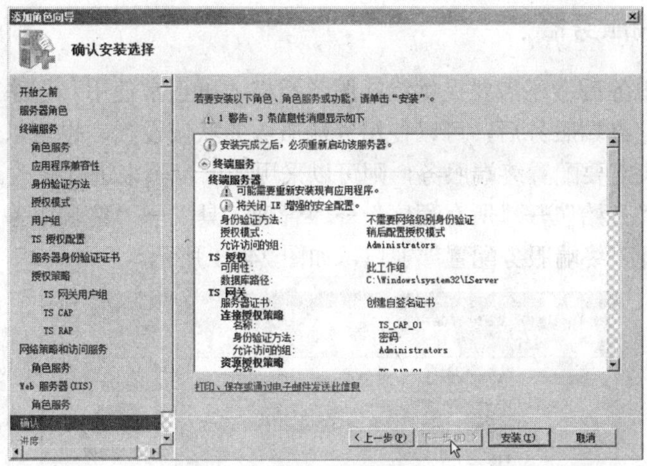

图 24-18　“确认安装选择”向导页面

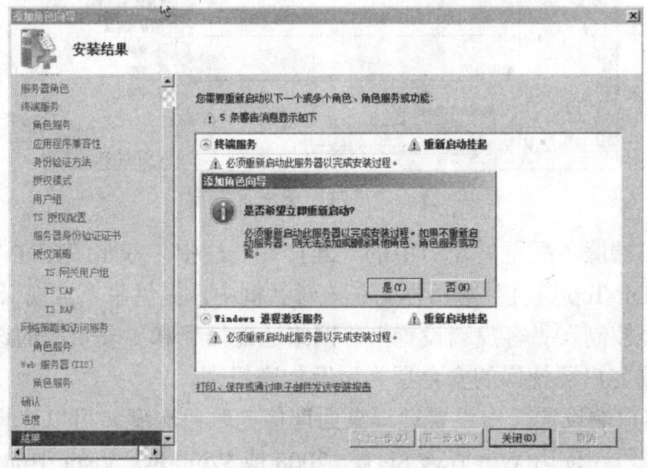

图 24-19　是否重新启动

步骤 20：计算机重新启动之后进入如图 24-20 所示的自动配置过程。此时系统提示如果用户不配置终端服务的授权许可，终端服务将在 119 天后停止工作。之后单击“关闭”按钮，终端服务安装完成。

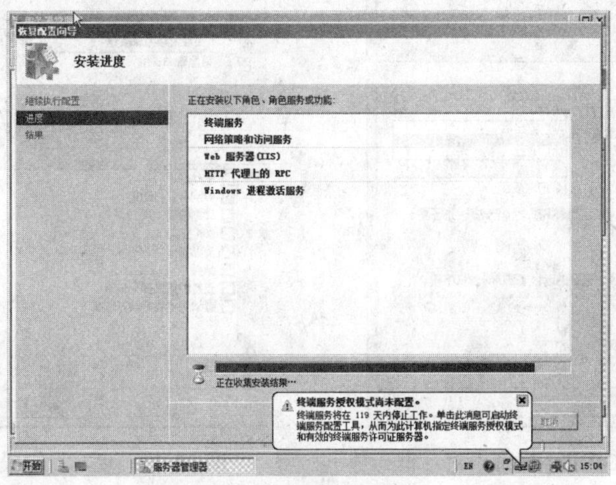

图 24-20　自动配置过程

24.3.2 配置终端服务器

安装完毕终端服务后，还需要提供终端服务授权才可正常使用。但系统默认提供了 120 天的试用期。安装完终端服务后，可以使用终端服务的默认设置，也可以进行一番修改后再使用终端服务。如果需要配置终端服务，则可以采用如下步骤来进行修改。

步骤 1：单击“开始”→“所有程序”→“管理工具”→“终端服务”→“终端服务配置”菜单命令，打开“终端服务配置”窗口，如图 24-21 所示。

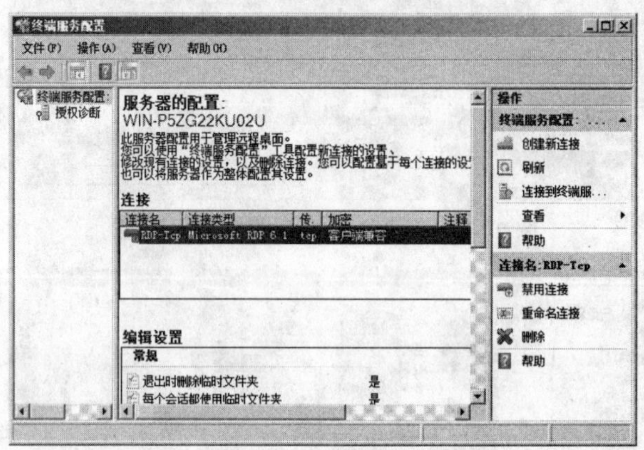

图 24-21 “终端服务配置”窗口

步骤 2：在“终端服务配置”窗口中的“连接”一栏中，双击“RDP-Tcp”，即可弹出如图 24-22 所示的“RDP-Tcp 属性”对话框。在该对话框中，提供了“常规”、“登录设置”、“会话”、“环境”、“远程控制”、“客户端设置”、“网络适配器”和“安全”的选项页。在“常规”选项卡中，可以设置客户端使用的安全层类型及加密级别。

步骤 3：在“客户端设置”中设置远程桌面连接的颜色深度，可以选择为 32 位颜色，如图 24-23 所示。这样，在使用 Windows Server 2008 或 Windows Vista 中的远程桌面连接连接到 Windows Server 2008 的终端服务器上时，远程桌面连接中也设置为 32 位颜色后，终端会话即可以 32 位颜色的方式连接。

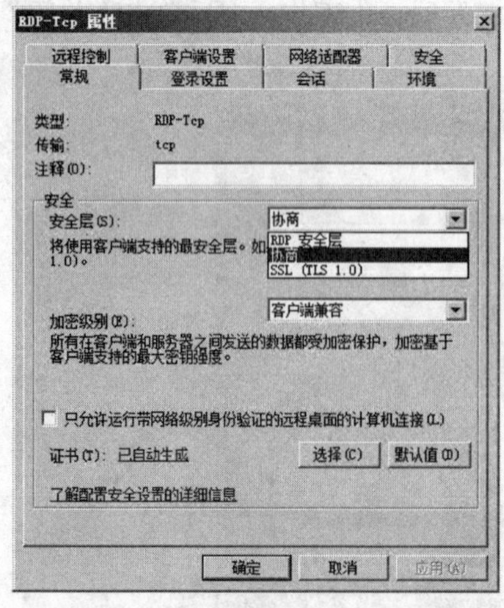

图 24-22 “RDP-Tcp 属性”对话框

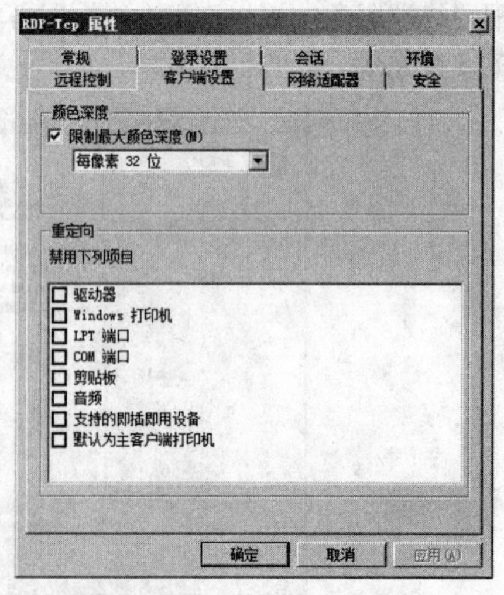

图 24-23 “客户端设置”选项页

其实，如果 Windows Server 2008 不安装终端服务，终端服务配置也可以使用，此时配置管理的是系统默认提供的远程桌面连接的终端会话。

24. 3. 3　管理远程会话

在终端服务器上，可以通过“终端服务管理器”查看终端服务的远程连接会话。具体操作步骤如下。

步骤 1：单击“开始”→“所有程序”→“管理工具”→“终端服务”→“终端服务管理器”菜单命令，打开“终端服务管理器”窗口，如图 24-24 所示。

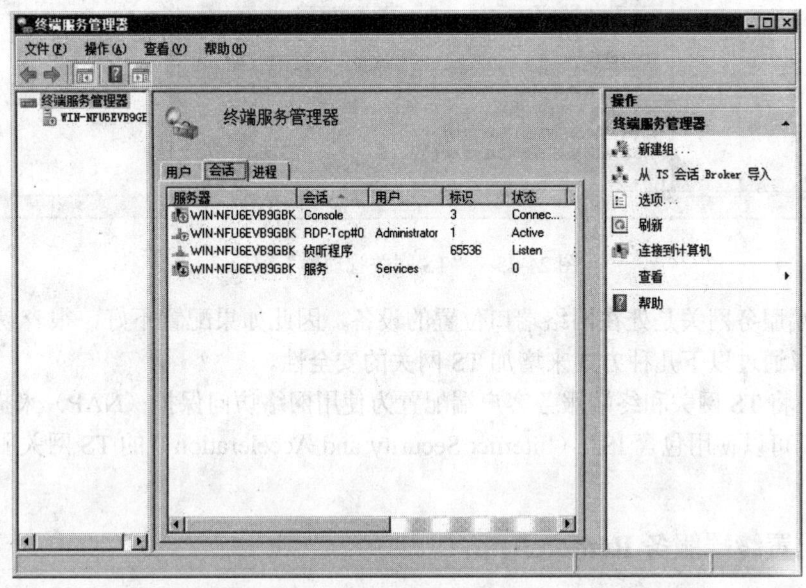

图 24-24　“终端服务管理器”窗口

步骤 2：在如图 24-24 所示的窗口中的“用户”选项页中，可以看到当前连接到本终端服务器上的用户。在“会话”选项页中，可以看到当前连接到本终端服务器上的会话信息。在“进程”选项页中，可以查看终端服务器及当前所有远程连接会话中运行的所有进程列表。在上述各选项页中，可以通过选中每条信息后再执行相应的操作，如中断某个远程连接会话，停止某个会话当中的进程等。

24. 3. 4　配置终端服务网关

终端服务网关（TS 网关）使用 HTTPS 上的远程桌面协议（RDP），为 Internet 上的远程用户与内部网络资源之间建立安全的加密连接。TS 网关使用 443 端口，而不是终端服务使用的 3389 端口，这样可以比较方便地通过防火墙的许可规则。远程用户可以不使用 VPN 就实现与内部网络资源之间的加密连接。TS 网关提供的是点对点的 RDP 连接，因此可以控制访问内部网络中的哪些资源。

步骤 1：单击“开始”→“所有程序”→“管理工具”→“终端服务”→“TS 网关管理器”菜单命令，打开“TS 网关管理器”窗口，如图 24-25 所示。

步骤 2：在如图 24-25 所示的管理窗口中，可以配置“连接授权策略”和“资源授权策略”，并可以监视远程用户的远程连接情况。

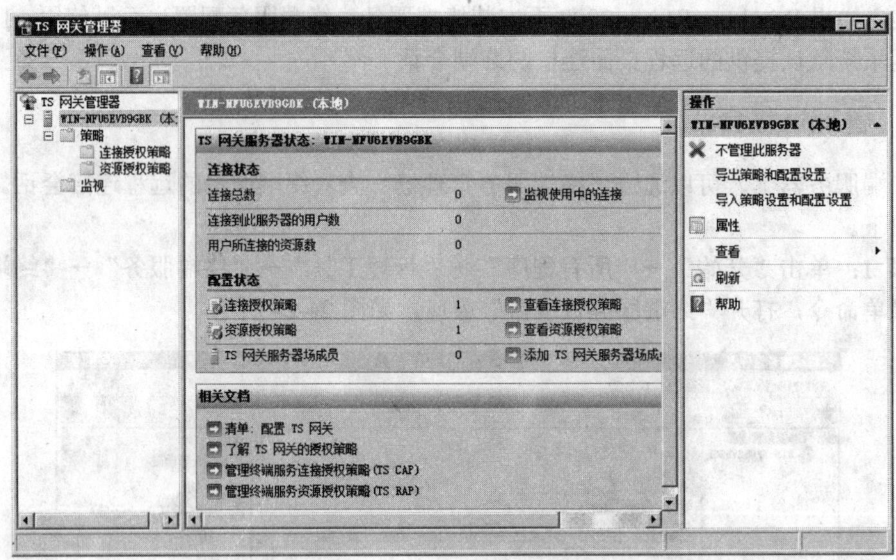

图 24-25 “TS 网关管理器”窗口

由于终端服务网关是处在网络端口位置的设备，因此如果配置不好，很容易引起网络安全问题。可以通过以下几种方式来增加 TS 网关的安全性。

方式 1：将 TS 网关和终端服务客户端配置为使用网络访问保护（NAP）来提高安全性。

方式 2：可以使用包含 ISA（Internet Security and Acceleration）的 TS 网关服务器来提高安全性。

24.3.5 配置终端服务 RemoteApp

可以配置终端服务远程连接会话访问的终端服务器上的应用程序。这种控制可以使用 TS RemoteApp 管理器来实现。具体操作如下。

步骤 1：单击“开始”→“所有程序”→“管理工具”→“终端服务”→“TS RemoteApp 管理器”菜单命令，打开 TS RemoteApp 管理器窗口，如图 24-26 所示。

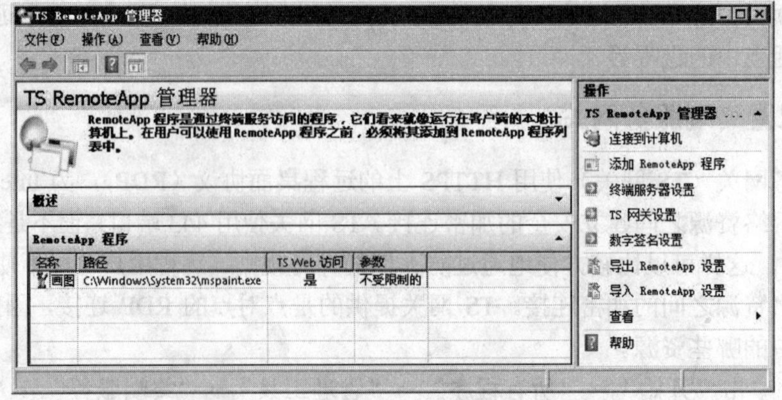

图 24-26 “TS RemoteApp 管理器”窗口

步骤 2：单击管理器窗口右上角“操作”栏中的“添加 RemoteApp 程序”链接，即可进入“RemoteApp 向导”。依据向导，可选择添加到 RemoteApp 程序列表的程序，并设置这些程序的相关权限。

步骤 3：还可以在“操作”栏中，执行其中所列的 RemoteApp 相关操作及终端服务的其他相关设置。

24.4 客户端使用终端服务

24.4.1 远程桌面连接

最常用的终端服务的使用方式就是使用远程桌面访问终端服务服务器。因为自从 Windows XP 开始，在 Windows 操作系统中就默认提供了远程桌面连接的客户端程序，而无需再安装其他软件。在 Windows Server 2008 中，使用远程桌面连接的具体步骤如下。

步骤 1：单击“开始”→“附件”→“远程桌面连接”菜单命令，弹出如图 24-27 所示的“远程桌面连接”窗口。

步骤 2：在如图 24-27 所示的“计算机”栏中，输入终端服务服务器的 IP 地址，然后单击“连接”按钮，系统提示输入终端服务器的访问账户信息。这种输入账户信息的方式是与早期版本远程桌面连接的一个不同之处。另外，在“登录设置”栏中，还可以选择“允许我保存凭证”选项，这样，如果一次登录成功后，下一次再登录时远程桌面就会记住终端服务器上的账户，用户无需再次输入，大大方便了用户的使用。

步骤 3：在如图 24-28 所示的“显示”选项页中的“颜色”一栏中，可以选择“最高质量（32 位）”的色彩质量。

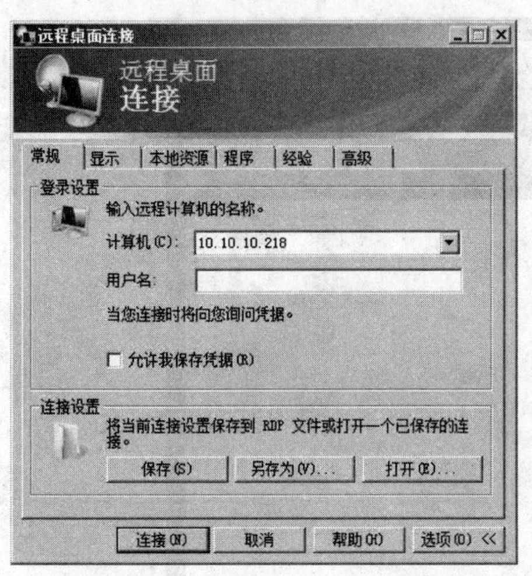

图 24-27 “远程桌面连接”窗口

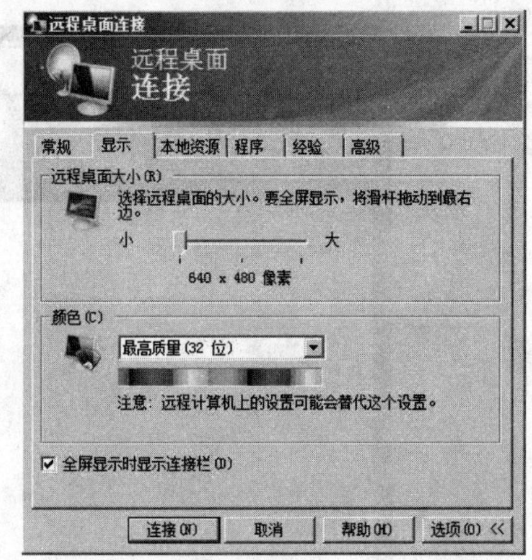

图 24-28 支持 32 位颜色的远程桌面连接

步骤 4：在如图 24-29 所示的“高级”选项页中，可以选择设置服务器身份验证的方式。单击“从任意位置连接”栏中的“设置”按钮，弹出如图 24-30 所示的“TS 网关服务器设置”对话框。在该对话框中可以设置终端服务网关服务器。

设置完毕后，单击“远程桌面连接”窗口左下角的“连接”按钮，即可连接到远程终端服务服务器。

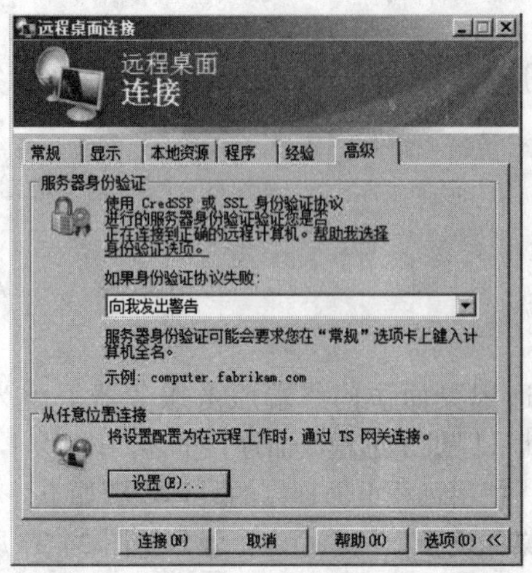

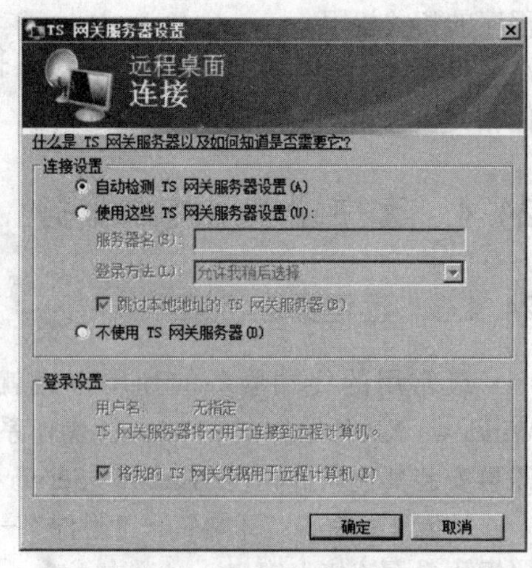

图 24-29　提供的服务器身份验证和终端服务网关连接选择　　　图 24-30　终端服务网关服务器设置

24.4.2 Web 访问

在 Windows Server 2008 中也提供了终端服务的 Web 访问方式。这种方式在早期版本的 Windows 中也有所支持。安装设置完 TS Web 访问之后，具体访问方法如下。

步骤 1：打开浏览器，在地址栏中输入 http://localhost/ts/zh-CN/default.aspx，如图 24-31 所示。如果在其他计算机上通过 Web 访问终端服务器，则将地址栏中的“localhost”改为终端服务服务器的 IP 地址即可。

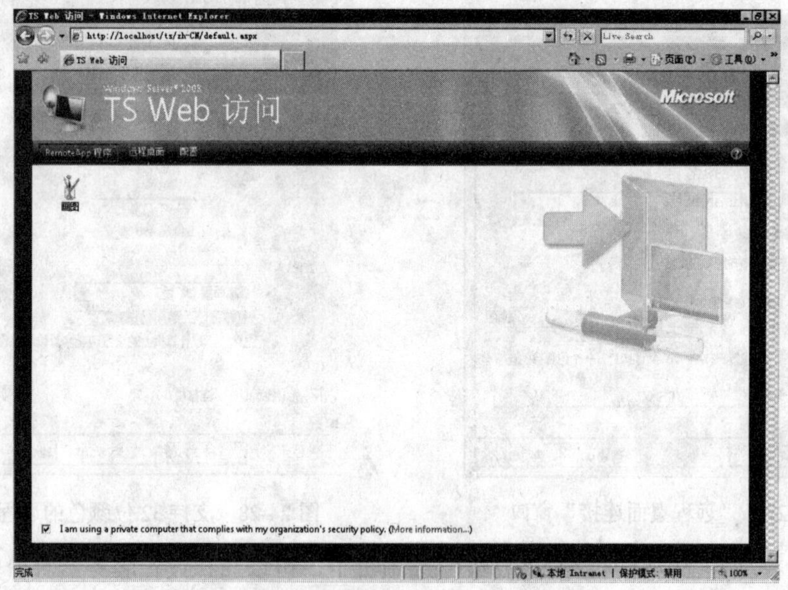

图 24-31　终端服务服务器 Web 访问

步骤 2：在打开的页面中，有 3 个选项页，“RemoteApp 程序”、“远程桌面”和“配置”。在“RemoteApp 程序”选项页中显示了在 TS RemoteApp 管理器窗口中配置添加的应用程序。在“远程桌面”选项页中，显示了远程桌面连接的 Web 形式。在“配置”中显示了远程桌面连接的配置信息。

24.5 终端服务会话代理的使用

终端服务会话代理是在 Windows Server 2008 中提供的一项高级的终端服务，用于在负载均衡的终端服务器组中跟踪用户的远程会话。如果启用了终端服务会话代理负载均衡功能，则终端服务会话代理还可跟踪服务器组中每台终端服务器上远程用户会话数，并将新的会话分配定向到会话数最少的终端服务器上。需要说明的是，只有 Windows Server 2008 的终端服务器，才支持终端服务会话代理负载均衡功能。这样，用户就可以重新连接到负载均衡终端服务器组中的现有会话，而且还可以将会话负载在负载均衡终端服务器组中的服务器之间均衡分配。下面以 Windows Server 2008 的环境（即假设服务器组中所有服务器均安装有 Windows Server 2008）为例简要说明终端服务会话代理如何实现服务器组中的负载均衡。

步骤 1：在需要跟踪远程用户会话的 Windows Server 2008 服务器上安装终端服务会话代理。

步骤 2：将服务器组中的终端服务器添加到会话目录计算机（Session Directory Computers）本地组中。具体操作方法如下。

单击“开始”→“管理工具”→“Active Directory 用户和计算机”菜单命令，弹出如图 24-32 所示的“Active Directory 用户和计算机”窗口。

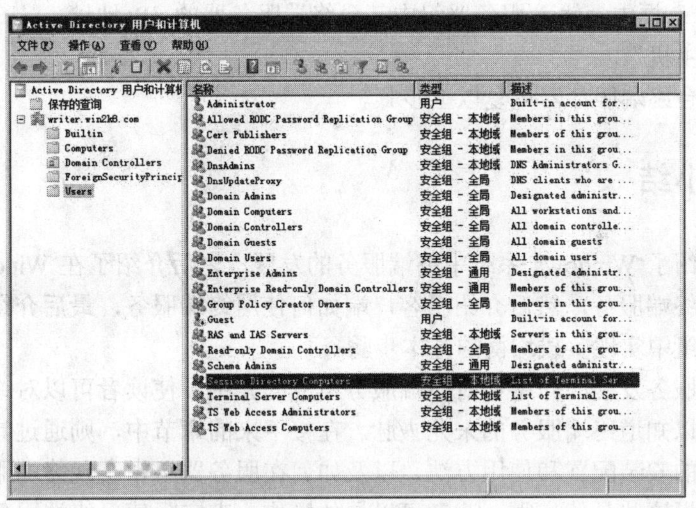

图 24-32 “Active Directory 用户和计算机”窗口

展开服务器的名称，选择“Users”选项后，在窗口右侧选择“Session Directory Computers”（会话目录计算机），单击鼠标右键，在弹出的菜单中选择“属性”。之后弹出如图 24-33 所示的“Session Directory Computers 属性”对话框。

在上述对话框中，选择“成员”选项卡，单击“添加”按钮，在弹出的如图 24-34 所示的“选择用户、联系人、计算机或组”对话框中，单击“对象类型”按钮，在弹出的对话框中选择“计算机”。之后查找服务器组中的终端服务器，添加为 Session Directory Computers 的成员。

步骤 3：将终端服务器配置为加入到终端服务会话代理中的服务器组。

步骤 4：为终端服务会话代理负载均衡配置 DNS。

单击“开始”→“管理工具”→“DNS”菜单命令。

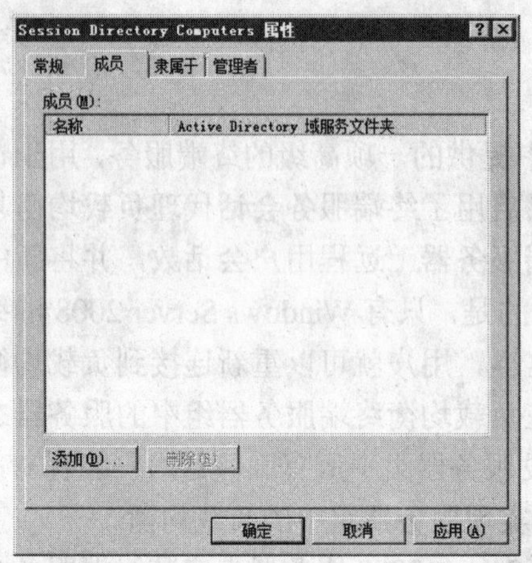

图 24-33 “Session Directory Computers 属性”对话框

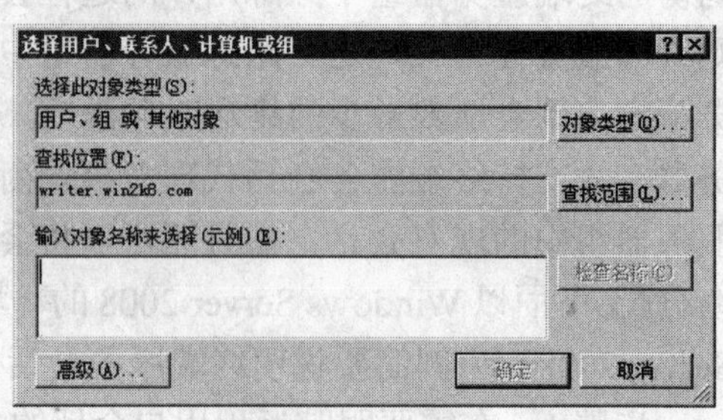

图 24-34 “选择用户、联系人、计算机或组”对话框

展开服务器名称、“正向查找区域”和域名。

用鼠标右键单击相应的区域，之后选择“新建主机（A 或 AAAA)”。

在“名称（如果为空则使用其父域名称)”框中，输入终端服务器组名称。

在“IP 地址”框中，输入服务器组中某台终端服务器的 IP 地址。

单击“添加主机”。

对场中的每台终端服务器重复以上步骤。

24.6 本章小结

本章首先介绍了 Windows 系统中终端服务的发展，之后介绍了在 Windows Server 2008 中如何安装配置终端服务，然后介绍了客户端如何使用终端服务，最后介绍了使用终端服务会话实现服务器组中实现负载均衡的基本步骤。

通过对终端服务发展的介绍和对终端服务组成的介绍，使读者可以对终端服务有一个感官上的了解，可以知道终端服务的来龙去脉。在接下来的章节中，则通过具体的操作步骤，讲解了终端服务的安装配置和使用方法，以及如何在服务器组中实现终端服务远程用户会话的负载均衡。根据这些具体步骤，读者可以具体操作，来实际感受终端服务是如何工作的，从而获得对终端服务更直观的认识。

第 25 章 Windows 部署服务及部署

在企业应用中，在众多服务器上安装部署 Windows Server 的确不是一件简单的事情。一般情况下，工程师需要根据服务器的配置情况及应用程序的兼容情况来选择 Windows 操作系统的类型，然后从硬盘分区开始，一步步地安装 Windows。一台服务器安装下来，动辄几十分钟到几个小时，管理员要负责众多服务器，时间工作量可想而知。目前 Windows 操作系统的部署方式也出现了很多种，但这些方法也都各有各的缺点，如耗时、操作烦琐、自定义程度低等问题。因此虽然采用了第三方部署工具，如 Symantec 公司的 Ghost 工具软件、被 Symantec 公司收购的 PowerQuest 公司的 Drive Image 工具软件，以及 Acronis True Image 等，但在商业应用中，面对众多配置各异的服务器，部署仍是一件令人头疼的事情。

为此，Windows Server 2008 将早期版本 Windows 中的远程安装服务（Remote Installation Services，RIS）进行了更新和重新设计，提供了 Windows 部署服务。

25.1 什么是 Windows 部署服务

25.1.1 Windows 部署服务概述

使用 Windows 部署服务可以部署 Windows 操作系统，特别是 Windows Vista 和 Windows Server 2008 的操作系统。这样，用户可以基于网络来部署安装 Windows Server 2008，而不用在每台服务器上放置系统安装光盘。在 Windows Server 2008 中使用 Windows 部署服务，用户可以管理镜像和无人值守的安装脚本，提供交互的或无需交互的安装选项。Windows Server 2008 的 Windows 部署服务执行过程如下。

（1）分区并格式化物理磁盘。

（2）安装操作系统并发布配置任务。

（3）简化安装。

（4）提供一致的计算机环境。

25.1.2 Windows 部署服务的新技术

在 Windows Server 2008 的 Windows 部署服务中，主要涉及以下相关技术。

1. Windows 镜像格式（Microsoft Windows Imaging Format，WIM）

Windows Server 2008 的安装光盘的“sources”文件夹中有两个 WIM 文件，Boot.WIM 和 Install.WIM。其中 Boot.WIM 是 WinPE 2.0，Install.WIM 是 Windows Server 2008 的镜像文件。其不同版本用的是同一个 Install.WIM 文件，只是利用序列号来进行不同的安装。WIM 文件是基于文件的镜像文件，而不是像 Ghost 那样是基于扇区的，与其他格式相比，通过使用基于文件的镜像格式，WIM 具有以下优点。

WIM 镜像格式是不针对具体的硬件配置，这意味着用户可用一个镜像来安装许多不同硬件配置的计算机。

WIM 镜像格式还允许用户在一个实际文件中存储多个镜像。例如，Microsoft 可在一个 WIM 镜像文件中附带多个 SKU。用户可以在单个镜像文件中存储具有或不具有核心应用程序的镜像。而且，用户可以将其中一个镜像标记为可引导镜像，从而允许用户从包含在 WIM 文件中的磁盘镜像来启动计算机。

WIM 镜像格式还启用了压缩和单一实例，可大大减小镜像文件的大小。单一实例是一种允许用户用一个文件副本的空间来存储多个文件副本的技术。

WIM 镜像格式允许用户离线维护镜像。用户可以添加或删除某些操作系统组件、补丁及驱动程序，无需创建一个新的镜像。

WIM 镜像格式允许用户在任意大小的分区上安装磁盘镜像。

Windows Server 2008 提供一个名为 WIMGAPI 的用于 WIM 镜像格式的 API，开发人员可以使用它来处理 WIM 镜像文件。

WIM 镜像格式允许非破坏性的部署。镜像的应用程序并不清除磁盘的现有内容，用户可以将数据保留在用户应用镜像的卷上。

2. 模块化

Windows Server 2008 是一个通过模块化构建的 Windows 版本。模块化不仅意味着用户可以选择在镜像中安装哪些可选功能。还可以让用户自定义 Windows Server 2008 功能，它的优点主要表现在以下几方面。

Microsoft 可以维护单个组件而不需中断整个操作系统。

可以在部署新的操作系统时减少测试的工作量。

向 Windows Server 2008 中添加设备驱动程序、更新程序等将更加方便。

可根据用户的特定要求自定义某些可选的 Windows Server 2008 组件。

3. Windows Server 2008 中的其他相关部署技术

基于 XML 的应答文件安装可以使不断增多的桌面工程和部署过程任务自动进行。系统组件按统一的方法配置，允许使用工具软件来创建、处理和验证完整的无人参与的安装应答文件。

基于脚本的安装使 Windows Server 2008 支持使用命令行和编写脚本来启用远程、自动化和重复的部署方案。

25.2 Windows 部署服务的结构

25.2.1 Windows 部署服务的组成

在 Windows Server 2008 中的 Windows 部署服务主要有 5 部分，包括服务器组件、PXE 服务器组件、多播组件、镜像存储组件和客户端组件。

服务器组件：主要指 Windows 部署服务服务器（WDSServer），它提供了基本的功能，包括内存管理、线程池及提供程序等功能。部署服务服务器安装时，有 6 种提供程序可供安装，如表 25-1 所示。另外，还需要一个存储有启动镜像、安装镜像和网络启动文件的共享文件夹。

表 25-1　部署服务提供程序

提供程序	说明
Wdspxe.dll	用于 PXE（Pre-Boot Execution Environment，预启动执行环境）的服务器。PXE 服务器本身也有自己的提供程序，称为 PXE 提供程序
Binlsvc.dll	Windows 部署服务 PXE 提供程序，用于 Auto-Add 设备的管理操作。Binlsvc.dll 由 WDSServer 服务本身注册，并请求一个远程过程调用。其本身也是一个由 Wdspxe.dll 加载的 PXE 提供程序
Wdstftp.dll	简单文件传输协议（TFTP）服务器。TFTP 协议用于下载启动镜像，以及包括 Pxeboot.com、Wdsnbp.com、Bootmgr.exe 和 Default.bcd 在内的启动文件
Wdsimgsrv.dll	镜像存储组件，用于部署服务客户端与服务器端进行通信的模块
Wdsmc.dll	多播服务器
Wdscp.dll	多播内容提供程序。该提供程序由 Wdsmc.dll 加载

PXE 服务器组件：包括 PXE 服务器、PXE 提供程序和 TFTP 提供程序。这些组件用于客户端计算机从网络中启动。

多播组件：包括多播服务器和多播内容提供程序。这些组建在多播部署时需要。

镜像存储组件：镜像存储就是一组保存有.wim 镜像文件的镜像组。一个镜像组就是一系列共享安全选项和文件资源的镜像。一个镜像组由两部分组成：Res.rwm 文件和<imagename>.wim 文件。Res.rwm 包含镜像组中所有镜像的文件资源，实际上也是一个.wim 文件。<imagename>.wim 文件包含了描述镜像的元数据。这些组件用于 Windows 部署客户端定位、选择和安装操作系统镜像，还是一种用于客户端与服务器端进行通信的协议，也是用于无人值守的处理和安装镜像时需要的通信协议。

客户端组件：客户端组件包括一个运行在 Windows PE（Windows Pre-Installation Enviroment，Windows 预安装环境）中的图形化用户界面。当用户选择一个操作系统镜像后，客户端组件与服务器端组件进行通信，来安装镜像中的系统。

另外，还有些管理工具用于管理服务器、操作系统镜像和客户端计算机账户等。这些部署管理工具主要如下。

Microsoft Assessment and Planning Solution Accelerator，即 Windows 资产和规划解决方案加速器。使用该工具，可以评估计算机是否可以部署 Windows Server 2008、Windows Vista、Microsoft Office 2007，以及 Microsoft Application Virtualization 等。可以在微软公司网站获取该工具，具体地址如下：

http://www.microsoft.com/downloads/details.aspx?familyid=67240B76-3148-4E49-943D-4D9EA7F77730&displaylang=en

Windows PE（Windows Preinstallation Environment），即 Windows 预安装环境。使用该工具，可以不用启动 Windows Server 2008 而使用 Windows PE 来启动，并对系统进行配置和管理。用户可以使用 AIK 来定制符合各自特点的 Windows PE 环境。Windows PE 替代了早期版本 Windows 操作系统中的 DOS 引导盘。

Windows AIK（Windows 自动安装工具包），即 Windows 自动安装工具。使用该工具，可以进行无人值守的 Windows Server 2008 和 Windows Vista 操作系统安装、个性化及部署，同时还可以获取由 ImageX 创建的 Windows 镜像，并创建 Windows PE 镜像。可以在微软公司网站获取该工具，具体地址如下：

http://www.microsoft.com/downloads/details.aspx?familyid=94BB6E34-D890-4932-81A5-5B50C657DE08&displaylang=zh-cn

Virtual Server 2005 是微软提供的一款新的虚拟机软件。使用该工具软件，可以很好地维护系统迁移过程中的应用程序和数据，还可以提高部署的效率，同时可方便地应用在员工培训等方面。可以在微软公司网站获取该工具及其最新补丁程序包，具体地址如下：

http://www.microsoft.com/downloads/details.aspx?familyid=6DBA2278-B022-4F56-AF96-7B95975DB13B&displaylang=zh-cn

http://www.microsoft.com/downloads/details.aspx?familyid=BC49C7C8-4840-4E67-8DC4-1E6E218ACCE4&displaylang=zh-cn

25.2.2 Windows 部署方式

除了上述部署技术及部署工具，还应该具有一个切实可行的部署策略，需要部署过程可以进行标准的、重复性的、大规模的部署。在实际的部署中，主要包括以下几种部署方式。

方式 1：全新部署。

这种部署方式是指在一台全新的计算机上部署 Windows Server 2008。其大体步骤如下。

步骤 1：使用镜像编辑工具修改 Windows Server 2008 镜像，将必要的驱动程序、系统组件及应用程序包含进镜像。

步骤 2：将编辑好的 Windows Server 2008 镜像保存到共享网络或可移动介质上（如 DVD 或 CD）。

步骤 3：使用上述可移动介质来安装 Windows Server 2008 或按【F12】键来启用网络启动。

步骤 4：安装过程会询问用户一些个性化设置信息，然后自动完成剩余的安装过程。

方式 2：系统升级的部署。

这种部署方式主要指在早期版本 Windows 的系统上进行部署。其大体步骤如下。

步骤 1：使用镜像编辑工具修改 Windows Server 2008 镜像，将必要的驱动程序、系统组件及应用程序包含进镜像。

步骤 2：将编辑好的 Windows Server 2008 镜像保存到共享网络或可移动介质上（如 DVD 或 CD）。

步骤 3：使用 CD 或 DVD 在本地安装 Windows Server 2008。

步骤 4：Windows Server 2008 自动完成安装过程，并不再询问用户的个性化设置。安装过程会自动升级用户的数据、设置及应用程序。大多数情况下，原系统的数据被移动到本地硬盘的其他位置，然后全新安装一套 Windows Server 2008 的镜像，安装完毕后再把原系统的数据配置到这个新安装的 Windows Server 2008 中。

方式 3：系统迁移的部署。

这种部署方式是指在不同的计算机之间，对系统进行迁移。其大体步骤如下。

步骤 1：在企业应用环境中，系统迁移的过程与升级过程类似，不同之处就是 Windows Server 2008 的安装过程在老的计算机上存储数据，并在新的计算机上安装系统，而且安装过程无需值守。

步骤 2：在最终用户的应用环境中，用户可以先安装一个全新的 Windows Server 2008，然后 Windows Server 2008 的安装程序将老计算机上的数据和配置信息直接迁移到新的计算机上。

25.3　使用 Windows 部署服务

25.3.1　Windows 部署服务安装准备

Windows 部署服务的安装方式有两种，一种是以传送服务器（Transport Server）方式安装，另一种是以部署服务器（Deployment Server）方式安装。

传送服务器：这种方式提供了 Windows 部署服务的部分功能。这些功能包括核心的网络部分。用户可以使用传送服务器创建多点传送的命名空间，以便从一个单独的服务器上传输包括操作系统镜像在内的数据。就像现在很多网站提供的在线安装方式一样，首先下载在线安装文件，一般这种文件较小，执行安装后，安装向导完成一些主要的设置后就需要连接到网站一边下载安装所需要的数据，一边将其安装到系统当中。如果希望采用多点传送数据的方式而不需要整个 Windows 部署服务，则可以使用这种安装方式。

部署服务器：这种方式提供了 Windows 部署服务的全部功能。用户可以使用部署服务器远程安装 Windows 操作系统。使用部署服务，用户可以创建并自定义镜像，然后将这些镜像再部署到服务器计算机上。部署服务器依赖于传送服务器的核心部分。

部署服务器方式包含传送服务器的核心部分。传送服务器方式的安装可以直接安装而不需要其他的准备。部署服务器方式的安装则需要满足如下条件。

活动目录：部署服务器必须是一个活动目录域服务域的成员，或者是一个活动目录域服务域的域控制器的成员。

DHCP：在需要部署 Windows Server 2008 的网络环境中，必须有一个正在运行的 DHCP（动态主机配置协议）服务器，因为 Windows 部署服务使用的 PXE（预启动执行环境）需要使用 DHCP 来分配 IP 地址。

DNS：运行 Windows 部署服务还必须运行 DNS 服务器来进行名称解析。

NTFS 卷：运行 Windows 部署服务还需要使用 NTFS 文件系统卷来存储镜像文件。

管理员权限：如果以部署服务器方式安装部署服务，则必须使用本地计算机上的管理员组中的账户。如果在客户端启动 Windows 部署服务，则必须使用域用户组中的账户。

25.3.2　安装 Windows 部署

可以使用服务器管理或开始配置向导来安装 Windows 部署服务。具体安装步骤如下。

步骤 1：单击“开始”→“管理工具”→“服务器管理器”菜单命令，弹出如图 25-1 所示的“服务器管理器”窗口。在“角色”栏中选择“添加角色”功能链接，弹出“添加角色向导”，之后单击“下一步”按钮，弹出如图 25-2 所示的向导页面。

步骤 2：在图 25-2 中选择“Windows 部署服务”，之后单击“下一步”按钮，进入 Windows 部署服务概述页面，单击“下一步”按钮，进入如图 25-3 所示的选择角色服务的向导页面。

步骤 3：在图 25-3 中，按照默认方式选择上述两种安装服务模式，之后单击“下一步”按钮，在弹出的提示向导页面中单击“安装”按钮，系统将自动进行安装。安装完毕后提示用户安装成功，单击“关闭”按钮即可。

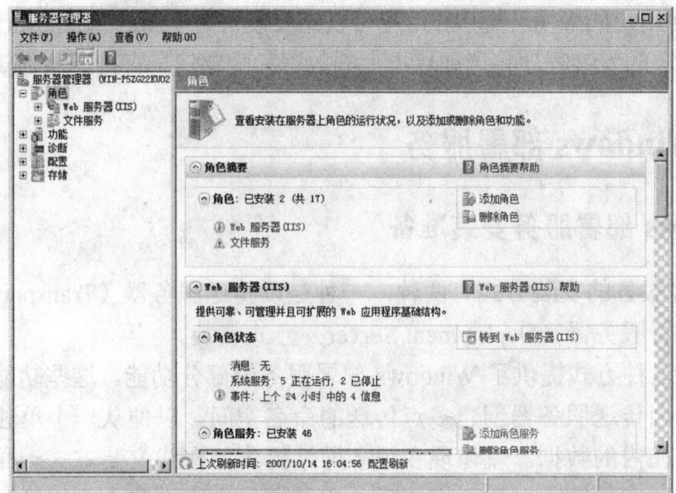

图 25-1　“服务器管理器”窗口

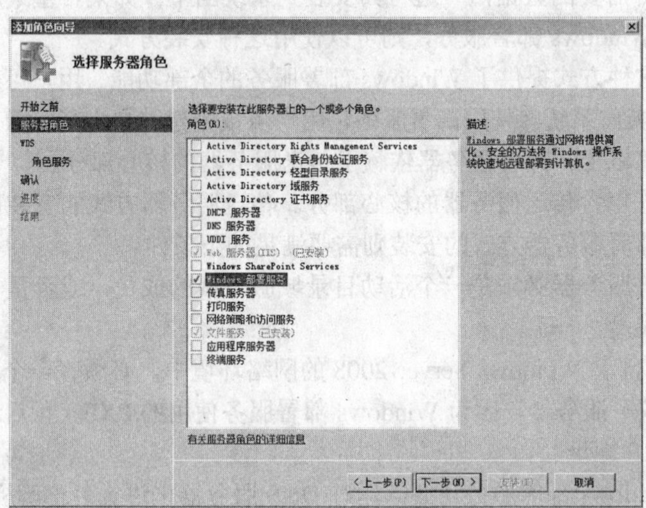

图 25-2　添加角色向导

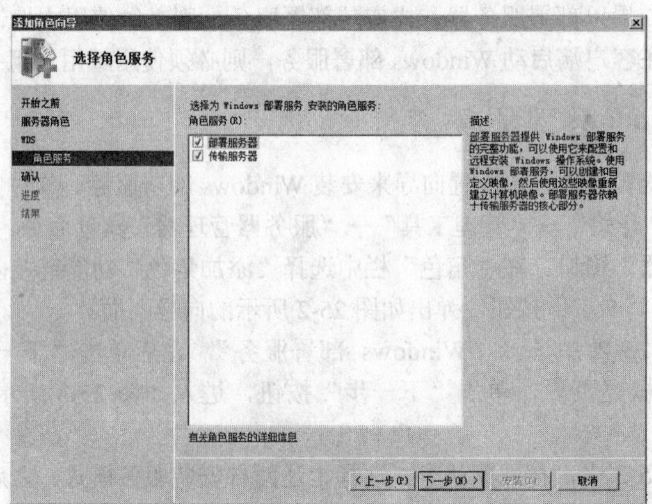

图 25-3　选择角色服务向导页面

25.3.3 Windows 部署服务管理器

可以通过如下方法打开部署服务管理器。

方法 1：单击“开始”→“管理工具”→“服务器管理器”菜单命令，在打开的“服务器管理器”中选择“Windows 部署服务”，即可打开如图 25-4 所示的部署服务管理器。

方法 2：单击“开始”→“管理工具”→“Windows 部署服务”菜单命令，即可打开如图 25-4 所示的部署服务管理器。

方法 3：单击“开始”→“命令提示符”菜单命令，输入 WDSUTIL 命令，也可打开如图 25-4 所示部署服务管理器。

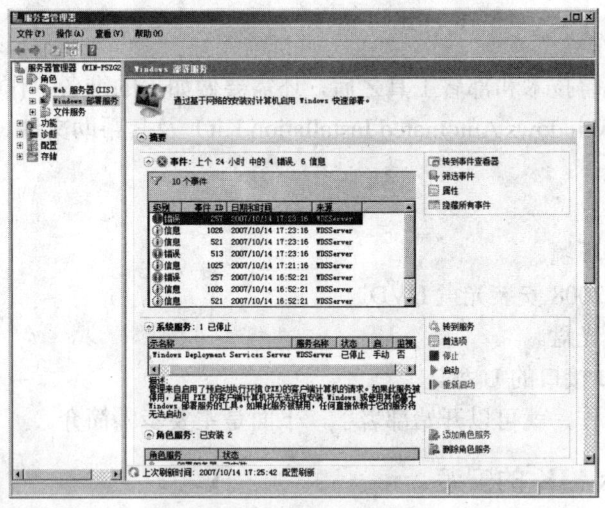

图 25-4 部署服务管理器

25.4 使用 Windows AIK 部署 Windows Server 2008

与早期版本的 Windows 操作系统相比，Windows Server 2008 的部署则主要采用了具有全新压缩的镜像技术。我们简要介绍一下使用 Windows AIK（Windows 自动安装工具）并采用镜像技术来进行 Windows Server 2008 的部署。

25.4.1 前期准备

1. 涉及的技术和工具

在进行部署 Windows Server 2008 之前，需要了解部署中所涉及的新技术和更新了的部署工具，主要包括以下内容。

应答文件：是一个名为 Unattend.xml 的文本文件，包含安装过程中需要用户选择选项的应答信息。可以使用 Windows SIM 或 CPI APIs 接口来操作修改该文件。

编目文件（catalog）：是一个扩展名为.clg 的二进制文件，包含 Windows 镜像设置和组件包状态的文件。

Windows SIM（Windows System Image Manager）：可使用该工具软件创建应答文件（Unattend.xml）、网络共享，并编辑包含部署配置的文件。最好在测试用的计算机上使用 Windows SIM，然后将创建好的 Unattend.xml 文件导入到实际的主计算机中，然后再创建安装镜像。

Windows PE：Windows 预装环境，它是一个创建在 Windows Server 2008 内核之上的、具有有限服务的、最小化的 32 位操作系统。一般在部署和维护 Windows 操作系统时才使用。

ImageX：是一个命令行工具，它可以在企业部署环境中捕获（Capture）、修改并应用镜像。

Sysprep（System Preparation Tool）：即系统准备工具，该工具软件有助于镜像的创建，并为多个目标计算机准备部署镜像。

Windows 镜像（Image）：是 Windows Server 2008 提供的一种采用新型压缩技术的基于文件的镜像文件。该镜像文件中包含安装在计算机磁盘卷上的 Windows Server 2008 的文件和文件夹。

2. 其他准备工作

在了解了上述部署技术和部署工具之后，还需要做如下的准备工作。

Windows AIK（Windows Automated Installation Kit）及其帮助文件。

一台测试计算机。

一台主计算机。

用于部署的网络环境。

Windows Server 2008 安装光盘 DVD。

一张空白的可写光盘。

一张软盘或 USB 接口的 U 盘。

做好上述准备工作，就可以开始部署了，下面是主要步骤简介。

25.4.2 Windows AIK 的安装

可以在如下地址下载用于 Windows Vista（含 SP1）和 Windows Server 2008 的自动安装工具包：

http://www.microsoft.com/downloads/details.aspx?familyid=94BB6E34-D890-4932-81A5-5B50C657DE08&displaylang=zh-cn

下载完毕后，使用虚拟光驱工具加载安装程序的镜像文件，加载后弹出如图 25-5 所示的欢迎安装窗口。单击“Windows AIK 安装程序”，即可安装。

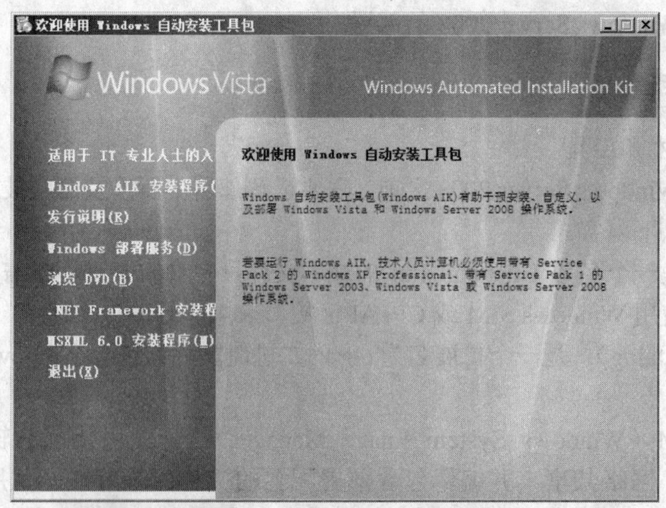

图 25-5 欢迎安装窗口

25.4.3　部署步骤

步骤 1：创建测试环境。

首先下载 Windows AIK，并根据安装向导安装测试计算机。然后准备主计算机，收集其硬件配置信息，并确保该计算机没有安装其他软件，同时确保该计算机有 DVD 光驱、网卡，以及软驱或 USB 接口。这样，测试环境就准备好了，接下来就可以创建应答文件了。

步骤 2：创建一个应答文件。

为了进行无人值守的安装，必须创建一个应答文件以代替用户回答 Windows Server 2008 安装过程中的提问窗口。可以使用 Windows SIM（Windows System Image Manager，Windows 系统镜像管理器）创建这个应答文件。

首先在测试计算机上创建一个新的应答文件。具体步骤如下。

将 Windows Server 2008 安装 DVD 放入测试计算机光驱。

在光盘上找到\Source 目录，将 Install.wim 文件复制到测试计算机上。

单击“开始”→“所有程序”→“Microsoft Windows AIK”→“Windows 系统镜像管理器”菜单命令，打开 Windows SIM，如图 25-6 所示。

单击“文件”菜单，选择“选择 Windows 镜像”，并选择刚才复制到计算机上的 install.wim，然后打开。

在弹出的“选择镜像”对话框中，选择 Windows Server 2008 的一个适当的版本，然后单击“确定”按钮。

在“文件”菜单上，单击“新建应答文件”菜单命令。如果提示没有编目文件是否创建，则单击“确定”按钮创建一个。必须为每一个版本的 Windows Server 2008 创建一个编目文件。

接下来，需要在刚才打开的镜像中添加组件。具体步骤如下。

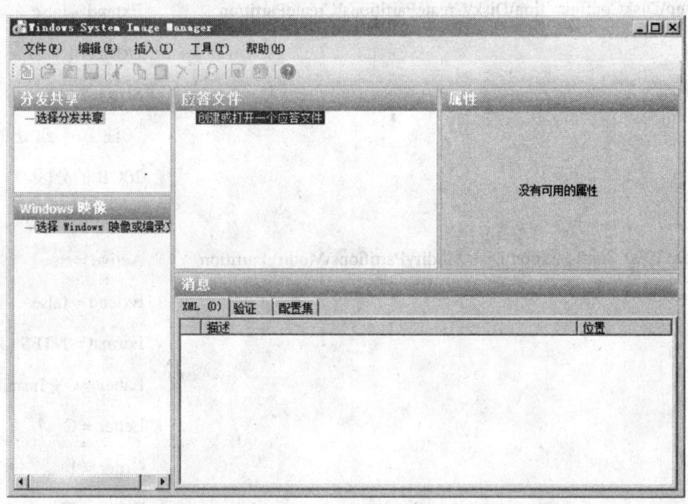

图 25-6　Windows 系统镜像管理器窗口

在 Windows SIM 的 Windows 镜像窗口中，展开 Component 节点，即可看到现有的配置，如图 25-7 所示。

在各个配置信息上单击鼠标右键，然后选择相应的配置即可。

之后，就是配置 Windows 设置。在“应答文件”窗口中，上一步添加的组件都会在此显示，选择某一选项，即可进行配置。如表 25-2 所示显示了一套基本的示例配置。

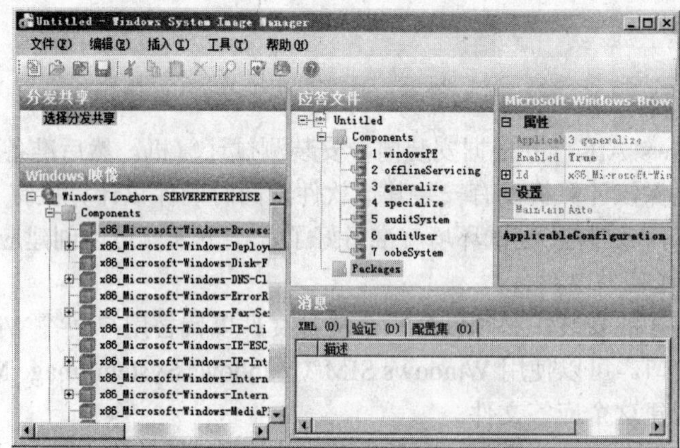

图 25-7 Windows SIM 配置属性

表 25-2 应答文件配置示例表

组件	配置的值
Microsoft-Windows-International-Core-WinPE	InputLocale = <Input Locale> SystemLocale = <System Locale> UILanguage = <UI Language> UserLocale = <User Locale>
Microsoft-Windows-International-Core-WinPE\SetupUILanguage	UILanguage = <UI Language>
Microsoft-Windows-Setup\DiskConfiguration	WillShowUI = OnError
Microsoft-Windows-Setup\DiskConfiguration\Disk	DiskID = 0 WillWipeDisk = true
Microsoft-Windows-Setup\DiskConfiguration\Disk\CreatePartitions\CreatePartition	Extend – false Order = 1 Size = 20000 （注意：此处的示例创建了一个 20GB 的分区。） Type = Primary
Microsoft-Windows-Setup \DiskConfiguration\Disk\ModifyPartitions\ModifyPartition	Active = true Extend = false Format = NTFS Label = OS_Install Letter = C Order = 1 PartitionID = 1
Microsoft-Windows-Setup\ImageInstall\OSImage\	WillShowUI = OnError
Microsoft-Windows-Setup\ImageInstall\OSImage\InstallTo	DiskID = 0 PartitionID = 1
Microsoft-Windows-Setup\UserData	AcceptEula = true
Microsoft-Windows-Setup\UserData\ProductKey	Key = Product key WillShowUI = OnError

（续表）

组件	配置的值
Microsoft-Windows-Shell-Setup\OOBE	ProtectYourPC = 1
	NetworkLocation = Work
Microsoft-Windows-Deployment\Reseal	ForceShutdownNow = false
	Mode = Audit
Microsoft-Windows-Shell-Setup\AutoLogon	Enabled = true
	LogonCount = 5
	Username = Administrator

再之后，就是验证应答文件并保存到可移动设备上。具体步骤如下。

在 Windows SIM 中，单击“工具”菜单，然后单击“验证应答文件”菜单命令。在应答文件中的配置信息就会与 Windows 镜像中的设置相对比。

如果验证成功，则显示成功提示信息，否则显示错误信息。

在“消息”窗口中，双击错误信息，然后修改配置信息，之后再次重复上面的操作进行验证。

单击“文件”菜单上的“保存应答文件”菜单命令，将应答文件保存为 Autounattend.xml。

将 Autounattend.xml 文件保存到移动存储设备，如 U 盘的根目录。

另外，在 Windows AIK 的帮助文件（Waik.chm）中，也有如何创建应答文件的说明。

步骤 3：创建一个主计算机的安装。

在制作 Windows Server 2008 安装镜像时，一般是先在一台主计算机上安装 Windows Server 2008 并创建镜像，然后再将该镜像部署到其他计算机上。这里主要使用 Windows Server 2008 的安装光盘，以及上一步创建的应答文件来安装，具体步骤如下。

打开计算机，将含有应答文件（Autounattend.xml）的移动存储设备，如 U 盘插入计算机 USB 接口，并将 Windows Server 2008 安装光盘放入光驱。

重新启动计算机。Windows Server 2008 Setup（Setup.exe）会自动启动安装程序，并在计算机上连接的移动存储设备上查找文件名为 Autounattend.xml 的应答文件。

安装完毕后，注意确保所有定制的应答文件中的设置都正常地应用在安装过程中了。

然后执行“C:\Windows\System32\Sysprep\Sysprep.exe /oobe /generalize /shutdown”命令后关闭计算机。Sysprep.exe 会准备捕获（capture）镜像并剔除那些不同的用户和计算机设置及日志文件。

步骤 4：创建一个镜像。

当然了，可以重复上面安装主计算机的步骤来给每台计算机安装部署 Windows Server 2008，但这样会耗时费力。因此，Windows Server 2008 提供了基于镜像的方式来快速部署 Windows Server 2008。也就是说在上一部安装好 Windows Server 2008 的主计算机上创建一个安装镜像，然后使用该镜像在其他计算机上快速部署。在这一步中，需要创建一个 Windows PE 的光盘，然后使用它来启动主计算机，然后捕获主计算机上的镜像。

创建 Windows PE 光盘的具体步骤如下：

在测试计算机上的“命令提示符”窗口中运行 Copype.cmd 来创建本地 Windows PE 目录，具体命令如下：

```
Cd Program Files\Windows AIK\Tools\PETools\
Copype.cmd arch destination
```

其中 arch 参数可以是 x86、amd64 或 ia64；destination 参数是一个本地路径，比如：

```
Copype.cmd x86 D:\WindowsPE_x86
```

将一些常用工具软件（如 ImageX）复制到 Windows PE 的生成目录中，比如：

```
Copy "C:\Program files\Windows AIK\Tools\x86\imagex.exe" D:\WindowsPE_x86\iso\subfolder
```

subfolder 可以是任意的名称，一般是工具所具有的文件夹。

使用文本编辑器创建并编辑配置文件 wimscript.ini。该文件用于 ImageX 捕获镜像时剔除特定文件的设置。其具体内容如下：

```
[ExclusionList]
ntfs.log
hiberfil.sys
pagefile.sys
"System Volume Information"
RECYCLER
Windows\CSC
[CompressionExclusionList]
*.mp3
*.zip
*.cab
\WINDOWS\inf\*.pnf
```

将 wimscript.ini 文件复制到 Windows PE 创建目录的 ImageX 目录中（如 C:\WinPE_x86\iso\subfolder），以便在运行 ImageX 时自动探测到该文件。

使用 Oscdimg 工具创建一个镜像文件（.iso）。使用如下命令：

```
Cd Program Files\Windows AIK\Tools\PETools\
Oscdimg -n –bD:\Windowspe_x86\etfsboot.com D:\Windowspe_x86\ISO D:\Windowspe_x86\winpe_x86.iso
```

然后用刻录光驱将该镜像文件 winpe_x86.iso 刻录到光盘上，这样就可以得到一张包含 ImageX 工具的 Windows PE 光盘。

捕获安装镜像并将其保存到共享的网络中，具体步骤如下。

在主计算机上放入上一步准备好的 Windows PE 光盘，重新启动计算机。Windows PE 会自动加载一个命令提示符窗口。

使用 Windows PE 光盘上的 ImageX 工具在主计算机上捕获镜像，比如：

```
D:\Tools\Imagex.exe /compress fast /capture C: C:\Myimage.wim "my Vista Install" /verify
```

将创建完的镜像复制到网络共享文件夹中。Windows PE 提供了网络支持，因此可以使用如下命令创建网络共享并进行文件复制：

```
Net use Z: \\network_share\Images
Copy C:\Myimage.wim Z:
```

步骤 5：部署一个镜像。

准备好一个安装镜像后，就可以使用 Windows PE 和 ImageX 在新的计算机上安装部署 Windows Server 2008 了。在网络共享文件夹中部署 Windows Server 2008 的具体步骤如下。

使用 Windows PE 启动需要部署的计算机，Windows PE 会加载命令提示符窗口。

使用 diskpart 命令格式化硬盘，比如：

```
diskpart
select disk 0
clean
create partition primary size=20000
select partition 1
active
format
exit
```

从网络共享文件夹中复制镜像文件，可以在 Windows PE 的命令提示符窗口中运行如下命令：

```
net use Y: \\network_share\Images
copy Y:\Myimage.wim c:
```

安装部署镜像文件。在 Windows PE 的命令提示符窗口运行如下命令：

```
D:\Tools\Imagex.exe /apply C:\Myimage.wim 1 c:
```

这样就可以将镜像文件部署到新的计算机上。可以重复上面的步骤来部署其他的计算机。

25.5　在 Virtual Server 2005 中部署 Windows Server 2008

虚拟机软件相当于在现有系统内划出了一个空间，“虚拟”了一台全新的计算机，它有自己的硬盘和内存，可以供用户随便进行各种试验。Virtual Server 2005 是微软开发的一款虚拟机软件，Virtual Server 2005 专门针对 Windows Server 2008 系统运行进行了优化，可以很好地在 Windows Server 2008 中运行。软件开发者和系统管理员可以用它来进行 Windows Server 2008 环境下的应用软件的兼容性测试工作和其他试验。

Virtual Server 2005 是一款免费软件，可以从微软网站下载。Virtual Server 2005 的安装非常简单，双击中文版安装程序后，弹出如图 25-8 所示的安装程序界面（此处以 Virtual Server 2005 R2 为例），一路单击“下一步”按钮即可完成安装。安装完毕后，再安装 Virtual Server 2005 R2 SP1，双击安装程序后弹出如图 25-9 所示的安装界面，安装方法与 Virtual Server 2005 R2 安装相同。需要注意的是 Virtual Server 2005 R2 需要安装 IIS。

安装完毕后可以在浏览器中打开 C:\Program Files\Microsoft Virtual Server\summary.html，即打开如图 25-10 所示的摘要页面。单击管理网站栏目中的链接，即可打开如图 25-11 所示的 Virtual Server 2005 R2 的主界面。

下面我们就来实际体验一下如何在 Virtual Server 2005 R2 中部署 Windows Server 2008。

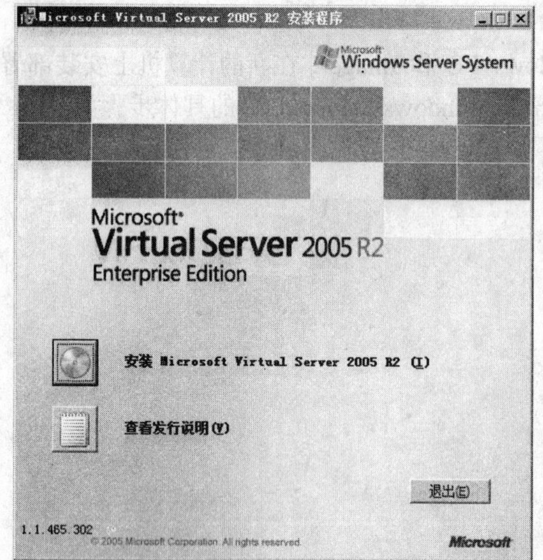

图 25-8　Virtual Server 2005 R2 安装程序

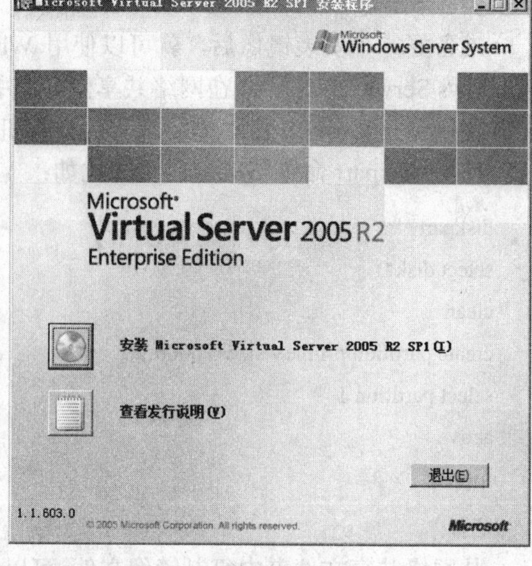

图 25-9　Virtual Server 2005 R2 SP1 安装程序

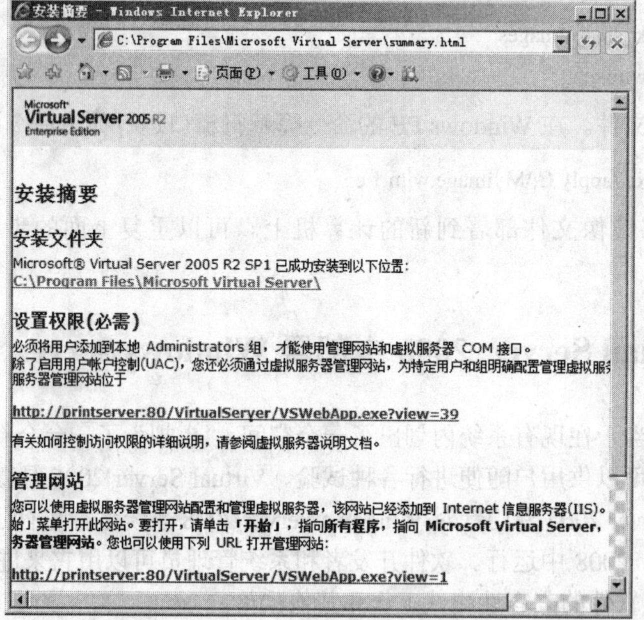

图 25-10　安装摘要页面

步骤 1：打开 IIS 中 Default Web Site 中的 VirtualServer 网站，如图 25-12 所示，在其“身份验证”选项中，禁用“Windows 身份验证”，启用“基本身份验证”。

步骤 2：在如图 25-11 所示的页面中，单击“虚拟服务器”栏中的“服务器属性”，之后在其右侧的页面上单击“搜索路径”链接，进入如图 25-13 所示的搜索路径设置页面。在“默认虚拟机配置文件夹”和“搜索路径”栏中分别输入一个路径，如“E:\VMPools”，之后单击页面右下角的“确定”按钮。虚拟主机的相关数据文件将会保存在默认虚拟机配置文件夹中。

图 25-11　Virtual Server 2005 R2 主界面

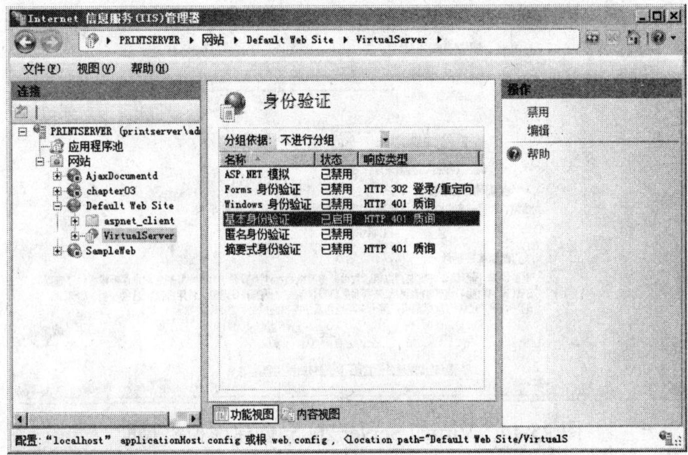

图 25-12　IIS 网站管理器身份验证页面

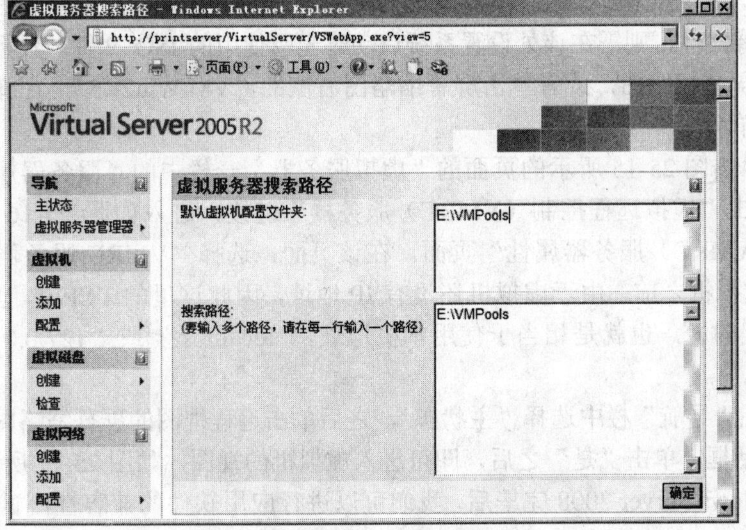

图 25-13　虚拟服务器搜索路径设置

步骤 3：在如图 25-11 所示的界面中，单击“虚拟机”栏中的“创建”链接，进入如图 25-14 所示的页面。在相应栏目中输入或选择设置信息之后，单击页面右下角的“创建”按钮。

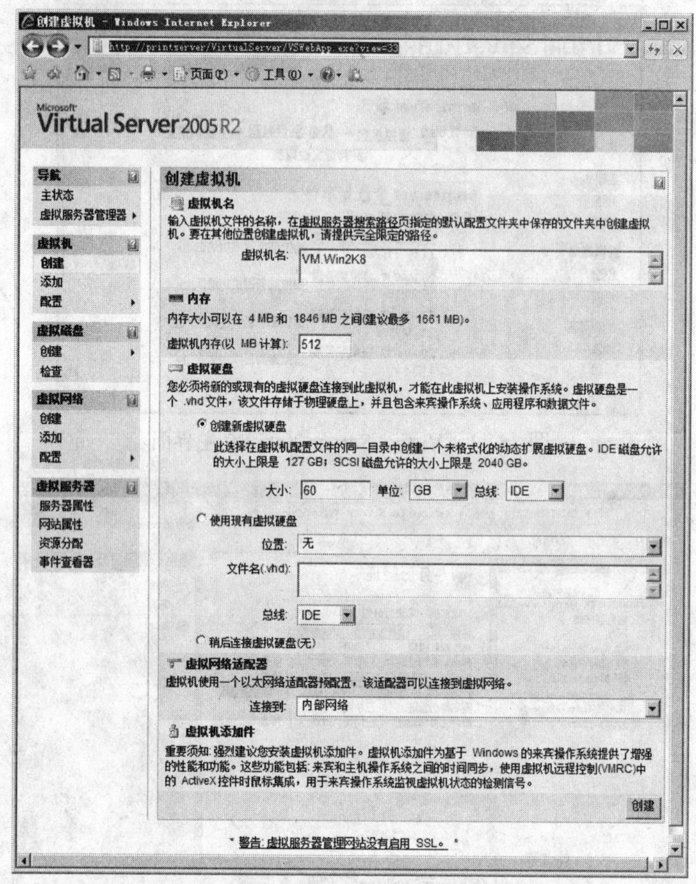

图 25-14　Virtual Server 2005 创建虚拟机页面

步骤 4：进入如图 25-15 所示的虚拟机页面。单击该页面“VM.Win2K8”配置栏目中的 CD/DVD 一栏，设置光驱。如果系统安装程序放在计算机的光驱中，则不用设置。如果使用 ISO 的安装镜像文件，则需在该处设置系统启动时光驱使用的 ISO 文件。设置完成后，单击页面左上角的屏幕缩略图，或者单击屏幕缩略图右侧的“VM.Win2K8”，在弹出的菜单中选择“启动”菜单命令。

步骤 5：单击图 25-15 所示的页面的“虚拟服务器”一栏中的“服务器属性”链接，在属性页面中单击“虚拟远程控制（VMRC）服务器”链接，进入如图 25-16 所示的“虚拟机远程控制（VMRC）服务器属性”页面。在该页面，选择“VMRC 服务器”后面的“启动”。在安装虚拟机之前，由于虚拟机还没有 IP 地址，因此这里的 TCP/IP 地址设置选择为“(所有未分配的)”，也就是相当于使用本机地址，“localhost”或“127.0.0.1”。其他选项可采用默认值。

步骤 6：在“导航”栏中选择“主状态”，之后单击远程视图的屏幕缩略图，系统弹出两个安全提示对话框，单击“是”之后，即可进入虚拟机的视图，如图 25-17 所示。

安装 Windows Server 2008 完毕后，我们可以进行应用软件的兼容性测试工作和其他试验。

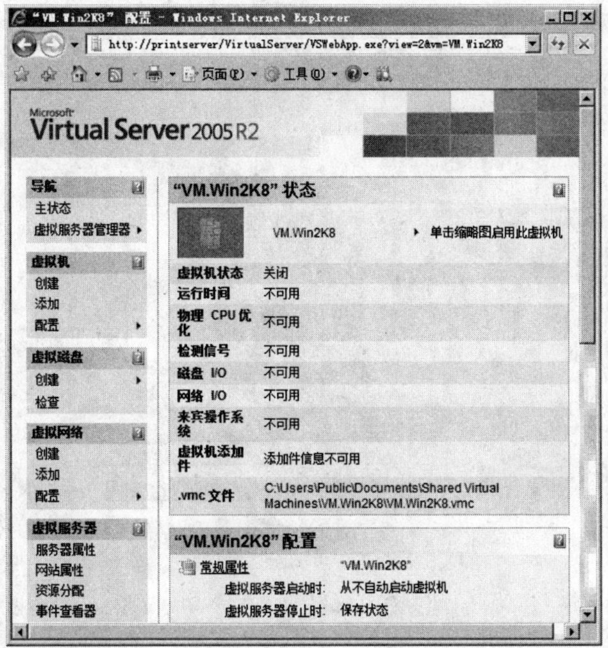

图 25-15　虚拟机页面

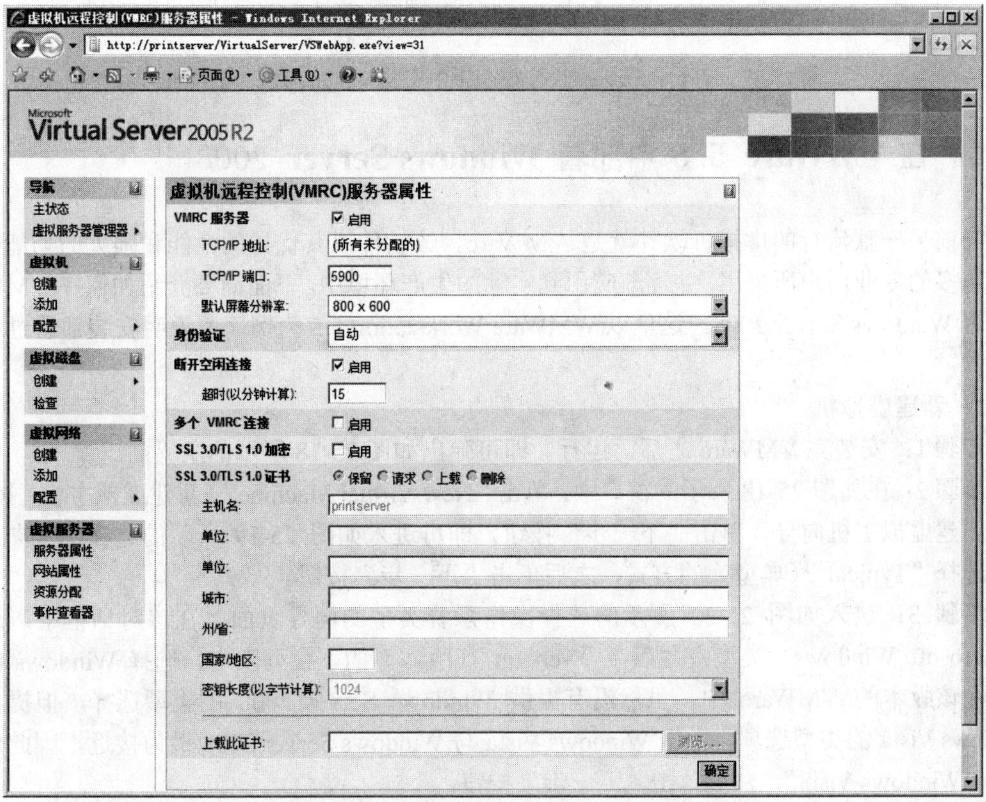

虚拟机远程控制(VMRC)服务器属性 - Windows Internet Explorer
http://printserver/VirtualServer/VSWebApp.exe?view=31
Microsoft Virtual Server 2005 R2
导航
主状态
虚拟服务器管理器
虚拟机
创建
添加
配置
虚拟磁盘
创建
检查
虚拟网络
创建
添加
配置
虚拟服务器
服务器属性
网站属性
资源分配
事件查看器
虚拟机远程控制(VMRC)服务器属性
VMRC 服务器　启用
TCP/IP 地址:　(所有未分配的)
TCP/IP 端口:　5900
默认屏幕分辨率:　800 x 600
身份验证　自动
断开空闲连接　启用
超时(以分钟计算):　15
多个 VMRC 连接　启用
SSL 3.0/TLS 1.0 加密　启用
SSL 3.0/TLS 1.0 证书　保留　请求　上载　删除
主机名:　printserver
单位:
单位:
城市:
州/省:
国家/地区:
密钥长度(以字节计算):　1024
上载此证书:　浏览...
确定

图 25-16　"虚拟机远程控制（VMRC）服务器属性"页面

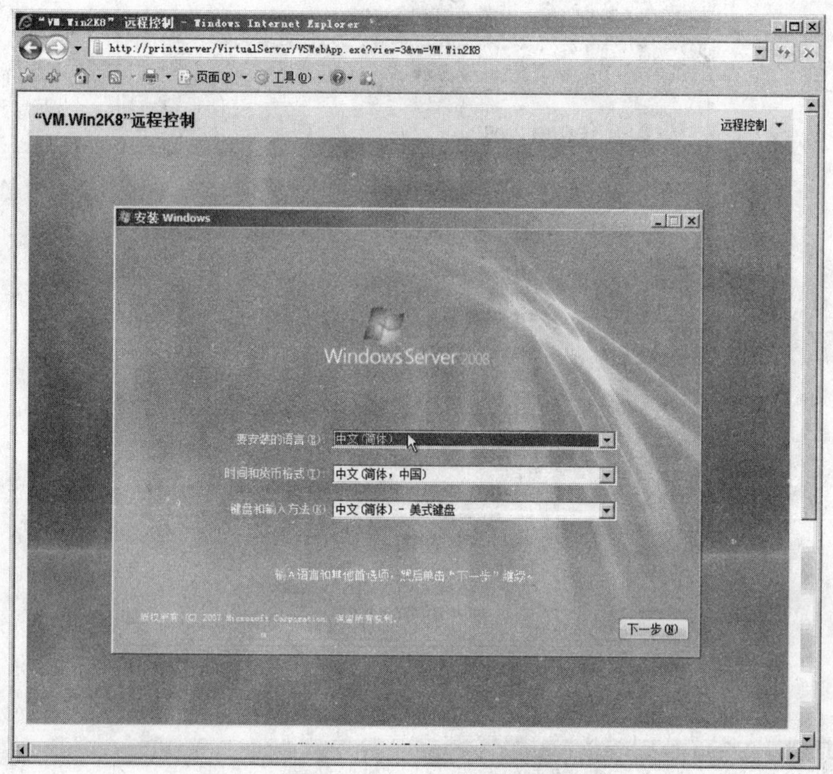

图 25-17 Virtual Server 2005 R2 SP1 中安装 Windows Server 2008

25.6 在 VMWare 5.5 中部署 Windows Server 2008

当前另一款流行的虚拟机软件就是 VMWare。该软件以其优异的性能和强大的功能，被越来越多的专业用户所采用，并逐渐应用到实际的生产环境中。下面简要介绍如何在 VMWare 中部署 Windows Server 2008。这里以 WMWare Workstation 5.5 为例简要说明安装部署过程。

1. 新建虚拟机

步骤 1：安装完 VMWare 之后，运行，即可弹出如图 25-18 所示的主界面。

步骤 2：在如图 25-18 所示的窗口中，单击“New Virtual Machine”（新建虚拟主机）按钮，弹出新建虚拟主机向导，单击“下一步”按钮，即可进入如图 25-19 所示的选择配置向导页面。选择“Typical”（典型）的方式，之后单击“下一步”按钮。

步骤 3：进入如图 25-20 所示的选择操作系统类型的向导页面。在该对话框中，选择“Microsoft Windows”类型，之后在“Version”（版本）的下拉列表中，选择 Windows 的版本。在该版本的 VMWare 中，虽然没有提供 Windows Server 2008 的类型选择，但提供了 Windows Vista 的类型选项。由于 Windows Vista 与 Windows Server 2008 最为接近，因此这里选择“Windows Vista”，然后单击“下一步”按钮。

步骤 4：进入如图 25-21 所示的命名虚拟主机的向导页面。在“Virtual machine name”（虚拟主机名称）一栏中，输入该虚拟主机的名称，如输入“Windows Server 2008”。在“Location”（位置）一栏中输入虚拟主机文件存放的位置。一般 Windows Server 2008 默认安装后的虚拟主机文件在 8GB 左右，因此在选择保存位置时注意磁盘上应有足够的存储空间。这里选择 D 盘，并创建了文件夹“VMWinServer2k8”来保存虚拟主机的文件，之后单击“下一步”按钮。

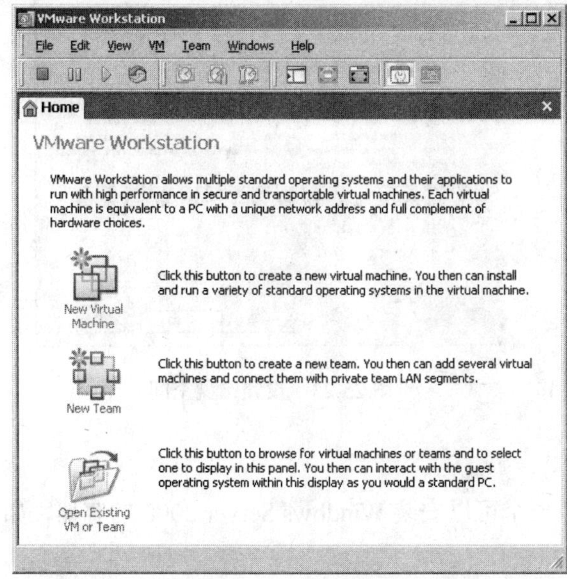

图 25-18　VMWare 主窗口

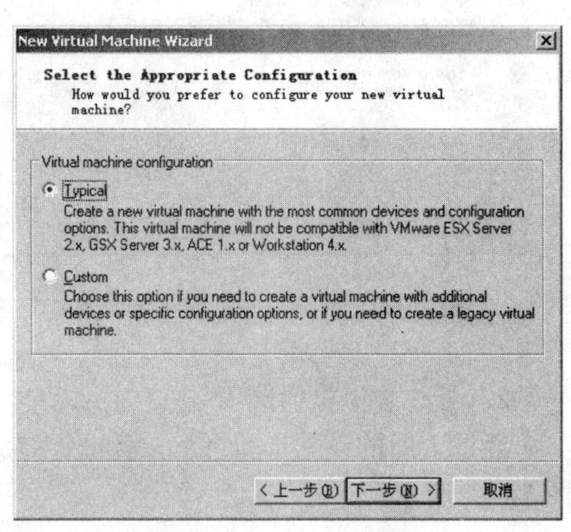

图 25-19　选择配置向导页面

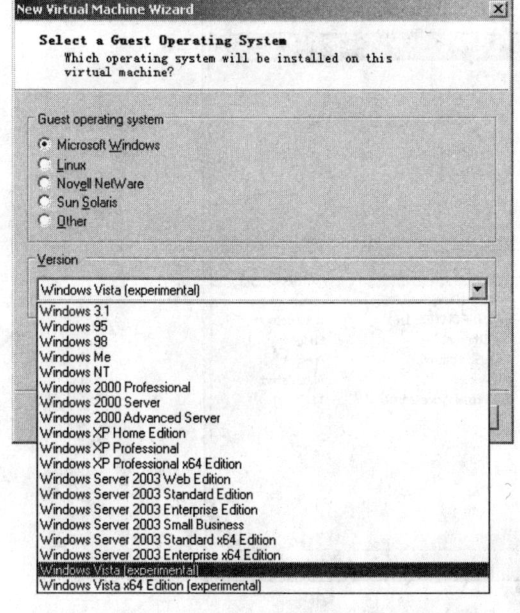

图 25-20　选择操作系统类型向导页面

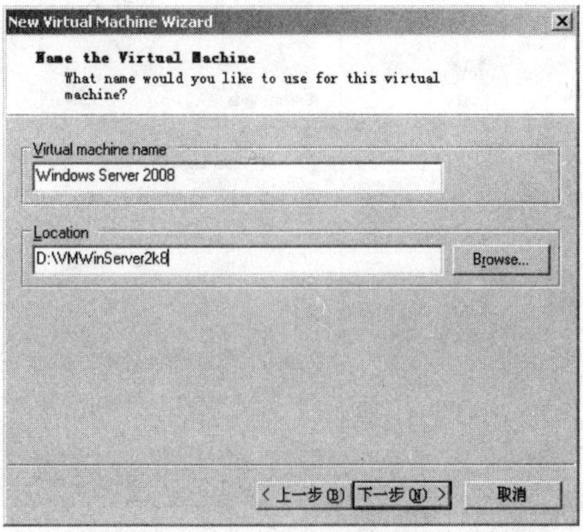

图 25-21　命名虚拟主机

步骤 5：进入如图 25-22 所示的网络类型设置的向导页面。这里设置虚拟主机与所在物理主机的网卡之间的关系。使用默认的“Use bridged networking”（使用桥接方式的网络），之后单击“下一步”按钮。

步骤 6：进入如图 25-23 所示的设置磁盘容量的向导页面。可以根据用户计算机的实际情况来设置磁盘空间，也可以选择默认设置，之后单击“完成”按钮。

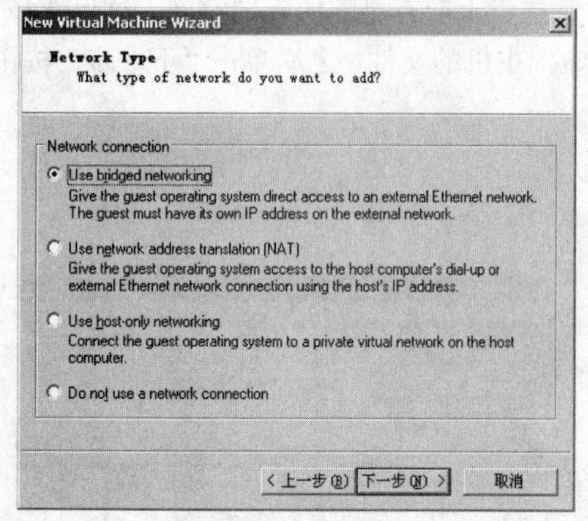

图 25-22 网络类型设置向导页面

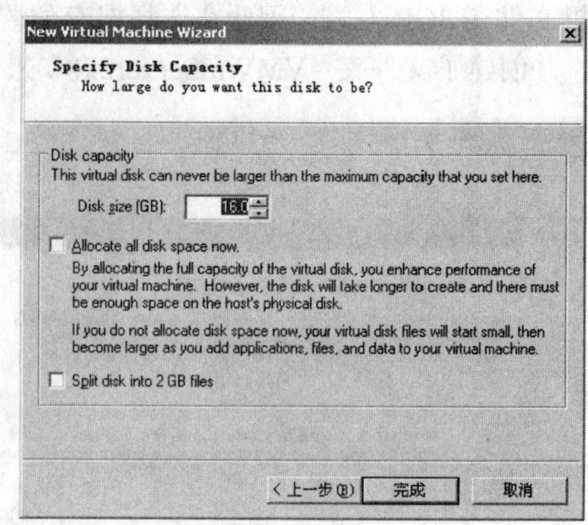

图 25-23 设置磁盘空间

2．修改虚拟机的选项

经过上面的设置步骤之后，就设置完成了一个可以安装 Windows Server 2008 的容器，如图 25-24 所示。

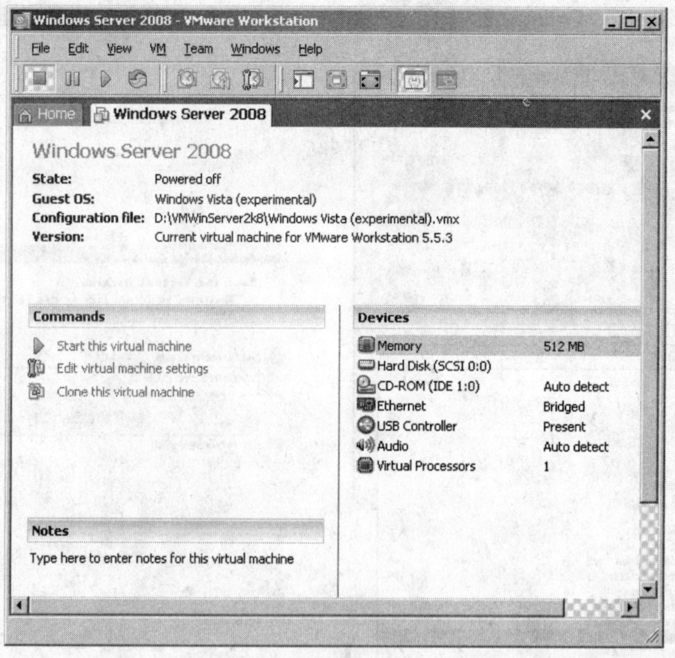

图 25-24 VMWare 虚拟主机窗口

在如图 25-24 所示的窗口中，可以看到左侧的“Commands”栏中，包含了“Start this virtual machine”（启动虚拟机）、“Edit virtual machine settings”（编辑虚拟机设置）、“Clone this virtual machine”（克隆虚拟机）选项。虚拟主机编辑的具体步骤如下。

步骤 1：单击“编辑虚拟机设置”功能链接，即可弹出虚拟机硬件设置窗口，如图 25-25 所示。

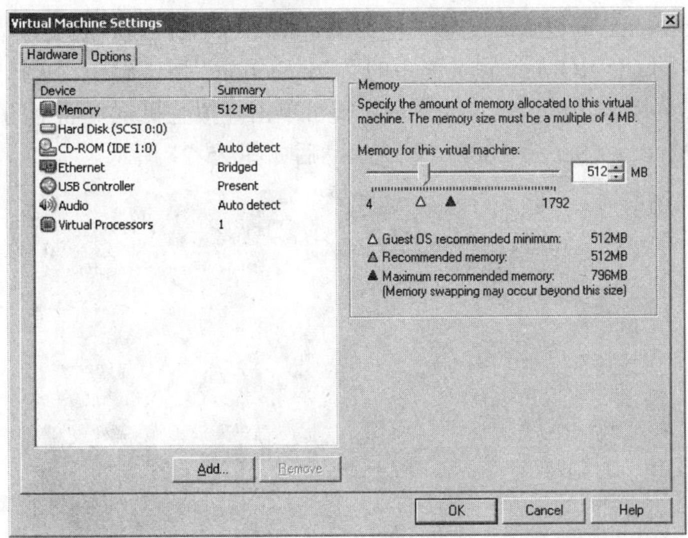

图 25-25　虚拟主机硬件设置

步骤 2：在如图 25-25 所示的窗口中，可以配置 Memory 内存容量大小、磁盘类型、CD-ROM 相关参数、网卡参数、USB 控制器、语音和虚拟处理器个数。

步骤 3：选择虚拟主机设置窗口的“Options”（选项）选项卡，如图 25-26 所示。

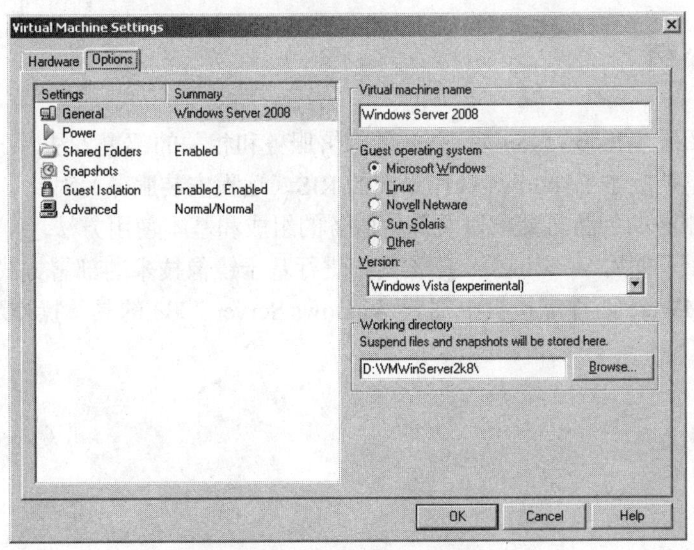

图 25-26　虚拟主机设置选项

步骤 4：在该窗口中，可以设置其他的虚拟主机的配置。在“General”属性中，可以设置虚拟主机名称、虚拟主机类型、操作系统版本和虚拟主机保存的路径。在“Power”属性中，可以设置电源的各种参数设置。在“Shared Folder”属性中，可以设置物理主机与虚拟主机的共享文件夹设置。在“Snapshots”属性中可以设置快照的属性。在“Guest Isolation”属性中可以设置虚拟主机的操作方式。“Advanced”属性可以设置处理器优先级和文件位置等。

3. 在虚拟机中安装 Windows Server 2008 系统

可以使用 Windows Server 2008 的安装光盘，或者使用 Windows Server 2008 的 ISO 安装

程序来安装 Windows Server 2008。比如，使用 Windows Server 2008 的 ISO 安装程序安装，则在虚拟主机设置中的 CD-ROM 设置页面中的“Connection”属性组中，选择“Use ISO Image”选项，之后选择安装镜像文件。设置完毕后，即可单击虚拟主机主页面上的“启动虚拟主机”链接来安装部署 Windows Server 2008，系统启动后如图 25-27 所示。

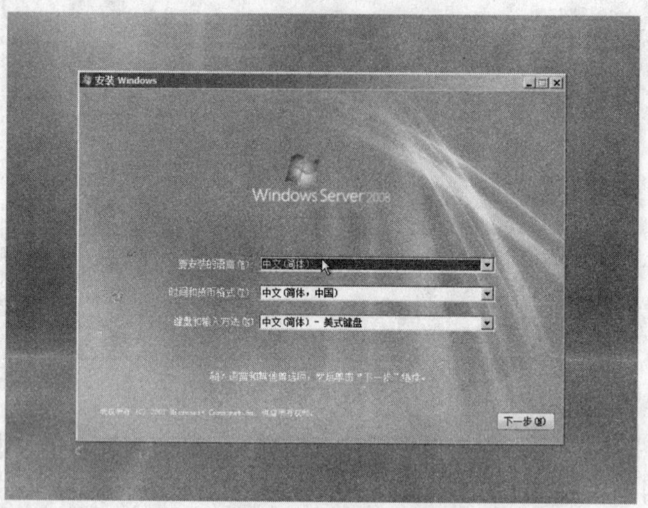

图 25-27 在虚拟主机中安装 Windows Server 2008

25.7 本章小结

本章主要介绍了 Windows Server 2008 的部署服务和相关的部署方法。

首先通过与早期版本 Windows 操作系统的 RIS（远程安装服务）对比，介绍了 Windows Server 2008 部署服务的创新之处，以及部署服务的组成和基本使用方法。

然后分别介绍了使用 Windows AIK 工具集进行基于镜像技术的部署方式，以及在 Virtual Server 2005 和 VMWare 两种虚拟机中部署 Windows Server 2008 的具体操作步骤。

反侵权盗版声明